数学の杜 3

代数群と軌道

太田琢也・西山 享 著

関口次郎・西山 享・山下 博 編

数学書房

編集委員

関口次郎
東京農工大学

西山 享
青山学院大学

山下 博
北海道大学

数学の杜にようこそ
シリーズ刊行にあたって

　本シリーズは，数学を専門に学び始めた大学院生や意欲のある学部学生など，数学の研究に関心のある人たちに，セミナーのためのテキストあるいは自習書として使用できる教材を提供するために企画された．

　現代数学は高度に発展し，分野も多様化している．このような現状では現代数学のすべての分野を網羅することは困難であろう．そこで，シリーズ『数学の杜』では分野にこだわらずに話題を選択し，その方面で特色ある研究をされている専門家に執筆を依頼した．

　シリーズの各巻においては，大学の数学科の授業で学ぶような知識を仮定して，ていねいに理論の解説をすることに力点が置かれている．執筆者の方には，仮定された知識についてはきちんと参考書をあげるなどの配慮をこころがけ，読者が戸惑うことがないようお願いした．

　本シリーズだけで数学の面白いトピックスがすべてカバーできるわけでない．しかし，この緑陰の杜には，数学がこれほど面白いということを読者に伝えるに十分な話題が用意されている．ぜひ自分の手を動かし，自ら考えながらじっくり味わっていただきたいと思う．

　2010 年 10 月

編集委員一同

父に捧ぐ

はじめに

　本書は，代数群の基本的な性質からはじめて，その代数多様体への作用や，群の軌道と商多様体などについて，多くの例を交えながら解説した代数群の理論の入門書である．なるべく他の文献を参照しないですむように自己完結的な記述を目指したが，大学の学部3年生程度までの線型代数や微積分，代数学 (群・環・体)，微分可能多様体の理論の初歩などは，ある程度仮定せざるを得なかった．これらは本文中でも適宜解説を加えているが，あらかじめ慣れ親しんでいることが望ましい．また，代数群論を展開するにあたって，リー環論の基礎的事項を多々用いたが，佐武 [54] のような良書もあることでもあり，簡単な復習だけをして，証明を与えなかった．第6章以降はリー環論を多用するので，読者は，ある程度リー環論を学んだうえで第6章以降を読むとより理解が進むだろう．

　本書で扱う代数群は，一般に「線型代数群」とか「アフィン代数群」とかよばれているもので，ひらたく言えば，多項式で定義されているような行列群である．一般線型群や直交群，斜交群（シンプレクティック群）といった，古典群とよばれている行列群がその代表的なものだが，もちろん簡約群，冪零群や可解群，トーラスなどの一般の群もあつかう．これらの行列群は，それ自身が研究の対象でもあるが，数学や物理の理論の至るところに現れ，幅広い応用がある．

　代数群とリー群とは大きな重なりを持つものの，少し異なった性格を持つ．実際のところ，複素数体上で考えるならば代数群はリー群の一種であるが，直感的にいうとリー群の方が「柔らかく」いろいろ融通が利く．代数群は，多項式で定義されることから剛性が高く，それゆえに代数群においてはリー群の場合よりも強い事実が成り立つ．

　本書では，主に著者たちの興味が複素数体（あるいは実数体）上の代数群にあるため，基礎体を複素数体にして論じている．複素数体上の代数群では指数写像を介してリー環の理論も使いやすいし，微分や接空間なども自然に定義することができる．

　さて，内容についてもう少し詳しく説明しよう．

　まず，序章には，多くの読者にあまり馴染みがないと思われる代数幾何学の基本的な事項への入門をおいた．「代数多様体」というと難しく聞こえるが，要するに多項式による連立方程式で決まる図形のことである．この入門は，そのような直

感的な視点で書かれているが，難しく感じられる方は，とりあえず第 2 章以降に読み進み，記号や基本的な定義を必要に応じて参照していただければよいと思う．

第 2 章からが本論で，最初に線型代数群の定義といくつかの性質，簡約性について述べた後，第 3 章では具体的な例として，一般線型群とその表現論（最高ウェイト理論）について述べる．

第 4 章と第 5 章では，代数群の代数多様体への作用について述べる．ここで登場するのは，群軌道や様々な商空間 (軌道空間・アフィン商・圏論的商・幾何学商) である．具体例として，射影空間やグラスマン多様体，主ファイバー束などについても述べる．ここで，とりわけ重要なのが代数群の閉部分群による商空間が代数多様体の構造をもつという，商の存在定理である．既に定評ある代数群の教科書の著者達も，この定理を自己完結的に証明するために苦労したように思われる．本書では Zariski の主定理を用いた証明を与えた．

第 6 章はリー環論を代数群論に援用するための準備である．代数群の簡約性については様々な同値な条件があるが，これらの同値性を証明するためのリー環論における準備が第 7 章で与えられる．特に，Jacobson-Morozov の定理を解説すると共に，この定理が成立するための条件 (JM 条件) の表現論的位置づけについて述べる．

第 8 章では，代数群やそのリー環においてジョルダン分解が定まり，表現に関して普遍的となることについて述べる．ジョルダン分解の存在が，代数群論において強力な手法を与えることとなる．

第 9 章は，第 10 章以降の準備である．ここでは，代数群論において重要な部分群と，そのリー環について解説する．

第 10 章では，代数群の簡約性に同値な様々な条件について解説する．ここで，「任意の表現が完全可約である」ことと「冪単根基が自明である」ことの同値性が証明される．この同値性の橋渡しをするのが JM 条件である．Jacobson-Morozov の定理は，半単純リー環の「任意の冪零元が $\mathfrak{sl}_2$-triple に埋め込める」(この条件を JM 条件という) ことを主張するが，じつは，リー環がこの条件を満たすような代数群が簡約代数群なのである．さらに JM 条件を介して，トレース形式の非退化性による簡約性の判定法（キリング形式によるリー環の半単純性の判定法の代数群版）を与えると共に，コンパクトな実型をもつ複素線型リー群が簡約代数群であることを解説した．また，松島の定理は簡約代数群の閉部分群が簡約になるための必要十分条件を与えるが，上記の簡約性に関する考察のもとに，この定理の証明が比較的容易に与えられることが分かったので，この証明も解説することにした．

第 11 章では，ボレルの固定点定理とボレル部分群の基本的な性質を論じる．グラスマン多様体を一般化した旗多様体とボレル部分群との関係，ボレルの正規化定理，ボレル部分群と極大トーラスの共役性など，この章で扱う話題は多く，どれも基本的であって，しかも奥が深い．

第 12 章以降は，ほぼ独立したトピックスであり，第 11 章までの理論を用いて何ができるかを例で示したものと言える．第 12 章では，漸近錐と零ファイバーの話題，第 13 章と第 14 章はリー環や次数つきリー環の随伴商の話題，そして第 15 章で古典型リー環と対称対の冪零軌道の幾何学について論じる．

本文中に用いる高度な代数幾何の定理などは第 16 章に附録としてまとめてある．この章もほぼ自己完結しているが，ある程度，本文を読み進んだ後でないと難しいかもしれない．ここで扱われている話題は，有限射・支配的写像・接空間や非特異点・正規性などであるが，とくに最後の Zariski の主定理は，本文中でも繰り返し用いられており，重要である．この定理については，可換環論の比較的よく知られた事実に基づく証明を与えた．

本書で中心的な働きをするアフィン商はもともと群作用による不変式環を用いて定義され，不変式論と深いつながりを持っている．しかし，ページ数の関係で不変式の個別かつ具体的な理論に踏み込む余裕がなかったことが心残りである．

本書を執筆するにあたっては，さまざまな文献を参考にした．ここでひとつひとつの文献をあげることはしないが，巻末に参考文献としてまとめてある．これら先達の知恵と素晴らしい遺産に感謝したい．

著者の一方の恩師である堀田良之先生には Zariski の主定理の周辺のことについて質問させていただき，大変貴重なご意見を頂戴した．また，本書がある程度完成した段階でお読み頂き，誤りを指摘していただくとともに，ここでも貴重なご意見を頂戴した．また，日頃親しくしていただいている関口次郎先生には，原稿を詳細に読んでいただいて独自の視点から重要な指摘を頂戴した．両先生にこの場をかりてお礼を申し上げたい．

草稿を読んでいただいた小木曽岳義氏，田中雄一郎氏，和地輝仁氏の三氏に感謝する．

最後になるが，編集者の横山伸氏には特に感謝したい．彼の我慢強さと，遠慮がちな笑顔なくしては本書は成立しなかったと思う．

2014 年 12 月
著者記す

各章の関係

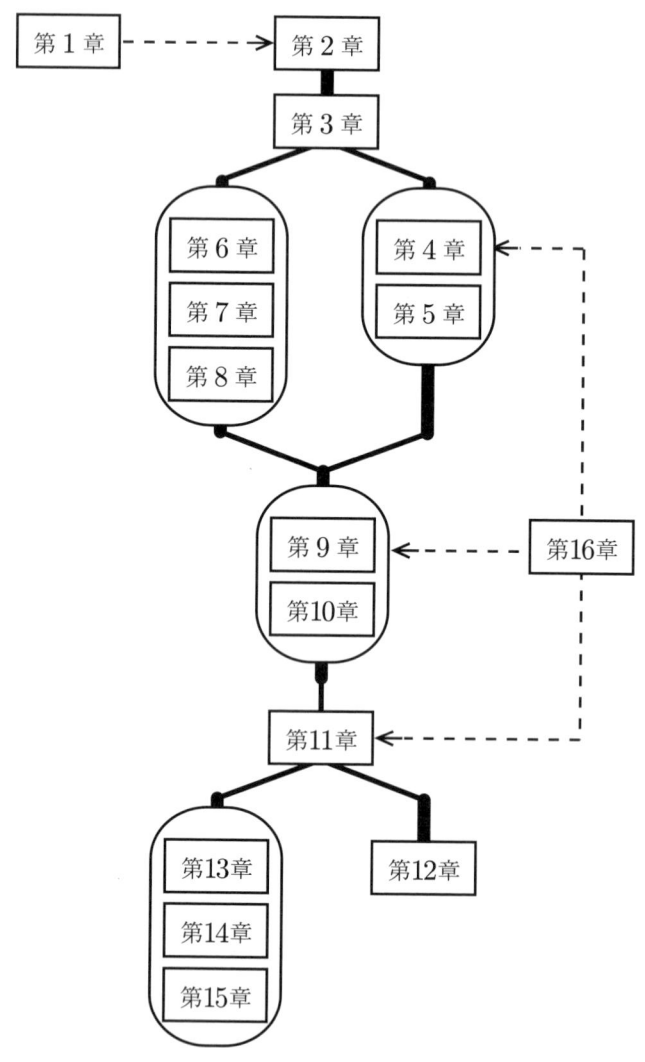

目次

第 1 章　代数多様体入門　　1
- 1.1　アフィン空間とザリスキ位相 …………………………… 1
- 1.2　アフィン代数多様体 ………………………………………… 3
- 1.3　正則関数環 …………………………………………………… 9
- 1.4　アフィン代数多様体の射 …………………………………… 13
- 1.5　正則写像と代数多様体 ……………………………………… 15
- 章末問題 …………………………………………………………… 21

第 2 章　線型代数群　　23
- 2.1　線型代数群の定義 …………………………………………… 23
- 2.2　古典群 ………………………………………………………… 25
  - 2.2.1　トーラスと特殊線型群 ………………………………… 26
  - 2.2.2　直交群 …………………………………………………… 26
  - 2.2.3　斜交群 (シンプレクティック群) ……………………… 27
- 2.3　代数群の連結成分 …………………………………………… 28
- 2.4　代数群の表現 ………………………………………………… 29
- 2.5　不変元と Schur の補題 ……………………………………… 33
- 2.6　表現の完全可約性 …………………………………………… 36
- 2.7　簡約代数群 …………………………………………………… 40
- 2.8　簡約代数群の性質と例 ……………………………………… 43
- 2.9　Peter-Weyl の定理 …………………………………………… 46
- 2.10　指標 ………………………………………………………… 50
- 2.11　誘導表現と Frobenius の相互律 ………………………… 51
- 2.12　線型代数群とアフィン代数群 …………………………… 54
- 章末問題 …………………………………………………………… 56

第 3 章　一般線型群の表現　　59
- 3.1　トーラスの表現 ……………………………………………… 59
- 3.2　一般線型群の簡約性 ………………………………………… 62
- 3.3　$GL_n(\mathbb{C})$ の既約表現と最高ウェイト ……………………… 65
  - 3.3.1　ボレル部分群とその表現 ……………………………… 65

  3.3.2 行列の三角分解 69
  3.3.3 最高ウェイト表現 70
 3.4 $\mathrm{GL}_n \times \mathrm{GL}_m$ 双対性 73
 3.5 Borel-Weil の定理 79
 章末問題 81

第 4 章　代数群の作用とアフィン商　84
 4.1 軌道空間 84
 4.2 アフィン商の定義 86
 4.3 アフィン商写像 90
 4.4 行列式多様体 94
 4.5 アフィン商の性質と軌道 99
 4.6 圏論的商と普遍性 103
 章末問題 106

第 5 章　代数群の軌道　108
 5.1 軌道の普遍性 108
 5.2 軌道と次元 112
 5.3 射影空間 115
 5.4 射影多様体 119
 5.5 射影多様体上の軌道と商 122
 5.6 隅廣の定理 126
 5.7 グラスマン多様体 127
 5.8 主ファイバー束 133
 章末問題 134

第 6 章　代数群とリー環　136
 6.1 リー環 136
 6.2 代数群のリー環 140
 6.3 代数多様体の接空間 142
 6.4 接空間とリー環 143
 6.5 微分表現 145
 6.6 $\mathrm{GL}_n(\mathbb{C})$ における指数写像 148
 6.7 代数群のリー環と指数写像 150
 章末問題 156

第 7 章	簡約リー環とその表現	158
7.1	リー環論の基本事項	158
7.2	$\mathfrak{sl}_2$ の表現論	162
7.3	Jacobson-Morozov の定理	165
7.4	簡約リー環とその表現	170
7.5	リー環の完全可約表現と冪零根基	173
	章末問題	176
第 8 章	代数群のリー環とジョルダン分解	178
8.1	線型代数群のリー環におけるジョルダン分解	178
8.2	局所有限な線型変換のジョルダン分解	180
8.3	関数環への作用とジョルダン分解	182
8.4	線型代数群における乗法的ジョルダン分解	185
	章末問題	188
第 9 章	代数群の部分群とそのリー環	190
9.1	閉部分群とリー環の対応	190
9.2	閉部分群の生成系	194
9.3	冪単代数群	196
9.4	交換子群とそのリー環	201
9.5	可解代数群，冪零代数群とそのリー環	206
9.6	トーラスとそのリー環	208
	章末問題	214
第 10 章	簡約性と冪単根基	216
10.1	根基と冪単根基	216
10.2	代数群の簡約性に同値な条件	221
10.3	不変な双線型形式と簡約性	223
10.4	中心化群と正規化群の簡約性	225
10.5	松島の定理	229
10.6	簡約代数群と複素リー群	231
	章末問題	236
第 11 章	旗多様体と Borel の固定点定理	238
11.1	旗多様体	238
11.2	完備多様体	242

11.3 固定点定理 245
11.4 可解群のトーラス部分群 246
11.5 ボレル部分群とその共役性 252
11.6 トーラスの中心化群 256
11.7 ボレル部分群の正規化定理 259
章末問題 261

第 12 章　線型表現と軌道　264

12.1 零ファイバー 264
12.2 漸近錐 267
12.3 調和多項式 275
12.4 不変イデアルと調和多項式 276
12.5 対称群による商 280
 12.5.1 零ファイバーの重複度と調和多項式 280
 12.5.2 一般のファイバーと調和多項式 287
12.6 縮約写像と零ファイバー 291
 12.6.1 安定域 $(n \geq 2m)$ 295
 12.6.2 退化域 $(2m > n)$ 297
 12.6.3 等階数の場合 $(n = m)$ 299
章末問題 302

第 13 章　リー環の随伴商　305

13.1 カルタン部分環とその共役性 305
13.2 ワイル群と Chevalley の制限定理 309
13.3 冪零軌道の個数の有限性 315
13.4 不変写像のファイバー 318
13.5 不変写像のファイバーの正規性とファイバー束の構造 .. 322
章末問題 326

第 14 章　$\mathbb{Z}_m$ 階別リー環の随伴商　327

14.1 $\mathbb{Z}_m$ 階別リー環 327
14.2 簡約階別リー環 330
14.3 簡約階別リー環における軌道 334
14.4 カルタン部分空間 336
14.5 階別リー環におけるワイル群と Chevalley の制限定理 .. 339

14.6	階別リー環における不変写像のファイバー	341
章末問題		343

第 15 章　古典型リー環と対称対の冪零軌道　345

15.1	ε 双線型形式が定めるリー環，対称対	345
15.2	軌道の埋め込み定理	347
15.3	$\mathrm{GL}(V)$ の $\mathfrak{gl}(V)$ における冪零軌道の分類の復習	349
15.4	ε 双線型形式が定めるリー環と対称対の冪零軌道の分類	350
15.5	内部自己同型が定める対称対の冪零軌道	356
15.6	直交群・斜交群に付随したテータ表現の冪零軌道	359
15.7	まとめ: ヤング図形による冪零軌道の分類	368
15.8	冪零軌道の閉包の包含関係とヤング図形	369
15.9	$(\mathrm{GL}_n(\mathbb{C}), \mathfrak{gl}_n(\mathbb{C}))$ の場合の冪零軌道の閉包の包含関係	372
15.10	(II)–(V) の場合の冪零軌道に対応するヤング図形の隣接関係	375
章末問題		378

第 16 章　附録　代数幾何学からの準備　379

16.1	有限射	379
16.2	分解定理	381
16.3	等次元の代数多様体の間の支配的正則写像	383
16.4	接空間と非特異点	387
16.5	余接空間と正則微分形式	390
16.6	微分写像の全射性と支配的正則写像	396
16.7	有限被覆写像	398
16.8	Zariski の主定理と開写像定理	401

文　献	408
索　引	412

記号と注意

　本文中に演習問題を多数配したが，これらは比較的容易であるから，演習によって内容を確認しながら読み進むとよいだろう．そのときには解けない問題も，しばらく後で見返すと解けることはよくあるから，もし，解けなくてもとりあえず認めて先に進むのがよい．

　一方，各章末の章末問題は少し高度なものが多い．研究のきっかけや，深く理論を学びたい人には一度考えてみることをお勧めする．しかし，最初は，これらの章末問題をとばして読んでも差し支えない．

　巻末には記号索引をつけたが，以下に，特によく使ったり，断りなく用いる記号を列挙する．

- $\mathbb{Z}, \mathbb{Q}, \mathbb{R}, \mathbb{C}$：それぞれ整数環，有理数体，実数体，複素数体を表す．
- $\mathbb{C}^n$ は複素数上の数ベクトル空間．数ベクトルは必要に応じて列ベクトルとみなしたり行ベクトルとみなしたりする．実数体上の数ベクトル空間 $\mathbb{R}^n$ についても同様．
- $\mathrm{M}_{m,n}(\mathbb{C})$：複素数を成分に持つ $m \times n$ 行列のなすベクトル空間．行列 $A \in \mathrm{M}_{m,n}(\mathbb{C})$ に対して ${}^t\!A \in \mathrm{M}_{n,m}(\mathbb{C})$ は転置行列を表す．
- $\mathrm{M}_n(\mathbb{C})$：n 次正方行列のなすベクトル空間．
- $E_{i,j}$ で (i,j) 成分が 1，その他の成分がすべて 0 の行列を表し，**行列単位**とよぶ．行列単位のサイズは状況に応じて判断する．また，対角行列を
$$\mathrm{diag}(a_1, \cdots, a_n) = \begin{pmatrix} a_1 & & \\ & \ddots & \\ & & a_n \end{pmatrix} と表す．$$
- $\mathrm{GL}_n(\mathbb{C}) = \{g \in \mathrm{M}_n(\mathbb{C}) \mid g \text{ は可逆な行列}\}$
  $= \{g \in \mathrm{M}_n(\mathbb{C}) \mid \det g \neq 0\}$ ：**一般線型群**
- $\mathrm{span}_{\mathbb{C}}\{v_k \mid 1 \leq k \leq d\}$：$\{v_k \mid 1 \leq k \leq d\}$ で生成されたベクトル空間．
- $(f_k \mid 1 \leq k \leq d)$：$\{f_k \mid 1 \leq k \leq d\}$ によって生成されたイデアル．
- X を集合とするとき，id_X は恒等写像を表す．
- ベクトル空間 U, V に対して $U \oplus V$ は直和を，$U \oplus\!\!\!\!\perp V$ は (双線型形式に関する) 直交直和を表す．
- 本書では代数多様体は既約とは限らない．一般には「代数多様体」というと

既約性が仮定されていることがあるので注意が必要である.また,本書では特に断らない限り,位相はザリスキ位相で考える.複素多様体など通常の位相を考えるときには,その都度断って用いる.

第 1 章

代数多様体入門

この章では，代数多様体，特にアフィン代数多様体に関する基礎的な事項を読者の便宜のためにまとめておく．タイトルは「入門」となっているが，ここで紹介するのは代数多様体の定義にかかわる基本的事項のみである．代数多様体のより深い性質や構造論，代数幾何学で扱う主要な話題については良書が多数出版されているのでそれらを参照されたい．したがって，すでに代数多様体についていくらか馴染みのある読者はこの章を飛ばして先に進んでもよいだろう．一方，代数幾何にあまり慣れていない読者にとっては，この章が本書の中で一番ハードルが高い部分かもしれない．代数幾何の知識については本文中でも折に触れて復習しながら用いるので，初心者の人はこの章の言葉遣いと記号にある程度慣れていただければそれでよい．

1.1 アフィン空間とザリスキ位相

現代の代数幾何学では "代数多様体" という概念そのものが高度に抽象化されてしまったが，元来，代数多様体とは多項式による連立方程式の解集合を意味するものであった．そこでまずいくつかの多項式の共通零点から話を始めよう．以下 $a = (a_1, \cdots, a_n)$ などと略記する．

定義 1.1 $\mathbb{C}^n$ の座標を $x = (x_1, \cdots, x_n)$ と書いて，n 変数多項式の系 $\{f_1(x), \cdots, f_k(x)\}$ を考える．このとき $\mathbb{C}^n$ の部分集合

$$\mathbb{V}(f_1, \cdots, f_k) = \{a \in \mathbb{C}^n \mid f_1(a) = \cdots = f_k(a) = 0\}$$

を**代数的閉集合** (closed algebraic set) とよぶ．

代数的閉集合は，有限個の和集合や (無限個の) 共通部分をとることで閉じている．また，明らかに $\mathbb{V}(1) = \emptyset$, $\mathbb{V}(0) = \mathbb{C}^n$ であるから，空集合や $\mathbb{C}^n$ 全体も代数的閉集合である．つまり代数的閉集合は，位相空間論における閉集合の公理を満

たしている.したがって $\mathbb{C}^n$ に代数的閉集合を閉集合の全体とするような位相を定義できるが,これを**ザリスキ位相** (Zariski topology) [1] とよび,ザリスキ位相を考えた空間 $\mathbb{C}^n$ を n **次元アフィン空間** (affine n space) とよんで $\mathbb{A}^n(\mathbb{C})$ あるいは単に $\mathbb{A}^n$ で表す.

演習 1.2 代数的閉集合の有限個の和集合や共通部分は代数的閉集合であることを示せ.[ヒント] 関係式 $\mathbb{V}(f,g) = \mathbb{V}(f) \cap \mathbb{V}(g)$, $\mathbb{V}(fg) = \mathbb{V}(f) \cup \mathbb{V}(g)$ を示せ.

演習 1.3 Hilbert の基底定理を用いて代数的閉集合の無限個の共通部分は代数的閉集合であることを示せ [2].ただし Hilbert の基底定理は多項式環の任意のイデアルが有限生成であることを主張する(例えば [63, §3.2] を参照).

部分集合 $B \subset \mathbb{A}^n$ に対して,特に断らない限り,$\overline{B}$ はザリスキ位相に関する**閉包**を意味する.つまり B を含む最小の代数的閉集合である.定義より,ザリスキ位相での閉集合は代数的閉集合と同じものであるから,以下では代数的閉集合のことを**ザリスキ閉集合**とよぶ.

ザリスキ位相に対して,通常の位相を**複素解析的位相**,あるいは略して**複素位相**とよぶ [3].ザリスキ位相での閉集合はもちろん複素位相でも閉であるが,一般に複素位相の閉集合はザリスキ閉集合ではない.開集合についても同様である.本書では代数的な集合を扱うことが多いので,特に断らない場合にはザリスキ位相を考えることにする.複素位相で考える場合,そしてそれが状況によって明らかでないときは,明示的に複素位相であることを注意して用いる.

例 1.4 一次元アフィン空間 $\mathbb{A}^1 = \mathbb{C}$ では,ザリスキ閉集合は一変数の多項式の零点集合だから有限個の点からなる有限集合(空集合を含む)か,あるいは $\mathbb{A}^1$ 全体である.したがってこの場合には,複素位相とザリスキ位相はまったく異なる.

$\mathbb{A}^2$ においてはザリスキ閉集合は,有限個の点と 2 変数多項式で定義された有限個の曲線の和(空集合を含む),あるいは $\mathbb{A}^2$ 全体である.

アフィン空間 $\mathbb{A}^n$ において,空でない開集合は常に稠密であり,2 つの空でない開集合の共通部分は空でない.したがってアフィン空間 $\mathbb{A}^n$ はハウスドルフ空間

---

[1] Zariski, Oscar (1899–1986).

[2] Hilbert, David (1862–1943).

[3] 文献によってはこれを**強位相** (strong topology) とよんだり,**古典位相** (classical topology) とよんだりする.

ではない (任意の相異なる 2 点を開集合によって分離することは不可能である). 一方において, アフィン空間は被覆コンパクト[4]であるが, ハウスドルフでない被覆コンパクト空間では, 通常のコンパクト位相空間の満たすべき性質の多くが失われてしまうことに注意しておく.

演習 1.5 $\mathbb{A}^1$ における点列 $\{a_k\}_{k=1}^{\infty}$ を $a_k = k$ で定める. このとき点列 $\{a_k\}_{k=1}^{\infty}$ は, 任意の点 $\alpha \in \mathbb{A}^1$ にザリスキ位相で収束していることを示せ. 特に $\overline{\mathbb{Z}} = \mathbb{A}^1$ である. ただし $\overline{\mathbb{Z}}$ は整数の集合 $\mathbb{Z}$ のザリスキ閉包である.

1.2 アフィン代数多様体

$\mathbb{C}^n$ にザリスキ位相を考えたものをアフィン空間とよんで $\mathbb{A}^n$ で表した. 同様に, n 変数の多項式系 $\{f_1, \cdots, f_k\}$ の共通零点 $X = \mathbb{V}(f_1, \cdots, f_k) \subset \mathbb{C}^n$ にザリスキ位相による誘導位相を考えたものを**アフィン代数多様体** (affine algebraic variety) とよぶ. つまりアフィン空間のザリスキ閉集合のことをアフィン代数多様体とよぶのである. $X = \mathbb{V}(f_1, \cdots, f_k)$ に対して, $\{f_1, \cdots, f_k\}$ を**定義多項式系**という. X を定義する多項式系は多数存在するが, 容易にわかるように X は $\{f_1, \cdots, f_k\}$ から生成されたイデアル

$$I = (f_1, \cdots, f_k) \subset \mathbb{C}[x] := \mathbb{C}[x_1, \cdots, x_n] \tag{1.1}$$

にしかよらない. この I を X の**定義イデアル** (defining ideal) とよぶ. 一般に定義イデアル I は X によって一意的に決まらないが,

$$\mathbb{I}(X) = \{f \in \mathbb{C}[x] \mid f(a) = 0 \ (\forall a \in X)\} \tag{1.2}$$

は X によって決まる. この $\mathbb{I}(X)$ を X の**零化イデアル** (annihilator ideal) とよぶ. 零化イデアルは X の定義イデアルの一つになっている.

アフィン多様体 $X \subset \mathbb{A}^n$ にはザリスキ位相を考えたが, 位相空間の構造だけでは代数多様体と考えるには不足であり, X はそれを含むアフィン空間 $\mathbb{A}^n$ の代数的な構造をも受け継いでいる. つまり, アフィン空間には自然に多項式環 $\mathbb{C}[x] = \mathbb{C}[x_1, \cdots, x_n]$ が対応するが, 多項式 $f \in \mathbb{C}[x]$ を X に制限して, X 上の関数と考えたものを X の**正則関数** (regular function) あるいは**多項式関数** (polynomial

---

[4] 位相空間 X が**被覆コンパクト**であるとは, X の任意の開被覆 $X = \bigcup_{\alpha \in A} U_\alpha$ に対して, 有限個の被覆 $X = \bigcup_{i=1}^N U_{\alpha_i}$ が選べるときにいう.

function) とよぶ[5]．また X 上の正則関数の全体を $\mathbb{C}[X]$ と書き，これを X の**正則関数環** (regular function ring) という．

演習 1.6 多項式の制限写像 $\mathrm{rest}_X : \mathbb{C}[x_1, \cdots, x_n] \ni f \mapsto f|_X \in \mathbb{C}[X]$ を考えると，定義よりこれは全射である．このとき $\mathrm{Ker}\, \mathrm{rest}_X = \mathbb{I}(X)$ であって，代数としての同型 $\mathbb{C}[X] \simeq \mathbb{C}[x_1, \cdots, x_n] / \mathbb{I}(X)$ が成り立つことを示せ．

アフィン多様体 X に含まれるザリスキ閉集合 Z を X の**閉部分多様体**とよぶ．Z は定義から，それ自身アフィン代数多様体である．

定義 1.7 アフィン代数多様体 X が**可約** (reducible) であるとは X の空でない真の閉部分多様体 $Z_1, Z_2 \subsetneq X$ であって，$X = Z_1 \cup Z_2$ となるようなものが存在するときにいう．空でなく，可約でもないとき**既約** (irreducible) という．

例 1.8 アフィン平面 $\mathbb{A}^2$ において $xy = 0$ で定義されるアフィン多様体 $X = \mathbb{V}(xy)$ は可約である．実際それは x 軸と y 軸の和集合であり，この二軸は X の真の閉部分多様体である．

命題 1.9 アフィン代数多様体 $X \subset \mathbb{A}^n$ が既約であるための必要十分条件は，X の零化イデアル $\mathbb{I}(X)$ が素イデアルであること，つまり正則関数環 $\mathbb{C}[X]$ が整域であることである．

証明 零化イデアルが $\mathbb{I}(X)$ が素イデアルでなかったとする．このときは $f, g \in \mathbb{C}[x]$ であって，$f, g \notin \mathbb{I}(X)$ かつ $f \cdot g \in \mathbb{I}(X)$ となるようなものが存在する．このとき
$$Z_1 = \{a \in X \mid f(a) = 0\}, \qquad Z_2 = \{a \in X \mid g(a) = 0\}$$
とおけば，$f \notin \mathbb{I}(X)$ だから $Z_1 \subsetneq X$ は真の閉部分多様体であり，同様にして $Z_2 \subsetneq X$ である．一方 $fg \in \mathbb{I}(X)$ だから $Z_1 \cup Z_2 = X$ が成り立つ．もし $Z_1 = \emptyset$ なら $Z_2 = X$ となって矛盾する．したがって Z_1 は空でない．同様にして Z_2 が空でないことも言えるので，X は可約である．

逆に X が可約だとして $X = Z_1 \cup Z_2$ と真の閉部分多様体の和に書いておく．このとき，それぞれの零化イデアルの生成元をとり

---

[5] 複素関数論の正則関数 (holomorphic function) とは別物で，複素関数の意味で正則なものを解析的な正則関数，あるいは解析関数とよんで区別することにする．

$$\mathbb{I}(Z_1) = (h_1, \cdots, h_p), \quad \mathbb{I}(Z_2) = (g_1, \cdots, g_q)$$

と表示しておく．すると少なくとも一つの i に対して $h_i \notin \mathbb{I}(Z_2)$ である．したがって特に $h_i \notin \mathbb{I}(X)$ である．同様に $g_j \notin \mathbb{I}(X)$ となる g_j も選ぶことができる．ところが，条件 $X = Z_1 \cup Z_2$ より X 上で $h_i g_j = 0$ となって $h_i g_j \in \mathbb{I}(X)$ だから，$\mathbb{I}(X)$ は素イデアルでない． □

次は容易にわかる．

補題 1.10 アフィン多様体 $X, Y \subset \mathbb{A}^n$ に対して，$X \subset Y$ と $\mathbb{I}(X) \supset \mathbb{I}(Y)$ は同値である．特に $X = Y \iff \mathbb{I}(X) = \mathbb{I}(Y)$ が成り立つ．

Hilbert の基底定理によって多項式環 $\mathbb{C}[x] = \mathbb{C}[x_1, \cdots, x_n]$ ではイデアルの昇鎖条件が成り立つので[6]，X の閉部分多様体の減少列

$$\emptyset \subsetneq Z_1 \subsetneq Z_2 \subsetneq \cdots \subsetneq Z_d = X \tag{1.3}$$

は上の補題により有限で終わることがわかる．

定理 1.11 アフィン多様体 X の閉部分多様体 $\{Z_i \mid 1 \leq i \leq N\}$ であって，各 Z_i は既約，X は

$$X = \bigcup_{i=1}^{N} Z_i \tag{1.4}$$

と分解するようなものが存在する．この分解が最短分解 (N が最小になるような分解) であれば，既約な部分多様体 $\{Z_i \mid 1 \leq i \leq N\}$ は順序を除いて一意的に決まる．このとき Z_i を X の**既約成分** (irreducible component)，分解 (1.4) を**既約分解** (irreducible decomposition) とよぶ．

証明 X が既約でなければ，$X = Y_1 \cup Y_2$ と真の閉部分多様体の和に分解する．さらに Y_i が既約でなければ同様の手続きを繰り返す．無限にこの手続きが続いたとすると閉部分多様体の狭義の無限減少列ができるが，上の補題 1.10 の直後に指摘したようにそのような無限列は存在しない．したがって，ある既約閉部分多様体に到達してこの手続きは終わることになる．少なくとも一つの分解がこのようにして得られるので最短分解

$$X = \bigcup_{i=1}^{N} Z_i$$

も存在する．このとき，分解の最短性より部分多様体 $\{Z_i \mid 1 \leq i \leq N\}$ の間には

---

[6] つまり多項式環はネーター環である．ネーター環については下記の脚注 8) 参照．

包含関係がないことに注意しよう．さて，別の最短分解 $X = \bigcup_{j=1}^{M} W_j$ があったとすると，

$$W_j = \bigcup_{i=1}^{N} W_j \cap Z_i$$

となるが，W_j は既約であるから $W_j \cap Z_i = W_j$ が成り立つような Z_i が存在する．これは $W_j \subset Z_i$ を意味するが，$\{W_j\}$ と $\{Z_i\}$ の役割を逆にすることにより，$Z_k \subset W_j \subset Z_i$ が結論できる．$\{Z_i\}$ たちの間には包含関係はなかったので，結局 $k = i$ であって，$W_j = Z_i$ が成り立つ．これより既約分解の一意性が従う． □

演習 1.12 アフィン多様体 X の既約分解 $X = \bigcup_{i=1}^{N} Z_i$ に対応して，零化イデアルも $\mathbb{I}(X) = \bigcap_{i=1}^{N} \mathbb{I}(Z_i)$ と分解することを示せ．このとき各 $\mathbb{I}(Z_i)$ は素イデアルであって，これは $\mathbb{I}(X)$ の素イデアル分解を与えている．

定義 1.13 X を既約なアフィン代数多様体とするとき，既約な閉部分多様体の列 $\emptyset \subsetneq X_0 \subsetneq X_1 \subsetneq \cdots \subsetneq X_d = X$ のうち長さ d が最大のものをとる．このとき $\dim X = d$ と決めて X の**次元**という．可約な X に対しては，$X = \bigcup_{i=1}^{N} Z_i$ と既約分解するとき，$\dim X = \max_{1 \leq i \leq N} \dim Z_i$ と決める．

演習 1.14 既約なアフィン代数多様体 $X \subset \mathbb{A}^n$ に対して，素イデアルの増大列 $\mathbb{C}[x_1, \cdots, x_n] \supsetneq \mathfrak{p}_0 \supsetneq \mathfrak{p}_1 \supsetneq \cdots \supsetneq \mathfrak{p}_d = \mathbb{I}(X)$ で長さが最大のものを選ぶと，$d = \dim X$ であることを示せ．($d \leq n$ であることを用いてよい．下記定理 1.15 参照．)

一般に素イデアル $\mathfrak{p}$ に対し，素イデアルの降鎖列 $\mathfrak{p} = \mathfrak{p}_0 \supsetneq \mathfrak{p}_1 \supsetneq \mathfrak{p}_2 \supsetneq \cdots \supsetneq \mathfrak{p}_k$ の長さ k の最大値を $\mathfrak{p}$ の**高さ** (height) とよび $\mathrm{ht}(\mathfrak{p})$ で表す．また一般のイデアル $\mathfrak{a}$ に対しては $\mathfrak{a} \subset \mathfrak{p}$ となるような素イデアル $\mathfrak{p}$ の高さの最小値を $\mathfrak{a}$ の高さとよび，やはり $\mathrm{ht}(\mathfrak{a})$ で表す．

可換代数 R に対して，R の素イデアルの高さの最大値を**クルル次元**[7]とよんで $\dim R$ と書く．すると上の演習問題によって $\dim X = \dim \mathbb{C}[X]$ つまり多様体 X の次元は正則関数環 $\mathbb{C}[X]$ のクルル次元に一致することがわかる．ここでは証明しないが，可換環の理論より次の定理が知られている (例えば [63, 定理 7.23] 参照).

定理 1.15 R を $\mathbb{C}$ 上の有限生成の整域とする．このとき R の商体 $Q(R)$ の超越次数は R のクルル次元に等しい．さらに $\mathfrak{m} \subset R$ を任意の極大イデアルとすると

---

[7] Krull, Wolfgang (1899–1971).

$$\text{trans.deg}_{\mathbb{C}} Q(R) = \dim R = \dim R_{\mathfrak{m}}$$

が成り立つ．ただし trans.deg$_{\mathbb{C}}$ は $\mathbb{C}$ 上の超越次数を表し，$R_{\mathfrak{m}}$ は R の $\mathfrak{m}$ による局所化である．

しばしば trans.deg $\mathbb{C}[X]$ によって $\mathbb{C}[X]$ の商体の超越次数を表すが，これは $\mathbb{C}[X]$ の代数的に独立な元の最大個数に等しい．一般に解析的な多様体の次元は，局所座標をとったときの次元，あるいは接空間のベクトル空間としての次元と等しいが，代数多様体における，極大イデアルに関する局所化のクルル次元は，解析多様体における接空間の次元にあたるものである．これについては後述するが，より詳しい環論的な議論については [63, 第 7 章] を参照して欲しい．

定理 1.16 X を既約なアフィン代数多様体とする．
(1) $f_1, \cdots, f_r \in \mathbb{C}[X]$ に対して，閉部分多様体を $Z = \mathbb{V}(f_1, \cdots, f_r)$ とおけば $\dim Z \geq \dim X - r$ である．
(2) $f \in \mathbb{C}[X]$ をゼロでなくまた単元でもないとする．このとき $\mathbb{V}(f)$ の既約成分の次元はすべて $\dim X - 1$ である．

この定理は次の **Krull の高度定理**とよばれる定理の直接の帰結であるが，高度定理そのものは本書では証明しない．例えば [63, 定理 7.11] を見られたい．

定理 1.17 A をネーター環とする [8]．
(1) (Krull の高度定理) r 個の元 $x_1, \cdots, x_r \in A$ によって生成されるイデアル $(x_1, \cdots, x_r)$ を含む極小素イデアルの高さは r 以下である．
(2) (Krull の単項イデアル定理) $x \in A$ を零因子でも単元でもないとすれば，単項イデアル (x) を含む極小素イデアルの高さは 1 である．

系 1.18 X を既約なアフィン多様体とし，$Z \subset X$ を既約な閉部分多様体とする．このとき適当な $f_1, \cdots, f_d \in \mathbb{C}[X]$ ($d = \dim X - \dim Z$) を選ぶことによって，Z は $W = \mathbb{V}(f_1, \cdots, f_d)$ の既約成分であり，かつ W の既約成分はすべて Z と同じ次元 $\dim Z$ を持つようにできる．

---

[8] **ネーター環**とは，任意のイデアルが有限生成であるような環をいう．あるいは同値な条件として，イデアルの昇鎖列 $\mathfrak{p}_1 \subset \mathfrak{p}_2 \subset \cdots$ に対して，十分大きな N が存在して $\mathfrak{p}_N = \mathfrak{p}_{N+1} = \cdots$ となる (イデアルの昇鎖条件が成り立つ) ことと言ってもよい．これらの事項については，例えば [63, §3.1] を参照されたい．Noether, Emmy (1882–1935)．

証明 ゼロでない $f_1 \in \mathbb{I}(Z)$ をとって $Y = \mathbb{V}(f_1)$ を考えると，明らかに $Z \subset Y$ であって，Krull の単項イデアル定理より Y の既約成分の次元はすべて $\dim X - 1$ である．そこで $Y = \bigcup_{i=1}^{N} Y_i$ を既約分解とする．もし $\dim Z = \dim X - 1$ ならば Z はいずれかの Y_i と一致しなければならないのでそれでお終い．

そこで $\dim Z < \dim X - 1$ としよう．このとき $\mathfrak{p}_i = \mathbb{I}(Y_i)$ とおけば $\mathfrak{p}_i$ は素イデアルであって，$\mathbb{I}(Z) \not\subset \mathfrak{p}_i$ である．したがって $\mathbb{I}(Z) \not\subset \bigcup_{i=1}^{N} \mathfrak{p}_i$ が成り立ち (演習 1.21 参照)，$f_2 \in \mathbb{I}(Z)$ かつ $f_2 \notin \bigcup_{i=1}^{N} \mathfrak{p}_i$ となるものがとれる．

このとき既約成分 Y_i ごとに Krull の単項イデアル定理を適用すればわかるように，$Z \subset \mathbb{V}(f_1, f_2) \subset Y$ であって，かつ $\mathbb{V}(f_1, f_2)$ の既約成分の次元は，すべて $\dim X - 2$ である．この過程を繰り返せば $\dim X - d = \dim Z$ に達して，系の主張が成り立つ． □

この系は次元が n の多様体において，次元が $m = \dim Z$ の部分多様体を定義するには，$d = n - m$ 個の方程式があればよいことを主張している．しかし Z そのものは方程式によって完全に切り出されているわけではなく，既約成分として得られていることに注意しておこう．もし $Z = \mathbb{V}(f_1, \cdots, f_d)$ ($d = \dim X - \dim Z$) と書けているならば Z は**完全交叉** (complete intersection) とよばれる [9]．

Z として X の一点からなる閉部分多様体を考えることもできる．それを別に書いておこう．

系 1.19 既約アフィン多様体 X の一点 $x \in X$ に対して，$f_1, \cdots, f_n \in \mathbb{C}[X]$ ($n = \dim X$) をうまくとれば $\mathbb{V}(f_1, \cdots, f_n)$ は $\{x\}$ を含む有限個の点集合になる．

演習 1.20 $X = \mathbb{A}^3$ として，$\mathbb{C}[X] = \mathbb{C}[x, y, z]$ とおく．ただし x, y, z は自然な座標関数である．このとき $\mathbb{V}(xz, yz)$ を既約分解して，各既約成分の次元を求めよ．

演習 1.21 I を整域 R のイデアルとする．R の素イデアル $\mathfrak{p}_i$ ($i = 1, \cdots, N$) に対して $I \not\subset \mathfrak{p}_i$ ならば $I \not\subset \bigcup_{i=1}^{N} \mathfrak{p}_i$ であることを次のようにして示せ．
  (1) N に関する帰納法で示すことにし，$N - 1$ までは正しいとする．そこで $x_k \in I$ を $x_k \notin \bigcup_{i \neq k} \mathfrak{p}_i$ となるようにとる．
  (2) もし $x_k \in \mathfrak{p}_k$ ($1 \leq k \leq N$) ならば $\sum_{k=1}^{N} x_1 \cdots x_{k-1} x_{k+1} \cdots x_N \in I$ は

---

[9] $\mathbb{I}(Z) = (f_1, \cdots, f_d)$ となっているときに完全交叉とよぶ教科書もあるので注意されたい．

$\bigcup_{i=1}^{N} \mathfrak{p}_i$ の元ではないことを示せ.
(3) 証明を完結させよ.

1.3　正則関数環

X をアフィン代数多様体とし，その上の正則関数のなす環を $\mathbb{C}[X]$ で表す．部分集合 $Z \subset X$ に対して，

$$\mathbb{I}(Z) = \{f \in \mathbb{C}[X] \mid f(x) = 0 \ (x \in Z)\} \tag{1.5}$$

とおくと，これは $\mathbb{C}[X]$ のイデアルを定める．$Z = \emptyset$ の場合には $\mathbb{I}(\emptyset) = \mathbb{C}[X]$ である．また $I \subset \mathbb{C}[X]$ をイデアルとするとき，X の部分集合を

$$\mathbb{V}(I) = \{x \in X \mid f(x) = 0 \ (f \in I)\} \tag{1.6}$$

で定める．$I = \mathbb{C}[X]$ の場合には $\mathbb{V}(\mathbb{C}[X]) = \emptyset$ である．

まず Hilbert の零点定理[10]を復習する．零点定理は様々な形で現れるが，ここでは次の形で与えておく．

定理 1.22 (Hilbert の零点定理) X をアフィン代数多様体とし，その正則関数環を $\mathbb{C}[X]$ で表す．
(1) $\mathbb{C}[X]$ の任意のイデアル I に対して，$1 \notin I$ ならば $\mathbb{V}(I) \neq \emptyset$ である．
(2) $\mathbb{C}[X]$ の任意の極大イデアルは，ある $x \in X$ に対して

$$\mathfrak{m}_x = \{f \in \mathbb{C}[X] \mid f(x) = 0\} \tag{1.7}$$

のように，一点 $\{x\}$ の零化イデアルの形に表わすことができる．
(3) 部分集合 $Z \subset X$ に対して，$\mathbb{V}(\mathbb{I}(Z)) = \overline{Z}$ (ザリスキ閉包) が成り立つ．
(4) イデアル $I \subset \mathbb{C}[X]$ に対して，

$$\mathbb{I}(\mathbb{V}(I)) = \sqrt{I} := \{f \in \mathbb{C}[X] \mid f^m \in I \ (\exists m \gg 0)\} \tag{1.8}$$

が成り立つ．$\sqrt{I}$ をイデアル I の**根基** (radical) とよぶ．

Hilbert の零点定理は本書では証明しない．証明は例えば [63, §4.3] を参照されたい．

この定理によって，X の点は $\mathbb{C}[X]$ の極大イデアルと一対一に対応しているこ

---

[10] Nullstellensatz とドイツ語表記で書かれることが多い．

とに注意しよう．実際 $x \in X$ に対して $\mathfrak{m}_x = \{f \in \mathbb{C}[X] \mid f(x) = 0\}$ は極大イデアルになり，逆に Hilbert の零点定理によって $\mathbb{C}[X]$ の任意の極大イデアルが $\mathfrak{m}_x$ の形で得られるが，$\mathbb{V}(\mathfrak{m}_x) = \{x\}$ である．もっと一般に，X のザリスキ閉集合 Z は $\mathbb{C}[X]$ の被約イデアル I と次のように一対一に対応する．

$$\mathbb{I}(Z) = \{f \in \mathbb{C}[X] \mid f(x) = 0 \ (x \in Z)\} \qquad \text{(被約イデアル)}$$

$$\mathbb{V}(I) = \{x \in X \mid f(x) = 0 \ (f \in I)\} \qquad \text{(ザリスキ閉集合)}$$

ただし I が**被約イデアル** (reduced ideal) であるとは $I = \sqrt{I}$ のときにいう．これは，環 $\mathbb{C}[X]/I$ が冪零元を持たないことと同値である．

このようにアフィン代数多様体 X は，点集合としてその関数環から復元することができる．つまり

$$\text{m-Spec}\,\mathbb{C}[X] = \{\mathbb{C}[X] \text{ の極大イデアル全体}\} \tag{1.9}$$

とおけば $X = \text{m-Spec}\,\mathbb{C}[X]$ である．また被約イデアル I とザリスキ閉集合 $\mathbb{V}(I)$ を同一視すれば，X はザリスキ位相を持つ位相空間として正則関数環から復元できる．ただし包含関係 $I_1 \subset I_2$ は $\mathbb{V}(I_1) \supset \mathbb{V}(I_2)$ のように逆転することに注意されたい．

ザリスキ閉集合は一般に有限個の既約成分の和集合として表され，各既約成分には素イデアルが対応する．これは環論的に見れば被約イデアルの素イデアル分解に他ならない．このように素イデアルに対応する既約なザリスキ閉集合は位相空間の基をなすので

$$\text{Spec}\,\mathbb{C}[X] = \{I \subset \mathbb{C}[X] \mid I \text{ は素イデアル}\} \tag{1.10}$$

とおき，これを $\mathbb{C}[X]$ の**スペクトル**とよぶ．位相まで込めた代数多様体の復元という意味で $X = \text{Spec}\,\mathbb{C}[X]$ のように書くこともあるが，本書では X は閉点の全体を表す．

演習 1.23 任意の部分集合 $Y \subset X$ およびイデアル $J \subset \mathbb{C}[X]$ に対して，$\mathbb{I}(\mathbb{V}(\mathbb{I}(Y))) = \mathbb{I}(Y)$ および $\mathbb{V}(\mathbb{I}(\mathbb{V}(J))) = \mathbb{V}(J)$ を示せ．

正則関数環 $\mathbb{C}[X]$ から多様体 X を直接的に復元するもう一つ別の方法がある．まず $\mathbb{C}[X]$ は $\mathbb{C}$ 代数として有限生成であるから，その生成元 $\{f_1, \cdots, f_N\}$ を任意に選ぶ．この生成元に対して，N 変数の多項式環 $\mathbb{C}[Y_1, \cdots, Y_N]$ から $\mathbb{C}[X]$ への代数射 Φ を

$$\Phi(F(Y_1,\cdots,Y_N)) = F(f_1,\cdots,f_N) \qquad (F \in \mathbb{C}[Y_1,\cdots,Y_N])$$

と決める．すると $I = \operatorname{Ker}\Phi$ は $\mathbb{C}[Y_1,\cdots,Y_N]$ のイデアルであるが，I の定める代数多様体 $\mathbb{V}(I) \subset \mathbb{C}^N$ として X が復活される．実際 $\Phi : \mathbb{C}[Y_1,\cdots,Y_N]/I \xrightarrow{\sim} \mathbb{C}[X]$ が正則関数環の間の同型を与え，それは Hilbert の零点定理を介して極大イデアル同士の対応，つまりアフィン代数多様体の点の間の全単射対応を与える．

このようにすると X の実現には生成元の選び方 (無限にある!) だけの任意性が生ずる．どのように選んでも "同型な" アフィン代数多様体 X が得られるが「見掛け」はかなり異なっている．

上で見たスペクトル $X = \operatorname{Spec}\mathbb{C}[X]$ としての多様体の復元法は標準的だが，ほかにもスペクトルを考える利点として，例えば関数環の代りに一般の代数 R に対して $\operatorname{Spec} R$ が定義できることがあげられる．実際，R が有限生成の $\mathbb{C}$ 代数で冪零元を含んでいなければ $X = \operatorname{Spec} R$ の閉点の全体 $X' = \operatorname{m-Spec} R$ はアフィン代数多様体になり，$R \simeq \mathbb{C}[X']$ である．このとき R が整域であることと X' が既約な代数多様体であることは同値である．

演習 1.24 $\operatorname{m-Spec}\mathbb{Z} = \{(p) \mid p \text{ は素数}\}$ であることを示せ．また $\operatorname{Spec}\mathbb{Z}$ と $\operatorname{m-Spec}\mathbb{Z}$ の違いについて述べよ．

演習 1.25 R を整域とし，$o \in \operatorname{Spec} R$ をイデアル $\{0\}$ に対応する点とする．このとき $\overline{\{o\}} = \operatorname{Spec} R$ であることを示せ．o を $\operatorname{Spec} R$ の**生成点** (generating point) とよぶ．

さて正則関数環 $\mathbb{C}[X]$ から，ザリスキ開集合 $U \subset X$ 上の関数を得るにはどうしたら良いだろうか？ 正則関数は U 上のいたるところで定義されているべきであるが，できる限り多くの正則関数を得るために $g(x) \in \mathbb{C}[X]$ が U 上でゼロにならないなら $1/g(x)$ も正則関数と考えた方がよい．重要な例として特別な開集合を考えてみよう．ゼロでない正則関数 $f \in \mathbb{C}[X]$ を任意に選び，開集合 U として

$$X_f := \{x \in X \mid f(x) \neq 0\} = X \setminus \mathbb{V}(f) \tag{1.11}$$

を考える．開集合 X_f は X から $f = 0$ で定まる超曲面を除いたものであるが，これを f によって定まる**主開集合** (principal open set) とよぶ．

補題 1.26 アフィン代数多様体 X の主開集合 X_f に対して

$$\{h/g \mid h, g \in \mathbb{C}[X],\, g(x) \neq 0\ (\forall x \in X_f)\} = \{a/f^k \mid a \in \mathbb{C}[X],\, k \in \mathbb{Z}\}$$

が成り立つ．右辺は，正則関数環 $\mathbb{C}[X]$ の積閉集合 $\{f^k \mid k \geq 0\}$ による**局所化** (localization) $\mathbb{C}[X]_f$ である．

証明 $g(x) \neq 0 \ (\forall x \in X_f)$ であれば $f^k = g \cdot b \ (\exists k \geq 0, \exists b \in \mathbb{C}[X])$ と書けることを示せばよい．仮定より $\mathbb{V}(g) \subset \mathbb{V}(f)$ だから，$\mathbb{I}(\mathbb{V}(g)) \supset \mathbb{I}(\mathbb{V}(f))$ である．Hilbert の零点定理より $\sqrt{(g)} \supset \sqrt{(f)} \ni f$ だから $f^k \in (g)$，つまり $f^k = b \cdot g$ と書けている． $\square$

主開集合は，次の補題でみるように X のザリスキ位相において基本的な役割を果たす．

補題 1.27 アフィン代数多様体 X の開集合 V は X からザリスキ閉集合 Z を除いたものだが，$\mathbb{I}(Z) = (f_1, \cdots, f_k)$ と表すと $V = \bigcup_{i=1}^k X_{f_i}$ と書ける．したがって $\{X_f \mid f \in \mathbb{C}[X], f \neq 0\}$ は**開集合の基**である．

この補題の証明は簡単な演習問題であるので読者に任せる．

一般の開集合上の正則関数は，主開集合を用いることで次のように定義する．

定義 1.28 アフィン代数多様体 X の開集合 U に対して，U 上で定義された関数 $f : U \to \mathbb{C}$ が**正則関数**であるとは，任意の点 $x \in U$ に対して，ある $g, h \in \mathbb{C}[X]$ が存在して，$x \in X_h \subset U$ が成り立ち，かつ $f|_{X_h} = g/h$ と書けるときにいう．U 上の正則関数全体は環をなすので，これを $\mathcal{O}_X(U)$ と書いて，U 上の**正則関数環**とよぶ．

演習 1.29 開集合 U 上の正則関数全体が環をなすことを証明せよ．

定義と補題 1.26 より，主開集合に対しては
$$\mathcal{O}_X(X_f) = \mathbb{C}[X]_f = \{a/f^k \mid a \in \mathbb{C}[X], k \in \mathbb{Z}\}$$
が成り立つ．しかし，次の演習問題が示すように，一般の開集合 U に対しては，正則関数は U 上でゼロにならないような $g \in \mathbb{C}[X]$ を分母に持つ $a/g \ (a \in \mathbb{C}[X])$ の形の関数で一意的に表示されるとは限らない．

演習 1.30 $X \subset \mathbb{C}^4$ を $xw - yz = 0$ で定義された二次超曲面とする．このとき開集合を $U = X_y \cup X_w$ として，U 上の関数 h を X_y 上では x/y，X_w 上では z/w と定めると h は U 上の正則関数であることを示せ．また h は $f/g \ (f, g \in \mathbb{C}[X])$ の形に書くことができないことを示せ．

1.4　アフィン代数多様体の射

アフィン代数多様体 X 上の正則関数 $f: X \to \mathbb{C}$ は $\mathbb{C}$ を 1 次元アフィン空間とみなせば，代数多様体 X から $Y = \mathbb{A}^1$ への写像である．1 次元アフィン空間 $Y = \mathbb{A}^1$ 上の正則関数環は 1 変数 t の多項式の全体である．

$$\mathbb{C}[Y] = \mathbb{C}[t]$$

このとき，多項式 $g(t) \in \mathbb{C}[t]$ に対して，合成 $g(f(x))$ はまた X 上の正則関数であるから，このようにして f は代数準同型 $\mathbb{C}[Y] \to \mathbb{C}[X]$ を導くが，これを f^* で表す．つまり

$$f^*(g(t)) = g(f(x))$$

である．$g(t)$ として，座標関数 t そのものを考えれば $f^*(t) = f(x)$ であるから，代数準同型 f^* は元の正則関数 $f(x)$ の情報を完全に含んでいる．したがって同型

$$\begin{array}{ccc} \mathbb{C}[X] & \xrightarrow{\sim} & \{\varphi: \mathbb{C}[t] \to \mathbb{C}[X] : 代数準同型\} \\ f & \longmapsto & f^* \\ \varphi(t) & \longmapsfrom & \varphi \end{array}$$

が成り立っている．

さて，Y を一般のアフィン代数多様体としよう．このとき，写像 $f: X \to Y$ がアフィン代数多様体の**射** (**正則写像**) (morphism) であるとは，任意の正則関数 $g \in \mathbb{C}[Y]$ に対して，合成 $g(f(x))$ が X 上の正則関数になっていることをいう．このとき写像

$$f^*: \mathbb{C}[Y] \to \mathbb{C}[X], \qquad f^*(g)(x) = g(f(x))$$

は代数準同型である．

逆に，正則関数環の間の代数準同型 $\alpha: \mathbb{C}[Y] \to \mathbb{C}[X]$ が与えられたとき，代数多様体の射 $f: X \to Y$ を次のように決めることができる．$x \in X$ を定義する極大イデアルを $\mathfrak{m}_x^X \subset \mathbb{C}[X]$ と書く．このとき，$\alpha^{-1}(\mathfrak{m}_x^X) \subset \mathbb{C}[Y]$ はまた極大イデアルになるから，Hilbert の零点定理 (定理 1.22) により，ある $y \in Y$ に対応する極大イデアルに一致する．

$$\alpha^{-1}(\mathfrak{m}_x^X) = \mathfrak{m}_y^Y \tag{1.12}$$

そこで $f(x) = y$ とおけばよい．このとき f の構成のしかたから，任意の $g \in \mathbb{C}[Y]$ に対して $g(f(x)) = \alpha(g)(x)$ が成り立っているが，$\alpha(g) \in \mathbb{C}[X]$ であるから

f は代数多様体の射である．この対応が最初の対応 $f \mapsto f^* = \alpha$ の逆を与えていることは，ほぼ明らかであろう．

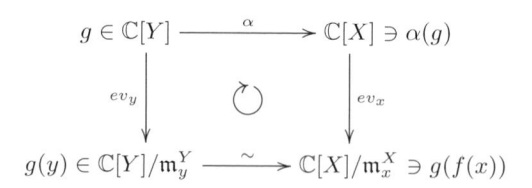

$$\begin{array}{ccc} g \in \mathbb{C}[Y] & \xrightarrow{\alpha} & \mathbb{C}[X] \ni \alpha(g) \\ {\scriptstyle ev_y} \downarrow & \circlearrowright & \downarrow {\scriptstyle ev_x} \\ g(y) \in \mathbb{C}[Y]/\mathfrak{m}_y^Y & \xrightarrow{\sim} & \mathbb{C}[X]/\mathfrak{m}_x^X \ni g(f(x)) \end{array}$$

ここで ev_x は $ev_x(f) = f(x)$ で定義される写像 (評価写像) である．

注意 1.31 以上の事実は結局，アフィン代数多様体の圏が，有限生成 $\mathbb{C}$ 代数の圏の中で，その対象が冪零元を含んでいないようなもの (あるいは自明なイデアル $\{0\}$ が被約イデアルであるようなものと言っても良い) のなす部分圏と圏同値であることを示している．したがってアフィン代数多様体に関する主張は有限生成の代数に対する主張に言い換えることができる．一方，冪零元を含むような有限生成代数 R に対してもその対応物がある方が，このような圏同値には都合がよい．そこで任意の有限生成 $\mathbb{C}$ 代数 R に対する $\operatorname{Spec} R$ 全体のなすアフィン・スキームの圏を考えることも多い．このとき元々のアフィン代数多様体 $X = \operatorname{Spec} \mathbb{C}[X]$ を**被約なスキーム**，あるいは少々矛盾した言い方ではあるが**被約な多様体**とよぶことがある．しかし本書ではこのようなスキームの理論は本格的には扱わない．

命題 1.32 アフィン代数多様体の正則写像 $\varphi : X \to Y$ が与えられたとき，X が既約ならば $Z = \overline{\varphi(X)} \subset Y$ は既約な部分多様体である．

証明 正則写像 φ によって誘導される代数準同型 $\varphi^* : \mathbb{C}[Y] \to \mathbb{C}[X]$ を考える．定義より $\operatorname{Ker} \varphi^* = \mathbb{I}(\varphi(X))$ であるが，定理 1.22 の (3) によって $\mathbb{I}(\varphi(X)) = \mathbb{I}(Z)$ なので，準同型定理から

$$\mathbb{C}[Z] = \mathbb{C}[Y]/\mathbb{I}(Z) = \mathbb{C}[Y]/\operatorname{Ker}\varphi^* \simeq \operatorname{Im}\varphi^* \subset \mathbb{C}[X]$$

がわかる．ところが X は既約であるから，命題 1.9 によって $\mathbb{C}[X]$ は整域で，その部分環として $\operatorname{Im} \varphi^*$ も整域である．したがって $\mathbb{C}[Z]$ は整域であることが分かり，ふたたび命題 1.9 によって Z は既約である． □

演習 1.33 閉アフィン部分多様体 $W \subset \mathbb{C}^n$, $Z \subset \mathbb{C}^m$ を考える．任意の写像 $\varphi : W \to Z$ に対して，これが代数準同型 $\varphi^* : \mathbb{C}[Z] \to \mathbb{C}[W]$ を引き起こせば，φ は多項式写像 $\Phi : \mathbb{C}^n \to \mathbb{C}^m$ の W への制限であることを示せ．ただし $\varphi^*(f) =$

$f \circ \varphi$ ($f \in \mathbb{C}[Z]$) と定める．[ヒント] Z から $\mathbb{C}^m$ の第 i 成分への射影 (座標関数) を z_i と書くと，$z_i \in \mathbb{C}[Z]$ である．このとき $\varphi^*(z_i)$ を考えよ．

1.5 正則写像と代数多様体

アフィン代数多様体 $X \subset \mathbb{A}^n$ が与えられたとき，ゼロでない正則関数 $f \in \mathbb{C}[X]$ に対して，主開集合 $X_f = \{x \in X \mid f(x) \neq 0\}$ を定義した．このとき
$$\mathcal{O}_X(X_f) = \{h/f^k \mid h \in \mathbb{C}[X], k \in \mathbb{Z}\}$$
$$\simeq \mathbb{C}[x_1, \cdots, x_n, y]/(\mathbb{I}(X), yf(x) - 1)$$
であって，右辺のイデアル $(\mathbb{I}(X), yf(x) - 1) \subset \mathbb{C}[x_1, \cdots, x_n, y]$ で定義される $\mathbb{A}^{n+1}$ の閉部分多様体 Y を考えると，写像
$$\varphi : Y \to X_f, \qquad \varphi(x, y) = x$$
は明らかに全単射同相写像である．逆写像は $\varphi^{-1}(x) = (x, f(x)^{-1})$ で与えられることに注意しよう ($x = (x_1, \cdots, x_n)$ と書いた)．このことより，X_f は $\mathbb{A}^n$ の中ではザリスキ閉部分集合として実現されていないが，$\mathbb{A}^{n+1}$ の閉部分多様体 Y と"同型"であるから，やはりアフィン代数多様体とみなすべきであろう．つまり，我々は $\mathbb{A}^n$ の閉部分集合と同型なものもやはりアフィン代数多様体であるといいたいのだが，それには"同型"の意味をはっきりさせておく必要がある．そこでまず，アフィン空間の局所閉集合に対して正則写像を定義する[11]．

定義 1.34 $Z \subset \mathbb{A}^n$ および $W \subset \mathbb{A}^m$ をそれぞれザリスキ位相に関する局所閉集合とし，$X = \overline{Z}$ および $Y = \overline{W}$ をアフィン空間の閉部分多様体とする．このとき写像 $\varphi : Z \to W$ が**正則写像** (regular map) であるとは，Z の X における主開集合による被覆 $Z = \bigcup_\nu U_\nu$ が存在して，各 U_ν 上で φ が正則関数 $f_i \in \mathcal{O}_X(U_\nu)$ ($1 \leq i \leq m$) によって
$$\varphi(z) = (f_1(z), \cdots, f_m(z)) \in W \qquad (z \in U_\nu)$$
と書けることである．双正則な全単射写像が存在するとき Z と W は**正則同型**であるという．

この正則同型を利用して，アフィン代数多様体の概念を拡張しよう．

---

[11] 位相空間 X の部分集合 Z が**局所閉** (locally closed) であるとは，Z が X のある開集合と閉集合の共通部分として表されるときにいう．

定義 1.35 アフィン空間の局所閉集合 Z が §1.2 の意味のアフィン代数多様体と正則同型なとき，Z は**アフィン代数多様体の構造を持つ**という．さらに，用語の濫用ではあるが，アフィン代数多様体の構造を持つ Z を**アフィン代数多様体**とよぶ．

この用語の正当化は次の補題による．

補題 1.36 局所閉集合 $Z \subset \mathbb{A}^n$ がアフィン代数多様体の構造を持つとし，$X = \overline{Z}$ とおく．このとき Z と同型な §1.2 の意味のアフィン代数多様体 W に対して $\mathcal{O}_X(Z) \simeq \mathbb{C}[W]$ が成り立つ．したがって Z は $\mathrm{Spec}\,\mathcal{O}_X(Z)$ と正則同型である．

証明 $\varphi: W \to Z$ を正則同型射とする．このとき $f \in \mathcal{O}_X(Z)$ に対して $h := f \circ \varphi \in \mathbb{C}[W]$ であることを示そう．正則写像の定義から W の主開集合による被覆 $W = \bigcup_i W_{b_i}$ が存在して，$h = f \circ \varphi$ は各 W_{b_i} 上の正則関数である．そこで W_{b_i} 上で $h = a_i/b_i^{k_i}$ ($k_i \in \mathbb{N}$) と書いておく．$W = \bigcup_i W_{b_i}$ は被覆であるから $\{b_i^{k_i}\}_i$ が生成するイデアルは $\mathbb{C}[W]$ 全体になる．つまり $\sum_i c_i b_i^{k_i} = 1$ となるような $c_i \in \mathbb{C}[W]$ が存在する．すると

$$h = \sum_i c_i b_i^{k_i} h = \sum_i c_i a_i \in \mathbb{C}[W]$$

である．そこで $\varphi^*: \mathcal{O}_X(Z) \to \mathbb{C}[W]$ をこのようにして定義された代数準同型とし，これが全単射であることを示す．単射性は明らかである．全射性は $h \in \mathbb{C}[W]$ に対して $h \circ \varphi^{-1} \in \mathcal{O}_X(Z)$ が逆を与えることを示せばよいが，φ^{-1} が正則写像であることを使えば定義よりほぼ明らかである． □

系 1.37 アフィン代数多様体 X の主開集合 X_f ($f \in \mathbb{C}[X]$) はまたアフィン代数多様体であって，その関数環は $\mathbb{C}[X_f] = \mathbb{C}[X]_f = \{h/f^k \mid h \in \mathbb{C}[X], k \in \mathbb{Z}\}$ で与えられる．そこで主開集合のことを**基本アフィン開集合** (fundamental affine open set) とよぶこともある．

一般にアフィン空間の局所閉集合はかならずしもアフィン代数多様体ではない．例えば $Z = \mathbb{A}^2 \setminus \{(0,0)\}$ を考えてみよう．このとき $X = \overline{Z} = \mathbb{A}^2$ であって，容易に分かるように $\mathcal{O}_X(Z) = \mathbb{C}[\mathbb{A}^2]$ である．もし Z がアフィン代数多様体ならば，正則関数環 $\mathcal{O}_X(Z)$ の極大イデアルに対してその零点としての Z の点が存在しなければならないが，極大イデアル $(x,y) \subset \mathbb{C}[x,y] = \mathbb{C}[\mathbb{A}^2]$ に対応する点は存在しない．

このように局所閉集合 $Z \subset \mathbb{A}^n$ は必ずしもアフィン代数多様体ではないが，$X = \overline{Z}$ はアフィン代数多様体であり，X の開集合として Z は主開集合による有限個の被覆を持つ．各主開集合は既に説明したようにアフィン代数多様体になっているから，結局 Z はアフィン開集合による被覆を持っている．

定義 1.38 位相空間 X が**前代数多様体** (prevariety) であるとは，
(1) 有限開被覆 $X = \bigcup_{\alpha \in A} U_\alpha$ が存在して，
(2) 各 U_α $(\alpha \in A)$ からアフィン代数多様体 W_α への同相写像 $\psi_\alpha : U_\alpha \to W_\alpha$ が与えられており，
(3) $U_\alpha \cap U_\beta$ の ψ_α による像を $W_\alpha(\beta) \subset W_\alpha$ とおくと，$\psi_\beta \circ \psi_\alpha^{-1} : W_\alpha(\beta) \to W_\beta(\alpha)$ が正則同型になっているときにいう．
このとき $\{\psi_\alpha : U_\alpha \to W_\alpha \mid \alpha \in A\}$ を X の**チャート** (chart) とよぶ．

このように定義すると，明らかにアフィン代数多様体の局所閉集合は前代数多様体である．一般の前代数多様体は，"局所的" にアフィン代数多様体であるような代数構造を持った位相空間ということになる．しかし，この定義はチャートの取り方に依存しているから，適切な同型写像を定義しておかなくてはならない．

そこで $\{\psi_\alpha : U_\alpha \to W_\alpha \mid \alpha \in A\}$ を X のチャートとして，同様に，前代数多様体 Y とそのチャート $\{\phi_\beta : V_\beta \to Z_\beta \mid \beta \in B\}$ をとる．連続写像 $f : X \to Y$ を考えて，これが一点 $x \in X$ において**正則**であることを次のように定義する．まず $f(x) \in V_\beta$ となる Y の開集合と $x \in U_\alpha$ となる X の開集合をとり，$W'_\alpha = \psi_\alpha(U_\alpha \cap f^{-1}(V_\beta))$ とおく．これは W_α の開集合である．このとき $\psi_\alpha(x) \in W'_\alpha$ のあるアフィン開近傍 W''_α が存在して，合成写像

$$W''_\alpha \xrightarrow{\psi_\alpha^{-1}} U_\alpha \cap f^{-1}(V_\beta) \xrightarrow{f} V_\beta \xrightarrow{\psi_\beta} Z_\beta$$

がアフィン多様体における正則写像になるとき f は x において正則であるという．この定義は一見すると $x \in U_\alpha$ となるチャート，および $f(x) \in V_\beta$ となるチャートの取り方に依存しているように見えるが，チャートの取り方にはよらない．

定義 1.39 X, Y を前代数多様体とするとき，連続写像 $f : X \to Y$ が**正則写像**であるとは，各点 $x \in X$ において正則であるときにいう．また正則な逆写像が存在するときに X と Y は同型であるといい，同型であるような X と Y は同一視する．

X に 2 種の異なるチャートが入る場合には，恒等写像が同型のとき，その 2 つ

のチャートは本質的に等しいので区別せずに用いる．また正則写像 $X \to \mathbb{C}$ を**正則関数**とよぶ．開集合 $U \subset X$ は X の部分前代数多様体であるから[12]，U 上で定義された正則関数全体のなす環を考えることができる．この環を $\mathcal{O}_X(U)$ と書いて**正則関数環**とよぶ．

補題 1.40 $f: X \to Y$ を前代数多様体の間の連続写像とし，開集合 $U \subset Y$ と $h \in \mathcal{O}_Y(U)$ に対して $f^{-1}(U)$ 上の連続関数を $f^*(h) = h \circ f$ によって定義する．このとき，任意の開集合 $U \subset Y$ に対して f^* が代数準同型

$$f^*: \mathcal{O}_Y(U) \to \mathcal{O}_X(f^{-1}(U))$$

を導くことと，f が前代数多様体の間の正則写像であることは同値である．

証明 まず f^* が正則関数環の間の代数準同型であると仮定する．任意の点 $x \in X$ をとり，$f(x) \in Y$ のアフィン近傍を Z とする．このとき $V := f^{-1}(Z)$ は x の近傍であるが，仮定より $f^*: \mathcal{O}_Y(Z) \to \mathcal{O}_X(V)$ が成り立つ．そこで $W \subset V$ を x の任意のアフィン近傍とすると，

$$f|_W: W \xrightarrow{\iota} V \xrightarrow{f} Z$$

はアフィン多様体の間の連続写像となる．ただし ι は包含写像である．このとき $f|_W$ がアフィン多様体の正則写像になることを示せばよい．実際

$$(f|_W)^*: \mathbb{C}[Z] = \mathcal{O}_Y(Z) \xrightarrow{f^*} \mathcal{O}_X(V) \xrightarrow{\iota^*} \mathcal{O}_X(W) = \mathbb{C}[W]$$

となっているが，一般にアフィン多様体の間の (連続とは限らない) 写像 $\varphi: W \to Z$ が代数準同型 $\varphi^*: \mathbb{C}[Z] \to \mathbb{C}[W]$ を引き起こせば φ は正則写像であるから，$f|_W$ は正則である (演習 1.33 参照)．

逆を示すには，前代数多様体の間の正則写像がアフィン・チャートを用いて局所的に定義されていたことに注意して，上の議論を逆にたどればよい． □

さて，このようにして局所的にはアフィン代数多様体であるような対象が定まるが，この定義では病的に見えるような "代数多様体" も含まれてしまう．そこで前代数多様体に対してある種の分離条件を課することを考える．

まず前代数多様体は局所的にはアフィン代数多様体であるから，自然に直積を

---

[12] U のチャートは U と X のチャートとの共通部分をさらにアフィン開集合によって細分する必要があるが，詳細は省く．

考えることができる．X, Y を前代数多様体とするとき，その直積 $X \times Y$ は，次のようにして定まる普遍的な前代数多様体である．

(1) 射影 $p_1: X \times Y \to X$ および $p_2: X \times Y \to Y$ が存在し，
(2) 任意の前代数多様体 Z と正則写像の組 $\varphi_1: Z \to X$，$\varphi_2: Z \to Y$ が与えられたとき，次の図式を可換にするような正則写像 $\alpha: Z \to X \times Y$ がただ一つ存在する．

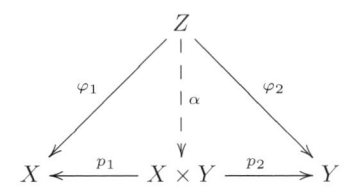

$$\begin{array}{c} Z \\ \varphi_1 \swarrow \downarrow \alpha \searrow \varphi_2 \\ X \xleftarrow{p_1} X \times Y \xrightarrow{p_2} Y \end{array}$$

このような方法で定義をすると，もし直積が存在すれば一意であることは容易に証明できるが，その存在の方は，さほど明らかではない．X, Y がアフィン代数多様体のときには $X \times Y = \mathrm{Spec}(\mathbb{C}[X] \otimes \mathbb{C}[Y])$ と定めれば，テンソル積の普遍性より上の条件を満たすことがわかる[13]．一般の前代数多様体の場合にはアフィン代数多様体の直積を貼り合わせて直積を構成せねばならないが，詳細は省く．

ここで注意すべきことは，前代数多様体としての直積 $X \times Y$ は，位相空間としてザリスキ位相の直積を考えたものと異なるという点である (章末問題 1.1 参照)．ザリスキ位相の単なる直積を考えると，あまりにも粗すぎて，自然な直積概念と相容れなくなってしまうのである．

分離条件に話を戻す．代数多様体は，前代数多様体のうち，次の意味で "よい" 分離性を満たすものとして定義される．

定義 1.41　前代数多様体 X に対して，X から X の直積への対角写像 $\Delta: X \to X \times X$ の像 ΔX が閉集合であるとき X は**分離的** (separated) とよばれる．分離的な前代数多様体を**代数多様体** (variety) とよぶ．

位相空間 $\mathcal{X}$ に対して，直積 $\mathcal{X} \times \mathcal{X}$ に直積位相を考えた場合，その対角集合 $\Delta \mathcal{X}$ が閉集合であるための必要十分条件は $\mathcal{X}$ がハウスドルフ空間であることである．アフィン代数多様体はザリスキ位相に関してハウスドルフではないが，その直積は直積位相よりも十分に強い位相を持っており，定義 1.41 の意味において分離条件を満たすのである．

---

[13] これは集合論的な直積と一致する．章末問題 1.5 参照．

分離条件の役割を理解するには，例えば次の補題を見てみればよい．

補題 1.42 X, Y を代数多様体，$f : X \to Y$ を正則写像とすると，そのグラフ $\Gamma_f = \{(x, f(x)) \mid x \in X\}$ は $X \times Y$ の閉集合である．

証明 写像 $f \times \mathrm{id} : X \times Y \to Y \times Y$ を考えると，$\Gamma_f = (f \times \mathrm{id})^{-1}(\Delta Y)$ である．一方 ΔY は閉であるから，閉集合の逆像として Γ_f も閉である． □

このように代数多様体の定義は分離性の条件を別にすれば解析的な多様体の定義と似ている．しかし解析的な多様体は局所的にはすべてユークリッド空間で一様であるのに反して，代数多様体では個々のチャートが特異点を持ち，まさに多様性 (variety) に富んでいることに注意しておく．

代数多様体における正則関数環 $\mathcal{O}_X(V)$ や正則写像などは前代数多様体とみて定義されたものと同じである．他にも既約性や次元，部分多様体などの概念がアフィン代数多様体の場合と同様に定義される．詳細については専門書に譲る．

最後に，既約多様体の直積がまた既約であることを証明しておこう．

命題 1.43 X, Y を既約なアフィン代数多様体とすると，直積 $X \times Y$ は既約である．

証明 背理法で示す．そこで $X \times Y = Z_1 \cup Z_2$ と互いに包含関係がない，空でない閉部分集合 Z_1, Z_2 の和に書けたとする．$p : X \times Y \to X$ を第 1 成分への射影とすると，任意の $x \in X$ に対して $p^{-1}(x) \simeq Y$ であって，仮定より Y は既約だから，$p^{-1}(x) \subset Z_1$ または $p^{-1}(x) \subset Z_2$ が成り立つ．そこで $X_i := \{x \in X \mid p^{-1}(x) \subset Z_i\}$ $(i = 1, 2)$ とおくと，X_1, X_2 はどちらも空ではなく，$X = X_1 \cup X_2$ が成り立つ．また，X は X_1, X_2 に一致することはあり得ないので，これらが X の閉部分集合であることを示せば X の既約性に矛盾して，証明は終わる．

そこで X_1 が X の閉部分多様体であることを示そう．閉部分多様体 Z_1 の定義多項式を $\{f_1, f_2, \cdots, f_d\}$ とする．このとき $f_j \in \mathbb{C}[X \times Y] = \mathbb{C}[X] \otimes \mathbb{C}[Y]$ であるから (章末問題 1.5 参照)，

$$f_j = \sum_{k=1}^{r_j} a_k^{(j)} \otimes b_k^{(j)} \quad (a_k^{(j)} \in \mathbb{C}[X], b_k^{(j)} \in \mathbb{C}[Y])$$

と書けている．j を固定したとき，$\{b_k^{(j)}\}_k$ は $\mathbb{C}[Y]$ において一次独立としてよい．すると任意の $x \in X$ に対して，

$$p^{-1}(x) \subset Z_1 \iff f_j(x,y) = \sum_k a_k^{(j)}(x)\, b_k^{(j)}(y) = 0 \quad (1 \leq j \leq d,\ \forall y \in Y)$$

が成り立つ．$\{b_k^{(j)}\}_k$ は一次独立であったから，これは X_1 が $\{a_k^{(j)} \mid 1 \leq j \leq d, 1 \leq k \leq r_j\}$ によって定義される閉部分多様体であることを意味している．X_2 についてもまったく同様である． □

　この章で紹介した基本的な事項より高度な代数幾何の知識については，そのつど必要に応じて解説を加えることにする．また，巻末の附録でも，本文中で必要になる事項の解説や定理などの証明をまとめておいた．

　読者は代数幾何学の解説書，例えば桂利行 [48]，川又雄二郎 [49]，ハーツホーン [40]，上野健爾 [46] などを参考にするとより理解が深まるだろう．また，和書ではないが，D. Mumford [23]，I. R. Shafarevich [33] も定評があり広く参照されている．本書を執筆するにあたっては，特に Mumford と Shafarevich の本を参考にした．

章末問題

問題 1.1 $\mathbb{A}^1 \times \mathbb{A}^1$ にザリスキ位相による直積位相を考えると，やはりザリスキ位相を考えた $\mathbb{A}^2$ とは，位相空間として異なることを示せ．

問題 1.2 アフィン代数多様体 X の相異なる点 $x_1, x_2, \cdots, x_m$ に対して，ある正則関数 $f \in \mathbb{C}[X]$ が存在して，$f(x_i) \neq f(x_j)\ (i \neq j)$ を満たすことを示せ．つまり，正則関数環は，任意の有限個の点を分離する．

問題 1.3 $X, Y \subset \mathbb{A}^n$ を閉アフィン代数多様体とする．
(1) $\mathbb{I}(X) + \mathbb{I}(Y)$ は $X \cap Y$ の定義イデアルであることを示せ．
(2) 前問より $\sqrt{\mathbb{I}(X) + \mathbb{I}(Y)} = \mathbb{I}(X \cap Y)$ であるが，一般に $\mathbb{I}(X) + \mathbb{I}(Y) \subsetneq \mathbb{I}(X \cap Y)$ であることを示せ．
(3) イデアル I, J に対して $X = \mathbb{V}(I), Y = \mathbb{V}(J)$ であるとき，$X \cap Y = \emptyset$ と $I + J = \mathbb{C}[\mathbb{A}^n]$ は同値であることを示せ．

問題 1.4 $X, Y \subset \mathbb{A}^n$ を閉アフィン代数多様体とする．
(1) $\mathbb{I}(X) \cap \mathbb{I}(Y)$ は $X \cup Y$ の定義イデアルであることを示せ．
(2) $\mathbb{I}(X) \cap \mathbb{I}(Y) = \mathbb{I}(X \cup Y)$ であることを示せ．

問題 1.5 一般にアフィン代数多様体 $X \subset \mathbb{C}^n$ と $Y \subset \mathbb{C}^m$ に対して集合論的な直積 $X \times Y \subset \mathbb{C}^{n+m}$ には自然なアフィン代数多様体の構造が入る．実際 X の定義イデアルが $I_X \subset \mathbb{C}[x_1, \cdots, x_n]$ であって Y の定義イデアルが $J_Y \subset \mathbb{C}[y_1, \cdots, y_m]$ のとき，$I_X + J_Y \subset \mathbb{C}[x_1, \cdots, x_n, y_1, \cdots, y_m]$ で (生成されるイデアルによって) 定義される多様体が $X \times Y$ である．このとき $\mathbb{C}[X \times Y] = \mathbb{C}[X] \otimes \mathbb{C}[Y]$ であること，つまり集合論的な直積と代数多様体としての直積は一致することを示せ．

またこの意味で $\mathbb{A}^2 = \mathbb{A}^1 \times \mathbb{A}^1$ であることを確認せよ．したがって，一般に $X \times Y$ は位相空間としては直積位相空間ではないが，集合論的な直積とは一致する．

問題 1.6 X, Y をアフィン多様体とし，アフィン多様体の射 $\alpha : X \to Y$ によって誘導される正則関数環の射を $\alpha^* : \mathbb{C}[Y] \to \mathbb{C}[X]$ と記す．

(1) 閉部分多様体 $Z \subset X$ に対して，$\alpha^{*-1}(\mathbb{I}(Z))$ が定義する代数多様体は $\overline{\alpha(Z)}$ であることを示せ．特に $\alpha : X \to Y$ が支配的射[14]であれば $\mathbb{C}[Y] \subset \mathbb{C}[X]$ と思うことができるが，$\overline{\alpha(Z)}$ は $\mathbb{C}[Y] \cap \mathbb{I}(Z)$ によって定義される．

(2) Z が既約ならば $\overline{\alpha(Z)}$ は既約であることを示せ．

問題 1.7 X, Y をアフィン多様体とし，アフィン多様体の射 $\alpha : X \to Y$ によって誘導される正則関数環の射を $\alpha^* : \mathbb{C}[Y] \to \mathbb{C}[X]$ と記す．

(1) 閉部分多様体 $W \subset Y$ に対して $\alpha^*(\mathbb{I}(W))$ が生成するイデアル $I = \mathbb{C}[X] \underset{\mathbb{C}[Y]}{\otimes} \mathbb{I}(W)$ の定義する代数多様体は逆像 $\alpha^{-1}(W)$ であることを示せ．

(2) 一般には $\alpha^*(\mathbb{I}(W)) \ne \mathbb{I}(\alpha^{-1}(W))$ であることを例をあげて示せ．

(3) W が既約でも $\alpha^{-1}(W)$ は既約とは限らないことを例をあげて示せ．

---

[14] 像 $\alpha(X)$ が Y において稠密，つまり $Y = \overline{\alpha(X)}$ となるとき，α を支配的という．§16.1 参照．

第 2 章
線型代数群

　集合 G が群であるとは,「積」とよばれる二項演算（乗法ともいう）が定義されていて，その演算が結合律を満たし，乗法に関する単位元 $e \in G$ が存在し，さらに任意の元 $g \in G$ に対して逆元 g^{-1} が存在するときに言うのであった．本書では主に行列のなす群を扱い，乗法は行列の通常の積を考える．この場合には，結合律の成立は明らかで，単位元は単位行列，逆元は逆行列である．

　一般に，代数群 G とは "代数多様体" であって群構造を持ち，かつその積および逆元をとる操作が代数多様体の正則写像になっているものである．本書では，G がアフィン多様体であるような場合（アフィン代数群）を考えるが，このような群は一般線型群 $\mathrm{GL}_n(\mathbb{C})$ の閉部分群として実現できることがわかる．つまり，アフィン代数群は行列のなす群であるとみなしてもよいということであり，線型代数群ともよばれている．

　まず，本章では，線型代数群の定義を与え，代数群の表現を論ずるための基本的な道具や定理を紹介する．

2.1 線型代数群の定義

　$\mathrm{M}_n(\mathbb{C})$ を n 次正方行列の全体のなすアフィン空間とし，$\mathrm{GL}_n(\mathbb{C})$ を正則行列全体のなす**一般線型群** (general linear group) とする．

$$\mathrm{GL}_n(\mathbb{C}) = \{g \in \mathrm{M}_n(\mathbb{C}) \mid \det g \neq 0\} \tag{2.1}$$

行列式 $\det g$ は $\mathrm{M}_n(\mathbb{C})$ 上の多項式であるから，$\mathrm{GL}_n(\mathbb{C})$ は $\mathrm{M}_n(\mathbb{C})$ の主アフィン開集合であり，したがって代数多様体である．

　定義 2.1　一般線型群 $\mathrm{GL}_n(\mathbb{C})$ の部分集合 G が $\mathrm{GL}_n(\mathbb{C})$ のザリスキ閉集合であって，行列の積によって部分群にもなっているとき (複素) **線型代数群** (linear algebraic group) とよぶ．G と同型な群もまた線型代数群とよぶ．ただし G と H

が同型とは，代数多様体としての同型射であって同時に群準同型であるものが存在するときにいう．

定義 2.1 では，一般線型群 $\mathrm{GL}_n(\mathbb{C})$ そのものがアフィン代数群であるという事実が暗黙のうちに用いられている．ここで**アフィン代数群** (affine algebraic group) とはアフィン代数多様体であって，積演算や逆元をとる操作がすべてアフィン代数多様体の射になっているようなものを指す．

$\mathrm{GL}_n(\mathbb{C}) \subset \mathrm{M}_n(\mathbb{C})$ はアフィン代数多様体であるが，$\mathrm{M}_n(\mathbb{C})$ 上の多項式系をどのように選んでも $\mathrm{GL}_n(\mathbb{C})$ をその共通零点として表すことは不可能である．したがって，$\mathrm{GL}_n(\mathbb{C})$ は $\mathrm{M}_n(\mathbb{C})$ の閉部分多様体というわけではない．しかし，一つサイズの大きな行列の全体 $M_{n+1}(\mathbb{C})$ を考え，

$$G = \left\{ \left(\begin{array}{c|c} g & \begin{matrix} 0 \\ \vdots \\ 0 \end{matrix} \\ \hline 0 \cdots 0 & \det g^{-1} \end{array} \right) \,\middle|\, g \in \mathrm{GL}_n(\mathbb{C}) \right\} \subset M_{n+1}(\mathbb{C})$$

とおけば，この G は多項式の連立方程式系の零点集合になっている．実際，$\mathrm{M}_{n+1}(\mathbb{C})$ の座標関数を通常のように X_{ij} $(1 \leq i,j \leq n+1)$ と表せば，方程式系

$$\begin{aligned} &X_{i,n+1} = 0, \quad X_{n+1,i} = 0 \qquad (1 \leq i \leq n); \\ &X_{n+1,n+1} \cdot \det(X_{i,j})_{1 \leq i,j \leq n} = 1 \end{aligned} \tag{2.2}$$

によって G は定義される．このとき G から左上隅の $\mathrm{M}_n(\mathbb{C})$ 部分への射影が $\mathrm{GL}_n(\mathbb{C})$ への同型を与えている．

さて G 上の多項式関数とは $X_{i,j}$ たちの多項式で表されるような関数のことである．ところが関係式 (2.2) によって $X_{n+1,n+1} = \det(X_{i,j})_{1 \leq i,j \leq n}^{-1}$ は多項関数である (!) から，上の同型によって，$\mathrm{GL}_n(\mathbb{C})$ 上の"多項式関数"は X_{ij} $(1 \leq i,j \leq n)$ と $\det(X_{i,j})_{1 \leq i,j \leq n}^{-1}$ の多項式で表される関数とするべきことがわかる．ただし $\mathrm{M}_{n+1}(\mathbb{C})$ 上の座標関数を $\mathrm{M}_n(\mathbb{C})$ に制限したものも同じ記号 X_{ij} で書いた．このような $\mathrm{GL}_n(\mathbb{C})$ 上の多項式関数を**正則関数** (regular function) とよぶのであった (§ 1.2 参照)．

このように考えると，積演算が正則関数で表されていることは明らかであるが，$\mathrm{GL}_n(\mathbb{C})$ において逆元 (逆行列) をとる操作もまた，各成分が $\mathrm{GL}_n(\mathbb{C})$ の正則関数になっていることがわかる．実際 $g \in \mathrm{GL}_n(\mathbb{C})$ の第 i 行と第 j 列を除いた $(n-1)$ 次の小行列式を γ_{ij} と書くと，g^{-1} の (i,j) 成分は $(\det g)^{-1}(-1)^{i+j}\gamma_{ji}$ で表され

るのであった. $(-1)^{i+j}\gamma_{ji}$ を g の (i,j) 余因子とよぶ.

以上から一般線型群 $\mathrm{GL}_n(\mathbb{C})$ がアフィン代数群であることが分かった. さて, 一般の線型代数群 $G \subset \mathrm{GL}_n(\mathbb{C})$ に話を戻そう. 定義により, G は $\mathrm{GL}_n(\mathbb{C})$ のザリスキ閉集合であるから, やはりアフィン代数多様体である. また群構造は $\mathrm{GL}_n(\mathbb{C})$ のものをそのまま受け継いでいるだけなので, 群演算はもちろん多項式関数であり, G 自身, アフィン代数群であることが分かる. じつはこの逆が成り立つ.

定理 2.2 G が線型代数群であるための必要十分条件は, 次の条件 (1)–(2) を満たすことである.

(1) G はアフィン代数多様体である.

(2) G は群であって, その群構造が代数多様体としての射として与えられている. つまり, 積 $G \times G \ni (g,h) \mapsto g \cdot h \in G$ および逆元 $G \ni g \mapsto g^{-1} \in G$ が代数多様体の射になっている.

証明 定理 2.2 を示すためには少し準備が必要なので, 証明は章末の §2.12 で与える. □

定義 2.1 は一見するとご都合主義的な定義に見えるが, 単にアフィン代数群の定義を言い換えたものに過ぎない. しかし, G を抽象的な代数群として考えるより行列群ととらえる方が直感的に分かりやすいので, 本書ではアフィン代数群のことをあえて線型代数群とよぶ. また, 以下では一般の代数群は扱わないので, 単に代数群と書くと複素線型代数群の意味で用いる. より一般の代数群 (すなわち複素数体 $\mathbb{C}$ とは限らぬ一般の体上の代数群) の定義や性質については, 例えば永田雅宜 [59], 堀田良之 [64], A. Borel [2], T. A. Springer [34], R. Steinberg [35], J. E. Humphreys [12] などの教科書を参照してほしい [1]. また, 以下の記述は, 特に [2], [34], [35] の三書に負うところが大きい.

2.2 古典群

代表的な線型代数群の例を挙げておこう.

---

[1] 線型とは限らぬ一般の代数群については [59] の「代数群」の部分に詳しい.

2.2.1 トーラスと特殊線型群

一般線型群 $\mathrm{GL}_n(\mathbb{C})$ は線型代数群であるが,$n=1$ のときは,$\mathrm{GL}_1(\mathbb{C})$ を $\mathbb{C}^\times = \{z \in \mathbb{C} \mid z \neq 0\}$ と表し,**一次元 (複素) トーラス**とよぶ.$\mathrm{GL}_n(\mathbb{C})$ の対角行列全体のなす閉部分群 T_n は,群として $(\mathbb{C}^\times)^n$ と同型であり,n 次元**トーラス** (algebraic torus) という.これらはすべて線型代数群である.

特殊線型群 (special lienar group) $\mathrm{SL}_n(\mathbb{C})$ は次のように定義される.

$$\mathrm{SL}_n(\mathbb{C}) = \{g \in \mathrm{GL}_n(\mathbb{C}) \mid \det g = 1\} \tag{2.3}$$

これは方程式 $\det g = 1$ で定義されているので,$\mathrm{GL}_n(\mathbb{C})$ の閉部分群であり,やはり線型代数群である.

2.2.2 直交群

行列 $g \in \mathrm{M}_n(\mathbb{C})$ に対して ^tg で転置行列を表す.このとき,$\mathrm{GL}_n(\mathbb{C})$ の閉部分群

$$\mathrm{O}_n(\mathbb{C}) = \{g \in \mathrm{GL}_n(\mathbb{C}) \mid g \cdot {}^tg = {}^tg \cdot g = 1_n\} \tag{2.4}$$

を**直交群** (orthogonal group) とよぶ.直交群の定義式は $^tg^{-1} = g$ と書くこともできることに注意する.また $\mathrm{SO}_n(\mathbb{C}) = \mathrm{O}_n(\mathbb{C}) \cap \mathrm{SL}_n(\mathbb{C})$ も線型代数群であるが,これを**特殊直交群** (special —) とよぶ.

演習 2.3 $g \in \mathrm{GL}_n(\mathbb{C})$ に対して $\theta(g) = {}^tg^{-1}$ とおくと,θ は $\mathrm{GL}_n(\mathbb{C})$ の(群としての)自己同型であること,つまり $g, h \in \mathrm{GL}_n(\mathbb{C})$ に対して $\theta(gh) = \theta(g)\theta(h)$ および $\theta(g^{-1}) = \theta(g)^{-1}$ が成り立つことを示せ.この自己同型を用いると,直交群は $\mathrm{O}_n(\mathbb{C}) = \{g \in \mathrm{GL}_n(\mathbb{C}) \mid \theta(g) = g\}$ と書き表すこともできる.

ベクトル空間 $V = \mathbb{C}^n$ 上に非退化な対称双線型形式 $(\,,\,)$ が与えられているとき,この双線型形式に付随する直交群を

$$\mathrm{O}(V; (\,,\,)) = \{g \in \mathrm{GL}(V) \mid (gu, gv) = (u, v) \ (u, v \in V)\} \tag{2.5}$$

で定義する.双線型形式が文脈から明らかなときには,単に $\mathrm{O}(V)$ と書くことも多い.特殊直交群 $\mathrm{SO}(V)$ も同様に定義する.

標準的な双線型形式を $u = (u_i)_{1 \le i \le n}, v = (v_i)_{1 \le i \le n}, \in \mathbb{C}^n$ に対して

$$(u, v) = \sum_{i=1}^n u_i v_i = {}^tu \cdot v \tag{2.6}$$

で与えると,この双線型形式に付随する直交群はすでに定義した $\mathrm{O}_n(\mathbb{C})$ に一致することが容易に分かる.

2.2.3 斜交群 (シンプレクティック群)

$2n$ 次の正方行列 $J_n = \begin{pmatrix} 0 & 1_n \\ -1_n & 0 \end{pmatrix}$ を考える．このとき，線型代数群

$$\mathrm{Sp}_{2n}(\mathbb{C}) = \{g \in \mathrm{GL}_{2n}(\mathbb{C}) \mid {}^t g J_n g = J_n\} \tag{2.7}$$

を**斜交群**あるいは**シンプレクティック群** (symplectic group) とよぶ．直交群の場合と異なり，$g \in \mathrm{Sp}_{2n}(\mathbb{C})$ に対して $\det g = 1$ であることが証明できるので，$\mathrm{Sp}_{2n}(\mathbb{C}) \subset \mathrm{SL}_{2n}(\mathbb{C})$ である．

演習 2.4 $g \in \mathrm{Sp}_{2n}(\mathbb{C})$ を n 次正方行列にブロック分けして $g = \begin{pmatrix} A & B \\ C & D \end{pmatrix}$ と書いておくと，

$${}^t CA = {}^t AC, \quad {}^t DB = {}^t BD, \quad {}^t AD - {}^t CB = 1_n \tag{2.8}$$

が成り立つことを示せ．これらの等式と，例えば A が正則ならば，一般に $\det g = \det A \cdot \det(D - CA^{-1}B)$ となることを用いて $\det g = 1$ であることを確かめよ．

ベクトル空間 V 上に非退化な交代双線型形式 $\langle\,,\,\rangle$ が与えられているとする．このとき V の次元は必然的に偶数次元となるので $V = \mathbb{C}^{2n}$ とおき，双線型形式 $\langle\,,\,\rangle$ を**斜交形式** (あるいは**シンプレクティック形式**) (symplectic form) とよぶ[2]．斜交形式を不変にするような $\mathrm{GL}(V)$ の閉部分群

$$\mathrm{Sp}(V; \langle\,,\,\rangle) = \{g \in \mathrm{GL}(V) \mid \langle gu, gv \rangle = \langle u, v \rangle \ (u, v \in V)\} \tag{2.9}$$

を**斜交群**とよぶ．直交群のときと同じように，斜交形式があらかじめ特定されているときには単に $\mathrm{Sp}(V)$ と書く．ベクトル空間 $V = \mathbb{C}^{2n}$ に標準的な斜交形式を

$$\langle u, v \rangle = {}^t u J_n v \qquad (u, v \in V) \tag{2.10}$$

で定義すると，この斜交形式を不変にする斜交群 $\mathrm{Sp}(V)$ は，すでに定義した $\mathrm{Sp}_{2n}(\mathbb{C})$ と一致する．

以上，この節で紹介した線型代数群 (行列群) $\mathrm{GL}_n(\mathbb{C})$, $\mathrm{SL}_n(\mathbb{C})$, $\mathrm{O}_n(\mathbb{C})$, $\mathrm{SO}_n(\mathbb{C})$, $\mathrm{Sp}_{2n}(\mathbb{C})$ を本書では**古典群** (classical group) とよぶ．以下，線型代数群とその作用や表現について述べるが，このような古典群を具体的に思い浮かべながら読み進めていただくと理解しやすいだろう．

---

[2] 斜交形式は，シンプレクティック形式とよばれることが多いが，簡潔性を重んじて本書では斜交形式とよぶ．斜交群についても同様である．

2.3 代数群の連結成分

代数群の連結成分について，あとで必要になる性質を証明しておく．

命題 2.5 線型代数群 G の代数多様体としての既約分解を $G = \bigcup_{i=1}^{N} G_i$ とすると，これは G の連結成分への分解に一致する．特に単位元の連結成分 $G°$ は既約であって，G の閉正規部分代数群になる．また，商群 $G/G°$ は有限群であって，G の**コンポーネント群**とよばれる．

証明 任意の $i \neq j$ に対して $G_i \cap G_j = \emptyset$ であることを背理法で示そう．そこで $g \in G_i \cap G_j$ が存在したとして，$h \in G_1 \setminus (\bigcup_{k=2}^{N} G_i)$ をとる．このとき hg^{-1} は g を h に写している．一方

$$G = hg^{-1}G = \bigcup_{k=1}^{N}(hg^{-1}G_k)$$

はまた G の既約分解を与えているが，既約分解の一意性より，$hg^{-1}G_i = G_{i'}$ および $hg^{-1}G_j = G_{j'}$ となっていなければならない ($i' \neq j'$)．しかし $h \in hg^{-1}(G_i \cap G_j) = G_{i'} \cap G_{j'}$ となり，これは h の取り方に矛盾する．

さて $G_i \cap G_j = \emptyset$ が証明できたので，各 G_i は G において開かつ閉である．一方 G_i は既約であるから連結であって，既約分解が連結成分への分解を与えていることが分かる．

次に G の単位元を含む連結成分 $G°$ をとり，これが部分群であることを示そう．代数多様体の射 $G° \times G° \to G$ を積によって定めると，既約な多様体の直積は既約である (命題 1.43) から，$G° \times G°$ は既約であり，その像の閉包は既約である (命題 1.32)．それは単位元を含んでいるから既約成分 $G°$ に含まれていなければならない．したがって $G°$ は積で閉じている．逆元に関して閉じていることも同様に示すことができる．

任意の $g \in G$ に対して，明らかに $gG°g^{-1}$ もまた単位元を含む連結成分である．これより $G°$ は正規であることが分かる．また $\#(G/G°)$ は連結成分の個数を表すから有限である． □

注意 2.6 一般に既約な代数多様体は複素位相に関して連結であることが知られている ([33, § VII.2]) ので，上の証明より G の複素位相における連結成分とザリスキ位相に関する連結成分および既約成分は一致することがわかる．

例 2.7 直交群 $\mathrm{O}_n(\mathbb{C})$ を考えると，これは既約ではなく，2 つの連結成分 $\mathrm{SO}_n(\mathbb{C})$

と $\varepsilon \cdot \mathrm{SO}_n(\mathbb{C})$ に分解する．ただし $\varepsilon = \mathrm{diag}(1,\cdots,1,-1)$ である．$\mathrm{SO}_n(\mathbb{C})$ は単位元を含む連結成分であって，方程式 $\det g = 1$ で定義されている．群 $\mathrm{SO}_n(\mathbb{C})$ の代数多様体としての既約性を示すことはそう難しくはないが，証明の方針を章末問題 2.8 にまとめておいた．特殊直交群 $\mathrm{SO}_n(\mathbb{C})$ が複素リー群として連結であることはよく知られている事実である (例えば [70] 参照)．直交群のコンポーネント群は $\mathrm{O}_n(\mathbb{C})/\mathrm{SO}_n(\mathbb{C}) \simeq \mathbb{Z}/2\mathbb{Z}$ であって，代表元として $\{1_n, \varepsilon\}$ をとることができる．

2.4 代数群の表現

有限次元のベクトル空間 V に対して，$\mathrm{GL}(V)$ で V 上の正則な線型変換全体のなす群を表す．$N = \dim V$ を次元として，V に基底をとり V 上の正則な線型変換を行列表示すれば $\mathrm{GL}(V) \simeq \mathrm{GL}_N(\mathbb{C})$ という同型が得られる．以下，しばしば $\mathrm{GL}(V)$ と $\mathrm{GL}_N(\mathbb{C})$ を区別しないで用いる．

定義 2.8 代数群 G に対して，代数群の準同型 $\pi : G \to \mathrm{GL}(V)$ を G の V 上の**表現** (representation) とよび，(π, V) で表す．状況が文脈から明らかなときには，π または空間 V そのものを G の表現とよぶ．

ここで "代数群の準同型" とは代数多様体の射であってしかも群準同型になっているようなものを指す．線型代数群 G が $G \subset \mathrm{GL}_n(\mathbb{C})$ のように $\mathrm{GL}_n(\mathbb{C})$ の閉部分多様体として具体的に実現されている場合には，$\pi(g) \in \mathrm{GL}(V)$ を行列表示したとき，各行列成分が $g \in G$ の行列成分 g_{ij} および $\det(g)^{-1}$ の多項式として表されていれば π は代数多様体の射である．また群準同型とは $\pi(gh) = \pi(g)\pi(h)$ ($g, h \in G$) が成り立つときにいうのであった．

有限群やコンパクト群の表現などと同様にして，**既約表現**，**部分表現**，**商表現**，**直和**，**テンソル積**などを定義する．これらの基本的な用語については例えば J. P. Serre [38]，岡田聡一 [47]，小林俊行・大島利雄 [52]，平井武 [61] などを参照されたい．また表現 (π, V) が与えられたとき，V を G **加群** (G-module) とよんで，しばしば $\pi(g)v$ と書かずに $g \cdot v$ とか，あるいは単に gv などと書いたりする．これも有限群の表現論などでよく使われる記法である．

2 つの表現 $(\pi_1, V_1), (\pi_2, V_2)$ が与えられたとき，線型写像 $T : V_1 \to V_2$ であって，$T \circ \pi_1(g) = \pi_2(g) \circ T$ を満たすようなものを G **同変写像** (equivariant map) (あるいは **intertwining 作用素**) という．G 同変な線型写像の全体を $\mathrm{Hom}_G(V_1, V_2)$ と書く．

定義 2.9 2つの表現 $(\pi_1, V_1), (\pi_2, V_2)$ が**同値**であるとは，G 同変な線型同型写像 $T: V_1 \to V_2$ が存在するときにいう．このとき $\pi_1 \simeq \pi_2$ と書く．また，G の既約表現の同値類の全体を $\mathrm{Irr}(G)$ で表す．

さて，一般にリー群の表現論では無限次元の表現，特にユニタリ表現が主役であるが，代数群の表現論でも無限次元表現を避けて通ることはできない．しかし，一般の無限次元表現を代数的に扱うのは難しいので，代数的に扱えるような "よい" 表現を考えることにしよう．それは局所的には有限次元のように振る舞う表現である．

U が有限次元とは限らない，一般には無限次元のベクトル空間であって，G が (抽象的な群として) U 上に線型に作用しているとする．つまり任意の $g \in G$ に対して，U 上の線型変換 $\pi(g)$ が定まっており，単位元 $e \in G$ に対して $\pi(e) = \mathrm{id}_U$ (恒等変換)，また $g_1, g_2 \in G$ に対して $\pi(g_1)\pi(g_2) = \pi(g_1 g_2)$ が成り立っているとする．このとき U が代数群 G の**局所有限な表現**であるとは，任意の $u \in U$ に対して，$\{g \cdot u \mid g \in G\}$ によって生成されたベクトル空間 $V = \mathrm{span}_{\mathbb{C}}\{g \cdot u \mid g \in G\}$ が有限次元であって，U 上の線型な作用を V に制限したものが代数群の準同型 $G \to \mathrm{GL}(V)$ を引き起こすときにいう．

局所有限な表現のうちもっとも重要なものが正則表現とよばれるものであるが，その表現空間は G 上の正則関数の全体である．ここで正則関数とは "多項式関数" であったことを思い出そう．正則関数の全体は通常の和・差・積によって環をなすので**正則関数環** (regular function ring) とよばれ，$\mathbb{C}[G]$ と表される．

定理 2.10 G の正則関数環を $\mathbb{C}[G]$ として，$f(x) \in \mathbb{C}[G]$ に対して，

$$(\rho_{\mathrm{L}}(g)f)(x) = f(g^{-1}x) \qquad (x, g \in G)$$

によって $\rho_{\mathrm{L}}(g)f \in \mathbb{C}[G]$ を定義すると，これは局所有限な表現である．$(\rho_{\mathrm{L}}, \mathbb{C}[G])$ を G の**左正則表現** (left regular representation) とよぶ．同様にして

$$(\rho_{\mathrm{R}}(g)f)(x) = f(xg) \qquad (f \in \mathbb{C}[G]; x, g \in G)$$

としても局所有限な表現が得られるが，これは**右正則表現**とよばれる．

この定理を証明するために少し準備をする．群 G の積から決まる写像を

$$m: G \times G \to G, \quad m(g, h) = g \cdot h$$

と書いて積写像とよぶ．これは代数多様体の射であるから，$\mathbb{C}[G \times G] \simeq \mathbb{C}[G] \otimes \mathbb{C}[G]$

であることを考えると (演習 2.12 参照),代数準同型

$$m^* : \mathbb{C}[G] \to \mathbb{C}[G] \otimes \mathbb{C}[G]$$

を導く. m^* は $f \in \mathbb{C}[G]$ に対して,$m^*(f)(g,h) = f(gh)$ $(g,h \in G)$ で決まる写像である [3].

補題 2.11 $f \in \mathbb{C}[G] \setminus \{0\}$ に対して $m^*(f)$ の表示

$$m^*(f) = \sum_{i=1}^{\ell} a_i \otimes b_i \qquad (a_i, b_i \in \mathbb{C}[G]) \tag{2.11}$$

を ℓ が最小になるようにとっておけば,$a_1, a_2, \cdots, a_\ell$ は部分空間

$$V := \mathrm{span}_{\mathbb{C}}\{\rho_{\mathrm{L}}(g)f \mid g \in G\} \subset \mathbb{C}[G]$$

の基底である.

証明 もし $a_1, a_2, \cdots, a_\ell$ が一次独立でなければ,より短い表示が得られるから,$a_1, a_2, \cdots, a_\ell$ は一次独立である. 同じ理由で $b_1, b_2, \cdots, b_\ell$ も一次独立である. ここで写像

$$b : G \to \mathbb{C}^\ell, \qquad b(g) = (b_1(g), b_2(g), \cdots, b_\ell(g))$$

を考える. $b_1, b_2, \cdots, b_\ell$ が一次独立であることから,$b(g)$ $(g \in G)$ たちが張る部分空間は $\mathbb{C}^\ell$ に一致する.

$$\mathrm{span}_{\mathbb{C}}\{b(g) \mid g \in G\} = \mathbb{C}^\ell$$

したがって $x_1, x_2, \cdots, x_\ell \in G$ を $\det(b_i(x_j)) \neq 0$ となるようにとることができる. $g \in G$ に対して $\rho_{\mathrm{L}}(g)f = \sum_{i=1}^{\ell} b_i(g^{-1}) a_i$ であるから,特に

$$\rho_{\mathrm{L}}(x_j^{-1}) f = \sum_{i=1}^{\ell} b_i(x_j) a_i$$

が成り立つ. $\det(b_i(x_j)) \neq 0$ であるから

$$a_i \in \mathrm{span}_{\mathbb{C}}\{\rho_{\mathrm{L}}(x_j^{-1})f \mid 1 \leq j \leq \ell\} \subset V$$

が分かる. 逆の包含関係 $V \subset \mathrm{span}_{\mathbb{C}}\{a_1, a_2, \cdots, a_\ell\}$ は明らかだから $V = \mathrm{span}_{\mathbb{C}}\{a_1, a_2, \cdots, a_\ell\}$ である. □

証明 [定理 2.10 の証明] 任意の関数 $f(x) \in \mathbb{C}[G]$ をとり,積写像によって

---

[3] 写像 m^* を **余積** (comultiplication) とよぶ.

と書いておく．この表示より $\rho_L(g)f \in \mathbb{C}[G]$ がわかる．また，$\rho_L(g)$ が線型写像であることは明らかである．ρ_L が G の表現，つまり準同型を引き起こすことは，$g, h \in G$ および $f(x) \in \mathbb{C}[G]$ に対して

$$(\rho_L(g)\rho_L(h)f)(x) = (\rho_L(h)f)(g^{-1}x) = f(h^{-1}g^{-1}x)$$
$$= f((gh)^{-1}x) = (\rho_L(gh)f)(x)$$

が成り立つことから分かる．

あとは左正則表現 ρ_L が局所有限であることを示せばよい．補題 2.11 の記号をそのまま用いる．任意の関数 $f(x) \in \mathbb{C}[G]$ をとり，これから生成された G の表現が有限次元であることは $V = \mathrm{span}_{\mathbb{C}} \{\rho_L(g)f \mid g \in G\}$ の基底として $a_1, a_2, \cdots, a_\ell$ がとれることより明らか．この基底に関して $\rho_L(g)$ $(g \in G)$ の行列成分を計算してみよう．そこで $a_i = \sum_{j=1}^{\ell} c_{i,j} \rho_L(x_j^{-1})f$ $(c_{i,j} \in \mathbb{C})$ と表しておくと

$$\rho_L(g)a_i = \sum_{j=1}^{\ell} c_{i,j} \rho_L(gx_j^{-1})f = \sum_{j=1}^{\ell} c_{i,j} \sum_{k=1}^{\ell} b_k(x_j g^{-1}) a_k$$

であるから，右辺の a_k の係数 (行列成分) は明らかに g の正則関数，つまり $\mathbb{C}[G]$ に属している．これで V 上の表現が，代数群としての表現であることが分かった．右正則表現についてもまったく同様にして証明できる． □

演習 2.12 $x = (x_1, \cdots, x_n)$ および $y = (y_1, \cdots, y_m)$ をそれぞれ変数の組とする．x, y の多項式 $f(x, y)$ に対して，x の多項式 $\{h_i(x) \mid 1 \leq i \leq p\}$ および y の多項式 $\{k_i(y) \mid 1 \leq i \leq p\}$ が存在して $f(x, y) = \sum_{i=1}^{p} h_i(x)k_i(y)$ と書けることを示せ．

演習 2.13 $f \in \mathbb{C}[G]$ に対して $(\rho(g)f)(x) = f(g^{-1}xg)$ とおくと，$(\rho, \mathbb{C}[G])$ は局所有限な表現になることを示せ．

例 2.14 局所有限な表現の帰納的極限はまた局所有限である．特に有限次元表現の帰納的極限，代数的な和などはすべて局所有限な表現である．

このように局所有限な表現の守備範囲は広く，また上で見た正則表現のようにきわめて自然な対象でもある．そこで以下，明らかに有限次元の表現であることがわかっている場合を除き，本書では特に断りなく表現といった場合には局所有

限な表現を指す．もちろん一般には無限次元であるが，有限次元であっても一向に差し支えない．

しかし一方では，自然ではあるが，局所有限でない表現も存在するので注意が必要である．

演習 2.15 (局所有限でない表現の例) $G = \mathbb{C}^\times = \mathrm{GL}_1(\mathbb{C})$ として，G の一変数有理関数体上への自然な表現を考える．つまり $f(x) \in \mathbb{C}(x)$ に対して，$a \in \mathbb{C}^\times$ は $(a \cdot f)(x) = f(ax)$ として作用する．このとき，$f(x) = 1/(1-x)$ が生成する G 加群は有限次元ではないことを示せ．

2.5 不変元と Schur の補題

本書では，代数群 G の作用に関する**不変元**が以下重要な役割を果たすことになる．そこで，表現の基礎的な性質とからめて不変元とはどのようなものかについて最初の例を与えておこう．

定義 2.16 代数群 G の表現 (π, V) を考える．このとき

$$V^G = \{v \in V \mid \pi(g)v = v \ (g \in G)\}$$

とおき，V^G の元（ベクトル）を V の**不変元** (invariant) とよぶ．

この定義では，特に表現空間 V が無限次元かどうかとか，局所有限な表現であるといった条件は必要がなく，不変元そのものは抽象的な群の表現の範疇で定義されている．つまり，不変元とは V の自明な部分表現を生成するベクトルのことにすぎない．

例 2.17 §2.4 では G の 2 つの表現 (π, V), (τ, W) に対して，G 同変写像を定義した．G 同変写像の全体を

$$\mathrm{Hom}_G(V, W) = \{T : V \to W \mid T \circ \pi(g) = \tau(g) \circ T\}$$

で表す．この空間は，次のようにして G 不変元の空間とみなすことができる．まずベクトル空間 $\mathrm{Hom}(V, W)$ を考えよう．ここで $\mathrm{Hom}(V, W)$ は V から W への線型写像の全体を表す．このベクトル空間に対して $g \in G$ の線型作用 $\sigma(g)$ を

$$\sigma(g)T = \tau(g) \circ T \circ \pi(g)^{-1} \qquad (T \in \mathrm{Hom}(V, W)) \tag{2.12}$$

で定義する．これによって $(\sigma, \mathrm{Hom}(V, W))$ は代数群 G の表現となる．このよう

に考えると，
$$\sigma(g)T = T \iff \tau(g) \circ T \circ \pi(g)^{-1} = T \iff \tau(g) \circ T = T \circ \pi(g)$$
となり $(\sigma, \mathrm{Hom}(V,W))$ の G 不変元の空間が $\mathrm{Hom}_G(V,W)$ に他ならないことがわかる．

定理 2.18 (Schur の補題) V, W を代数群 G の有限次元既約表現とする．このとき次の同型が成り立つ．
$$\mathrm{Hom}_G(V,W) \simeq \begin{cases} \mathbb{C} & (V \simeq W \text{ のとき}) \\ \{0\} & (V \not\simeq W \text{ のとき}) \end{cases}$$

証明 $\varphi : V \to W$ を G 同変写像とする．このとき，$\mathrm{Ker}\,\varphi \subset V$ および $\mathrm{Im}\,\varphi \subset W$ はどちらも G の部分表現になっていることに注意しよう．既約性の定義から，$\mathrm{Ker}\,\varphi = \{0\}$（つまり φ は単射）または $\mathrm{Ker}\,\varphi = V$（つまり $\varphi = 0$）である．既約表現の表現空間はゼロではない[4]から，$\varphi \neq 0$ であれば $\varphi(V) = W$ であって φ は同型写像となる．したがって $\mathrm{Hom}_G(V,W) \neq \{0\}$ ならば $V \simeq W$ である．そこで，以下 $V \simeq W$ として $\mathrm{Hom}_G(V,W) \simeq \mathbb{C}$ を示そう．

$\varphi, \psi \in \mathrm{Hom}_G(V,W)$ をゼロでない G 同変写像とする．このとき $\psi^{-1} \circ \varphi : V \to V$ はまた G 同変であるが，この写像は V のスカラー倍写像に他ならないことが次のようにしてわかる．$A = \psi^{-1} \circ \varphi$ の固有値 $\lambda \in \mathbb{C}$ を一つとり，その固有空間 $V_\lambda \subset V$ を考えよう．A の G 同変性より，V_λ はゼロでない部分表現になるから，V の既約性により $V_\lambda = V$ でなければならない．これは $A = \lambda \,\mathrm{id}_V$ を示している．したがって $\varphi = \lambda \psi$ が結論され，$\mathrm{Hom}_G(V,W) \simeq \mathbb{C}$ である． □

系 2.19 V が G の有限次元既約表現であれば $\mathrm{Hom}_G(V,V) = \mathbb{C} \cdot \mathrm{id}_V$ が成り立つ．

Schur の補題とテンソル積表現との関係をここで少しだけ述べておこう．その準備として，まず反傾表現を定義する．(π, V) を G の有限次元表現とする．このとき，V の双対空間
$$V^* = \{\varphi : V \to \mathbb{C} \mid \varphi \text{ は線型写像}\} = \mathrm{Hom}(V, \mathbb{C}) \tag{2.13}$$
は自然に G の表現になる．実際，$g \in G$ の作用を

---

[4] V が G の既約表現であるとは，$V \neq \{0\}$ であって，$\{0\}$ と V 自身以外には G の作用で安定な部分空間が存在しないときにいう．

$$(\pi^*(g)\varphi)(v) = \varphi(\pi(g^{-1})v) \qquad (v \in V) \tag{2.14}$$

と定義すればよい．これを V の**反傾表現** (contragredient representation) とよぶ．

演習 2.20 V の基底を $\{e_1, \cdots, e_d\}$ とし，V^* には双対基底 $\{f_1, \cdots, f_d\}$ を考える．このとき，$\pi : G \to \mathrm{GL}(V) = \mathrm{GL}_n(\mathbb{C})$ および $\pi^* : G \to \mathrm{GL}(V^*) = \mathrm{GL}_n(\mathbb{C})$ をこれらの基底に関する行列表現とすれば，$\pi^*(g) = {}^t\pi(g)^{-1}$ となることを示せ．これにより (π^*, V^*) は代数群の表現になることがわかる．

演習 2.21 (π, V) が G の有限次元既約表現ならば，(π^*, V^*) もまた既約表現となることを示せ．

演習 2.22 代数群 G の二つの有限次元表現 (π, V) および (τ, U) に対して，次の同型が成り立つことを示せ．
(1) $(V^*)^* \simeq V$
(2) $(U \oplus V)^* \simeq U^* \oplus V^*$

さて，ここで反傾表現を持ち出したのは，線型写像の空間 $\mathrm{Hom}(V, W)$ がテンソル積を用いて $\mathrm{Hom}(V, W) \simeq V^* \otimes W$ と書けるからである．この同型は

$$V^* \otimes W \ni \sum \psi_i \otimes w_i \mapsto (v \mapsto \sum \psi_i(v) w_i) \in \mathrm{Hom}(V, W)$$

によって具体的に与えらる．これは単なるベクトル空間としての同型であるが，もし (π, V) および (τ, W) が G の表現であれば，$V^* \otimes W$ には自然にテンソル積表現としての構造が入る．一方，$\mathrm{Hom}(V, W)$ にも G 加群としての構造が (2.12) 式のようにして定義されていた．じつは上の自然な同型は G 同変写像 $(\pi^* \otimes \tau, V^* \otimes W) \to (\sigma, \mathrm{Hom}(V, W))$ を引き起こすのである．したがって，不変元の方もテンソル積を用いて表せば，

$$(V^* \otimes W)^G \simeq \mathrm{Hom}_G(V, W) \qquad (\text{線型同型}) \tag{2.15}$$

と書ける．そこでテンソル積表現を用いて Schur の補題 (定理 2.18 および 系 2.19) を書き直すと次のようになる．

定理 2.23 V, W を代数群 G の既約表現とする．このとき次の同型が成り立つ．

$$(V^* \otimes W)^G \simeq \begin{cases} \mathbb{C} & (V \simeq W \text{ のとき}) \\ \{0\} & (V \not\simeq W \text{ のとき}) \end{cases}$$

系 2.24 G の既約表現 V を考え，その基底を一つとり $\{e_1, \cdots, e_d\}$ とする．V^* における双対基底を $\{f_1, \cdots, f_d\}$ とすれば，次の等式が成り立つ．

$$(V^* \otimes V)^G = \mathbb{C} \cdot \sum_{i=1}^{d} f_i \otimes e_i \tag{2.16}$$

演習 2.25 系 2.24 を証明せよ．

演習 2.26 V, W を G の二つの表現とするとき，$(V \oplus W)^G \simeq V^G \oplus W^G$ であることを示せ．また一般に $(V \otimes W)^G \not\simeq V^G \otimes W^G$ であることを示せ．

演習 2.27 (π_i, V_i) $(1 \le i \le l)$ を互いに同値でない G の既約表現とし，$U = \oplus_{i=1}^{l} m_i (\pi_i, V_i)$ を直和表現とする．ただし，自然数 m に対して $m(\pi, V) = (\pi, V) \oplus \cdots \oplus (\pi, V)$ は (π, V) の m 個の直和を表し，m は **重複度** (multiplicity) とよばれる．このとき，次の等式を示せ．

$$\dim \mathrm{Hom}_G(U, U) = \sum_{i=1}^{l} m_i^2 \tag{2.17}$$

演習 2.28 V が既約であるとき，G の表現として $V \simeq V^*$ であるための必要十分条件は $(V \otimes V)^G \simeq \mathbb{C}$ であることを示せ．

2.6 表現の完全可約性

代数群 G の表現のうち，既約な表現は一番簡単な構造を持ち，かつ基本的である．しかしすべての表現が既約な表現に還元されるか，という問題は微妙である．まず，次の定理に注意しよう．

定理 2.29 G を代数群とし，(π, V) を有限次元表現とする．このとき，V の部分表現の列

$$\{0\} = W_0 \subsetneq W_1 \subsetneq \cdots \subsetneq W_l = V \tag{2.18}$$

であって，商表現 W_k/W_{k-1} が既約になっているようなものが存在する．さらに (ω_k, X_k) で商表現 W_k/W_{k-1} を表せば，$\{(\omega_k, X_k) \mid 1 \le k \le l\}$ (重複度を込めて考える) は部分表現の列 (2.18) の取り方によらない．

証明 V が既約であれば $l = 1$ とすればよい．V が既約でなければ，ゼロでない真の既約部分表現を含む．それを W_1 とする．商表現 V/W_1 を考えると，$\dim V/W_1 < \dim V$ であるから，帰納法を用いると V/W_1 の部分表現の列 $\{0\} =:$

$U_0 \subsetneq U_1 \subsetneq \cdots \subsetneq U_L = V/W_1$ であって，商 U_k/U_{k-1} が既約になっているものがある．商射影 $p: V \to V/W_1$ を考え，$W_k = p^{-1}(U_{k-1})$ とおこう ($k=1$ のときには W_1 に一致する)．すると部分表現の列 $\{0\} =: W_0 \subsetneq W_1 \subsetneq \cdots \subsetneq W_{L+1} = V$ が得られるが，

$$W_k/W_{k-1} \simeq (W_k/W_1)/(W_{k-1}/W_1) \simeq U_{k-1}/U_{k-2} \quad (k \geq 2)$$

は既約である．

次に既約商表現 $\{(\omega_k, X_k) \mid 1 \leq k \leq l\}$ の一意性をやはり $\dim V$ に関する帰納法で示す．そこで，別の部分表現の列 $\{0\} = W_0' \subsetneq W_1' \subsetneq \cdots \subsetneq W_{l'}' = V$ をとる．もし $W_1 = W_1'$ ならば $V/W_1 = V/W_1'$ を考えれば帰納法の仮定より既約商の一意性がわかる．そこで $W_1 \neq W_1'$ としよう．このとき $W_1 \cap W_1' = \{0\}$ である．

与えられた部分列 (2.18) から新しい部分列を次のように決める．

$$W_1' \subset W_1 + W_1' \subset \cdots \subset W_k + W_1' \subset \cdots \subset W_l + W_1' = V \qquad (2.19)$$

このとき

$$\frac{W_k + W_1'}{W_{k-1} + W_1'} \simeq \frac{W_k}{W_k \cap (W_{k-1} + W_1')} \xleftarrow{\text{全射}} W_k/W_{k-1} = X_k$$

だから部分列 (2.19) において隣接項の商はゼロかまたは既約であって，既約な場合には X_k と同型である．

一方，部分列 (2.19) の最初の項 W_1' の代わりに W_1 を考えてもよいが，帰納法の仮定を V/W_1 に適用すれば，既約商は $X_k = W_k/W_{k-1}$ ($2 \leq k \leq l$) に順序を除いて一致している．このことから 部分列 (2.19) の隣接項は一カ所でのみ一致し，その他の場合には隣接項同士の商は既約である．また一致する隣接項に対応する番号を t とすれば $X_1' \simeq X_t$ でなければならないことが分かる．

部分列 (2.19) において一致する隣接項をひとつ省いて考えると，それは V/W_1' の部分列を決めるから，帰納法の仮定によりそれらの既約商は $X_j' = W_j'/W_{j-1}'$ ($2 \leq j \leq l'$) に順序を除いて一致する．このことから $l = l'$ であって，

$$\{X_k \mid 1 \leq k \leq l, k \neq t\} = \{X_k' \mid 2 \leq k \leq l'\}$$

がわかり，$X_1' \simeq X_t$ とあわせて既約商の一意性を得る． □

定義 2.30 定理 2.29 で与えられた部分表現の列 $\{0\} = W_0 \subsetneq W_1 \subsetneq \cdots \subsetneq W_l = V$ を V の **Jordan-Hölder** 列とよぶ[5]．また商表現 W_k/W_{k-1} を V の

---

[5] Jordan, Camille (1838–1922). Hölder, Otto (1859–1937).

既約部分商 (irreducible subquotient) とよぶ [6]．定理により，重複度を込めて考えた V の部分商の全体は順序を除いて Jordan-Hölder 列の取り方によらない．

一般に任意の代数群の有限次元表現を扱おうとすると，Jordan-Hölder 列を考えるしかなく，商をとらないと既約表現に問題を還元することができない．しかし，ほとんどすべての性質が既約表現のそれに還元できるような，よいクラスの表現が存在する．それがこの節の表題にもなっている完全可約な表現である．まず完全可約性を有限次元表現に限らずに定義しておこう．

定義 2.31 線型代数群 G の局所有限な表現 (π, V) が**完全可約** (completely reducible) であるとは，任意の部分表現 $U \subset V$ に対して，ある部分表現 $U' \subset V$ が存在して，$V = U \oplus U'$ と直和に分解されるときにいう．

この定義は使いやすいのだが，完全可約性の判定をするときには不便なこともある．そこで完全可約性の同値ないい換えを準備しておこう．

定理 2.32 線型代数群 G の局所有限な表現 (π, V) に対して次の条件は同値である．
(1) (π, V) は完全可約である．
(2) V の既約部分表現の族 [7] $\{V_\omega \mid \omega \in \Omega\}$ が存在して，V は次のように直和分解する．
$$V = \bigoplus_{\omega \in \Omega} V_\omega$$
(3) V の既約部分表現の族 $\{V_\omega \mid \omega \in \Omega\}$ が存在して，$V = \sum_{\omega \in \Omega} V_\omega$ と表される．(和は必ずしも直和でない有限和を表す．)
(4) 任意の $v \in V$ に対して，有限個の既約部分表現 $\{V_i \mid 1 \leq i \leq N\}$ が存在して，$v \in \sum_{i=1}^{N} V_i$ が成り立つ．

証明 (2) $\Rightarrow$ (3) $\Rightarrow$ (4) は明らかなので，あとは (4) $\Rightarrow$ (1) および (1) $\Rightarrow$ (2) を示せばよい．

まず (4) $\Rightarrow$ (1) を示そう．$U \subsetneq V$ を任意の部分表現とすると，部分表現 $W \subset V$ であって，$W \cap U = \{0\}$ となるようなものの全体 $\mathfrak{X}$ は包含関係について空でない帰納的順序集合をなす．実際 $U \subsetneq V$ であるから $v \notin U$ となる元 $v \in V$ が

---
[6] 一般に，部分表現 W の部分表現 $U \subset W$ による商表現 W/U を部分商とよぶ．
[7] この定理の主張において，既約表現の族は重複を許して考えている．

存在する．そこで条件 (4) により，有限個の既約部分表現 $\{V_i \mid 1 \leq i \leq N\}$ が存在して，$v \in \sum_{i=1}^{N} V_i$ と書けるが，$V_i \not\subset U$ となるような V_i が存在する．このとき既約性より $V_i \cap U = \{0\}$ でなければならない．つまり $V_i \in \mathfrak{X}$ であって $\mathfrak{X}$ は空でない．また $\mathfrak{X}$ の包含関係に関する全順序部分集合 $\{W_\nu \mid \nu \in N\}$ をとれば，$\bigcup_{\nu \in N} W_\nu \in \mathfrak{X}$ が容易に分かる．したがって $\mathfrak{X}$ は帰納的な順序集合である．

そこで $\mathfrak{X}$ にツォルンの補題を用いて[8]，その極大元をとり，それをあらためて W と書くことにしよう．このとき $V = U \oplus W$ であることを背理法によって示す．

もし $U \oplus W \subsetneq V$ であれば，$0 \neq v \in V \setminus (U \oplus W)$ が存在する．この v に対して条件 (4) を用いて上と同様の議論をすれば，ある既約部分表現 V_i であって，$V_i \cap (U \oplus W) = \{0\}$ となるものが存在する．したがって $U \oplus (W + V_i)$ は直和であり，W の極大性に矛盾する．

次に (1) $\Rightarrow$ (2) を示そう．

V の既約な部分表現の族 $\{V_\alpha \mid \alpha \in A\}$ であって，和が直和になっているようなもの，つまり
$$\sum_{\alpha \in A} V_\alpha = \bigoplus_{\alpha \in A} V_\alpha$$
となるようなもの全体を考え，それを $\mathfrak{X}$ で表す．V は局所有限であるから自明でない既約部分表現を持つ．したがって $\mathfrak{X} \neq \emptyset$ であることに注意する．

そこで $\mathfrak{X}$ に (部分) 順序 $\preccurlyeq$ を集合族の包含関係で定義すると，明らかに $\mathfrak{X}$ は空でない帰納的な順序集合になる．実際，ある全順序集合 N によって添数付けられた部分表現の族 $\mathcal{U}_\nu = \{V_\alpha^{(\nu)} \mid \alpha \in A_\nu\}$ ($\nu \in N$) を考え，$\nu > \mu$ ならば $\mathcal{U}_\nu \supset \mathcal{U}_\mu$ であるとしよう．このとき $\mathcal{U}_\infty = \bigcup_{\nu \in N} \mathcal{U}_\nu$ とおくと $\mathcal{U}_\infty \in \mathfrak{X}$ であって，これが上限を与える．したがってツォルンの補題より $\mathfrak{X}$ は極大元 $\widetilde{\mathcal{U}} = \{V_\omega \mid \omega \in \Omega\}$ を持つ[9]が，
$$V = \bigoplus_{\omega \in \Omega} V_\omega$$
であることを背理法によって示そう．

右辺を V' で表し $V' \subsetneq V$ と仮定しよう．すると完全可約性により，$V = V' \oplus U$ となるようなゼロでない部分表現 U が存在する．U は局所有限であるから，明らかに自明でない既約部分表現 V_0 を持つ．すると $\widetilde{\mathcal{U}} \cup \{V_0\} \in \mathfrak{X}$ は $\widetilde{\mathcal{U}}$ よりも真に

---

[8] V が有限次元のときには次元の制約により常に極大元が存在するのでツォルンの補題を用いる必要はない．Zorn, Max August (1906–1993).

[9] やはり V が有限次元ならツォルンの補題は必要がない．

大きく, $\tilde{U}$ の極大性に反する. □

演習 2.33 G の局所有限な完全可約表現の部分表現はまた完全可約であることを示せ.

2.7 簡約代数群

本書では主に簡約代数群 (reductive algebraic group) の代数多様体への作用や表現を扱う. 簡約性には, 見かけ上異なったいくつかの同値な定義がある. これについては§10.2 で詳しく解説するが, ここでは仮に表現の完全可約性を用いて定義しておく.

定義 2.34 線型代数群 G が**簡約**であるとは, 任意の有限次元表現が完全可約であるときにいう.

注意 2.35 一般に代数群の簡約性は, 根基がトーラスであること (冪単根基が自明であること) と定義するのがよい. この定義と定義 2.34 は複素数体上の代数群に対しては同値であるが, 例えば標数が正の体上の代数群では異なっている.

定理 2.36 G を簡約代数群とする. このとき, G の局所有限な表現は完全可約である.

証明 $v \in V$ を任意のベクトルとして, v から生成された有限次元の部分表現 U を考える. G の簡約性から U は完全可約であるから, 定理 2.32 の条件 (4) より, ある既約部分表現 $V_i \subset V$ が存在して, $v \in \sum_i V_i$ が成り立つ. 同じ定理によって, 逆にこの条件が V 全体の完全可約性を導く. □

この定理により, G が簡約代数群ならば $\mathbb{C}[G]$ 上の正則表現は完全可約である. 関数環は定数関数からなる 1 次元部分空間 $\mathbb{C}1 \subset \mathbb{C}[G]$ を含むが, 明らかにこの部分空間は正則表現によって安定であるから, $\mathbb{C}[G] = \mathbb{C}1 \oplus \mathbb{C}[G]_+$ となるような (無限次元の) 部分表現 $\mathbb{C}[G]_+$ が存在する. 逆にこのような分解が G の簡約性の特徴づけになっていることを示そう.

定理 2.37 線型代数群 G が簡約であることと, 右正則表現が $\mathbb{C}[G] = \mathbb{C}1 \oplus \mathbb{C}[G]_+$ と局所有限な部分表現の直和に分解することは同値である.

証明 正則表現が $\mathbb{C}[G] = \mathbb{C}1 \oplus \mathbb{C}[G]_+$ と分解したとしよう．この分解に関する $\mathbb{C}1$ への射影を $r : \mathbb{C}[G] \to \mathbb{C}1$ で表す．このとき，任意の $f \in \mathbb{C}[G]$ と $h \in G$ に対して，

$$r(\rho_R(h)f) = \rho_R(h)r(f) = r(f) \tag{2.20}$$

が成り立つことに注意しよう．式 (2.20) の最初の等号は r が G 同変であることから，最後の等号は $r(f)$ が定数関数であることから従う．

さて，一般の有限次元表現 (π, V) と，その部分表現 $U \subset V$ を考える．V から U への射影を一つ固定し，それを P で表す．

$$Q = r\Big(\pi(g^{-1})P\pi(g)\Big)$$

とおこう．Q を決めるには，適当な基底によって行列表示して，各成分毎に射影 r を適用すればよいが，これは V から U への線型写像として基底の取り方によらずに決まる．構成の仕方から，任意の変換 $A, B \in \mathrm{End}\, V$ に対して，$AQB = r(A\pi(g^{-1})P\pi(g)B)$ が成り立つことに注意する．すると $h \in G$ に対して (2.20) 式より

$$\pi(h)^{-1}Q\pi(h) = r\Big(\pi((gh)^{-1})P\pi(gh)\Big) = r\Big(\pi(g^{-1})P\pi(g)\Big) = Q$$

が成り立つ．ただし r は変数 $g \in G$ の関数に対する射影である (h は固定して考える)．この式は Q が G 同変であることを意味している．

さて，$v \in V$ に対して $Qv \in U$ であることを示そう．それには任意の $\psi \in V^*$ であって $\psi(U) = 0$ となるものに対して $\psi(Qv) = 0$ をいえばよい．ところが P の定義と U が部分表現であることにより $\pi(g^{-1})P\pi(g)v \in U$ であるから，

$$\psi(Qv) = r\Big(\psi(\pi(g^{-1})P\pi(g)v)\Big) = 0$$

となる．一方，$u \in U$ に対しては，

$$Qu = r\Big(\pi(g^{-1})P\pi(g)u\Big) = r\Big(\pi(g^{-1})\pi(g)u\Big) = r(u) = u$$

だから $Q : V \to U$ は G 同変な射影である．そこで $U' = \mathrm{Im}(\mathrm{id}_V - Q)$ とおけば，$V = U \oplus U'$ が部分表現への直和分解を与える． □

注意 2.38 あとでわかるように部分表現 $\mathbb{C}[G]_+$ は唯一つに定まり，さらにこれは左正則表現や，両側正則表現に対しても共通にとれる．これについては Peter-Weyl の定理 (定理 2.51) とその後の注意 2.52 を参照のこと．

さて，話は少しさかのぼるが，次の系は定理 2.37 の系である．

系 2.39 U を簡約代数群 G の局所有限な表現とすると

$$U \simeq \bigoplus\nolimits_{\pi \in \mathrm{Irr}(G)} \mathrm{Hom}_G(V_\pi, U) \otimes V_\pi \qquad (G \text{ 同型}) \tag{2.21}$$

が成り立つ．ここに $\mathrm{Irr}(G)$ は G の有限次元既約表現の同値類全体を表し，$\mathrm{Hom}_G(V_\pi, U)$ には G が自明に作用しているとする．

証明 定理 2.36 より，G の局所有限な表現は完全可約であるから，定理 2.32 の条件 (2) を適用すれば，既約表現の族 $\{(\pi_\alpha, V_\alpha) \mid \alpha \in A\}$ (A は添字集合) が存在して，U はこれらの表現の代数的な直和に分解している．

$$U \simeq \bigoplus\nolimits_{\alpha \in A} (\pi_\alpha, V_\alpha)$$

V_π は有限次元であるから，

$$\mathrm{Hom}(V_\pi, U) = \mathrm{Hom}(V_\pi, \bigoplus\nolimits_{\alpha \in A}(\pi_\alpha, V_\alpha)) \simeq \bigoplus\nolimits_{\alpha \in A} \mathrm{Hom}(V_\pi, V_\alpha)$$

である．両辺の G 不変元をとると

$$\mathrm{Hom}_G(V_\pi, U) \simeq \bigoplus\nolimits_{\alpha \in A} \mathrm{Hom}_G(V_\pi, V_\alpha)$$

だが，Schur の補題によって右辺は $\bigoplus\nolimits_{\alpha \in A, \pi_\alpha \simeq \pi} \mathbb{C}$ と同型である．したがって

$$\mathrm{Hom}_G(V_\pi, U) \otimes V_\pi \simeq \Big(\bigoplus\nolimits_{\substack{\alpha \in A \\ \pi_\alpha \simeq \pi}} \mathbb{C} \Big) \otimes V_\pi \simeq \bigoplus\nolimits_{\substack{\alpha \in A \\ \pi_\alpha \simeq \pi}} V_\pi$$

となり，これを $\pi \in \mathrm{Irr}(G)$ にわたって直和をとったものが U に同型である．上に出てきた同型写像を追跡してみれば，(2.21) 式の同型は具体的に

$$\mathrm{Hom}_G(V_\pi, U) \otimes V_\pi \ni \sum\nolimits_k \psi_k \otimes v_k \mapsto \sum\nolimits_k \psi_k(v_k) \in U \tag{2.22}$$

で与えられることがわかる．ここで和 $\sum_k$ は有限和である． $\square$

系 2.40 (τ, U) を簡約代数群 G の局所有限な表現であって，任意の既約表現 (π, V_π) に対して $m_\pi = \dim \mathrm{Hom}_G(V_\pi, U)$ が有限であるとする．このとき

$$U \simeq \bigoplus\nolimits_{\pi \in \mathrm{Irr}(G)} m_\pi (\pi, V_\pi)$$

が成り立つ．ただし $m_\pi (\pi, V_\pi)$ は表現 V_π の m_π 個の直和を表し，$m_\pi = 0$ のときは $\{0\}$ と解釈することとする．

上の系に現れた $m_\pi = \dim \mathrm{Hom}_G(V_\pi, U)$ を表現 π の τ における**重複度** (multiplicity) とよび，記号で $[\pi:\tau]$ または $[V_\pi:U]$ などと書く．さらに (2.22) 式の同型による $\mathrm{Hom}_G(V_\pi, U) \otimes V_\pi$ の像

$$U(\pi) = \{\sum \psi(v) \mid \psi \in \mathrm{Hom}_G(V_\pi, U), v \in V_\pi\} \tag{2.23}$$

は $\pi \in \mathrm{Irr}(G)$ のみによって決まるので，$U(\pi)$ を U の π **成分** (π isotypic component) とよぶ．

演習 2.41 簡約代数群の有限次元表現 (σ, U) に対して，U が既約表現であることと $\dim \mathrm{Hom}_G(U, U) = 1$ は同値であることを示せ．[ヒント] 演習 2.27 を参照せよ．

演習 2.42 代数群 $G = \left\{ \begin{pmatrix} 1 & a \\ 0 & 1 \end{pmatrix} \middle| a \in \mathbb{C} \right\}$ を考える．この群は行列群として自然に $V = \mathbb{C}^2$ に作用し，G の 2 次元の表現が得られる．V は完全可約でないことを示せ．また G 不変元の空間 V^G を求めよ．

上で定義した重複度を表す記号 $[\pi:\tau] = \dim \mathrm{Hom}_G(V_\pi, U)$ は，π が既約でなくても意味を持つので，例えば π, τ が有限次元の時には既約でない π, τ に対してもよく用いられる．

演習 2.43 π, τ, σ などは代数群 G の有限次元表現とする．
(1) $[\pi : \oplus_j \tau_j] = \sum_j [\pi:\tau_j]$ および $[\oplus_i \pi_i : \tau] = \sum_i [\pi_i:\tau]$ を示せ．
(2) $[\pi : \tau \otimes \sigma] = [\pi \otimes \tau^* : \sigma]$ を示せ．
(3) G が簡約代数群であれば $[\pi:\tau] = [\tau:\pi]$ であることを示せ．一般にはこの等式は成り立たない．

2.8 簡約代数群の性質と例

代数群 G の二つの有限次元表現 (π, V) および (τ, W) を考える．G 同変写像 $\varphi : V \to W$ は，不変元の空間 V^G に制限することによって不変元の間の線型写像 $\varphi : V^G \to W^G$ を導く．

定理 2.44 線型代数群 G が簡約であることと，任意の有限次元表現 V, W と任意の G 同変な全射線型写像 $\varphi : V \to W$ に対して，$\varphi : V^G \to W^G$ が全射であることは同値である．

証明 G が簡約群であれば，$V = V^G \oplus V'$, $W = W^G \oplus W'$ と G の表現としての直和分解がある．部分表現 V' が自明でない既約表現の直和になっていることを考え合わせると，Schur の補題により $\varphi(V') \subset W'$, $\varphi(V^G) \subset W^G$ でなければならない．一方 $\varphi : V \to W$ は全射なので，$\varphi(V^G) = W^G$ である．

逆を示そう．V を任意の有限次元表現とし，自明でない部分表現 $U \subset V$ をとる．このとき制限写像 $\mathrm{Hom}(V, U) \to \mathrm{Hom}(U, U)$ は全射であるから，$\mathrm{Hom}_G(V, U) \to \mathrm{Hom}_G(U, U)$ も全射である (例 2.17 参照)．そこで $\mathrm{id}_U \in \mathrm{Hom}_G(U, U)$ の逆像から $P \in \mathrm{Hom}_G(V, U) \subset \mathrm{Hom}_G(V, V)$ をとる．すると $P|_U = \mathrm{id}_U$ であるから，$P^2 = P$ が成り立ち，P は G 同変な U への射影である．そこで $U' = \mathrm{Ker}\, P$ とおけば，U' は G 安定であって，$V = U \oplus U'$ が成り立つ．□

演習 2.45 G を簡約代数群とする．G の局所有限な表現の間の G 同変な全射 $V \to W$ に対して，$V^G \to W^G$ も全射であることを示せ．

定理 2.46 G, H を線型代数群とする．
(1) G, H を簡約代数群とすると，その直積 $G \times H$ はまた簡約代数群である．
(2) G の単位元の連結成分 G° が簡約代数群であれば，G も簡約である．
(3) 全射準同型 $\varphi : G \to H$ が存在して，$\mathrm{Ker}\, \varphi$ が有限群になっているとする．このとき G が簡約であることと H が簡約であることは同値である．

証明 証明には上の定理 2.44 を用いる．

まず (1) を証明しよう．V, W を $G \times H$ の表現として，$G \times H$ 同変な全射 $V \to W$ があったとする．G は簡約であるから，$V^G \twoheadrightarrow W^G$ は全射である．ここで V^G, W^G はまた H の表現になっていることに注意しよう．したがって H の簡約性により $(V^G)^H \twoheadrightarrow (W^G)^H$ は全射である．ところが $(V^G)^H = V^{G \times H}$ であるから，以上より $G \times H$ が簡約であることがわかる．

次に (2) を証明する．単位元の連結成分 G° は正規部分群であり，アフィン代数多様体の連結成分は有限個であるから，商群 $\pi_0(G) = G/G^\circ$ は有限群になる．V を G の表現とするとき，V^{G° には $\pi_0(G)$ が自然に作用し，有限群の表現を引き起こす．このとき $(V^{G^\circ})^{\pi_0(G)} = V^G$ である．これをまず証明しよう．

G の各連結成分から一つ代表元をとり，それを $\{p_i\}_{i=0}^m$ とすると，任意の $g \in G$ は $g = p_i g_0$ $(g_0 \in G^\circ)$ とただ一通りに表せる．g_0 は V^{G° 上自明に作用するので，結局 $g|_{V^{G^\circ}} = p_i|_{V^{G^\circ}}$ である．したがって V^{G° の g 不変元と p_i 不変元は一

致する．これより $V^G = (V^{G^\circ})^G = (V^{G^\circ})^{\pi_0(G)}$ がわかる．

さて，G 同変な全射 $V \to W$ があったとしよう．G° は簡約であるから，$V^{G^\circ} \to W^{G^\circ}$ は全射である．さらに有限群 $\pi_0(G)$ が簡約であることから (例えば [38, § 1.3] を参照せよ)，$V^G = (V^{G^\circ})^{\pi_0(G)} \to W^G = (W^{G^\circ})^{\pi_0(G)}$ は全射である．

最後に (3) を証明する．G が簡約であるとして，H の任意の有限次元表現 V とその部分表現 U をとる．準同型 $\varphi: G \to H$ によって V, U は G の表現でもある．G の簡約性より G の表現として U の補空間 U' がとれる．φ が全射なので G によって安定な部分空間は H によっても安定である．したがって $V = U \oplus U'$ と書いておくと，これは H の表現としての分解でもあるから，H は簡約である．

次に H を簡約としよう．(π, V) を G の表現とすると，V は有限群 $K = \mathrm{Ker}\,\varphi \subset G$ の表現でもある．そこで K 不変元 V^K を考えると，これは H の表現になる．まず $K \subset G$ は正規部分群であるから V^K は G 安定であることに注意しよう．そこで $h \in H$ に対して，$\varphi(g) = h$ となる $g \in G$ をとると，$g \in \varphi^{-1}(h)$ の取り方によらず $\pi(g)|_{V^K}$ は h のみによって決まることがわかる．これが代数群の表現になっていること，つまり $H \to \mathrm{GL}(V^K)$ が代数群の射であることは $H \simeq G/K$ であることと，V^K 上には実際には G/K が作用していることから従う[10]．このとき $(V^K)^H = V^G$ であることを見るのはたやすいだろう．

さて G 同変写像 $V \to W$ が全射であると仮定すると，まず K は有限群であるから簡約群であって $V^K \to W^K$ は全射である．仮定によって H は簡約であるから $V^G = (V^K)^H \to (W^K)^H = W^G$ は全射である． □

定義 2.47 線型代数群 G が**単純** (simple) であるとは，単位元の連結成分 G° が可換ではなく，任意の正規部分代数群 $N \subset G$ に対して N または G/N が有限群となるときにいう．また単純群の直積の有限正規部分群による商を**半単純群** (semisimple algebraic group) とよぶ．

一般に群論において単純群とは自明でない正規部分群を持たないような群を指す．ここでは，次元が正であるような正規閉部分群に話を限って単純群を定義している．このような定義は，教科書により若干の違いがあるので注意が必要であ

---

[10] この部分は少し難しい問題をはらんでいることに注意されたい．つまり G/K にどのような代数群の構造を入れるのかという問題である．実際には $\mathbb{C}[G/K] = (\mathbb{C}[G])^K$ としてアフィン多様体の構造を入れると G/K が代数群になり，H と同型であることが示される．この部分は後で詳しく解説する (定理 5.10 および 5.23)．

る．例えば [12, § 27.5] では，単純群は連結と仮定されている．

半単純性については第 10 章で詳しく述べるが，単純代数群および半単純代数群はすべて簡約代数群である．また，単純群ではないが n 次元トーラス $(\mathbb{C}^\times)^n$ も簡約代数群である．これらの事実と上の定理により古典群 $\mathrm{GL}_n(\mathbb{C})$, $\mathrm{SL}_n(\mathbb{C})$, $\mathrm{O}_n(\mathbb{C})$, $\mathrm{Sp}_{2n}(\mathbb{C})$ はすべて簡約代数群であることがわかる．単純群は古典群の他に例外型とよばれる有限個の系列の群が知られている．これらの群もすべて簡約群であるが，本書では (簡約群の一般論は別として) 個別にはとり扱わない．古典群の具体的な理論に興味のある読者は [43] や [47] を参照して欲しい．なお，古典群が簡約であることは第 10 章で別に証明を与える．

2.9 Peter-Weyl の定理

以下 G を簡約代数群とする．

G の有限次元表現 (π, V) とその反傾表現 (π^*, V^*) を考えよう．$v \in V, \varphi \in V^*$ に対して，

$$F_{v,\varphi}(x) = \varphi(\pi(x^{-1})v) \qquad (x \in G) \tag{2.24}$$

とおき V の**行列要素** (matrix element) とよぶ．表現は代数群の準同型 $\pi: G \to \mathrm{GL}(V)$ で与えられるのだったから，行列要素 $F_{v,\varphi}$ は G 上の正則関数であって $F_{v,\varphi} \in \mathbb{C}[G]$ である．

補題 2.48 (π, V) を G の既約な有限次元表現とする．このとき

$$V \otimes V^* \ni v \otimes \varphi \mapsto F_{v,\varphi}(x) \in \mathbb{C}[G] \tag{2.25}$$

は中への $G \times G$ 同変な同型写像である．また，V と同値な表現 W に対して，行列要素によって生成される部分空間は正則関数環の中で同一の部分空間を定める．

まず補題の "$G \times G$ 同変" という言葉の意味を明らかにしよう．一般に二つの代数群 G, H に対して，それぞれの群の表現 $(\pi, V), (\tau, W)$ が与えられたとする．このとき，テンソル積 $V \otimes W$ には $G \times H$ の表現 σ が

$$\sigma(g, h)(v \otimes w) = \pi(g)v \otimes \tau(h)w \qquad (v \otimes w \in V \otimes W) \tag{2.26}$$

によって定まる．表現 σ を π と τ の**テンソル積表現**とよぶが，$G = H$ の場合には $G \times G$ ではなく G の表現としての通常のテンソル積も考えられるので紛らわしい呼称となる．そこで，上のように $G \times H$ の表現としての σ を考えるときに

は，これを強調して**外部テンソル積** (outer tensor product) とよび，$\sigma = \pi \boxtimes \tau$ のように表す．表現空間は通常のテンソル積の空間であるが，これも表現に合わせて $V \boxtimes W$ と書くこともある．これに対して $G = H$ のとき，G の表現と考えたテンソル積表現を**内部テンソル積** (inner —) とよぶこともある．G を $G \times G$ に対角的に埋め込む写像を Δ で表せば，内部テンソル積は

$$G \xrightarrow{\Delta} G \times G \xrightarrow{\pi \boxtimes \tau} \mathrm{GL}(V \otimes W)$$

と合成した準同型に他ならない．つまり $\pi \otimes \tau = (\pi \boxtimes \tau) \circ \Delta$ が成り立つ．あるいは表現の部分群への制限とみなして $\pi \otimes \tau = (\pi \boxtimes \tau)|_{\Delta(G)}$ と考えてもよい．

さて，補題 2.48 に戻ると補題のテンソル積表現は外部テンソルで，$V \boxtimes V^*$ である．さらに $\mathbb{C}[G]$ には左正則表現 ρ_L と右正則表現 ρ_R が定義されていた．この二つの正則表現の作用は互いに可換であるので，$\mathbb{C}[G]$ には $G \times G$ の表現が

$$(\rho_\mathrm{LR}(g,h)f)(x) = (\rho_\mathrm{L}(g)\rho_\mathrm{R}(h)f)(x) = (\rho_\mathrm{R}(h)\rho_\mathrm{L}(g)f)(x)$$
$$= f(g^{-1}xh) \qquad (f(x) \in \mathbb{C}[G];\ g, h \in G)$$

として定義される．補題の $G \times G$ 同変性は $\mathbb{C}[G]$ 上にこの**両側正則表現** ρ_LR を考えたときの同変性である．

補題 2.48 の証明の前に，外部テンソル積に関する次の補題をまず示そう．

補題 2.49 G および H を代数群，$(\pi, V), (\tau, W)$ をそれぞれ G, H の既約表現とする．このとき外部テンソル積表現 $\pi \boxtimes \tau$ は $G \times H$ の表現として既約である．

証明 V^* を V の反傾表現とすれば，これは G の既約表現であることに注意しよう (演習 2.21 参照)．$\varphi \in V^*$ に対して，

$$\mathrm{ev}_\varphi : V \otimes W \to W, \quad \mathrm{ev}_\varphi(v \otimes w) = \varphi(v)w$$

は H 同変写像である．そこで $V \otimes W$ の部分表現 $U \neq \{0\}$ をとると，$\mathrm{ev}_\varphi(U) \subset W$ は W の部分表現となる．W の既約性より，$\mathrm{ev}_\varphi(U) = \{0\}$ または W である．ここで $\varphi \neq 0$ ならば $\mathrm{ev}_\varphi(U) \neq \{0\}$ であることを示そう．実際

$$\mathrm{ev}_{\pi^*(g)\varphi}(v \otimes w) = \mathrm{ev}_\varphi(\pi(g^{-1})v \otimes w) \qquad (g \in G)$$

であるから，$\mathrm{ev}_\varphi(U) = \{0\}$ ならば $\mathrm{ev}_{\pi^*(g)\varphi}(U) = \{0\}$ である．ところが，V^* の既約性と ev_φ の φ に関する線型性により，任意の $\psi \in V^*$ に対して $\mathrm{ev}_\psi(U) = \{0\}$ が成り立つことがわかる．これは $U = \{0\}$ を意味するので仮定に反する．

以上より，任意の $\varphi \neq 0 \in V^*$ に対して $\mathrm{ev}_\varphi(U) = W$ となることがわかるが，これは $U = V \otimes W$ であることを意味する． □

演習 2.50 G, H が簡約代数群のとき，$\dim \mathrm{Hom}_{G \times H}(V \otimes W, V \otimes W) = 1$ を示すことによって $\pi \boxtimes \tau$ の既約性の別証を与えよ．

証明 [補題 2.48 の証明] まず補題の式 (2.25) で与えられた写像 $V \boxtimes V^* \to \mathbb{C}[G]$ が $G \times G$ 同変であることを確かめよう．$(g, h) \in G \times G$ とすると，

$$F_{\pi(g)v, \pi^*(h)\varphi}(x) = (\pi^*(h)\varphi)(\pi(x^{-1})\pi(g)v)$$
$$= \varphi(\pi(h^{-1})\pi(x^{-1})\pi(g)v) = \varphi(\pi(h^{-1}x^{-1}g)v)$$
$$= F_{v,\varphi}(g^{-1}xh) = (\rho_{\mathrm{LR}}(g,h)F_{v,\varphi})(x)$$

これより同変性が従う．さて，$v \otimes \varphi \in V \otimes V^*$ を $\varphi(v) \neq 0$ となるように選んでおけば，$F_{v,\varphi}(e) = \varphi(v) \neq 0$ ($e \in G$ は単位元) であるから，この同変写像はゼロではない．ところが補題 2.49 により $V \boxtimes V^*$ は $G \times G$ の表現として既約だから，同変写像がゼロでなければ単射である．実際，写像の核を考えると，同変性よりそれは部分表現になっており，既約性によって核は自明である．したがって，式 (2.25) で与えられた写像は中への同型写像になる．

(τ, W) を (π, V) と同値な表現とし，$T: V \to W$ を G 加群の同型とする．このとき T が定める双対空間の同型 $T^*: W^* \to V^*$ が $\psi \in W^*$ に対して $(T^*\psi)(v) = \psi(T(v))$ ($v \in V$) で定まる．この T^* はやはり G 同変である．このとき $v \in V$, $\psi \in W^*$ に対して

$$F_{T(v),\psi}(g) = \psi(\tau(g)T(v)) = \psi(T\pi(g)(v))$$
$$= T^*(\psi)(\pi(g)v) = F_{v,T^*(\psi)}(g)$$

が成り立つ．これより V の行列要素の生成する部分空間と W のそれとは一致することが分かる． □

定理 2.51 (代数的 Peter-Weyl の定理 [11]**)** G を簡約代数群とすると，$G \times G$ の両側正則表現 $(\rho_{\mathrm{LR}}, \mathbb{C}[G])$ は次のように分解する．

$$\mathbb{C}[G] \simeq \bigoplus_{\pi \in \mathrm{Irr}(G)} \pi \boxtimes \pi^*$$

ただし $\mathrm{Irr}(G)$ は G の有限次元既約表現の同値類全体を表す．

---

[11] Peter, Fritz (1899–1949); Weyl, Hermann (1885–1955).

証明 補題 2.48 により,任意の $(\pi, V_\pi) \in \mathrm{Irr}(G)$ に対して,$V_\pi \boxtimes V_{\pi^*} \subset \mathbb{C}[G]$ とみなすことができる.このとき,$\{\pi_i\}_{i\in I}$ が互いに同値でない既約表現ならば,和

$$\sum_{i\in I} V_{\pi_i} \boxtimes V_{\pi_i^*} \subset \mathbb{C}[G]$$

は直和であることに注意しよう.これは $G\times G$ の既約表現として $\pi_i \boxtimes \pi_i^*$ たちが互いに非同値であることから従う.したがって

$$\bigoplus_{\pi\in\mathrm{Irr}(G)} V_\pi \boxtimes V_{\pi^*} \subset \mathbb{C}[G] \tag{2.27}$$

であるが,この包含関係が等式であることを以下示そう.左辺の空間を W とおくと完全可約性により,ある部分表現 W' が存在して,$\mathbb{C}[G] = W \oplus W'$ と分解している.$U \subset W'$ を G の左作用によるゼロでない既約部分表現として矛盾を導こう(G の $\mathbb{C}[G]$ への左作用は,式 (2.27) の外部テンソル積において左側のテンソルの成分への作用と一致する).$e \in G$ を単位元とすれば,$U \ni f \mapsto f(e) \in \mathbb{C}$ は U^* の元 φ_e を定める.この $\varphi_e \in U^*$ を用いると,任意の $f \in U \subset \mathbb{C}[G]$ は

$$f(g) = (\rho_\mathrm{L}(g^{-1})f)(e) = \varphi_e(\rho_\mathrm{L}(g^{-1})f) = F_{f,\varphi_e}(g)$$

と行列要素として表されるが,これは $U \boxtimes U^*$ からの像 W に含まれているので,矛盾である. □

注意 2.52 Peter-Weyl の定理より,定理 2.37 の $\mathbb{C}[G]_+$ は一意的に存在し,$\mathbb{C}[G]_+ = \bigoplus_{\pi\in\mathrm{Irr}(G),\ \pi\neq 1} V_\pi \boxtimes V_{\pi^*}$ で与えられることがわかる.

ここで Peter-Weyl の定理にわざわざ "代数的な" という形容詞をつけたのは,本来の Peter-Weyl の定理がコンパクト群上の自乗可積分関数の空間の分解を与えるもので,その性格からして超越的なものであるからである [12].

系 2.53 G を簡約代数群とすると,G の左正則表現 $(\rho_\mathrm{L}, \mathbb{C}[G])$ は次のように分解する.ただし $m\cdot\pi$ で表現 π の m 個の直和を表す.

$$(\rho_\mathrm{L}, \mathbb{C}[G]) \simeq \bigoplus_{\pi\in\mathrm{Irr}(G)} (\dim\pi)\cdot\pi$$

証明 $\dim \pi = \dim \pi^*$ であることに注意すればよい. □

---

[12] 一般に Peter-Weyl の定理はコンパクト群 G_{cpt} に対して $L^2(G_{\mathrm{cpt}})$ の分解とその基底を表現の行列要素として与えるものである.より正確な主張については,例えば [52] の第 4 章と §12.2 を参照して欲しい.

もちろん，右正則表現についても同様の系が成り立つ．特に表現としては右正則表現も左正則表現も同値であることに注意しておく．

2.10 指標

表現自身は複雑であっても，表現を特定する，あるいは粗く分類するような簡単な対象があると便利である．そのような表現の不変量として代表的なものが指標である．

定義 2.54 (π, V) を代数群 G の有限次元表現とするとき，

$$\chi_\pi(g) = \operatorname{trace} \pi(g) \qquad (g \in G)$$

とおき，これを表現 π の**指標** (character) とよぶ．π が既約のときには特に**既約指標** (irreducible character) とよぶことがある．

指標はもちろん G 上の正則関数であるから $\chi_\pi \in \mathbb{C}[G]$ である．しかし指標にはもっと著しい性質がある．

補題 2.55 (π, V) を G の有限次元表現とし，$\chi_\pi(x)$ を対応する指標とする．このとき，

$$\chi_\pi(g^{-1}xg) = \chi_\pi(x) \qquad (g, x \in G)$$

が成り立つ．

証明 $\chi_\pi(g^{-1}xg) = \operatorname{trace} \pi(g^{-1}xg) = \operatorname{trace}(\pi(g)^{-1}\pi(x)\pi(g))$
$= \operatorname{trace} \pi(x) = \chi_\pi(x)$ □

一般に G 上の正則関数 $f(x) \in \mathbb{C}[G]$ であって上の補題の性質を満たすもの，すなわち

$$f(g^{-1}xg) = f(x) \qquad (g, x \in G) \tag{2.28}$$

が成り立つものを**類関数** (class function) とよび，類関数の全体を $\mathrm{K}(G)$ で表す．$G \times G$ の部分群 $\Delta(G) = \{(g, g) \mid g \in G\} \simeq G$ を考えると，その定義から明らかなように類関数は $\Delta(G)$ 不変元に他ならない．つまり

$$\mathrm{K}(G) = \mathbb{C}[G]^{\Delta(G)} \tag{2.29}$$

である.

定理 2.56 G を簡約代数群とすると，既約指標の全体 $\{\chi_\pi \mid \pi \in \mathrm{Irr}(G)\}$ は類関数の空間 $\mathrm{K}(G)$ の基底をなす.

証明 上に注意したことから
$$\mathrm{K}(G) = \mathbb{C}[G]^{\Delta(G)} = \Big(\bigoplus_{\pi \in \mathrm{Irr}(G)} \pi \boxtimes \pi^*\Big)^{\Delta(G)}$$
$$= \bigoplus_{\pi \in \mathrm{Irr}(G)} (\pi \boxtimes \pi^*)^{\Delta(G)}$$
であるが, $(\pi \boxtimes \pi^*)^{\Delta(G)} = \mathbb{C}\chi_{\pi^*}$ である．これを見るには次のようにすればよい. V_π の基底を $\{v_1, \cdots, v_d\}$ とし，その双対基底を $\{\varphi_1, \cdots, \varphi_d\} \subset V_\pi^*$ としよう. すると $(V_\pi \boxtimes V_\pi^*)^{\Delta(G)} = (V_\pi \otimes V_\pi^*)^G$ であるが，右辺は Schur の補題より 1 次元であり，その基底として, $\sum_{i=1}^d v_i \otimes \varphi_i$ がとれる (系 2.24). したがってこれに対応する行列要素は
$$\sum_{i=1}^d F_{v_i, \varphi_i}(x) = \sum_{i=1}^d \varphi_i(\pi(x^{-1})v_i) = \sum_{i=1}^d (\pi^*(x)\varphi_i)(v_i)$$
$$= \mathrm{trace}\, \pi^*(x) = \chi_{\pi^*}(x)$$
である．以上より $\{\chi_\pi\}_\pi$ は互いに一次独立で $\mathrm{K}(G)$ の基底である. □

証明から分かるように $\chi_\pi(g) = \chi_{\pi^*}(g^{-1})$ であることに注意しておこう.

系 2.57 簡約代数群 G の有限次元表現 (σ, V) と (τ, W) が同値であるための必要十分条件はその指標が一致することである．つまり
$$(\sigma, V) \simeq (\tau, W) \iff \chi_\sigma(g) = \chi_\tau(g)\, (g \in G)$$
が成り立つ.

証明 任意の有限次元表現は完全可約であるから, $V \simeq \bigoplus_{\pi \in \mathrm{Irr}(G)} m_\pi V_\pi$ と既約分解すれば，重複度 m_π によって表現の同値類は決ってしまう．ところが $\chi_\sigma = \sum_{\pi \in \mathrm{Irr}(G)} m_\pi \chi_\pi$ であり，既約指標が基底をなすから，指標により重複度が決定できる. □

2.11 誘導表現と Frobenius の相互律

G を代数群, H をその部分群とする. G の表現 (π, V) が与えられたとき，これを H に制限して考えると自然に H の表現が得られる．この表現を $\mathrm{Res}_H^G(\pi)$ あ

るいは $\pi|_H$ で表そう.

一方, H の表現 (τ, W) が与えられたとき, G の表現を構成する方法として**誘導表現** (induced representation) がある. これには次のように二通りの構成法がある.

まず $\mathbb{C}[G] \otimes W$ を考え, H の作用を $\rho_R \otimes \tau$ で与える. この作用の下での H 不変元を $\mathbb{C}[G] \otimes_H W$ で表す. つまり

$$\mathbb{C}[G] \otimes_H W = (\mathbb{C}[G] \otimes W)^H \tag{2.30}$$

である. $\mathbb{C}[G]$ には G が左から左正則表現 ρ_L によって作用していたが, H 不変元の空間は明らかに ρ_L による作用で安定である. したがって, ベクトル空間 $\mathbb{C}[G] \otimes_H W$ は ρ_L による $\mathbb{C}[G]$ 成分への作用によって G の局所有限な表現となる.

定義 2.58 (誘導表現 I) ベクトル空間 $\mathbb{C}[G] \otimes_H W$ 上には G が左正則表現によって作用する. この表現を $\mathrm{Ind}_H^G(\tau, W)$ で表し, (τ, W) の G への誘導表現とよぶ.

この定義は便利ではあるが, H 不変元を具体的に構成するのはしばしば困難である. そこで実際の計算では次のように実現するのが簡明なこともある.

(τ, W) を H の有限次元表現としよう. ベクトル空間 W を代数多様体とみなし, 代数多様体としての正則写像 $F: G \to W$ の全体を $\mathcal{R}(G, W)$ で表わす. このとき部分空間

$$\mathcal{R}_H(G, W) = \{F \in \mathcal{R}(G, W) \mid F(xh) = \tau(h^{-1})F(x) \, (\forall h \in H)\} \tag{2.31}$$

を考えると, これは左移動による G の表現 $(\rho_L(g)F)(x) = F(g^{-1}x)$ によって明らかに安定である.

定義 2.59 (誘導表現 II) ベクトル空間 $\mathcal{R}_H(G, W)$ 上には G が左移動によって作用する. この表現を $\mathcal{R}\text{-}\mathrm{Ind}_H^G(\tau, W)$ で表し, (τ, W) の G への誘導表現とよぶ.

定理 2.60 2つの誘導表現 $\mathrm{Ind}_H^G(\tau, W)$ と $\mathcal{R}\text{-}\mathrm{Ind}_H^G(\tau, W)$ の間には標準的な G 同変同型写像がある. したがってこの2つの G の表現は標準的に同値である.

証明 W の基底 $\{w_k \mid 1 \leq k \leq d\}$ を一つとり固定する. この基底の双対基底を $\{\varphi_k \mid 1 \leq k \leq d\}$ で表す. 写像 $\Phi: \mathcal{R}_H(G, W) \to \mathbb{C}[G] \otimes W$ を $F(x) \in \mathcal{R}_H(G, W)$ に対して,

$$\Phi(F) = \sum_{k=1}^{d} \varphi_k(F(x)) \otimes w_k \qquad (2.32)$$

と決めよう．この写像 Φ は基底の取り方によらないことに注意せよ (下記演習 2.63 参照)．このとき $\Phi(F)$ が H 不変であることをまず示す．

$$\begin{aligned}(\rho_{\mathrm{R}}(h) \otimes \tau(h))\Phi(F) &= \sum_{k=1}^{d} \varphi_k(F(xh)) \otimes \tau(h)w_k \\ &= \sum_{k=1}^{d} \varphi_k(\tau(h^{-1})F(x)) \otimes \tau(h)w_k \\ &= \sum_{k=1}^{d} (\tau^*(h)\varphi_k)(F(x)) \otimes \tau(h)w_k\end{aligned}$$

ここで $\{\tau(h)w_k \mid 1 \leq k \leq d\}$ と $\{\tau^*(h)\varphi_k \mid 1 \leq k \leq d\}$ は双対基底の関係にあるから，上で注意したことにより，最後の式は $\Phi(F)$ に等しい．これは $\Phi(F)$ が H の作用 $\rho_{\mathrm{R}} \otimes \tau$ に関して不変であることを意味する．したがって $\Phi : \mathcal{R}_H(G, W) \to \mathbb{C}[G] \otimes_H W$ である．

次に $\Psi : \mathbb{C}[G] \otimes_H W \to \mathcal{R}(G, W)$ を

$$\Psi(\sum f \otimes w)(x) = \sum f(x)w \qquad (x \in G)$$

と決める．このとき，

$$\begin{aligned}\Psi(\sum \rho_{\mathrm{R}}(h)f \otimes \tau(h)w)(x) &= \sum (\rho_{\mathrm{R}}(h)f)(x) \cdot \tau(h)w \\ &= \tau(h)\sum f(xh)w = \tau(h)\Psi(\sum f \otimes w)(xh)\end{aligned}$$

であるが，$\sum f \otimes w$ は H 不変であったから，最初の式は $\Psi(\sum f \otimes w)(x)$ に等しい．したがって

$$\Psi(\sum f \otimes w)(xh) = \tau(h^{-1})\Psi(\sum f \otimes w)(x)$$

となり，像は $\mathcal{R}_H(G, W)$ に入る．

Φ および Ψ が G 同変で互いに逆写像になっていることを見るのはたやすいので読者に任せる． □

注意 2.61 コンパクト群やリー群においても，誘導表現は，ここで構成した方法と同様の方法で (正則関数を二乗可積分関数や C^∞ 級の関数で置き換えて) 定義され，それらは空間としてゼロになることはない．しかし代数群の場合には，あとで注意するように誘導表現の空間がゼロになることがある (定理 3.30 参照)．もし G および H が簡約であれば誘導表現の空間はゼロではない．

定理 2.62 (Frobenius の相互律 [13]**)** G を簡約代数群とし，$H \subset G$ を G の部分代数群とする．このとき，H の有限次元表現 (τ, W) と G の有限次元表現 (π, V) に対して

$$\mathrm{Hom}_G(V, \mathrm{Ind}_H^G W) \simeq \mathrm{Hom}_H(\mathrm{Res}_H^G(V), W)$$

が成り立つ．

証明 まず最初に G の表現 $(\pi, V = V_\pi)$ は既約としてよいことに注意する (下記演習 2.64 参照)．そこで誘導表現の空間 $\mathrm{Ind}_H^G W$ の定義に Peter-Weyl の定理 (定理 2.51) を適用すれば，

$$\mathbb{C}[G] \otimes_H W = (\mathbb{C}[G] \otimes W)^H = \bigoplus_{\pi \in \mathrm{Irr}(G)} V_\pi \boxtimes (V_\pi^* \otimes W)^H$$
$$= \bigoplus_{\pi \in \mathrm{Irr}(G)} V_\pi \otimes \mathrm{Hom}_H(\mathrm{Res}_H^G(V_\pi), W)$$

と計算できる．したがって $\mathrm{Ind}_H^G W$ における既約表現 V_π の重複度はちょうど $\dim \mathrm{Hom}_H(\mathrm{Res}_H^G(V_\pi), W)$ に等しいことがわかる．これが示したいことであった． □

演習 2.63 W をベクトル空間とし，基底 $\{w_k \mid 1 \leq k \leq d\}$ を一つとり固定する．この基底の双対基底を $\{\varphi_k \mid 1 \leq k \leq d\} \subset W^*$ で表す．このとき

$$\Omega_W = \sum_{k=1}^d \varphi_k \otimes w_k \in W^* \otimes W \quad (2.33)$$

は基底の取り方によらずに決まることを示せ．

演習 2.64 G を簡約とは限らない線型代数群とし，V_1, V_2 は G の有限次元表現，U は局所有限な表現とする．このとき，

$$\mathrm{Hom}_G(V_1 \oplus V_2, U) = \mathrm{Hom}_G(V_1, U) \oplus \mathrm{Hom}_G(V_2, U)$$

が成り立つことを示せ．

2.12 線型代数群とアフィン代数群

この節では定理 2.2 の証明を与えよう．つまり線型代数群であること (定義 2.1) とアフィン代数群であることの同値性を証明するが，この証明は代数多様体に慣

---

[13] Frobenius, Ferdinand Georg (1849–1917).

れていないと難解なので，初学者はこの節を省略して先に進むとよい．

まずアフィン代数群の定義 (定理 2.2 の条件) をここで再掲しておこう．

(1) G はアフィン代数多様体である．
(2) G は群であって，その群演算が代数多様体としての射として与えられている．つまり，積 $G \times G \ni (g,h) \mapsto g \cdot h \in G$ および逆元 $G \ni g \mapsto g^{-1} \in G$ をとる写像が代数多様体の射になっている．

上に述べたように，定義 2.1 の意味で線型代数群であれば，条件 (1)–(2) を満たすことは明らかであるので，逆を示す．

関数環 $\mathbb{C}[G]$ には自然に G が局所有限に作用する．このことは線型代数群の性質の代わりに (2) を用いて定理 2.10 とまったく同様に証明できる．

そこで $\mathbb{C}[G]$ の代数としての生成元であって線型独立なものを $\{f_1, \cdots, f_d\}$ とし，これを含む G 安定な有限次元部分空間 V をとる (右正則表現 π で考えよう)．このようにして，準同型 $\pi: G \to \mathrm{GL}(V)$ を得ることができるが，これが $\mathrm{GL}(V)$ の閉部分群の上への同型写像になることを示せばよい．V の基底を生成元たちを含むようにとり，それを $\{f_1, \cdots, f_d, f_{d+1}, \cdots, f_n\}$ とする．この基底によって $\pi(g)$ を行列表示し，その (i,j) 要素を $\rho_{ij}(g) \in \mathbb{C}[G]$ で表そう．

写像 $\pi: G \to \mathrm{GL}(V)$ は関数環の代数準同型 $\pi^*: \mathbb{C}[\mathrm{GL}(V)] \to \mathbb{C}[G]$ を引き起こす．今の場合，この写像は $\pi^*(X_{ij}) = \rho_{ij}(g)$ で与えられていることに注意しよう．ただし X_{ij} は $\mathrm{GL}(V) = \mathrm{GL}_n(\mathbb{C})$ の座標関数を表す．ここで

$$\pi^*(\textstyle\sum_{j=1}^n X_{ij}f_j(e)) = \sum_{j=1}^n \pi^*(X_{ij})f_j(e)$$
$$= \textstyle\sum_{j=1}^n \rho_{ij}(g)f_j(e) = (\pi(g)f_i)(e) = f_i(g)$$

したがって π^* の像は $\mathbb{C}[G]$ の生成元を含むので π^* は全射である．ここで次の一般的な補題を準備する．

補題 2.65 アフィン代数多様体 X, Y の間の正則写像 $\varphi: X \to Y$ を考える．もし $\varphi^*: \mathbb{C}[Y] \to \mathbb{C}[X]$ が全射ならば，像 $\varphi(X)$ は Y の閉部分多様体であって φ は X から $\varphi(X)$ への同型写像である．

証明 $\mathbb{I} = \mathrm{Ker}\,\varphi^*$ とおく．$\mathbb{I}$ の定義する閉部分多様体 $Z = \mathbb{V}(\mathbb{I})$ が $\varphi(X)$ に一致することを示す．Z の定義より $\mathbb{C}[Z] = \mathbb{C}[Y]/\mathbb{I}$ であるが，環の準同型定理より，これは $\mathbb{C}[X]$ と同型である．まとめると，下図のような可換図式が得られる．

$$\begin{array}{ccc} \mathbb{C}[Y] & \xrightarrow{\varphi^*} & \mathbb{C}[X] \\ & \searrow & \uparrow \wr \\ & & \mathbb{C}[Z] = \mathbb{C}[Y]/\mathbb{I} \end{array}$$

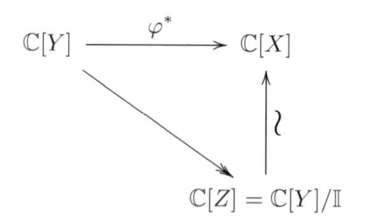

代数の同型 $\mathbb{C}[Z] \xrightarrow{\sim} \mathbb{C}[X]$ によって導かれるアフィン代数多様体の同型写像を $\psi : X \xrightarrow{\sim} Z$ とする．有限生成代数の圏とアフィン代数多様体の圏の同値性より次の可換図式を得る．

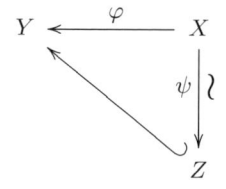

$$\begin{array}{ccc} Y & \xleftarrow{\varphi} & X \\ & \nwarrow & \downarrow \psi \wr \\ & & Z \end{array}$$

この図式の可換性より，$\varphi(X) = Z$ がわかり，$\psi : X \to Z$ が同型であることと合わせると補題が証明される． $\square$

この補題を $\pi : G \to \mathrm{GL}(V)$ に用いると，π は閉部分群 $\pi(G)$ への同型写像であることが分かる．

章末問題

問題 2.1 G を簡約代数群とし，$H \subset G$ をその部分群，$\mathbf{1}_H$ を H の自明な表現とする．このとき次の同型を示せ．

$$\mathrm{Ind}_H^G \mathbf{1}_H \simeq \bigoplus_{\pi \in \mathrm{Irr}(G)} \dim((\pi^*)^H) \, \pi$$

ただし $(\pi^*)^H$ は G の表現 π の反傾表現 π^* の表現空間における H 不変元全体を表す．

問題 2.2 (1) 一般の線型代数群 H と有限次元表現 W に対して $\mathrm{Hom}_H(-, W)$ は H の有限次元表現の圏から有限次元ベクトル空間のなす圏への関手であるが，完全ではないことを示せ．

(2) G を簡約代数群，H をその部分群とするとき，G の有限次元表現のなす圏から有限次元ベクトル空間のなす圏への関手 $\mathrm{Hom}_H(\mathrm{Res}_H^G(-), W)$ は完全である

ことを示せ.

問題 2.3 G を簡約代数群, H をその簡約な部分群とし, G の有限次元表現 π および H の有限次元表現 τ を考える. このとき次の同値を示せ.

$$\pi \otimes \mathrm{Ind}_H^G \tau \simeq \mathrm{Ind}_H^G((\mathrm{Res}_H^G \pi) \otimes \tau)$$

問題 2.4 G を簡約代数群, $H \supset K$ を閉部分群とし, K の有限次元表現 τ を考える. このとき

$$\mathrm{Ind}_H^G \left(\mathrm{Ind}_K^H \tau \right) \simeq \mathrm{Ind}_K^G \tau$$

が成り立つことを示せ. これを**逐次誘導の公式** (induction by stages) という. [ヒント] $\sum f(g) \otimes v \in \mathbb{C}[G] \otimes V_\tau$ を K 不変ベクトルとするとき, $\sum f(gh) \otimes v \in \mathbb{C}[G] \underset{H}{\otimes} (\mathbb{C}[H] \underset{K}{\otimes} V_\tau)$ であることを示せ.

問題 2.5 G を簡約代数群とすると, Peter-Weyl の定理 (定理 2.51) によって $\mathbb{C}[G] = \mathbb{C} \oplus \mathbb{C}[G]_+$ と分解するのであった (注意 2.52 参照). この分解による定数関数への射影 $\mathbb{C}[G] \to \mathbb{C}$ を $f(x) \in \mathbb{C}[G]$ に対して $\int_G f(x) dx$ で表すことにする. このとき

$$\int_G f(g^{-1}x) dx = \int_G f(xg) dx = \int_G f(x) dx \qquad (g \in G)$$

が成り立つことを示せ.

問題 2.6 (π, V) を簡約代数群 G の有限次元既約表現とし, $v \in V$ および $\varphi \in V^*$ に対して $F_{v,\varphi}(x) = \varphi(\pi(x^{-1})v) \in \mathbb{C}[G]$ を行列要素とする. このとき $u, v \in V$, $\psi, \varphi \in V^*$ に対して次の等式が成り立つことを示せ.

$$\int_G F_{v,\varphi}(x) F_{u,\psi}(x^{-1}) dx = \frac{1}{\dim V} \varphi(u) \psi(v)$$

これを利用して, 次の**指標の直交関係**を示せ. (π, V) および (τ, U) を G の有限次元既約表現とするとき

$$\int_G \chi_\pi(x) \chi_\tau(x^{-1}) dx = \begin{cases} 1 & \pi \simeq \tau \text{ のとき} \\ 0 & \text{その他} \end{cases}$$

問題 2.7 一般線型群 $\mathrm{GL}_n(\mathbb{C})$ および特殊線型群 $\mathrm{SL}_n(\mathbb{C})$ は既約な代数多様体

であり，連結であることを示せ．

問題 2.8 以下のようにして，特殊直交群 $\mathrm{SO}_n(\mathbb{C})$ が既約な代数多様体であることを示せ．

(1) $\mathrm{Alt}_n = \{A \in \mathrm{M}_n(\mathbb{C}) \mid {}^t A = -A\}$ を交代行列のなすベクトル空間とし，$X = \mathrm{Alt}_n$ とおく．また，$f \in \mathbb{C}[X]$ を $f(A) = \det(1_n + A)$ で定める．このとき $A \in X$ に対して，$f(A) \neq 0$ ならば $\varphi(A) := (1_n - A)(1_n + A)^{-1} \in \mathrm{SO}_n(\mathbb{C})$ であることを示せ．

(2) $Y = \mathrm{SO}_n(\mathbb{C})$ とおき，$h \in \mathbb{C}[Y]$ を $h(g) = \det(1_n + g)$ で定める．このとき，$h(g) \neq 0$ ならば $\psi(g) := (1_n - g)(1_n + g)^{-1} \in \mathrm{Alt}_n$ であることを示せ．

(3) $\varphi : X_f \to Y_h$ および $\psi : Y_h \to X_f$ であって，$\varphi \circ \psi = \mathrm{id}_{Y_h}$，$\psi \circ \varphi = \mathrm{id}_{X_f}$ であることを示せ．ただし X_f は f の定める X の主アフィン開集合である．Y_h も Y の主アフィン開集合である．

(4) X_f はアフィン空間の主アフィン開集合として既約であるから，Y_h も既約である．これより $Y = \mathrm{SO}_n(\mathbb{C})$ が既約であることを結論せよ．

第 3 章

一般線型群の表現

前章では代数群とその表現を一般的に論じたが，この章では一般線型群 $\mathrm{GL}_n(\mathbb{C})$ を例にとって具体的に既約表現の分類やその実現を紹介する．前章で準備した抽象的な理論，Schur の補題，Peter-Weyl の定理，誘導表現と Frobenius の相互律などが実際にどのように用いられるかを見てみよう．

3.1 トーラスの表現

一次元トーラス $\mathbb{C}^{\times} = \{t \in \mathbb{C} \mid t \neq 0\} = \mathrm{GL}_1(\mathbb{C})$ は複素数体 $\mathbb{C}$ の可逆元の全体からなる [1]．$\mathbb{C}^{\times}$ の有限個の直積 $T = T^n = (\mathbb{C}^{\times})^n$ を n **次元トーラス**，あるいは簡単に**トーラス** (torus) とよぶ．

定理 3.1 トーラス $T^n = (\mathbb{C}^{\times})^n$ は簡約代数群である．

証明 まず一次元トーラス $T^1 = \mathbb{C}^{\times}$ が簡約であることを示そう．T^1 の正則関数環は $\mathbb{C}[T^1] = \mathbb{C}[x, x^{-1}]$ とローラン多項式のなす環として与えられることに注意する．したがって $\mathbb{C}[T^1]$ は自然に $\mathbb{Z}$ により次数付けされている．

$$\mathbb{C}[T^1] = \bigoplus_{k \in \mathbb{Z}} \mathbb{C}\, x^k = \bigoplus_{k \in \mathbb{Z}} R_k \qquad (R_k = \mathbb{C}\, x^k)$$

このとき，$t \in T^1$ の右正則表現によって，$\rho_{\mathrm{R}}(t) x^k = (xt)^k = t^k x^k$ となるから，各 R_k は T^1 の右正則表現によって安定であって，

$$\mathbb{C}[T^1] = \mathbb{C}1 \oplus \bigoplus_{k \neq 0} R_k$$

は T^1 安定な直和分解を与える．したがって，定理 2.37 により，T^1 は簡約であって，その直積である $T^n = (T^1)^n$ もまた簡約である (定理 2.46)． □

定理 3.2 n 次元トーラス $T^n = (\mathbb{C}^{\times})^n$ の既約表現はすべて 1 次元であり，$\lambda =$

---

[1] 一般に環 R の可逆元の全体がなす群を $R^{\times}$ で表す．

$(\lambda_1, \cdots, \lambda_n) \in \mathbb{Z}^n$ によって

$$\chi_\lambda(t) = t^\lambda = t_1^{\lambda_1} \cdots t_n^{\lambda_n} \qquad (t = (t_1, \cdots, t_n) \in T^n)$$

と与えられる. つまり $\mathrm{Irr}(T^n) \simeq \mathbb{Z}^n$ である. また, 表現 $\chi_\lambda(t) = t^\lambda$ $(t \in T^n)$ を**ウェイト** (weight) が $\lambda \in \mathbb{Z}^n$ の既約表現とよぶ.

証明 $T = T^n$ と書く. T の正則関数環は n 変数のローラン多項式環であって, $\mathbb{C}[T] = \mathbb{C}[x_1^{\pm 1}, \cdots, x_n^{\pm 1}]$ と書けている. このとき, $\lambda \in \mathbb{Z}^n$ に対して, $x^\lambda = x_1^{\lambda_1} \cdots x_n^{\lambda_n}$ と多重指数で表示すれば, $(t,s) \in T \times T$ に対して, 左右の正則表現は

$$\rho_{\mathrm{LR}}(t,s) \, x^\lambda = t^{-\lambda} s^\lambda x^\lambda$$

と表される. したがって, Peter-Weyl の定理 (定理 2.51) により, 表現 $\chi_\lambda(t) = t^\lambda$ が既約有限次元表現の完全代表系をなす. □

この定理により, トーラス T の任意の局所有限な表現 (τ, U) は

$$\tau \simeq \bigoplus\nolimits_{\lambda \in \mathbb{Z}^n} m_\lambda \cdot \chi_\lambda \tag{3.1}$$

と 1 次元表現の直和に分解する. ここで m_λ は重複度を表すが, $m_\lambda = 0$ または $m_\lambda = \infty$ も許すことにする. $m_\lambda = 0$ のときには χ_λ は U の部分表現には現れない. そこで $\Omega = \{\lambda \in \mathbb{Z}^n \mid m_\lambda \neq 0\}$ とおき, これを表現 (τ, U) の**台** (support) という. また $\lambda \in \Omega$ を U の**ウェイト**とよび, 同じウェイトを持つベクトルのなす部分空間

$$U(\lambda) = \{v \in U \mid \pi(t)v = \chi_\lambda(t)v \ (t \in T)\} \tag{3.2}$$

をウェイトが λ の**ウェイト空間** (weight space), 分解 (3.1) を**ウェイト空間分解** (weight space decomposition) という. ウェイト空間の元をウェイトベクトルとよぶ.

演習 3.3 $t \in \mathbb{C}^\times$ に対して (複素数の) 絶対値 $|t| \in \mathbb{R}$ を対応させる写像は $T^1 = \mathbb{C}^\times$ の複素位相に関して連続な既約表現であることを示せ. (この表現は実解析的であるが, 代数的な表現ではない.)

トーラス群は一般線型群の表現と関わりが深く, 以下の節でも中心的な役割を果たす. そこで一般線型群の中にトーラスを埋め込み, その表現との関わりを調べておこう. 対角行列としての埋め込み写像を

$$T \ni (t_1, \cdots, t_n) \mapsto \mathrm{diag}(t_1, \cdots, t_n) \in \mathrm{GL}_n(\mathbb{C}) \tag{3.3}$$

で決める．ただし $\mathrm{diag}(t_1,\cdots,t_n)$ は対角線に $t_1,\cdots,t_n$ が並んだ対角行列を表す．埋め込まれた対角部分群は $G = \mathrm{GL}_n(\mathbb{C})$ の閉部分群になる．記号の乱用ではあるが，この対角部分群も同じ記号 T で表そう．ここで埋め込み $T \subset G$ と関係が深く，もっとも重要な有限群の一つである対称群を導入しておこう．

定義 3.4 数の集合 $X = \{1, 2, \cdots, n\}$ を考え，X の元の置換の全体を $\mathfrak{S}_n$ で表す．同じことだが，$\sigma \in \mathfrak{S}_n$ を全単射 $\sigma : X \to X$ とみなしてもよい．そうすると $\mathfrak{S}_n$ は写像の合成により自然に群となるが，これを n **次対称群** (symmetric group of degree n) とよぶ．

補題 3.5 n 次対称群 $\mathfrak{S}_n$ の元 σ に対して，**置換行列** $w_\sigma \in \mathrm{GL}_n(\mathbb{C})$ を $w_\sigma = (\delta_{i,\sigma(j)})_{1 \leq i,j \leq n}$ で定める [2]．このとき次の等式が成り立つ．

$$w_\sigma \, \mathrm{diag}(t_1, \cdots, t_i, \cdots, t_n) \, w_\sigma^{-1} = \mathrm{diag}(t_{\sigma^{-1}(1)}, \cdots, t_{\sigma^{-1}(i)}, \cdots, t_{\sigma^{-1}(n)})$$

証明は具体的に計算を行うだけであるから演習問題とする．この補題を念頭において，ウェイトの集合への対称群の作用を $\lambda = (\lambda_1, \cdots, \lambda_n) \in \mathbb{Z}^n$ に対して

$$\sigma \cdot \lambda = (\lambda_{\sigma^{-1}(1)}, \cdots, \lambda_{\sigma^{-1}(i)}, \cdots, \lambda_{\sigma^{-1}(n)}) \qquad (\sigma \in \mathfrak{S}_n) \tag{3.4}$$

と定義する．

さて，(π, V) を一般線型群 $G = \mathrm{GL}_n(\mathbb{C})$ の局所有限な表現としよう．表現 π をトーラス部分群 T に制限したものもやはり局所有限だから，上に見たように T の 1 次元表現の直和に分解する．

$$\pi|_T \simeq \bigoplus\nolimits_{\lambda \in \mathbb{Z}^n} m_\lambda \cdot \chi_\lambda \tag{3.5}$$

ウェイト空間を $V(\lambda)$ で表すのであった．

定理 3.6 一般線型群 G の局所有限な表現 (π, V) に対してその台を $\Omega \subset \mathbb{Z}^n$ と書くと，Ω は対称群 $\mathfrak{S}_n$ の作用で不変である．さらに

$$\pi(w_\sigma) V(\lambda) = V(\sigma \cdot \lambda) \qquad (\sigma \in \mathfrak{S}_n) \tag{3.6}$$

が成り立つ．特に $\dim V(\lambda) = \dim V(\sigma \cdot \lambda)$ である．

証明 $v \in V$ をウェイトが $\lambda \in \mathbb{Z}^n$ のウェイトベクトルとする．このとき $t \in$

---

[2] 置換行列 (permutation matrix) は各行各列にちょうど一つだけ 1 があり，残りの成分はすべて 0 であるような行列であって，ここで与えた $\{w_\sigma \mid \sigma \in \mathfrak{S}_n\}$ が置換行列を尽くす．

T に対して,

$$\begin{aligned}
\pi(t)\pi(w_\sigma)v &= \pi(w_\sigma)\pi(w_\sigma^{-1}tw_\sigma)v \\
&= \pi(w_\sigma)\pi(\mathrm{diag}(t_{\sigma(1)},\cdots,t_{\sigma(n)}))v \quad (\because \text{補題 3.5 より}) \\
&= \pi(w_\sigma)t_{\sigma(1)}^{\lambda_1}\cdots t_{\sigma(n)}^{\lambda_n}v \quad (\because v \text{ はウェイトベクトル}) \\
&= t_1^{\lambda_{\sigma^{-1}(1)}}\cdots t_n^{\lambda_{\sigma^{-1}(n)}}\pi(w_\sigma)v \\
&= \chi_{\sigma\cdot\lambda}(t)\,\pi(w_\sigma)v
\end{aligned}$$

であることから $\pi(w_\sigma)v$ のウェイトが $\sigma\cdot\lambda$ であることが従う. これより (3.6) 式が成り立つことがわかる. □

3.2　一般線型群の簡約性

この節の目標は次の定理を示すことである.

定理 3.7　一般線型群 $\mathrm{GL}_n(\mathbb{C})$ は簡約代数群である.

この定理は §10.2 において, もっと一般的な枠組みで証明されるが, ここではエルミート内積を用いた伝統的な手法で証明しておく.

まず $\mathrm{M}_n := \mathrm{M}_n(\mathbb{C})$ を n 次正方行列全体のなすベクトル空間とし, $\mathbb{C}[\mathrm{M}_n] = \mathbb{C}[x_{ij} \mid 1 \leq i,j \leq n]$ を多項式環とする. ただし x_{ij} は $X \in \mathrm{M}_n$ の第 (i,j) 成分を取り出す座標関数を表す. M_n には $G := \mathrm{GL}_n(\mathbb{C})$ が右からの逆行列の掛け算で作用している.

$$\mu(g)X = X\cdot g^{-1} \qquad (X \in \mathrm{M}_n, g \in G) \tag{3.7}$$

この G の右移動によって引き起こされる正則関数環 $\mathbb{C}[\mathrm{M}_n]$ 上の表現 ρ_R をやはり**右正則表現**とよぶことにする. つまり ρ_R は, 正則関数 $f(X) \in \mathbb{C}[\mathrm{M}_n]$ に対して $g \in G$ の作用を

$$(\rho_\mathrm{R}(g)f)(X) = f(\mu(g^{-1})X) = f(Xg) \qquad (X \in \mathrm{M}_n, g \in G) \tag{3.8}$$

と決めたものである. すでに一般の簡約代数群に対して右正則表現 $(\rho_\mathrm{R},\mathbb{C}[G])$ を定義したが, $G = \mathrm{GL}_n(\mathbb{C})$ は $\mathrm{M}_n = \mathrm{M}_n(\mathbb{C})$ の稠密な部分集合であるから, 自然な埋め込み写像 $\mathbb{C}[\mathrm{M}_n] \hookrightarrow \mathbb{C}[G]$ が存在する. このとき $\mathbb{C}[G]$ 上の右正則表現を $\mathbb{C}[\mathrm{M}_n]$ に制限したものが上で定義した右正則表現に他ならない.

以下, この節では特に断らない限り $G = \mathrm{GL}_n(\mathbb{C})$ および $\mathrm{M}_n = \mathrm{M}_n(\mathbb{C})$ と記す

ことにする.

補題 3.8 右正則表現 $(\rho_R, \mathbb{C}[M_n])$ は完全可約である.

証明 まず $\mathbb{C}[M_n]$ 上の正定値エルミート内積 $\langle\,,\,\rangle$ を次のように決める. 正則関数 $f \in \mathbb{C}[M_n]$ は座標関数 x_{ij} を用いて $f = F(x_{ij})$ と多項式の形に書ける. このとき, $\partial f = F(\partial_{ij})$ で x_{ij} に微分作用素 ∂_{ij} を代入した定数係数の微分作用素を表そう. ただし, 微分作用素 ∂_{ij} の正則関数 $h \in \mathbb{C}[M_n]$ への作用は

$$\partial_{ij} h(A) = \frac{d}{dt} h(A + tE_{ij})\Big|_{t=0} \quad (E_{ij} \text{ は行列単位を表す})$$

で定義する. さらに行列 $A \in M_n$ に対して $\overline{A}$ をその複素共役行列としたとき, $\overline{f}(A) = \overline{f(\overline{A})}$ によって多項式の**複素共役**を定義する. これは上のように $f = F(x_{ij})$ と表示したら, F の各単項式の係数の複素共役をとることと同じである. そこで

$$\langle f, h\rangle = (\partial(\overline{f})h)(0) \tag{3.9}$$

と決めればこれは正定値エルミート内積となる. 実際, 簡単に分かるように

$$\left\{ \frac{1}{\sqrt{\prod_{i,j} m_{i,j}!}} \prod_{i,j} x_{i,j}^{m_{i,j}} \;\Big|\; m_{i,j} \geq 0 \right\}$$

が正規直交基底である. この内積に関して, 等式

$$\langle f, \rho_R(g)h\rangle = \langle \rho_R({}^t\overline{g})f, h\rangle \quad (f, h \in \mathbb{C}[M_n]; g \in G) \tag{3.10}$$

が成り立つ. まずこの等式を用いて $\mathbb{C}[M_n]$ の完全可約性を示そう. 明らかに $\mathbb{C}[M_n]$ の斉次部分は G 安定な部分空間であるから (下記演習 3.9 参照), 斉次部分空間毎に考えることにして, d 次斉次空間 $\mathbb{C}[M_n]_d$ が完全可約であることを示せば十分である. そこで $U \subset \mathbb{C}[M_n]_d$ を G 安定な部分空間とすると, 直交補空間

$$U^\perp = \{h \in \mathbb{C}[M_n]_d \mid \langle f, h\rangle = 0 \; (\forall f \in U)\}$$

もまた安定である. 実際 $h \in U^\perp$ とすれば, 任意の $f \in U$ に対して, U の安定性より $\rho_R({}^t\overline{g})f \in U$ だから (3.10) 式の右辺は $= 0$ である. したがって $\rho_R(g)h \in U^\perp$ が分かり, 任意の部分空間は G 安定な補空間を持つので, $\mathbb{C}[M_n]_d$ は完全可約である.

次に (3.10) 式が成り立つことを示そう. $g \in G$ に対して $g = (g_{i,j})_{1 \leq i,j \leq n}$ をその行列表示とすると,

$$\partial_{i,j}(\rho_{\mathrm{R}}(g)h)(A) = \frac{d}{dt}(\rho_{\mathrm{R}}(g)h)(A+tE_{ij})|_{t=0}$$
$$= \frac{d}{dt}h(Ag+tE_{ij}g)|_{t=0}$$
$$= \sum_{k=1}^{n} g_{j,k}(\partial_{i,k}h)(Ag) = \sum_{k=1}^{n} g_{j,k}(\rho_{\mathrm{R}}(g)\partial_{i,k}h)(A) \quad (3.11)$$

この式を利用して $\deg f$ に関する帰納法で証明する．そこで f, h に対して (3.10) が成り立つとすると

$$\begin{aligned}\langle x_{ij}f, \rho_{\mathrm{R}}(g)h\rangle &= \langle f, \partial_{i,j}\rho_{\mathrm{R}}(g)h\rangle & \text{(内積の定義より)}\\ &= \langle f, \sum_{k=1}^{n} g_{j,k}\rho_{\mathrm{R}}(g)\partial_{i,k}h\rangle & \text{((3.11) 式より)}\\ &= \sum_{k=1}^{n} \langle \overline{g_{j,k}}\,\rho_{\mathrm{R}}({}^t\overline{g})f, \partial_{i,k}h\rangle & \text{(帰納法の仮定)}\\ &= \langle \sum_{k=1}^{n} \overline{g_{j,k}}\,x_{i,k}\rho_{\mathrm{R}}({}^t\overline{g})f, h\rangle = \langle \rho_{\mathrm{R}}({}^t\overline{g})(x_{i,j}f), h\rangle\end{aligned}$$

最後の式において $\rho_{\mathrm{R}}({}^t\overline{g})\,x_{i,j} = \sum_{k=1}^{n} \overline{g_{j,k}}\,x_{i,k}$ を用いた．$x_{i,j}f$ の形の多項式の一次結合によって，次数が $(\deg f+1)$ の多項式はすべて表されるから，帰納法によって (3.10) 式が成り立つことが示された． □

演習 3.9 $Z = \mathbb{C}^\times 1_n \subset \mathrm{GL}_n(\mathbb{C})$ をスカラー行列の全体とする．
(1) Z は $G = \mathrm{GL}_n(\mathbb{C})$ の中心であることを示せ．
(2) $t \in \mathbb{C}^\times$ と $t1_n \in Z$ を同一視する．このとき f が M_n 上の斉次多項式であって $\deg f = d$ であることと，$\rho_{\mathrm{R}}(t)f = t^d f$ ($\forall t \in \mathbb{C}^\times$) が成り立つことは同値である．これを証明せよ．
(3) G は d 次斉次の多項式の全体 $\mathbb{C}[\mathrm{M}_n]_d$ を安定にすることを示せ．

さて，一般線型群が簡約であること (定理 3.7) の証明を完結させよう．

証明 [定理 3.7 の証明]　正則関数環 $\mathbb{C}[G]$ が完全可約であることが分かれば，定理 2.37 により G の簡約性が示されたことになる．そこで $\mathbb{C}[G]$ が完全可約であることを示そう．定理 2.32 により，任意の $f \in \mathbb{C}[G]$ に対して，$\mathbb{C}[G]$ の既約部分表現 $\{V_i \mid 1 \leq i \leq m\}$ が存在して，

$$f \in \sum_{i=1}^{m} V_i \quad (3.12)$$

となることを示せば十分である．ところが $\mathbb{C}[G]$ の元は M_n の座標関数 x_{ij} と行列式の逆数 $\det^{-1}$ の多項式で表せるのであったから，十分大きな自然数 N をと

ることによって $\det^N \cdot f \in \mathbb{C}[M_n]$ である．一方，補題 3.8 によって $\mathbb{C}[M_n]$ は完全可約であったから，ある $\mathbb{C}[M_n]$ の既約部分表現 $\{U_i \mid 1 \leq i \leq m\}$ が存在して，$\det^N \cdot f \in \sum_{i=1}^m U_i$ となる．したがって，$V_i = \det^{-N} \cdot U_i \subset \mathbb{C}[G]$ が既約部分表現であれば，(3.12) 式が成り立つ．そこで $W \subset V_i = \det^{-N} \cdot U_i$ を任意の部分表現として W が自明であることを示そう．このとき $\det^N \cdot W \subset U_i$ もまた G 安定な部分空間である．実際 $w \in W$ に対して，

$$\rho_R(g)(\det^N \cdot w) = \det(g)^N \det^N \cdot (\rho_R(g)w) \in \det^N \cdot W$$

である．U_i の既約性から $\det^N \cdot W = \{0\}$ または U_i であるから，W も自明になることがわかる． □

演習 3.10 一般に代数群 G の既約表現 (π, V) と 1 次元表現 $(\chi, \mathbb{C})$ に対して，$(\chi \otimes \pi, V)$ はまた既約表現であることを示せ．ただし V を $\mathbb{C} \otimes V$ と同一視した．

3.3 $\mathrm{GL}_n(\mathbb{C})$ の既約表現と最高ウェイト

この節でも $G = \mathrm{GL}_n = \mathrm{GL}_n(\mathbb{C})$ などと書くことにする．また $M_n = M_n(\mathbb{C})$ を複素係数の全行列環とする．

3.3.1 ボレル部分群とその表現

$G = \mathrm{GL}_n$ の部分代数群 U, B, T を次のように定義しよう．(行列の表示において空白の部分は成分が 0 であることを意味する．)

$$T = \{\mathrm{diag}(t_1, \cdots, t_n) \mid t_i \in \mathbb{C}^\times\} \quad (対角行列) \tag{3.13}$$

$$U = \left\{ \begin{pmatrix} 1 & * & * & * \\ & 1 & * & * \\ & & \ddots & * \\ & & & 1 \end{pmatrix} : 上半三角行列, 対角線上 1 \right\} \tag{3.14}$$

$$B = TU = \left\{ \begin{pmatrix} t_1 & * & * & * \\ & t_2 & * & * \\ & & \ddots & * \\ & & & t_n \end{pmatrix} : 上半三角行列, t_i \in \mathbb{C}^\times \right\} \tag{3.15}$$

これらの群はそれぞれ G のある特徴的な部分群の一例になっている．この章の議論では必要ないが，それらの部分群をここで簡単に紹介しておく．

まず G の部分群であってトーラス $(\mathbb{C}^\times)^k$ と同型なものを G のトーラス，包含関係に対して極大なものを**極大トーラス** (maximal torus) とよぶ．T は GL_n の

極大トーラスの一つである.

一方, G の連結な閉可解部分群であって, 包含関係に関して極大なものを**ボレル部分群** (Borel subgroup) とよぶ. 上で定義した部分群 B は, あとで示すように GL_n のボレル部分群である (系 9.30). また U は B に含まれる**冪単元** (unipotent element), つまり $(1-g)^N = 0$ ($\exists N \geq 1$) となるような行列 $g \in B$ 全体からなり, B の**冪単根基**である [3].

演習 3.11 上のように G の 3 つの閉部分群 T, U, B を考える.
(1) $B = TU$ であるが, $T \times U \ni (t, u) \mapsto tu \in B$ は代数多様体としての同型射であることを示せ. (代数群として両者は同型でない.)
(2) U は B の正規部分群であって, 群 B/U は T と同型であることを示せ.
(3) T 以外にも B に含まれる極大トーラス部分群は存在するだろうか?
[ヒント] B の元による共役 bTb^{-1} を考えてみよ.

さて, 演習 3.11 で与えられた準同型 $\psi : B \to T$ を用いると, T の 1 次元表現 $\chi : T \to \mathbb{C}^\times$ に対して, B の 1 次元表現が $\chi \circ \psi : B \to \mathbb{C}^\times$ によってきまる. これを (記号の濫用により) 同じ χ で表そう.

定理 3.12 B の有限次元表現は 1 次元既約表現を部分表現として含む.

この定理を証明するために少し準備をする. まずトーラス T の既約表現はあるウェイト $\lambda \in \mathbb{Z}^n$ に対して, $\chi_\lambda(t) = t^\lambda$ と書けていたことを思い出そう.

定義 3.13 ウェイト $\lambda = (\lambda_1, \cdots, \lambda_n) \in \mathbb{Z}^n$ に対して $|\lambda| = \sum_{i=1}^n \lambda_i$ を λ の**サイズ**とよぶ. また

$$|\lambda| = 0 \quad \text{かつ} \quad \lambda_1 + \lambda_2 + \cdots + \lambda_k \geq 0 \quad (1 \leq \forall k < n)$$

が成り立つとき $\lambda \geq 0$ と表す. 2 つのウェイト $\lambda, \mu \in \mathbb{Z}^n$ に対して, $\lambda - \mu \geq 0$ のとき $\lambda \geq \mu$ と定義して**支配的順序** (dominance order) とよぶ. 支配的順序は半順序であることに注意する.

証明 [定理 3.12 の証明] (π, V) を B の有限次元表現とする. 表現 π のトーラスへの制限 $\pi|_T$ を考えると, T は簡約代数群であるから,

---

[3] 一般に代数群 G の最大の連結閉正規可解部分群を**根基** (radical) というが, そのうち冪単元の全体を G の**冪単根基** (unipotent radical) とよぶ. §10.1 参照.

$$\pi|_T \simeq \bigoplus_{\mu \in \mathbb{Z}^n} m_\mu \cdot \chi_\mu \tag{3.16}$$

と既約表現の直和に分解する．ここで χ_μ は T のウェイトが μ の既約表現，m_μ は重複度を表す．ウェイトの集合 $\Omega = \{\mu \in \mathbb{Z}^n \mid m_\mu \neq 0\} \subset \mathrm{Irr}(T)$ を考えよう．Ω は表現 $\pi|_T$ の台ともよばれる．Ω のウェイトであって，支配的順序に関して極大なものを一つ選び λ とする．このとき $v_\lambda \in V, v_\lambda \neq 0$ を λ のウェイトベクトルとすれば，$\mathbb{C}v_\lambda$ は B の既約部分表現であって χ_λ と同値であることを示そう．そのためには v_λ が U 不変であることを示せば十分である．

そこで任意の $\xi \in V^*$ に対して，

$$f_\xi(u) = \xi(v_\lambda - \pi(u)v_\lambda) \qquad (u \in U) \tag{3.17}$$

とおいて $f_\xi = 0$ を示そう．ここで f_ξ は $U \simeq \mathbb{C}^{n(n-1)/2}$ 上の正則関数であって，座標関数 $\{x_{ij} \mid 1 \leq i < j \leq n\}$ の多項式である．任意の $t = \mathrm{diag}(t_1, \cdots, t_n) \in T$ に対して $tUt^{-1} = U$ であり，$x_{ij}(tut^{-1}) = t_i t_j^{-1} x_{ij}(u)$ となることに注意する．

まず (3.16) 式から，V の双対空間は $\pi|_T$ の反傾表現として

$$V^* \simeq \bigoplus_{\mu \in \Omega} m_\mu \cdot \chi_{-\mu} \tag{3.18}$$

と分解する．したがって $\xi \in V^*$ はウェイトが $-\mu$ $(\mu \in \Omega)$ のウェイトベクトルとして一般性を失わない．このとき，任意の $t \in T$ に対して

$$\begin{aligned} f_\xi(tut^{-1}) &= \xi(v_\lambda - \pi(tut^{-1})v_\lambda) \\ &= (\pi^*(t^{-1})\xi)(\pi(t^{-1})v_\lambda - \pi(u)\pi(t^{-1})v_\lambda) \\ &= t^\mu \xi(t^{-\lambda} v_\lambda - \pi(u) t^{-\lambda} v_\lambda) = t^{\mu-\lambda} f_\xi(u) \end{aligned} \tag{3.19}$$

となる．さて λ の極大性より $\lambda = \mu$ であるか，あるいは $\nu := \mu - \lambda$ とおくと，(ア) $|\nu| \neq 0$ または (イ) ある k が存在して $\sum_{i=1}^k \nu_i < 0$ が成り立つ．

そこでまず (ア) のときを考えよう．このときは $a \in \mathbb{C}^\times$ に対して $t = \mathrm{diag}(a, \cdots, a)$ ととると $tut^{-1} = u$ だから，式 (3.19) より $f_\xi(u) = a^{|\nu|} f_\xi(u)$ が成り立つ．そこで $a^{|\nu|} \neq 1$ となる $a \in \mathbb{C}^\times$ をとれば $f_\xi(u) = 0$ が従う．

次に (イ) $\sum_{i=1}^k \nu_i < 0$ のときを考えよう．このときは $a \in \mathbb{C}^\times$ に対して

$$t = \mathrm{diag}(\underbrace{a, \cdots, a}_{k\ \text{コ}}, 1, \cdots, 1) \in T \quad (\text{最初の } k \text{ 個が } a) \tag{3.20}$$

ととると

$$f_\xi(tut^{-1}) = a^{-d} f_\xi(u) \qquad (d = -\textstyle\sum_{i=1}^k \nu_i > 0) \tag{3.21}$$

である．一方

$$x_{ij}(tut^{-1}) = \begin{cases} a\,x_{ij}(u) & (i \leq k \text{ かつ } j > k) \\ x_{ij}(u) & (\text{それ以外}) \end{cases}$$

であるから x_{ij} の多項式と考えたとき，$f_\xi(tut^{-1})$ は $f_\xi(u)$ の各項に a の非負冪を掛けて得られる．もし $f_\xi(u) \neq 0$ ならば (3.21) 式より矛盾である．

次に $\mu = \lambda$ のときを考えよう．このときは $f_\xi(tut^{-1}) = f_\xi(u)$ ($\forall t \in T$) であるが，やはり (3.20) 式の t を任意の k で考えることにより，$f_\xi(u)$ は定数関数であることが結論される (下記演習 3.17 参照). ところが

$$f_\xi(1_n) = \xi(v_\lambda - \pi(1_n)v_\lambda) = 0$$

だから $f_\xi(u) = 0$ が従う． □

この定理の証明より次の系が得られる．

系 3.14 $B = TU$ を上半三角行列からなるボレル部分群とし，B の有限次元表現 $V \neq \{0\}$ を考える．

(1) V における T のウェイトのうち支配的順序に関して極大なものを λ とすれば，V は B の既約表現 χ_λ を部分表現として含む．したがって $\mathrm{Hom}_B(\chi_\lambda, V) \neq \{0\}$ である．

(2) V は自明でない U 不変元を含む．つまり $V^U \neq \{0\}$ が成り立つ．

系 3.15 B の既約有限次元表現は T の 1 次元表現 χ_λ ($\lambda \in \mathbb{Z}^n$) と準同型 $\psi: B = TU \to T$ によって $\chi_\lambda \circ \psi$ の形に表される．この既約表現を同じ記号 χ_λ で表せば，$\mathrm{Irr}(B) = \{\chi_\lambda \mid \lambda \in \mathbb{Z}^n\}$ である．

演習 3.16 ウェイトの集合 $\mathbb{Z}^n$ の標準基底を $\{\varepsilon_i \mid 1 \leq i \leq n\}$ で表す．ここで ε_i は第 i 成分が 1 で他はすべて 0 であるようなウェイトである．また $\alpha_{ij} = \varepsilon_i - \varepsilon_j$ とおく．

(1) ウェイト $\lambda, \mu \in \mathbb{Z}^n$ に対し，支配的順序に関して $\lambda \geq \mu$ であることと，

$$\lambda = \mu + \sum_{i<j} n_{ij} \alpha_{ij} \quad (n_{ij} \in \mathbb{Z}_{\geq 0}) \tag{3.22}$$

が成り立つことは同値であることを示せ．

(2) $i < j$ のとき $\alpha_{ij} = \alpha_{i,i+1} + \alpha_{i+1,i+2} + \cdots + \alpha_{j-1,j}$ であることを示せ．し

たがって (3.22) 式において和は $\alpha_{i,i+1}$ に限ってもよい.

演習 3.17　$B = TU$ をボレル部分群とする (式 (3.15) 参照).

(1) 任意の $t \in T$ に対して，$tUt^{-1} = U$ であるから，極大トーラス T は U に共役によって作用し，正則関数環 $\mathbb{C}[U]$ 上の T の局所有限な表現

$$\rho(t)f(u) = f(t^{-1}ut) \qquad (f \in \mathbb{C}[U], t \in T, u \in U)$$

が得られる．$\mathbb{C}[U]$ は T の表現として次のように分解することを示せ．

$$\mathbb{C}[U] = \sum_{\lambda \geq 0} m_\lambda \cdot \chi_\lambda \\ \text{ただし}\quad m_\lambda = \#\Big\{ (n_{ij}) \in \mathbb{Z}^{\frac{n(n-1)}{2}} \mid \lambda = \sum_{1 \leq i < j \leq n} n_{ij}\alpha_{ij} \Big\} \tag{3.23}$$

ここで $\alpha_{ij} = \varepsilon_i - \varepsilon_j$ は演習 3.16 で定義されたウェイトを表す.

(2) $\mathbb{C}[U]^T = \mathbb{C}$ であることを示せ．したがって $f(tut^{-1}) = f(u)$ ($\forall t \in T, \forall u \in U$) ならば $f(u)$ は定数関数である．

3.3.2　行列の三角分解

対角線上に 1 が並んだ下半三角行列のなす群を $\overline{U} = \{{}^t u \mid u \in U\}$ と書き，$\overline{B} = \overline{U}T = T\overline{U}$ を下半三角正則行列の全体とする．$\overline{B}$ は GL_n のボレル部分群であり，B の **相補的位置にある** (opposite) ボレル部分群という．次の定理は Gauss の**三角分解定理**として良く知られている [4].

定理 3.18　一般線型群 $G = \mathrm{GL}_n$ とそのボレル部分群 $B = TU$ および相補的位置にあるボレル部分群 $\overline{B} = \overline{U}T$ を考える．

(1) 正則な行列 g に対して，ある $(u', t, u) \in \overline{U} \times T \times U$ が存在して $g = u'tu$ と書けるための必要十分条件は g の**主座小行列式** $D_k(g) = \det(g_{ij})_{1 \leq i,j, \leq k}$ がすべてゼロでないことである．

(2) 写像 $\Psi : \overline{U} \times T \times U \to G$ を行列の積 $\Psi(u', t, u) = u'tu$ で定めるとき，Ψ は G のザリスキ開部分集合への代数多様体としての同型射である．

証明　有名な定理なので証明をスケッチするにとどめる (例えば [45, § 1.14(c)]

---

[4] 三角分解のことを **LU 分解**とよぶこともある．L は lower triangular matrix つまり下半三角行列を表し，U は上半三角行列 (upper —) を表している．Gauss, Carl Friedrich (1777–1855).

参照). 行列のサイズ n に関する帰納法を行うことにする.

$$g = \begin{pmatrix} h & v \\ w & s \end{pmatrix} \qquad (h \in \mathrm{GL}_{n-1}, v, {}^t w \in \mathbb{C}^{n-1}, s \in \mathbb{C})$$

と書いておくと,

$$g = \begin{pmatrix} 1_{n-1} & 0 \\ wh^{-1} & 1 \end{pmatrix} \begin{pmatrix} h & 0 \\ 0 & t \end{pmatrix} \begin{pmatrix} 1 & h^{-1}v \\ 0 & 1 \end{pmatrix} \qquad t = s - wh^{-1}v \in \mathbb{C} \tag{3.24}$$

となっていることがわかる. これを繰り返して, 主座小行列式が消えていなければ, g の成分と主座小行列式の逆元による多項式として $(u', t, u) \in \overline{U} \times T \times U$ が書き表せることがわかる. したがってこれは代数多様体の射であって, Ψ の逆を与える. □

補題 3.19 $\lambda, \mu \in \mathbb{Z}^n$ をウェイトとして χ_λ, χ_μ を対応する $B = TU$ の既約表現とする. ゼロでない正則関数 $f \in \mathbb{C}[G]$ に対して,

$$f({}^t b_1 \, g \, b_2) = \chi_\mu(b_1) \chi_\lambda(b_2) f(g) \qquad (b_1, b_2 \in B, g \in G) \tag{3.25}$$

が成り立てば, $\lambda = \mu$ であって, このような f は定数倍を除いて一意的である.

証明 $b_1 \in B$ に対して ${}^t b_1 \in \overline{B}$ だから, f は (3.25) 式の条件で $g = 1_n$ とおいた値によって $\overline{B}B$ 上一意的に決まってしまう. ところが定理 3.18 より $\overline{B}B \subset G$ はザリスキ稠密な開集合となっているから, f は $\overline{B}B$ 上の値により G 上の正則関数として一意的に決定される.

また $t \in T = B \cap \overline{B}$ に対して, 条件より $f(t) = \chi_\mu({}^t t) f(1_n) = \chi_\lambda(t) f(1_n)$ であるが, 前述のように $f(1_n) = 0 \iff f = 0$ だから, もし $f \neq 0$ ならば $\chi_\mu = \chi_\lambda$ つまり $\lambda = \mu$ でなければならない. □

3.3.3 最高ウェイト表現

この節では一般線型群の既約表現をボレル部分群の既約表現を用いて分類しよう. ボレル部分群の既約表現は χ_λ の形をしていたが, 一般線型群の表現の分類に用いる表現はその中でも特殊なものである.

定義 3.20 ウェイト $\lambda = (\lambda_1, \lambda_2, \cdots, \lambda_n) \in \mathbb{Z}^n$ は条件

$$\lambda_1 \geq \lambda_2 \geq \cdots \geq \lambda_n \tag{3.26}$$

を満たすとき, GL_n の**支配的ウェイト** (dominant weight) とよばれる. 支配的

ウェイトの全体を $\mathbf{P}_{\mathrm{GL}_n}^+ \subset \mathbb{Z}^n$ で表す．ただし一般線型群で考えていることが明らかなときには単に $\mathbf{P}^+$ と書くことがある．

定理 3.21 一般線型群 $G = \mathrm{GL}_n$ の既約有限次元表現 (π, V) を考える．$B = TU$ を (3.15) 式で定義された上半三角行列のなすボレル部分群とすると，V は唯一つの B の既約部分表現 χ_λ を含み，λ は支配的ウェイトである．この λ を V の**最高ウェイト** (highest weight) とよぶ．

逆に支配的ウェイト $\lambda \in \mathbb{Z}^n$ が与えられたとき，λ を最高ウェイトとする G の既約表現 $(\pi, V) = (\pi_\lambda, V_\lambda)$ が同型を除いて唯一つ存在する．つまり集合として $\mathrm{Irr}(\mathrm{GL}_n) \simeq \mathbf{P}_{\mathrm{GL}_n}^+$ が成り立つ．

このように最高ウェイトを用いて GL_n (あるいは簡約代数群) の既約表現の分類やその応用を論じることを**最高ウェイト理論**と総称し，既約表現 (π_λ, V_λ) を**最高ウェイト表現** (highest weight representation) とよぶ．

証明 G の既約表現 (π, V) が B のある既約表現 χ_λ を含むことは定理 3.12 で示した．また (π^*, V^*) を π の反傾表現とすると，V^* は $\overline{B}$ の 1 次元既約表現 $\overline{\chi}$ を含んでいる．いま $b \in B$ に対して，${}^t b^{-1} \in \overline{B}$ であるから，$\overline{\chi}({}^t b^{-1})$ は B の表現になる．これを χ_α ($\alpha \in \mathbb{Z}^n$) で表そう．さて

$$V^* \otimes V \hookrightarrow \mathbb{C}[G], \quad \varphi \otimes u \mapsto F_{\varphi, u}(g) = \varphi(\pi(g)u)$$

を行列要素による埋め込み写像とする (補題 2.48 参照)．V の χ_λ に対応するウェイトベクトルを v とし，V^* の $\overline{\chi}$ に対応するウェイトベクトルを ξ とすると $F_{\xi, v}(g) = \xi(\pi(g)v) \in \mathbb{C}[G]$ が $\xi \otimes v$ に対応する行列要素である．また $\xi \otimes v \neq 0$ だから $F_{\xi, v}(g)$ もゼロではない．すると $b_1, b_2 \in B$ に対して

$$\begin{aligned} F_{v, \xi}({}^t b_1 \, g \, b_2) &= \xi(\pi({}^t b_1) \pi(g) \pi(b_2) v) \\ &= (\pi^*({}^t b_1^{-1}) \xi)(\pi(g) \chi_\lambda(b_2) v) \\ &= \chi_\lambda(b_2)(\overline{\chi}({}^t b_1^{-1}) \xi)(\pi(g) v) = \chi_\lambda(b_2) \chi_\alpha(b_1) F_{\xi, v}(g) \end{aligned}$$

であるから，補題 3.19 により $\alpha = \lambda$ であって，このような正則関数は定数倍を除いて唯一つであることがわかる．

そこで，V が他に B の既約表現 χ_μ を含んだとしよう．すると上で考察した $\overline{B}$ の同じ既約表現 $\overline{\chi}$ をとることによって $\mu = \alpha = \lambda$ でなければならないことが分かる．このような行列要素は定数倍を除いて一意的であるから，埋め込み $V^* \otimes V \hookrightarrow$

$\mathbb{C}[G]$ の単射性によって部分表現 $\chi_\lambda \subset V$ もまた一意的に定まる.

次に λ が支配的ウェイトであることを示そう. そこでまず定理 3.12 の証明を見ると, 支配的順序に関して極大なウェイトは B の既約部分表現を与えることがわかる. したがって, 既に示した λ の一意性により λ は V のウェイトの中で支配的順序に関して最大のウェイトである.

定理 3.6 によって, 任意の $\sigma \in \mathfrak{S}_n$ に対して $\sigma \cdot \lambda$ はまた V のウェイトであるから, λ が最大であることは

$$\sigma \cdot \lambda \leq \lambda \qquad (\forall \sigma \in \mathfrak{S}_n) \tag{3.27}$$

を意味する. このことと λ が支配的ウェイトであることは同値である (下記演習 3.23 参照).

次に既約表現がその最高ウェイトによって唯一つに決まることを示そう. (π_1, V_1) と (π_2, V_2) がいずれも λ を最高ウェイトとする G の既約表現であるとする. このとき $V_i^* \otimes V_i$ を $\mathbb{C}[G]$ に埋め込むと, 両者は同じ行列要素を定める. したがって Peter-Weyl の定理より $V_1 \simeq V_2$ である.

任意の支配的ウェイトに対応する G の既約表現 (π_λ, V_λ) が存在することは次節で示す (定理 3.28 とその後の注意参照). □

系 3.22 (π_λ, V_λ) を λ を最高ウェイトとする G の最高ウェイト表現とすれば, 反傾表現 $(\pi_\lambda^*, V_\lambda^*)$ の最高ウェイトは

$$\lambda^* = -(\lambda_n, \lambda_{n-1}, \cdots, \lambda_2, \lambda_1) \tag{3.28}$$

で与えられる.

証明 反傾表現が $\overline{B}$ の既約表現 $\chi_\lambda({}^t b^{-1})$ $(b \in \overline{B})$ を唯一つ含むことは既に述べた. ここで $\sigma(i) = n - i + 1$ $(1 \leq i \leq n)$ できまる置換 $\sigma \in \mathfrak{S}_n$ をとり, $w_0 = w_\sigma$ を対応する置換行列としよう. このとき $w_0^{-1} = w_0$ であって $\overline{B} = w_0 B w_0$ となることが計算により分かる (下記演習 3.24 参照). いま $\xi \in V_\lambda^*$ を $\overline{B}$ の既約部分表現 $\chi_\lambda({}^t b^{-1})$ $(b \in \overline{B})$ に対応するウェイトベクトルとすると, $\pi_\lambda^*(w_0)\xi$ は B の既約表現 χ_{λ^*} のウェイトベクトルになることを示そう. 実際 $b \in B$ に対して

$$\pi_\lambda^*(b)\pi_\lambda^*(w_0)\xi = \pi_\lambda^*(w_0)\pi_\lambda^*(w_0 b w_0)\xi$$
$$= \pi_\lambda^*(w_0)\chi_\lambda({}^t(w_0 b w_0)^{-1})\xi$$
$$= \chi_\lambda(w_0 {}^t b^{-1} w_0) \pi_\lambda^*(w_0)\xi$$

であるが, ここで $b = tu \in T \times U$ と書いておくと,

$$w_0{}^tb^{-1}w_0 = (w_0{}^{}t^{-1}w_0)(w_0{}^tu^{-1}w_0)$$

となっている. $t = \mathrm{diag}(t_1, \cdots, t_n)$ と成分表示しておけば

$$w_0{}^{}t^{-1}w_0 = \mathrm{diag}(t_n^{-1}, t_{n-1}^{-1}, \cdots, t_1^{-1})$$

であり, $(w_0{}^tu^{-1}w_0) \in U$ となる. したがって

$$\chi_\lambda(w_0{}^tb^{-1}w_0) = \chi_\lambda(w_0{}^{}t^{-1}w_0) = \chi_{\lambda^*}(t) = \chi_{\lambda^*}(b)$$

と計算できる. これより $\pi_\lambda^*(b)\pi_\lambda^*(w_0)\xi = \chi_{\lambda^*}(b)\pi_\lambda^*(w_0)\xi$ となるから, $\pi_\lambda^*(w_0)\xi$ は表現 χ_{λ^*} に従う B の部分表現を生成する. □

演習 3.23 ウェイト $\lambda \in \mathbb{Z}^n$ に対して, $\sigma \cdot \lambda \leq \lambda$ $(\forall \sigma \in \mathfrak{S}_n)$ が成り立つことと, λ が支配的ウェイトであることは同値であることを示せ. ただし $\leq$ は支配的順序を表す. [ヒント] σ として互換 $(i, i+1)$ を考えてみよ.

演習 3.24 置換 $\sigma \in \mathfrak{S}_n$ を $\sigma(i) = n - i + 1$ $(1 \leq i \leq n)$ で定義し, σ に対応する置換行列を $w_0 = w_\sigma$ で表す.

(1) w_0 を行列として具体的に書き表し, $w_0^2 = 1_n$ かつ ${}^tw_0 = w_0$ であることを示せ. したがって $w_0^{-1} = w_0 = {}^tw_0$ が成り立つ.

(2) $w_0 B w_0 = \overline{B}$ であることを示せ. より詳しく $w_0 T w_0 = T$ および $w_0 U w_0 = \overline{U}$ であることを示せ. w_0 は T 上ではどのような変換を引き起こすか?

3.4　$\mathrm{GL}_n \times \mathrm{GL}_m$ 双対性

この節では, 任意の支配的ウェイト λ に対して λ を最高ウェイトに持つ $G = \mathrm{GL}_n(\mathbb{C})$ の既約表現 (π_λ, V_λ) が存在することを示す. これによって定理 3.21 の証明が完結することになる.

最高ウェイト λ を持つ表現を実際に構成するような手法を**表現の実現** (realization) とよぶが, ここでは $\mathrm{GL}_n \times \mathrm{GL}_m$ 双対とよばれる機構が重要な役割を果たす. 表現の**双対性** (duality) には, 他にも多数の応用があって, 一般線型群ひいては線型代数群の表現論の要に位置する重要な概念である. そこでまずこの双対性について解説しよう.

以下 $G = \mathrm{GL}_n, H = \mathrm{GL}_m$ とおき, $G \times H$ の $\mathrm{M}_{n,m}(\mathbb{C})$ 上の作用を $A \in \mathrm{M}_{n,m}(\mathbb{C})$ に対して

$$(g, h) \cdot A = {}^tg^{-1} A h^{-1} \qquad ((g, h) \in G \times H) \tag{3.29}$$

で定める．これは $V = \mathbb{C}^n$ および $U = \mathbb{C}^m$ とおき，それぞれ $G = \mathrm{GL}(V), H = \mathrm{GL}(U)$ の自然表現とみなすとき，テンソル積表現 $V^* \otimes U$ を考えることに相当する．実際 $G \times H$ の作用を込めた同型 $V^* \otimes U \simeq \mathrm{M}_{n,m}(\mathbb{C})$ が成り立つ [5]．以下 $n \leq m$ を仮定し，$\mathrm{M}_{n,m} = \mathrm{M}_{n,m}(\mathbb{C})$ と表す．またしばしば上のように $\mathrm{M}_{n,m} = V^* \otimes U$ と同一視することにする．

作用 (3.29) によって mn 変数の多項式環 $\mathbb{C}[\mathrm{M}_{n,m}]$ 上の $G \times H$ の正則表現 ρ が $f \in \mathbb{C}[\mathrm{M}_{n,m}]$ に対して

$$\rho(g,h)f(A) = f({}^t g A h) \qquad ((g,h) \in G \times H,\ A \in \mathrm{M}_{n,m}(\mathbb{C})) \tag{3.30}$$

で定義される．既に示したように一般線型群は簡約であったから，直積 $G \times H = \mathrm{GL}_n \times \mathrm{GL}_m$ もまた簡約群である．したがって表現 $(\rho, \mathbb{C}[\mathrm{M}_{n,m}])$ は既約表現の直和に分解されることになるが，この分解を具体的に記述してみよう．

支配的ウェイト $\lambda \in \mathbb{Z}^n$ に対して (π_λ, V_λ) によって $G = \mathrm{GL}_n$ の最高ウェイトが λ の既約表現を表す [6]．我々はまだすべての支配的ウェイトに対してこのような表現が存在するかどうか知らないのだが，既約表現は必ずこの形をしており，最高ウェイトによって既約表現 (の同値類) が一意に決まることは既に示している．ここで実際に現れる表現に対してこの記号を使うことで証明が循環論法に陥ることはない．また $v_\lambda \neq 0$ によって最高ウェイトベクトルを表そう．v_λ は定数倍を除いて一意に定まっている．

同様に支配的ウェイト $\mu \in \mathbb{Z}^m$ に対して (τ_μ, U_μ) によって最高ウェイトが μ の $H = \mathrm{GL}_m$ の既約表現を表し，$u_\mu \neq 0$ を最高ウェイトベクトルとする．

そうすると正則表現 ρ は $G \times H$ の表現として

$$\mathbb{C}[\mathrm{M}_{n,m}] = \bigoplus_{\lambda,\mu} m_{\lambda,\mu} V_\lambda \otimes U_\mu \tag{3.31}$$

と直和に分解する．ここで λ, μ は支配的ウェイトであって実際に $\mathbb{C}[\mathrm{M}_{n,m}]$ の既約部分表現に現れるようなものを動き，$m_{\lambda,\mu}$ は重複度を表す．この分解に対して表現の埋め込み $V_\lambda \otimes U_\mu \hookrightarrow \mathbb{C}[\mathrm{M}_{n,m}]$ を一つ固定し，$v_\lambda \otimes u_\mu$ に対応する $\mathbb{C}[\mathrm{M}_{n,m}]$ の正則関数を $F_{\lambda,\mu}$ と書こう．GL_n の上半三角のボレル部分群を $B^{(n)}$ で表すことにすると，任意の $b \in B^{(n)}$, $p \in B^{(m)}$ に対して関数 $F = F_{\lambda,\mu}$ は次の性質を持

---

[5] $V^* \otimes U \simeq \mathrm{Hom}_{\mathbb{C}}(V, U)$ なので，これを慣習的に $\mathrm{M}_{m,n}(\mathbb{C})$ とみなすことが多いが，ここでは $\mathrm{M}_{n,m}(\mathbb{C})$ と同一視していることに注意せよ．

[6] $V = \mathbb{C}^n$ と紛らわしいが，じつは $\mathbb{C}^n$ は最高ウェイトが $(1, 0, \cdots, 0)$ に対応する既約表現であるから，これはこれで自然な記号体系なのである．

たなければならない．

$$F({}^t bAp) = \chi_\lambda^{(n)}(b)\,\chi_\mu^{(m)}(p)\,F(A) \qquad (A \in \mathrm{M}_{n,m}) \tag{3.32}$$

もちろん $\chi_\lambda^{(n)}$ は $B^{(n)}$ の 1 次元既約表現である (系 3.15 参照)．

次の定理は，Gauss の三角分解定理 3.18 の長方形行列への一般化である．

定理 3.25 $n \le m$ として $E_n = (1_n, 0_{n,m-n})$ を最初の n 列の部分が単位行列 1_n で残りの成分はすべてゼロであるような長方形行列とする[7]．このとき

$$\mathbb{O}_n = {}^t B^{(n)} E_n B^{(m)} \qquad (\text{右辺は行列の積全体のなす集合})$$

は $\mathrm{M}_{n,m}$ において稠密なザリスキ開集合である．実際 $A \in \mathrm{M}_{n,m}$ に対して $D_k(A) = \det(a_{ij})_{1 \le i,j \le k}$ (a_{ij} は A の (i,j) 成分) を k 次の主座小行列式とすれば，$\mathbb{O}_n = \{A \in \mathrm{M}_{n,m} \mid D_k(A) \ne 0\ (1 \le k \le n)\}$ である．

証明 行列 A を正方行列と残りの長方形の行列に分けて書いて

$$A = (x\ y) \qquad x \in \mathrm{M}_n,\ y \in \mathrm{M}_{n,m-n}$$

とおき，A の主座小行列式がゼロでないとする．このとき

$$A = (x\ 0)\begin{pmatrix} 1_n & x^{-1}y \\ 0 & 1_{m-n} \end{pmatrix}$$

であるが，正方行列の場合の三角化定理 3.18 により $x = {}^t b_1 b_2$ ($b_i \in B^{(n)}$) と書けているので，

$$A = {}^t b_1 (1_n\ 0)\begin{pmatrix} b_2 & 0 \\ 0 & 1_{m-n} \end{pmatrix}\begin{pmatrix} 1_n & x^{-1}y \\ 0 & 1_{m-n} \end{pmatrix} = {}^t b_1 E_n \begin{pmatrix} b_2 & b_2 x^{-1}y \\ 0 & 1_{m-n} \end{pmatrix}$$

となる．逆は容易である． $\square$

表現の分解を記述するのに鍵となるのが次の補題である．

補題 3.26 $\lambda \in \mathbb{Z}^n, \mu \in \mathbb{Z}^m$ をウェイトとして $\chi_\lambda^{(n)}, \chi_\mu^{(m)}$ をそれぞれ対応するボレル部分群 $B^{(n)}$ および $B^{(m)}$ の既約表現とする．$b_1 \in B^{(n)}, b_2 \in B^{(m)}$ とゼロでない正則関数 $f \in \mathbb{C}[\mathrm{M}_{n,m}]$ に対して，

---

[7] 線型代数学の教科書等では，しばしば E_n を単位行列の意味に使うが，ここでの用法とは異なるので注意せよ．

$$f({}^t b_1 A\, b_2) = \chi_\lambda^{(n)}(b_1) \chi_\mu^{(m)}(b_2) f(A) \qquad (A \in \mathrm{M}_{n,m}) \tag{3.33}$$

が成り立てば λ, μ の成分はすべて非負整数かつ $\mu = (\lambda, 0, \cdots, 0)$ である．このような f は定数倍を除いて一意的に存在する．

証明 上の定理の記号をそのまま使用する．$\mathbb{O}_n = {}^t B^{(n)} E_n B^{(m)}$ は $\mathrm{M}_{n,m}$ において稠密だから f は $\mathbb{O}_n$ 上の値で決まる．ところが性質 (3.33) によって f は結局 $f(E_n)$ の値で決まることがわかる．このことから f の定数倍を除いた一意性が従う．一方 $t = \mathrm{diag}(t_1, \cdots, t_m) \in \mathrm{GL}_m$ および $t' = \mathrm{diag}(t_1, \cdots, t_n) \in \mathrm{GL}_n$ を考えると

$$\chi_\mu^{(m)}(t) f(E_n) = f(E_n \cdot t) = f((t', 0_{n, m-n})) = f(t' \cdot E_n) = \chi_\lambda^{(n)}(t') f(E_n)$$

である．したがって

$$\chi_\mu^{(m)}(t) = t_1^{\mu_1} \cdots t_n^{\mu_n} t_{n+1}^{\mu_{m+1}} \cdots t_m^{\mu_m}$$
$$= \chi_\lambda^{(n)}(t') = t_1^{\lambda_1} \cdots t_n^{\lambda_n}$$

が任意の $t_1, \cdots, t_m \in \mathbb{C}^\times$ に対して成り立つ．これより $\mu = (\lambda, 0, \cdots, 0)$ でなければならない．さらに $f \in \mathbb{C}[\mathrm{M}_{n,m}]$ を座標関数 x_{ij} たちの多項式として表しておくと，ウェイト λ_i は $\{x_{ij} \mid 1 \leq j \leq m\}$ に関する斉次次数を表している．したがって $\lambda_i \geq 0$ でなければならない．

関数 f の存在は定理 3.28 の証明の中で示す． □

ここで組み合わせ論でよく使われる分割の概念を導入しておこう．

定義 3.27 非負整数の組 $\lambda = (\lambda_1, \lambda_2, \cdots, \lambda_n) \in \mathbb{Z}_{\geq 0}^n$ であって $N = \sum_{i=1}^n \lambda_i$ となっているものを N の**分割** (partition) とよぶ．またこのとき $N = |\lambda|$ と書き，分割の**サイズ** (size) とよぶ．特に断らない限り，分割は $\lambda_1 \geq \lambda_2 \geq \cdots \geq \lambda_n \geq 0$ のように大きい数から順に並んでいるものだけを考えることにする．さらに後ろにいくつかゼロをつけたものやゼロを取り去ったものは同じ分割とみなす．したがって分割の意味では $\lambda = (\lambda, 0, \cdots, 0)$ である．このとき $\lambda_l > \lambda_{l+1} = 0$ となるような l を**分割の長さ** (length) とよぶ．長さが n 以下の分割の全体を記号 $\mathcal{P}_n$ で表すと，

$$\mathcal{P}_n = \{\lambda \in \mathbb{Z}_{\geq 0}^n \mid \lambda_1 \geq \lambda_2 \geq \cdots \geq \lambda_n \geq 0\} \tag{3.34}$$

である．また $n \leq m$ ならば自然に $\mathcal{P}_n \subset \mathcal{P}_m$ とみなせることに注意しよう．そこで分割の全体を

$$\mathcal{P}_\infty = \bigcup_{n \geq 0} \mathcal{P}_n \tag{3.35}$$

で表す.

分割と支配的ウェイトの関係は若干紛らわしいが，長さが n 以下の分割 λ は末尾にゼロをいくつか補うことによって GL_n の支配的ウェイトとみなすことができる．そこで本書では常に $\mathcal{P}_n$ を支配的ウェイトの部分集合とみなすことにする．また $n \leq m$ ならば $\lambda \in \mathcal{P}_n$ は GL_m の支配的ウェイトともみなすことができる．

定理 3.28 $n \leq m$ に対して一般線型群 $G = GL_n(\mathbb{C})$ および $H = GL_m(\mathbb{C})$ を考え，$G \times H$ の $M_{n,m} = M_{n,m}(\mathbb{C})$ への作用を (3.29) 式で与える．この作用から導かれる多項式環 $\mathbb{C}[M_{n,m}]$ 上の $G \times H$ の正則表現 ρ は次のように既約分解し，重複度はすべて 1 である．(式 (3.30) および (3.31) 参照).

$$\mathbb{C}[M_{n,m}] = \bigoplus_{\lambda \in \mathcal{P}_n} V_\lambda^{(n)} \boxtimes V_\lambda^{(m)} \tag{3.36}$$

ただし $(\pi_\lambda^{(n)}, V_\lambda^{(n)})$ は GL_n の最高ウェイトが λ の既約表現を表す．

証明 定理の主張では，後で引用をしやすいように $(\pi_\lambda^{(m)}, V_\lambda^{(m)})$ と書いたが，この証明においては H の表現は (3.31) 式とその前後にあるように (τ_μ, U_μ) と書くことにする．さて，その (3.31) 式では $\mathbb{C}[M_{n,m}]$ の分解を次のように書いた．

$$\mathbb{C}[M_{n,m}] = \bigoplus_{\lambda, \mu} m_{\lambda, \mu} V_\lambda \otimes U_\mu \tag{3.37}$$

このとき $V_\lambda \otimes U_\mu$ の最高ウェイトベクトル $v_\lambda \otimes u_\mu$ に対応する正則関数 $F_{\lambda, \mu}$ を考えたのだが，これは

$$\rho(b_1, b_2) F_{\lambda, \mu} = \chi_\lambda^{(n)}(b_1) \chi_\mu^{(m)}(b_2) F_{\lambda, \mu} \qquad (b_1 \in B^{(n)}, b_2 \in B^{(m)}) \tag{3.38}$$

を満たしている．ところが補題 3.26 によれば，そのような正則関数は $\mu = (\lambda, 0, \cdots, 0)$ の場合にしか存在せず，しかも存在した場合には定数倍を除いて一意的である．またこの場合 λ は分割でなければならない．つまり (3.37) における重複度は

$$m_{\lambda, \mu} = \begin{cases} 1 \text{ または } 0 & \lambda = \mu \in \mathcal{P}_n \text{ のとき} \\ 0 & \text{その他の場合} \end{cases} \tag{3.39}$$

となる．そこで $\lambda = \mu \in \mathcal{P}_n$ であれば，実際に (3.38) 式を満たすようなゼロでない正則関数が存在することを示そう．

$n \times m$ 行列 $A = (a_{ij})_{1 \le i \le n, 1 \le j \le m} \in \mathrm{M}_{n,m}$ に対して, k 次の主座小行列式を

$$D_k(A) = \det(a_{ij})_{1 \le i, j \le k}$$

で定める. すると $D_k \in \mathbb{C}[\mathrm{M}_{n,m}]$ ($1 \le k \le n$) は分割 $\varpi_k = (1, \cdots, 1) = (1^k)$ に対して (3.38) 式を満たす [8]. つまり

$$\rho(b_1, b_2) D_k = \chi^{(n)}_{\varpi_k}(b_1) \chi^{(m)}_{\varpi_k}(b_2) D_k \qquad (b_1 \in B^{(n)}, b_2 \in B^{(m)}) \tag{3.40}$$

が成り立つ. 実際 ${}^t b_1$ が下半三角行列, b_2 が上半三角行列であることに注意すると

$$D_k({}^t b_1 A b_2) = D_k({}^t b_1) D_k(A) D_k(b_2) = D_k(b_1) D_k(b_2) D_k(A)$$

であるが, $D_k(b_i)$ は単に対角部分 (つまりトーラスの部分) の最初の k 個の成分の積であって $\chi_{\varpi_k}(b_i)$ に一致する. 一般の分割 λ に対して,

$$\lambda = \sum_{k=1}^n a_k \varpi_k \qquad (a_k = \lambda_k - \lambda_{k+1} \in \mathbb{Z}_{\ge 0}) \tag{3.41}$$

と書いておく (演習 3.29). ボレル部分群の指標は $\chi_\lambda(b) \chi_\nu(b) = \chi_{\lambda+\mu}(b)$ のようにウェイトに対して加法的に振る舞うから, $\chi_\lambda = \prod_{k=1}^n \chi_{\varpi_k}^{a_k}$ である. したがって

$$F_{\lambda, \lambda} = \prod_{k=1}^n D_k^{a_k} \tag{3.42}$$

とおけば, この関数が求めるものである. これによってすべての重複度 $m_{\lambda, \lambda}$ ($\lambda \in \mathcal{P}_n$) が実際に 1 であることがわかった. □

演習 3.29 $\lambda = (\lambda_1, \cdots, \lambda_n) \in \mathcal{P}_n$ を分割とする. 基本ウェイト $\{\varpi_k\}_{k=1}^n$ を用いて $\lambda = \sum_{k=1}^n \alpha_k \varpi_k$ と表したとき, $\alpha_k = \lambda_k - \lambda_{k+1}$ であることを示せ. ただし $\lambda_1 \ge \lambda_2 \ge \cdots \ge \lambda_n \ge \lambda_{n+1} = 0$ とする.

双対定理 3.28 により任意の分割 $\lambda \in \mathcal{P}_n$ に対して GL_n の既約表現であって λ を最高ウェイトに持つものが存在することが分かった. それを (π_λ, V_λ) で表そう. 一般の支配的ウェイト μ に対しては $\lambda = \mu - \mu_n \varpi_n$ とおくと λ は分割である. ただし $\varpi_n = (1^n)$ は 1 が n 個並んだ分割 (ウェイト) である. このときテンソル積表現 $\pi_\lambda \otimes \det{}^{\mu_n}$ は既約であって, その最高ウェイトが $\lambda + \mu_n \varpi_n = \mu$ であることが容易に確かめられる.

これで定理 3.21 の証明がすべて完結した.

---

[8] 分割に対しては例えば $(5, 4, 4, 2, 2, 2, 1, 1) = (5 \cdot 4^2 \cdot 2^3 \cdot 1^2)$ のように重複する部分を冪の形で書くのが慣習的な記法である. ここでもその書き方を踏襲した. つまり ϖ_k は 1 が k 個並んだサイズが k の分割である.

3.5 Borel-Weil の定理

最高ウェイト理論を用いると，一般線型群の既約表現はボレル部分群からの誘導表現として書き表すことができることがわかる．これを Borel-Weil の定理という [9]．

定理 3.30 $G = \mathrm{GL}_n(\mathbb{C})$ を一般線型群とし，B を上半三角行列からなるボレル部分群とする．ウェイト $\lambda \in \mathbb{Z}^n$ に対してボレル部分群 B の指標 χ_λ を系 3.15 のように決めると

$$\mathrm{Ind}_B^G \chi_\lambda^{-1} \simeq \begin{cases} (\pi_\lambda^*, V_\lambda^*) & (\lambda \in \mathbf{P}^+) \\ \{0\} & (\lambda \notin \mathbf{P}^+) \end{cases}$$

が成り立つ．ただし $\mathbf{P}^+$ は支配的ウェイトの集合で，$\lambda \in \mathbf{P}^+$ に対して (π_λ, V_λ) は λ を最高ウェイトとする G の既約表現，$(\pi_\lambda^*, V_\lambda^*)$ はその反傾を表す．

注意 3.31 この定理に示すように，代数的な誘導表現においては誘導した表現の空間が消滅することがある．このような現象は解析的なリー群において，例えば C^∞ 級関数や L^2 関数による誘導表現を扱っている場合には起こりえないことである．

証明 まず誘導表現の定義を思い出しておく．$\chi_{-\lambda} = \chi_\lambda^{-1}$ の表現空間を $\mathbb{C}_{-\lambda}$ と書くと [10]，第一の定義 (定義 2.58) では

$$\mathrm{Ind}_B^G \chi_\lambda^{-1} = (\mathbb{C}[G] \otimes \mathbb{C}_{-\lambda})^B \tag{3.43}$$

なのであった．これを言い換えると (定義 2.59)

$$\mathrm{Ind}_B^G \chi_\lambda^{-1} = \{f(g) \in \mathbb{C}[G] \mid f(gb) = f(g)\chi_\lambda(b) \quad (\forall g \in G, \forall b \in B)\} \tag{3.44}$$

と表すこともできる．ここで $\chi_\lambda^{-1}(b^{-1}) = \chi_\lambda(b)$ であることに注意する．正則関数の空間は $G \times G$ の両側正則表現として

$$\mathbb{C}[G] \simeq \bigoplus_{\mu \in \mathbf{P}^+} V_\mu^* \otimes V_\mu$$

と分解しているから，結局，式 (3.44) はテンソル積の右側の因子 V_μ が B の表現

---

[9] Borel, Armand (1923–2003); Weil, André (1906–1998).
[10] χ_λ は 1 次元表現なので表現空間は $\mathbb{C}$ であるが，さまざまな λ に対応して異なる表現が対応しているのでそれを明示するために $\mathbb{C}_\lambda$ と書かれることが多い．

χ_λ を部分表現として含むことを意味する．したがって定理 3.21 より $\mu = \lambda$ であって，しかも $\lambda \in \mathbf{P}^+$ でなければならない．もしそうでないなら，このような空間は $\{0\}$ となる．また $v_\lambda \in V_\lambda$ をゼロでない最高ウェイトベクトルとすると

$$\operatorname{Ind}_B^G \chi_\lambda^{-1} \simeq V_\lambda^* \otimes v_\lambda$$

であって，G の表現は左側の因子 V_λ^* として実現されている． □

定理 3.30 を Borel-Weil の定理とよんだが，もともと Borel-Weil の定理はコンパクト・リー群の表現に関する定理であって，旗多様体とよばれる射影多様体上の直線束の正則切断の空間として既約表現を実現するものである．しかもここでいう "正則切断" は複素多様体上の複素解析的な正則性である．この定理は一般のコンパクトなリー群に対して成り立つが，一般線型群に対応するコンパクト群はユニタリ群 U_n である．この場合の解析的な定式化と定理の証明については [52, 第 13 章] を参照して欲しい．

演習 3.32 λ, μ を支配的ウェイトとし，V_μ を最高ウェイト μ を持つ $G = \mathrm{GL}_n$ の既約表現とする．Frobenius の相互律により

$$\operatorname{Hom}_G(V_\mu^*, \operatorname{Ind}_B^G \chi_\lambda^{-1}) \simeq \operatorname{Hom}_B(V_\mu^*, \chi_\lambda^{-1})$$

が成り立つが，この式を用いて V_λ は B の既約表現 $\chi_{-\lambda^*}$ を唯一つの既約商表現として含むことを示せ．ただし $\lambda^* = -(\lambda_n, \lambda_{n-1}, \cdots, \lambda_1)$ は V_λ^* の最高ウェイトである．

最高ウェイトの理論は，不変式論への応用に関しても豊富な内容を含んでいるが，ここで二つほど応用を挙げておこう．最初のものは上の定理 3.30 の系である．

系 3.33 B が $\mathbb{C}[G]$ $(G = \mathrm{GL}_n)$ に右正則表現 ρ_R で作用しているとき，B 不変元は定数関数しかない．つまり $\mathbb{C}[G]^B \simeq \mathbb{C}$ である．

証明 式 (3.43) において $\lambda = 0$ とすれば $\mathbb{C}[G]$ の B 不変元が得られる．それは定理 3.30 によれば G の自明な表現 $V_0^* = \mathbb{C}$ (の反傾) に同型である． □

定理 3.34 $G = \mathrm{GL}_n$ の上半三角行列からなるボレル部分群を B とし，$U \subset B$ をボレル部分群の冪単根基 (式 (3.14) 参照) とする．U の右正則表現 ρ_R による $\mathbb{C}[G]$ 上の作用を考えると，U 不変元は

$$\mathbb{C}[G]^U \simeq \bigoplus\nolimits_{\lambda \in \mathbf{P}^+} V_\lambda \tag{3.45}$$

で与えられる．つまり U 不変元上には G が左正則表現で作用しており，その既約分解は重複度自由であって，すべての既約表現がちょうど重複度 1 で現れる．

証明 $V_\lambda^U = \mathbb{C}v_\lambda$ であることを示そう．ただし $v_\lambda \ne 0$ は既約表現 V_λ の最高ウェイトベクトルである．実際 U は極大トーラス部分群 T による共役で不変であるから V_λ^U は T の作用で安定である．したがって T の表現として既約分解 (ウェイト分解) されるが，各ウェイトに対応して B の既約部分表現が現れる．ところが定理 3.21 によるとそのような部分表現は χ_λ しかなく，重複度は 1 である．このことから $V_\lambda^U = \mathbb{C}v_\lambda$ がわかる．すると両側正則表現としての分解

$$\mathbb{C}[G] \simeq \bigoplus_{\lambda \in \mathbf{P}^+} V_\lambda^* \otimes V_\lambda$$

の右の因子の U 不変元をとると

$$\mathbb{C}[G]^U \simeq \bigoplus_{\lambda \in \mathbf{P}^+} V_\lambda^* \otimes V_\lambda^U \simeq \bigoplus_{\lambda \in \mathbf{P}^+} V_\lambda^* \otimes v_\lambda$$
$$\simeq \bigoplus_{\lambda \in \mathbf{P}^+} V_\lambda \qquad (\text{左正則表現としての同型})$$

となり，定理の主張を得る． $\square$

この定理の証明中に示したことを系としてまとめておこう．

系 3.35 (τ, W) を $G = \mathrm{GL}_n$ の有限次元表現とする．このとき，U 不変元 W^U は極大トーラス T の作用によって安定である．T の表現として W^U のウェイト分解を

$$W^U \simeq \bigoplus_{\lambda \in \mathbf{P}^+} m_\lambda \chi_\lambda \qquad (m_\lambda \text{ は重複度})$$

と表せば，G の表現として W は次のように分解する．

$$W \simeq \bigoplus_{\lambda \in \mathbf{P}^+} m_\lambda V_\lambda$$

章末問題

問題 3.1 $G = \mathrm{GL}_n$ として，$V = \mathbb{C}^n$ を自然表現とする．このとき対称テンソル表現 $S^m(V)$ は既約であることを示せ．また，その最高ウェイトが $\lambda = (m, 0, \cdots, 0)$ であることを示せ．[ヒント] $(\mathrm{GL}_n, \mathrm{GL}_1)$ 双対性を考えてみよ．

問題 3.2 $n = r + s$ となるような自然数に対して $P \subset \mathrm{GL}_n(\mathbb{C}) = G$ を次のようなブロック上半三角行列のなす部分群とする．

$$P = \left\{ \begin{pmatrix} a & b \\ 0 & c \end{pmatrix} \mid a \in \mathrm{GL}_r, c \in \mathrm{GL}_s, b \in \mathrm{M}_{r,s} \right\}$$

部分群 P のようにボレル部分群を含む閉部分群を**放物型部分群**とよぶ．$k, \ell \in \mathbb{Z}$ に対して，

$$\chi_{k,\ell}(g) = (\det a)^k (\det c)^\ell \qquad \left(g = \begin{pmatrix} a & b \\ 0 & c \end{pmatrix} \in P\right)$$

とおくと $\chi_{k,\ell}$ は P の指標 (1 次元表現) を定める．このとき

$$\mathrm{Ind}_P^G \chi_{k,\ell} \simeq \begin{cases} \pi_{(k^r, \ell^s)} & (k \geq \ell) \\ 0 & (k < \ell) \end{cases}$$

となることを示せ．

問題 3.3 $G = \mathrm{GL}_n(\mathbb{C})$ の自然表現 $V = \mathbb{C}^n$ を考える．このとき $0 \leq k \leq n$ に対して，外積表現 $\wedge^k V$ は G の表現として既約であることを示せ．またその最高ウェイトは $\varpi_k = (1, \cdots, 1, 0, \cdots, 0)$ (1 が k 個) であるが，ウェイト ϖ_k を k 番目の**基本ウェイト** (fundamental weight) とよぶ．

問題 3.4 $G = \mathrm{GL}_n(\mathbb{C})$ の $W = \mathrm{M}_n(\mathbb{C})$ 上の表現を $X \in \mathrm{M}_n(\mathbb{C})$ に対して $\pi(g)X = gXg^{-1}$ $(g \in G)$ で定める．これを**随伴表現**とよぶ．

(1) $V = \mathbb{C}^n$ を G の自然表現とすると，随伴表現は $V \otimes V^*$ と同型であることを示せ．

(2) 随伴表現 W は既約ではないが，$U = \{ X \in \mathrm{M}_n(\mathbb{C}) \mid \mathrm{trace}\, X = 0 \}$ とおけば U は既約な部分表現であることを示せ．また U の最高ウェイトを求めよ．

問題 3.5 $n = p+q$ のとき，$\mathrm{GL}_p \times \mathrm{GL}_q \subset \mathrm{GL}_n$ を自然な対角的埋め込みとする．GL_n の既約最高ウェイト表現 $\pi_\nu^{(n)}$ を部分群 $\mathrm{GL}_p \times \mathrm{GL}_q$ に制限したものを既約分解して

$$\pi_\nu^{(n)}|_{\mathrm{GL}_p \times \mathrm{GL}_q} \simeq \bigoplus_{\lambda, \mu} c_{\lambda,\mu}^\nu \pi_\lambda^{(p)} \boxtimes \pi_\mu^{(q)}$$

とする．ただし $c_{\lambda,\mu}^\nu$ は重複度を表し，**Littlewood-Richardson 係数**とよばれる[11]．このとき，次の式を示せ．

$$\pi_\lambda^{(n)} \otimes \pi_\mu^{(n)} \simeq \bigoplus_\nu c_{\lambda,\mu}^\nu \pi_\nu^{(n)}$$

---

[11] Littlewood, Dudley (1903–1979); Richardson, Archibald (1881–1954).

[ヒント] $GL_n \times GL_m$ 双対性を $GL_p \times GL_m$ と $GL_q \times GL_m$ に分けて適用せよ.

問題 3.6 $T \subset GL_n = G$ を対角行列からなる極大トーラスとする.いま $\lambda = (\lambda_1, \cdots, \lambda_n)$ を支配的ウェイトで $\lambda_1 \geq \lambda_2 \geq \cdots \geq \lambda_n \geq 0$ となるものとして,(π_λ, V_λ) を G の最高ウェイトが λ の既約表現とする.

(1) π_λ を T の表現としてウェイト分解したとき,そのウェイト $\mu = (\mu_1, \cdots, \mu_n)$ は $\mu_i \geq 0$ を満たすことを示せ.

(2) π_λ をウェイト分解して,

$$\pi_\lambda|_T = \bigoplus_\mu K^\lambda_\mu \chi_\mu$$

と表す.ただし χ_μ はウェイトが μ の T の既約表現であって,K^λ_μ はその重複度である.これを **Kostka 数**とよぶ[12].このとき

$$K^\lambda_\mu = [\pi_\lambda : S^{\mu_1}(V) \otimes \cdots \otimes S^{\mu_n}(V)] \qquad (V = \mathbb{C}^n)$$

であることを示せ.ただし $S^k(V)$ は自然表現 $V = \mathbb{C}^n$ の k 次対称テンソル積表現である.

---

[12] Kostka, Carl (1846–1921).

第4章

代数群の作用とアフィン商

 代数群 G が代数多様体 X に働いているとき，G の作用で移りあうような X 上の 2 点は同じような性質を持っている．そこで，自然と G の作用によって移りあうような点を集めた集合を考えることになるが，このような集合を G の軌道とよぶ．この章では X がアフィン代数多様体のとき，G の軌道や，軌道の全体のなす空間 (軌道空間) の性質について述べる．一般に，軌道空間は代数多様体の構造を持っていない．そこでその粗い代替物として考えられたのがアフィン商多様体 $X//G$ である．アフィン商は不変式論と関係が深く，以下本書では重要な役割を果たすことになる基本的な概念である．

4.1 軌道空間

 X を代数多様体とし，X 上に代数群 G が働いているとする．つまり代数多様体としての射

$$G \times X \ni (g,x) \mapsto g \cdot x \in X \tag{4.1}$$

であって，

$$e \cdot x = x \quad (e \in G \text{ は単位元}) \quad \text{および}$$
$$g_1 \cdot (g_2 \cdot x) = (g_1 g_2) \cdot x \quad (g_1, g_2 \in G)$$

を満たすようなものが与えられているとする．G が X に働いていることを記号で $G \curvearrowright X$ と表す．G が X に働くことを**作用する**といったり，X は G **多様体**であるともいう．

定義 4.1 多様体上の点 $x \in X$ を通る G **軌道** (orbit) とは

$$\mathbb{O}_x = \{g \cdot x \mid g \in G\} \tag{4.2}$$

のことである．軌道の全体を $X/G = \{\mathbb{O}_x \mid x \in X\}$ で表すと，自然な**商写像** $\pi : X \to X/G$ が $\pi(x) = \mathbb{O}_x$ として定まる．このとき π が連続になるような最弱の

位相を X/G に入れて，これを**商位相** (quotient topology) とよぶ．つまり X/G の部分集合 W が開であることを，逆像 $\pi^{-1}(W)$ が X において開集合であることとして定義する．商位相を考えた位相空間 X/G を G の作用による**軌道空間** (orbit space) とよぶ [1]．

命題 4.2 商写像 $\pi : X \to X/G$ は開写像である．つまり X の開集合 U に対して，$\pi(U) \subset X/G$ は開集合である．

証明 $\pi(U)$ が開集合であることをいうには，その逆像 $\pi^{-1}(\pi(U))$ が開集合であることを示せばよい．商写像の定義より，逆像は
$$\pi^{-1}(\pi(U)) = \bigcup_{g \in G} g \cdot U$$
で与えられるが，U が開集合なので，$g \cdot U$ も開集合，その和集合として，逆像 $\pi^{-1}(\pi(U))$ も開集合であることが分かる． □

演習 4.3 一般には商写像 $\pi : X \to X/G$ による閉集合の像は閉とは限らないが，G の作用で安定な閉集合の像は閉であることを示せ．

軌道空間 X/G は位相空間ではあるが，代数多様体の構造を入れることは一般には不可能である．

例 4.4 一次元トーラス群 $T = \mathbb{C}^\times$ の $X = \mathbb{C}^2$ への作用を $t \cdot (x, y) = (tx, ty)$ で定める．このとき，原点 $(0, 0)$ を単に 0 で表し，(x, y) と原点を通る複素直線を $\ell_{(x,y)}$ と書くと，軌道は
$$\mathbb{O}_{(x,y)} = \begin{cases} \ell_{(x,y)} \setminus \{0\} & ((x, y) \neq 0) \\ \{0\} & ((x, y) = 0) \end{cases}$$
で与えられる．しかし商位相の定義を見れば分かるように，原点のみからなる軌道 $\mathbb{O}_0$ は，任意の軌道の閉包に含まれてしまう．したがって X/G において原点の像以外の点は閉点ではない．しかし代数多様体において任意の 1 点は閉点である．

演習 4.5 例 4.4 において，$X = \mathbb{C}^2$ に通常の複素ベクトル空間としての位相を考える．このときトーラス $T = \mathbb{C}^\times$ の作用による軌道空間 X/T はハウスドルフ空間でないことを示せ．

---

[1] 軌道空間 X/G はしばしば商空間ともよばれるが，後に定義されるアフィン商あるいは圏論的商と明確に区別するために，本書では「軌道空間」の用語を用いる．

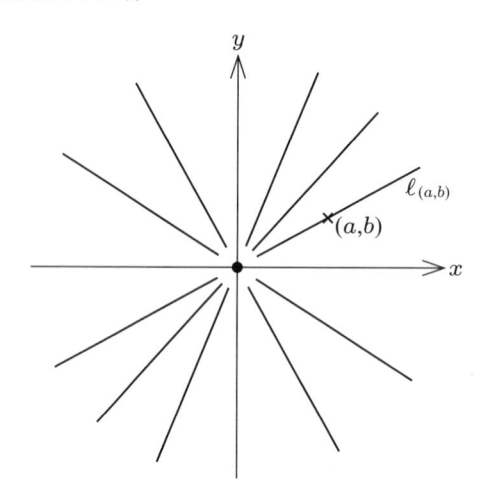

図 4.1 トーラス群の作用による軌道

このように,一番単純と思われるトーラス群の作用による軌道空間を考えても,それは代数多様体になりえない.しかし G が簡約代数群で X がアフィン代数多様体のときには,軌道空間の粗い近似になるような代数多様体を定義することができる.

4.2 アフィン商の定義

引き続き代数群 G がアフィン代数多様体 X に作用している状況を考えよう.このとき G の $\mathbb{C}[X]$ 上の局所有限な表現が $f(x) \in \mathbb{C}[X]$ に対して

$$(\rho(g)f)(x) = f(g^{-1} \cdot x) \qquad (g \in G,\ x \in X)$$

によって与えられる.この表現 $(\rho, \mathbb{C}[X])$ を作用 $G \curvearrowright X$ から決まる**正則表現** (regular representation) とよぶ [2].正則表現の局所有限性は定理 2.10 とまったく同様にして証明することができる.

さて,正則表現による G 不変元の全体を $\mathbb{C}[X]^G$ で表すことにしよう.$\mathbb{C}[X]^G$ は明らかに $\mathbb{C}[X]$ の部分代数であるが,これを X 上の G **不変式環** (ring of G invariants) とよぶ.

定理 4.6 (Hilbert の有限性定理) G が簡約代数群ならば,不変式環 $\mathbb{C}[X]^G$

---

[2] $\mathbb{C}[G]$ 上の左右の正則表現はここで定義した正則表現の特殊な例になっている.

は有限生成である．

証明 まず $\mathbb{C}[X]$ の生成元を含む G 安定な有限次元部分空間 $V \subset \mathbb{C}[X]$ をとる．この V の対称テンソルのなす代数を $S(V)$ と書く．$S(V)$ は V の**対称代数**とよばれるが，対称テンソルへの G の作用によって，$S(V)$ 上には次数付けされた G の表現が定義されている (演習 4.7)．このとき，自然な全射 $\varphi: S(V) \to \mathbb{C}[X]$ は G 同変である．G は簡約代数群であったから，定理 2.44 により $S(V)^G \to \mathbb{C}[X]^G$ も全射になる．定理 2.44 は有限次元表現についてのみ述べられているが，局所有限な表現に対しても正しいことが容易に分かる (演習 2.45)．したがって $S(V)^G$ が有限生成であることを示せば，有限生成代数の全射像として $\mathbb{C}[X]^G$ も有限生成であることが証明できる．

そこで $S(V)_+ = V \cdot S(V)$ を極大イデアルとし，$S(V)_+^G = S(V)_+ \cap S(V)^G$ とおく．このとき，$S(V)_+^G$ によって生成されるイデアル $J \subset S(V)_+$ は $S(V)$ がネーター環であるから有限生成である[3]．その生成元を $f_1, \cdots, f_m \in S(V)_+^G$ としよう．J は斉次イデアルであるから，これらの生成元は斉次式で，正の次数を持つとしてよい．以上をまとめると，

$$S(V)_+^G \subset \sum_{i=1}^m S(V) f_i = J \qquad (f_i \in S(V)_+^G \text{ は斉次式}) \tag{4.3}$$

が成り立っている．

G は簡約であるから，$S(V) = S(V)^G \oplus W$ と G 安定な部分空間に直和分解するが，第 1 成分への射影を $p: S(V) \to S(V)^G$ と書こう．このとき，$f_i \in S(V)^G$ なので $p(h \cdot f_i) = p(h) \cdot f_i$ であることに注意する．したがって (4.3) 式に射影 p を適用すれば

$$S(V)_+^G = \sum_{i=1}^m p(S(V)) f_i = \sum_{i=1}^m S(V)^G f_i \tag{4.4}$$

がわかる．さて $F \in S(V)_+^G$ を斉次式としよう．すると (4.4) 式により斉次不変式 $k_i \in S(V)^G$ $(i = 1, \cdots, m)$ を用いて

$$F = \sum_{i=1}^m k_i f_i \qquad (\deg k_i + \deg f_i = \deg F)$$

と書ける．$\deg k_i < \deg F$ であるから，次数に関する帰納法を行えば F は $\{f_1, \cdots, f_m\}$ の多項式として書けることがわかる．つまり $\{f_1, \cdots, f_m\}$ は $S(V)^G$ を生成する． □

演習 4.7 (π, V) を代数群 G の有限次元表現とし，(π^*, V^*) を反傾表現とす

---

[3] 対称代数 $S(V)$ は多項式環であるからネーター環である．

る．このとき，V^* 上の多項式環には $f(\varphi) \in \mathbb{C}[V^*]$ に対して G が

$$(g \cdot f)(\varphi) = f(\pi^*(g^{-1})\varphi) \qquad (g \in G,\ \varphi \in V^*)$$

として作用している．この作用によって，対称代数 $S(V)$ と $\mathbb{C}[V^*]$ は G 代数として同型であることを示せ．　　[ヒント] $v \in V$ は V^* 上の一次式とみなすことができる．そこで，まず代数準同型 $S(V) \to \mathbb{C}[V^*]$ を作り，次にそれが G 同型であることを示せ．

G が簡約であれば不変式環 $\mathbb{C}[X]^G$ は有限生成な $\mathbb{C}$ 代数であるから，あるアフィン多様体上の関数環とみなすことができる (§ 1.3 参照)．

定義 4.8　簡約代数群 G がアフィン代数多様体 X に作用しているとし，$\mathbb{C}[X]^G$ を不変式環とする．$\operatorname{Spec} \mathbb{C}[X]^G$ を X の G による**アフィン商** (affine quotient) とよび，$X/\!/G$ で表す．

注意 4.9　G が簡約でない場合でも $\mathbb{C}[X]^G$ が有限生成ならばアフィン商を定義できる．さらに有限生成でない場合でも $\operatorname{Spec} \mathbb{C}[X]^G$ はスキームとして定義できることに注意する．この場合にはもう $\mathbb{C}^N$ の代数的部分集合としてのアフィン代数多様体の構造は持っていないが，記号の濫用によって同じく $X/\!/G$ と書くことにしよう．

例 4.10　$T = \mathbb{C}^\times$ を一次元トーラスとし，T の $X = \mathbb{C}^2$ 上への異なる二通りの作用を考えよう．

(1) $t \in T$ の X 上への作用を $t \cdot (a, b) = (ta, tb)\ ((a, b) \in X)$ で定義する．このとき，$X/\!/T = \{*\}$ は一点である．実際，$x(a, b) = a,\ y(a, b) = b$ を座標関数とすれば $\mathbb{C}[X] = \mathbb{C}[x, y]$ であるが，$t \in T$ に対して

$$(\rho(t)x)(a, b) = x(t^{-1} \cdot (a, b)) = t^{-1}a = t^{-1} \cdot x(a, b)$$

だから $\rho(t)x = t^{-1}x$ である．同様にして $\rho(t)x^k y^l = t^{-(k+l)} x^k y^l$ がわかる．したがって，T の表現としては

$$\mathbb{C}[X] \simeq \bigoplus_{n \geq 0} (n+1) \cdot \chi_{-n}$$

と分解している．ただし $\chi_m(t) = t^m$ は T の指標 (1 次元表現) であって，$(n+1) \cdot \chi_{-n}$ は表現 χ_{-n} の $(n+1)$ 個の直和を表している．このことより T 不変式は定数しかないことが見てとれる．つまり $\mathbb{C}[X]^T = \mathbb{C}$ であって

$$X/\!/T = \operatorname{Spec} \mathbb{C} = \{*\}$$

となる.ただし $\{*\}$ は一点のみからなるアフィン代数多様体を表す.この場合,商写像は X のすべての点を一点 $*$ に写す定値写像である.

(2) 今度は $t \in T$ の X 上への作用を $t \cdot (a,b) = (t^{-1}a, tb)$ $((a,b) \in X)$ で定義しよう.このとき,アフィン商は $X//T \simeq \mathbb{C}$ となる.これを確かめよう.

前項と同様の計算により,今度は $\rho(t)x^k y^l = t^{k-l} x^k y^l$ となることがわかる.したがって T の表現としては

$$\mathbb{C}[X] \simeq \bigoplus_{k,l \geq 0} \chi_{k-l} = \bigoplus_{n \in \mathbb{Z}} (\infty) \cdot \chi_n$$

と表される.ただし $(\infty) \cdot \chi_n$ は χ_n の (可算) 無限個の直和である.このことから T 不変式環は $\mathbb{C}[X]^T = \mathbb{C}[z]$ $(z = xy)$ と一変数の多項式環に同型であることがわかる.したがって

$$X//T = \operatorname{Spec} \mathbb{C}[z] \simeq \mathbb{C}$$

である.この場合,商写像は $X \ni (a,b) \mapsto ab \in \mathbb{C}$ で与えられ,$c \neq 0 \in \mathbb{C}$ に対しては X 上の軌道 $xy = c$ が対応し,$0 \in \mathbb{C}$ に対しては,$xy = 0$ が対応する.X の閉部分集合 $xy = 0$ は 3 つの T 軌道の和であることに注意されたい.

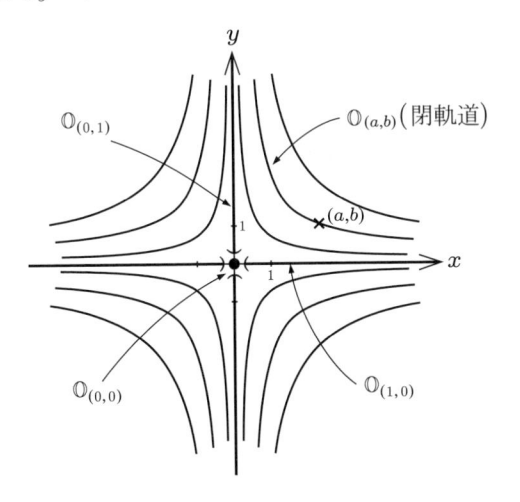

図 4.2 トーラスの作用による軌道

上の例で見たように,アフィン商は極端な場合には一点となり,軌道の全体 X/G とはかなりへだたりがある.しかし上の例の (2) のように軌道空間 X/G の非常に良い近似になっていることもある.この違いが何を表しているのかは以下で明らかになるであろう.

4.3 アフィン商写像

前節の記号をそのままここでも踏襲し，G を簡約群，X をアフィン代数多様体で G が作用しているとする．このとき，アフィン商を $X/\!/G = \mathrm{Spec}\,\mathbb{C}[X]^G$ と定義したのであったが，不変式環の自然な埋め込み $\mathbb{C}[X]^G \hookrightarrow \mathbb{C}[X]$ が定める代数の準同型に対応して，代数多様体の射

$$\Phi : X \to X/\!/G \tag{4.5}$$

が定まる (§ 1.4 参照)．写像 Φ を **アフィン商写像** (affine quotient map) とよぶ．まず，次の基本的な補題から話を始めよう．

補題 4.11 アフィン商写像 $\Phi : X \to X/\!/G$ は全射である．

証明 $\mathrm{Spec}\,\mathbb{C}[X]^G$ の点 z に対応する極大イデアル $\mathfrak{m}_z^{X/\!/G} \subset \mathbb{C}[X]^G$ をとる．正則写像 Φ によって X の点 x が $z \in X/\!/G$ に写るということは，x に対応する極大イデアル $\mathfrak{m}_x^X \subset \mathbb{C}[X]$ に対して

$$\mathbb{C}[X]\mathfrak{m}_z^{X/\!/G} \subset \mathfrak{m}_x^X$$

が成り立つことと同値である．つまり $z \in \Phi(X)$ であることを示すには，イデアル $\mathbb{C}[X]\mathfrak{m}_z^{X/\!/G}$ が $\mathbb{C}[X]$ 全体ではないことを示せばよい．そこで，もう少し一般的に，$I \subset \mathbb{C}[X]^G$ をイデアル，$J := \mathbb{C}[X]I$ を I によって生成された $\mathbb{C}[X]$ のイデアルとして，$J^G = J \cap \mathbb{C}[X]^G = I$ となることを示そう．これが示されれば，$I \subsetneq \mathbb{C}[X]^G$ ならば $J \subsetneq \mathbb{C}[X]$ であることがわかる．

そこで I の生成元を $h_1, \cdots, h_N \in \mathbb{C}[X]^G$ とすると，J の元 f は

$$f = \sum_{i=1}^{N} u_i h_i \qquad (u_i \in \mathbb{C}[X])$$

と書けている．関数環 $\mathbb{C}[X]$ の既約部分 G 加群であって自明でないものすべての和を U とすると，G が簡約であるから，$\mathbb{C}[X] = \mathbb{C}[X]^G \oplus U$ は G 加群としての直和分解である．このとき $\mathbb{C}[X]^G$ のゼロでない元による掛け算は既約 G 加群としての準同型を導くので，U は $\mathbb{C}[X]^G$ の積によって安定である．そこで，

$$u_i = u_i' + u_i'' \qquad (u_i' \in \mathbb{C}[X]^G,\ u_i'' \in U)$$

をこの直和分解に沿った分解とすれば，$h_i \in \mathbb{C}[X]^G$ であるから

$$f = \sum_{i=1}^{N} h_i(u_i' + u_i'') = \sum_{i=1}^{N} h_i u_i' + \sum_{i=1}^{N} h_i u_i'',$$
$$\sum_{i=1}^{N} h_i u_i' \in \mathbb{C}[X]^G,\ \sum_{i=1}^{N} h_i u_i'' \in U$$

が f の分解を与える．したがって $f \in \mathbb{C}[X]^G$ と $f = \sum_{i=1}^N h_i u'_i \in \mathbb{C}[X]^G I = I$ は同値である． □

アフィン商写像の実現を別の側面から見てみよう．G 不変式環 $\mathbb{C}[X]^G$ の生成元を $\{h_1, \cdots, h_N\}$ とする．すると，この生成元を用いて写像

$$H : X \ni x \mapsto (h_1(x), \cdots, h_N(x)) \in \mathbb{C}^N \tag{4.6}$$

が定義される．

定理 4.12 上の設定のもとに，$H(X) \subset \mathbb{C}^N$ はザリスキ閉集合，したがってアフィン代数多様体であって，$X/\!/G$ と同型になる．また

$$H : X \to H(X) \simeq X/\!/G$$

はアフィン商写像である．特に，アフィン商写像 Φ によって任意の軌道は一点に写る．

証明 写像 H によって引き起こされる正則関数環の準同型を

$$H^* : \mathbb{C}[y_1, \cdots, y_N] \to \mathbb{C}[X]$$

で表すと，容易に分かるように $H^*(y_i) = h_i$ は $\mathbb{C}[X]^G$ の生成元である．したがって全射準同型

$$H^* : \mathbb{C}[y_1, \cdots, y_N] \to \mathbb{C}[X]^G \tag{4.7}$$

が得られる．補題 2.65 より H は $\operatorname{Spec} \mathbb{C}[X]^G$ から $\mathbb{C}^N$ の閉部分多様体 $H(X)$ への同型写像を導く． □

式 (4.5) で定義されたアフィン商写像 $\Phi : X \to X/\!/G$ と，式 (4.6) によって決まる写像 $H : X \to H(X)$ を比較しておこう．定理の証明の記号で，$I = \operatorname{Ker} H^*$ とおくと，$H(X)$ の正則関数環はその定義より $\mathbb{C}[H(X)] = \mathbb{C}[y_1, \cdots, y_N]/I \simeq \mathbb{C}[X]^G$ である．$x \in X$ に対して $z = \Phi(x)$ および $a = H(x)$ とおくと，同型 $X/\!/G \xrightarrow{\sim} H(X)$ は極大イデアルの対応として

$$\mathfrak{m}_z^{X/\!/G} = (h_i - a_i \mid 1 \leq i \leq N) \longleftrightarrow \mathfrak{m}_a^Y = (y_i - a_i \mid 1 \leq i \leq N)$$

と与えられる．この極大イデアルの対応によって，標準的なアフィン商写像 Φ と H が同一視される．

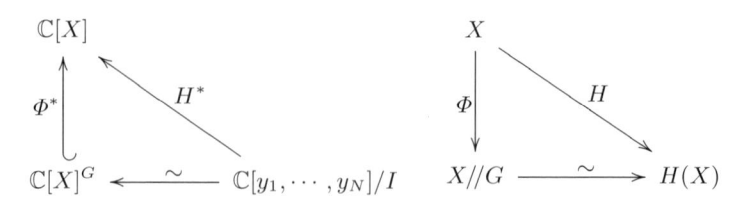

$$\begin{array}{ccc}
\mathbb{C}[X] & & X \\
\Phi^* \uparrow \quad \nwarrow H^* & & \Phi \downarrow \quad \searrow H \\
\mathbb{C}[X]^G \xleftarrow{\sim} \mathbb{C}[y_1, \cdots, y_N]/I & & X/\!/G \xrightarrow{\sim} H(X)
\end{array}$$

一般に,不変式環を決定するには,まずその生成系を求め,さらに生成系の間の基本関係式を記述する,という手順を踏む.

簡約群の不変式環では Hilbert の有限性定理 (定理 4.6) より生成系は有限個であることがわかっているが, (なるべく無駄のない) 生成系を求めることを不変式論の**第一基本定理** (first fundamental theorem of invariants) とよぶ [4].

一方,上の証明を見れば分かるように,アフィン商写像を決定することは生成系の間の関係式 (上の記号では $I = \operatorname{Ker} H^*$) を求めることと等価である.このように,与えられた生成系の間の関係式の決定を**第二基本定理** (second —) とよんでいる.

例 4.13 対称群 $\mathfrak{S}_n$ の $X = \mathbb{C}^n$ における自然な表現を座標の入れ替え

$$\sigma \cdot (a_1, \cdots, a_n) = (a_{\sigma^{-1}(1)}, \cdots, a_{\sigma^{-1}(n)}) \quad (\sigma \in \mathfrak{S}_n) \tag{4.8}$$

で定義する.これを $G = \mathfrak{S}_n$ の線型な作用とみなしてアフィン商 $X/\!/G = \mathbb{C}^n/\!/\mathfrak{S}_n$ を記述しよう.有限群は簡約代数群であるから,今までの議論はすべて適用できることに注意する.

まず G 不変式 $f \in \mathbb{C}[X]^G$ は良く知られているように**対称式** (symmetric polynomial) であって,

$$f(x_1, \cdots, x_n) = f(x_{i_1}, \cdots, x_{i_n}) \tag{4.9}$$

を満たす.ただし $i_1, \cdots, i_n$ は $1, \cdots, n$ の任意の順列である.例えば**冪和多項式** (power sum)

$$p_k(x) = \sum_{i=1}^n x_i^k \tag{4.10}$$

は対称式である.他に代表的な対称式として**基本対称式** (elementary symmetric function) がある.これは t を不定元として,次の恒等式で定義される対称式 $e_k(x)$ を指す.

$$\prod_{i=1}^n (1 + tx_i) = \sum_{k=0}^n e_k(x) t^k \tag{4.11}$$

---

[4] 文献などでは,しばしば FFT と略記される.

$p_k(x), e_k(x)$ ともに k 次の斉次対称式である. 次の定理は**対称式の基本定理**とよばれており, よく知られている.

定理 4.14 上のように座標の入れ替えによる作用 $G = \mathfrak{S}_n \curvearrowright \mathbb{C}^n = X$ を考える. このとき不変式環 $\mathbb{C}[X]^G$ は基本対称式 $\{e_1, \cdots, e_n\}$ で生成される多項式環である.

証明 ここでは概略のみ記す. 例えば初等的な証明が [56] に与えられているほか, 代表的な代数学の教科書では定理の証明が与えられている.

まず基本対称式が生成系であることを変数の数による帰納法で示す. $f \in \mathbb{C}[X]^G$ を対称式として, $f(x_1, \cdots, x_{n-1}, 0)$ を考えると, これは $(n-1)$ 変数の対称式だから, $(n-1)$ 変数の基本対称式 $\{\tilde{e}_1, \cdots, \tilde{e}_{n-1}\}$ の多項式で書ける. つまり

$$f(x_1, \cdots, x_{n-1}, 0) = h(\tilde{e}_1, \cdots, \tilde{e}_{n-1}) \qquad (\exists h(Y) \in \mathbb{C}[Y_1, \cdots, Y_{n-1}])$$

そこで $f(x) - h(e_1, \cdots, e_{n-1})$ を考えると, この式に $x_n = 0$ を代入すれば $= 0$ となる ($e_k(x_1, \cdots, x_{n-1}, 0) = \tilde{e}_k(x_1, \cdots, x_{n-1})$ に注意せよ). したがって因数定理より x_n で割りきれるが, 対称式であるから, 結局 $e_n(x) = x_1 x_2 \cdots x_n$ で割りきれる. あとはその商に次数に関する帰納法を使えばよい.

次に, 基本対称式 $\{e_1, \cdots, e_n\}$ が代数的に独立であって, 不変式環 $\mathbb{C}[X]^G = \mathbb{C}[e_1, \cdots, e_n]$ が多項式環であることを示す. それにはアフィン商写像

$$H : X = \mathbb{C}^n \ni a \mapsto (e_1(a), \cdots, e_n(a)) \in \mathbb{C}^n =: Y \tag{4.12}$$

を考えればよい. この写像は, 代数学の基本定理によって全射であるから (下記演習 4.15 参照), $H^* : \mathbb{C}[Y] \to \mathbb{C}[X]^G$ は単射である. Y の座標を $(t_1, \cdots, t_n)$ と書くと, $H^*(t_i) = e_i$ であるから, H^* の単射性より $\{e_1, \cdots, e_n\}$ は確かに代数的に独立であって $\mathbb{C}[X]^G$ は多項式環である. □

演習 4.15 $(c_1, \cdots, c_n) \in \mathbb{C}^n$ に対して, c_k を係数とする n 次方程式 $\sum_{k=0}^n (-1)^k c_k x^{n-k} = 0$ の根を重複度も込めて $a_1, a_2, \cdots, a_n$ と考えることにより, 式 (4.12) で定義された写像 H が全射であることを示せ.

対称式の基本定理では生成系が基本対称式であること (不変式論の第一基本定理), およびそれらが代数的に独立であること (つまり関係式が存在しない, 第二基本定理) が述べられており, これより商写像が具体的に分かる.

系 4.16 作用 $\mathfrak{S}_n \curvearrowright \mathbb{C}^n$ によるアフィン商は $\mathbb{C}^n // \mathfrak{S}_n \simeq \mathbb{C}^n$ で与えられ, 商

写像は (4.12) 式で定義されたものである.

商写像 H の逆像を見てみると,
$$H^{-1}(c_1,\cdots,c_n) = \{(a_1,\cdots,a_n) \mid \prod_{i=1}^{n}(t-a_i) = \sum_{i=1}^{n}(-1)^k c_k\, t^{n-k}\}$$
となっており, 逆像に属する点 $a \in \mathbb{C}^n$ の座標は, ちょうど n 次方程式 $\sum_{i=1}^{n}(-1)^k c_k\, t^{n-k} = 0$ の (重複度を込めた) 根の全体であることがわかる. それらは明らかに $\mathfrak{S}_n$ の一つの軌道をなすから, 今の場合 $\mathbb{C}^n/\mathfrak{S}_n \simeq \mathbb{C}^n//\mathfrak{S}_n$ であり, 軌道空間とアフィン商空間は一致している.

注意 4.17 n 次以下の冪和多項式 $p_1, p_2, \cdots, p_k$ が, 基本対称式と同じように代数的に独立であって, 対称式環の生成系になっていることはよく知られている. 例えば [20] を参照.

演習 4.18 次の群 G が作用する多様体 X に対して, $X//G$ および X/G を求め, 比較せよ. また商写像 $X \to X//G$ を具体的に求めよ.

(1) $G = \{e^{2k\pi i/m} \mid k \in \mathbb{Z}\}$ ($i = \sqrt{-1}$) を m 次の巡回群とし, G が $X = \mathbb{C}$ に複素数の積によって作用しているとき.

(2) $G = \mathrm{SL}_2(\mathbb{C})$ が $X = \mathbb{C}^2$ に通常のように左からの行列の積で作用しているとき. [ヒント] 軌道が $\{0\}$ と $X \setminus \{0\}$ の 2 つしか存在しないことを用いて, 不変式環 $\mathbb{C}[X]^G$ は定数関数のみからなることを示せ.

4.4 行列式多様体

この節ではアフィン商の一つの例として, 行列式多様体について考えてみる.

少々煩わしいので $m \times n$ 行列のなすベクトル空間を $\mathrm{M}_{m,n}(\mathbb{C})$ の代りに $\mathrm{M}_{m,n}$ と省略形で表すことにする. また $\mathrm{GL}_n(\mathbb{C})$ も GL_n 等と略記する.

$W = \mathrm{M}_{p,n} \oplus \mathrm{M}_{n,q} = \mathrm{M}_{p,n} \times \mathrm{M}_{n,q}$ とおき, 一般線型群 $G = \mathrm{GL}_n$ の W 上の表現を
$$g(A,B) = (Ag^{-1}, gB) \qquad (g \in G,\ (A,B) \in W) \tag{4.13}$$
で与える. これは $W = \mathbb{C}^p \otimes (\mathbb{C}^n)^* \oplus \mathbb{C}^n \otimes (\mathbb{C}^q)^*$ と同一視し, $\mathbb{C}^n$ には $G = \mathrm{GL}_n$ の自然な表現を, $(\mathbb{C}^n)^*$ にはその反傾表現を考えることと同じである. ただし $(\mathbb{C}^q)^*$ と双対をとってあるのは, 後の都合による. このときアフィン商 $W//G$ を

計算してみよう．

まず，$M_{p,n}$ においては GL_n の作用が反傾表現になっていることを考慮して $GL_p \times GL_n$ 双対性 (定理 3.28) を用いると，$M_{p,n}$ 上の多項式環は $GL_p \times GL_n$ の表現として次のように既約分解する．

$$\mathbb{C}[M_{p,n}] \simeq \bigoplus_{\lambda \in \mathcal{P}_s} V_\lambda^{(p)*} \otimes V_\lambda^{(n)} \qquad (s = \min\{p,n\})$$

ただし $V_\lambda^{(n)}$ は最高ウェイトが λ の GL_n の表現を表し，$\mathcal{P}_s$ は長さが高々 s の分割全体を表している．したがって W に新たに $GL_p \times GL_q$ の作用を

$$(g_1, g_2)(A, B) = (g_1 A, B g_2^{-1}) \qquad ((g_1, g_2) \in GL_p \times GL_q, (A, B) \in W)$$

で定義すれば，多項式環 $\mathbb{C}[W]$ は次のように分解する．

$$\mathbb{C}[W] = \mathbb{C}[M_{p,n} \oplus M_{n,q}] \simeq \mathbb{C}[M_{p,n}] \otimes \mathbb{C}[M_{n,q}]$$
$$\simeq \bigoplus_{\lambda \in \mathcal{P}_s, \mu \in \mathcal{P}_t} (V_\lambda^{(p)*} \otimes V_\lambda^{(n)}) \otimes (V_\mu^{(n)*} \otimes V_\mu^{(q)})$$
$$(s = \min\{p,n\},\ t = \min\{q,n\})$$

Schur の補題から $\dim(V_\lambda^{(n)} \otimes V_\mu^{(n)*})^G = \delta_{\lambda,\mu}$ であることに注意して両辺の G 不変元をとると，

$$\mathbb{C}[W]^G \simeq \bigoplus_{\lambda \in \mathcal{P}_s, \mu \in \mathcal{P}_t} V_\lambda^{(p)*} \otimes (V_\lambda^{(n)} \otimes V_\mu^{(n)*})^G \otimes V_\mu^{(q)} \qquad (4.14)$$
$$\simeq \bigoplus_{\lambda \in \mathcal{P}_r} V_\lambda^{(p)*} \otimes V_\lambda^{(q)} \quad (r = \min\{t,s\} = \min\{p,q,n\})$$

となることがわかる．同型はベクトル空間としての同型 ($GL_p \times GL_q$ の表現としての同型) であるから，この式から環構造は分からないが，以下に示すように不変式環の決定に重要な役割を果たす．

さて，$A \in M_{p,n}$ に対してその (i,j) 成分を取り出す $M_{p,n}$ 上の座標関数を x_{ij} で表そう．つまり $A = (a_{ij})$ と行列表示したとき，$x_{ij}(A) = a_{ij}$ である．同様にして座標関数 $y_{ij} \in \mathbb{C}[M_{n,q}]$ を定義しよう．すると

$$\mathbb{C}[W] = \mathbb{C}[x_{ij}, y_{kl} \mid 1 \le i \le p,\ 1 \le j, k \le n,\ 1 \le l \le q] \qquad (4.15)$$

と表される．さらに

$$z_{ij} = \sum_{k=1}^n x_{ik} y_{kj} \quad \in \mathbb{C}[W] \qquad (4.16)$$

とおく．形式的に $X = (x_{ij}), Y = (y_{ij})$ などと書けば z_{ij} は積 XY の (i,j) 成分とみなすことができる．

次の定理は GL_n 不変式における第一基本定理である．

定理 4.19 $\{z_{ij} \mid 1 \leq i \leq p,\, 1 \leq j \leq q\}$ は $\mathbb{C}[W]^G$ を生成する.

証明 z_{ij} が G 不変であることは定義から明らかである.したがってあとは $\mathbb{C}[W]^G$ を生成することを示せばよい.そこで

$$D_k = \det(z_{ij})_{p-k < i \leq p,\, 1 \leq j \leq k} \qquad (k = 1, \cdots, \min\{p,q\}) \tag{4.17}$$

とおこう.つまり D_k は $p \times q$ 行列 (z_{ij}) の左下角の $k \times k$ 部分の行列式である.すると D_k は $\mathrm{GL}_p \times \mathrm{GL}_q$ のウェイトが (ϖ_k^*, ϖ_k) の最高ウェイトベクトルであることが定理 3.28 の証明と同様にしてわかる.ここで $\varpi_k = (1, \cdots, 1, 0, \cdots) = (1^k)$ は k 番目の基本ウェイト[5], $\varpi_k^* = (0, \cdots, 0, -1, \cdots, -1) = (0^{p-k}, (-1)^k)$ は $V_{\varpi_k}^{(p)*}$ の最高ウェイトである (式 (3.28) 参照).したがって,もし $D_k \neq 0$ ならば,これは (4.14) 式における $\mathbb{C}[W]^G$ の $V_{\varpi_k}^{(p)*} \otimes V_{\varpi_k}^{(q)}$ 成分の最高ウェイトベクトルを与えている.実際に $1 \leq k \leq r$ であれば $D_k \neq 0$ であることが容易に確かめられる (演習 4.20 参照).一般の分割 $\lambda \in \mathcal{P}_r$ に対しては,$\lambda = \sum_{k=1}^{r} \alpha_k \varpi_k$ と分解するとき,

$$D_\lambda = D_1^{\alpha_1} \cdot D_2^{\alpha_2} \cdots D_r^{\alpha_r} \tag{4.18}$$

とおけば,これが (4.14) 式における $V_\lambda^{(p)*} \otimes V_\lambda^{(q)}$ の最高ウェイトベクトルを与える.さて,明らかに $\{z_{ij}\}$ で生成されたベクトル空間

$$\mathrm{span}_{\mathbb{C}}\{z_{ij} \mid 1 \leq i \leq p,\, 1 \leq j \leq q\}$$

は $\mathrm{GL}_p \times \mathrm{GL}_q$ 安定であるから,それから生成された代数も $\mathrm{GL}_p \times \mathrm{GL}_q$ 安定である.ところが,それは $\mathbb{C}[W]^G$ のすべての既約成分の最高ウェイトベクトルを含んでいるので $\mathbb{C}[W]^G$ 全体に一致しなければならない. □

演習 4.20 $D_k = \det(z_{ij})_{p-k < i \leq p,\, 1 \leq j \leq k}$ とおくとき $D_k \neq 0$ であることと $1 \leq k \leq r = \min\{p, q, n\}$ であることは同値であることを示せ.[ヒント] W の行列をうまく選び,D_k がその行列に対して実際に零にならないことを示せ.

以上の準備の下に,アフィン商 $W /\!/ G$ が具体的にどのようなものであるかを明らかにしよう.$\mathbb{C}[W]^G$ の生成元が $\{z_{ij}\}$ であるから,商写像は

---

[5] ϖ_k は GL_p の基本ウェイトとみなすときには $\varpi_k = (1^k, 0^{p-k})$ のように 0 を $p-k$ 個付け加え,GL_q の基本ウェイトとみなすときには $q - k$ 個の 0 を付け加えて考える.しかし分割として考えるならばそれは同じものである.

$$\Psi : W \to \mathrm{M}_{p,q}, \quad \Psi(A,B) = AB \quad ((A,B) \in W = \mathrm{M}_{p,n} \times \mathrm{M}_{n,q})$$

で与えられる (定理 4.12). このとき, Ψ の像 $\mathrm{Im}\,\Psi = \Psi(W) \subset \mathrm{M}_{p,q}$ が $W//G$ と同型なアフィン代数多様体になるのであった. 明らかに $\Psi(W)$ に属する行列 $C = AB$ の階数は r 以下である.

定義 4.21 $p \times q$ 行列全体のなすベクトル空間 $\mathrm{M}_{p,q}$ において階数が r 以下の行列がなす部分集合は, サイズが $(r+1)$ の小行列式全体で定義されるアフィン閉部分多様体となる. これを $\mathrm{Det}_r(\mathrm{M}_{p,q})$ と書き, 階数が r の**行列式多様体** (determinantal variety) とよぶ.

$\mathrm{GL}_p \times \mathrm{GL}_q$ は $\mathrm{M}_{p,q}$ に

$$(g_1, g_2) C = g_1 C g_2^{-1} \quad ((g_1, g_2) \in \mathrm{GL}_p \times \mathrm{GL}_q,\ C \in \mathrm{M}_{p,q}) \tag{4.19}$$

と作用しているが, 行列式多様体 $\mathrm{Det}_r(\mathrm{M}_{p,q})$ はこの作用で安定である. したがって $\mathrm{GL}_p \times \mathrm{GL}_q$ の作用が $\mathrm{Det}_r(\mathrm{M}_{p,q})$ 上に定義される.

定理 4.22 $W = \mathrm{M}_{p,n} \times \mathrm{M}_{n,q}$ に一般線型群 $G = \mathrm{GL}_n(\mathbb{C})$ が (4.13) 式のように作用しているとする. このとき, アフィン商は階数が $r = \min\{p,q,n\}$ の行列式多様体に同型である. つまり $W//G \simeq \mathrm{Det}_r(\mathrm{M}_{p,q})$ が成り立つ.

証明 アフィン商写像はその形から明らかに $\mathrm{GL}_p \times \mathrm{GL}_q$ 同変写像である. いま A, B を次のような行列にとろう.

$$A = \begin{pmatrix} 1_r & 0_{r,n-r} \\ 0_{p-r,r} & 0_{p-r,n-r} \end{pmatrix}, \quad B = \begin{pmatrix} 1_r & 0_{r,q-r} \\ 0_{n-r,r} & 0_{n-r,q-r} \end{pmatrix}$$

ただし 1_r はサイズが r の単位行列を表し, $0_{k,l}$ はサイズが $k \times l$ の零行列を表す. すると $\Psi(A,B) = AB = C$ はやはり左上隅が単位行列 1_r で残りの成分はすべてゼロの行列となる. さて, 階数が r の任意の行列は行および列の基本変形でこの C の形に変形できるが, 行・列の基本変形はそれぞれ左から GL_p および右から GL_q の元を掛けることであった. したがって Ψ の $\mathrm{GL}_p \times \mathrm{GL}_q$ 同変性を考えると $\mathrm{Im}\,\Psi = \Psi(W)$ は階数 r の行列をすべて含む. ところが $\Psi(W)$ はザリスキ閉集合であるから, 階数が r 以下の行列をすべて含む. したがって $\Psi(W) \supset \mathrm{Det}_r(\mathrm{M}_{p,q})$ である. すでに注意したように逆向きの包含関係が成り立つから, 結局 $W//G \simeq \Psi(W) = \mathrm{Det}_r(\mathrm{M}_{p,q})$ である. □

さて，不変式環の $\mathrm{GL}_p \times \mathrm{GL}_q$ 加群としての構造 (4.14) は行列式多様体の定義イデアルについての情報も与えてくれる．

定理 4.23 $\mathrm{Det}_r(\mathrm{M}_{p,q})$ で行列式多様体を表す．ただし $p, q \geq 1$ とし，$1 \leq r \leq \min\{p, q\}$ を仮定する．

(1) 行列式多様体の正則関数環の $\mathrm{GL}_p \times \mathrm{GL}_q$ 加群としての分解は次のように与えられる．

$$\mathbb{C}[\mathrm{Det}_r(\mathrm{M}_{p,q})] \simeq \bigoplus_{\lambda \in \mathcal{P}_r} V_\lambda^{(p)*} \otimes V_\lambda^{(q)} \tag{4.20}$$

ここに $V_\lambda^{(p)}$ は GL_p の最高ウェイトが λ の既約有限次元表現を表し，$\mathcal{P}_r$ は長さが r 以下の分割の全体である．

(2) 行列式多様体の零化イデアル $\mathbb{I}_r = \mathbb{I}(\mathrm{Det}_r(\mathrm{M}_{p,q}))$ はサイズが $(r+1)$ の小行列式全体で生成される．このとき $\mathbb{I}_r \subset \mathbb{C}[\mathrm{M}_{p,q}]$ は素イデアルである．

証明 (1) $\mathrm{Det}_r(\mathrm{M}_{p,q}) \simeq W // G$ だったので，その関数環はアフィン商の定義より $\mathbb{C}[W]^G$ と同型である．したがって (4.14) 式によって関数環の分解が得られる．

(2) 必要ならば p, q を入れ替えることで $p \leq q$ としてよいだろう．$\mathbb{C}[\mathrm{M}_{p,q}]$ の $\mathrm{GL}_p \times \mathrm{GL}_q$ 加群としての分解は $\mathrm{GL}_p \times \mathrm{GL}_q$ 双対性 (定理 3.28) によって

$$\mathbb{C}[\mathrm{M}_{p,q}] \simeq \bigoplus_{\lambda \in \mathcal{P}_p} V_\lambda^{(p)*} \otimes V_\lambda^{(q)}$$

と与えられている．いま $C \in \mathrm{M}_{p,q}$ の (i,j) 成分を取り出す一次形式を z_{ij} と書く．つまり $z_{ij}(C) = c_{ij}$ である．また $I \subset \{1, \cdots, p\}$ および $J \subset \{1, \cdots, q\}$ を，どちらも k 個の数字からなる添字の部分集合とするとき，$D_{I,J}$ で対応する行・列を抜き出した，サイズが k の小行列式を表すことにしよう．つまり

$$D_{I,J}(z) = \det(z_{ij})_{i \in I, j \in J} \quad \in \mathbb{C}[\mathrm{M}_{p,q}] \tag{4.21}$$

である．また $I = \{p-k+1, \cdots, p\}$，$J = \{1, \cdots, k\}$ のとき $D_k = D_{I,J}$ と書くことにする．このとき $\mathbb{C}[\mathrm{M}_{p,q}]$ の既約成分 $V_\lambda^{(p)*} \otimes V_\lambda^{(q)}$ の最高ウェイトベクトルは $\lambda = \sum_{k=1}^p \alpha_k \varpi_k$ ($\varpi_k = (1^k)$ は基本ウェイト) と表したとき

$$D^\alpha = D_1^{\alpha_1} D_2^{\alpha_2} \cdots D_p^{\alpha_p}$$

で与えられるのであった．

そこで，$\mathbb{J}$ を $\{D_{IJ} \mid \#I = \#J = r+1\}$ で生成されるイデアルとしよう．$\mathbb{J} \subset \mathbb{I}_r$ は明らかである．ところが $D_{r+1} \in \mathbb{J}$ であり，$k > r+1$ なら行列式の行展開により $D_k \in \mathbb{J}$ もわかる．したがって $\lambda \notin \mathcal{P}_r$ ならば $D^\alpha \in \mathbb{J}$ である．$\mathbb{J}$ は

$GL_p \times GL_q$ 安定だから，このことより

$$V_\lambda^{(p)*} \otimes V_\lambda^{(q)} \subset \mathbb{J} \iff \lambda \notin \mathcal{P}_r$$

である．したがって $GL_p \times GL_q$ 加群として $\mathbb{C}[M_{p,q}]/\mathbb{J}$ は $\mathbb{C}[\mathrm{Det}_r(M_{p,q})]$ と同型であることがわかり，$\mathbb{J} = \mathbb{I}_r$ でなければならない．$\mathrm{Det}_r(M_{p,q})$ は既約な代数多様体 W の像であるからまた既約であり，その定義イデアルは素イデアルである．□

以上の議論を不変式論の立場から眺めてみよう．まず，不変式環 $\mathbb{C}[W]^G$ の生成元が $\{z_{ij} \mid 1 \leq i \leq p, 1 \leq j \leq q\}$ で与えられ，これが不変式論の第一基本定理なのであった (定理 4.19)．一方，これらの生成元の間の関係式がサイズ $(r+1)$ の小行列式で与えられるという定理 4.23 は，第二基本定理である．

$V = V_{\varpi_1} = \mathbb{C}^n$ で $GL_n(\mathbb{C})$ の自然表現を表すと，もともとの $G = GL_n$ の表現空間である W は

$$W \simeq (V \oplus \cdots \oplus V) \oplus (V^* \oplus \cdots \oplus V^*) = V^{\oplus p} \oplus (V^*)^{\oplus q}$$

のように，p 個の自然表現の直和 $V^{\oplus p}$ と，q 個の双対表現の直和 $(V^*)^{\oplus q}$ の直和である．$V^{\oplus p}$ の i 番目の成分の双対を $\boldsymbol{\xi}_i \in V^*$，$(V^*)^{\oplus q}$ の j 番目の成分の双対を $\boldsymbol{v}_j \in V$ と書けば，要するに $z_{ij} = \boldsymbol{\xi}_i(\boldsymbol{v}_j)$ であって，これらが不変式環の生成元であることは古典的によく知られている ([43])．それを幾何学的に言い換えたのがこの節の内容であった．

演習 4.24 $n \leq \min\{p, q\}$ とし，$I \subset \{1, \cdots, p\}, J \subset \{1, \cdots, q\}$ を $\#I = \#J = d \leq n$ となるような添数集合とする．また $D_{IJ}(x) = \det(x_{ij})_{i \in I, j \in J}$ をサイズ d の小行列式とし，$z_{ij} = \sum_{k=1}^n x_{ik} y_{kj}$ とおく．このとき次の等式が成り立つことを示せ．

$$\sum_{\substack{K \subset \{1, \cdots, n\} \\ \#K = d}} D_{I,K}(x) D_{K,J}(y) = D_{I,J}(z) \tag{4.22}$$

4.5 アフィン商の性質と軌道

G の軌道の基本的性質をまず見ておこう．

補題 4.25 線型代数群 G が代数多様体 X に作用しているとする．$x \in X$ に対して，x を通る G 軌道 $\mathbb{O}_x = G \cdot x$ を考える．
(1) 軌道のザリスキ閉包 $\overline{\mathbb{O}}_x$ において $\mathbb{O}_x$ はザリスキ開である．特に $\mathbb{O}_x$ は X

の局所閉集合であって，代数多様体の構造を持つ (§ 1.5 参照).

(2) 境界 $\partial \mathbb{O}_x = \overline{\mathbb{O}}_x \setminus \mathbb{O}_x$ は $\mathbb{O}_x$ より低次元の軌道の和である．特に $\overline{\mathbb{O}}_x$ は閉軌道を含む．

証明には代数多様体の射についてのよく知られた次の基本的な補題を使う．この補題については附録の定理 16.4 を参照されたい．

補題 4.26 Y, Z を既約な代数多様体とし，正則写像 $f: Y \to Z$ が支配的であるとする．ここで f が支配的であるとは，$Z = \overline{f(Y)}$ が成り立つことであった．このとき，像 $f(Y)$ は Z のある空でないザリスキ開集合 $U \subset Z$ を含む．

証明 [補題 4.25 の証明] (1) G は連結 (したがって既約) とは限らない．そこで単位元の連結成分 G° を考え，$Z = \overline{G^\circ \cdot x}$ とおくと，Z は $\overline{\mathbb{O}}_x$ の既約成分である．実際 Z は既約多様体 G° の像の閉包として既約である．一方，有限群 G/G° の代表元を $\{g_k \mid k = 0, 1, \cdots, N\} \subset G$ とすると，$\overline{\mathbb{O}}_x = \bigcup_k g_k Z$ と分解されている．ところが $g_k Z$ はすべて同型だから，包含関係は一致する場合にしかあり得ない．したがって $g_k Z = g_j Z$ というように重複する成分を省いたものが既約分解を与える．ついでに G/G° の作用は既約成分の間の置換を引き起こすことに注意しておく．

支配的な射 $\varphi: G^\circ \to Z$, $\varphi(g) = g \cdot x \in Z$ を考えよう．補題 4.26 により，$\varphi(G^\circ)$ は Z のある空でない開集合 U を含むが，U は $\overline{\mathbb{O}}_x$ の他の既約成分とは交わらないとして一般性を失わない．このとき U は $\overline{\mathbb{O}}_x$ の開集合である．一方 $\mathbb{O}_x$ は G 安定であるから，$\mathbb{O}_x = \bigcup_{g \in G} gU$ と開集合の和として表され，$\overline{\mathbb{O}}_x$ において開であることがわかる．

(2) (1) より $\partial \mathbb{O}_x$ は $\overline{\mathbb{O}}_x$ の中のザリスキ閉な真部分集合であるから，

$$\dim \partial \mathbb{O}_x < \dim \overline{\mathbb{O}}_x = \dim \mathbb{O}_x$$

である ($\overline{\mathbb{O}}_x$ の既約成分はすべて同型で，同じ次元を持っていたことに注意しよう)．したがって $\partial \mathbb{O}_x$ に含まれる軌道の次元は $\dim \mathbb{O}_x$ より小となる．このことから，$\overline{\mathbb{O}}_x$ に含まれる最低次元の軌道は閉軌道である． □

演習 4.27 $\overline{\mathbb{O}}_x$ の既約成分の個数は $\#(G/G^\circ)$ の約数であることを示せ．

定理 4.28 簡約代数群 G がアフィン代数多様体 X に作用しているとし，$\varPhi: X \to X/\!/G$ をアフィン商写像とする．

(1) $Y \subset X$ を G 安定な閉部分多様体とすると, 像 $\Phi(Y) \subset X//G$ は閉部分多様体であり, $\Phi|_Y : Y \to \Phi(Y)$ はアフィン商写像である. したがって $\Phi(Y) \simeq Y//G$ が成り立つ.

(2) $z \in X//G$ に対して, そのファイバー $\Phi^{-1}(z) \subset X$ は G 安定であって, 唯一つの閉 G 軌道を含む. つまり写像

$$\{X \text{ の閉 } G \text{ 軌道全体}\} \ni \mathbb{O}_x \mapsto \Phi(x) \in X//G$$

は全単射である.

証明 (1) Y の零化イデアル $J = \mathbb{I}(Y)$ は G 安定であることに注意しよう. $\mathbb{C}[Y] = \mathbb{C}[X]/J$ であるが, G が簡約なので

$$\mathbb{C}[Y]^G = \mathbb{C}[X]^G / J^G = \mathbb{C}[X]^G / (J \cap \mathbb{C}[X]^G)$$

が成り立つ. ところが $\overline{\Phi(Y)}$ の零化イデアルは $J \cap \mathbb{C}[X]^G$ であるから, $Y//G \simeq \overline{\Phi(Y)}$ である. つまり $\Phi|_Y$ はアフィン商写像であるから, 補題 4.11 より $\Phi : Y \to \overline{\Phi(Y)}$ は全射であって, $\Phi(Y) = \overline{\Phi(Y)}$ は閉集合である.

(2) アフィン商写像によって G の軌道は一点に写るから, ファイバー $Y := \Phi^{-1}(z) \subset X$ は軌道の和であり, G 安定な閉部分多様体となる. したがって (1) より $\Phi : Y \to \{z\}$ はアフィン商写像であって $\mathbb{C}[Y]^G = \mathbb{C}$ が成り立っている. Y の最小次元の軌道は閉であるから (補題 4.25), ファイバーは少なくとも一つの閉軌道を含む. そこで Y が 2 つの閉 G 軌道 $\mathbb{O}_1, \mathbb{O}_2$ を含んでいるとして矛盾を導こう. 閉軌道 $\mathbb{O}_i$ ($i = 1, 2$) の零化イデアルを $J_i = \mathbb{I}(\mathbb{O}_i)$ とおく. 2 つの G 軌道は交わらないので $J_1 + J_2 = \mathbb{C}[Y]$ であるが,

$$\mathbb{C}[Y]/J_1 = (J_1 + J_2)/J_1 \simeq J_2 / J_1 \cap J_2$$

だから, この両辺の G 不変式を考えれば

$$(\mathbb{C}[Y]/J_1)^G \simeq J_2^G / (J_1 \cap J_2)^G$$

である. 一方 $\Phi(\mathbb{O}_1) = \{z\}$ であることから $(\mathbb{C}[Y]/J_1)^G = \mathbb{C}[\mathbb{O}_1]^G = \mathbb{C}$ であり, 上式より $J_2^G / (J_1 \cap J_2)^G \simeq \mathbb{C}$ がわかる. 同様にして $J_1^G / (J_1 \cap J_2)^G \simeq \mathbb{C}$ も成り立つ. さて, G の表現としては

$$\mathbb{C}[Y] = J_1 + J_2 \simeq (J_1/(J_1 \cap J_2)) \oplus (J_1 \cap J_2) \oplus (J_2/(J_1 \cap J_2))$$

と分解するので, 両辺の G 不変元をとると

$$\mathbb{C}[Y]^G \simeq (J_1^G/(J_1 \cap J_2)^G) \oplus (J_1 \cap J_2)^G \oplus (J_2^G/(J_1 \cap J_2)^G)$$
$$\simeq \mathbb{C} \oplus \mathbb{C} \oplus (J_1 \cap J_2)^G$$

これは $\mathbb{C}[Y]^G = \mathbb{C}$ に矛盾する. □

系 4.29 簡約代数群 G がアフィン代数多様体 X に作用しているとする. このとき任意の軌道 $\mathbb{O}_x$ $(x \in X)$ のザリスキ閉包 $\overline{\mathbb{O}}_x$ は唯一つの閉 G 軌道を含む.

証明 $Z = \overline{\mathbb{O}}_x$ とおくと, Z は G が作用するアフィン代数多様体であって, $Z//G = \{*\}$ (1 点) である. したがって前定理 (2) により唯一つの閉 G 軌道を含む. □

演習 4.30 $S \subset \mathrm{GL}_2(\mathbb{C})$ を次のように定義される可解群とする.

$$S = \left\{ \begin{pmatrix} a & 0 \\ b & 1 \end{pmatrix} \mid a \in \mathbb{C}^\times, b \in \mathbb{C} \right\}$$

S の $V = \mathbb{C}^2$ への自然な作用を考えると, その軌道は $\mathbb{O}_y = \{{}^t(0,y)\}$ $(y \in \mathbb{C})$ (ただ一点からなる軌道) および $\mathbb{O}_\infty = \{{}^t(x,y) \mid x \neq 0, y \in \mathbb{C}\}$ からなることを示せ. このとき $\overline{\mathbb{O}}_\infty = V$ は無限個の閉軌道を含んでいるから, 系 4.29 は G が簡約群でなければ一般には成り立たない.

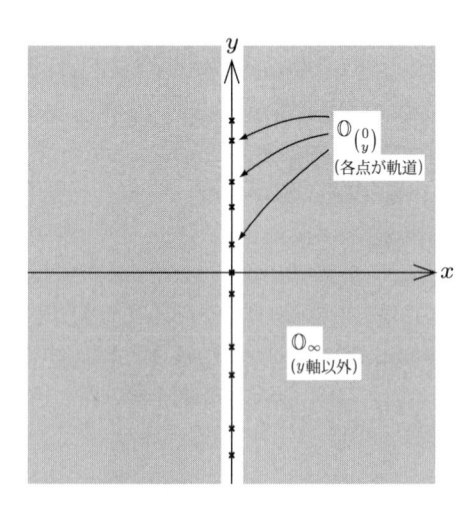

図 **4.3** $ax + b$ 群の軌道

4.6 圏論的商と普遍性

X, Y を代数多様体とし，代数群 G が作用しているとする．このとき正則写像 $\varphi: X \to Y$ が G 同変写像 (G equivariant map) であるとは

$$\varphi(g \cdot x) = g \cdot \varphi(x) \qquad (g \in G, \ x \in X)$$

が成り立つことである．X, Y が共にアフィンのときには φ は正則関数環の間の準同型 $\varphi^*: \mathbb{C}[Y] \to \mathbb{C}[X]$ を引き起こす．またそれぞれの正則関数環上には G の正則表現が定義されていたが，これをそれぞれ ρ^X, ρ^Y と表すことにしよう．

次の補題は G 作用のあるアフィン代数多様体のなす圏と，G 作用のある有限生成で被約な $\mathbb{C}$ 代数の圏は反変同値であることを主張している．代数多様体のなす圏においては射は正則写像，$\mathbb{C}$ 代数のなす圏においては射は代数の準同型であるので，以下，この節では「射」という言葉を適宜用いることにする．

補題 4.31 上の設定のもとに，X, Y をアフィン代数多様体とすると，代数多様体の射 $\varphi: X \to Y$ が G 同変であることと，代数準同型 $\varphi^*: \mathbb{C}[Y] \to \mathbb{C}[X]$ が G の正則表現の間の同変写像を引き起こすことは同値である．

証明 $\varphi: X \to Y$ が G 同変であるとすれば，$f \in \mathbb{C}[Y]$ および $x \in X, g \in G$ に対して

$$\begin{aligned}\varphi^*(\rho^Y(g)f)(x) &= (\rho^Y(g)f)(\varphi(x)) = f(g^{-1}\varphi(x)) \\ &\stackrel{*}{=} f(\varphi(g^{-1}x)) = (\varphi^* f)(g^{-1}x) = (\rho^X(g)\varphi^* f)(x)\end{aligned} \qquad (4.23)$$

となり φ^* の同変性がわかる．(4.23) 式の $\stackrel{*}{=}$ の部分の等号が φ の同変性であったが，逆に φ^* の同変性を仮定すると等号 $\stackrel{*}{=}$ が得られ，$f(g^{-1}\varphi(x)) = f(\varphi(g^{-1}x))$ が任意の $f \in \mathbb{C}[Y]$ に対して成立する．したがって $g^{-1}\varphi(x) = \varphi(g^{-1}x)$ である． □

定理 4.32 X, Y をアフィン代数多様体とし，簡約代数群 G が作用しているとする．G 同変射 $\psi: X \to Y$ に対して，アフィン商の射

$$\psi^G: X/\!/G \to Y/\!/G$$

が定まり，次の図式が可換になる．

$$\begin{array}{ccc} X & \xrightarrow{\psi} & Y \\ \Phi^X \downarrow & \circlearrowright & \downarrow \Phi^Y \\ X/\!/G & \xrightarrow{\psi^G} & Y/\!/G \end{array}$$

証明 ψ は G 同変であるから，$\psi^*: \mathbb{C}[Y] \to \mathbb{C}[X]$ もまた G 同変である．したがってこの写像は代数準同型 $\psi^*: \mathbb{C}[Y]^G \to \mathbb{C}[X]^G$ を引き起こし，これに対応する射を ψ^G とすればよい．図式の可換性は次の図式の可換性に帰着する．

$$\begin{array}{ccc} \mathbb{C}[X] & \xleftarrow{\psi^*} & \mathbb{C}[Y] \\ \iota^X \uparrow & \circlearrowright & \uparrow \iota^Y \\ \mathbb{C}[X]^G & \xleftarrow{\psi^*} & \mathbb{C}[Y]^G \end{array}$$

ただし ι^X, ι^Y は自然な包含写像を表す． $\square$

定理 4.33 X を簡約代数群 G が作用するアフィン代数多様体とし，アフィン商写像を $\Phi: X \to X/\!/G$ で表す．X からアフィン代数多様体 Z への射 $f: X \to Z$ が $f(gx) = f(x)$ $(g \in G, x \in X)$ を満たせば，射 $F: X/\!/G \to Z$ であって $f = F \circ \Phi$ となるものが一意に存在する．

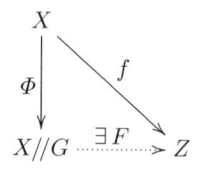

$$\begin{array}{ccc} & X & \\ \Phi \downarrow & \searrow f & \\ X/\!/G & \xrightarrow{\exists F} & Z \end{array}$$

証明 条件から $f^*: \mathbb{C}[Z] \to \mathbb{C}[X]$ の像は $\mathbb{C}[X]^G$ に含まれることがわかる．したがって f^* は

$$\mathbb{C}[Z] \xrightarrow{F^*} \mathbb{C}[X]^G \xhookrightarrow{\iota} \mathbb{C}[X]$$

と分解する．ただし F^* は f^* の像の制限であって，$\iota = \Phi^*$ は自然な包含写像を意味する．この分解にしたがって代数多様体の射の分解 $f = F \circ \Phi$ が得られる．一意性は明らか． $\square$

この定理において $f(gx) = f(x)$ という条件は，f が各軌道 $\mathbb{O}_x$ 上で一定値を

とすると言い換えることができる．したがって $f(X)$ は X の軌道を粗く分類するような空間である．そのような軌道の分類空間であって，アフィン代数多様体になっているものを考えると，アフィン商 $X//G$ は一番 "大きな" 代数多様体であることをこの定理は主張している．つまりアフィン多様体によって実現された軌道の分類空間 (軌道のモジュライ空間) の中で，アフィン商は**普遍的** (universal) な対象である．

しかし位相空間というカテゴリの中ではアフィン商は普遍的な対象ではない．

命題 4.34 アフィン商写像 $\Phi: X \to X//G$ に対し連続写像 $\Psi: X/G \to X//G$ が一意に存在して，

$$\Psi \circ \mathrm{proj}: X \xrightarrow{\mathrm{proj}} X/G \xrightarrow{\Psi} X//G$$

は Φ に一致する．すなわち次の図式は可換である．

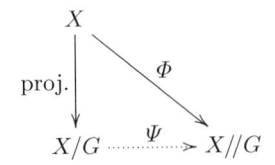

$$\begin{array}{ccc} & X & \\ {}_{\mathrm{proj.}}\swarrow & & \searrow^{\Phi} \\ X/G & \xrightarrow{\Psi} & X//G \end{array}$$

証明 この命題は軌道空間 X/G の持つ普遍性の特別な場合にすぎないが，ここで証明しておく．$z \in X//G$ をとると，$\Phi^{-1}(z) \subset X$ は G 軌道の和である．そこで $\Psi(\Phi^{-1}(z)/G) = z$ と定義する．このように定義すれば，Φ の連続性[6]から Ψ が連続になることは明らかである． □

さて，これまではアフィン代数多様体への簡約代数群 G の作用のみを考えていたが，一般の代数多様体への簡約とは限らない代数群の作用を考えたときにも商多様体を定義しておく必要がある．商多様体の構成は難しい問題をはらんでいるが，ここでは次のような比較的安あがりの定義をしておくことにする．

定義 4.35 代数多様体 X への簡約とは限らない代数群 G の作用が与えられたとき，**圏論的商** (categorical quotient) $X//G$ を，軌道の分類空間であるような代数多様体の中で普遍的なものとして定義する．つまり，ある代数多様体 $X//G$ と射影 $\Phi: X \to X//G$ の組であって，任意の代数多様体 Z と $f(gx) = f(x)$

---

[6] ザリスキ位相に関する連続性であるが，もちろん通常の複素数の位相から定まる複素位相についても連続である．

($g \in G, x \in X$) であるような射 $f : X \to Z$ に対して，次の図式を可換にするような射 $F : X/\!/G \to Z$ が一意的に存在するようなものを指す．

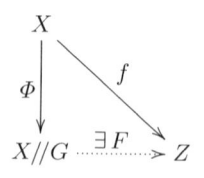

$$\begin{array}{ccc} & X & \\ {\scriptstyle \Phi} \swarrow & & \searrow {\scriptstyle f} \\ X/\!/G & \xrightarrow{\exists F} & Z \end{array}$$

圏論的商は存在しないこともある．また簡約群の作用によるアフィン商はこの定義の意味での圏論的商であることが知られている (ので記号には矛盾がない [7])．

章末問題

問題 4.1 空間 $X = \mathrm{M}_{m,n}$ には $G_1 = \mathrm{GL}_m(\mathbb{C})$ が左からの積によって，$G_2 = \mathrm{GL}_n(\mathbb{C})$ が右からの積によって作用している．このとき，軌道空間 $X/(G_1 \times G_2)$ を求めよ．この商はしばしば $G_1 \backslash X / G_2$ のようにも書かれる．

問題 4.2 空間 $X = \mathrm{M}_{2,n}$ には $G = \mathrm{GL}_2(\mathbb{C})$ が左からの積によって，n 次元トーラス $T = (\mathbb{C}^\times)^n$ が右からの積によって作用している．このとき，軌道空間 $G \backslash X / T$ を求めよ．

問題 4.3 $G = \mathrm{GL}_2(\mathbb{C})$ の左からの積による $X = \mathrm{M}_{2,n}$ 上の作用を考える．
(1) 軌道空間 X/G を求めよ．
(2) 軌道のうち，閉軌道になるものはどのようなものか？ またアフィン商 $X/\!/G$ は一点 $\{*\}$ であることを示せ．
(3) $G = \mathrm{GL}_2(\mathbb{C})$ のかわりに $G_1 = \mathrm{SL}_2(\mathbb{C})$ に対して，同じ問題を考えよ．[ヒント] $\mathrm{GL}_2 \times \mathrm{GL}_n$ 双対性を用いることによって，$\mathrm{SL}_2(\mathbb{C})$ の作用の不変式環が $\mathrm{M}_{2,n}$ における 2 次の小行列式で生成されることを示せ．

問題 4.4 $G = \mathrm{GL}_2(\mathbb{C})$ の $X = \mathrm{M}_2$ への随伴作用を考える．つまり $g \in \mathrm{GL}_2$ は $A \in X$ に対して $\mathrm{Ad}(g)A = gAg^{-1}$ によって作用しているとする．
(1) 軌道空間 X/G を求めよ．

---

[7] 余談ではあるが，記号の使用には常に矛盾がつきまとう．ここの "矛盾がない" という宣言は単なる気休めである．

(2) 不変式環 $\mathbb{C}[X]^G$ はトレース $\mathrm{trace}\, A$ および行列式 $\det A$ によって生成されることを示せ．またアフィン商 $X/\!/G$ を求めよ．
(3) 軌道のうち，閉軌道になるものはどのようなものか？
(4) $G = \mathrm{GL}_2(\mathbb{C})$ のかわりに $G_1 = \mathrm{SL}_2(\mathbb{C})$ にするとどうか？

問題 4.5 B を $\mathrm{GL}_2(\mathbb{C})$ の上半三角行列のなすボレル部分群とする．B の $X = \mathrm{M}_2$ への左からの積による作用を考える．

(1) 軌道空間 X/B を求めよ．
(2) 軌道のうち，閉軌道になるものはどのようなものか？
(3) 不変式環 $\mathbb{C}[X]^B$ は定数関数からなることを示せ．したがって，アフィン商 $X/\!/B$ は一点 $\{*\}$ であると考えることができる．

問題 4.6 簡約代数群 G がアフィン代数多様体 X に作用しているとし，$\Phi : X \to X/\!/G$ をアフィン商写像とする．$z \in X/\!/G$ に対応する極大イデアルを $\mathfrak{m}_z^{X/\!/G} \subset \mathbb{C}[X]^G$ と書き，$I := \mathbb{C}[X]\,\mathfrak{m}_z^{X/\!/G}$ を $\mathfrak{m}_z^{X/\!/G}$ が生成する $\mathbb{C}[X]$ のイデアルとする．このときファイバー $\Phi^{-1}(z) \subset X$ が I によって定義されることを示せ．

問題 4.7 $G = \left\{ \begin{pmatrix} 1 & \xi \\ 0 & 1 \end{pmatrix} \,\middle|\, \xi \in \mathbb{C} \right\}$ とおく．G は加法群 $\mathbb{C}$ と同型である．

(1) G が行列の積で $X = \mathrm{M}_2(\mathbb{C})$ に作用しているとき，その不変式環は $x_{2,1}, x_{2,2}, \det(x)$ で生成され，これらは代数的独立であることを示せ．ただし $x_{i,j}$ は行列 $x \in X$ にその (i,j) 成分を対応させる座標関数である．
[ヒント] $\mathrm{GL}_2 \times \mathrm{GL}_2$ 双対性より，$\mathbb{C}[X]^G$ は GL_2 の右からの掛け算によって $\bigoplus_\lambda V_\lambda$ と重複度自由に分解している（定理 3.34 を参考にせよ）．$\lambda = (k, 0) + (\ell, \ell)$ と書いたとき，V_λ は $x_{2,1}, x_{2,2}$ の k 次斉次式の空間に $\det(x)^\ell$ を乗じたものであることを示せ．
(2) G は簡約代数群ではないが，前小問より $X/\!/G = \mathrm{Spec}\,\mathbb{C}[X]^G$ が存在して，$\mathbb{A}^3$ と同型である．しかし，この場合にはアフィン商写像 $X \to X/\!/G$ は全射ではないことを示せ．これを補題 4.11 と比較せよ．[ヒント] $x_{2,1} = x_{2,2} = 0$ なら $\det(x) = 0$ であることに注意せよ．

第5章

代数群の軌道

 代数群 G がある代数多様体 X に作用しているとき,その軌道の構造を知ることは基本的な問題である.我々はすでに軌道の基本的な性質をいくつか見てきたが,この章では,点 $x \in X$ を通る G の軌道 $\mathbb{O}_x$ が群 G の固定部分群 G_x に関する普遍的な商空間であること,つまり代数多様体としては圏論的商であり,かつ位相的には固定部分群の剰余類のなす軌道空間 G/G_x と同相であることを示す.このようなとき,商空間は幾何学的商とよばれる.

5.1 軌道の普遍性

 線型代数群 G が代数多様体 X に作用しているとする.このとき G の $x \in X$ を通る軌道 $\mathbb{O}_x = G \cdot x$ を考えると,これは局所閉集合である.もう少し詳しくいえば, $\mathbb{O}_x$ はザリスキ閉包 $\overline{\mathbb{O}}_x$ の中でザリスキ開なのであった (補題 4.25).したがって $\mathbb{O}_x$ は閉部分多様体 $\overline{\mathbb{O}}_x$ の開集合として自然な代数多様体の構造を持つ.

 さて $G_x = \{g \in G \mid gx = x\}$ によって $x \in X$ の**固定部分群** (fixed point subgroup) を表し,以下しばらくの間 $H = G_x$ と書くことにする. H は G に右からの掛け算で作用しているが,軌道写像 $\Phi : G \ni g \mapsto gx \in \mathbb{O}_x$ は,この作用によって H 不変である.それだけではなく,各 H 軌道 gH ($g \in G$) は $\mathbb{O}_x$ の別々の点に写るから,写像 Φ は軌道空間からの (集合論的な) 全単射 $\psi : G/H \to \mathbb{O}_x$ を導く.

定理 5.1 代数群 G が代数多様体 X に作用しているとし, $H = G_x$ を $x \in X$ の固定部分群とする.このとき $\Phi : G \to \mathbb{O}_x$ は圏論的商写像であって, $G//H \simeq \mathbb{O}_x$ が成り立つ.さらに位相的な商空間としても $G/H \simeq \mathbb{O}_x$ (位相同型) である.

証明 まず G/H と $\mathbb{O}_x$ が位相空間として同型であることを示す.位相的な商空間 G/H は,集合としては剰余類の全体 $\{gH \mid g \in G\}$ であって, $\pi : G \to G/H$

を標準的な射影としたとき，$U \subset G/H$ に対して逆像 $\pi^{-1}(U)$ が G においてザリスキ開集合であるとき U を開集合とするのであった．これによって G/H 上に位相が決まる．さて，
$$\psi : G/H \ni gH \mapsto gx \in \mathbb{O}_x$$
と定めれば，すでに注意したように ψ は全単射であって，次の図式は可換である．

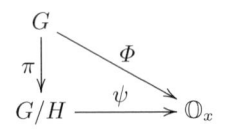

$$\begin{array}{ccc} G & & \\ \pi \downarrow & \searrow \Phi & \\ G/H & \xrightarrow{\psi} & \mathbb{O}_x \end{array}$$

$V \subset \mathbb{O}_x$ を開集合とすると $\Phi^{-1}(V) = \pi^{-1}(\psi^{-1}(V))$ は G の開集合であるから $\psi^{-1}(V)$ は G/H の開集合，つまり ψ は連続である．逆写像 $\psi^{-1} : \mathbb{O}_x \to G/H$ が連続であることを示すために，次の補題 (附録の系 16.42) を用いる．

補題 5.2 G を代数群とし，既約代数多様体 X, Y に作用しているとする．G が X に推移的に作用しており，$\varphi : X \to Y$ が G 同変な支配的正則写像であれば，任意の代数多様体 Z に対して $\varphi \times \mathrm{id}_Z : X \times Z \to Y \times Z$ は開写像である．

G° を G の単位元の連結成分とし，$X = G^\circ$, $Y = \mathbb{O}_x$ とおいて，この補題を Z が一点である場合に適用すると，$\Phi : G^\circ \to \mathbb{O}_x$ は開写像である．G の各連結成分ごとに考えると，結局 Φ は G 全体で開写像になることがわかる．さて，$U \subset G/H$ を開集合としよう．すると $\pi^{-1}(U) \subset G$ は開集合であるから $\Phi(\pi^{-1}(U)) = \psi(U)$ は開集合である．これは ψ^{-1} の連続性を示している．したがって $\psi : G/H \to \mathbb{O}_x$ は同相写像である．

次に圏論的商について考えよう．次の補題が本質的である．

補題 5.3 任意の開集合 $V \subset \mathbb{O}_x$ に対して
$$\Phi^* : \mathcal{O}_{\mathbb{O}_x}(V) \to \mathcal{O}_G(\Phi^{-1}(V))^H$$
は同型写像である．ただし $\mathcal{O}_{\mathbb{O}_x}(V)$ は V 上の正則関数環を表す．

証明 一般に Φ^* は単射 $\mathcal{O}_{\mathbb{O}_x}(V) \to \mathcal{O}_G(\Phi^{-1}(V))$ を導くが，その像が H 不変元からなることは明らかである．そこで全射であることを示せばよい．

そのために $W = \Phi^{-1}(V)$ とおき，$f \in \mathcal{O}_G(W)^H$ を任意にとる．f が Φ^* の像に入っていることを示せばよいが，V のアフィン開被覆をとることで，最初から

V をアフィンとしてよい．$f : W \to \mathbb{C}$ のグラフを

$$\varGamma_f = \{(w, f(w)) \mid w \in W\} \subset W \times \mathbb{C}$$

と書こう．やはり上の補題 5.3 を，今度は $Z = \mathbb{C}$ として適用すると，$G \times \mathbb{C} \to \mathbb{O}_x \times \mathbb{C}$ は開写像である．したがって，$\varPhi \times \mathrm{id} : W \times \mathbb{C} \to V \times \mathbb{C}$ も開写像であり，$\varGamma_f \subset W \times \mathbb{C}$ は閉集合かつ H 安定だから，その像

$$A := (\varPhi \times \mathrm{id})(\varGamma_f) = \{(\varPhi(w), f(w)) \mid w \in W\}$$

は $V \times \mathbb{C}$ の閉集合である．したがって特に A は $V \times \mathbb{C}$ の既約な閉部分多様体である．$A \to V$ を第 1 成分への射影とすると，これが全単射であることは軌道写像 $\varPhi$ の性質から容易にわかる．ところが V は非特異，したがって正規であるから [1]，Zariski の主定理 (定理 16.36) によって $A \xrightarrow{\sim} V$ は同型である．そこで $F : V \to \mathbb{C}$ を逆写像 $V \to A$ と第 2 成分への射影 $A \to \mathbb{C}$ との合成写像とすれば，$F \in \mathcal{O}_{\mathbb{O}_x}(V)$ であって，その作り方から $\varPhi^*(F) = f$ である．これで全射性が分かった． □

この補題を用いて $\mathbb{O}_x$ が圏論的商と一致すること，つまり商写像の普遍性を示そう．そこで代数多様体の射 $\alpha : G \to Z$ であって，$\alpha(gh) = \alpha(g)$ $(h \in H)$ となっているようなものをとる．このとき (ザリスキ位相に関する) 連続写像 $\beta : \mathbb{O}_x \to Z$ があって，次の可換図式を満たし，さらに Z の開集合 $U \subset Z$ に対し，β の誘導する代数準同型 $\beta^* : \mathcal{O}_Z(U) \to \mathcal{O}_{\mathbb{O}_x}(\beta^{-1}(U))$ が得られることを示す．

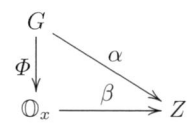

$$\begin{array}{ccc} & G & \\ {\scriptstyle \varPhi} \downarrow & \searrow{\scriptstyle \alpha} & \\ \mathbb{O}_x & \xrightarrow{\beta} & Z \end{array}$$

写像 β を図式の可換性を満たすように（集合論的に）$\beta : \mathbb{O}_x \ni gx \mapsto \alpha(g) \in Z$ と定める．$\varPhi$ は開写像だったから，開集合 $U \subset Z$ に対して，$\beta^{-1}(U) = \varPhi(\alpha^{-1}(U))$ は $\mathbb{O}_x$ の開集合である．したがって β は連続．また $f \in \mathcal{O}_Z(U)$ に対して

$$\beta^*(f)(gx) = f(\beta(gx)) = f(\alpha(g)) = \alpha^*(f)(g)$$

---

[1] すべての点が非特異点のとき代数多様体を非特異という．そのような多様体は正規多様体になることが知られている．代数多様体の非特異点は空でない開集合をなすが，軌道 $\mathbb{O}_x$ においては代数群の推移的な作用があることから，すべての点が非特異であることが分かる．詳細は附録 §16.4 を参照されたい．

が成り立つが，$\alpha(gh) = \alpha(g)$ $(h \in H)$ であることから $\alpha^*(f) \in \mathcal{O}_G(\alpha^{-1}(U))^H$ が わかる．補題 5.3 を $V = \Phi(\alpha^{-1}(U))$ として適用すると，

$$\mathcal{O}_{\mathbb{O}_x}(\beta^{-1}(U)) = \mathcal{O}_{\mathbb{O}_x}(\Phi(\alpha^{-1}(U))) \simeq \mathcal{O}_G(\alpha^{-1}(U))^H$$

が成り立つ．したがって $\beta^*(f) \in \mathcal{O}_{\mathbb{O}_x}(\beta^{-1}(U))$ がわかる．

さて，一般に代数多様体の間の連続写像 $\gamma: X \to Y$ に対して γ が写像 $\gamma^*: \mathcal{O}_Y(U) \to \mathcal{O}_X(\gamma^{-1}(U))$ を誘導するならば，γ は代数多様体の射である．このことから $\beta: \mathbb{O}_x \to Z$ は代数多様体の射であって，$\mathbb{O}_x$ は圏論的商 $G//H$ に同型であることが示された． □

定義 5.4 代数群 H が代数多様体 X に作用しているとする．もし圏論的商 $X//H$ が存在して，軌道空間からの自然な写像 $X/H \to X//H$ が同相写像になるとき，$X//H$ を**幾何学的商** (geometric quotient) とよぶ．混乱の恐れのないときには幾何学的商を軌道空間と同じ記号 X/H で表すことにする．

上の定理より，軌道 $\mathbb{O}_x \simeq G/H$ は幾何学的商である．

演習 5.5 代数多様体 X に G が推移的に作用しているとき，X を**等質多様体**とよぶ．このとき，任意の点 $x \in X$ の固定部分群を G_x とすると，$X \simeq G/G_x$ であることを示せ．

演習 5.6 アフィン代数多様体 X に有限群 G が作用しているとする．このとき，アフィン商は幾何学的商であることを示せ．[ヒント] 有限群の軌道は有限集合であるから，すべて閉軌道である．一方，アフィン商写像のファイバーには閉軌道が唯一つしか含まれていない (系 4.29) ので，これより，各ファイバーは唯一つの軌道からなることを導け．

一般の代数多様体 Y 上の正則関数の全体を $\mathcal{O}_Y(Y)$ で表すが，これは要するに各アフィン開集合に制限すると多項式関数になるような関数の空間であって，$\mathbb{C}$ 上の有限生成の代数の構造を持つ．Y がアフィン多様体のときには，これを正則関数環とよび $\mathbb{C}[Y]$ と書いたが，一般の代数多様体に対しても $\mathcal{O}_Y(Y)$ をまったく同じ記号 $\mathbb{C}[Y]$ で表し，やはり Y 上の**正則関数環**という．しかしアフィンのときとは異なり，もはや $\mathbb{C}[Y]$ は代数多様体 Y を復元するだけの情報は持っていないし，例えば $\mathbb{C}[Y] = \mathbb{C}$ となってしまうことも珍しくない[2]．

---

[2] Y が既約射影多様体であれば $\mathbb{C}[Y] = \mathbb{C}$ である．射影多様体については §5.4 参照．

さて，G が X に作用しているとき，G 軌道 $\mathbb{O}_x = G \cdot x$ $(x \in X)$ は代数多様体であったから，その正則関数環 $\mathbb{C}[\mathbb{O}_x]$ を考えることができる．定理 5.1 の証明から明らかになった性質をまとめておこう．

系 5.7 上の設定の下に，正則関数環の同型

$$\mathbb{C}[\mathbb{O}_x] \simeq \mathbb{C}[G/H] \simeq \mathbb{C}[G]^H$$

が成り立つ．ただし $H = G_x$ は x の固定部分群である．

系 5.8 代数群 G が代数多様体 X に作用しており，その一点 $x \in X$ の固定部分群 $H = G_x$ が G の簡約な閉部分群であったとする．このとき，軌道 $\mathbb{O}_x = G/H$ はアフィン代数多様体であり，

$$\mathbb{O}_x \simeq \operatorname{Spec} \mathbb{C}[G]^H$$

が成り立つ．

証明 線型代数群 G はアフィン多様体であった．一方，アフィン代数多様体の簡約代数群による商空間はアフィン代数多様体である (定理 4.33)． □

軌道 $\mathbb{O}_x$ には自然に G が作用しているので $\mathbb{C}[\mathbb{O}_x]$ 上の正則表現が定義できる．この表現は自然に

$$\mathbb{C}[\mathbb{O}_x] \simeq \mathbb{C}[G]^H \simeq \operatorname{Ind}_H^G \mathbf{1}_H \quad (G \text{ の表現としての同型})$$

と H の自明な表現 $\mathbf{1}_H$ からの誘導表現とみなすことができる．G が簡約代数群であって，しかも固定部分群 H が簡約な閉部分群であればこの表現の既約分解が Frobenius の相互律 (定理 2.62) より次のようにして得られる．

$$\mathbb{C}[\mathbb{O}_x] \simeq \operatorname{Ind}_H^G \mathbf{1}_H \simeq \bigoplus_{\pi \in \operatorname{Irr}(G)} \dim(\pi^*)^H \pi \tag{5.1}$$

5.2 軌道と次元

ひきつづき G を一般の代数群として，G が代数多様体 X に作用しているとする．$x \in X$ を通る軌道 $\mathbb{O}_x = G \cdot x$ は代数多様体の構造を持ち，G_x を x の固定部分群とすると $\mathbb{O}_x \simeq G/G_x$ (幾何学的商) なのであった．リー群論ではよく知られているように G, G_x および商 G/G_x に解析的多様体としての構造が入り，$\dim G/G_x = \dim G - \dim G_x$ となる．代数群の作用を考えるときにはこれらをす

べて代数多様体で置き換えて考える必要があるが，次元の公式はまったく同じである．

補題 5.9 上の設定の下に $\dim \mathbb{O}_x = \dim G/G_x = \dim G - \dim G_x$ が成り立つ．

証明 G が連結でない場合にはその連結成分を考えればよいので，最初から G は連結，つまり代数多様体として既約としてよい．自然な写像 $\Phi: G \to \mathbb{O}_x$ を $\Phi(g) = g \cdot x$ で定義する．この写像のファイバーは $\Phi^{-1}(g \cdot x) = gG_x g^{-1}$ で与えられる．特にファイバーはすべて内部自己同型によって同型であって，次元は $\dim G_x$ に等しい．したがって附録の定理 16.4 により $\dim G = \dim G_x + \dim \mathbb{O}_x$ がわかる． □

この補題とあわせて，定理 5.1 を用いると代数群の**準同型定理**が得られる．

定理 5.10 (準同型定理) G, H を代数群とし，$\varphi: G \to H$ を代数群の準同型写像とする．このとき，準同型の核 $\mathrm{Ker}\,\varphi$ および像 $\varphi(G)$ は，それぞれ G, H の閉部分群であって，$G/\mathrm{Ker}\,\varphi \simeq \varphi(G)$ が成り立つ．とくに φ が全単射であれば G と H は同型である．

証明 準同型の核を $K = \ker \varphi = \{g \in G \mid \varphi(g) = e\ (H \text{の単位元})\}$ とおく．これは明らかに G の閉部分群である．そこで，G の像が閉部分群であることを示そう．H は作用 $g \cdot h = \varphi(g)h$ ($g \in G, h \in H$) によって G 多様体となっているが，このとき各軌道の次元はすべて同じである．実際 $x \in H$ に対して軌道 $\mathbb{O}_x = \varphi(G) \cdot x$ を考えると x における固定部分群は xKx^{-1} であって K と同型である．したがって上の補題 5.9 によって $\dim \mathbb{O}_x = \dim G - \dim K$ であるが，これは x によらず一定である．

一方，補題 4.25 によって軌道の閉包に含まれるのは，より低次元の軌道だけであるから，各軌道は閉である．G の準同型像 $\varphi(G)$ は $e \in H$ を通る軌道に一致するので閉である．部分群であることは明らか．

また，この作用に関する $e \in H$ の固定部分群は K に一致するから，定理 5.1 より，$G/K \simeq \varphi(G)$ である． □

標数が正の代数閉体上の代数群に対しては，$G/\mathrm{Ker}\,\varphi \to \varphi(G)$ は代数群の全単射準同型写像ではあるが，同型であるとは限らないことに注意しておく (詳しくは [34, §5] 参照).

G 多様体 X における G の軌道の次元のうち最大のものを m とする.

$$m = \max\{\dim \mathbb{O}_x \mid x \in X\} \tag{5.2}$$

定理 5.11　代数群 G が既約な代数多様体 X に作用しているとする．このとき X における最大次元の G 軌道の和集合 $X_0 = \{x \in X \mid \dim \mathbb{O}_x = m\}$ は X のザリスキ開集合である．最大次元を持つ軌道を**一般の位置にある軌道** (orbit in general position) とよぶ．

証明　ここでも G は連結として一般性を失わない．射 $\gamma : X \times G \to X \times X$ を $\gamma(x,g) = (x, g \cdot x)$ で定義し，$Y = \overline{\gamma(X \times G)}$ とおく．ここで $(x, g \cdot x)$ のファイバーは

$$\gamma^{-1}(x, g \cdot x) = \{(x, gh) \mid h \in G_x\} \simeq gG_x \simeq G_x$$

であることに注意する．そこで $\ell = \min\{\dim G_x \mid x \in X\}$ とおくと，定理 16.4 により $\dim(X \times G) = \ell + \dim Y$ がわかり，さらに任意の (空でない) ファイバーの次元は ℓ 以上である．したがって $\dim G_x \geq \ell$ が任意の $x \in X$ に対して成り立つ．これは

$$\dim \mathbb{O}_x = \dim G - \dim G_x \leq \dim G - \ell = m$$

を意味する．したがって

$$\dim \mathbb{O}_x = m \iff \dim \gamma^{-1}(x, g \cdot x) = \ell$$

である．次の一般的な補題を準備しよう．

補題 5.12　X, Y を既約な代数多様体，$f : X \to Y$ を正則写像とする．このとき，非負整数 $k \geq 0$ に対して $X(k) = \{x \in X \mid \dim f^{-1}(f(x)) \geq k\}$ は X の閉集合である．

証明　$\dim Y$ に関する帰納法で示す．まず Y の代わりに $\overline{f(X)}$ を考えることにより $f : X \to Y$ を支配的としてよい．附録の定理 16.4 により $k \leq \ell = \dim X - \dim Y$ ならば $X(k) = X$ で補題の主張は自明である．そこで $k > \ell = \dim X - \dim Y$ のときに示す．

やはり定理 16.4 により，ある空でないザリスキ開集合 $U \subset Y$ が存在して $\dim f^{-1}(y) = \ell$ $(y \in U)$ が成り立つのであった．そこで $Z = Y \setminus U$ とおくと，$X(k) \subset f^{-1}(Z)$ が成り立つ．$Z = \bigcup_{i=1}^{p} Z_i$ を既約分解として，さらに各既約成分の逆像の既約分解を $f^{-1}(Z_i) = \bigcup_{j=1}^{q_i} W_{i,j}$ と書く．このとき f を $W_{i,j}$ に制限し

たものを $f_{i,j}: W_{i,j} \to Z_i$ と表せば，$\dim Z_i < \dim Y$ であるから帰納法の仮定が使えて，$W_{i,j}(k)$ は $W_{i,j}$ の閉集合である．もともと $W_{i,j}$ は X の閉集合 $f^{-1}(Z_i)$ の既約成分だから，やはり X において閉であって，$W_{i,j}(k)$ もまた X で閉である．

各ファイバー $f^{-1}(y)$ は既約とは限らないので，最大次元の既約成分の次元が $\dim f^{-1}(y)$ である．これを考え合わせると $X(k) = \bigcup_{i=1}^{p} (\bigcup_{j=1}^{q_i} W_{i,j}(k))$ がわかり，閉集合の有限個の和集合として $X(k)$ は閉集合である． □

定理の証明に戻ろう．この補題を $\gamma: X \times G \to Y \subset X \times X$ に適用しよう．すると
$$U = \{(x,g) \mid \dim \gamma^{-1}(x, g \cdot x) = \ell\} \subset X \times G$$
はザリスキ開集合となる．一方，補題 16.40 より直積の第 1 成分への射影 $p_1: X \times G \to X$ は開写像なので $p_1(U) \subset X$ は開であるが，U の定義から $X_0 = p_1(U)$ である． □

5.3 射影空間

代数群の軌道はアフィン多様体の部分多様体 (局所閉集合) になる場合もあるが，そうでないことも多い．なかでも，軌道が複素位相でコンパクトになる例がよく知られており，このような軌道はアフィン多様体だけを考えていては実現できない[3]．一般の軌道を考えるためには射影多様体を導入する必要があるが，その準備としてこの節では射影空間を考えよう．

有限次元ベクトル空間 V を考えると，一次元トーラス $T = \mathbb{C}^\times$ は通常のスカラー倍として V に働く．このとき $V \setminus \{0\}$ は T の作用によって安定であるが，この作用による圏論的商 $(V \setminus \{0\})//T$ を考える．

定理 5.13 トーラス T の作用による圏論的商 $(V \setminus \{0\})//T$ が存在し，それは幾何学的商である．商空間 $(V \setminus \{0\})//T$ を**射影空間** (projective space) とよび $\mathbb{P}(V)$ と書く．

以下，この節では古典的な射影空間の復習をしつつ，上の定理の証明を与える．そこで $\dim V = n+1$ として，V 上の座標関数をとり，それを $\{x_0, x_1, \cdots, x_n\}$ とする．この座標関数による座標系を V に入れると，V のベクトル v は

---

[3] もちろん，有限個の点の和集合といった特殊な場合を除いて．

と座標表示できる. $0 \leq i \leq n$ に対して $V_i = \{v \in V \mid v_i \neq 0\}$ とおく. V_i は T の作用で安定な $V \setminus \{0\}$ のアフィン開集合である. まず $V_0//T$ が $\mathbb{A}^n$ と同型であることを示そう.

$$v = (v_0, v_1, \cdots, v_n) \qquad v_j = x_j(v) \quad (0 \leq j \leq n)$$

補題 5.14 アフィン多様体 $V_0 = \{v \in V \mid v_0 \neq 0\}$ への $T = \mathbb{C}^\times$ の作用を考える.

(1) 不変式環は $\mathbb{C}[V_0]^T = \mathbb{C}[z_1, \cdots, z_n]$ $(z_j = x_j/x_0)$ であって, $z_1, \cdots, z_n$ によって生成された多項式環に一致する.

(2) $V_0/T = V_0//T \simeq \mathbb{A}^n$ が成り立つ. つまり, 圏論的商 $V_0//T$ は幾何学的商であり, それはアフィン空間 $\mathbb{A}^n$ と同型である.

(3) アフィン商写像 $\Phi_0 : V_0 \to \mathbb{A}^n$ は $\Phi_0(v) = (v_1/v_0, \cdots, v_n/v_0)$ で与えられる.

証明 (1) V_0 上の任意の正則関数は $x_0^{-m} f(x)$ $(m \in \mathbb{Z})$ の形をしている. ただし $x = (x_0, x_1, \cdots, x_n)$ であって, $f(x)$ は x の多項式である. これが T で不変であるとしよう. $t \in T$ による不変性から $(tx_0)^{-m} f(tx) = x_0^{-m} f(x)$ が成り立ち, したがって $f(tx) = t^m f(x)$ $(t \in T)$ である. これは $f(x)$ が m 次斉次式であることを意味している. 必然的に $m \geq 0$ である. このとき,

$$\frac{f(x_0, x_1, \cdots, x_n)}{x_0^m} = f(1, \frac{x_1}{x_0}, \cdots, \frac{x_n}{x_0})$$

であるから, 結局, T 不変式は $\{z_i = x_i/x_0 \mid 1 \leq i \leq n\}$ で生成される. $z_1, \cdots, z_n$ が代数的に独立であることは明らかであるから, $\mathbb{C}[z_1, \cdots, z_n]$ は n 変数多項式環である.

(2) アフィン商は $V_0//T = \mathrm{Spec}(\mathbb{C}[V_0]^T) = \mathrm{Spec}\,\mathbb{C}[z_1, \cdots, z_n] \simeq \mathbb{A}^n$ であって, 圏論的商になる. 一方, T の $v \in V_0$ を通る軌道は $\mathbb{C}^\times v \subset V_0$ と表され, V_0 においてザリスキ閉だから, 定理 4.28 より, 圏論的な商の各点は各軌道に一対一に対応し, 幾何学的商であることがわかる.

(3) アフィン商写像は不変式環の生成元を並べて得られる (定理 4.12) ことから明らか. □

補題は V_0 について述べたが, もちろん任意の $0 \leq i \leq n$ に対して $V_i//T = V_i/T \simeq \mathbb{A}^n$ が成り立っている. このとき, $i \neq j$ に対して, $V_i \cap V_j$ はやはり T の作用で安定であり, アフィン代数多様体であるから, アフィン商 $(V_i \cap V_j)//T$ が構成できるが, アフィン商の普遍性より, 埋め込み $\iota_i : (V_i \cap V_j)//T \hookrightarrow V_i//T$ と

$\iota_j : (V_i \cap V_j)//T \hookrightarrow V_j//T$ が存在する.

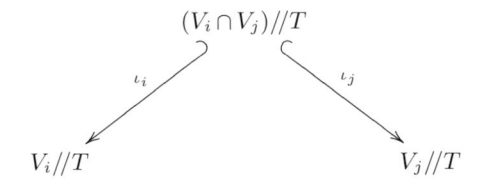

$$
\begin{array}{c}
(V_i \cap V_j)//T \\
\swarrow{\iota_i} \qquad \searrow{\iota_j} \\
V_i//T \qquad\qquad V_j//T
\end{array}
$$

この埋め込みを用いて $\{V_i//T \mid 0 \le i \le n\}$ を貼り合わせて得られた代数多様体 X と,商写像 $\Phi_i : V_i \to V_i//T$ の貼り合わせとして得られる写像 $\Phi : V \setminus \{0\} \to X$ を考えると,この X と Φ の組が圏論的商 $(V \setminus \{0\})//T$ およびその商写像を与える.

実際,X が商多様体としての普遍性を持っていることは,次のようにして簡単に確かめられる.Z を任意の代数多様体として,$\zeta : V \setminus \{0\} \to Z$ を T 不変な写像としよう.すると $\zeta_i : V_i \hookrightarrow V \setminus \{0\} \to Z$ もまた T 不変な写像であるから,アフィン商の普遍性より,$\widetilde{\zeta_i} : V_i//T \to Z$ が存在する.これらの写像を貼り合わせて $\widetilde{\zeta} : X \to Z$ を構成すれば,$\zeta = \widetilde{\zeta} \circ \Phi$ となる.

さらに商多様体 X の各点は一つの T 軌道に対応しているので X は幾何学的商である.

以上で定理 5.13 の証明が終わった.

射影空間の構成をもう少し見やすくするために,斉次座標を導入しよう.斉次座標は,あとで射影多様体と次数付き環の対応を見るときにも必要になる.上の証明で構成した多様体 X つまり $\mathbb{P}(V)$ は幾何学的商であるから,位相空間としては軌道空間

$$\mathbb{P}(V) = (V \setminus \{0\})/T = \{\mathbb{C}^\times v \mid v \in V, v \ne 0\} \tag{5.3}$$

に商位相を入れたものと同相である.そこで $v \in V$ $(v \ne 0)$ を通る $T = \mathbb{C}^\times$ の軌道を $[v] = \mathbb{C}^\times v$ と書く.つまり

$$V \setminus \{0\} \ni v \mapsto [v] \in \mathbb{P}(V)$$

が軌道空間としての商写像である.

さて $v \ne 0$ に対して**連比** $[v_0 : v_1 : \cdots : v_n]$ を考えよう.連比というのは,$(n+1)$ 個の (いずれかの成分がゼロではない) 複素数の組であって,二つの組 $[u_0 : \cdots : u_n]$ と $[v_0 : \cdots : v_n]$ の比が同じとき,つまり

$$\begin{vmatrix} u_i & u_j \\ v_i & v_j \end{vmatrix} = u_i v_j - u_j v_i = 0 \qquad (i \ne j)$$

が成り立つとき，等しいとみなしたものである．ベクトル $v \in V$ の座標表示に対して連比 $[v_0 : \cdots : v_n]$ を考え，連比が同じベクトルを同値として同値関係を入れる．その同値類を $[v_0 : \cdots : v_n]$ と書こう．すると二つのベクトル $u, v \neq 0$ が同じ連比を持つということは，ある $t \in \mathbb{C}^\times$ に対して $u = tv$ と表わせることに他ならない．軌道空間として考えたときの射影空間 $\mathbb{P}(V)$ は，この同値関係による連比の同値類の空間である．

$$\mathbb{P}(V) = \{[v_0 : v_1 : \cdots : v_n] \mid v \neq 0\} \tag{5.4}$$

この表示を用いて，次式のようなアフィン多様体による被覆を考える．

$$\begin{aligned}&\mathbb{P}(V) = \bigcup_{i=0}^n U_i \\ &U_i = \{[v_0 : \cdots : v_n] \mid v_i \neq 0\} = \{[v] \mid x_i(v) \neq 0\}\end{aligned} \tag{5.5}$$

これが被覆であることは明らかだが，各 U_i は定理 5.13 の証明において現れた $V_i // T$ に等しく，n 次元アフィン空間 $\mathbb{A}^n = \mathbb{C}^n$ と同型である．

例えば U_0 について見てみよう．$[v_0 : v_1 : \cdots : v_n] \in U_0$ においては $v_0 \neq 0$ であるから，連比として考えると

$$[v_0 : v_1 : \cdots : v_n] = [1 : \frac{v_1}{v_0} : \cdots : \frac{v_n}{v_0}]$$

であって，

$$\psi_0 : U_0 \ni [1 : a_1 : \cdots : a_n] \mapsto (a_1, \cdots, a_n) \in \mathbb{A}^n \tag{5.6}$$

によって全単射写像が与えられる．実際，上の写像

$$V_0 \xrightarrow{\text{連比}} U_0 \xrightarrow{\psi_0} \mathbb{A}^n$$

$$v \longmapsto [1 : \frac{v_1}{v_0} : \cdots : \frac{v_n}{v_0}] \longmapsto (a_1, \cdots, a_n) = (\frac{v_1}{v_0}, \cdots, \frac{v_n}{v_0})$$

の合成が，補題 5.14 のアフィン商写像 Φ_0 に一致している．同様に，代数多様体として $U_i = V_i // T \simeq \mathbb{A}^n$ である．また，同型 $\psi_i : U_i \xrightarrow{\sim} \mathbb{A}^n$ は，連比を用いて

$$\psi_i([v_0 : v_1 : \cdots : v_n]) = \left(\frac{v_0}{v_i}, \cdots, \frac{v_{i-1}}{v_i}, \frac{v_{i+1}}{v_i}, \cdots, \frac{v_n}{v_i}\right) \in \mathbb{C}^n \tag{5.7}$$

と表される．こうして与えられた $\mathbb{P}(V)$ のアフィン開被覆 (5.5) を**標準アフィン開被覆**という．また U_i を**標準アフィン開集合**とよぶことにする[4]．

さて，圏論的商 $\mathbb{P}(V) = (V \setminus \{0\}) // T$ はこのようにして得られた $U_i = V_i // T$

---

[4] この標準アフィン開被覆 (開集合) という用語は本書だけのものである．

をアフィン商の普遍性を用いて貼り合わせたものであったが，その貼り合わせ方は連比を用いるとどのように表されるだろうか？ 簡単のため，U_0 と U_1 の貼り合わせについて見てみよう．$U_{01} = U_0 \cap U_1$ とおくと，U_{01} 上では $v_0, v_1 \neq 0$ である．このとき

$$[v_0 : v_1 : \cdots : v_n] = [1 : \frac{v_1}{v_0} : \frac{v_2}{v_0} : \cdots : \frac{v_n}{v_0}] = [\frac{v_0}{v_1} : 1 : \frac{v_2}{v_1} : \cdots : \frac{v_n}{v_1}]$$

だから貼り合わせの写像 $\psi_{10} = \psi_1 \circ \psi_0^{-1}$ は $(a_1, \cdots, a_n) \in \mathbb{A}^n$, $a_1 \neq 0$ に対して

$$\psi_{10}(a_1, \cdots, a_n) = \psi_1([1 : a_1 : a_2 : \cdots : a_n])$$
$$= \psi_1([1/a_1 : 1 : a_2/a_1 : \cdots : a_n/a_1])$$
$$= (1/a_1, a_2/a_1, \cdots, a_n/a_1)$$

で与えられる．したがって射影空間 $\mathbb{P}(V)$ は $(n+1)$ 個の n 次元アフィン空間 $\mathbb{A}^n$ を貼り合わせ写像 $\psi_{ij} : \mathbb{A}_i^n \to \mathbb{A}_j^n$,

$$\psi_{ij}(a_1, \cdots, a_n) = \left(\frac{a_1}{a_i}, \cdots, \frac{a_{i-1}}{a_i}, \frac{a_{i+1}}{a_i}, \cdots, \frac{a_j}{a_i}, \frac{1}{a_i}, \frac{a_{j+1}}{a_i}, \cdots, \frac{a_n}{a_i}\right)$$

で貼り合せて得られた代数多様体である．ここで $\mathbb{A}_i^n = \{(a_1, \cdots, a_n) \mid a_i \neq 0\}$ と書いた．

演習 5.15 $\mathbb{P}^n = \mathbb{P}(\mathbb{C}^{n+1})$ とする．

(1) **射影直線** $\mathbb{P}^1$ の標準アフィン開集合の一つを $U_0 = \mathbb{A}^1$ とすると $\mathbb{P}^1 \setminus U_0$ は 1 点からなることを示せ．これを**無限遠点**とよび $\infty = [0:1]$ で表す．つまり $\mathbb{P}^1 = \mathbb{A}^1 \sqcup \{\infty\}$ である．

(2) **射影平面** $\mathbb{P}^2$ の標準アフィン開集合 $U_0 = \mathbb{A}^2$ をとると $\mathbb{P}^2 \setminus U_0$ は連比で $\{[0 : v_1 : v_2] \mid v_1, v_2 \in \mathbb{C}, (v_1, v_2) \neq (0, 0)\}$ と書け，射影直線 $\mathbb{P}^1$ と同型であることを示せ．つまり $\mathbb{P}^2 = \mathbb{A}^2 \sqcup \mathbb{P}^1$ である．この $\mathbb{P}^1$ を**無限遠直線**とよぶ．

5.4 射影多様体

射影空間 $\mathbb{P}(V)$ の閉部分多様体 X を**射影多様体** (projective variety) とよぶ．$\mathbb{P}(V)$ の標準アフィン開被覆 $\mathbb{P}(V) = \bigcup_i U_i$ をとれば，$X \subset \mathbb{P}(V)$ が射影多様体であるための必要十分条件は任意の $0 \leq i \leq n$ に対して，$X \cap U_i$ が U_i の閉部分多様体になっていることである．

上のように局所的に考えることも可能だが，射影多様体 $X \subset \mathbb{P}(V)$ は次数付き

環を用いて斉次多項式の零点としても定義できる．これを説明しておこう．まず $\mathbb{C}[V] = \mathbb{C}[x_0, x_1, \cdots, x_n]$ を考え，多項式の次数による $\mathbb{C}[V]$ の次数付けを考える．

$$\mathbb{C}[V] = \bigoplus_{m=0}^{\infty} \mathbb{C}[V]_m \tag{5.8}$$

ここで $\mathbb{C}[V]_m$ は斉次 m 次の多項式のなす空間である．イデアル $I \subset \mathbb{C}[V]$ が**斉次**であるとは

$$I = \bigoplus_{m=0}^{\infty} I_m, \qquad I_m = I \cap \mathbb{C}[V]_m \tag{5.9}$$

となっているときにいう．これは I が斉次多項式によって生成されることと同値である．

演習 5.16 I が斉次イデアルであることと，I が $T = \mathbb{C}^\times$ によるスカラー倍の作用で安定であることは同値であることを示せ．また I_m は T の表現として 1 次元既約表現 $\chi_{-m}(t) = t^{-m}$ の成分になっていること，つまり

$$I_m = \{f \in I \mid \rho(t)f = \chi_{-m}(t)f \ (t \in T)\} \tag{5.10}$$

となっていることを示せ．ただし $\rho(t)f(v) = f(t^{-1}v)$ は正則表現である．

斉次イデアル I に対して，

$$X = \mathbb{V}^p(I) = \{[v] \in V \mid f(v) = 0 \ (f \in I)\} \tag{5.11}$$

を I が**定義する**射影多様体とよぶ．条件 "$f(v) = 0 \ (f \in I)$" は "$f(v) = 0 \ (f \in I_m, m > 0)$" としても同じであるが，もし $f \in I_m$ が m 次斉次式であれば $f(v) = 0$ と $f(tv) = 0 \ (t \in \mathbb{C}^\times)$ とは同値である．したがって f は $\mathbb{P}(V)$ 上の関数というわけではないが，その零点は $\mathbb{P}(V)$ において矛盾なく定まる．

逆に射影多様体 $X \subset \mathbb{P}(V)$ に対して，

$$\mathbb{I}^h(X) = \{f \in \mathbb{C}[V] \mid f(v) = 0 \ ([v] \in X)\} \tag{5.12}$$

と決めると，これは被約斉次イデアルになる．このように射影多様体に関しても多様体とイデアルの自然な対応がある．例えば，アフィン多様体の場合に述べた Hilbert の零点定理を射影多様体の場合にいい換えれば次のようになる．

定理 5.17 (Hilbert の零点定理) $\mathbb{V}^p(I)$ と $\mathbb{I}^h(X)$ は，被約な斉次イデアル I と射影多様体 X の間の全単射を与える．ただし，極大イデアル $(x_0, x_1, \cdots, x_n)$ は空な多様体 $X = \varnothing$ に対応するものとする．

このように射影多様体 X とその定義斉次イデアル I は等価な情報を持っているが，アフィン多様体の場合とは違って $\mathbb{C}[V]/I$ は X 上の関数環を与えるわけではない[5]．しかし，この環 $\mathbb{C}[V]/I$ は I と同じように X の情報をすべて持っているので，これを S_X と書いて X の**斉次座標環** (homogeneous coordinate ring) とよぶ．I が斉次であるから，S_X は次数付き環であることに注意しておく．

$$S_X = \bigoplus_{m=0}^{\infty} S_{X,m} \qquad S_{X,m} = \mathbb{C}[V]_m/I_m \qquad (m \geq 0) \tag{5.13}$$

最後に射影多様体とトーラス $T = \mathbb{C}^\times$ による商との関係を見ておこう．斉次イデアル I の定義する $V \simeq \mathbb{A}^{n+1}$ のアフィン部分多様体を $\widehat{X} = \mathbb{V}(I)$ で表わす．I が斉次イデアルであるので，$\widehat{X}$ は T のスカラー倍の作用で安定であって，原点 $0 \in V$ を頂点とする錐になっている．これを射影多様体 $X = \mathbb{V}^p(I)$ に付随する**アフィン錐** (affine cone) とよぶ．一方 X を $\widehat{X}$ の**射影化** (projectivization) とよび $\mathbb{P}(\widehat{X})$ で表わす．用語と記号の濫用ではあるが，任意の部分集合 $Z \subset V$ に対して

$$\mathbb{P}(Z) = \{[v] \mid v \in Z \setminus \{0\}\}$$

とおき，これも Z の射影化とよぶことにする．

命題 5.18 $\Phi \colon (V \setminus \{0\}) \to \mathbb{P}(V)$ を T の作用による商写像とする．
(1) $X \subset \mathbb{P}(V)$ を射影多様体，$Z \subset V$ をアフィン多様体とすると，$\widehat{X} = \Phi^{-1}(X) \cup \{0\}$ および $\mathbb{P}(Z) = \Phi(Z \setminus \{0\})$ が成り立つ．
(2) 圏論的商 $(\widehat{X} \setminus \{0\})//T$ は射影多様体 X と自然に同型になり，商写像は Φ を $\widehat{X} \setminus \{0\}$ へ制限したものに一致する．

この命題の証明は読者の演習問題とする．

演習 5.19 $J \subset \mathbb{C}[V]$ を斉次とは限らないイデアルとする．
(1) $f \in J$ に対して，f の m 次斉次部分を f_m と書こう．このとき

$$I = \bigoplus_{m \geq 0} I_m, \qquad I_m := \{f_m \mid f \in J\}$$

とおくと I は斉次イデアルで，$\mathbb{V}^p(I) = \mathbb{P}(\mathbb{V}(J))$ が成り立つことを示せ．
(2) $I = \bigoplus_{m \geq 0}(J \cap \mathbb{C}[V]_m)$ とおくと，I は斉次イデアルで，$\mathbb{V}^p(I) = \{[v] \in \mathbb{P}(V) \mid \mathbb{C}v \subset \mathbb{V}(J)\}$ となることを示せ．

---

[5] じつは X が既約であれば $\mathbb{C}[X] = \mathbb{C} \cdot 1$，つまり X 全体で定義された関数は定数関数しかないことが分かる (命題 11.11 参照)．

射影多様体のザリスキ開集合はまた代数多様体になるが, これを**準射影多様体** (quasi-projective variety) とよぶ. 同じようにアフィン多様体の開部分多様体を**準アフィン多様体** (quasi-affine variety) とよぶ.

補題 5.20 アフィン多様体は準射影多様体である. また準アフィン多様体も準射影多様体である.

(アフィン多様体) ⊂ (準アフィン多様体) ⊂ (準射影多様体) ⊃ (射影多様体)

証明 アフィン多様体 X は, あるアフィン空間の閉部分多様体 $X \subset \mathbb{A}^n$ として実現できる. そこで $\mathbb{A}^n$ を射影空間 $\mathbb{P}(V)$ の標準アフィン開集合の一つ, 例えば U_0 とみなして $X \subset U_0 \subset \mathbb{P}(V)$ と考えよう ((5.5) 式参照). そうすれば, $X = U_0 \cap \overline{X}^\mathbb{P}$ と表せる. ただし $\overline{X}^\mathbb{P}$ は射影空間における閉包を表わし, 射影空間の閉集合として射影多様体である. したがって X は準射影多様体であることがわかる. また, 準アフィン多様体はアフィン多様体 (準射影多様体) の開部分多様体であるから, 準射影多様体である. □

5.5 射影多様体上の軌道と商

代数群 G が射影多様体 X に作用しているとする. このとき $x \in X$ の固定部分群を $H = \{g \in G \mid gx = x\}$, x を通る軌道を $\mathbb{O}_x = G \cdot x$ と書くと, $\mathbb{O}_x \simeq G/H$ は幾何学的商であった. 補題 4.25 より $\mathbb{O}_x$ は射影多様体 $\overline{\mathbb{O}}_x$ の開集合であるから, 準射影多様体である. つまり, この場合には商多様体 G/H は準射影多様体である. 一般に次の定理が成り立つ.

定理 5.21 (Chevalley の定理[6]) G を線型代数群とし, $H \subset G$ を閉部分群とする. このとき G/H は準射影多様体である.

証明 正則関数環 $\mathbb{C}[G]$ における H の零化イデアル $\mathbb{I}(H)$ の線型独立な生成元を $\{h_1, \cdots, h_d\}$ としよう. このとき H の $\mathbb{C}[G]$ 上の左正則表現は局所有限であるから, ベクトル空間 $U = \mathrm{span}_\mathbb{C}\{h_1, \cdots, h_d\}$ は H 安定であるとして一般性を失わない. さらに U を含む G 安定な有限次元ベクトル空間 V で, $\mathbb{C}[G]$ の生成元を含むものをとる. V の d 次の外積を $\wedge^d V$ で表わすと G は自然に $\wedge^d V$ に作用する. このとき $\wedge^d U = \mathbb{C} h_1 \wedge \cdots \wedge h_d$ は 1 次元部分空間であるから $\mathbb{P}(\wedge^d V)$

---

[6] Chevalley, Claude (1909–1984).

において $\wedge^d U$ が表わす点を x_U と書く. 以下 H が x_U の固定部分群であることを示そう.

そこで $g \in G$ が x_U を固定したとすると, $h_i(g^{-1}z)$ は $\{h_1(z), \cdots, h_d(z)\}$ の線型結合であるから

$$h_i(g^{-1}z) = \sum_{k=1}^d \alpha_k(g) h_k(z) \qquad (\alpha_k(g) \in \mathbb{C})$$

と表される. ここで両辺に $z = e$ (単位元) を代入すれば, $e \in H$ であるから上式の右辺は $= 0$ である. したがって $h_i(g^{-1}) = 0$ $(1 \le i \le d)$ となって $g^{-1} \in H$ がわかる. 結局 $g \in G$ が x_U を固定すれば $g \in H$ である. 一方 $\{h_1, \cdots, h_d\}$ は H 安定であるから x_U は H によって固定される. したがって固定部分群は H に一致する.

以上より $G/H \simeq \mathbb{O}_{x_U}$ となることがわかり, この定理の直前の議論より G/H は準射影多様体である. □

上の定理の証明で示した事実を補題の形にまとめておこう.

補題 5.22 線型代数群 G とその閉部分群 H に対して, ある G の有限次元表現 (ρ, W) と零でないベクトル $w \in W$ が存在して

$$H = \{g \in G \mid \rho(g)w \in \mathbb{C}w\}$$

が成立する.

証明 定理 5.21 の証明の記号で $W = \wedge^d V$ および $w = h_1 \wedge \cdots \wedge h_d$ とおけばよい. □

この補題の応用を二つ述べる.

G を代数群, H をその正規閉部分群とする. このとき, よく知られているように G/H は (抽象的な) 群になる. ここでは, これがまた線型代数群であることを示そう.

定理 5.23 G を代数群, H をその正規閉部分群とすると G/H は線型代数群である. G/H を G の H による**商群** (quotient group) とよぶ.

証明 ある G の表現 (τ, V) が存在して, $\ker \tau = H$ となることを示そう. すると $\tau: G \to \mathrm{GL}(V)$ の像 $\tau(G)$ は, 定理 5.10 より $\mathrm{GL}(V)$ の閉部分群であり, 線型代数群となる. このとき $\tau: G \to \tau(G)$ は同型 $G/H \simeq \tau(G)$ を導く.

まず補題 5.22 より，ある G の有限次元表現 (ρ, W) と零でないベクトル $w_0 \in W$ が存在して
$$H = \{g \in G \mid \rho(g)w_0 \in \mathbb{C}w_0\}$$
が成立する．このとき $\rho(h)w_0 = \chi(h)w_0$ ($\chi(h) \in \mathbb{C}^\times$) と書くと，$\chi$ は H の指標 (1 次元表現) である．H の指標の全体を $X(H)$ で表す．群 G は $X(H)$ に次のように共役によって作用している．
$$(\alpha(g)\chi)(h) = \chi(g^{-1}hg) \quad (\chi \in X(H), g \in G, h \in H)$$
さて，H の指標 ξ に対して
$$W_\xi = \{w \in W \mid \rho(h)w = \xi(h)w\}$$
とおき，$\Phi_W = \{\xi \in X(H) \mid W_\xi \neq \{0\}\}$ とする．W_ξ は指標 ξ に従う固有空間である．これらの固有空間の和は直和であり，
$$E := \bigoplus_{\xi \in \Phi_W} W_\xi \subset W$$
は W の部分空間である (章末問題 5.4 参照)．E が G 安定であることを見よう．それには $\rho(g)W_\xi = W_{\alpha(g)\xi}$ を示せば十分であるが，実際 $w \in W_\xi, g \in G, h \in H$ に対して
$$\rho(h)(\rho(g)w) = \rho(g)\rho(g^{-1}hg)w = \rho(g)\xi(g^{-1}hg)w$$
$$= (\alpha(g)\xi)(h)(\rho(g)w)$$
となるから $\rho(g)w \in W_{\alpha(g)\xi}$ である．そこで
$$V = \bigoplus_{\xi \in \Phi_W} \mathrm{End}\,W_\xi \subset \mathrm{End}\,E$$
とおく．この空間 V には G が共役で作用している．つまり
$$\tau(g)X = \rho(g)X\rho(g)^{-1} \quad (X \in V)$$
である．この表現 (τ, V) が $\ker\tau = H$ を満たすことを以下示そう．まず $H \subset \ker\tau$ であることを確認する．固有ベクトル $w \in W_\xi$ を任意にとると $h \in H$ に対して
$$(\tau(h)X)w = \rho(h)X\rho(h)^{-1}w = \rho(h)X\xi(h)^{-1}w = \xi(h)^{-1}\rho(h)Xw \tag{5.14}$$
となるが，$X \in V$ ならば $Xw \in W_\xi$ である．したがって
$$((5.14) \text{ 式}) = \xi(h)^{-1}\rho(h)Xw = \xi(h)^{-1}\xi(h)Xw = Xw$$

E は W_ξ ($\xi \in \Phi_W$) によって生成されるから $\tau(h)X = X$ である．これで $h \in \ker\tau$ がわかった．

さて，最初にとった $w_0 \in W_\chi$ を思い出そう．1 次元部分空間 $\mathbb{C}w_0 \subset W_\chi$ への射影 $P_0 \in \operatorname{End} W_\chi \subset V$ を任意に一つとる．このとき $g \in \ker\tau$ に対して

$$\tau(g)P_0 = P_0 \iff \rho(g)P_0 = P_0\rho(g)$$

が成り立つが，両辺を w_0 に作用させると

$$\rho(g)w_0 = \rho(g)P_0 w_0 = P_0\rho(g)w_0 \in \mathbb{C}w_0$$

がわかる．したがって w_0 の取り方から $g \in H$ である．これより $\ker\tau \subset H$ であることが示された． □

もう一つの応用は次の補題である．この補題はあとでリー群とリー環の関係を述べるとき (§ 6.7) に用いる．

補題 5.24 G をアフィン代数群，H をその閉部分群，$\pi : G \to G/H$ を商写像とする．このとき任意の点 $g_0 H \in G/H$ に対して，$g_0 H$ のあるアフィン開近傍 U' であって，逆像 $\pi^{-1}(U') \subset G$ が G のアフィン開集合になるようなものが存在する．

証明 補題 5.22 より，$H \subset G$ を閉部分群とするとき，表現 $\rho : G \to GL(V)$ であって，適当な $v \in V$ をとれば

$$H = \{g \in G \mid \rho(g)v \in \mathbb{C}v\}$$

となるようなものがある．このとき，軌道写像 $\pi : G \to \mathbb{P}(V)$, $\pi(g) = [gv]$ を考えれば $X := \pi(G)$ は商 G/H と同型である．ただし $\mathbb{P}(V)$ は V の射影空間を表す．

$\mathbb{P}(V)$ の斉次座標 $[x_0 : x_1 : \cdots : x_n]$ をとって，標準アフィン開集合を $U_0 := \{[x_0 : x_1 : \cdots : x_n] \mid x_0 \neq 0\}$ とし，$t_j := x_j/x_0$ とおく．このとき U_0 は $(t_1, \cdots, t_n)$ を座標にもつ n 次元アフィン空間である．$\tilde{\pi} : G \to V$ を $\tilde{\pi}(g) = \rho(g)v$ で定め，$G_0 := \tilde{\pi}^{-1}(U_0)$ とおくと，G_0 は $\tilde{\pi}^*(x_0) \neq 0$ で定義された G の主アフィン開集合になる．座標をうまく選んで $g_0 \in G_0$ としてよい．

さて $\pi(G_0) = X \cap U_0$ は U_0 の局所閉集合だから U_0 の閉集合 (したがってアフィン代数多様体) Y の開集合である．したがって $g_0 \in G_0$ に対して $\pi(g_0) \in X \cap U_0$ の主アフィン開近傍 $Y_f \subset X \cap U_0$ が存在し，f は $t_1, \cdots, t_n$ の多項式で表わされている．すると $\pi^{-1}(Y_f) = \{g \in G_0 \mid \pi^*(f)(g) \neq 0\}$ はまた G の主アフィ

ン開集合となる.　　　　　　　　　　　　　　　　　　　　　　　　　　□

5.6　隅廣の定理

射影多様体上の群の一般的な作用を想像するのは少し慣れが必要である．しかし，線型な作用が引き起こすものは難しくない．G を簡約群として V を G の有限次元表現とする．もし G が (準) 射影多様体 X のアフィン錐 $\widehat{X} \subset V$ を安定にしていれば，G は自然に X に作用する．実際

$$g \cdot [v] = [g \cdot v] \qquad ([v] \in X) \tag{5.15}$$

と定めればよい．このようにして G の X 上への作用が得られるとき**線型作用**とよぶ．

演習 5.25　G のベクトル空間 U 上の表現に対して直和 $V = U \oplus \mathbb{C}$ を考えよう．ただし G は $\mathbb{C}$ 上自明に作用しているとする．このとき射影 $U \oplus 1 \to \mathbb{P}(V)$ は中への埋め込みであって，その像は標準アフィン開集合に一致すること，射影は G の作用に関して同変であることを示せ．$U \simeq U \oplus 1$ はアフィン多様体の同型であるから，結局 G の表現 (ベクトル空間上の線型作用) は射影空間 $\mathbb{P}(V)$ 上の線型作用を制限したものとみなすことができる．

一般に射影多様体への G の作用は線型作用であるとは限らないが，驚くべきことに次の定理が成り立つ．

定理 5.26 (隅廣の定理[7])　X を正規準射影多様体とし，代数群 G が X に作用しているとする．このとき，ある G の有限次元表現 V があって，G 同変な埋め込み $X \hookrightarrow \mathbb{P}(V)$ が存在する．

平たくいえば，代数群 G の準射影多様体 X への一般の作用は (X が正規であれば) 線型化できるということである．この定理の証明は本書の範疇を大きく越えてしまうので行わない ([7, Theorem 7.3] 参照)．しかし以下では射影多様体 X への G の作用として線型作用を主に考えることにする．

---

[7]　隅廣秀康 (1941–).

5.7　グラスマン多様体

この節では $G = \mathrm{GL}_n(\mathbb{C})$ として，グラスマン多様体とその上の G の作用を考察する．まず一番簡単な例からはじめよう．

例 5.27　$V = \mathbb{C}^n$ を $G = \mathrm{GL}_n(\mathbb{C})$ の自然な表現とする．すると $\mathbb{P}(V)$ には自然に G が作用するが，この作用は推移的である．実際，$\mathbb{P}(V)$ は V の 1 次元部分空間の全体と考えられるが，任意の 1 次元部分空間は G によって互いに移りあうからである．そこで $e_1 = {}^t(1, 0, \cdots, 0) \in V$ をとり，$x = [e_1] \in \mathbb{P}(V)$ の固定部分群を計算すると，それは

$$P_1 = \left\{ \left(\begin{array}{c|c} a & b \\ \hline 0 & d \end{array} \right) \,\middle|\, a \in \mathbb{C}^\times,\, b \in \mathrm{M}_{1,n-1}(\mathbb{C}),\, d \in \mathrm{GL}_{n-1}(\mathbb{C}) \right\}$$

であることが容易に分かる．したがって $G/P_1 \simeq \mathbb{P}(V)$ である．

この例では $\mathbb{P}(V)$ は V の 1 次元部分空間の全体と考えたのであった．そこで一般に $V = \mathbb{C}^n$ の d 次元部分空間の全体を考えよう．それを

$$\mathrm{Grass}_d(V) = \{U \subset V : \text{部分空間} \mid \dim U = d\} \tag{5.16}$$

と書いて，**グラスマン多様体** (Grassmann variety) とよぶ．U が d 次元部分空間ならば $g \in G$ に対して gU もまた d 次元部分空間であるから，$\mathrm{Grass}_d(V)$ には自然に G が作用する．この作用が推移的であることは次のようにすれば分かる．$V = \mathbb{C}^n$ の標準基底 $\{e_1, \cdots, e_n\}$ をとり，任意の d 次元部分空間 U を $\mathrm{span}_{\mathbb{C}}\{e_1, \cdots, e_d\}$ に移すような $g \in \mathrm{GL}_n(\mathbb{C})$ が存在することを示せば十分である．そこで U の基底を $\{u_1, \cdots, u_d\}$ とし，これにベクトルを $(n-d)$ 個追加して V の基底 $\{u_1, \cdots, u_n\}$ とする．このとき g を $g(u_i) = e_i$ $(1 \leq i \leq n)$ となるような行列とすれば $g \in \mathrm{GL}_n(\mathbb{C})$ であって，$gU = \mathrm{span}_{\mathbb{C}}\{e_1, \cdots, e_d\}$ である．

グラスマン多様体 $\mathrm{Grass}_d(V)$ は射影多様体の構造を持ち，上で与えた作用は G の線型作用になる．これを以下説明しよう．

V の d 次の外積 $\wedge^d V$ を考えると G が外積表現によって自然に作用する．ちなみにこの表現は $\mathrm{GL}(V)$ の d 番目の基本ウェイト ϖ_d に対応する最高ウェイト表現であって，既約である．さて $U \subset V$ を d 次元の部分空間とすると $\wedge^d U$ は $\wedge^d V$ の中の 1 次元の部分空間となり，U の基底を $\{u_1, \cdots, u_d\}$ とすれば

$$\wedge^d U = \mathbb{C} u_1 \wedge u_2 \wedge \cdots \wedge u_d \tag{5.17}$$

と表される．このように $\wedge^d V$ の中で $u_1 \wedge u_2 \wedge \cdots \wedge u_d$ の形に書けている外積を**分解可能**という．したがって d 次元部分空間 U に対して $\wedge^d V$ の分解可能なベクトルの定める 1 次元部分空間が対応しているが，逆に分解可能な外積 $\boldsymbol{u} = u_1 \wedge \cdots \wedge u_d$ が決まれば

$$U = \{v \in V \mid v \wedge \boldsymbol{u} = 0\} \tag{5.18}$$

として d 次元部分ベクトル空間が復活する．そこで分解可能なベクトルの $\mathbb{P}(\wedge^d V)$ における像を

$$\Gamma = \{[\boldsymbol{u}] \mid \boldsymbol{u} \in \wedge^d V \text{ は分解可能}\} \tag{5.19}$$

と書くと，次が成り立つ．

補題 5.28 上の記号の下に $\{u_1, \cdots, u_d\}$ で d 次元部分空間 U の基底を表せば，$[u_1 \wedge \cdots \wedge u_d] \in \mathbb{P}(\wedge^d V)$ は基底の取り方によらず定まり，G 同変な埋め込み写像

$$\mathrm{Grass}_d(V) \ni U \mapsto [u_1 \wedge \cdots \wedge u_d] \in \Gamma \subset \mathbb{P}(\wedge^d V)$$

が矛盾なく決まる．また Γ は唯一つの G 軌道からなる既約な射影多様体である．

証明 $G = \mathrm{GL}_n(\mathbb{C})$ は $\mathrm{Grass}_d(V)$ に推移的に働いていたのであった．ところが，補題で与えた写像は G 同変であるから，G は Γ にも推移的に作用する．G 同変性は $\{u_1, \cdots, u_d\}$ が U の基底であれば，$\{gu_1, \cdots, gu_d\}$ が gU の基底であること，$gu_1 \wedge \cdots \wedge gu_d = g(u_1 \wedge \cdots \wedge u_d)$ であることから従う．右辺は外積表現による作用に他ならない．

そこであとは Γ がザリスキ閉であることを示せばよい．それには $\mathbb{P}(\wedge^d V)$ の各標準アフィン開集合上で Γ が閉であることを示せば十分である．そのために $V = \mathbb{C}^n$ の標準基底 $\{e_1, \cdots, e_n\}$ に対して $\wedge^d V$ の基底を $\{e_I \mid I \subset [n], \#I = d\}$ ととる [8]．ただし $I = \{i_1, i_2, \cdots, i_d\}$ に対して

$$\boldsymbol{e}_I = e_{i_1} \wedge e_{i_2} \wedge \cdots \wedge e_{i_d}, \qquad i_1 < i_2 < \cdots < i_d \tag{5.20}$$

と書いた．以下 $\mathcal{I}_d^n = \{I \subset [n] \mid \#I = d\}$ と記す．さて $[d] = \{1, \cdots, d\} \in \mathcal{I}_d^n$ をとり，標準アフィン開集合

$$\mathcal{U}_{[d]} = \{[\textstyle\sum_{I \in \mathcal{I}_d^n} x_I \boldsymbol{e}_I] \mid x_{[d]} \neq 0\} \subset \mathbb{P}(\wedge^d V) \tag{5.21}$$

を考える．また，d 次元部分空間 U の基底を $\{u_1, \cdots, u_d\}$ とし，この基底を横に

---

[8] $[n] = \{1, 2, \cdots, n\}$ は 1 から n までの自然数の集合．

並べてできる $n \times d$ 行列を $A = (u_1, \cdots, u_d) \in \mathrm{M}_{n,d}$ と書く．いま $I \in \mathcal{I}_d^n$ に対して，A の I に対応する行を取り出してできる小行列を $A_I = (a_{ij})_{i \in I, j \in [d]}$ で表せば，

$$u_1 \wedge \cdots \wedge u_d = \sum_{I \in \mathcal{I}_d^n} |A_I| \cdot \boldsymbol{e}_I \tag{5.22}$$

であることに注意しよう．逆に階数が d の $n \times d$ 行列 A に対して上式の右辺は分解可能な外積を与えている．したがって

$$\varGamma = \{[\sum_{I \in \mathcal{I}_d^n} |A_I| \cdot \boldsymbol{e}_I] \mid A \in \mathrm{M}_{n,d},\ \mathrm{rank}\, A = d\} \tag{5.23}$$

である．いま，$U \in \mathcal{U}_{[d]}$ つまり $\det A_{[d]} \neq 0$ のときを考えると $A_{[d]} = 1_d$ (単位行列) として一般性を失わない．(もしそうでなければ部分空間 U の基底を取り替えればよい．)

$$A = \begin{pmatrix} 1_d \\ B \end{pmatrix}, \qquad B = \begin{pmatrix} a_{d+1,1} & \cdots & a_{d+1,d} \\ \vdots & \ddots & \vdots \\ a_{n,1} & \cdots & a_{n,d} \end{pmatrix} \in \mathrm{M}_{n-d,d}$$

と表すと A の $(d+1)$ 行以下の部分 B は部分空間 U によって一意的に決まってしまう．このとき $1 \leq j \leq d < k \leq n$ に対して

$$I_{k,j} = ([d] \setminus \{j\}) \cup \{k\}$$

とおけば $a_{kj} = (-1)^{d+j} \det A_{I_{k,j}}$ であることが容易に分かる．残りの $\det A_I$ はすべて a_{kj} たちの多項式であるから，結局 $\{x_{I_{k,j}} = \det A_{I_{k,j}} \mid k > d, j \in [d]\}$ が決まれば，U に対応する $\varGamma$ の点の座標は決まる．これは座標 x_I の関係式を与えることになる．簡単のために $x_{k,j} = x_{I_{k,j}}$ と書き

$$\begin{aligned} I^+ &= I \cap [d], & I^- &= I \cap \{d+1, \cdots, n\} \\ p &= \#(I \cap [d]) = \#I^+, & q &= d - p = \#I^- \end{aligned}$$

と記すことにすれば，

$$\begin{aligned} x_I &= (-1)^\ell \cdot \det(x_{kj})_{k \in I^-,\ j \in [d] \setminus I^+} \\ &\text{ただし } \ell = \sum_{i \in I^+} i - p(p+1)/2 \end{aligned} \tag{5.24}$$

がその関係式である．右辺は q 次の行列式であることに注意する．

以上より $\varGamma \cap \mathcal{U}_{[d]}$ が定義方程式 (5.24) によって定義される閉部分多様体であることが分かった．さらに $\{x_{kj} \mid d < k \leq n,\ 1 \leq j \leq d\}$ は自由にとれるので，

$\Gamma \cap \mathcal{U}_{[d]} \simeq \mathbb{A}^{d(n-d)}$ であることにも注意しておこう.残りの標準アフィン開集合との共通部分についてもまったく同様に議論できる. □

さて (5.24) 式は q 次の関係式であるが,これを 2 次の関係式に書き直すことが可能である.ここだけの記号であるが $I \in \mathcal{I}_d^n$ に対して $(I \setminus \{j\}) \cup \{i\} = I(-j; +i) = I(+i; -j)$ と書くことにしよう.例えば上の補題 5.28 の証明中に現れた $I_{k,j}$ はこの記号を使うと $[d](+k; -j)$ と表せる.

補題 5.29 補題 5.28 の (5.24) 式はすべての $I \in \mathcal{I}_d^n$, $I \neq [d]$ に対する次の 2 次の関係式と同値である.

$$x_{[d]} x_I + \sum_{r=1}^{q} (-1)^r x_{[d](-j_r; +i_d)} x_{I(+j_r; -i_d)} = 0 \tag{5.25}$$

ただし $I = \{i_1 < i_2 < \cdots < i_d\}$ および $[d] \setminus I = \{j_1 < \cdots < j_q\}$ である.

証明 $\mathcal{U}_{[d]}$ においては $x_{[d]} = \det 1_d = 1$ としてよく,さらに $x_{[d](-j_r; +i_d)} = x_{i_d, j_r}$ なのであった.したがって証明すべき式は (5.24) 式の右辺を一番下の行に関して行展開した式に他ならないことがわかる.行列式のサイズ q に関して関係式を帰納的に見て行けば両者が同値であることは明らかである. □

(5.25) 式のような関係式を Plücker 関係式とよぶ.この補題にあげた関係式は ($[d]$ も一般の $J \in \mathcal{I}_d^n$ にすることで) 射影多様体 Γ を定義するには十分であるが,この他にも Γ が満たす二次の関係式が多数存在する.それを紹介しておこう.

まず一般的な変数を係数とする行列 $Y = (y_{ij})_{1 \leq i,j \leq d}$ と $Z = (z_{ij})_{1 \leq i,j \leq d}$ を導入しよう.このとき,Y の第 i 行を $\boldsymbol{y}_i$, Z の第 j 行を $\boldsymbol{z}_j$ などと書き,$D(\boldsymbol{w}_1, \boldsymbol{w}_2, \cdots, \boldsymbol{w}_d)$ ($\boldsymbol{w} = \boldsymbol{y}$ または $\boldsymbol{z}$) でこれらの行ベクトルを上から順に並べて得られる d 次正方行列の行列式を表すことにしよう.また $1 \leq p, q \leq d$ を固定して $\boldsymbol{Y}_p = \{\boldsymbol{y}_1, \cdots, \boldsymbol{y}_p\}$ の置換を引き起こす対称群を $\mathfrak{S}_{\boldsymbol{Y}_p}$; $\boldsymbol{Z}_q = \{\boldsymbol{z}_1, \cdots, \boldsymbol{z}_q\}$ の対称群を $\mathfrak{S}_{\boldsymbol{Z}_q}$; $\boldsymbol{Y}_p \cup \boldsymbol{Z}_q$ 全体の対称群を $\mathfrak{S}_{\boldsymbol{Y}_p \cup \boldsymbol{Z}_q}$ と書く.多項式 $\mathcal{P}_{p,q}(Y, Z)$ を次のように定義する.

$$\mathcal{P}_{p,q}(Y, Z) = \sum_w \operatorname{sgn}(w) \, D(w(\boldsymbol{y}_1), \cdots, w(\boldsymbol{y}_p), \boldsymbol{y}_{p+1}, \cdots, \boldsymbol{y}_d) \times$$
$$D(w(\boldsymbol{z}_1), \cdots, w(\boldsymbol{z}_q), \boldsymbol{z}_{q+1}, \cdots, \boldsymbol{z}_d) \tag{5.26}$$

ただし $w \in \mathfrak{S}_{\boldsymbol{Y}_p \cup \boldsymbol{Z}_q} / \mathfrak{S}_{\boldsymbol{Y}_p} \times \mathfrak{S}_{\boldsymbol{Z}_q}$ は右剰余類の代表元を動き,$\operatorname{sgn}(w)$ は対称群の元としての符号を表している.一見すると,この定義は代表元 w の取り方に依

存しているように見えるが，代表元の取り方によらず矛盾なく定義されていることが分かる．

補題 5.30 $p+q>d$ ならば $\mathcal{P}_{p,q}(Y,Z)=0$ である．

証明 $\mathcal{P}_{p,q}(Y,Z)$ は $\boldsymbol{Y}_p \cup \boldsymbol{Z}_q$ の置換に対して交代的である．これがわかれば $p+q>d$ であるから，そのようなものは 0 しかなく，補題の主張を得る．任意の置換に対して交代的であることを確かめるには，(5.26) 式を次のように書き直せばよい．

$$\mathcal{P}_{p,q}(Y,Z) = \frac{1}{p!q!}\sum_{w\in\mathfrak{S}_{\boldsymbol{Y}_p\cup\boldsymbol{Z}_q}} \mathrm{sgn}(w) D(w(\boldsymbol{y}_1),\cdots,w(\boldsymbol{y}_p),\boldsymbol{y}_{p+1},\cdots,\boldsymbol{y}_d)$$
$$\times D(w(\boldsymbol{z}_1),\cdots,w(\boldsymbol{z}_q),\boldsymbol{z}_{q+1},\cdots,\boldsymbol{z}_d) \quad \square$$

$A \in \mathrm{M}_{n,d}$ の $I \in \mathcal{I}_d^n$ に対応する行を選びだしてきた小行列を A_I と書くのだったが，$p+q>d$ のとき，$I, J \in \mathcal{I}_d^n$ に対して $Y=A_I, Z=A_J$ と代入した式 $\mathcal{P}_{p,q}(A_I, A_J)=0$ は $\{x_I \mid I \in \mathcal{I}_d^n\}$ たちの二次の関係式を与えている (I, J は任意の順序で並んでいてよい)．この式を象徴的に

$$\sum_{w\in\mathfrak{S}_{p+q}/\mathfrak{S}_p\times\mathfrak{S}_q} \mathrm{sgn}(w)\, x_{w(I)} x_{w(J)} = 0 \tag{5.27}$$

と書いておこう．これを **Plücker 関係式** (Plücker relations) とよぶ．

注意 5.31 Plücker の関係式 (5.27) において，$I \cap J \neq \varnothing$ のときは，$w(I)$ の中に重複が現れることがある．このときは $x_{w(I)}=0$ と解釈することにする．I, J の選び方によっては大部分の項が消えてしまうこともあるので注意が必要である．例えば $I=J$ ならば p, q をどのように選んでも自明な関係式しか得られない．

例 5.32 $n=4, d=2$ の時を考えよう．このとき $p=2, q=1$ とすると
$$\mathcal{P}_{2,1}(Y,Z) =$$

$$\begin{vmatrix} y_{11} & y_{12} \\ y_{21} & y_{22} \end{vmatrix} \begin{vmatrix} z_{11} & z_{12} \\ z_{21} & z_{22} \end{vmatrix} - \begin{vmatrix} y_{11} & y_{12} \\ z_{11} & z_{12} \end{vmatrix} \begin{vmatrix} y_{21} & y_{22} \\ z_{21} & z_{22} \end{vmatrix} + \begin{vmatrix} y_{21} & y_{22} \\ z_{11} & z_{12} \end{vmatrix} \begin{vmatrix} y_{11} & y_{12} \\ z_{21} & z_{22} \end{vmatrix}$$

となり，$I=\{1,2\}, J=\{3,4\}$ として Plücker 関係式を書くと

$$\begin{vmatrix} x_{11} & x_{12} \\ x_{21} & x_{22} \end{vmatrix} \begin{vmatrix} x_{31} & x_{32} \\ x_{41} & x_{42} \end{vmatrix} - \begin{vmatrix} x_{11} & x_{12} \\ x_{31} & x_{32} \end{vmatrix} \begin{vmatrix} x_{21} & x_{22} \\ x_{41} & x_{42} \end{vmatrix} + \begin{vmatrix} x_{21} & x_{22} \\ x_{31} & x_{32} \end{vmatrix} \begin{vmatrix} x_{11} & x_{12} \\ x_{41} & x_{42} \end{vmatrix} = 0$$

となる．この場合は，他の選び方をしても，自明な関係式になるかあるいはこの

関係式 (の定数倍) に一致するしかなく，これが唯一の Plücker 関係式である．

演習 5.33 補題 5.29 の (5.25) 式が Plücker 関係式であることを確かめよ．

さて $x = [e_{[d]}] = [e_1 \wedge \cdots \wedge e_d] \in \mathbb{P}(\wedge^d V)$ とおくと，$\Gamma = G \cdot x$ であったが，x の固定部分群は容易に分かるように

$$P_d = \left\{ \begin{pmatrix} a & b \\ 0 & c \end{pmatrix} \,\middle|\, a \in \mathrm{GL}_d(\mathbb{C}),\, b \in \mathrm{M}_{d,n-d},\, c \in \mathrm{GL}_{n-d}(\mathbb{C}) \right\} \quad (5.28)$$

の形をしている．これは $G = \mathrm{GL}_n(\mathbb{C})$ の**極大放物型部分群** (maximal parabolic subgroup) である．Γ は射影多様体であって唯一つの G 軌道になっているのだから，$\Gamma \simeq G/P_d$ であることがわかる (定理 5.1)．

以上，得られた結果を定理の形にまとめておこう．

定理 5.34 $V = \mathbb{C}^n$ をベクトル空間，$1 \le d \le n$ とする．また $G = \mathrm{GL}_n(\mathbb{C})$ とおく．

(1) V の d 次元部分空間の全体 $\mathrm{Grass}_d(V)$ は $\mathbb{P}(\wedge^d V)$ の閉部分多様体として G 同変に埋め込むことができ，射影多様体の構造を持つ．これをグラスマン多様体とよぶ．

(2) グラスマン多様体の定義方程式として Plücker 関係式 (5.27) を選ぶことができる．

(3) $\mathrm{Grass}_d(V) \subset \mathbb{P}(\wedge^d V)$ は標準アフィン開集合 $\mathcal{U}_I$ ($I \in \mathcal{I}_d^n$) との共通部分によって被覆され，$\mathrm{Grass}_d(V) \cap \mathcal{U}_I \simeq \mathbb{A}^{d(n-d)}$ である．これより $\mathrm{Grass}_d(V)$ は滑らかな複素多様体であって，その次元は $d(n-d)$ であることがわかる．

(4) $P_d \subset G$ を (5.28) 式で定義された極大放物型部分群とすれば $G/P_d \simeq \mathrm{Grass}_d(V)$ である．

演習 5.35 V を n 次元ベクトル空間とし，グラスマン多様体 $\mathrm{Grass}_d(V)$ を考える．V の k 次元部分空間 W に対して $\mathrm{Grass}_d^0(V) = \{U \in \mathrm{Grass}_d(V) \mid U \cap W = \{0\}\}$ が $\mathrm{Grass}_d(V)$ の開集合であることを次のようにして示せ．

(1) W の基底 $w_1, \cdots, w_k$ を一つ選び，$\xi := w_1 \wedge \cdots \wedge w_k \in \wedge^k V$ とおく．線型写像 $M_\xi : \wedge^d V \to \wedge^{d+k} V$ を $M_\xi(\eta) = \xi \wedge \eta$ で決める．このとき，$U \cap W \ne \{0\}$ であることと，$\wedge^d U \subset \ker M_\xi$ は同値であることを示せ．

(2) $\mathbb{P}(\wedge^d V)$ の中で，$\mathbb{P}(\wedge^d V \setminus \ker M_\xi)$ と $\mathrm{Grass}_d(V)$ の共通部分が $\mathrm{Grass}_d^0(V)$ であることを示し，これから $\mathrm{Grass}_d^0(V)$ が開集合であることを結論せよ．

5.8 主ファイバー束

線型代数群 G とその簡約な部分群 $H \subset G$ を考える．アフィン代数多様体 X に H が作用していれば，直積 $G \times X$ への H の作用を

$$h \cdot (g, x) = (gh^{-1}, hx) \qquad (h \in H, (g,x) \in G \times X)$$

で決めることができる．この作用による軌道空間

$$G \times^H X := (G \times X)/H \tag{5.29}$$

を考えよう．軌道 $\mathbb{O}_{(g,x)} = \{(gh^{-1}, hx) \mid h \in H\}$ に対して，右剰余類 gH を対応させることにより射影

$$p : G \times^H X \to G/H, \quad p(\mathbb{O}_{(g,x)}) = gH$$

が得られるが，これは X をファイバーとする G/H 上の H **主ファイバー束** (principal bundle) となっている[9]．

定理 5.36 線型代数群 G がアフィン代数多様体 X に作用しているとし，$H \subset G$ を簡約閉部分群とする．このとき主ファイバー束 $G \times^H X$ はアフィン商 $(G \times X)//H$ と同型である．したがって $G \times^H X$ はアフィン代数多様体の構造を持つ．

証明 $(g, x) \in G \times X$ を通る H 軌道 $\mathbb{O}_{(g,x)}$ は第 1 成分への射影によって gH と同型である．したがって $\dim \mathbb{O}_{(g,x)} = \dim gH = \dim H$ がわかり，すべての軌道が同じ次元を持つ．アフィン商写像 $\Phi : G \times X \to (G \times X)//H$ の各ファイバーは唯一つの閉軌道を含むが，それはファイバーに含まれる (唯一つの) 最小次元の軌道と一致する．しかし各軌道はすべて同じ次元を持つのだから，商写像の各ファイバーは唯一つの軌道からなり，結局アフィン商 $(G \times X)//H$ は軌道空間 $(G \times X)/H$ と一致する． □

第 1 成分への射影 $p_1 : G \times X \to G$ は明らかに H 同変であるから，アフィン代数多様体の射 $p_1^H : (G \times X)//H \to G//H$ を導く．この射がファイバー束としての底空間への射 $G \times^H X \to G/H$ である．

この節では G を代数群，$H \subset G$ が簡約な閉部分群で，アフィン代数多様体 X

---

[9] ファイバー束については例えば [41] を参照のこと．しかしここではファイバーがアフィン代数多様体 X で底空間が G/H であるような H 主ファイバー束を $G \times^H X$ によって**定義**すると考えても差し支えない．

に作用しているとき，ファイバー束 $G \times^H X$ を定義した．一般には G を任意の代数群，H をその閉部分群として X が準射影多様体であれば，ファイバー束 $G \times^H X$ が圏論的商として存在することが知られている[10]．

章末問題

問題 5.1 $G = \mathrm{GL}_2(\mathbb{C})$ の $V = \mathbb{C}^2$ への自然な作用を考えよう．このとき G 軌道は二つしかなく，それは $\mathbb{O}_0 = \{0\}$ と $\mathbb{O}_1 = \mathbb{C}^2 \setminus \{0\}$ である．$\binom{1}{0} \in \mathbb{O}_1$ の固定部分群は

$$H = \left\{ \begin{pmatrix} 1 & b \\ 0 & d \end{pmatrix} \,\middle|\, b \in \mathbb{C},\, d \in \mathbb{C}^\times \right\}$$

で与えられ，可解群である (§9.5 参照)．$G/H \simeq \mathbb{O}_1$ はアフィン代数多様体ではないことを示せ．[ヒント] 正則関数環 $\mathbb{C}[\mathbb{O}_1]$ は二変数の多項式環に同型であることを示せ．これより，もし $\mathbb{O}_1$ がアフィン多様体なら $\mathbb{C}^2$ に同型でなければならないが，そうではないことを示せ．

問題 5.2 $\mathrm{Grass}_d(\mathbb{C}^n) \simeq \{X \in \mathrm{M}_{n,d} \mid \mathrm{rank}\, X = d\}/\mathrm{GL}_d(\mathbb{C})$ であることを示せ．ただし $\mathrm{GL}_d(\mathbb{C})$ は $\mathrm{M}_{n,d}$ に右からの掛け算で作用している．

問題 5.3 $X = \mathrm{Sym}_n(\mathbb{C})$ を n 次対称行列のなすベクトル空間とし，$G = \mathrm{GL}_n(\mathbb{C})$ の X への作用を $\sigma(g)A = gA{}^tg$ $(g \in G, A \in X)$ で定める．

(1) $A = 1_n$ (単位行列) を通る G 軌道は

$$\mathbb{O}_{1_n} = \mathrm{Sym}_n^\circ(\mathbb{C}) := \{A \in X \mid \mathrm{rank}\, A = n\}$$

であることを示せ．

(2) $\mathrm{Sym}_n^\circ(\mathbb{C}) \simeq \mathrm{GL}_n(\mathbb{C})/\mathrm{O}_n(\mathbb{C})$ であることを示せ．

問題 5.4 線型代数群 G の有限次元表現 (ρ, V) を考える．G の指標 χ に対して

$$V_\chi = \{v \in V \mid \rho(g)v = \chi(g)v\ (g \in G)\}$$

を χ 固有空間，$v \in V_\chi$ を指標 χ に従う固有ベクトルとよぶ．

---

[10] より一般的に，もし X の任意の有限個の点に対して，それらの点を含む X のアフィン開集合が存在すればよい．(Serre による．[32, §3.2])

G の相異なる指標 $\chi_1, \cdots, \chi_\ell$ に対して,$\chi_i(g) \neq \chi_j(g)$ $(i \neq j)$ を満たす元 $g \in G$ が存在することをまず示し,これを用いて $\bigoplus_{i=1}^\ell V_{\chi_i} \subset V$ が直和であることを示せ.

問題 5.5 G を代数群として,H, K を二つの部分群とする.直積群 $H \times K$ の G への作用を $(h, k) \cdot g = hgk^{-1}$ で定める.このとき $H \backslash G/K := G/(H \times K)$ によって両側剰余類 $H \backslash G / K$ に代数多様体としての構造を入れる.

(1) $H \backslash G / K \simeq H \backslash (G/K) \simeq (H \backslash G)/K$ であることを示せ.

(2) G は $G/H \times G/K$ に左からの対角的な積によって作用する.このとき $G \backslash (G/H \times G/K) \simeq H \backslash G / K$ であることを示せ.

問題 5.6 代数群 G の閉部分群 K, H を考える.

(1) $X = G/H$ に K は左からの積で作用している.このとき $eH \in X$ を通る K 軌道は $K/K \cap H$ に同型であることを示せ.ただし $e \in G$ は単位元を表す.

(2) さらに $Y = G/K$ とおく.$X \times Y$ に G は左からの積で対角的に作用する.このとき $(eH, eK) \in X \times Y$ を通る G 軌道は $G/(K \cap H)$ に同型であることを示せ.

問題 5.7 $G = \mathrm{GL}_n(\mathbb{C})$ を一般線型群,$P = P_d$ を d 次元部分空間 $U_0 = \mathrm{span}_{\mathbb{C}}\{e_i \mid 1 \leq i \leq d\}$ を安定にする放物型部分群とする.ただし $e_k \in \mathbb{C}^n$ は基本ベクトルである.また $V = \mathbb{C}^n$ とおく.定理 5.34 より $G/P \simeq \mathrm{Grass}_d(V)$ であることが分かっている.

(1) $X := \{(U, u) \in \mathrm{Grass}_d(V) \times V \mid u \in U\}$ とおくと,X は $\mathrm{Grass}_d(V) \times V$ の閉部分多様体であって,自然な射影 $\pi : X \to \mathrm{Grass}_d(V)$ により X はグラスマン多様体上のベクトル束になることを示せ.

(2) P はベクトル空間 U_0 を安定にしているから,P 主ベクトル束 $G \times^P U_0$ を考えることができる.ここで P は簡約でないので,商位相によって軌道空間を考えることにする.

このとき $\varphi : G \times^P U_0 \to X$ を $\varphi(g, v) = (gU_0, gv)$ と決めると,φ は全単射であることを示せ.したがって,同型 $\varphi : G \times^P U_0 \simeq X$ によって代数多様体の構造を主ベクトル束に入れることができる.

第6章

代数群とリー環

　複素数体上の代数群はリー群，つまり群であると同時に実解析的な多様体でもあるので，そのリー環を解析的な微分や接空間を用いて考えることができる．これは大きな武器である．しかし，一方で，そのように考えると話は解析的になり，複素数体や実数体以外の場合にはリー環を考えることが難しくなる．また，代数群ではないようなリー群も存在するので，代数群独自の，より特殊な状況も考慮に入れた方がよい．そこで，この章では，代数群に対して，そのリー環をどのように定義するのか，そして，代数群とそのリー環の対応はどのようになっているのかについて概観しよう．まずはリー環の定義から話を始める．

6.1 リー環

定義 6.1 複素ベクトル空間 $\mathfrak{g}$ が**リー環** (Lie algebra) であるとは，**括弧積** (Lie bracket) とよばれる双線型な二項演算 $[,]: \mathfrak{g} \times \mathfrak{g} \to \mathfrak{g}$ が定義されていて，次の条件を満たすときにいう．

(1) $[x,x] = 0$ $(x \in \mathfrak{g})$ が成り立つ．あるいは同値な条件として $[x,y] = -[y,x]$ $(x, y \in \mathfrak{g})$ が成り立つ．これを括弧積の**交代性**という．

(2) 次の**ヤコビ恒等式** (Jacobi identity) が成り立つ [1]．

$$[x,[y,z]] = [[x,y],z] + [y,[x,z]] \quad (x,y,z \in \mathfrak{g})$$

リー環 $\mathfrak{g}$ の部分空間 $\mathfrak{k}$ であって，括弧積で閉じているもの，つまり $[\mathfrak{k},\mathfrak{k}] \subset \mathfrak{k}$ を満たすものを**部分リー環**という．

　$\mathfrak{g}$ を複素ベクトル空間ではなく，任意の体 K 上のベクトル空間として括弧積を考えれば K 上のリー環もまったく同様に定義される．とくに実数体上のリー環はリー群との対応を考える上で重要である．

---

[1] Jacobi, Carl (1804–1851).

リー環はしばしばリー代数ともよばれるが，非結合的な代数であって，単位元を持たない．しかしこのような代数系は自然に現れる．いくつか例を見てみよう．

例 6.2 $V = \mathbb{C}^n$ を n 次元の複素ベクトル空間とし，$\mathfrak{g} = \mathrm{End}\,V$ を V の線型変換全体とする．このとき括弧積を

$$[A, B] = AB - BA \qquad (A, B \in \mathfrak{g})$$

と定めると $\mathfrak{g}$ はリー環となる．実際，括弧積の交代性は定義より明らかであって，Jacobi 恒等式は簡単な計算で確かめられる．このリー環を $\mathfrak{gl}(V)$ で表し，**一般線型リー環** (general linear —) とよぶ．

$\mathrm{End}\,V$ の部分空間であって上の括弧積に関して閉じているものは，またリー環であって，$\mathfrak{gl}(V)$ の部分リー環である．例えば，次のようなものは部分リー環になる．

(1) $\mathfrak{sl}(V) = \{x \in \mathfrak{gl}(V) \mid \mathrm{trace}\,x = 0\}$ を**特殊線型リー環** (special linear —) とよぶ．

(2) V 上に双線型形式 $\langle\,,\,\rangle$ が与えられているとする．このとき

$$\mathfrak{l}(V; \langle\,,\,\rangle) = \{x \in \mathfrak{gl}(V) \mid \langle xu, v\rangle + \langle u, xv\rangle = 0\} \tag{6.1}$$

とおくと $\mathfrak{l}(V; \langle\,,\,\rangle)$ は括弧積で閉じている．特に $\langle\,,\,\rangle$ が対称な非退化双線型形式のときには $\mathfrak{o}(V; \langle\,,\,\rangle)$ と書いて**直交リー環** (orthogonal —) とよぶ．対称双線型形式は自然に二次形式と対応しているので二次形式に対しても同様の記号を用いる．また双線型形式を省略して $\mathfrak{o}(V)$ と書くこともある．

双線型形式 $\langle\,,\,\rangle$ が非退化交代双線型形式のとき**斜交形式** (symplectic form) という．このとき，$\mathfrak{l}(V; \langle\,,\,\rangle)$ を $\mathfrak{sp}(V; \langle\,,\,\rangle)$ または単に $\mathfrak{sp}(V)$ と書き，**斜交リー環** (symplectic —) とよぶ[2]．

以上，この例で紹介したリー環は古典群に対応するリー環であるが，線型代数群とリー環の対応については後述する．

例 6.3 A を $\mathbb{C}$ 上の代数とする．A 上の線型変換 x が

$$x(a \cdot b) = x(a) \cdot b + a \cdot x(b) \qquad (a, b \in A) \tag{6.2}$$

を満たすとき A の**導分** (derivation) とよぶ．意味に紛れのないときには，導分のことを単に**微分**ということもある．$\mathrm{Der}\,A$ で A の導分全体のなすベクトル空間を

---

[2] シンプレクティック・リー環ともよぶが，本書では記述の簡便さを考慮してこうよぶ．

表すと, $x, y \in \mathrm{Der}\, A$ に対して $[x, y] := xy - yx$ はまた A の導分になり, 括弧積について閉じている. したがって $\mathrm{Der}\, A$ はリー環である.

導分の満たす性質 (6.2) は通常の微分が満たす Leibniz の法則を抽象化したものに他ならない[3].

演習 6.4 $A = \mathbb{C}[x_1, \cdots, x_n]$ を n 変数の多項式環とするとき, $\mathrm{Der}\, A$ は多項式を係数とする一階の微分作用素の全体に一致することを示せ. つまり

$$\mathrm{Der}\, A = \{\textstyle\sum_{i=1}^n f_i(x)\partial_i \mid f_i(x) \in A\} \qquad (\partial_i = \partial/\partial x_i)$$

である. このとき 2 つの導分の括弧積を具体的に計算してみよ.

解析的な例も見ておこう.

例 6.5 M を (解析的な) 多様体とし, $\mathcal{D}^\infty(M)$ で M 上の C^∞ 級微分作用素の全体を表す. このとき $X, Y \in \mathcal{D}^\infty(M)$ に対して $[X, Y] = XY - YX$ とおくと $\mathcal{D}^\infty(M)$ はリー環となる.

さらに $\mathfrak{X}^\infty(M)$ で M 上の C^∞ ベクトル場の全体を表わそう. 自然に $\mathfrak{X}^\infty(M) \subset \mathcal{D}^\infty(M)$ とみなすことができるが, $X, Y \in \mathfrak{X}^\infty(M)$ に対して $[X, Y]$ はまたベクトル場になる. したがって $\mathfrak{X}^\infty(M)$ は $\mathcal{D}^\infty(M)$ の部分リー環である.

以上の話は C^∞ 級の微分作用素の代わりに解析的な微分作用素やベクトル場を考えても同様である.

次に代数多様体上のベクトル場と微分を定義することにしよう.

定義 6.6 アフィン代数多様体 X に対して, X 上の**代数的なベクトル場** v とは正則関数環 $\mathbb{C}[X]$ の導分のことである. また導分の生成する $\mathrm{End}\,\mathbb{C}[X]$ の (非可換) 部分代数の元を**代数的微分作用素**とよぶ. (以下, 特に必要がない場合には"代数的"という修飾子は省略する.)

アフィン代数多様体上のベクトル場は括弧積によってリー環をなす (例 6.3 参照). これを $\mathfrak{X}(X)$ と書くことにしよう. また微分作用素の全体を $\mathcal{D}(X)$ と書き, これも括弧積によってリー環とみなす[4]. 一般の代数多様体に対しては, アフィ

---

[3] Leibniz, Gottfried (1646–1716).

[4] もちろん $\mathcal{D}(X)$ は通常の微分作用素としての積 ($\mathrm{End}\,\mathbb{C}[X]$ の積) によって結合的代数にもなっている.

ン開集合による被覆をとり，その上の導分を貼りあわせてベクトル場を定義する．

リー環 $\mathfrak{g}$ の部分ベクトル空間 $\mathfrak{a}$ は $[\mathfrak{a},\mathfrak{a}] \subset \mathfrak{a}$ を満たすとき部分リー環というのであったが，より強く $[\mathfrak{g},\mathfrak{a}] \subset \mathfrak{a}$ が成り立つとき，$\mathfrak{a}$ を**イデアル**という．イデアル $\mathfrak{a}$ に対して，商ベクトル空間 $\mathfrak{g}/\mathfrak{a}$ に括弧積を

$$[x+\mathfrak{a}, y+\mathfrak{a}] = [x,y] + \mathfrak{a} \quad (x+\mathfrak{a}, y+\mathfrak{a} \in \mathfrak{g}/\mathfrak{a}) \tag{6.3}$$

で定義するとリー環になる．これを $\mathfrak{g}$ の $\mathfrak{a}$ による**商環**という．このとき $\mathfrak{a}$ がイデアルであるから，式 (6.3) は代表元の選び方によらずに定義されている．$\mathfrak{g}$ 自身と $\{0\}$ は自明なイデアルとよばれるが，$\mathfrak{g}$ が可換でなく，自明なイデアルのみしか持たないとき，$\mathfrak{g}$ を**単純リー環** (simple —) とよぶ．

次にリー環の準同型を考える．二つのリー環 $\mathfrak{g}, \mathfrak{h}$ が与えられたとき，線型写像 $\alpha : \mathfrak{g} \to \mathfrak{h}$ がリー環の**準同型**であるとは

$$\alpha([x,y]) = [\alpha(x), \alpha(y)] \quad (x,y \in \mathfrak{g})$$

を満たすときにいう．準同型写像 α が全単射のとき，$\mathfrak{g}$ と $\mathfrak{h}$ は**同型**であるといい，α を**同型写像**とよぶ．

演習 6.7 リー環の準同型定理を述べ，成り立つことを確かめよ．

例 6.8 $\mathfrak{g}$ をリー環とする．$D \in \operatorname{End} \mathfrak{g}$ が

$$D([x,y]) = [D(x), y] + [x, D(y)] \quad (x,y \in \mathfrak{g})$$

を満たすとき，リー環 $\mathfrak{g}$ の**導分** (derivation) とよぶ．やはり $\operatorname{Der} \mathfrak{g}$ で $\mathfrak{g}$ の導分全体のなすベクトル空間を表すと，この空間は括弧積 $[D_1, D_2] := D_1 D_2 - D_2 D_1$ で閉じており，またリー環になる．

$x \in \mathfrak{g}$ に対して $\operatorname{ad} x \in \operatorname{End} \mathfrak{g}$ を

$$\operatorname{ad}(x) a = [x, a] \quad (a \in \mathfrak{g}) \tag{6.4}$$

と定めれば，Jacobi 恒等式

$$[x, [y, z]] = [[x, y], z] + [y, [x, z]]$$

によって $\operatorname{ad} x$ はリー環の導分になっていることがわかる．さらに同じ Jacobi 恒等式を

$$[[x, y], z] = [x, [y, z]] - [y, [x, z]]$$

の形に書きなおせば，この式は

$$\mathrm{ad}([x,y]) = [\mathrm{ad}\,x, \mathrm{ad}\,y] \qquad (x, y \in \mathfrak{g}) \tag{6.5}$$

を意味するが，これは $\mathrm{ad} : \mathfrak{g} \to \mathrm{Der}\,\mathfrak{g}$ がリー環の準同型であることを示している．このように Jacobi 恒等式はリー環の性質の重要な部分を占めている．

演習 6.9 $\mathfrak{g}$ をリー環とする．このとき $\mathrm{ad} : \mathfrak{g} \to \mathrm{End}\,\mathfrak{g}$ の核 $\mathfrak{z}(\mathfrak{g}) := \mathrm{Ker}(\mathrm{ad})$ を $\mathfrak{g}$ の**中心** (center) とよぶ．一般線型リー環 $\mathfrak{gl}_n$ の中心 $\mathfrak{z}$ を求め，$\mathfrak{gl}_n/\mathfrak{z} \simeq \mathfrak{sl}_n$ であることを示せ．

6.2 代数群のリー環

G を線型代数群とする．正則関数環 $\mathbb{C}[G]$ には左正則表現 ρ_L で G が作用しており，これは可換代数の同型でもあるから，自然に G 上のベクトル場の全体 $\mathfrak{X}(G)$ への G の作用を引き起こす．すなわち $v \in \mathfrak{X}(G)$ に対して，

$$L(g)(v) = \rho_\mathrm{L}(g) \circ v \circ \rho_\mathrm{L}(g^{-1}) \qquad (g \in G) \tag{6.6}$$

である．実際 $u = L(g)(v)$ が $\mathbb{C}[G]$ の導分になることは次のようにして確かめることができる．$f_1, f_2 \in \mathbb{C}[G]$ に対して

$$\begin{aligned}
u(f_1 \cdot f_2) &= \rho_\mathrm{L}(g)\Big(v(\rho_\mathrm{L}(g^{-1})(f_1 \cdot f_2))\Big) \\
&= \rho_\mathrm{L}(g)\Big(v(\rho_\mathrm{L}(g^{-1})(f_1) \cdot \rho_\mathrm{L}(g^{-1})(f_2))\Big) \\
&= \rho_\mathrm{L}(g)\Big(v(\rho_\mathrm{L}(g^{-1})(f_1)) \cdot \rho_\mathrm{L}(g^{-1})(f_2) \\
&\qquad\qquad + \rho_\mathrm{L}(g^{-1})(f_1) \cdot v(\rho_\mathrm{L}(g^{-1})(f_2))\Big) \\
&= u(f_1) \cdot f_2 + f_1 \cdot u(f_2)
\end{aligned}$$

右正則表現を用いても，同様に作用

$$R(h)(v) = \rho_\mathrm{R}(h) \circ v \circ \rho_\mathrm{R}(h^{-1}) \qquad (h \in G) \tag{6.7}$$

を考えることができる．このとき両者の作用は互いに可換である．

定義 6.10 アフィン代数群 G の**リー環** $\mathfrak{g}$ を G の左正則な作用で不変な代数的ベクトル場の全体 $\mathfrak{X}(G)^{L(G)}$ として次のように定める．

$$\mathfrak{g} = \mathfrak{X}(G)^{L(G)} = \{X \in \mathfrak{X}(G) \mid \rho_\mathrm{L}(g) \circ X = X \circ \rho_\mathrm{L}(g) \ (g \in G)\}$$

この定義において $\mathfrak{g}$ がリー環になるためには，括弧積について閉じていなけれ

ばならないが，それを確かめることは読者の演習問題としよう．

さて，右正則表現 (6.7) による G の $\mathfrak{X}(G)$ への作用 R は左正則表現とは可換であるから $\mathfrak{g}$ を安定にする．したがって G は $\mathfrak{g}$ に右正則表現 R によって作用している．そこで $g \in G$ に対して

$$\mathrm{Ad}(g)X = \rho_{\mathrm{R}}(g) \circ X \circ \rho_{\mathrm{R}}(g^{-1}) \qquad (X \in \mathfrak{g}) \tag{6.8}$$

と書いて，これを G のリー環 $\mathfrak{g}$ 上の**随伴表現** (adjoint representation) とよぶ．

例 6.11 $G = \mathbb{C}^n$ を n 次元のベクトル空間で，これを加法群とみなす．このとき $\mathbb{C}[G] = \mathbb{C}[x_1, \cdots, x_n]$ は n 変数多項式環であって，G 上の代数的ベクトル場 ($\mathbb{C}[G]$ の導分) は多項式係数の一階の微分作用素の全体であった．この中で，左正則表現によって不変なベクトル場の全体は，定数係数の微分作用素になる．したがって

$$\mathfrak{g} = \sum_{i=1}^{n} \mathbb{C}\partial_i$$

であって，括弧積は可換である．すなわち $[X,Y] = 0$ $(X,Y \in \mathfrak{g})$ が成り立つ．

例 6.12 $T = (\mathbb{C}^\times)^n$ を n 次元トーラスとする．このとき正則関数環 $\mathbb{C}[T] = \mathbb{C}[t_1^{\pm 1}, \cdots, t_n^{\pm 1}]$ は n 変数ローラン多項式環であるが，T 上の代数的ベクトル場はやはり $\mathbb{C}[T]$ 係数の一階の微分作用素の全体である．つまり $X \in \mathrm{Der}\,\mathbb{C}[T]$ は

$$X = \sum_{i=1}^{n} f_i(t)\partial_i \qquad (f_i(t) \in \mathbb{C}[T],\ \partial_i = \partial/\partial t_i)$$

と書けている．実際 $t_i t_i^{-1} = 1$ より

$$0 = X(1) = X(t_i t_i^{-1}) = X(t_i)t_i^{-1} + t_i X(t_i^{-1})$$

であるから，$X(t_i^{-1}) = -t_i^{-2} X(t_i)$ であることに注意しよう．このとき $\theta_i := t_i \partial_i$ とおくと，θ_i が左正則表現によって不変なベクトル場であることが容易に確かめられ，T のリー環を $\mathfrak{t}$ で表せば

$$\mathfrak{t} = \sum_{i=1}^{n} \mathbb{C}\theta_i$$

となることがわかる．括弧積は自明である．したがって，加法群 $\mathbb{C}^n$ と乗法群 $(\mathbb{C}^\times)^n$ のリー環は $\partial_i \leftrightarrow \theta_i$ という対応で同型であることがわかる．(しかし両者は代数群として同型ではない．)

このようにリー環が簡単に計算できるような代数群もあるが，一般に定義 6.10 を直接用いて計算できるような例は少ない．そこでベクトル場の G 不変性をうま

く使って，リー環の計算を単位元における接空間に帰着することを考えよう．その前にまず代数多様体の接空間とは何かについて見ておこう．

6.3　代数多様体の接空間

X をアフィン代数多様体として，その上の一点 $a \in X$ を考える．このとき a における X の**接ベクトル** v とは，線型写像 $v : \mathbb{C}[X] \to \mathbb{C}$ であって

$$v(fh) = v(f)h(a) + f(a)v(h) \qquad (f, h \in \mathbb{C}[X]) \tag{6.9}$$

を満たすものをいう．a における X の接ベクトルの全体を $T_a X$ と書いて X の a における**接空間** (tangent space) とよぶ[5]．

$X \subset \mathbb{C}^N$ をアフィン空間の中の閉部分多様体として，その零化イデアルを $\mathbb{I}(X) = (f_1, \cdots, f_m)$ とする．このとき $a \in X$ における接空間は $\mathbb{C}^N$ の中の部分空間と同一視できることを説明しよう．

接ベクトル $v : \mathbb{C}[X] \to \mathbb{C}$ は $\mathbb{C}[X]$ の代数としての生成系上で値が決まれば Leibniz の法則 (6.9) によって任意の元 $h \in \mathbb{C}[X]$ における値が決まる．いま $X \subset \mathbb{C}^N$ であるから，$\mathbb{C}^N$ の座標を $(x_1, \cdots, x_N)$ と書いて，座標関数も同じ記号 $\{x_i \mid 1 \leq i \leq N\}$ で表せば，$\mathbb{C}[X]$ の生成系として $\{x_i \mid 1 \leq i \leq N\}$ がとれる．したがって値 $v(x_i) \in \mathbb{C}$ $(1 \leq i \leq N)$ が決まれば，接ベクトル v は決まる．

一方，生成系 $\{x_i \mid 1 \leq i \leq N\}$ の間には関係式があるが，それがちょうど $\{f_j(x) \mid 1 \leq j \leq m\}$ である．このとき

$$v(f_j(x)) = \sum_{i=1}^N \partial_i f_j(a) v(x_i) = 0 \tag{6.10}$$

が成り立っていなければならない．一方，この関係式が成り立っていれば X の零化イデアルの任意の元 $f \in \mathbb{I}(X)$ に対して $v(f) = 0$ となることが容易にわかる．したがって a における接ベクトル v は，$(v(x_1), \cdots, v(x_N)) \in \mathbb{C}^N$ であって，関係式 (6.10) を満たすものと一対一に対応している．したがって接空間は $\mathbb{C}^N$ の部分空間

$$T_a X = \{\sum_{i=1}^N \xi_i \partial_i \mid \sum_{i=1}^N \partial_i f_j(a) \xi_i = 0 \quad (1 \leq j \leq m)\}$$

---

[5]　一般に A を代数，M を A 加群とするとき，線型写像 $\delta : A \to M$ であって $\delta(ab) = a\delta(b) + b\delta(a)$ $(a, b \in A)$ を満たすようなものを A の M に**値をとる導分**とよぶ．上で与えた $a \in X$ における接ベクトル v の定義 (6.9) は，a における極大イデアルを $\mathfrak{m}_a$ と書いて $\mathbb{C} \simeq \mathbb{C}[X]/\mathfrak{m}_a$ を $\mathbb{C}[X]$ 加群と見れば『v が $\mathbb{C}[X]$ の $\mathbb{C}$ に値をとる導分である』ということに他ならない．

$$= \{\textstyle\sum_{i=1}^{N} \xi_i \partial_i \mid \sum_{i=1}^{N} \partial_i f(a) \xi_i = 0 \quad (f \in \mathbb{I}(X))\}$$

と同一視できることが分かる．

演習 6.13 X をアフィン多様体，$a \in X$ とする．

(1) 正則関数環の導分 $\delta : \mathbb{C}[X] \to \mathbb{C}[X]$ が与えられたとき，$\delta_a(f) = \delta(f)(a)$ と定めると δ_a は a における接ベクトルになることを示せ．

(2) 上のように与えられた写像 $\mathfrak{X}(X) \to T_a X$ は全射であるか? [ヒント] $X = \{(x,y) \mid x^2 + y^2 = 0\}$ として $a = (0,0)$ の場合に考えてみよ．

接空間の次元と多様体の次元の関係について述べた次の定理は基本的であるが，証明については附録 §16.4 を参照してほしい．

定理 6.14 X を既約なアフィン代数多様体とする．任意の $a \in X$ に対して $\dim T_a X \geq \dim X$ が成り立つ．さらに部分集合 $\{a \in X \mid \dim T_a X = \dim X\}$ は X の空でないザリスキ開集合である．

6.4 接空間とリー環

代数群 G の単位元における接空間とリー環 $\mathfrak{g}$ はベクトル空間として標準的に同型であることを示そう．

定理 6.15 G をアフィン代数群とし，$\mathfrak{g} \subset \mathfrak{X}(G)$ をそのリー環とする．このとき $\xi \in \mathfrak{g}$ に対して $v_\xi(f) = \xi(f)(e)$ $(f \in \mathbb{C}[G])$ とおくと $v_\xi \in T_e G$ は単位元 $e \in G$ における接ベクトルであって $v : \mathfrak{g} \to T_e G$ は線型同型を与える．

証明 写像 $v : \mathfrak{g} \to T_e G$ が矛盾なく定義されていることは演習 6.13 によってわかる．そこで逆写像を次のように構成しよう．単位元における接ベクトル $w \in T_e G$ をとり，$X_w \in \mathfrak{g}$ を次のように定義する．

$$X_w(f)(g) = w(\rho_{\mathrm{L}}(g^{-1})f) \qquad (f \in \mathbb{C}[G],\ g \in G)$$

X_w が導分になることは簡単な計算で確かめられる．一方，それが G の左正則表現で不変になることは次の計算からわかる．$f \in \mathbb{C}[G]$ と $g, k \in G$ に対して，

$$\rho_{\mathrm{L}}(k)\Big(X_w(\rho_{\mathrm{L}}(k^{-1})f)\Big)(g) = X_w(\rho_{\mathrm{L}}(k^{-1})f)(k^{-1}g)$$
$$= w\Big(\rho_{\mathrm{L}}((k^{-1}g)^{-1})\rho_{\mathrm{L}}(k^{-1})f\Big)$$

$$= w(\rho_\mathrm{L}(g^{-1})f) = X_w(f)(g)$$

このようにして構成された写像 $X : T_eG \to \mathfrak{g}$ が逆写像になっていることを確かめておこう．まず $w \in T_eG$ に対して $v_{X_w} = w$ となることは

$$v_{X_w}(f) = X_w(f)(e) = w(\rho_\mathrm{L}(e^{-1})f) = w(f) \qquad (f \in \mathbb{C}[G])$$

からわかる．一方 $\xi \in \mathfrak{g}$ および $f \in \mathbb{C}[G]$, $g \in G$ に対して

$$X_{v_\xi}(f)(g) = v_\xi(\rho_\mathrm{L}(g^{-1})f) = \xi(\rho_\mathrm{L}(g^{-1})f)(e)$$
$$\stackrel{\star}{=} \rho_\mathrm{L}(g^{-1})\xi(f)(e) = \xi(f)(g)$$

が成り立つ．ここで $\stackrel{\star}{=}$ では ξ が G の左正則表現によって不変であることを用いた． □

系 6.16 G をアフィン代数群，$\mathfrak{g}$ をそのリー環とすると $\dim \mathfrak{g} = \dim G$ が成り立つ．

証明 任意の点 $g \in G$ において $\dim T_gG = \dim T_eG$ であることを示せばよいが，定理 6.15 とまったく同様にして，$\xi \in \mathfrak{g}$ に対して $v_\xi(f) = \xi(f)(g)\ (f \in \mathbb{C}[G])$ とおくことによって線型同型 $v : \mathfrak{g} \to T_gG$ が得られる．このことと定理 6.14 より $\dim T_gG = \dim \mathfrak{g} = \dim T_eG$ がわかる． □

標準的な同型 $\mathfrak{g} \simeq T_eG$ によって T_eG にも括弧積を定義する．次の補題は後で必要になる．

補題 6.17 $\xi, \eta \in T_eG$ に対して $\zeta = [\xi, \eta]$ は次のように与えられる．

$$\zeta(f) = \xi_a(\eta_b(f(ab))) - \eta_b(\xi_a(f(ba))) \qquad (f \in \mathbb{C}[G]; a, b \in G)$$

ただし ξ_a は変数 a に関する導分を表わす．

証明 $\xi, \eta \in T_eG$ に対応する左不変ベクトル場 $X, Y \in \mathfrak{g}$ を考えよう．このとき $Z = [X, Y] = XY - YX$ に対応する T_eG の元が $\zeta = [\xi, \eta]$ である．したがって

$$\zeta(f) = Z(f)(e) = X(Y(f))(e) - Y(X(f))(e)$$
$$= \xi(Y(f)) - \eta(X(f))$$

である．ここで $Y(f)(a) = \eta(\rho_\mathrm{L}(a^{-1})f)$ であったが，$(\rho_\mathrm{L}(a^{-1})f)(b) = f(ab)$ に注意すれば $Y(f)(a) = \eta_b(f(ab)) \in \mathbb{C}[G]$ である．したがって

であることがわかる．$\eta(X(f))$ についても同様である． □

$$\xi(Y(f)) = \xi_a(\eta_b(f(ab)))$$

演習 6.18 $X \in \mathfrak{g}$ に対応する接ベクトルを $v_X \in T_e(G)$ と書く．このとき $\mathrm{Ad}(g)X$ に対応する接ベクトルは

$$v_{\mathrm{Ad}(g)X}(f) = v_{X,x}(f(gxg^{-1})) \quad (f \in \mathbb{C}[G])$$

であることを示せ．ただし $v_{X,x}$ は変数 x に関する微分 (接ベクトル) を表している．

演習 6.19 $\mathfrak{g}$ を代数群 G のリー環，$D \in \mathfrak{g}$ を左不変ベクトル場とする．閉部分多様体 $X \subset G$ の点 $x \in X$ と $g \in G$ に対して，$D_x \in T_x X$ ならば $D_{gx} \in T_{gx}(gX)$ であることを示せ．

6.5 微分表現

二つの代数群 G, H に対して，代数群の準同型 $\sigma : G \to H$ を考える．このとき，接ベクトル $\xi \in T_e G$ と $f \in \mathbb{C}[H]$ に対して

$$\xi^\sigma(f) = \xi(f \circ \sigma)$$

と定義すると $\xi^\sigma : \mathbb{C}[H] \to \mathbb{C}$ は H の単位元における接ベクトルとなる．この写像を同じ記号 $\sigma : T_e G \to T_e H$ で表そう．さて，単位元における接空間はリー環と (ベクトル空間として) 標準的に同型だったから，この写像は次の可換図式を通して $\sigma : \mathfrak{g} \to \mathfrak{h}$ を導く．

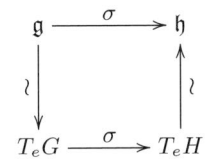

$$\begin{array}{ccc} \mathfrak{g} & \xrightarrow{\sigma} & \mathfrak{h} \\ \wr \downarrow & & \uparrow \wr \\ T_e G & \xrightarrow{\sigma} & T_e H \end{array}$$

定理 6.20 代数群の準同型 $\sigma : G \to H$ から上のようにして得られた写像 $\sigma : \mathfrak{g} \to \mathfrak{h}$ はリー環の準同型である．

証明 $X, Y \in \mathfrak{g}$ に対して

$$\sigma([X, Y]) = [\sigma(X), \sigma(Y)]$$

が成り立つことを示せばよい. ただし左辺の括弧積は $\mathfrak{g}$ のもので, 右辺のものは $\mathfrak{h}$ のそれであることに注意しよう. そこで $X, Y \in \mathfrak{g}$ に対応する単位元での接ベクトルを $\xi, \eta \in T_e G$ と書いて $f \in \mathbb{C}[H]$ をとると

$$(\sigma([X,Y])(f))(e) = [X,Y](f \circ \sigma)(e)$$
$$= \xi_a\Big(\eta_b(f \circ \sigma(ab))\Big) - \eta_b\Big(\xi_a(f \circ \sigma(ba))\Big) \qquad (6.11)$$

が成り立つ (最後の式は補題 6.17 による). 一方, $\sigma(X) \in \mathfrak{h}$ に対応する接ベクトルは定義より ξ^σ であるから, 同じ補題を使うと

$$([\sigma(X), \sigma(Y)](f))(e) = \xi_a^\sigma\Big(\eta_b^\sigma(f(ab))\Big) - \eta_b^\sigma\Big(\xi_a^\sigma(f(ba))\Big)$$
$$= \xi_a\Big(\eta_b(f(\sigma(a)\sigma(b)))\Big) - \eta_b\Big(\xi_a(f(\sigma(b)\sigma(a)))\Big)$$

だが, ここで σ が準同型であることから $\sigma(a)\sigma(b) = \sigma(ab)$ が成り立ち, 上式と (6.11) 式とは等しいことがわかる. □

系 6.21 G をアフィン代数群とし, K をその閉部分群とする. このとき包含写像 $\iota: K \hookrightarrow G$ の微分はリー環の包含写像 $\iota: \mathfrak{k} \hookrightarrow \mathfrak{g}$ を導く.

証明 包含写像 ι の導く単位元における接ベクトル空間の間の線型写像 $\iota: T_e K \to T_e G$ が単射であることを示せばよい. そこで $\xi \in T_e K$ を任意にとり, その ι による像を ξ^ι と書く. いま $\xi^\iota = 0$ であったとしよう. このとき, 任意の $f \in \mathbb{C}[G]$ に対して $\xi^\iota(f) = \xi(f \circ \iota) = 0$ である. ところが K は G の閉部分群であるから, 制限写像 $\mathbb{C}[G] \ni f \mapsto f \circ \iota \in \mathbb{C}[K]$ は全射である. したがって $\xi = 0$ でなければならない. □

系 6.22 G をアフィン代数群とし, K をその閉部分群とする. このとき K のリー環 $\mathfrak{k}$ は

$$\mathfrak{k} = \{X \in \mathfrak{g} \mid X(f)(e) = 0 \ (f \in \mathbb{I}(K))\}$$
$$= \{X \in \mathfrak{g} \mid X(f) = 0 \ (f \in \mathbb{I}(K))\}$$

で与えられる. ただし $\mathbb{I}(K) \subset \mathbb{C}[G]$ は K の零化イデアルである.

証明 包含写像 $\iota: K \to G$ によって導かれる制限写像 $\mathbb{C}[G] \ni f \mapsto f \circ \iota \in \mathbb{C}[K]$ の核がちょうど $\mathbb{I}(K)$ である. このとき $\mathbb{C}[K]$ の単位元における接ベクトルは $\mathbb{C}[G]$ において $\mathbb{I}(K)$ を消す接ベクトルと同一視できるから, 最初の等号を得る.

二番目の等号のうち包含関係 ⊃ は明らかである. 任意の $f \in \mathbb{I}(K)$ に対して

$X(f)(e) = 0$ なら $X \in \mathfrak{g}$ は左 G 不変であるから

$$0 = \rho_{\mathrm{L}}(k^{-1})(X(\rho_{\mathrm{L}}(k)f))(e) = (X(\rho_{\mathrm{L}}(k)f))(k) \quad (k \in K)$$

が成り立つ. f の代わりに始めから $\rho_{\mathrm{L}}(k^{-1})f$ を考えれば $X(f)(k) = 0$ である. よって逆の包含関係も成り立つ. □

さて, 代数群 G の有限次元表現 (π, V) をとる. すると定義より $\pi : G \to \mathrm{GL}(V)$ は代数群の準同型であるから, その微分はリー環の準同型 $\pi : \mathfrak{g} \to \mathfrak{gl}(V)$ を導く. 一般にリー環 $\mathfrak{g}$ から一般線型リー環 $\mathfrak{gl}(V)$ への準同型を $\mathfrak{g}$ の V 上の**表現**とよぶが, 上のようにして G の表現 π から得られた $\mathfrak{g}$ の表現を**微分表現**とよぶ. 微分表現はしばしば $d\pi$ のように表される.

我々は G のリー環 $\mathfrak{g}$ を左不変なベクトル場として定義し, 右正則表現を用いて G の $\mathfrak{g}$ 上の随伴表現を考えた. したがって準同型 $\mathrm{Ad} : G \to \mathrm{GL}(\mathfrak{g})$ が得られたことになる. この準同型 Ad の微分表現 $d\,\mathrm{Ad} : \mathfrak{g} \to \mathfrak{gl}(\mathfrak{g})$ を計算しておこう.

$X, Y \in \mathfrak{g}$ をとり, $\xi, \eta \in T_e G$ を対応する単位元におけるベクトル場とする. このとき

$$(\mathrm{Ad}(h)\eta)(f) = \rho_{\mathrm{R}}(h)(Y(\rho_{\mathrm{R}}(h^{-1})f))(e) = (Y(\rho_{\mathrm{R}}(h^{-1})f))(h)$$
$$= \eta(\rho_{\mathrm{L}}(h^{-1})\rho_{\mathrm{R}}(h^{-1})f) = \eta_a(f(hah^{-1}))$$

である. ただし, η_a は変数 $a \in G$ に関する微分であることを表している. 最後の式を $h \in G$ に関して ξ で微分したものが Ad の微分表現であるから,

$$(d\,\mathrm{Ad}(X)Yf)(e) = \xi_h(\eta_a f(hah^{-1})) = \xi_h \eta_a f(ha) - \xi_h \eta_a f(ah) \tag{6.12}$$

である. ここで $\xi_h \eta_a f(ah) = \eta_a \xi_h f(ah)$ であることに注意しよう. 実際

$$f(ah) = \sum_i v_i(a) w_i(h) \qquad (v_i, w_i \in \mathbb{C}[G])$$

と表すことができるから,

$$\xi_h \eta_a f(ah) = \sum_i \eta(v_i)\xi(w_i) = \eta_a \xi_h f(ah)$$

である. したがって (6.12) 式は

$$(d\,\mathrm{Ad}(X)Yf)(e) = \xi_h \eta_a f(ha) - \eta_a \xi_h f(ah) = ([X, Y]f)(e)$$

となることがわかる. ただし最後の等号では補題 6.17 を使った. 以上をまとめて次の定理を得る.

定理 6.23 G の $\mathfrak{g}$ 上の随伴表現 Ad の微分表現は ad で与えられる.

$$d\,\mathrm{Ad}(X)\,Y = [X,Y] = \mathrm{ad}(X)\,Y \qquad (X,Y \in \mathfrak{g})$$

6.6　$\mathrm{GL}_n(\mathbb{C})$ における指数写像

ここまで代数群とそのリー環の性質について代数的な手法のみを用いて説明してきたが, 解析的な手法もまた重要である. ここでは, リー環 $\mathfrak{g}$ をもつ代数群 G に対して指数写像 $\exp\colon \mathfrak{g}\to G$ を定義する. 指数写像はリー群論における基本的な道具であるが, 一般の代数閉体上の代数群では極限操作が必要であるために定義できない. しかし, 複素代数群においては $\mathrm{GL}_n(\mathbb{C})$ の指数写像を援用して定義することができる. 代数群の理論に指数写像を用いることによって, 閉部分群と部分リー環の対応が明瞭になるとともに, リー環を考えることによって代数群の基本事項の証明を簡易化できる.

一般の (複素) 代数群 G に対する指数写像 $\exp\colon \mathfrak{g}\to G$ は次の 3 つのステップを経て定義される.

(1) $\mathrm{GL}_n(\mathbb{C})$ のリー環が自然に $\mathfrak{gl}_n(\mathbb{C})$ と同一視されることに基づき, 行列の指数写像を用いて $\mathrm{GL}_n(\mathbb{C})$ の指数写像 $\exp\colon \mathfrak{gl}_n(\mathbb{C}) \to \mathrm{GL}_n(\mathbb{C})$ を定義する.

(2) 閉部分群 $G \subset \mathrm{GL}_n(\mathbb{C})$ に対して, $\mathfrak{g}$ をそのリー環とするとき, (1) の指数写像を部分リー環 $\mathfrak{g} \subset \mathfrak{gl}_n(\mathbb{C})$ に制限して G の指数写像 $\exp\colon \mathfrak{g}\to G$ を定義する.

(3) 一般の代数群 G に対して, ある閉部分群としての埋め込み $\iota\colon G \hookrightarrow \mathrm{GL}_n(\mathbb{C})$ をとって定義した指数写像が, 埋め込み ι の取り方に依存しないことを確かめる.

この節では, まずステップ (1) について述べる.

以下 $G = \mathrm{GL}_n(\mathbb{C})$ を一般線型群, そのリー環を $\mathfrak{g}$ とし, $\mathfrak{gl}_n(\mathbb{C}) = \mathrm{M}_n(\mathbb{C})$ と書く[6]. $g \in G$ に対して g の (i,j) 成分を取り出す座標関数を $x_{i,j}(g)$ と書けば $x_{i,j} \in \mathbb{C}[G]$ である. そこで $X \in \mathfrak{g} \subset \mathfrak{X}(G)$ に対して

$$A_X := (X(x_{i,j})(e))_{1 \le i,j \le n} \in \mathfrak{gl}_n(\mathbb{C})$$

とおくと, 対応

$$\mathfrak{g} \to \mathfrak{gl}_n(\mathbb{C}), \quad X \mapsto A_X$$

---

[6]　しばらくの間, G 上の左不変なベクトル場として定義されたリー環 $\mathfrak{g}$ と行列としてのリー環 $\mathfrak{gl}_n(\mathbb{C})$ を区別することにするが, もちろん両者は本来同じものである.

はリー環の同型である．ここでは指数写像 $\exp: \mathfrak{gl}_n(\mathbb{C}) \to \mathrm{GL}_n(\mathbb{C})$ を用いて，この対応の逆写像を構成する．

任意の行列 $A \in \mathfrak{gl}_n(\mathbb{C})$ に対して，行列の冪級数を

$$\exp A = \sum_{m=0}^{\infty} \frac{1}{m!} A^m$$

と定義すると，この級数は各成分ごとに絶対収束して $\mathrm{GL}_n(\mathbb{C})$ の元を定める．これを**指数写像** (exponential map) とよぶ．指数写像

$$\exp: \mathfrak{gl}_n(\mathbb{C}) \to G = \mathrm{GL}_n(\mathbb{C})$$

の各成分は $\mathfrak{gl}_n(\mathbb{C}) \simeq \mathbb{C}^{n^2}$ 上で複素解析的であるから，実変数 $t \in \mathbb{R}$ に対して $\exp tA$ の各成分は t の実解析関数となる．いま $A \in \mathfrak{gl}_n(\mathbb{C})$ に対して D_A を

$$D_A(f)(x) := \frac{d}{dt} f(x \exp tA) \Big|_{t=0} \qquad (f \in \mathbb{C}[G],\ x \in G)$$

によって定める．このとき $D_A(f)(x) \in \mathbb{C}[G]$ となることが次のようにしてわかる．積写像 $m: G \times G \to G$ に付随する代数準同型を $m^*: \mathbb{C}[G] \to \mathbb{C}[G] \otimes \mathbb{C}[G]$ とし

$$m^*(f) = \sum_{i=1}^{r} a_i \otimes b_i \qquad (a_i, b_i \in \mathbb{C}[G])$$

と書いておけば，$x \in G$ に対して

$$f(x \exp tA) = f(m(x, \exp tA)) = \sum_{i=1}^{r} a_i(x) b_i(\exp tA)$$

となる．明らかに $b_i(\exp tA)$ は解析関数であって

$$D_A(f)(x) = \sum_{i=1}^{r} a_i(x) \cdot \frac{d}{dt} b_i(\exp tA) \Big|_{t=0} \in \mathbb{C}[G]$$

が成り立つ．次の補題は容易に確かめられる．

補題 6.24 任意の $A \in \mathfrak{gl}_n(\mathbb{C})$ に対して $D_A \in \mathfrak{g} = \mathfrak{X}(G)^{L(G)}$ である．このようにして得られた写像 $D: \mathfrak{gl}_n(\mathbb{C}) \to \mathfrak{g}$, $A \mapsto D_A$ は同型写像 $\mathfrak{g} \to \mathfrak{gl}_n(\mathbb{C})$, $X \mapsto A_X$ の逆を与える．

演習 6.25 一般線型群 $G = \mathrm{GL}_2(\mathbb{C})$ において次の行列を A とするとき $\exp(tA)$ を計算せよ．

$$\begin{pmatrix} 1 & 0 \\ 0 & -1 \end{pmatrix}, \quad \begin{pmatrix} 0 & 1 \\ 0 & 0 \end{pmatrix}, \quad \begin{pmatrix} 0 & 0 \\ 1 & 0 \end{pmatrix}, \quad \begin{pmatrix} 0 & 1 \\ 1 & 0 \end{pmatrix}, \quad \begin{pmatrix} 0 & -1 \\ 1 & 0 \end{pmatrix}$$

6.7 代数群のリー環と指数写像

この節以降でも $\mathfrak{gl}_n(\mathbb{C})$ は行列のなすリー環であると考える．$G \subset \mathrm{GL}_n(\mathbb{C})$ を閉部分群とする．行列 $A \in \mathfrak{gl}_n(\mathbb{C})$ に対して $\exp tA \in G$ $(t \in \mathbb{R})$ ならば，G の零化イデアル $\mathbb{I}(G)$ の任意の元 $f \in \mathbb{I}(G)$ に対して $f(\exp tA) = 0$ であるから $D_A(f)(e) = 0$ となって系 6.22 より $D_A \in \mathfrak{g}$ がわかる．じつはこの逆も成り立つ．

定理 6.26 行列 $A \in \mathfrak{gl}_n(\mathbb{C})$ に対して，$D_A \in \mathfrak{g}$ であることと，任意の実数 $t \in \mathbb{R}$ に対して $\exp tA \in G$ が成り立つことは同値である．したがって

$$\mathfrak{g} = \{D_A \mid A \in \mathfrak{gl}_n(\mathbb{C}), \exp tA \in G \quad (t \in \mathbb{R})\}$$

が成り立つ．これによって $\mathfrak{g}$ を行列のなすリー環とみなすことにする．

証明 $A \in \mathfrak{gl}_n(\mathbb{C}), D_A \in \mathfrak{g}$ として，$\pi: \mathrm{GL}_n(\mathbb{C}) \to \mathrm{GL}_n(\mathbb{C})/G$ を商写像とする．このとき，基点 $eG \in X := \mathrm{GL}_n(\mathbb{C})/G$ のアフィン開近傍 $U' \subset X$ であって，逆像 $U := \pi^{-1}(U')$ が $\mathrm{GL}_n(\mathbb{C})$ のアフィン開集合，かつ

$$\pi^*(\mathcal{O}_X(U')) = \pi^*(\mathbb{C}[U']) = \mathbb{C}[U]^{\rho_R(G)}$$

となるようなものをとることができる (補題 5.24 および 補題 5.3 参照)．逆像 U は G の右作用で安定であることに注意する．$\pi^*(\mathbb{C}[U']) = \mathbb{C}[U]^{\rho_R(G)} = \mathbb{C}[f_1, \cdots, f_r]$ とし，$x_0 \in U$ を固定すれば，任意の $x \in U$ に対して

$$f_k(x) = f_k(x_0) \quad (1 \leq k \leq r) \iff xG = x_0 G$$

が成り立つ．特に $x_0 \in U$ に対する右剰余類 $x_0 G \subset U$ の $\mathbb{C}[U]$ における定義イデアル $\mathbb{I}_U(x_0 G)$ は

$$\mathbb{I}_U(x_0 G) = (f_1 - f_1(x_0), \cdots, f_r - f_r(x_0))$$

のように $f_k - f_k(x_0)$ $(k = 1, \cdots, r)$ で生成される．

$U \subset \mathrm{GL}_n(\mathbb{C})$ は e の開近傍であるから，十分小さな正数 $\varepsilon > 0$ に対して $-\varepsilon < t < \varepsilon$ ならば $\exp tA \in U$ としてよい．いま $1 \leq k \leq r$ を任意にとり，関数

$$F_k: (-\varepsilon, \varepsilon) \to \mathbb{C}, \qquad F_k(t) = f_k(\exp tA)$$

を考える．$f_k - f_k(e) \in \mathbb{I}_U(eG)$ であり，$D_A \in \mathfrak{g}$ であるから，

$$\begin{aligned}\frac{d}{dt}F_k(t)\Big|_{t=0} &= \frac{d}{dt}f_k(\exp tA)\Big|_{t=0} = \frac{d}{dt}\{f_k(\exp tA) - f_k(e)\}\Big|_{t=0} \\ &= D_A(f_k - f_k(e))(e) = 0\end{aligned}$$

次に，任意の $t_0 \in (-\varepsilon, \varepsilon)$ に対して

$$\frac{d}{dt}F_k(t)\Big|_{t=t_0} = 0 \tag{6.13}$$

を示そう．この式が示されれば，$F_k(t)$ は $(-\varepsilon, \varepsilon)$ 上の定数関数であって $t \in (-\varepsilon, \varepsilon)$ に対しては

$$f_k(e) = F_k(0) = F_k(t) = f_k(\exp tA),$$

となり，これより $\exp tA \in G$ ($|t| < \varepsilon$) がわかる．これを用いると，任意の実数 s に対して正の整数 m を十分大きくとって $s/m \in (-\varepsilon, \varepsilon)$ とできるから $\exp \frac{s}{m} A \in G$ である．一方，G は群であるから $\exp sA = (\exp \frac{s}{m} A)^m \in G$ である．これが示したいことであった．そこで，式 (6.13) を証明しよう．

さて，$t_0 \in (-\varepsilon, \varepsilon)$ に対して $x_0 = \exp t_0 A \in U$ とおくと，D_A は $\mathrm{GL}_n(\mathbb{C})$ 上の左不変なベクトル場であるから $(D_A)_{x_0} \in T_{x_0}(x_0 G)$ である（演習 6.19 参照）．また $f_k - f_k(x_0) \in \mathbb{I}_U(x_0 G)$ であるから

$$\begin{aligned}
0 &= (D_A)_{x_0}(f_k - f_k(x_0)) = (D_A)_{x_0}(f_k) \\
&= \frac{d}{ds} f_k(x_0 \exp sA)\Big|_{s=0} = \frac{d}{ds} f_k(\exp(t_0 + s)A)\Big|_{s=0} \\
&= \frac{d}{dt} f_k(\exp tA)\Big|_{t=t_0} = \frac{d}{dt} F_k(t)\Big|_{t=t_0}
\end{aligned}$$

したがって $\frac{d}{dt} F_k(t)\Big|_{t=t_0} = 0$ である． $\square$

命題 6.27 閉部分群 $G \subset \mathrm{GL}_n(\mathbb{C})$ に対して $\mathfrak{g} \subset \mathfrak{gl}_n(\mathbb{C})$ をそのリー環とする．$\rho: G \to \mathrm{GL}(V)$ を G の任意の有限次元表現とするとき，微分表現 $d\rho: \mathfrak{g} \to \mathfrak{gl}(V)$ に対して

$$d\rho(A)v = \frac{d}{dt}\{\rho(\exp tA)v\}\Big|_{t=0} \qquad (A \in \mathfrak{g}, \ v \in V) \tag{6.14}$$

が成り立つ．

証明 V の次元を m，また，V の基底を $v_1, v_2, \cdots, v_m$ とし，その双対基底 $v_1^*, v_2^*, \cdots, v_m^* \in V^*$ をとる．$g \in \mathrm{GL}(V)$ に対して $x_{i,j}(g) = v_i^*(gv_j)$ とおけば，$x_{i,j} \in \mathbb{C}[\mathrm{GL}(V)]$ は $\mathrm{GL}(V)$ の座標関数である．$A \in \mathfrak{g}$ に対して，$d\rho(A) \in T_e(\mathrm{GL}(V))$ は $d\rho(A) x_{i,j} = a_{i,j}$ とおくことにより $d\rho(A) = \tilde{A} = (a_{i,j}) \in \mathfrak{gl}(V)$ と同一視できるのであった．また，

$$a_{i,j} = d\rho(A) x_{i,j} = \frac{d}{dt} x_{i,j}(\rho(\exp tA))\Big|_{t=0} = \frac{d}{dt}\{v_i^*(\rho(\exp tA) v_j)\}\Big|_{t=0}$$

である. さて (6.14) 式は両辺ともに線型であるから $v=v_j$ として示せば十分である.

$$\frac{d}{dt}\{\rho(\exp tA)\,v_j\}\Big|_{t=0} = \frac{d}{dt}\Big\{\sum_{i=1}^m v_i^*(\rho(\exp tA)\,v_j)v_i\Big\}\Big|_{t=0}$$
$$= \sum_{i=1}^m \Big(\frac{d}{dt}\{v_i^*(\rho(\exp tA)\,v_j)\}\Big|_{t=0}\Big)v_i$$
$$= \sum_{i=1}^m a_{i,j}v_i = \tilde{A}v_j = d\rho(A)\,v_j$$

となって, $v=v_j$ に対して (6.14) が示された. □

定理 6.28 $G \subset \mathrm{GL}_n(\mathbb{C})$ を閉部分群とし, $\rho: G \to \mathrm{GL}(V)$ を G の有限次元表現とする. このとき微分表現 $d\rho: \mathfrak{g} \to \mathfrak{gl}(V)$ に対して, 次の図式は可換である.

$$\begin{array}{ccc} \mathfrak{g} & \xrightarrow{d\rho} & \mathfrak{gl}(V) \\ {\scriptstyle \exp}\Big\downarrow & & \Big\downarrow{\scriptstyle \exp} \\ G & \xrightarrow{\rho} & \mathrm{GL}(V) \end{array} \qquad (6.15)$$

証明 任意の $A \in \mathfrak{g}$ と任意の $t \in \mathbb{R}$ に対して

$$\rho(\exp(tA)) = \exp(d\rho(tA)) \qquad (6.16)$$

を示せばよい. t の解析関数を成分にもつ行列

$$M(t) = \rho(\exp(tA))^{-1}\exp(d\rho(tA)) = \rho(\exp(-tA))\cdot\exp(d\rho(tA))$$

を考える. 命題 6.27 より,

$$\frac{d}{dt}\{M(t)\}\Big|_{t=0}$$
$$= \frac{d}{dt}\{\rho(\exp(-tA))\}\Big|_{t=0}\cdot\exp(0) + \rho(\exp(0))\cdot\frac{d}{dt}\{\exp(d\rho(tA))\}\Big|_{t=0}$$
$$= -d\rho(A) + d\rho(A) = 0$$

が成り立つ. 次に, 任意の $t_0 \in \mathbb{R}$ に対して, $\frac{d}{dt}\{M(t)\}|_{t=t_0}=0$ を示す.

$$M(t) = \rho(\exp(-t_0 A))\cdot M(t-t_0)\cdot\exp(d\rho(t_0 A))$$

が容易にわかるから,

$$\frac{d}{dt}\{M(t)\}\Big|_{t=t_0} = \rho(\exp(-t_0 A))\frac{d}{dt}\{M(t-t_0)\}\Big|_{t=t_0}\exp(d\rho(t_0 A))$$
$$= \rho(\exp(-t_0 A))\frac{d}{dt}\{M(t)\}\Big|_{t=0}\exp(d\rho(t_0 A)) = 0$$

であり，したがって $M(t)$ は定数行列である．よって $M(t) = M(0) = 1_V$ が成り立ち，(6.16) が得られた． □

定理 6.28 を埋め込み $\rho: G \hookrightarrow \mathrm{GL}_m(\mathbb{C})$ に適用すると，図式 (6.15) の左側の exp は，元の埋め込み $G \subset \mathrm{GL}_n(\mathbb{C})$ に関する指数写像 $\exp: \mathfrak{gl}_n(\mathbb{C}) \to \mathrm{GL}_n(\mathbb{C})$ の $\mathfrak{g}$ への制限であり，図式の可換性は，この $\exp: \mathfrak{g} \to G$ が新たな埋め込み先の指数写像 $\exp: \mathfrak{gl}_m(\mathbb{C}) \to \mathrm{GL}_m(\mathbb{C})$ の制限に一致することを意味している．以上で，代数群 G の指数写像 $\exp: \mathfrak{g} \to G$ は埋め込み $G \subset \mathrm{GL}_n(\mathbb{C})$ のとり方に依存せずに定義されることが分かった．

定理 6.26 と定理 6.28 の結果を表現によらない形にまとめたものが次の定理である．証明はすでに説明したことから明らかであろう．

定理 6.29 G を代数群，そのリー環を $\mathfrak{g}$ とする．
(1) $H \subset G$ を閉部分群，そのリー環を $\mathfrak{h}$ とするとき，次が成り立つ．
$$\mathfrak{h} = \{A \in \mathfrak{g} \mid \exp tA \in H \ (t \in \mathbb{R})\}$$
(2) $\rho: G \to H$ を代数群の準同型とする．このとき，次の図式は可換である．

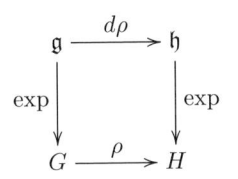

$$\begin{array}{ccc} \mathfrak{g} & \xrightarrow{d\rho} & \mathfrak{h} \\ \exp \downarrow & & \downarrow \exp \\ G & \xrightarrow{\rho} & H \end{array}$$

演習 6.30 $\rho: G \to H$ を代数群の準同型とし，K を G の閉部分群とする．K のリー環を $\mathfrak{k}$ とするとき，$d\rho(\mathfrak{k})$ は $\rho(K)$ のリー環と一致することを示せ．[ヒント] 定理 5.10 によって，$\rho(K)$ が H の閉部分群であることに注意せよ．

指数写像によるリー環の特徴付けを用いて，固定部分群のリー環を次のように表すことができる．

命題 6.31 線型代数群 G がアフィン多様体 X に作用しているとする．このとき $x \in X$ における固定部分群 $H := G_x$ のリー環 $\mathfrak{h}$ は次のように与えられる．アフィン代数多様体の射
$$\psi: G \to X, \qquad \psi(g) = gx$$
を考えると，その微分は線型写像 $d\psi: T_e G \to T_x X$ を導くが，このとき

$$\mathfrak{h} = \{Y \in \mathfrak{g} \mid d\psi(Y_e) = 0\}$$

である．つまり $\mathfrak{h} = \ker d\psi$ が成り立つ．

証明 X はアフィン多様体であるから，$x \in X$ に対応する $\mathbb{C}[X]$ の極大イデアルを $\mathfrak{m}_x$ で表せば

$$H = \{g \in G \mid f(gx) = 0 \; (f \in \mathfrak{m}_x)\} \tag{6.17}$$

が成り立つ．実際 $\mathfrak{m}_x$ は一点 $\{x\}$ の零化イデアルである．さて $\psi^*: \mathbb{C}[X] \to \mathbb{C}[G]$ を ψ が誘導する代数の射とすると，式 (6.17) より

$$\mathbb{I}(H) = \sqrt{(\psi^*(f) \mid f \in \mathfrak{m}_x)}$$

が成り立つ．そこで $Y \in \mathfrak{h}$ に対応するベクトル場を $\eta = Y_e \in T_e G$ とすると，系 6.22 より $\eta(\mathbb{I}(H)) = 0$ であり，したがって $\eta(\psi^*(\mathfrak{m}_x)) = 0$ が成り立つ．一方 $\mathfrak{m}_x = \{F - F(x) \mid F \in \mathbb{C}[X]\}$ であることに注意すると，任意の正則関数 $F \in \mathbb{C}[X]$ に対して

$$\begin{aligned}
0 &= \eta(\psi^*(F - F(x))) = \eta(\psi^*(F)) - \eta(F(x)) \\
&= \eta(\psi^*(F)) \quad (\because F(x) \in \mathbb{C} \text{ は定数}) \\
&= d\psi(\eta)(F) \quad (\text{微分 } d\psi \text{ の定義})
\end{aligned}$$

であるから $\eta \in \ker d\psi$ が示された．つまり $\mathfrak{h} \subset \ker d\psi$ である．

逆の包含関係を示す．$d\psi(\eta) = 0$ とすれば，任意の $f \in \mathbb{C}[X]$ に対して

$$\frac{d}{ds} f((\exp sY)x) \Big|_{s=0} = d\psi(\eta)(f) = 0$$

である．そこで $f(z)$ の代わりに $F(z) = f(\exp(tY)z)$ を考えれば，

$$0 = \frac{d}{ds} F((\exp sY)x) \Big|_{s=0} = \frac{d}{ds} f((\exp(t+s)Y)x) \Big|_{s=0} = \frac{d}{dt} f((\exp tY)x)$$

であって，結局 $f((\exp tY)x) = f(x) \; (\forall t \in \mathbb{R})$ であることがわかる．$f \in \mathbb{C}[X]$ は任意だったから，これは $(\exp tY)x = x$，つまり $\exp(tY) \in H$ を意味する．定理 6.26 によって $Y \in \mathfrak{h}$ である．$\square$

系 6.32 代数群 G がアフィン代数多様体 X に作用しているとする．点 $x \in X$ を通る軌道 $\mathcal{O} = G \cdot x$ を考え，x の固定部分群を G_x，そのリー環を $\mathfrak{g}_x$ とすると，x における $\mathcal{O}$ の接空間は $T_x \mathcal{O} \simeq \mathfrak{g}/\mathfrak{g}_x$ で与えられる．

証明 写像 $\psi : G \to \mathcal{O}$ を $\psi(g) = g \cdot x$ で定めると，これは全射であるから，附録の系 16.35 より微分写像 $d_g \psi : T_g G \to T_{gx} \mathcal{O}$ が全射になるような $g \in G$ が存在する．軌道には G が推移的に働いているから，g^{-1} で移動することにより，微分写像 $d_e \psi : \mathfrak{g} \to T_x \mathcal{O}$ も全射である．命題 6.31 より $\ker d_e \psi = \mathfrak{g}_x$ であるから $T_x \mathcal{O} \simeq \mathfrak{g} / \ker d_e \psi = \mathfrak{g}/\mathfrak{g}_x$ である． $\square$

例 6.33 随伴作用 $G \curvearrowright \mathfrak{g}$ を考えよう．このとき $x \in \mathfrak{g}$ に対してその固定部分群

$$G_x = \{g \in G \mid \mathrm{Ad}(g)x = x\} \tag{6.18}$$

のリー環は

$$\mathfrak{g}_x = \{y \in \mathfrak{g} \mid [x,y] = 0\} = \ker \mathrm{ad}\, x \tag{6.19}$$

で与えられる．したがって随伴軌道 $\mathrm{Ad}(G)\,x = \{\mathrm{Ad}(g)x \mid g \in G\} \simeq G/G_x$ の接空間は

$$T_x(\mathrm{Ad}(G)x) \simeq \mathfrak{g}/\mathfrak{g}_x \simeq [\mathfrak{g}, x]$$

と同型である．最後の同型は，線型写像 $\mathrm{ad}\, x : \mathfrak{g} \to \mathfrak{g}$ の像が $\mathrm{ad}\, x(\mathfrak{g}) = [\mathfrak{g}, x]$ であることと準同型定理よりわかる．したがって随伴軌道 $\mathrm{Ad}(G)\,x$ の次元は $\dim G/G_x = \mathrm{rank}\, \mathrm{ad}\, x = \dim [x, \mathfrak{g}]$ に一致する．

定理 6.34 G を連結代数群とし，そのリー環を $\mathfrak{g}$ とすれば $G = \langle \exp(\mathfrak{g}) \rangle$ が成り立つ．ここに $\langle \exp(\mathfrak{g}) \rangle$ は抽象群 G の部分集合 $\exp(\mathfrak{g})$ が生成する部分群である．

証明 リー群の解析的理論を援用して示す．附録の定理 16.27 にあるように，G は複素多様体であり，$\varphi := \exp : \mathfrak{g} \to G$ は複素多様体の正則写像である．原点 $0 \in \mathfrak{g}$ における $\mathfrak{g}$ の (複素多様体としての) 接空間は $\mathfrak{g}$ と同一視され，$e \in G$ における G のそれも $\mathfrak{g}$ と同一視される．そこで，複素多様体の正則写像 φ の 0 における微分 $(d\varphi)_0 : \mathfrak{g} \to \mathfrak{g}$ を計算すると，$A \in \mathfrak{g}$ および $e \in G$ の周りの解析関数 f に対して

$$(d\varphi)_0(A)(f) = A(f \circ \varphi)(0) = \frac{d}{dt}\{f(\exp(tA))\}\Big|_{t=0} = D_A(f)(e)$$

である．したがって $(d\varphi)_0(A) = D_A$ となるから，微分 $(d\varphi)_0$ は線型同型である．逆関数の定理により，$0 \in \mathfrak{g}$ の複素位相による開近傍 $U \subset \mathfrak{g}$ と $e \in G$ の複素位相による開近傍 $V \subset G$ が存在して，φ を通じて U と V は双正則となる．V は複素位相による位相群 G の単位元 e の開近傍であるから，位相群 G の連結成分を

生成する ([69, 定理 1.16]). ザリスキ位相で既約なアフィン多様体は複素位相で連結だから ([33, Book3, Theorem 7.1]), V は G を生成する. したがって $\exp(\mathfrak{g})$ も G を生成する. □

定理 6.34 の応用を二つあげておこう.

補題 6.35 G の有限次元表現 (π, V) の微分表現を $(d\pi, V)$ とする. このとき G が連結ならば π が既約であることと $d\pi$ が既約であることは同値である.

証明 π が自明でない部分表現を含めば, それが $d\pi$ で安定になることは容易にわかる. したがって $d\pi$ が既約であれば π は既約である. そこで π を既約として $d\pi$ の既約性を導こう. $U \subset V$ を $d\pi(\mathfrak{g})$ によって安定な部分空間とすると, 明らかに $\exp(\mathfrak{g})$ によっても安定であるが, 定理 6.34 によって $G = \langle \exp(\mathfrak{g}) \rangle$ だから U は $\pi(G)$ の作用で安定な部分空間となる. (π, V) の既約性により U は自明な部分空間である. □

補題 6.36 G を連結な代数群とする. G の二つの表現 (π, V) および (τ, W) に対して, π と τ が同値であるための必要十分条件は, 微分表現 $d\pi$ と $d\tau$ が $\mathfrak{g}$ の表現として同値であることである.

証明 まず微分表現が同値であるとする. すると, ある線型同型 $T : V \to W$ が存在して,
$$T d\pi(X) = d\tau(X) T \qquad (X \in \mathfrak{g})$$
が成り立つ. この式は $v \in V, \omega \in W^*$ をとって
$$\omega(T d\pi(X) v - d\tau(X) T v) = 0 \qquad (X \in \mathfrak{g})$$
と表される. 指数写像を用いれば, 補題 6.35 の証明とまったく同様にして
$$\omega(T \pi(g) v - \tau(g) T v) = 0 \qquad (g \in G)$$
がわかる. したがって $T\pi(g) = \tau(g) T$ が成り立ち π と τ は同値である. 一方この式を微分することによって逆が得られる. □

章末問題

問題 6.1 代数群 G の有限次元表現 (π, V) を考えよう. $v \in V$ を通る軌道を $\mathbb{O}_v = \pi(G) v \subset V$ と書く. また π の微分表現を $d\pi : \mathfrak{g} \to \mathfrak{gl}(V)$ で表そう. この

とき $T_v\mathbb{O}_v \simeq \{d\pi(X)v \mid X \in \mathfrak{g}\}$ であることを示せ．

問題 6.2 正方行列 $A \in \mathrm{M}_n(\mathbb{C})$ に対して $\det(\exp A) = \exp(\operatorname{trace} A)$ が成り立つことを示せ．このことから $G = \mathrm{SL}_n(\mathbb{C})$ のリー環は

$$\mathfrak{sl}_n(\mathbb{C}) = \{A \in \mathrm{M}_n(\mathbb{C}) \mid \operatorname{trace} A = 0\}$$

であることを示せ．

問題 6.3 n 次正方行列を考え，U を対角成分が 1 である上半三角行列のなす $\mathrm{GL}_n(\mathbb{C})$ の極大冪単部分群とし，$\mathfrak{u}$ を対角成分が 0 である上半三角行列のなすリー環とする．

(1) U のリー環が $\mathfrak{u}$ であることを示せ．
(2) 指数写像 $\exp : \mathfrak{u} \to U$ は代数多様体としての同型写像であることを示せ．

問題 6.4 代数群 G が代数多様体 X に作用しているとする．一点 $x \in X$ の固定部分群 G_x を考えると，G_x は接空間 T_xX に自然に作用することを示せ．これを**等方表現** (isotropic representation) とよぶ．

問題 6.5 一般線型群 $G = \mathrm{GL}_n(\mathbb{C})$ のリー環 $\mathfrak{g}$ は自然に $\mathrm{M}_n(\mathbb{C})$ と同一視され，G は随伴表現によってリー環 $\mathfrak{g} = \mathrm{M}_n(\mathbb{C})$ に作用するのであった．

(1) G の随伴表現は $g \in G$ に対して $\operatorname{Ad}(g)x = gxg^{-1}$ $(x \in \mathrm{M}_n(\mathbb{C}))$ で与えられることを示せ．
(2) 行列 $x \in \mathrm{M}_n(\mathbb{C})$ が相異なる n 個の固有値を持つとき，随伴作用に関する固定部分群は $G_x \simeq (\mathbb{C}^\times)^n$ (n 次元トーラスと同型) であることを示せ．
(3) (2) の状況において，等方表現 $G_x \curvearrowright T_x\mathfrak{g} \simeq [\mathfrak{g}, x]$ のウェイト分解を求めよ．

第 7 章

簡約リー環とその表現

この章では前章に引き続き,リー環について考えるが,代数群との関係を離れて,むしろリー環独自の構造やその表現について述べる.リー環の一般的な性質や構造については多くの蓄積があり,よい教科書も多数出版されている (例えば [54], [66], [57], [71], [13], [5] など). しかし,我々はリー環の一般論を論じるわけではなく,ここで問題にするのはリー環の簡約性や半単純性であり,リー環の表現の完全可約性である.簡約性と密接に関係した性質であるジョルダン分解や Jacobson-Morozov の定理を紹介し,リー環が簡約・半単純であるための条件を論ずる.

7.1 リー環論の基本事項

この節では,本書で必要となるリー環の構造論の基本事項をまとめておく.定理等の証明は述べないが,いずれも佐武一郎『リー環の話』[54] から引用したものなので,証明については [54] を参照して頂きたい.

$\mathfrak{g}$ をリー環とする. V を $\mathbb{C}$ 上のベクトル空間とし,$\mathfrak{g}$ から $\mathfrak{gl}(V)$ へのリー環としての準同型 $\rho: \mathfrak{g} \to \mathfrak{gl}(V)$ をリー環 $\mathfrak{g}$ の表現というのであった.例えば

$$\mathrm{ad}: \mathfrak{g} \to \mathfrak{gl}(\mathfrak{g}), \quad \mathrm{ad}(X)Y = [X, Y] \quad (X, Y \in \mathfrak{g})$$

とおけば,ad はリー環 $\mathfrak{g}$ の表現となる.これをリー環の**随伴表現** (adjoint representation) という.表現 ad の核 Ker(ad) は $\mathfrak{g}$ のイデアルとなるが,

$$\mathfrak{z}(\mathfrak{g}) := \mathrm{Ker}(\mathrm{ad}) = \{X \in \mathfrak{g} \mid [X, Y] = 0 \quad (\forall Y \in \mathfrak{g})\}$$

とおき,$\mathfrak{z}(\mathfrak{g})$ をリー環 $\mathfrak{g}$ の**中心** (center) という.また,リー環 $\mathfrak{g}$ に対して,

$$D(\mathfrak{g}) := [\mathfrak{g}, \mathfrak{g}] = \mathrm{span}_{\mathbb{C}} \{[x, y] \mid x, y \in \mathfrak{g}\}$$

とおき,これを**導来イデアル** (derived ideal) あるいは単に交換子環とよぶ.帰納

的に
$$D^k(\mathfrak{g}) := D(D^{k-1}(\mathfrak{g})) \quad (k \geq 1) \quad (\text{ただし, } D^0(\mathfrak{g}) = \mathfrak{g})$$
と定義すれば, $D^k(\mathfrak{g})$ はいずれも $\mathfrak{g}$ のイデアルである. 整数 $r \geq 1$ が存在して $D^r(\mathfrak{g}) = \{0\}$ となるとき, $\mathfrak{g}$ を**可解リー環** (solvable Lie algebra) という.

演習 7.1 $\mathfrak{b}_n$ を $\mathfrak{gl}_n(\mathbb{C})$ の上半三角行列全体の集合とする.
$$\mathfrak{b}_n = \left\{ \begin{pmatrix} * & & * \\ & \ddots & \\ 0 & & * \end{pmatrix} \right\} \subset \mathfrak{gl}_n(\mathbb{C})$$
このとき, $\mathfrak{b}_n$ は可解リー環となることを示せ.

リー環 $\mathfrak{g}$ に対して, 部分空間 $C^k(\mathfrak{g})$ を
$$C^0(\mathfrak{g}) = \mathfrak{g}, \quad C^k(\mathfrak{g}) = [\mathfrak{g}, C^{k-1}(\mathfrak{g})] \quad (k \geq 1)$$
により定める. $C^k(\mathfrak{g})$ はいずれも $\mathfrak{g}$ のイデアルであって, イデアルの降鎖列
$$\mathfrak{g} = C^0(\mathfrak{g}) \supset C^1(\mathfrak{g}) \supset C^2(\mathfrak{g}) \supset \cdots$$
が得られる. これを $\mathfrak{g}$ の**降中心列** (decsending central series) とよぶ. 整数 $r \geq 1$ が存在して $C^r(\mathfrak{g}) = \{0\}$ となるとき, $\mathfrak{g}$ を**冪零リー環** (nilpotent Lie algbera) という.

演習 7.2 $\mathfrak{n}_n$ を $\mathfrak{gl}_n(\mathbb{C})$ の対角成分がすべて 0 である上半三角行列全体の集合とする.
$$\mathfrak{n}_n = \left\{ \begin{pmatrix} 0 & & * \\ & \ddots & \\ 0 & & 0 \end{pmatrix} \right\} \subset \mathfrak{gl}_n(\mathbb{C})$$
このとき, $\mathfrak{n}_n$ は冪零リー環となることを示せ.

定理 7.3 ([54, §3.4, 定理 6]) 部分リー環 $\mathfrak{g} \subset \mathfrak{gl}(V)$ に対して, $\mathfrak{g}$ の任意の元が V の冪零変換であることと, V の適当な基底に関して $\mathfrak{g} \subset \mathfrak{n}_n$ となることは同値である.

演習 7.4 リー環 $\mathfrak{g}$ に対して, $\mathfrak{g}$ が冪零リー環であることと, 任意の $x \in \mathfrak{g}$ に対して $\mathrm{ad}(x) \in \mathfrak{gl}(\mathfrak{g})$ が冪零変換となることが同値であることを上の定理を用いて示せ.

可解リー環に関して次が成り立つ ([54, §4.1, 定理 1]).

定理 7.5 (リーの定理) $\rho : \mathfrak{g} \to \mathfrak{gl}(V)$ をリー環 $\mathfrak{g}$ の n 次元ベクトル空間 V における表現とする．$\mathfrak{g}$ が可解ならば，V の適当な基底に関して $\rho(\mathfrak{g}) \subset \mathfrak{b}_n$ となる．特に $\mathfrak{g}$ が $\mathfrak{gl}(V)$ の部分リー環ならば，$\mathfrak{g}$ が可解であることと，V の適当な基底に関して $\mathfrak{g} \subset \mathfrak{b}_n$ となることは同値である．

定義 7.6 リー環 $\mathfrak{g}$ のすべての可解イデアルの和は $\mathfrak{g}$ の最大の可解イデアルである ([54, §6.1, 定理 1])．これを $\mathrm{rad}(\mathfrak{g})$ で表し，$\mathfrak{g}$ の**根基** (radical) という．リー環 $\mathfrak{g}$ の根基が $\mathrm{rad}(\mathfrak{g}) = \{0\}$ となるとき，$\mathfrak{g}$ を**半単純リー環** (semisimple Lie algebra) という．

$\mathfrak{g}$ が単純リー環 (イデアル) の直和であるときに半単純リー環とする定義も流布しているが，両者は同値である ([54, §6] を参照)．ここで，リー環 $\mathfrak{h}$ が**単純** (simple) であるとは，可換でなく，$\{0\}$ と $\mathfrak{h}$ 自身しかイデアルをもたないリー環のことなのであった．半単純リー環 $\mathfrak{g}$ においては，

$$\mathrm{Ker}(\mathrm{ad}) = \mathfrak{z}(\mathfrak{g}) = \mathrm{rad}(\mathfrak{g}) = \{0\}$$

が成立つから，随伴表現 $\mathrm{ad} : \mathfrak{g} \to \mathfrak{gl}(\mathfrak{g})$ は単射となる．

以上の準備のもとに，一般のリー環の構造に関して次が成り立つ．

定理 7.7 リー環 $\mathfrak{g}$ に対して，商 $\mathfrak{g}/\mathrm{rad}(\mathfrak{g})$ は半単純リー環である．

リー環の表現が既約であること，完全可約であることは，代数群の表現の場合と同様に定義する．次の定理はリー環の表現論において極めて重要である．本書では，リー環の表現論に基づき，代数群の簡約性と同値な条件をいくつか考察するが，その際にも，この定理の寄与は決定的である ([54, §7.3, 定理 3])．

定理 7.8 (Weyl) 半単純リー環の有限次元表現は完全可約である．

ここで，リー環の元が半単純あるいは冪零であるという性質について考察しておきたい．半単純とか冪零という概念は，本来，線型変換における概念であって，リー環 $\mathfrak{gl}_n(\mathbb{C}) = \mathrm{End}(\mathbb{C}^n)$ においては，$x \in \mathfrak{gl}_n(\mathbb{C})$ に対して

x が半単純 $\iff$ $g \in \mathrm{GL}_n(\mathbb{C})$ が存在して gxg^{-1} が対角行列となる

x が冪零 $\iff$ $x^p = 0 \quad (p \gg 1)$

とすればそれで済む．一般のリー環 $\mathfrak{g}$ に対しては，埋め込み（単射準同型）$\rho : \mathfrak{g} \hookrightarrow \mathfrak{gl}_n(\mathbb{C})$ をとって，$x \in \mathfrak{g}$ が半単純（冪零）ということを $\rho(x)$ が半単純

（冪零）であることとして定義するのが自然であるが，次のような例があって，これではうまくいかない．

例 7.9 1次元可換リー環 $\mathfrak{g} = \mathbb{C}$ を考え，次の2つの埋め込みをとる．

$$\rho_s : \mathfrak{g} \to \mathfrak{gl}_2(\mathbb{C}),\ \rho_s(t) = \begin{pmatrix} t & 0 \\ 0 & -t \end{pmatrix}, \quad \rho_n : \mathfrak{g} \to \mathfrak{gl}_2(\mathbb{C}),\ \rho_n(t) = \begin{pmatrix} 0 & t \\ 0 & 0 \end{pmatrix}$$

線型変換として $\rho_s(1)$ は半単純であり，$\rho_n(1)$ は冪零となる．

後ほど，代数群の表現の微分表現においては (群構造の制約なしに)，このようなことは起こらないことを示す．すなわち，代数群の埋め込みの微分表現によって半単純（冪零）に表現されるリー環の元は，どのような微分表現にを考えても半単純（冪零）に表現されるのである．一方で，代数群の微分表現でなくても，リー環を半単純リー環に限ってしまえば，そのリー環の構造の堅さのゆえに上記のような不都合は起こらない．これを説明する前に，まず線型変換のジョルダン分解について復習しておく ([53, p. 146])．

定理 7.10 V を有限次元ベクトル空間とし，$x \in \mathrm{End}(V)$ を V 上の線型変換とする．このとき，半単純 (対角化可能) な線型変換 $x_s \in \mathrm{End}(V)$ と冪零な線型変換 $x_n \in \mathrm{End}(V)$ で

$$x = x_s + x_n, \qquad [x_s, x_n] = 0$$

を満たすものが一意的に存在する．さらに，定数項が0の多項式 $P(t) \in \mathbb{C}[t]$ で $x_s = P(x)$ となるものが存在する．

この定理における分解 $x = x_s + x_n$ を線型変換 $x \in \mathrm{End}(V)$ の**ジョルダン分解** (Jordan decomposition) という．

半単純リー環 $\mathfrak{g}$ の半単純元，冪零元，ジョルダン分解は，埋め込み $\mathfrak{g} \hookrightarrow \mathfrak{gl}(V) = \mathrm{End}(V)$ をとって定義する．次の定理は，埋め込みを用いて定義されたそれらの概念が埋め込みのとり方に依存しないことを主張している ([54, §8.1, 補題 3, 4])．

定理 7.11 $\mathfrak{g}$ を半単純リー環とする．このとき，次が成り立つ．

(1) $\mathfrak{g} \hookrightarrow \mathfrak{gl}(V)$ をリー環 $\mathfrak{g}$ の埋め込み（忠実な表現）とする．$x \in \mathfrak{g}$ の $\mathfrak{gl}(V)$ におけるジョルダン分解を $x = x_s + x_n$ とすれば，$x_s, x_n \in \mathfrak{g}$ が成り立つ．

(2) $x = x_s + x_n$ を (1) の埋め込みに関する $x \in \mathfrak{g}$ のジョルダン分解とすれば，任意の表現 $\rho : \mathfrak{g} \to \mathfrak{gl}(W)$ に対して，

$$\rho(x) = \rho(x_s) + \rho(x_n) \in \mathfrak{gl}(W)$$

は $\rho(x)$ の $\mathfrak{gl}(W)$ におけるジョルダン分解を与える．特に，(1) の埋め込みに関して x が半単純ならば $\rho(x)$ も半単純であり，x が冪零ならば $\rho(x)$ も冪零である．

この定理によって決まる，半単純リー環 $\mathfrak{g}$ の元 x の普遍的な分解 $x = x_s + x_n$ を $\mathfrak{g}$ における**ジョルダン分解**という．また，$x = x_s$ のとき**半単純元** (semisimple element)，$x = x_n$ のとき**冪零元** (nilpotent element) という．

注意 7.12 定理 7.11 (1) における埋め込みは，どのような埋め込みであってもよい．$\mathfrak{g}$ は半単純であるから，随伴表現 $\mathrm{ad} : \mathfrak{g} \to \mathfrak{gl}(\mathfrak{g})$ は単射であって，(1) における埋め込みとして，随伴表現を採用することができる．したがって，$x \in \mathfrak{g}$ に対して，

$$x \text{ が半単純} \iff \mathrm{ad}(x) \text{ が半単純}, \quad x \text{ が冪零} \iff \mathrm{ad}(x) \text{ が冪零}$$

であり，x のジョルダン分解とは，$\mathrm{ad}(x) = \mathrm{ad}(x_s) + \mathrm{ad}(x_n)$ が $\mathrm{ad}(x) \in \mathfrak{gl}(\mathfrak{g})$ のジョルダン分解を与えるような x の分解 $x = x_s + x_n$ $(x_s, x_n \in \mathfrak{g})$ のことである．

7.2 $\mathfrak{sl}_2$ の表現論

リー環論の復習の最後に，$\mathfrak{sl}_2$ の表現について説明しておく．

$$\mathfrak{sl}_2(\mathbb{C}) = \{X \in \mathrm{M}_2(\mathbb{C}) \mid \mathrm{trace}(X) = 0\}$$

は次の 3 つの元で $\mathbb{C}$ 上張られる単純リー環である．

$$h = \begin{pmatrix} 1 & 0 \\ 0 & -1 \end{pmatrix}, \quad x = \begin{pmatrix} 0 & 1 \\ 0 & 0 \end{pmatrix}, \quad y = \begin{pmatrix} 0 & 0 \\ 1 & 0 \end{pmatrix} \tag{7.1}$$

この 3 つの元が関係式

$$[h, x] = 2x, \quad [h, y] = -2y, \quad [x, y] = h \tag{7.2}$$

を満たすことは容易に確かめられる．

演習 7.13 h, x, y が関係式 (7.2) を満たすことを確かめ，$\mathfrak{sl}_2(\mathbb{C})$ が単純リー環であることを示せ．

$\mathfrak{sl}_2(\mathbb{C})$ は半単純リー環であるから，Weyl の定理 (定理 7.8) により，任意の有

限次元表現は完全可約である.また,埋め込み $\mathfrak{sl}_2(\mathbb{C}) \hookrightarrow \mathfrak{gl}_2(\mathbb{C})$ に関して,h は半単純,x, y は冪零であるから,任意の有限次元表現に関して,h は半単純に,x, y は冪零に表現される.

さて,V を $\mathfrak{sl}_2(\mathbb{C})$ の有限次元既約表現とする.$A \in \mathfrak{sl}_2(\mathbb{C})$ の $v \in V$ への作用を Av で表す.h の V への作用は半単純であるから,V は h に関する固有空間の直和に

$$V = \bigoplus_{\lambda \in \mathbb{C}} V_\lambda, \qquad V_\lambda = \{v \in V \mid hv = \lambda v\}$$

と分解する (ウェイト空間分解).h の固有値を**ウェイト**,固有ベクトルを**ウェイト・ベクトル**とよぶ[1].いま,$v \in V$ のウェイトが λ であるとすると関係式 (7.2) から,

$$h(xv) = [h,x]v + x(hv) = 2xv + \lambda xv = (2+\lambda)xv$$

が成り立つので $xv \in V_{\lambda+2}$ である.y についても同様であるから

$$xV_\lambda \subset V_{\lambda+2}, \qquad yV_\lambda \subset V_{\lambda-2}$$

が成り立つ.一方,V は有限次元であるからウェイトは有限個しかなく,$V_m \neq \{0\}, V_{m+2} = \{0\}$ となる $m \in \mathbb{C}$ が存在する.この m に対して $v_0 \in V_m \setminus \{0\}$ をとり,

$$v_j = \frac{1}{j!} y^j v_0 \quad (j \geq 0); \qquad v_{-1} = 0$$

とおけば,やはり関係式 (7.2) から次が導かれる.

$$h v_j = (m-2j) v_j, \quad x v_j = (m-j+1) v_{j-1}, \quad y v_j = (j+1) v_{j+1} \qquad (7.3)$$

y は冪零だから,$v_k \neq 0, v_{k+1} = 0$ となる k が存在する.関係式 (7.3) の第 2 式を $j = k+1$ として適用すれば,$m = k$ となって m は整数であることが分かる.また v_j $(0 \leq j \leq m)$ で張られる空間 $\mathrm{span}_{\mathbb{C}}\{v_0, v_1, \cdots, v_m\}$ は $\mathfrak{sl}_2(\mathbb{C})$ の作用で安定であり,V は既約であるから $V = \mathrm{span}_{\mathbb{C}}\{v_0, v_1, \cdots, v_m\}$ でなければならない.以上より V が有限次元の既約な $\mathfrak{sl}_2(\mathbb{C})$ 加群ならば,V の基底 $v_0, v_1, \cdots, v_m$ が存在して,h, x, y の作用は (7.3) により与えられることがわかる.

逆に,v_j $(0 \leq j \leq m)$ で張られるベクトル空間 $V = \mathrm{span}_{\mathbb{C}}\{v_0, v_1, \cdots, v_m\}$ への h, x, y の作用を (7.3) により定めると ($v_{-1} = v_{m+1} = 0$ とおく),V は $\mathfrak{sl}_2(\mathbb{C})$

---

[1] この用語は,すでに述べたトーラスのウェイトの定義のリー環版である.詳しくは,例えば [57] を参照して欲しい.

加群になることが容易にわかる (A, B を h, x, y のいずれかとして，$[A,B]v_j = ABv_j - BAv_j$ が成り立つことを確かめればよい). $W \neq \{0\}$ を V の部分加群とすれば，$0 \neq w \in W$ をとり，w に x の冪を作用させることによって $v_0 \in W$ が分かり，v_0 に y の冪を作用させて $V = W$ が分かる．したがって V は既約である．以上の考察から次の定理が得られる．

定理 7.14 (1) 任意の整数 $m \geq 0$ に対して，$m+1$ 次元の $\mathfrak{sl}_2(\mathbb{C})$ の既約表現が存在する．

(2) V を $m+1$ 次元 ($m \geq 0$) の $\mathfrak{sl}_2(\mathbb{C})$ の既約表現とすれば，(7.3) を満たす V の基底 $v_0, v_1, \cdots, v_m$ が存在する（ただし，$v_{-1} = v_{m+1} = 0$ とおく）．特に，$m+1$ 次元の $\mathfrak{sl}_2(\mathbb{C})$ の既約表現はすべて同値である．

注意 7.15 この定理は $\mathbb{R}$, あるいは標数が 0 の体上でも正しい．これを見るためにはまず代数閉包に体を拡大しておき，式 (7.3) の直後で見たように，m が整数であることを確認し，固有ベクトル v_0 を係数を拡大する前のベクトル空間から選びなおせばよい．

演習 7.16 $g \in \mathrm{SL}_2(\mathbb{C})$ の 2 変数多項式 $F(X,Y) \in \mathbb{C}[X,Y]$ への作用を

$$(g \cdot F)(X,Y) = F(X', Y'), \quad \text{ただし} \begin{pmatrix} X' \\ Y' \end{pmatrix} = g \begin{pmatrix} X \\ Y \end{pmatrix}$$

により定める．$\mathbb{C}[X,Y]$ の同次 m 次式のなす部分空間を V_m と書き，$F_j(X,Y) = X^j Y^{m-j} \in V_m$ ($0 \leq j \leq m$) とおく．次の問に答えよ．

(1) V_m を微分表現によって $\mathfrak{sl}_2(\mathbb{C})$ の表現と見るとき，hF_j, xF_j, yF_j を求めよ．

(2) $v_0 = F_0 \in V_m$, $v_j = (1/j!) y^j v_0$ ($0 \leq j \leq m$) とおけば，V_m の基底 $v_0, v_1, \cdots, v_m$ は (7.3) を満たすことを示せ．

演習 7.17 V を（既約とは限らない）有限次元 $\mathfrak{sl}_2(\mathbb{C})$ 加群とする．$V_j = \{v \in V \mid hv = jv\}$, $V^x = \{v \in V \mid xv = 0\}$ とおくとき，次を示せ．

(1) $j < 0$ を負の整数とするとき，$V_j \cap V^x = \{0\}$ が成り立つ．

(2) V^x および xV はそれぞれ V の h 安定な部分空間であって，$V^x = \oplus_{j \geq 0}(V_j \cap V^x)$ および $V^x \cap xV = \oplus_{j > 0}(V_j \cap V^x)$ が成り立つ．

少々長かったが，以上でリー環論の基本的な部分の復習を終わる．以下，章末

までは，リー環論において通常はあまり注意されることが少なく，しかし代数群の理論に有用ないくつかの重要な事柄を解説する．

7.3 Jacobson-Morozov の定理

しばらくの間，基礎体を標数が 0 である一般の体にとることとして，$\mathbb{F}$ で標数 0 の体を表す．$\mathbb{F}$ 上のリー環 $\mathfrak{g}$ の 0 でない 3 つの元 $h, x, y \in \mathfrak{g}$ が前節の $\mathfrak{sl}_2(\mathbb{C})$ における関係式

$$[h, x] = 2x, \quad [h, y] = -2y, \quad [x, y] = h$$

を満たすとき，3 つ組 (h, x, y) をリー環 $\mathfrak{g}$ における $\mathfrak{sl}_2$-triple という．このとき，h, x, y は一次独立であって，これにより張られる部分リー環

$$\mathrm{span}_{\mathbb{F}}\{h, x, y\} = \mathbb{F}h + \mathbb{F}x + \mathbb{F}y$$

は $\mathfrak{sl}_2(\mathbb{F})$ に同型になる．特に $\mathfrak{g}$ の任意の有限次元表現に関して，h は半単純に ($\mathbb{F}$ が代数閉体でなくとも)，x, y は冪零に表現される．

いま，リー環 $\mathfrak{g}$ において，冪零元が矛盾なく定まっているとする [2]．もし，冪零元 $x \in \mathfrak{g}$ が $\mathfrak{sl}_2$-triple の第 2 成分となるように $h, y \in \mathfrak{g}$ をとることができれば，x の $\mathfrak{g}$ の表現空間への作用に関して $\mathfrak{sl}_2$ の表現論を使うことができるために，ただ単に x のみの作用を考えるよりも多くの情報が得られるであろう．また，任意の冪零元が $\mathfrak{sl}_2$-triple の第 2 成分に埋め込めるようなリー環は，よい対称性をもったリー環といえるだろう．この冪零元に関する対称性は他の対称性 (リー環における簡約性，表現の完全可約性，$\mathfrak{g}$ 上の不変な非退化双線型形式の存在など) と関係があるに違いないと思われる．このような考察の結果として，代数群が簡約であることと，そのリー環の任意の冪零元が $\mathfrak{sl}_2$-triple の第 2 成分に埋め込めることは同値であることが示されるのだが，この節では，その準備をする．

まず $\mathfrak{gl}(V)$ において，この冪零元に関する対称性が成立することを確かめよう．

命題 7.18 V を標数 0 の体 $\mathbb{F}$ 上の有限次元ベクトル空間とする．任意の冪零元 $x \in \mathfrak{gl}(V) \setminus \{0\}$ に対して，x を含む $\mathfrak{sl}_2$-triple (h, x, y) が存在する．

証明 x は冪零だから，$v_1, v_2, \cdots, v_k \in V$ と非負整数 $m_1, m_2, \cdots, m_k$ を

---

[2] 冪零元 x が矛盾なく定まるとは，$\mathfrak{g}$ のどのような有限次元表現に対しても x が冪零に表現されるときにいう．半単純リー環では，冪零元が矛盾なく定まっているし，後で見るように代数群のリー環においては，群構造の制限なしに冪零元が定まる．

$$x^{m_j}v_j \neq 0, \qquad x^{m_j+1}v_j = 0$$

かつ $\{x^i v_j \mid 1 \leq j \leq k, \ 0 \leq i \leq m_j\}$ が V の基底になるようにとることができる [3]．

$$V_j := \mathrm{span}_{\mathbb{F}}\{x^i v_j \mid 0 \leq i \leq m_j\}, \quad x_j := x|_{V_j} \in \mathfrak{gl}(V_j) \quad (1 \leq j \leq k)$$

とおく．各 j に対して $h_j, y_j \in \mathfrak{gl}(V_j)$ を (h_j, x_j, y_j) が $\mathfrak{sl}_2$-triple となるようにとれば，$h = \sum_{j=1}^k h_j,\ y = \sum_{j=1}^k y_j \in \mathfrak{gl}(V)$ が求める h, y となるから，$k=1$ の場合を考えれば十分である．すなわち $v, xv, \cdots, x^m v$ が V の基底となる $v \in V$ が存在するとしてよい．

$$u_j = \frac{1}{j!} x^j v \qquad (0 \leq j \leq m), \qquad u_{-1} = 0$$

とおくと，$u_0, u_1, \cdots, u_m$ も V の基底である．$h, y \in \mathfrak{gl}(V)$ を

$$h\,u_j = (2j - m)\,u_j, \qquad y\,u_j = (m - j + 1)\,u_{j-1} \quad (0 \leq j \leq m)$$

により定めれば，(h, x, y) が $\mathfrak{sl}_2$-triple となることが容易に確かめられる． □

よい対称性をもつリー環 (つまり半単純または簡約リー環) に対して，命題 7.18 と同様のことを示したいのであるが，次の定理はその鍵となる．

定理 7.19 (Morozov の補題 [4]) $\mathfrak{g}$ を標数 0 の体 $\mathbb{F}$ 上のリー環とし，$h, x \in \mathfrak{g}$ が

$$[h, x] = 2x, \qquad h \in [\mathfrak{g}, x]$$

を満たすとする．このとき $y \in \mathfrak{g}$ が存在して $[h, y] = -2y, [x, y] = h$ が成り立つ．

証明 仮定より $h = [z, x]$ となる $z \in \mathfrak{g}$ がとれる．そこで，

$$X = \mathrm{ad}\,x, \quad H = \mathrm{ad}\,h, \quad Z = \mathrm{ad}\,z$$

とおく．このとき

$$[X, H] = -2X, \qquad H = [Z, X] \tag{7.4}$$

であるが，この式から X は冪零であることが分かる (以下の補題 7.20 参照)．

---

[3] これについては，例えば [53, p. 148] を参照のこと．冪零変換 x のジョルダン標準形を考えることと，このような基底の存在は同値である．ここで $m_j + 1$ はジョルダン細胞のサイズを表していることに注意．また，[60] も参考にして欲しい．

[4] Morozov, Vladimir (1910–1975).

$$[x, [z, h] - 2z] = [x, [z, h]] - 2[x, z]$$
$$= [[x, z], h] + [z, [x, h]] - 2[x, z]$$
$$= [(-h), h] + [z, (-2x)] - 2[x, z] = 0$$

であるから，これより $x_1 := [z, h] - 2z \in \mathfrak{z}_\mathfrak{g}(x)$ である．ただし $\mathfrak{z}_\mathfrak{g}(x)$ は x の中心化環 (cetralizer) を表わす.

$$\mathfrak{z}_\mathfrak{g}(x) = \{y \in \mathfrak{g} \mid [y, x] = 0\} = \operatorname{Ker} X \tag{7.5}$$

さて，任意の $b \in \mathfrak{z}_\mathfrak{g}(x)$ に対して，(7.4) により

$$XHb = HXb - 2Xb = 0 \quad (\because Xb = [x, b] = 0)$$

であるから $Hb \in \mathfrak{z}_\mathfrak{g}(x)$, したがって $H\mathfrak{z}_\mathfrak{g}(x) \subset \mathfrak{z}_\mathfrak{g}(x)$ である．以下, $H|_{\mathfrak{z}_\mathfrak{g}(x)}$ の固有値は非負整数であることを示す. $i \geq 1$ を自然数として, Z による括弧積が微分であることより，ライプニッツの法則を用いると

$$[Z, X^i] = \sum_{k=0}^{i-1} X^k [Z, X] X^{i-1-k} = \sum_{k=0}^{i-1} X^k H X^{i-1-k} \tag{7.6}$$

同様にして

$$HX^k - X^k H = [H, X^k] = \sum_{j=0}^{k-1} X^{k-j-1} [H, X] X^j = 2kX^k$$

である．これを式 (7.6) に用いると

$$[Z, X^i] = \sum_{k=0}^{i-1} X^k H X^{i-1-k} = \sum_{k=0}^{i-1} (H - 2k) X^{i-1}$$
$$= \left\{ iH - 2 \cdot \frac{i(i-1)}{2} \right\} X^{i-1} = i\{H - (i-1)\} X^{i-1}$$

よって

$$[Z, X^i] = i\{H - (i-1)\} X^{i-1} \tag{7.7}$$

が成り立つ．部分空間 $\mathfrak{z}_\mathfrak{g}(x) \cap X^{i-1}\mathfrak{g}$ から任意に b をとり, $b = X^{i-1}a \ (a \in \mathfrak{g})$ と表しておく． $Xb = X^i a = 0$ に注意して (7.7) を用いると

$$i\{H - (i-1)\}b = i\{H - (i-1)\} X^{i-1} a$$
$$= [Z, X^i]a = ZX^i a - X^i Za = -X^i Za \in X^i \mathfrak{g}$$

よって

$$i\{H - (i-1)\}\left(\mathfrak{z}_\mathfrak{g}(x) \cap X^{i-1}\mathfrak{g}\right) \subset \mathfrak{z}_\mathfrak{g}(x) \cap X^i \mathfrak{g}$$

が成り立つ. X は冪零なので，ある m に対して $X^m = 0$ となるから，

$$\{H-(m-1)\}\cdots(H-2)(H-1)H\mathfrak{z}_\mathfrak{g}(x) \subset \mathfrak{z}_\mathfrak{g}(x) \cap X^m\mathfrak{g} = \{0\}$$

よって $H\bigr|_{\mathfrak{z}_\mathfrak{g}(x)}$ の固有値は非負整数である．これより $(H+2)\bigr|_{\mathfrak{z}_\mathfrak{g}(x)}$ は可逆であって，$x_1 \in \mathfrak{z}_\mathfrak{g}(x)$ に対して $(H+2)y_1 = x_1$ となる $y_1 \in \mathfrak{z}_\mathfrak{g}(x)$ が存在する．

$$[z,h] - 2z = x_1 = -[y_1,h] + 2y_1, \quad \therefore \quad [z+y_1, h] = 2(z+y_1)$$

$y := -(z+y_1)$ とおくと

$$[h,y] = -2y \quad かつ \quad [x,y] = -[x,z+y_1] = -[x,z] = h$$

となり，題意を満たす． □

補題 7.20 $A_1, \cdots, A_r, B_1, \cdots, B_r, C \in \mathfrak{gl}(V)$ が $C = \sum_{i=1}^r [A_i, B_i]$ および $[C, A_i] = 0$ $(1 \leq i \leq r)$ を満たせば C は冪零である．特に $X \in \mathfrak{gl}(V)$ が $X \in [X, \mathfrak{gl}(V)]$ を満たせば X は冪零である．

証明 任意の $k \geq 1$ に対して

$$[C^k, A_i] = CC^{k-1}A_i - CA_iC^{k-1} + CA_iC^{k-1} - A_iC^k$$
$$= C[C^{k-1}, A_i] + [C, A_i]C^{k-1} = C[C^{k-1}, A_i]$$

であるから，帰納法により $[C^k, A_i] = 0$ $(k \geq 1)$ である．$C = \sum_{i=1}^r [A_i, B_i]$ より $\mathrm{trace}(C) = 0$ であるが $k \geq 2$ についても

$$C^k = C^{k-1}\left(\sum_{i=1}^r [A_i, B_i]\right) = \sum_{i=1}^r (C^{k-1}A_iB_i - C^{k-1}B_iA_i)$$
$$= \sum_{i=1}^r \{(C^{k-1}A_i - A_iC^{k-1})B_i + A_iC^{k-1}B_i - C^{k-1}B_iA_i\}$$
$$= \sum_{i=1}^r ([C^{k-1}, A_i]B_i + [A_i, C^{k-1}B_i]) = \sum_{i=1}^r [A_i, C^{k-1}B_i]$$

より $\mathrm{trace}(C^k) = 0$ が成り立つ．これより C の固有値はすべて 0 であって C は冪零である (演習 7.21 参照)． □

演習 7.21 有限次元ベクトル空間 V 上の線型変換 $C \in \mathrm{End}(V)$ に対して，$\mathrm{trace}\, C^k = 0$ $(k \geq 1)$ ならば C の固有値はすべて 0 であり，したがって C は冪零変換であることを示せ．

補題 7.22 V を体 $\mathbb{F}$ 上の有限次元ベクトル空間とし，$\mathfrak{g}$ を $\mathfrak{gl}(V)$ の $\mathbb{F}$ 上の部分リー環とする．$\mathfrak{g}$ の部分リー環 $\mathfrak{h}$ に対して $\mathfrak{g}$ は $\mathfrak{h}$ 部分加群の直和に

$$\mathfrak{g} = \mathfrak{h} \oplus \mathfrak{p} \qquad ([\mathfrak{h}, \mathfrak{p}] \subset \mathfrak{p}) \tag{7.8}$$

と分解すると仮定する．任意の冪零元 $x \in \mathfrak{g} \setminus \{0\}$ に対して $\mathfrak{g}$ 内に $\mathfrak{sl}_2$-triple (h,x,y) が存在するならば，リー環 $\mathfrak{h}$ においても，同様のことが成り立つ．（ここでいう冪零元とは，$\mathfrak{gl}(V)$ の元として冪零ということである．）

証明 任意の冪零元 $x \in \mathfrak{h} \setminus \{0\}$ をとる．仮定より $h, y \in \mathfrak{g}$ が存在して (h,x,y) は $\mathfrak{sl}_2$-triple となる．$h = h_0 + h_1$, $y = y_0 + y_1$ $(h_0, y_0 \in \mathfrak{h}, h_1, y_1 \in \mathfrak{p})$ と分解すれば，

$$2x = [h,x] = [h_0 + h_1, x] = [h_0, x] + [h_1, x]$$

であるが，$x, [h_0, x] \in \mathfrak{h}$ および $[h_1, x] \in \mathfrak{p}$ なので，直和成分を比較して

$$[h_0, x] = 2x, \qquad [h_1, x] = 0$$

がわかる．同様にして

$$h_0 + h_1 = [x, y] = [x, y_0] + [x, y_1] \quad ([x, y_0] \in \mathfrak{h}, [x, y_1] \in \mathfrak{p})$$

から，$\mathfrak{h}$ 成分を比較して

$$h_0 = [x, y_0] \in [x, \mathfrak{h}]$$

を得る．したがって Morozov の補題 7.19 より $y' \in \mathfrak{h}$ が存在して (h_0, x, y') は $\mathfrak{sl}_2$-triple となる． □

定理 7.23 (Jacobson-Morozov の定理[5]**)** $\mathfrak{g}$ を標数 0 の体 $\mathbb{F}$ 上の半単純リー環とし，$\mathfrak{g} \hookrightarrow \mathfrak{gl}(V)$ を忠実な有限次元表現とする．このとき，任意の冪零元 $x \in \mathfrak{g} \setminus \{0\}$ に対して $h, y \in \mathfrak{g}$ が存在して (h,x,y) は $\mathfrak{sl}_2$-triple となる．

証明 $\mathfrak{g}$ は $\mathfrak{gl}(V)$ の部分リー環と思ってよい．随伴作用によって $\mathfrak{gl}(V)$ を $\mathfrak{g}$ 加群とみれば，$\mathfrak{g}$ はその部分加群である．定理 7.8 より [6] $\mathfrak{gl}(V)$ は $\mathfrak{g}$ と部分加群 $\mathfrak{p}$ の直和に $\mathfrak{gl}(V) = \mathfrak{g} \oplus \mathfrak{p}$ と分解する．命題 7.18 により，$\mathfrak{gl}(V)$ では 0 でない任意の冪零元が $\mathfrak{sl}_2$-triple に埋め込めるから，補題 7.22 によって定理 7.23 を得る． □

注意 7.24 半単純リー環 $\mathfrak{g}$ においては，埋め込みに関する冪零元と随伴表現に関する冪零元は一致するから，$\mathrm{ad}(x)$ が冪零のとき，$x \in \mathfrak{g}$ は冪零と定義しておけば，上の定理は単に「任意の冪零元 $x \in \mathfrak{g} \setminus \{0\}$ に対して $h, y \in \mathfrak{g}$ が存在して (h,x,y) は $\mathfrak{sl}_2$-triple となる」と述べることができる．

---

[5] Jacobson, Nathan (1910–1999).

[6] 定理 7.8 は複素数体で述べてあるが，標数 0 の体で成り立つ ([54, §7.3, 定理 3])．

$\mathfrak{g}$ を $\mathfrak{gl}(V)$ の (半単純とは限らない) 部分リー環とする. 任意の冪零元 $x \in \mathfrak{g} \setminus \{0\}$ に対して $h, y \in \mathfrak{g}$ が存在して (h, x, y) が $\mathfrak{sl}_2$-triple となるとき, $\mathfrak{g} \subset \mathfrak{gl}(V)$ は **Jacobson-Morozov** の条件を満たすということにする. ここで x が冪零というのは, $\mathfrak{gl}(V)$ の元として冪零という意味である. 以下, Jacobson-Morozov の条件を **JM 条件**と略す.

演習 7.25 $\mathfrak{gl}_n(\mathbb{C})$ において, 冪零行列 $x \neq 0$ を考える. このとき, x のジョルダン標準形に対して, それを含む $\mathfrak{sl}_2$-triple (h, x, y) を一つ求めよ.

7.4 簡約リー環とその表現

ふたたびこの節からは, 体 $\mathbb{C}$ 上のリー環を考え, リー環の表現は複素ベクトル空間における表現とする.

定義 7.26 リー環 $\mathfrak{g}$ が半単純イデアル $\mathfrak{g}'$ と可換イデアル $\mathfrak{z}$ の直和に $\mathfrak{g} = \mathfrak{g}' \oplus \mathfrak{z}$ と分解されるとき **簡約リー環** (reductive Lie algebra) であるという.

リー環の簡約性については, いくつかの同値な言い換えがある. 以下にそれを述べる. リー環 $\mathfrak{g}$ に対して, $\mathfrak{g}$ の中心を $\mathfrak{z}(\mathfrak{g})$ で表し, 根基を $\mathrm{rad}(\mathfrak{g})$ で表す.

命題 7.27 リー環 $\mathfrak{g}$ に対する次の条件 (i) – (iv) は互いに同値である.
 (i) $\mathfrak{g}$ は簡約である.
 (ii) $\mathfrak{g}$ は導来イデアル $[\mathfrak{g}, \mathfrak{g}]$ と中心 $\mathfrak{z}(\mathfrak{g})$ の直和に $\mathfrak{g} = [\mathfrak{g}, \mathfrak{g}] \oplus \mathfrak{z}(\mathfrak{g})$ と分解され, $[\mathfrak{g}, \mathfrak{g}]$ は半単純になる.
 (iii) 随伴表現 $\mathrm{ad} : \mathfrak{g} \to \mathfrak{gl}(\mathfrak{g})$ は完全可約である.
 (iv) $\mathrm{rad}(\mathfrak{g}) = \mathfrak{z}(\mathfrak{g})$

命題 7.27 の証明は初学者にはよい演習問題になると思う.

演習 7.28 命題 7.27 を証明せよ. (必要があれば [54] を参照せよ.)

命題 7.27 が簡約性のリー環論的な特徴付けであるが, 次に表現論的な言い換えと, JM 条件を用いた言い換えについて述べる.

$\mathfrak{gl}(V)$ の半単純元全体の集合を $\mathfrak{gl}(V)^{\mathrm{ss}}$ で表わそう. リー環 $\mathfrak{g}$ の有限次元表現 $\rho : \mathfrak{g} \to \mathfrak{gl}(V)$ に対して, 中心の像 $\rho(\mathfrak{z}(\mathfrak{g}))$ が $\mathfrak{gl}(V)$ の半単純元からなるとき, つまり $\rho(\mathfrak{z}(\mathfrak{g})) \subset \mathfrak{gl}(V)^{\mathrm{ss}}$ のとき, ρ を**中心対角化可能表現**とよぶことにする. これ

を用いて，リー環 $\mathfrak{g}$ に対する以下の条件を考える．

(v) $\mathfrak{g}$ の任意の中心対角化可能表現 $\rho : \mathfrak{g} \to \mathfrak{gl}(V)$ は完全可約である．

(vi) $\mathfrak{g}$ の任意の中心対角化可能表現 $\rho : \mathfrak{g} \to \mathfrak{gl}(V)$ に対して，リー環 $\rho(\mathfrak{g})$ において JM 条件が成り立つ．

定理 7.29　上記の条件 (v), (vi) はいずれも $\mathfrak{g}$ が簡約であるための必要十分条件である．

証明　まず $\mathfrak{g}$ が簡約ならば (v) が成り立つことを示す．条件 (ii) より $\mathfrak{g}$ は

$$\mathfrak{g} = \mathfrak{g}' \oplus \mathfrak{z} \quad (\mathfrak{g}' = [\mathfrak{g}, \mathfrak{g}], \; \mathfrak{z} = \mathfrak{z}(\mathfrak{g}))$$

と分解され，$\mathfrak{g}'$ は半単純となる．$\mathfrak{g}$ の任意の中心対角化可能表現 $\rho : \mathfrak{g} \to \mathfrak{gl}(V)$ をとる．$\rho(\mathfrak{z}) \subset \mathfrak{gl}(V)^{\mathrm{ss}}$ だから $\rho(\mathfrak{z})$ は同時対角化可能であって，V は

$$V = \bigoplus\nolimits_{\alpha \in \mathfrak{z}^*} V_\alpha, \quad V_\alpha := \{v \in V \mid \rho(z)v = \alpha(z)v \; (\forall z \in \mathfrak{z})\}$$

と分解される．このとき，各 V_α は $\mathfrak{g}'$ 加群であることに注意する．$\mathfrak{g}'$ は半単純だから，V_α は既約 $\mathfrak{g}'$ 加群の直和に分解され，その各直和因子は既約 $\mathfrak{g}$ 加群でもある．このようにして，V の既約 $\mathfrak{g}$ 加群への直和分解が得られるから，V は $\mathfrak{g}$ 加群として完全可約である．

次に (v) $\Longrightarrow$ (vi) を示す．(v) を仮定する．$\mathfrak{g}$ の任意の中心対角化可能表現 $\rho : \mathfrak{g} \to \mathfrak{gl}(V)$ をとる．$\mathfrak{h} = \mathfrak{gl}(V)$ とおいて，ρ と $\mathfrak{h}$ の随伴表現 $\mathrm{ad}_\mathfrak{h} : \mathfrak{h} \to \mathfrak{gl}(\mathfrak{h})$ の合成

$$\mathrm{ad}_\mathfrak{h} \circ \rho : \mathfrak{g} \to \mathfrak{gl}(\mathfrak{h})$$

を考える．$\mathrm{ad}_\mathfrak{h} \circ \rho(\mathfrak{z}(\mathfrak{g})) \subset \mathrm{ad}_\mathfrak{h}(\mathfrak{h}^{\mathrm{ss}}) \subset \mathfrak{gl}(\mathfrak{h})^{\mathrm{ss}}$ であるから，$\mathrm{ad}_\mathfrak{h} \circ \rho$ は $\mathfrak{g}$ の中心対角化可能表現である．(v) を仮定しているから，$\mathfrak{h}$ は完全可約な $\mathfrak{g}$ 加群である．$\rho(\mathfrak{g})$ は $\mathfrak{h} = \mathfrak{gl}(V)$ の部分 $\mathfrak{g}$ 加群であるから，$\mathfrak{gl}(V)$ の部分 $\mathfrak{g}$ 加群 $\mathfrak{p}$ が存在して $\mathfrak{gl}(V)$ は $\mathfrak{g}$ 加群の直和に

$$\mathfrak{gl}(V) = \rho(\mathfrak{g}) \oplus \mathfrak{p}$$

と分解される．したがって，補題 7.22 より $\rho(\mathfrak{g}) \subset \mathfrak{gl}(V)$ は JM 条件をみたす．

最後に (vi) ならば $\mathfrak{g}$ は簡約であることを示さなくてはならないが，これは次の補題の後で証明を与える． $\square$

補題 7.30　$\rho : \mathfrak{g} \to \mathfrak{gl}(V)$ をリー環 $\mathfrak{g}$ の有限次元表現とし，$\rho(\mathfrak{g}) \subset \mathfrak{gl}(V)$ が JM 条件を満たすとする．このとき，次が成り立つ．

(1) $x \in \mathrm{rad}(\mathfrak{g})$ に対して, $\rho(x) \in \mathfrak{gl}(V)$ が冪零なら $\rho(x) = 0$ である.

(2) $[\rho(\mathrm{rad}(\mathfrak{g})), \rho(\mathrm{rad}(\mathfrak{g}))] = \{0\}$ が成り立つ.

証明 $\mathfrak{r} = \mathrm{rad}(\mathfrak{g})$ とおく. もし $\rho(x) \neq 0$ なら $\rho(\mathfrak{g}) \subset \mathfrak{gl}(V)$ が JM 条件をみたすことから $h, y \in \mathfrak{g}$ が存在して $(\rho(h), \rho(x), \rho(y))$ は $\mathfrak{sl}_2$-triple となる.

$$\rho(h) = [\rho(x), \rho(y)] \in [\rho(\mathfrak{r}), \rho(\mathfrak{g})] \subset \rho(\mathfrak{r}),$$
$$\rho(y) = -[\rho(h), \rho(y)]/2 \in [\rho(\mathfrak{r}), \rho(\mathfrak{g})] \subset \rho(\mathfrak{r})$$

であるから, $(\rho(h), \rho(x), \rho(y))$ は $\rho(\mathfrak{r})$ の $\mathfrak{sl}_2$-triple である. これは $\rho(\mathfrak{r})$ が可解であることに矛盾する (章末問題 7.1 参照). したがって $\rho(x) = 0$ でなくてはならない. よって, (1) が示された.

次に (2) を示す. リーの定理 (定理 7.5) より, 可解リー環 $\rho(\mathfrak{r})$ は V の基底を適当にとれば, $\mathfrak{gl}(V)$ の上半三角行列が成す集合 (対角成分は 0 とは限らぬ) に含まれる. したがって

$$[\rho(\mathfrak{r}), \rho(\mathfrak{r})] \subset \left\{\begin{pmatrix} 0 & & * \\ & \ddots & \\ 0 & & 0 \end{pmatrix}\right\}$$

となる. もし $[\rho(\mathfrak{r}), \rho(\mathfrak{r})] \neq \{0\}$ なら, $\rho(\mathfrak{r})$ は 0 でない冪零元を含むことになり (1) に矛盾する. したがって $[\rho(\mathfrak{r}), \rho(\mathfrak{r})] = \{0\}$ を得る. □

証明 (定理 7.29 "(vi) $\Longrightarrow$ $\mathfrak{g}$ は簡約" の証明)

条件 (vi) を仮定して $\mathfrak{g}$ が簡約であることを示す. 随伴表現 $\mathrm{ad}: \mathfrak{g} \to \mathfrak{gl}(\mathfrak{g})$ においては $\mathrm{ad}(\mathfrak{z}(\mathfrak{g})) = \{0\} \subset \mathfrak{gl}(\mathfrak{g})^{\mathrm{ss}}$ であるから, 随伴表現は中心対角化可能表現である. したがって $\mathrm{ad}(\mathfrak{g}) \subset \mathfrak{gl}(\mathfrak{g})$ は JM 条件をみたし, $\mathfrak{r} = \mathrm{rad}(\mathfrak{g})$ とおくと, 上の補題 7.30 によって

$$\mathrm{ad}([\mathfrak{r}, \mathfrak{r}]) = \{0\}, \qquad \therefore \quad [\mathfrak{r}, \mathfrak{r}] \subset \mathfrak{z}(\mathfrak{g})$$

を得る. これにより, 任意の $x \in \mathfrak{r}$ に対して

$$\mathrm{ad}(x)^3(\mathfrak{g}) \subset \mathrm{ad}(x)^2(\mathfrak{r}) \subset \mathrm{ad}(x)([\mathfrak{r}, \mathfrak{r}]) \subset \mathrm{ad}(x)(\mathfrak{z}(\mathfrak{g})) = \{0\}$$

となるから $\mathrm{ad}(x)$ は冪零であり, 再び補題 7.30 によって $\mathrm{ad}(x) = 0$ である. したがって $\mathrm{rad}(\mathfrak{g}) = \mathfrak{r} \subset \mathfrak{z}(\mathfrak{g})$ となって $\mathfrak{g}$ は簡約である. □

上の証明は, $\mathrm{ad}(\mathfrak{g}) \subset \mathfrak{gl}(\mathfrak{g})$ が JM 条件をみたすことのみを用いている. 逆は定理 7.23 より明らかだから, 次の系を得る.

系 7.31 リー環 $\mathfrak{g}$ に対して，$\mathrm{ad}(\mathfrak{g}) \subset \mathfrak{gl}(\mathfrak{g})$ が JM 条件をみたすことと，$\mathfrak{g}$ が簡約であることは同値である．

次の命題は，JM 条件が簡約性より強い条件であることを意味している．

命題 7.32 部分リー環 $\mathfrak{g} \subset \mathfrak{gl}(V)$ が JM 条件をみたせば，$\mathfrak{g}$ は簡約である．

証明 $\mathfrak{r} = \mathrm{rad}(\mathfrak{g})$ とおく．埋め込み $\mathfrak{g} \subset \mathfrak{gl}(V)$ に補題 7.30 を適用して，$[\mathfrak{r}, \mathfrak{r}] = \{0\}$ である．

次に任意の $C \in [\mathfrak{r}, \mathfrak{g}]$ をとる．C は $C = \sum_{i=1}^{r} [A_i, B_i]$, $(A_i \in \mathfrak{r}, B_i \in \mathfrak{g})$ と書けるが，上のことより $[C, A_i] = 0$ である．したがって，補題 7.20 より $C \in \mathfrak{r}$ は冪零である．$\mathfrak{g} \subset \mathfrak{gl}(V)$ が JM 条件をみたすことから，補題 7.30 によって $C = 0$ である．したがって $[\mathfrak{r}, \mathfrak{g}] = \{0\}$ であり，$\mathrm{rad}(\mathfrak{g}) = \mathfrak{r} \subset \mathfrak{z}(\mathfrak{g})$ となって，$\mathfrak{g}$ は簡約であることがわかる． □

この命題の証明から，次が得られる．

系 7.33 $\mathfrak{g}$ を $\mathfrak{gl}(V)$ の部分リー環とする．$[\mathrm{rad}(\mathfrak{g}), \mathrm{rad}(\mathfrak{g})] = \{0\}$ ならば，$[\mathrm{rad}(\mathfrak{g}), \mathfrak{g}]$ の任意の元は冪零である．

7.5 リー環の完全可約表現と冪零根基

この章の最後に，簡約とは限らない一般のリー環 $\mathfrak{g}$ の表現 (ρ, V) が完全可約になるための必要十分条件を与える．表現 ρ の完全可約性は部分リー環 $\rho(\mathfrak{g}) \subset \mathfrak{gl}(V)$ の性質に帰着するから，$\mathfrak{g}$ を $\mathfrak{gl}(V)$ の部分リー環として，V が完全可約な $\mathfrak{g}$ 加群になるための条件を考えればよい．

部分リー環 $\mathfrak{g} \subset \mathfrak{gl}(V)$ に対して，任意の $x \in \mathfrak{g}$ を $\mathfrak{gl}(V)$ においてジョルダン分解したとき，その半単純成分，冪零成分が共に $\mathfrak{g}$ に含まれるならば，$\mathfrak{g}$ は**ジョルダン分解で閉じている** (almost algebraic) という．

演習 7.34 部分リー環 $\mathfrak{g} \subset \mathfrak{gl}(V)$ がジョルダン分解で閉じていれば，中心 $\mathfrak{z}(\mathfrak{g})$ もジョルダン分解で閉じていることを示せ．[ヒント] $x = x_s + x_n$ をジョルダン分解とすると，x_s, x_n は x の多項式で書けることを用いるとよい．

定理 7.35 部分リー環 $\mathfrak{g} \subset \mathfrak{gl}(V)$ に対して，次の (1)–(4) は同値である．
(1) V は完全可約な $\mathfrak{g}$ 加群である．

(2) $\mathfrak{g}$ は簡約かつ $\mathfrak{z}(\mathfrak{g}) \subset \mathfrak{gl}(V)^{\mathrm{ss}}$ が成り立つ.

(3) $\mathfrak{g} \subset \mathfrak{gl}(V)$ が JM 条件をみたし,かつ $\mathfrak{g}$ はジョルダン分解で閉じている.

(4) $\mathfrak{g}$ は ($\mathfrak{gl}(V)$ における) 冪零元からなる $\{0\}$ でないイデアルをもたず,かつ $\mathfrak{z}(\mathfrak{g})$ はジョルダン分解で閉じている.

証明 (2) $\Rightarrow$ (3) $\Rightarrow$ (4) $\Rightarrow$ (2) および (2) $\Rightarrow$ (1) $\Rightarrow$ (4) を示す.

[(2) $\Rightarrow$ (3)] $\mathfrak{g}$ は簡約であるから $\mathfrak{g} = [\mathfrak{g},\mathfrak{g}] \oplus \mathfrak{z}(\mathfrak{g})$ と分解し, $\mathfrak{z}(\mathfrak{g}) \subset \mathfrak{gl}(V)^{\mathrm{ss}}$ であるから,この状況で (3) が成り立つことは,定理 7.11 および定理 7.23 から明らかである.

[(3) $\Rightarrow$ (4)] もし $\{0\} \neq \mathfrak{n} \subset \mathfrak{g}$ となる冪零元からなるイデアル $\mathfrak{n}$ があったとする.元 $x \in \mathfrak{n} \setminus \{0\}$ をとれば, $\mathfrak{g} \subset \mathfrak{gl}(V)$ が JM 条件をみたすことから, $\mathfrak{g}$ の中で $\mathfrak{sl}_2$-triple (h,x,y) がとれるが, $0 \neq h = [x,y] \in [\mathfrak{n},\mathfrak{g}] \subset \mathfrak{n}$ となって, h が半単純であることに矛盾する.よって,このような $\mathfrak{n}$ は存在しない.また,上記演習 7.34 によって $\mathfrak{z}(\mathfrak{g})$ はジョルダン分解で閉じている.

[(4) $\Rightarrow$ (2)] 条件 (4) を仮定して,背理法を用いる.そこで $\mathfrak{z}(\mathfrak{g}) \not\subset \mathfrak{gl}(V)^{\mathrm{ss}}$ であったとして,半単純でない元 $z \in \mathfrak{z}(\mathfrak{g})$ をとり, $\mathfrak{gl}(V)$ におけるジョルダン分解を $z = z_s + z_n$ とする.仮定より $z_s, z_n \in \mathfrak{z}(\mathfrak{g})$ であるが, $z_n \neq 0$ であるから, $\mathbb{C} z_n$ は冪零元からなる $\{0\}$ でない $\mathfrak{g}$ のイデアルであって, (4) の仮定に矛盾する.よって, $\mathfrak{z}(\mathfrak{g}) \subset \mathfrak{gl}(V)^{\mathrm{ss}}$ でなければならない.

次に $\mathfrak{g}$ が簡約であることを示す. $\mathfrak{r} = \mathrm{rad}(\mathfrak{g})$ が可解であることから,リーの定理により V の適当な基底に関して $\mathfrak{r}$ は (対角成分が 0 とは限らぬ) 上半三角行列の集合に含まれる.したがって $[\mathfrak{r},\mathfrak{r}]$ は対角成分が 0 の上半三角行列の集合に含まれている.よって $[\mathfrak{r},\mathfrak{r}]$ は冪零元からなる $\mathfrak{g}$ のイデアルであって, (4) の仮定より $[\mathfrak{r},\mathfrak{r}] = \{0\}$ である.これより,系 7.33 によってイデアル $[\mathfrak{r},\mathfrak{g}]$ の元はすべて冪零である.再び条件 (4) の仮定より $[\mathfrak{r},\mathfrak{g}] = \{0\}$ である.これから $\mathfrak{r} \subset \mathfrak{z}(\mathfrak{g})$ がわかり,したがって $\mathfrak{g}$ は簡約である.

[(2) $\Rightarrow$ (1)] は定理 7.29 より明らかである.

[(1) $\Rightarrow$ (4)] 条件 (1) を仮定して,やはり背理法で示す.そこで $\{0\}$ でない冪零元からなる $\mathfrak{g}$ のイデアル $\mathfrak{n}$ があったとする. V は完全可約であるから,既約な $\mathfrak{g}$ 加群の直和に分解する. $\mathfrak{n} \neq \{0\}$ であるから,既約直和因子 U で $\mathfrak{n}U \neq \{0\}$ となるものが存在するが, $\mathfrak{n}U$ は U の部分 $\mathfrak{g}$ 加群であるから, U の既約性によって $\mathfrak{n}U = U$ である.一方, $\mathfrak{n}|_U \subset \mathfrak{gl}(U)$ は冪零元からなる部分リー環であるから,定理 7.3 により, U の適当な基底に関して対角成分 0 の上半三角行列の集合に含

まれる．これは $\mathfrak{n}U = U$ に矛盾する．よってこのような $\mathfrak{n}$ は存在しない．

次に，$\mathfrak{z}(\mathfrak{g})$ がジョルダン分解で閉じていることを示す．$\mathfrak{z}(\mathfrak{g}) \subset \mathfrak{gl}(V)^{\mathrm{ss}}$ を示せば十分である．もしそうでなければ，半単純でない元 $x \in \mathfrak{z}(\mathfrak{g})$ が存在する．V の各既約直和因子に x が半単純に作用していれば，x は半単純となるから，既約直和因子 U で $X := x|_U \in \mathfrak{gl}(U)$ が半単純でないものが存在する．よって X の固有値 α で

$$\{0\} \neq U_\alpha := \{v \in U \mid (X - \alpha 1_U)v = 0\} \neq U$$

となるものが存在する．U_α は明らかに U の部分 $\mathfrak{g}$ 加群であるから，U の既約性に矛盾する．よって $\mathfrak{z}(\mathfrak{g}) \subset \mathfrak{gl}(V)^{\mathrm{ss}}$ でなければならない． □

$\mathfrak{g} \subset \mathfrak{gl}(V)$ に対して V が完全可約な $\mathfrak{g}$ 加群なら，定理 7.35 により $\mathfrak{g}$ は簡約であって $[\mathrm{rad}(\mathfrak{g}), \mathfrak{g}] = \{0\}$ が成り立つが，じつは一般のリー環の完全可約表現 $\rho : \mathfrak{g} \to \mathfrak{gl}(V)$ についても $\rho([\mathrm{rad}(\mathfrak{g}), \mathfrak{g}]) = \{0\}$ が成り立つ．これを見るために，次の命題を準備する．

命題 7.36 $\rho : \mathfrak{g} \to \mathfrak{h}$ をリー環の全射準同型とすれば $\rho(\mathrm{rad}(\mathfrak{g})) = \mathrm{rad}(\mathfrak{h})$ が成り立つ．

証明 $\rho(\mathrm{rad}(\mathfrak{g}))$ は明らかに $\mathfrak{h}$ の可解なイデアルであるから，$\rho(\mathrm{rad}(\mathfrak{g})) \subset \mathrm{rad}(\mathfrak{h})$ が成り立つ．$\mathrm{rad}(\mathfrak{g})$ は $\rho^{-1}(\mathrm{rad}(\mathfrak{h}))$ のイデアルであって，全射準同型

$$\rho^{-1}(\mathrm{rad}(\mathfrak{h}))/\mathrm{rad}(\mathfrak{g}) \to \mathrm{rad}(\mathfrak{h})/\rho(\mathrm{rad}(\mathfrak{g}))$$

が定まる．左辺は半単純リー環 $\mathfrak{g}/\mathrm{rad}(\mathfrak{g})$ のイデアルであるから半単純であり，その準同型による像 $\mathrm{rad}(\mathfrak{h})/\rho(\mathrm{rad}(\mathfrak{g}))$ も半単純である．一方，この像は明らかに可解であるから，$\mathrm{rad}(\mathfrak{h})/\rho(\mathrm{rad}(\mathfrak{g})) = \{0\}$ となって $\rho(\mathrm{rad}(\mathfrak{g})) = \mathrm{rad}(\mathfrak{h})$ を得る． □

系 7.37 $\rho : \mathfrak{g} \to \mathfrak{gl}(V)$ をリー環 $\mathfrak{g}$ の完全可約な表現とすれば，$\rho([\mathrm{rad}(\mathfrak{g}), \mathfrak{g}]) = \{0\}$ が成り立つ．

リー環 $\mathfrak{g}$ に対して，$[\mathrm{rad}(\mathfrak{g}), \mathfrak{g}]$ を $\mathfrak{g}$ の**冪零根基** (nilpotent radical) という．次の定理により，冪零根基はリー環の表現が完全可約になることを阻害するようなイデアルであることが分かる．

定理 7.38 リー環 $\mathfrak{g}$ に対して，次が成り立つ．
(1) 商リー環 $\mathfrak{g}/[\mathrm{rad}(\mathfrak{g}), \mathfrak{g}]$ は簡約である．

(2) $\mathfrak{g}$ の既約表現の同値類を $\widehat{\mathfrak{g}}$ で表し，$\rho \in \widehat{\mathfrak{g}}$ の表現空間を V_ρ と書けば，
$$[\mathrm{rad}(\mathfrak{g}), \mathfrak{g}] = \bigcap_{\rho \in \widehat{\mathfrak{g}}} \mathrm{Ker}(\rho : \mathfrak{g} \to \mathfrak{gl}(V_\rho))$$
が成り立つ．

証明 (1) $\pi : \mathfrak{g} \to \mathfrak{h} := \mathfrak{g}/[\mathrm{rad}(\mathfrak{g}), \mathfrak{g}]$ を標準的準同型とする．命題 7.36 により
$$[\mathrm{rad}(\mathfrak{h}), \mathfrak{h}] = [\pi(\mathrm{rad}(\mathfrak{g})), \pi(\mathfrak{g})] = \pi([\mathrm{rad}(\mathfrak{g}), \mathfrak{g}]) = \{0\}$$
であるから，$\mathrm{rad}(\mathfrak{h}) = \mathfrak{z}(\mathfrak{h})$ となって，$\mathfrak{h}$ は簡約である．

(2) 系 7.37 により，$[\mathrm{rad}(\mathfrak{g}), \mathfrak{g}] \subset \bigcap_{\rho \in \widehat{\mathfrak{g}}} \mathrm{Ker}(\rho : \mathfrak{g} \to \mathfrak{gl}(V_\rho))$ が成り立つ．

一方，$\mathfrak{h} = \mathfrak{g}/[\mathrm{rad}(\mathfrak{g}), \mathfrak{g}]$ は簡約であるから，完全可約な埋め込み $i : \mathfrak{h} \to \mathfrak{gl}(V)$ が存在する (演習 7.39 参照)．表現の合成
$$\rho := i \circ \pi : \mathfrak{g} \to \mathfrak{gl}(V)$$
により V は完全可約な $\mathfrak{g}$ 加群であって，既約 $\mathfrak{g}$ 加群の直和に $V = \bigoplus_j V_j$ と分解する．制限
$$\rho_j : \mathfrak{g} \to \mathfrak{gl}(V_j), \qquad \rho_j(x) := \rho(x)|_{V_j}$$
を考えれば，明らかに
$$[\mathrm{rad}(\mathfrak{g}), \mathfrak{g}] = \mathrm{Ker}\, \rho = \bigcap_j \mathrm{Ker}(\rho_j : \mathfrak{g} \to \mathfrak{gl}(V_j)) \supset \bigcap_{\rho \in \widehat{\mathfrak{g}}} \mathrm{Ker}(\rho : \mathfrak{g} \to \mathfrak{gl}(V_\rho))$$
となって，逆の包含関係も成立する． □

演習 7.39 リー環 $\mathfrak{g}$ が簡約ならば，$\mathfrak{g} = [\mathfrak{g}, \mathfrak{g}] \oplus \mathfrak{z}(\mathfrak{g})$ かつ $[\mathfrak{g}, \mathfrak{g}]$ は半単純であることを用いて，$\mathfrak{g}$ の忠実な完全可約表現が存在することを示せ．

系 7.37 では，リー環の表現 $\rho : \mathfrak{g} \to \mathfrak{gl}(V)$ に対して
$$\rho \text{ が完全可約} \implies \rho([\mathrm{rad}(\mathfrak{g}), \mathfrak{g}]) = \{0\}$$
であることを述べたが，この逆は成立しない．これは簡約リー環 $\mathfrak{g}/[\mathrm{rad}(\mathfrak{g}), \mathfrak{g}]$ の表現が必ずしも完全可約にならないことによる．

章末問題

問題 7.1 リー環 $\mathfrak{g}$ が $\mathfrak{sl}_2(\mathbb{C})$ に同型な部分リー環を含めば可解ではないことを示せ．

問題 7.2　簡約リー環 $\mathfrak{g}$ の半単純な自己同型 $\theta: \mathfrak{g} \to \mathfrak{g}$ に対して
$$\mathfrak{g}^\theta = \{x \in \mathfrak{g} \mid \theta(x) = x\}$$
とおく．すると $\mathfrak{g}^\theta$ もまた簡約であることを示せ．ここに，θ が半単純な自己同型であるとは，$\mathfrak{g}$ が θ に関する固有空間の直和に分解されるということである．[ヒント] 簡約リー環 $\mathfrak{g}$ の適当な埋め込み $\mathfrak{g} \hookrightarrow \mathfrak{gl}(V)$ をとって JM 条件を使うとよい．

問題 7.3　4 次の正方行列からなるリー環
$$\mathfrak{p} = \left\{ \begin{pmatrix} A & B \\ 0 & D \end{pmatrix} \mid A, B, D \in \mathrm{M}_2(\mathbb{C}) \right\}$$
を考える．このとき，$\mathfrak{p}$ の根基と冪零根基を求めよ．

問題 7.4　リー環 $\mathfrak{g}$ の冪零根基を $\mathfrak{n}$ とする．$\mathfrak{g}$ の有限次元ベクトル空間 V 上の表現 ρ が与えられたとき $V^\mathfrak{n} = \{v \mid \rho(\mathfrak{n})v = 0\}$ とおくと，$V^\mathfrak{n}$ は V の部分表現であって，$\mathfrak{g}$ の表現として完全可約であることを示せ．

問題 7.5　$\mathfrak{g} = \mathfrak{o}_3(\mathbb{C})$ を直交リー環とする．$\mathfrak{g}$ に属する冪零元の例 $x \neq 0$ を一つあげ，$\mathfrak{g}$ における $\mathfrak{sl}_2$-triple (h, x, y) を一つ構成せよ．

第8章

代数群のリー環とジョルダン分解

一般に，リー環においては，リー環としての情報だけからではジョルダン分解を矛盾なく定めることは不可能であることを述べた．しかし，代数群 G のリー環 $\mathfrak{g}$ においては，G の有理表現 (代数群としての表現) に関して普遍的なジョルダン分解を $\mathfrak{g}$ の中で定めることができる．このことは，代数群としての構造が精妙に決まっていること，そして，それゆえにリー環の構造も厳格に決まってしまうことを示している．ジョルダン分解の存在を示す鍵となるのは，リー環の関数環への微分表現を利用することであるが，関数環は無限次元であり，無限次元ベクトル空間における局所有限な線型変換のジョルダン分解を扱う必要がある．

この章で述べる定理とその証明方法については主に Steinberg の講義録 [35] を参考にした．

8.1 線型代数群のリー環におけるジョルダン分解

この章では，次の定理を証明する．

定理 8.1 G を線型代数群とし，そのリー環を $\mathfrak{g}$ とする．埋め込み $G \hookrightarrow \mathrm{GL}_N(\mathbb{C})$ を任意にとり，微分表現によって $\mathfrak{g}$ を $\mathfrak{gl}_N(\mathbb{C})$ の部分リー環とみる．このとき次が成り立つ．

(1) 任意の $x \in \mathfrak{g}$ の $\mathfrak{gl}_N(\mathbb{C})$ におけるジョルダン分解を $x = x_s + x_n$ とすれば，$x_s, x_n \in \mathfrak{g}$ が成り立つ．つまり $\mathfrak{g}$ はジョルダン分解に関して閉じている．

(2) 任意の表現 $\rho: G \to \mathrm{GL}(V)$ と任意の $x \in \mathfrak{g}$ に対して，
$$d\rho(x) = d\rho(x_s) + d\rho(x_n) \in \mathfrak{gl}(V)$$
は $\mathfrak{gl}(V)$ におけるジョルダン分解を与える．特に，x が埋め込み $\mathfrak{g} \subset \mathfrak{gl}_N(\mathbb{C})$ に関して半単純（冪零）ならば，$d\rho(x)$ も半単純（冪零）である．

定理 8.1 (2) によって，(1) の分解 $x = x_s + x_n$ は埋め込み $G \subset \mathrm{GL}_N(\mathbb{C})$ の取

り方によらない．これを代数群のリー環における**ジョルダン分解**という．また，$x \in \mathfrak{g}$ は $x = x_s$ となるとき**半単純**といい，$x = x_n$ となるとき**冪零**という．この定理により，代数群のリー環において，半単純元，冪零元の概念が埋め込みに依存せずに定まる．

リー環において普遍的ジョルダン分解が確定するのは，代数群に固有の現象であって，代数群論において極めて強力な手法を与える．この現象は，リー群では成立しない．例えば加法的リー群 $\mathbb{C}$ は次のような 2 つの表現をもつ．

$$\rho_a : \mathbb{C} \to \mathrm{GL}_2(\mathbb{C}), \quad \rho_a(x) = \begin{pmatrix} 1 & x \\ 0 & 1 \end{pmatrix}$$

$$\rho_m : \mathbb{C} \to \mathrm{GL}_1(\mathbb{C}), \quad \rho_m(x) = e^x$$

この 2 つの表現のうち，ρ_m は解析的であるが，代数的ではないことに注意しよう．これらの微分表現は

$$d\rho_a : \mathbb{C} \to \mathfrak{gl}_2(\mathbb{C}), \quad d\rho_a(t) = \begin{pmatrix} 0 & t \\ 0 & 0 \end{pmatrix}$$

$$d\rho_m : \mathbb{C} \to \mathfrak{gl}_1(\mathbb{C}), \quad d\rho_m(t) = t$$

となって，埋め込み $d\rho_a$ に関して $d\rho_a(1) = d\rho_a(1)_n$ は冪零変換，$d\rho_m$ に関して $d\rho_m(1) = d\rho_m(1)_s$ は半単純となって，埋め込み $d\rho_a$ と $d\rho_m$ ではジョルダン分解が異なっている．

定理 8.1 は，次の 3 つの事実を示すことにより証明される．

(1) 無限次元ベクトル空間の局所有限な線型変換はジョルダン分解をもつ．

(2) リー環の元 $A \in \mathfrak{g} = \mathfrak{X}(G)^{L(G)}$ は無限次元ベクトル空間 $\mathbb{C}[G]$ の局所有限な線型変換であって，(1) の意味での A のジョルダン分解を $A = A_s + A_n$ ($A_s, A_n \in \mathrm{End}\,\mathbb{C}[G]$) とするとき，$A_s, A_n \in \mathfrak{g}$ が成り立つ．

(3) 任意の表現 $\rho : G \to \mathrm{GL}(V)$ の微分表現 $d\rho : \mathfrak{g} \to \mathfrak{gl}(V)$ に関して $d\rho(A) = d\rho(A_s) + d\rho(A_n)$ は $\mathfrak{gl}(V)$ におけるジョルダン分解を与える．

補題 8.2 リー環 $\mathfrak{g}$ の関数環 $\mathbb{C}[G]$ への作用は局所有限である．

証明 代数群の右正則表現は局所有限なので，任意の $f \in \mathbb{C}[G]$ に対して f は $\rho_R(G)$ の作用で安定な $\mathbb{C}[G]$ の有限次元部分空間 V に含まれている（定理 2.10）．$A \in \mathfrak{g}$ の作用は ρ_R の微分としての作用であるから，明らかに V は $\mathfrak{g}$ の作用で安定である． □

演習 8.3 $f \in \mathbb{C}[G]$ に対して $m^*(f)$ を式 (2.11) のように表しておく. このとき, 左不変なベクトル場 $A \in \mathfrak{X}(G)^{L(G)}$ に対して $(Af)(g) = \sum_i a_i(g)(Ab_i)(e)$ が成り立つことを示せ.

8.2 局所有限な線型変換のジョルダン分解

この節では, 有限次元とは限らない $\mathbb{C}$ 上のベクトル空間 V 上の局所有限な線型変換のジョルダン分解について述べる. その前に, まず, 有限次元ベクトル空間上の線型変換のジョルダン分解について復習しておく (例えば [60] 参照).

命題 8.4 U を $\mathbb{C}$ 上の有限次元ベクトル空間とし, $A \in \text{End}(U)$ を線型変換とする. このとき, 線型変換 $S, N \in \text{End}(U)$ で次の (1), (2) を満たすものが一意的に存在する.
(1) $A = S + N$
(2) S は半単純, N は冪零かつ, $SN = NS$ が成り立つ.
さらにこのとき, S, N は定数項のない A の多項式で表すことができる.

演習 8.5 命題 8.4 の設定で, A は可逆であるとし, $S = P(A)$ となる多項式 $P(T) \in \mathbb{C}[T]$ をとる. また, A の最小多項式を $f(T) \in \mathbb{C}[T]$ とする.
(1) $P(T)$ と $f(T)$ は互いに素であることを示せ.
(2) S は可逆で, S^{-1} も A の多項式で表せることを示せ.
[ヒント] A の任意の固有値 α に対して, $f(\alpha) = 0$ かつ $P(\alpha) \neq 0$ となることを用いる.

以下, この節では, V は有限次元とは限らない $\mathbb{C}$ 上のベクトル空間とする.

命題 8.6 $A \in \text{End}(V)$ は局所有限な線型変換であるとする. このとき, 線型変換 $S, N \in \text{End}(V)$ で次を満たすものが一意的に存在する.
(1) $A = S + N$
(2) $SN = NS$
(3) $U \subset V$ を任意の A 安定な有限次元部分空間とすると, U は S および N によって安定であり, $A|_U = S|_U + N|_U$ は $\text{End}(U)$ の元 $A|_U$ のジョルダン分解を与える.

証明 A の作用で安定な V の有限次元部分空間全体の集合を $\{V_\lambda \mid \lambda \in \Lambda\}$ で表す (Λ は添字集合). A は局所有限であるから $V = \sum_{\lambda \in \Lambda} V_\lambda$ である. $A_\lambda =

$A|_{V_\lambda}$ とおき, A_λ の $\mathrm{End}(V_\lambda)$ におけるジョルダン分解を $A_\lambda = S_\lambda + N_\lambda$ とする. このとき, 任意の $\lambda, \mu \in \Lambda$ に対して, $W = V_\lambda \cap V_\mu$ とおけば, W は $S_\lambda, S_\mu, N_\lambda$ および N_μ の作用で安定で, $S_\lambda|_W = S_\mu|_W$, $N_\lambda|_W = N_\mu|_W$ が成り立つ. つまり S_λ, N_λ は, これらの有限次元部分空間の共通部分では一致するから, 写像 $S: V \to V$, $N : V \to V$ を

$$S|_{V_\lambda} = S_\lambda, \quad N|_{V_\lambda} = N_\lambda \quad (\lambda \in \Lambda)$$

により矛盾なく定義することができる. このように定義された S および N が線型変換であって (1)–(3) を満たすことは明らかである. 一意性は (3) より従う. □

命題 8.6 における $A \in \mathrm{End}(V)$ の分解 $A = S + N$ を局所有限な線型変換 A のジョルダン分解という. この分解について次が成り立つ. 証明は読者にゆだねる.

(1) S, N は局所有限な線型変換である.

(2) S は半単純である. すなわち, S の固有ベクトルからなる V の基底が存在する.

(3) N は局所冪零である. すなわち, V の N 安定な有限次元部分空間 U に対して $N|_U$ は冪零である.

補題 8.7 局所有限な線型変換 $A \in \mathrm{End}(V)$ のジョルダン分解を $A = S + N$ とする. V の自己準同型 $\sigma \in \mathrm{End}(V)$ が A と可換であれば, S, N も σ と可換である.

証明 任意の $v \in V$ をとり, $v, \sigma(v), \sigma(Av), \sigma(Sv)$ を含む A 安定な有限次元部分空間 $U \subset V$ をとる. 命題 8.6 により, U は S 安定で, U 上では S は A の多項式で表されているので, S は σ と可換である. $N = A - S$ であるから, N も σ と可換である. □

系 8.8 線型代数群 G のリー環を $\mathfrak{g}$ とし, $A \in \mathfrak{g}$ のジョルダン分解を $A = S + N$ ($S, N \in \mathrm{End}\,\mathbb{C}[G]$) とすれば $S, N \in (\mathrm{End}\,\mathbb{C}[G])^{L(G)}$ である. すなわち S, N は G の $\mathbb{C}[G]$ への左正則表現の作用と可換である.

演習 8.9 V を有限次元とは限らない $\mathbb{C}$ 上のベクトル空間とし, $A \in \mathrm{End}(V)$ は局所有限であるとする. A が 0 を固有値にもたなければ, A は V の自己同型であることを示せ.

8.3 関数環への作用とジョルダン分解

再び §8.1 の設定に戻る. この節では, 線型代数群 G の関数環を $R := \mathbb{C}[G]$ と略記する. また $\mathfrak{X}(G)$ で $\mathbb{C}[G]$ のベクトル場全体を表し, リー環 $\mathfrak{g}$ を左不変なベクトル場全体 $\mathfrak{X}(G)^{L(G)}$ と同一視する.

定理 8.10 リー環の元 $A \in \mathfrak{g} = \mathfrak{X}(G)^{L(G)}$ の $\mathrm{End}(\mathbb{C}[G])$ におけるジョルダン分解を $A = S + N$ とする. このとき, $S, N \in \mathfrak{g}$ である.

これを証明するために, いくつかの補題を用意する.

$A \in \mathfrak{g}$ は固定しておき, $\alpha \in \mathbb{C}$ に対して, 無限次元空間 $R = \mathbb{C}[G]$ における局所有限な線型変換 A の一般固有空間

$$R^\alpha = \{v \in R \mid (A-\alpha)^p v = 0 \quad (p \gg 0)\}$$

を考える.

補題 8.11 正則関数環 R は A の一般固有空間に直和分解する. つまり, 直和分解 $R = \bigoplus_{\alpha \in \mathbb{C}} R^\alpha$ が成り立つ.

証明 まず $R = \sum_{\alpha \in \mathbb{C}} R^\alpha$ を示す. 任意の $f \in R$ をとる. A は局所有限であるから $f \in U$ となる A 安定な有限次元部分空間 $U \subset R$ をとることができる. $U^\alpha = \{v \in U \mid (A-\alpha)^p v = 0 \quad (p \gg 0)\}$ とおけば, (U は有限次元であるから) 線型代数でよく知られているように $U = \bigoplus_{\alpha \in \mathbb{C}} U^\alpha$ であり, $f = \sum_{\alpha \in \mathbb{C}} f_\alpha$ ($f_\alpha \in U^\alpha$) と分解する. $U^\alpha \subset R^\alpha$ であるから, $f \in \sum_{\alpha \in \mathbb{C}} R^\alpha$ であって, $R = \sum_{\alpha \in \mathbb{C}} R^\alpha$ がわかる.

次に $f \in R$ が

$$\sum_{\alpha \in \mathbb{C}} f_\alpha = f = \sum_{\alpha \in \mathbb{C}} g_\alpha \qquad (f_\alpha, g_\alpha \in R^\alpha)$$

のように 2 通りの表示をもつとき, この 2 つの表示が一致することを示す. 両辺共に有限和であるから, 互いに異なる $\alpha_1, \alpha_2, \cdots, \alpha_n \in \mathbb{C}$ があって

$$\sum_{i=1}^n f_i = f = \sum_{i=1}^n g_i \qquad (f_i, g_i \in R^{\alpha_i})$$

としてよい. 各 i に対して $f_i \in U_i, g_i \in V_i$ となる A 安定な有限次元部分空間 $U_i, V_i \subset R$ をとる. $W = \sum_{i=1}^n U_i + \sum_{i=1}^n V_i$ も A 安定な有限次元部分空間であって, $f_i, g_i \in W^{\alpha_i}$ かつ $W = \bigoplus_{i=1}^n W^{\alpha_i}$ は直和であるから $f_i = g_i$ となる. し

たがって $R = \bigoplus_{\alpha \in \mathbb{C}} R^\alpha$ である. □

次の補題は帰納法で容易に確かめられる.

補題 8.12 $f, g \in R, \alpha, \beta \in \mathbb{C}$ に対して, 次が成り立つ.

$$(A - \alpha - \beta)^n (fg) = \sum_{i=0}^n \binom{n}{i} \{(A-\alpha)^{n-i} f\} \{(A-\beta)^i g\} \quad (n \geq 0)$$

補題 8.12 より, 次が従う.

補題 8.13 $\alpha, \beta \in \mathbb{C}$ に対して $R^\alpha \cdot R^\beta \subset R^{\alpha+\beta}$ が成り立つ.

以上 2 つの補題の証明は演習問題として読者の手に委ねる.

さて, $A \in \mathfrak{g}$ の R 上の局所有限な線型変換としてのジョルダン分解を $A = S + N$ とする. 任意の $f \in R$ に対して, f を含む A 安定な有限次元部分空間 $U \subset R$ をとれば $A|_U = S|_U + N|_U$ は $A|_U$ のジョルダン分解を与えるのであったから, $\alpha \in \mathbb{C}$ に対して,

$$\{v \in U \mid (A - \alpha)^p v = 0 \quad (p \gg 0)\} = \{v \in U \mid Sv = \alpha v\}$$

が成り立つ. したがって $(A-\alpha)^p f = 0 \quad (p \gg 0)$ となることと, $Sf = \alpha f$ とは同値である. よって次を得る.

補題 8.14 $\alpha \in \mathbb{C}$ に対して $R^\alpha = \{f \in R \mid Sf = \alpha f\}$ が成り立つ.

補題 8.15 微分 $A \in \mathfrak{g} \subset \mathfrak{X}(G)$ の $\text{End}(R)$ におけるジョルダン分解を $A = S + N$ とすれば, $S, N \in \text{Der}(R) = \mathfrak{X}(G)$ である.

証明 $R = \bigoplus_{\alpha \in \mathbb{C}} R^\alpha$ であるから $f \in R^\alpha, g \in R^\beta$ として $S(fg) = (Sf)g + f(Sg)$ を示せばよい. 補題 8.13 より $fg \in R^{\alpha+\beta}$ であるから, 補題 8.14 を用いて

$$S(fg) = (\alpha + \beta) fg = (\alpha f)g + f(\beta g) = (Sf)g + f(Sg)$$

よって $S \in \text{Der}(R)$ である. これより $N = A - S \in \text{Der}(R)$ がわかる. □

証明 [定理 8.10 の証明] 補題 8.7 により $S, N \in (\text{End}\,\mathbb{C}[G])^{L(G)}$ であるから

$$S, N \in (\text{End}\,\mathbb{C}[G])^{L(G)} \cap \mathfrak{X}(G) = \mathfrak{g}$$

となって, 定理 8.10 が証明された. □

リー環 $\mathfrak{g}$ の関数環 $\mathbb{C}[G]$ への微分作用を考えると，$\mathfrak{g}$ はジョルダン分解について閉じていることが分かったが，次に，このジョルダン分解は群 G の表現に関して普遍的であることを示そう．

命題 8.16 G を線型代数群，$\rho : G \to \mathrm{GL}(V)$ を G の任意の有限次元表現とし，$n = \dim V$ とおく．このとき G 加群の単射準同型 $\varphi : V \to \mathbb{C}[G]^n$ が存在する．また，φ は $\mathfrak{g}$ 加群としての準同型でもある．

証明 双対空間 V^* の基底を $v_1^*, v_2^*, \cdots, v_n^*$ とする．写像 $\varphi : V \to \mathbb{C}[G]^n$ を
$$\varphi : V \to \mathbb{C}[G]^n, \quad \varphi(v) = (C_{v,1}, C_{v,2}, \cdots, C_{v,n}) \tag{8.1}$$
により定めよう．ただし $C_{v,j}(x) = v_j^*(\rho(x)v)$ $(x \in G)$ は表現 (ρ, V) の行列要素である．$g, x \in G, v \in V$ に対して
$$C_{\rho(g)v,j}(x) = v_j^*(\rho(x)\rho(g)v) = v_j^*(\rho(xg)v) = (\rho_R(g) C_{v,j})(x)$$
であるから $C_{\rho(g)v,j} = \rho_R(g) C_{v,j}$ となり，φ は G 加群の準同型である．また φ は単射である．それを見るために $\varphi(v) = 0$ $(v \in V)$ とすると，単位元 $e \in G$ に対して
$$0 = C_{v,j}(e) = v_j^*(\rho(e)v) = v_j^*(v) \quad (1 \le \forall j \le n)$$
であるから $v = 0$ となり，たしかに φ は単射であることがわかる．

また，V の微分表現と関数環の右正則表現による微分を考えると，φ は $\mathfrak{g}$ 加群としての準同型でもある．それは次のようにして確かめられる．$A \in \mathfrak{g}, v \in V, x \in G$ に対して，命題 6.27 より
$$\begin{aligned}
(A C_{v,j})(x) &= \frac{d}{dt} C_{v,j}(x \exp(tA)) \Big|_{t=0} \\
&= \frac{d}{dt} \left(v_j^*(\rho(x)\rho(\exp tA)v) \right) \Big|_{t=0} \\
&= v_j^* \left(\rho(x) \frac{d}{dt} \{\rho(\exp tA)v\} \Big|_{t=0} \right) \\
&= v_j^* \left(\rho(x) \{d\rho(A)v\} \right) = C_{d\rho(A)v,j}(x)
\end{aligned}$$
よって $A \cdot C_{v,j} = C_{d\rho(A) \cdot v, j}$ が成り立つ．したがって
$$\varphi(d\rho(A)v) = (AC_{v,1}, AC_{v,2}, \cdots, AC_{v,n}) = A\varphi(v)$$
これは φ が $\mathfrak{g}$ 加群の準同型であることを意味する． □

命題 8.16 の設定で $A = S + N$ を A の関数環 $\mathbb{C}[G]$ への作用に関するジョル

ダン分解とすれば，S, N の $V \subset \mathbb{C}[G]^n$ への作用に関して

(1) $S|_V$ は半単純
(2) $N|_V$ は冪零
(3) $(S|_V)(N|_V) = (N|_V)(S|_V)$

となることは明らかである．これより，次が得られる．

定理 8.17 G を線型代数群とし，そのリー環を $\mathfrak{g}$ とする．$A \in \mathfrak{g}$ の関数環 $\mathbb{C}[G]$ への作用に関するジョルダン分解を $A = S + N$ (定理 8.10 参照) とすれば，任意の有限次元表現 $\rho : G \to \mathrm{GL}(V)$ の微分表現 $d\rho : \mathfrak{g} \to \mathfrak{gl}(V)$ に対して $d\rho(A) = d\rho(S) + d\rho(N)$ は $d\rho(A)$ の $\mathfrak{gl}(V)$ におけるジョルダン分解を与える．

定理 8.1 は定理 8.17 より明らかである．

8.4 線型代数群における乗法的ジョルダン分解

この節では，定理 8.1 の乗法的な類似が代数群において成立することを見る．V を $\mathbb{C}$ 上の有限次元ベクトル空間として，まず $\mathrm{GL}(V)$ の乗法的ジョルダン分解について述べる．線型変換 $A \in \mathrm{End}(V)$ は固有値がすべて 1 であるとき，**冪単**であるという．A が冪単であることと $A - 1_V$ が冪零であることは同値である．

命題 8.18 線型変換 $A \in \mathrm{GL}(V)$ に対して，$S, U \in \mathrm{GL}(V)$ であって，次の (1) および (2) を満たすものが一意的に存在する．

(1) $A = SU$
(2) S は半単純，U は冪単，かつ $SU = US$ が成り立つ．

さらにこのとき，S, U は，定数項のない A の多項式で表すことができる．

証明 $A = S + N$ を加法的ジョルダン分解とする．A は正則であるから，演習 8.5 により，多項式 $P(T), Q(T) \in \mathbb{C}[T]$ であって，

$$S = P(A), \quad P(0) = 0, \quad S^{-1} = Q(A)$$

をみたすものが存在する．$U := S^{-1}A = 1_V + S^{-1}N$ とおけば，S^{-1}, N は A の多項式であるから，U も A の多項式である．S^{-1} と N は可換であるから，$S^{-1}N$ も冪零となり，U は冪単である．S と U は明らかに可換であり，$U = S^{-1}A = Q(A)A$ より，U は定数項のない A の多項式である．以上で，(1), (2) をみたす S, U の存在が分かった．

$S^{-1}A = U = 1_V + (U - 1_V)$ から $A = S + S(U - 1_V)$ であり，これが A の加法的ジョルダン分解となる．S, U の一意性は A の加法的ジョルダン分解の一意性から従う． $\square$

命題 8.18 の分解 $A = SU$ を $A \in \mathrm{GL}(V)$ の**乗法的ジョルダン分解**という．証明中ではすでに用いている用語であるが，これと比して定理 8.1 の分解を加法的ジョルダン分解ということもある．

以下，G は代数群とし，$A \in G$ とする．$\rho_R(A), \rho_L(A) \in \mathrm{End}(\mathbb{C}[G])$ は局所有限な $\mathbb{C}$ 代数の自己同型となるのであった．$\rho_R(A)$ が半単純となるとき，A を G の**半単純元** (semisimple element) という．また，$\rho_R(A)$ が局所冪単（任意の A 安定な有限次元部分空間上で冪単）となるとき，A を G の**冪単元** (unipotent element) という．

演習 8.19　$A \in G$ に対して，以下の同値性を示せ．
(1) A が半単純 $\iff$ A^{-1} が半単純
(2) $\rho_R(A)$ が半単純 $\iff$ $\rho_L(A)$ が半単純
(3) $\rho_R(A)$ が局所冪単 $\iff$ $\rho_L(A)$ が局所冪単

[ヒント] $i : G \to G$, $i(g) = g^{-1}$ とするとき，$i^* \circ \rho_R(A) \circ i^* = \rho_L(A)$ を示せ．

命題 8.20　V を有限次元とは限らない $\mathbb{C}$ 上のベクトル空間とし，$A \in \mathrm{End}(V)$ は局所有限な自己同型であるとする．このとき，自己同型 $S, U \in \mathrm{End}(V)$ で次を満たすものが一意的に存在する．
(1) $A = SU$
(2) $SU = US$
(3) $W \subset V$ を任意の A 安定な有限次元部分空間とすると，W は S および U によって安定であり，$A|_W = (S|_W)(U|_W)$ は $\mathrm{End}(W)$ の元 $A|_W$ の乗法的ジョルダン分解を与える．

証明　A の加法的なジョルダン分解を $A = S + N$ とする（命題 8.6）．V の任意の A 安定な有限次元部分空間 W に対して，$S|_W$ は $A|_W$ の半単純部分であるから，$S|_W$ の固有値はすべて 0 でない．したがって，S の固有値はすべて 0 でなく，演習 8.9 によって，S は V の自己同型である．そこで，$U := S^{-1}A$ とおけば，上のような W に対して，$S^{-1}W = W$ から，$UW = W$ である．また，$S|_W$ は $A|_W$ の半単純部分であるから，$A|_W = (S|_W)(U|_W)$ は $A|_W$ の乗法的ジョル

ダン分解である. □

命題 8.20 の $A \in \mathrm{End}(V)$ の分解 $A = SU$ を, 局所有限な自己同型 A の乗法的ジョルダン分解という.

補題 8.21 R を $\mathbb{C}$ 代数とし, $A \in \mathrm{End}(R)$ を局所有限な $\mathbb{C}$ 代数の自己同型とする. A の乗法的ジョルダン分解を $A = SU$ とすれば, S, U はともに $\mathbb{C}$ 代数の自己同型である.

演習 8.22 A と $\alpha \in \mathbb{C}$ に対して, 一般固有空間 R^α を §8.3 のように定めると, $R = \oplus_{\alpha \in \mathbb{C}} R^\alpha$ となるのであった. 次の手順で補題 8.21 を証明せよ.

(1) $\alpha, \beta \in \mathbb{C}$ および $f, g \in R$ に対して, 次が成り立つことを示せ.

$$(A - \alpha\beta)^n(fg) = \sum_{i=0}^{n} \binom{n}{i}(A - \alpha)^{n-i}(\alpha^{n-i}f) \cdot A^i(A - \beta)^{n-i}(g)$$

(2) $R^\alpha R^\beta \subset R^{\alpha\beta}$ を示せ.
(3) S が R^α に α 倍として作用することを用いて, $S(fg) = S(f)S(g)$ ($f, g \in R$) であることを示せ.

以下, G を代数群とし, 正則関数環を $R = \mathbb{C}[G]$ とおく.

補題 8.23 $a \in G$ に対して, $A := \rho_R(a) \in \mathrm{End}(R)$ とおき, $A = SU$ を局所有限な自己同型の乗法的ジョルダン分解とする. 準同型 $\sigma \in \mathrm{End}(R)$ が A と可換なら, σ は S, U とも可換である. 特に, S, U は任意の $\rho_L(g)$ ($g \in G$) と可換である.

この補題の証明は補題 8.7 とまったく同様であるから省略する.

補題 8.24 線型代数群 G に対して, 任意の $\rho_L(g)$ ($g \in G$) と可換な $\mathbb{C}$ 代数 $R = \mathbb{C}[G]$ の自己同型 τ に対して, $\tau = \rho_R(t)$ となる $t \in G$ が存在する. つまり, 左正則表現と可換な自己同型は右正則表現からくるものに限る.

証明 $g \in G$ に対して, $\mathbb{C}$ 代数の準同型 $\varepsilon_g : R \to \mathbb{C}$ を $\varepsilon_g(f) = f(g)$ により定める. 準同型 ε_g の核 $\mathrm{Ker}\,\varepsilon_g$ は, 一点 $\{g\}$ を定義する R の極大イデアルである. さて, $\tau : R \to R$ も $\mathbb{C}$ 代数の準同型であるから, 合成 $\varepsilon_e \circ \tau : R \to \mathbb{C}$ もそうである (e は G の単位元). よって, 零点定理により $\varepsilon_e \circ \tau = \varepsilon_t$ となる $t \in G$ が存在

する．このとき $\tau = \rho_R(t)$ であることを示そう．$g \in G$ と $f \in R$ に対して，

$$\begin{aligned}\{\rho_R(t)f\}(g) &= f(gt) = \{\rho_L(g^{-1})f\}(t) \\ &= \varepsilon_t(\rho_L(g^{-1}) \cdot f) = (\varepsilon_e \circ \tau \circ \rho_L(g^{-1}))(f) = (\varepsilon_e \circ \rho_L(g^{-1}) \circ \tau)(f) \\ &= (\rho_L(g^{-1}) \circ \tau(f))(e) = \tau(f)((g^{-1})^{-1}e) = \tau(f)(g)\end{aligned}$$

よって，$\tau = \rho_R(t)$ である． □

命題 8.25 代数群 G の任意の元 $g \in G$ に対して，分解 $g = su$ $(s, u \in G)$ が存在して，$\rho_R(g) = \rho_R(s)\rho_R(u)$ は局所有限な変換 $\rho_R(g) \in \mathrm{End}(\mathbb{C}[G])$ の乗法的ジョルダン分解を与える．

証明 補題 8.23 より，$\rho_R(g) = SU$ と局所有限な線型変換として乗法的ジョルダン分解したとき，S, U は $\rho_L(x)$ $(x \in G)$ と可換である．補題 8.24 より，$S = \rho_R(s), U = \rho_R(u)$ となるような $s, u \in G$ が存在するが，ρ_R は単射であるから $g = su$ と分解していることが分かる． □

最後に，乗法的ジョルダン分解を定理 8.1 に並行した形でまとめておく．

定理 8.26 G を線型代数群とし，埋め込み $G \hookrightarrow \mathrm{GL}_N(\mathbb{C})$ を任意にとるとき，次が成り立つ．

(1) 任意の $g \in G$ の $\mathrm{GL}_N(\mathbb{C})$ における乗法的ジョルダン分解を $x = su$ とすれば，$s, u \in G$ が成り立つ．つまり G は $\mathrm{GL}_N(\mathbb{C})$ における乗法的ジョルダン分解に関して閉じている．

(2) 任意の表現 $\rho : G \to \mathrm{GL}(V)$ と任意の $g \in G$ に対して，

$$\rho(g) = \rho(s)\rho(u) \in \mathrm{GL}(V)$$

は $\mathrm{GL}(V)$ における $\rho(g)$ の乗法的ジョルダン分解を与える．特に，g が埋め込み $G \subset \mathrm{GL}_N(\mathbb{C})$ に関して半単純 (冪単) ならば，$\rho(g)$ も半単純 (冪単) である．

証明 残っているのは (2) の主張だけであるが，これは命題 8.16 から従う． □

章末問題

問題 8.1 2 次正方行列 $A = \begin{pmatrix} \alpha+1 & i \\ i & \alpha-1 \end{pmatrix}$ を考える．

(1) $\mathfrak{g} = \mathfrak{gl}_2(\mathbb{C})$ において $A \in \mathfrak{g}$ の加法的ジョルダン分解 $A = S + N$ を求めよ．また S, N を A の多項式として表せ．

(2) $G = \mathrm{GL}_2(\mathbb{C})$ において $A \in G$ の乗法的ジョルダン分解 $A = su$ を求めよ．また s, u を A の多項式として表せ．

問題 8.2 3次の交代行列 $X = \begin{pmatrix} 0 & 1 & 0 \\ -1 & 0 & -i \\ 0 & i & 0 \end{pmatrix}$ は冪零であることを示せ．これを用いて，3次の直交群 $\mathrm{O}_3(\mathbb{C})$ の冪単元の例を一つ挙げよ．

問題 8.3 一般線型群 $G = \mathrm{GL}_n(\mathbb{C})$ を考える．

(1) 半単純元 $s \in G$ に対して，ある多項式 $F(x) \in \mathbb{C}[x]$ が存在して，$s = F(s)^2$ が成り立つことを示せ．つまり s の多項式で s の平方根 (の一つ) を表すことができる．

(2) 冪単元 $u \in G$ に対して，ある多項式 $H(x) \in \mathbb{C}[x]$ が存在して，$u = H(u)^2$ が成り立つことを示せ．多項式 $H(x)$ は u に依らないようにとることができる．$n = 3$ のときに $H(u)$ を実際に書き下してみよ．

(3) 一般の元 $g \in G$ に対して，ある多項式 $K(x) \in \mathbb{C}[x]$ が存在して，$g = K(g)^2$ が成り立つことを示せ．

第 9 章

代数群の部分群とそのリー環

　代数群 G にはリー環 $\mathfrak{g}$ が対応するが，G の閉部分群と $\mathfrak{g}$ の部分リー環の間の対応は解析的なリー群の場合ほど簡単でない．部分代数群のリー環になっているようなリー環を代数的部分リー環とよぶが，それは，まさしく "代数的な" 条件で定義されているのである．

　一方，代数群には特徴的な部分群がいくつかあり，それらは抽象的に定義されているものでも，しばしば代数群の構造を持っている．そのような部分群には，交換子群や中心化群，冪単部分群，極大トーラスやボレル部分群などの例が含まれている．

　この章では，代数群とそのリー環との対応を縦糸に，そして，重要かつ基本的な部分群の紹介を横糸に，指数写像を主な道具にして論じよう．

　この章を書くにあたって Borel の教科書 [2] が非常に参考になった．

9.1 閉部分群とリー環の対応

　ここでは，代数群の部分群に関する基本事項について述べる．よく使われる 2 つの補題を準備しておく．

補題 9.1　G を代数群とし，U, V を G の稠密なザリスキ開集合とすれば，$UV = G$ が成り立つ．

証明　任意の $g \in G$ に対して，gV^{-1} は稠密な開集合であるから $U \cap gV^{-1} \neq \emptyset$ である．したがって，$u = gv^{-1}$ となる $u \in U, v \in V$ が存在する．これより $g = uv \in UV$ である． □

補題 9.2　代数群 G とその部分集合 H をとる．G を抽象群[1] とみたとき H

---

[1] ここでいう "抽象群" とは群構造以外のすべての構造を忘れることを指す．位相も，代数多様体の構造もすべて考慮しないということである．

が G の部分群になっているとする.
 (1) 閉包 $\overline{H}$ は G の閉部分群である.
 (2) H が $\overline{H}$ の空でない開集合を含めば, $\overline{H} = H$ が成り立つ.

証明 (1) $g \in H$ とすれば $H = g^{-1}H \subset g^{-1}\overline{H}$ であるが, この閉包をとって, $\overline{H} \subset g^{-1}\overline{H}$ であることがわかる. したがって $g\overline{H} \subset \overline{H}$ となり,

$$H\overline{H} \subset \overline{H} \tag{9.1}$$

を得る. 次に $g \in \overline{H}$ を任意にとる. (9.1) より $Hg \subset \overline{H}$ であり, 閉包をとって, $\overline{H}g \subset \overline{H}$ である. したがって, $\overline{H} \cdot \overline{H} \subset \overline{H}$ となって, $\overline{H}$ は積で閉じている. 一方, $(\overline{H})^{-1} = \overline{(H^{-1})} = \overline{H}$ であるから, 逆元をとる操作に関しても $\overline{H}$ は閉じている. 以上より $\overline{H}$ が部分群であることがわかった.

 (2) H が $\overline{H}$ の空でない開集合 U を含めば, $V = \bigcup_{h \in H} hU$ は $\overline{H}$ の稠密な開集合である. したがって補題 9.1 より $\overline{H} = VV \subset H$ である. □

代数群 G のリー環を $\mathrm{Lie}(G)$ で表す. $\mathfrak{g} = \mathrm{Lie}(G)$ とおき, G の連結閉部分群と $\mathfrak{g}$ の部分リー環の対応について考察しておく. $H \subset G$ を連結閉部分群とすれば, そのリー環をとって, $\mathrm{Lie}(H) \subset \mathfrak{g}$ が定まる. そこで, 逆に, 部分リー環に対応する連結閉部分群は存在するか, という問題を考えよう. $\mathfrak{h} \subset \mathfrak{g}$ を部分リー環とする. $\langle \exp(\mathfrak{h}) \rangle$ を $\exp(\mathfrak{h})$ で生成される G の抽象的な部分群とすれば, そのザリスキ閉包 $\overline{\langle \exp(\mathfrak{h}) \rangle}$ は補題 9.2 により G の閉部分群である.

命題 9.3 代数群 G のリー環を $\mathfrak{g}$ とし, $\mathfrak{h} \subset \mathfrak{g}$ を部分リー環とする.
 (1) $\overline{\langle \exp(\mathfrak{h}) \rangle}$ はザリスキ位相に関して連結である. さらに K を $\mathfrak{h} \subset \mathrm{Lie}(K)$ となる G の閉部分群とすれば, $\overline{\langle \exp(\mathfrak{h}) \rangle} \subset K$ が成り立つ. 換言すれば, $\overline{\langle \exp(\mathfrak{h}) \rangle}$ は, そのリー環が $\mathfrak{h}$ を含むような最小の閉部分群である.
 (2) $H \subset G$ を連結閉部分群とし, $\mathfrak{h} = \mathrm{Lie}(H)$ とすれば, $\overline{\langle \exp(\mathfrak{h}) \rangle} = H$ が成り立つ.
 (3) 対応

$$\{G \text{ の連結閉部分群}\} \longrightarrow \{\mathfrak{g} \text{ の部分リー環}\}, \quad H \mapsto \mathrm{Lie}(H)$$

は単射である.

証明 (1) $\exp(\mathfrak{h})$ は複素位相に関する連続写像 $\exp: \mathfrak{h} \to G$ の像であるから, G の複素位相に関して連結である. これより $\langle \exp(\mathfrak{h}) \rangle$ も複素位相に関して連結であ

ることが容易にわかる．したがって，より弱い位相であるザリスキ位相に関しても連結であるから，その閉包 $\overline{\langle \exp(\mathfrak{h}) \rangle}$ もまたザリスキ位相で連結である．

次に閉部分群 $K \subset G$ が $\mathfrak{h} \subset \mathrm{Lie}(K)$ を満たすとする．$\exp(\mathfrak{h}) \subset K$ と K が閉部分群であることから $\overline{\langle \exp(\mathfrak{h}) \rangle} \subset K$ である．

(2) $K = \overline{\langle \exp(\mathfrak{h}) \rangle}$ とおけば，明らかに $\mathfrak{h} \subset \mathrm{Lie}(K)$ かつ $K \subset H$ である．したがって $\mathfrak{h} \subset \mathrm{Lie}(K) \subset \mathrm{Lie}(H) = \mathfrak{h}$ となり，$\dim K = \dim H$ である．H は連結であるから $K = H$ が成り立つ．(3) は (2) より明らかである． □

命題 9.3 (3) の対応は全射ではない．この対応の像に含まれる部分リー環，すなわち G の閉部分群のリー環になっている部分リー環を $\mathfrak{g}$ の**代数的部分リー環** (algebraic Lie algebra) という．命題 9.3 (2) により，

$$\text{部分リー環 } \mathfrak{h} \subset \mathfrak{g} \text{ が代数的} \iff \mathrm{Lie}(\overline{\langle \exp(\mathfrak{h}) \rangle}) = \mathfrak{h}$$

が成り立つ[2]．代数的でない部分リー環の例を挙げておこう．

例 9.4 $\mathfrak{h} \subset \mathfrak{g}$ を部分リー環とし，$K = \overline{\langle \exp(\mathfrak{h}) \rangle}$ とおく．

(1) $\mathfrak{h}$ が $\mathfrak{g}$ のジョルダン分解で閉じていないとする．すなわち $X = X_s + X_n \in \mathfrak{h}$ かつ $X_s, X_n \notin \mathfrak{h}$ であるような元 X をもつとする．もちろん $X \in \mathrm{Lie}(K)$ であり，$\mathrm{Lie}(K)$ は代数群のリー環であるから，ジョルダン分解で閉じていて $X_s, X_n \in \mathrm{Lie}(K)$ である．したがって $\mathfrak{h} \neq \mathrm{Lie}(K)$ であり，$\mathfrak{h}$ は代数的でない．

(2) $G = \mathrm{GL}_2(\mathbb{C})$ とし，トーラス $D = \{\mathrm{diag}(t_1, t_2) \in G \mid t_j \in \mathbb{C}^\times\}$ を考える．D の 1 次元連結閉部分群 S は $\mathbb{C}^\times$ に同型であるから，互いに素な整数 $p, q \in \mathbb{Z}$ によって $S = \{\mathrm{diag}(t^p, t^q) \mid t \in \mathbb{C}^\times\}$ と書ける．これより $\mathrm{Lie}(S) = \mathbb{C} \mathrm{diag}(p, q)$ がわかる．したがって $\mathfrak{h} = \mathbb{C} \mathrm{diag}(a, b)$ $(a, b \in \mathbb{C}^\times)$ とするとき，a/b が有理数でなければ K は 1 次元ではありえず，$K = D$ となる．このとき $\mathfrak{h} = \mathbb{C} \mathrm{diag}(a, b)$ はジョルダン分解で閉じているにもかかわらず，代数的でない．

演習 9.5 $S = \begin{pmatrix} 1 & 0 \\ 0 & 1 \end{pmatrix}$，$N = \begin{pmatrix} 0 & 1 \\ 0 & 0 \end{pmatrix}$ および $A = S + N$ とするとき，群 $G = \exp(\mathbb{C}A)$ は $\mathrm{GL}_2(\mathbb{C})$ の複素位相に関して閉集合であるが，ザリスキ位相に関して閉集合ではない．G のザリスキ閉包を $\overline{G}$ とすれば，$\mathrm{Lie}(\overline{G}) = \mathbb{C}S + \mathbb{C}N$ であることを示せ．また G と $\overline{G}$ を比較せよ．

---

[2] じつは $\mathfrak{h}$ が代数的部分リー環のときは $\langle \exp(\mathfrak{h}) \rangle = \overline{\langle \exp(\mathfrak{h}) \rangle}$ であって，閉包をとる必要はない．

部分リー環がいつ代数的になるかという問題は，埋め込みを考慮すれば，$\mathfrak{gl}_n(\mathbb{C})$ の部分リー環がいつ代数的になるかという問題に帰着する．

$X \in \mathfrak{gl}_n(\mathbb{C})$ に対して，$(\mathbb{C}X)_{\mathrm{alg}} := \mathrm{Lie}\overline{\langle\exp(\mathbb{C}X)\rangle}$ を X の**レプリカ** (replica) という．命題 9.3 によって，これは X を含む最小の代数的部分リー環である．レプリカの概念を用いると，部分リー環 $\mathfrak{g} \subset \mathfrak{gl}_n(\mathbb{C})$ が代数的になるための必要十分条件を次のように述べることができる．

定理 9.6 部分リー環 $\mathfrak{g} \subset \mathfrak{gl}_n(\mathbb{C})$ に対して，次の (1)–(3) は同値である．
(1) $\mathfrak{g}$ は代数的である．
(2) 任意の $X \in \mathfrak{g}$ に対して，$(\mathbb{C}X)_{\mathrm{alg}} \subset \mathfrak{g}$ が成り立つ．
(3) $\mathfrak{g}$ はジョルダン分解で閉じており，さらに，任意の半単純元 $S \in \mathfrak{g}$ に対して $(\mathbb{C}S)_{\mathrm{alg}} \subset \mathfrak{g}$ が成り立つ．

以下，本書では，この定理を用いることはない．定理の (1) と (2) の同値性は [2, Corollary 7.7] で証明されている．また，(1) $\Longrightarrow$ (3) は明らかであるが，(3) $\Longrightarrow$ (2) の証明については少し準備が必要なので §9.3 の最後に与えることにする．

後ほど，半単純元 $S \in \mathfrak{gl}_n(\mathbb{C})$ に対する $(\mathbb{C}S)_{\mathrm{alg}}$ の記述を与える．また，上に述べた判定法とは別に，§§ 9.3 – 9.6 において，いくつかの重要なクラスの部分リー環が代数的になることを示す．

部分群と部分リー環の対応に関して，リー群の解析的な理論における状況を少し説明しておく．G を $\mathbb{R}$ または $\mathbb{C}$ 上のリー群とし，そのリー環を $\mathfrak{g}$ とする．$\mathfrak{h} \subset \mathfrak{g}$ を任意の部分リー環とし，$H := \langle\exp(\mathfrak{h})\rangle$ とおけば，$\mathfrak{h}$ の原点の近傍における位相と座標系を H に移植することにより，H はリー群になることが知られており，H は部分リー環 $\mathfrak{h}$ に対応する**解析的部分群** (analytic subgroup) とよばばれる．この対応 $\mathfrak{h} \mapsto H = \langle\exp(\mathfrak{h})\rangle$ が

$$\{G \text{ の連結部分リー群}\} \to \{\mathfrak{g} \text{ の部分リー環}\}, \quad H \mapsto \mathrm{Lie}(H) \tag{9.2}$$

の逆写像を与え，(9.2) は全単射となる．しかし $H = \langle\exp(\mathfrak{h})\rangle$ は G の閉部分群になるわけではなく，G からの誘導位相でリー群になるわけでもない（一般に H の位相は G からの誘導位相より強い位相になる）．微分幾何でいう正規部分多様体 (regular submanifold) にはならないのである[3]．一方，G の閉部分リー群には正規部分多様体になるようなリー群の構造が入ることも知られている．

---

[3] 正規部分多様体については [67, § 2.10] を参照されたい．

9.2 閉部分群の生成系

代数群の理論では，ある部分集合から生成される群が閉部分群であるかどうかは重要な問題であるが，次の定理は，単位元を含む既約局所閉集合から生成される部分群は閉部分群になることを保証する．

定理 9.7 G を代数群，$\varphi_i : X_i \to G$ $(i \in I)$ を添字集合 I でパラメータづけされた既約代数多様体 X_i から G への正則写像の族とし，$W_i := \varphi_i(X_i)$ をその像とする．すべての $i \in I$ に対して $e \in \overline{W_i}$ であると仮定する．W_i $(i \in I)$ によって (抽象群として) 生成される G の部分群を H とすれば，H は G の連結閉部分群であって，有限個の $i_1, i_2, \cdots, i_n \in I$ と $s_1, s_2, \cdots, s_n \in \{\pm 1\}$ を選べば，$H = W_{i_1}^{s_1} W_{i_2}^{s_2} \cdots W_{i_n}^{s_n}$ と表される．

証明 必要があれば正則写像の族に $X_i \to G$, $x \mapsto \varphi_i(x)^{-1}$ $(i \in I)$ を追加しておけばよいから，各 $i \in I$ に対して $W_i^{-1} = W_j$ となる $j \in I$ があると仮定してよい．$\alpha = (a_1, a_2, \cdots, a_m) \in I^m$ に対して $W_\alpha = W_{a_1} W_{a_2} \cdots W_{a_m}$ とおく．$\overline{W_\alpha}$ は既約多様体からの正則写像の像の閉包であるから，G の既約な閉集合である．このような $\overline{W_\alpha}$ の中で，次元が最大になるように $\alpha \in I^m$ を選ぶ．このとき，任意の $\beta \in I^k$ に対して，

$$\overline{W_\beta} \cdot \overline{W_\alpha} \subset \overline{W_\beta W_\alpha} = \overline{W_{(\beta, \alpha)}} \tag{9.3}$$

となることを示そう．ただし (β, α) は β の後ろに α を並べた添字の列を表している．

$$\overline{W_\beta} \cdot W_\alpha = \bigcup_{x \in W_\alpha} \overline{W_\beta} \, x = \bigcup_{x \in W_\alpha} \overline{W_\beta \, x} \subset \overline{W_\beta W_\alpha}$$

であるから，任意の $g \in \overline{W_\beta}$ に対して $g W_\alpha \subset \overline{W_{(\beta, \alpha)}}$ が成り立つ．閉包をとって $g \overline{W_\alpha} \subset \overline{W_{(\beta, \alpha)}}$ より (9.3) が得られる．

さて，$\overline{W_\beta} \subset \overline{W_\beta} \cdot \overline{W_\alpha}$ であるから，もし $\overline{W_\beta} \not\subset \overline{W_\alpha}$ ならば，

$$\overline{W_\alpha} \subsetneq \overline{W_\beta} \cdot \overline{W_\alpha} \subset \overline{W_\beta W_\alpha} = \overline{W_{(\beta, \alpha)}}$$

となるが，$\overline{W_{(\beta, \alpha)}}$ は既約であるから，これは $\overline{W_\alpha}$ が最大次元をもつことに矛盾する．したがって $\overline{W_\beta} \subset \overline{W_\alpha}$ である．これから

$$\overline{W_\alpha} \cdot \overline{W_\alpha} \subset \overline{W_{(\alpha, \alpha)}} \subset \overline{W_\alpha}$$

が従う．また，$W_\alpha^{-1} = W_{a_m}^{-1} \cdots W_{a_1}^{-1}$ も W_β たちのメンバーだから

$$(\overline{W_\alpha})^{-1} = \overline{W_\alpha^{-1}} \subset \overline{W_\alpha}$$

となり，$\overline{W_\alpha}$ は G の閉部分群である．

任意の $i \in I$ に対して $W_i \subset \overline{W_\alpha}$ であるから，$\overline{H} \subset \overline{W_\alpha}$ であるが，逆の包含関係は明らかなので $\overline{H} = \overline{W_\alpha}$ が成り立つ．$W_\alpha \subset H$ は支配的正則写像 $W_{a_1} \times \cdots \times W_{a_m} \to \overline{H}$ の像だから，$\overline{H}$ の空でない開集合を含んでいる．したがって，補題 9.2 により $H = \overline{H}$ がわかる．W_α は H の開集合を含むから，補題 9.1 により $H = W_\alpha W_\alpha = W_{(\alpha,\alpha)}$ である． □

系 9.8 H_i $(i \in I)$ が G の連結閉部分群なら，H_i たちで抽象群として生成された部分群 $\left\langle \bigcup_{i \in I} H_i \right\rangle$ も G の連結閉部分群である．

定理 9.9 G を代数群とし，H_i $(i \in I)$ を非特異かつ既約な局所閉部分多様体の族とする．各 $i \in I$ に対して，$e \in H_i$ かつ $H_i^{-1} = H_j$ となる $j \in I$ があると仮定する．$\bigcup_{i \in I} H_i$ で生成される G の部分群を H とすれば，定理 9.7 により H は G の閉部分群であるが，そのリー環 $\mathrm{Lie}(H)$ はベクトル空間として $\mathrm{Ad}(H)T_e(h^{-1}H_i)$ $(i \in I, h \in H_i)$ で張られる．

証明 定理 9.7 より，H は G の閉部分群であって，適当に $(i_n, \cdots, i_2, i_1) \in I^n$ をとると $H = H_{i_n} \cdots H_{i_2} H_{i_1}$ と表せる．以下，簡単のため，$H_{i_j} = H_j$ と書く．$p: H_n \times \cdots \times H_2 \times H_1 \to H$ を積写像とすると，これは全射であるから，支配的である．系 16.35 より $x = (x_n, \cdots, x_2, x_1) \in H_n \times \cdots \times H_2 \times H_1$ であって

$$d_x p: T_x(H_n \times \cdots \times H_2 \times H_1) \to T_y(H) \qquad (y := x_n \cdots x_2 x_1 \in H)$$

が全射となるものが存在する．次の合成写像

$$x_i^{-1} H_i \xrightarrow{x_i \times} H_i \hookrightarrow H_n \times \cdots \times H_2 \times H_1 \xrightarrow{p} H \xrightarrow{y^{-1} \times} H$$

を π_i で表す．ここに $x_i \times$ および $y^{-1} \times$ はそれぞれ左から x_i，y^{-1} をかける写像であり，$H_i \hookrightarrow H_n \times \cdots \times H_2 \times H_1$ は第 i 成分への埋め込み $z \mapsto (x_n, \cdots, z, \cdots, x_1)$ を表す．簡単な計算により

$$\pi_i(h) = (x_{i-1} \cdots x_1)^{-1} h (x_{i-1} \cdots x_1) \qquad (h \in x_i^{-1} H_i)$$

がわかる．微分写像 $d_e \pi_i: T_e(x_i^{-1} H_i) \to T_e(H)$ は

$$T_e(x_i^{-1} H_i) \xrightarrow{\sim} T_{x_i}(H_i) \hookrightarrow T_{x_n}(H_n) \times \cdots \times T_{x_1}(H_1)$$
$$\xrightarrow{d_x p} T_y(H) \xrightarrow{\sim} T_e(H)$$

と分解し，$d_x p$ が全射であるから，$T_e(H)$ は $d_e \pi_i$ ($1 \leq i \leq n$) の像で張られる．$d_e \pi_i = \mathrm{Ad}((x_{i-1} \cdots x_1)^{-1})$ であるから，

$$T_e(H) \subset \mathrm{span}_{\mathbb{C}}\{\mathrm{Ad}(H)T_e(h^{-1}H_i) \mid i \in I,\ h \in H_i\}$$

となる．逆の包含関係は明らかであるから，両者は一致する． □

演習 9.10 代数群 G の閉部分群 H, K であって，$K \subset N_G(H)$ となるものを考える．また，H, K のリー環をそれぞれ $\mathfrak{h}, \mathfrak{k}$ とおく．このとき，部分群 $H \cdot K$ は G の閉部分群であり，そのリー環は $\mathfrak{h} + \mathfrak{k}$ に一致することを示せ．

9.3 冪単代数群

$\mathrm{GL}_n(\mathbb{C})$ の冪単元全体の集合を $\mathcal{U}(\mathrm{GL}_n(\mathbb{C}))$ で表し，$\mathfrak{gl}_n(\mathbb{C})$ の冪零元全体の集合を $\mathcal{N}(\mathfrak{gl}_n(\mathbb{C}))$ で表す．

$$\mathcal{N}(\mathfrak{gl}_n(\mathbb{C})) = \{X \in \mathfrak{gl}_n(\mathbb{C}) \mid X^n = 0\},$$
$$\mathcal{U}(\mathrm{GL}_n(\mathbb{C})) = \{g \in \mathrm{GL}_n(\mathbb{C}) \mid (g - 1_n)^n = 0\}$$

であって，$\mathcal{N}(\mathfrak{gl}_n(\mathbb{C})), \mathcal{U}(\mathrm{GL}_n(\mathbb{C}))$ はそれぞれ，$\mathfrak{gl}_n(\mathbb{C}), \mathrm{GL}_n(\mathbb{C})$ の閉部分多様体である．これを，それぞれ**冪零多様体** (nilpotent variety)，**冪単多様体** (unipotent variety) とよぶ．

冪零行列 $X \in \mathcal{N}(\mathfrak{gl}_n(\mathbb{C}))$ に対して，

$$\exp(X) = 1_n + \sum_{k=1}^{\infty} \frac{X^k}{k!} = 1_n + \sum_{k=1}^{n-1} \frac{X^k}{k!} \in \mathcal{U}(\mathrm{GL}_n(\mathbb{C}))$$

であり，この和が有限和であるから，指数写像 $\exp$ は代数多様体の正則写像

$$\exp : \mathcal{N}(\mathfrak{gl}_n(\mathbb{C})) \to \mathcal{U}(\mathrm{GL}_n(\mathbb{C}))$$

を定める．一方，$g \in \mathcal{U}(\mathrm{GL}_n(\mathbb{C}))$ に対して，$g - 1_n$ は冪零であるから，対数写像

$$\log g := \sum_{k=1}^{\infty} \frac{(-1)^{k-1}}{k}(g - 1_n)^k = \sum_{k=1}^{n-1} \frac{(-1)^{k-1}}{k}(g - 1_n)^k \in \mathcal{N}(\mathfrak{gl}_n(\mathbb{C}))$$

が定まる．これも有限和であるから，$\log$ は代数多様体の正則写像

$$\log : \mathcal{U}(\mathrm{GL}_n(\mathbb{C})) \to \mathcal{N}(\mathfrak{gl}_n(\mathbb{C}))$$

を定める．形式的冪級数の合成として $\log(\exp(x)) = x$ および $\exp(\log(x)) = x$ が成り立つから，

$$\log(\exp(X)) = X \qquad (X \in \mathcal{N}(\mathfrak{gl}_n(\mathbb{C})))$$
$$\exp(\log(g)) = g \qquad (g \in \mathcal{U}(\mathrm{GL}_n(\mathbb{C})))$$

となり，log は exp の逆写像である．以上で，次が証明された．

命題 9.11 $\exp: \mathcal{N}(\mathfrak{gl}_n(\mathbb{C})) \to \mathcal{U}(\mathrm{GL}_n(\mathbb{C}))$ は冪零多様体から冪単多様体への $\mathrm{GL}_n(\mathbb{C})$ 同変な同型写像であって，その逆写像は $\log: \mathcal{U}(\mathrm{GL}_n(\mathbb{C})) \to \mathcal{N}(\mathfrak{gl}_n(\mathbb{C}))$ で与えられる．

次に，この命題が一般の線型代数群においても成立することを見る．一つ補題を用意しておく．

補題 9.12 任意の $X \in \mathcal{N}(\mathfrak{gl}_n(\mathbb{C})) \setminus \{0\}$ に対して，$\exp(X)$ によって (抽象群として) 生成される $\mathrm{GL}_n(\mathbb{C})$ の部分群 $\langle \exp(X) \rangle$ の閉包は $\exp(\mathbb{C}X)$ に一致する．したがって閉部分群 $\overline{\langle \exp(X) \rangle}$ は加法群 $\mathbb{C}$ に代数群として同型であり，$(\mathbb{C}X)_{\mathrm{alg}} = \mathbb{C}X$ が成り立つ．

証明 $\exp: \mathbb{C} \to \exp(\mathbb{C}X), t \mapsto \exp(tX)$ は命題 9.11 によって多様体の同型であって，群の演算を保存するから，代数群の同型である．$\langle \exp(X) \rangle = \exp(\mathbb{Z}X) \subset \exp(\mathbb{C}X)$ は無限集合であり，$\exp(\mathbb{C}X)$ は既約であるから，$\overline{\langle \exp(X) \rangle} = \exp(\mathbb{C}X)$ である． □

一般の代数群 G とそのリー環 $\mathfrak{g}$ においても G の冪単元全体の集合を $\mathcal{U}(G)$，$\mathfrak{g}$ の冪零元全体の集合を $\mathcal{N}(\mathfrak{g})$ で表す．埋め込み $G \hookrightarrow \mathrm{GL}_n(\mathbb{C})$ をとって，G を $\mathrm{GL}_n(\mathbb{C})$ の閉部分群とみる．すると微分表現によってリー環 $\mathfrak{g}$ は $\mathfrak{gl}_n(\mathbb{C})$ の部分リー環とみなすことができる．冪単元や冪零元は埋め込みの取り方によらないので，

$$\mathcal{N}(\mathfrak{g}) = \mathfrak{g} \cap \mathcal{N}(\mathfrak{gl}_n(\mathbb{C})), \qquad \mathcal{U}(G) = G \cap \mathcal{U}(\mathrm{GL}_n(\mathbb{C}))$$

が成り立ち，これらはそれぞれ $\mathfrak{g}$ および G の閉部分多様体である．一般線型群の時と同様に，これを**冪零多様体**，**冪単多様体**とよぶ．

命題 9.13 指数写像は G 同変な，冪零多様体と冪単多様体の間の同型 $\exp: \mathcal{N}(\mathfrak{g}) \to \mathcal{U}(G)$ を与える．特に，$\mathcal{U}(G)$ は連結である．

証明 $\exp(\mathfrak{g}) \subset G$ であるから，$\exp(\mathcal{N}(\mathfrak{g})) \subset \mathcal{U}(G)$ である．埋め込みをとって考えると，逆写像 $\log$ が定義できるから，$\exp(\mathcal{N}(\mathfrak{g})) = \mathcal{U}(G)$ を示せばよい．任

意の $g \in \mathcal{U}(G)$ をとり，$X = \log g \in \mathcal{N}(\mathfrak{gl}_n(\mathbb{C}))$ とおく．$\langle \exp(X) \rangle = \langle g \rangle \subset G$ であるが，閉包をとると補題 9.12 より $\exp(\mathbb{C}X) \subset G$ となる．定理 6.29 により，$X \in \mathfrak{g}$ がわかるので $X \in \mathcal{N}(\mathfrak{g})$ である． □

任意の元が冪単である，すなわち $G = \mathcal{U}(G)$ となる代数群を**冪単代数群** (unipotent group) という．冪単代数群は命題 9.13 より連結である．

命題 9.14 $\mathfrak{u}$ を $\mathfrak{gl}_n(\mathbb{C})$ の冪零元からなる部分リー環，つまり $\mathfrak{u} \subset \mathcal{N}(\mathfrak{gl}_n(\mathbb{C}))$ となるような部分リー環とする [4]．このとき

$$U = \exp(\mathfrak{u}) = \{\exp(A) \mid A \in \mathfrak{u}\}$$

とおけば，U は $\mathrm{GL}_n(\mathbb{C})$ の冪単閉部分群であって，そのリー環は $\mathfrak{u}$ に一致する．特に，冪零元からなる部分リー環は代数的部分リー環である．

証明 まず，命題 9.11 より，U は同型写像 $\exp: \mathcal{N}(\mathfrak{gl}_n(\mathbb{C})) \to \mathcal{U}(\mathrm{GL}_n(\mathbb{C}))$ による閉部分多様体 $\mathfrak{u} \subset \mathcal{N}(\mathfrak{gl}_n(\mathbb{C}))$ の像として，$\mathrm{GL}_n(\mathbb{C})$ の閉部分多様体であることに注意しておく．

$X_1, X_2, \cdots, X_k \in \mathfrak{u}$ を $\mathfrak{u}$ の基底とし，$H_i := \exp(\mathbb{C}X_i) \ (1 \le i \le k)$ とおく．補題 9.12 より，H_i は $\mathrm{GL}_n(\mathbb{C})$ の 1 次元連結閉部分群である．定理 6.29 により，H_i のリー環は $\mathfrak{h}_i := \mathrm{Lie}(H_i) = \mathbb{C}X_i$ に一致する．そこで $H_i \ (1 \le i \le k)$ により生成される $\mathrm{GL}_n(\mathbb{C})$ の部分群を H とすれば，定理 9.9 により，H は $\mathrm{GL}_n(\mathbb{C})$ の連結閉部分群であって，$\mathrm{Lie}(H) = \mathrm{span}_\mathbb{C}\{\mathrm{Ad}(H)\mathfrak{h}_i \mid 1 \le i \le k\}$ が成り立つ．

さて，定理 6.29 (3) より，$cX_j \in \mathfrak{h}_j \ (c \in \mathbb{C})$ と $X \in \mathfrak{u}$ に対して

$$\mathrm{Ad}(\exp(cX_j))X = \exp(\mathrm{ad}(cX_j))X = X + c[X_j, X] + \cdots \in \mathfrak{u}$$

であり，H の任意の元は $\exp(cX_j)$ の形の元の積で書けるから，

$$\mathrm{Lie}(H) = \mathrm{span}_\mathbb{C}\{\mathrm{Ad}(H)\mathfrak{h}_i \mid 1 \le i \le k\} \subset \mathfrak{u}$$

が成り立つ．逆の包含関係は明らかであるから，$\mathrm{Lie}(H) = \mathfrak{u}$ である．したがって，

$$U = \exp(\mathfrak{u}) = \exp(\mathrm{Lie}(H)) \subset H,$$

$$\dim U = \dim \mathfrak{u} = \dim \mathrm{Lie}(H) = \dim H$$

が成り立つ．U は H の閉部分多様体であって，しかも H は既約であるから $U = H$ を得る．U が冪単であることは明らかである． □

---

[4] $\mathfrak{u}$ は冪零リー環であるが，冪零リー環であってもこの仮定を満たすとは限らない．

$\mathrm{GL}_n(\mathbb{C})$ の対角成分がすべて 1 である上半三角行列全体の集合を N_n で表す．N_n は明らかに $\mathrm{GL}_n(\mathbb{C})$ の冪単閉部分群であるが，次の定理 9.15 (3) により，$\mathrm{GL}_n(\mathbb{C})$ の極大な冪単閉部分群であることが分かる．

定理 9.15 G を線型代数群とし，そのリー環を $\mathfrak{g}$ とする．
(1) G が冪単代数群ならば，連結である．
(2) 単位元の連結成分 G° が冪単であることと，$\mathfrak{g}$ の各元が冪零であることは同値である．さらにこのとき，$G^\circ = \exp(\mathfrak{g})$ が成り立つ．
(3) G が冪単ならば，任意の有限次元表現 $\rho: G \to \mathrm{GL}(V)$ に対して，V の適当な基底をとって，$\rho(G) \subset \mathrm{N}_m$ ($m = \dim V$) とすることができる．特に，ある $v \in V \setminus \{0\}$ が存在して，任意の $g \in G$ に対して $\rho(g)v = v$ が成り立つ．

証明 (1) 命題 9.13 より G は連結である．
(2) 埋め込み $G \subset \mathrm{GL}_n(\mathbb{C})$ をとって考える．G が冪単であるとする．冪零でない $X \in \mathfrak{g}$ が存在したとすれば，$Xv = av$ となる $v \in \mathbb{C}^n \setminus \{0\}$ と $a \in \mathbb{C} \setminus \{0\}$ が存在する．$e^{ta} \neq 1$ となるように $t \in \mathbb{R}$ をとれば，$\exp(tX)v = e^{ta}v$ かつ $\exp(tX) \in G$ となって，G が冪単であることに矛盾する．したがって $\mathfrak{g}$ の元はすべて冪零である．

逆に，$\mathfrak{g}$ の各元が冪零であるとする．命題 9.14 により，$\exp(\mathfrak{g})$ は G の連結閉部分群であって，$\mathfrak{g}$ をリー環にもつ．したがって $\exp(\mathfrak{g}) \subset G^\circ$，かつ両者の次元が一致するから $\exp(\mathfrak{g}) = G^\circ$ である．$\exp(\mathfrak{g})$ は冪単元からなるから G° は冪単である．

(3) 主張 (2) によって，$\mathfrak{g}$ の元はすべて冪零であり，微分表現によって冪零元は冪零元に写るから $d\rho(\mathfrak{g}) \subset \mathcal{N}(\mathfrak{gl}(V))$ である．定理 7.3 より $d\rho(\mathfrak{g}) \subset \mathfrak{n}_m$ としてよい．ここに $\mathfrak{n}_m$ は対角成分がすべて 0 である上半三角行列全体のなす $\mathfrak{gl}_m(\mathbb{C})$ の部分リー環である．再び (2) によって $G = \exp(\mathfrak{g})$ であるから，定理 6.28 より

$$\rho(G) = \rho(\exp(\mathfrak{g})) = \exp(d\rho(\mathfrak{g})) \subset \exp(\mathfrak{n}_m) \subset \mathrm{N}_m$$

が成り立つ． □

演習 9.16 U を冪単代数群とすれば，U の既約表現は 1 次元自明表現のみであることを示せ．[ヒント] 定理 9.15 (3) を用いよ．

定理 9.17 冪単代数群 U がアフィン代数多様体 X に作用しているとする．このとき，X における任意の U 軌道は閉集合である．

証明 $\mathcal{O}$ を X の U 軌道とするとき,$\overline{\mathcal{O}} = \mathcal{O}$ を示せばよいので,最初から $X = \overline{\mathcal{O}}$ と仮定してよい.U の $\mathbb{C}[X]$ 上の正則表現を

$$(\rho(g)f)(x) = f(g^{-1}x) \qquad (f \in \mathbb{C}[X],\, g \in U,\, x \in X)$$

と書き,$f \in \mathbb{C}[X]$ に対して $W_f = \mathrm{span}_{\mathbb{C}}\{\rho(g)f \mid g \in U\}$ とおく.正則表現は局所有限であるから,W_f は $\mathbb{C}[X]$ の有限次元部分空間となって,U の有限次元表現

$$\rho_f : U \to \mathrm{GL}(W_f), \quad \rho_f(g) = \rho(g)|_{W_f}$$

が得られる.

もし $X \setminus \mathcal{O} \neq \varnothing$ ならば,関数 $f \in \mathbb{C}[X] \setminus \{0\}$ であって $f|_{X \setminus \mathcal{O}} = 0$ となるものが存在する.このとき,任意の $h \in W_f$ に対して $h|_{X \setminus \mathcal{O}} = 0$ となることは簡単に分かる.ρ_f は U の有限次元表現であるから,定理 9.15 (3) によって,ある関数 $f_0 \in W_f \setminus \{0\}$ であって $\rho_f(U)f_0 = \{f_0\}$ となるものが存在する.$f_0 \neq 0$ であり,しかも $f_0|_{X \setminus \mathcal{O}} = 0$ であるから,$f_0(x) = c \neq 0$ となる $x \in \mathcal{O}$ が存在する.すると,f_0 は U の作用で不変であるから任意の $g \in U$ に対して

$$f_0(g \cdot x) = (\rho(g^{-1})f_0)(x) = f_0(x) = c$$

となり,f_0 は軌道 $\mathcal{O}$ 上で定数値 c をとる.仮定より $\mathcal{O}$ は X で稠密であるから $f_0 = c \neq 0$ は X 上の定数関数でなければならない.これは $f_0|_{X \setminus \mathcal{O}} = 0$ に矛盾する.よって $\mathcal{O} = X = \overline{\mathcal{O}}$ である. $\square$

この節の最後に,先延ばしにしていたレプリカに関する定理 9.6 の (2) と (3) との同値性の証明を完結させよう.

証明[[定理 9.6 (3) $\implies$ (2) の証明]] まず,$X \in \mathfrak{gl}_n(\mathbb{C})$ のジョルダン分解を $X = S + N$ とするとき,

$$(\mathbb{C}X)_{\mathrm{alg}} = (\mathbb{C}S)_{\mathrm{alg}} + \mathbb{C}N \tag{9.4}$$

であることを示そう.ここで N は冪零であるから $(\mathbb{C}N)_{\mathrm{alg}} = \mathbb{C}N$ が成り立つことに注意する (補題 9.12).また,代数群のリー環はジョルダン分解で閉じているから,この式の左辺が右辺を含むことは明らかである.

T を $(\mathbb{C}S)_{\mathrm{alg}}$ に対応する連結閉部分群,$U = \exp(\mathbb{C}N)$ を冪単部分群とする.T と U は可換だから,TU は閉部分群であって,そのリー環は $(\mathbb{C}S)_{\mathrm{alg}} + \mathbb{C}N$ に一致する (演習 9.10 参照).つまり $(\mathbb{C}S)_{\mathrm{alg}} + \mathbb{C}N$ は代数的リー環である.$X \in (\mathbb{C}S)_{\mathrm{alg}} + \mathbb{C}N$ であり,$(\mathbb{C}X)_{\mathrm{alg}}$ は X を含む最小の代数的リー環だから,$(\mathbb{C}S)_{\mathrm{alg}} +$

$\mathbb{C}N$ に含まれる.

さて, $\mathfrak{g}$ が条件 (3) を満たすとする. 任意の $X \in \mathfrak{g}$ をとり, そのジョルダン分解を上のように $X = S + N$ とすると, 条件より $(\mathbb{C}X)_{\mathrm{alg}} = (\mathbb{C}S)_{\mathrm{alg}} + \mathbb{C}N \subset \mathfrak{g}$ だから, (2) が成り立つ. □

9.4 交換子群とそのリー環

G は線型代数群とし, そのリー環を $\mathfrak{g}$ する.

$A, B \subset G$ を閉部分群とする. A と B の**交換子群** (derived group) (A, B) は G を抽象群と考えたときの交換子群として次のように定義する.

$$(A, B) := \langle aba^{-1}b^{-1} \mid a \in A, b \in B \rangle \tag{9.5}$$

A, B が共に G の正規部分群であれば, 抽象群論より (A, B) も G の正規部分群である.

命題 9.18 A, B を G の閉部分群とする. B が連結ならば, 交換子群 (A, B) は G の連結閉部分群である.

証明 $a \in A$ に対して, $\gamma_a : B \to G$ を $\gamma_a(x) = axa^{-1}x^{-1}$ により定めれば, 明らかに $e \in \gamma_a(B)$ かつ $(A, B) = \langle \gamma_a(B) \mid a \in A \rangle$ であるから, 主張は定理 9.7 から従う. □

この節では, 上の設定の下に

$$\mathrm{Lie}((A, B)) = [\mathrm{Lie}(A), \mathrm{Lie}(B)]$$

が成り立つことを示す. その準備として, G の正規閉部分群と, そのリー環 $\mathfrak{g}$ のイデアルの関係について, 述べておく.

命題 9.19 H を G の閉部分群とし, そのリー環を $\mathfrak{h}$ で表す.
(1) H が G の正規部分群ならば $\mathfrak{h}$ は $\mathfrak{g}$ のイデアルである.
(2) G, H がともに連結のとき, $\mathfrak{h}$ が $\mathfrak{g}$ のイデアルならば, H は G の正規部分群である.

証明 (1) $g \in G$ に対して, $i_g : G \to G$ を $i_g(x) = gxg^{-1}$ により定めると, $\mathrm{Ad}(g) = di_g : \mathfrak{g} \to \mathfrak{g}$ であった. 仮定より $i_g(H) = H$ であるから, $\mathrm{Ad}(g)\mathfrak{h} = \mathfrak{h}$ である. すると任意の $X \in \mathfrak{g}, Y \in \mathfrak{h}$ および $t \in \mathbb{R}$ に対して

$$\mathrm{Ad}(\exp(tX))Y = \exp(t\,\mathrm{ad}(X))Y \in \mathfrak{h}$$

が成り立つ．よって

$$[X,Y] = \frac{d}{dt}\Big\{\exp(t\,\mathrm{ad}(X))Y\Big\}\Big|_{t=0} \in \mathfrak{h}$$

となり，$[\mathfrak{g},\mathfrak{h}] \subset \mathfrak{h}$ が成り立つ．

(2) まず $\mathfrak{h}$ が $\mathfrak{g}$ のイデアルならば，$\mathrm{Ad}(G)\mathfrak{h} = \mathfrak{h}$ が成り立つことを示す．任意に $Y \in \mathfrak{h}$ を一つとって固定し，写像

$$\alpha : G \to \mathfrak{g}, \qquad \alpha(g) = \mathrm{Ad}(g)Y$$

を考える．$\mathfrak{h}$ はイデアルであるから上の議論と同様にして $\alpha(\langle\exp(\mathfrak{g})\rangle) \subset \mathfrak{h}$ が得られる．α は連続であり，$\mathfrak{h}$ は閉集合であるから，G の連結性より

$$G = \overline{\langle\exp(\mathfrak{g})\rangle} \subset \alpha^{-1}(\mathfrak{h})$$

となり，$\mathrm{Ad}(G)Y = \alpha(G) \subset \mathfrak{h}$ を得る．

$\mathrm{Ad}(G)\mathfrak{h} = \mathfrak{h}$ より，任意の $g \in G$ に対して，

$$i_g(\langle\exp(\mathfrak{h})\rangle) = \langle\exp(\mathrm{Ad}(g)\mathfrak{h})\rangle \subset H$$

が成り立つ．H の連結性より $\overline{\langle\exp(\mathfrak{h})\rangle} = H$ であるから，上で閉包をとって $gHg^{-1} = i_g(H) = i_g(\overline{\langle\exp(\mathfrak{h})\rangle}) \subset H$ を得る．□

定理 9.20 A, B を線型代数群 G の連結な正規閉部分群とし，そのリー環をそれぞれ $\mathfrak{a}, \mathfrak{b}$ とする．このとき，交換子群 (A,B) は G の連結な正規閉部分群であって，そのリー環は $[\mathfrak{a},\mathfrak{b}]$ に一致する．

証明 (A,B) が G の連結閉部分群であることは，命題 9.18 で述べた通りであり，正規部分群であることは抽象群論より明らかである．そこで，以下交換子群 $H := (A,B)$ のリー環 $\mathfrak{h} = \mathrm{Lie}(H)$ に対して，$\mathfrak{h} = [\mathfrak{a},\mathfrak{b}]$ を示そう．

まず，容易な一方の包含関係 $[\mathfrak{a},\mathfrak{b}] \subset \mathfrak{h}$ を示す．$g \in G$ に対して，正則写像

$$c_g : G \to G, \qquad c_g(x) = gxg^{-1}x^{-1} \quad (x \in G)$$

を考えると，その微分 $dc_g : \mathfrak{g} \to \mathfrak{g}$ は $dc_g = \mathrm{Ad}(g) - 1$ で与えられる．いま，任意の $a \in A$ に対して，$c_a(B) \subset (A,B) = H$ より，$(\mathrm{Ad}(a)-1)\mathfrak{b} \subset \mathfrak{h}$ である．したがって，任意の $X \in \mathfrak{a}, Y \in \mathfrak{b}$ および $t \in \mathbb{R}$ に対して，

$$\Big(\mathrm{Ad}(\exp(tX)) - 1\Big)Y = \sum_{n=1}^{\infty} \frac{t^n}{n!}(\mathrm{ad}\,X)^n Y \in \mathfrak{h}$$

$$\therefore \ [X,Y] = \frac{d}{dt}\Big\{(\mathrm{Ad}(\exp(tX))-1)\,Y\Big\}\Big|_{t=0} \in \mathfrak{h}$$

これより $[\mathfrak{a},\mathfrak{b}] \subset \mathfrak{h}$ を得る.

次に,逆の包含関係 $\mathfrak{h} \subset [\mathfrak{a},\mathfrak{b}]$ を示す.まず,$H = \langle c_a(B) \cup c_a(B)^{-1} \mid a \in A \rangle$ であり,$c_a(B) = a \cdot \{ba^{-1}b^{-1} \mid b \in B\}$ (a^{-1} の B に関する共役類に a を掛けたもの) であるから,$c_a(B)$ は G の単位元 e を含む非特異かつ連結な局所閉部分多様体である.定理 9.9 より

$$\mathfrak{h} = \mathrm{span}_{\mathbb{C}}\{\mathrm{Ad}(H)\,T_e(c_a(b)^{-1} \cdot c_a(B)) \mid a \in A,\ b \in B\}$$
$$+ \mathrm{span}_{\mathbb{C}}\{\mathrm{Ad}(H)\,T_e(c_a(b) \cdot c_a(B)^{-1}) \mid a \in A,\ b \in B\}$$

が成り立つ.イデアル $[\mathfrak{a},\mathfrak{b}]$ は $\mathrm{Ad}(G)$ の作用で安定であるから,任意の $a \in A$,$b \in B$ に対して

$$T_e(c_a(b)^{-1}c_a(B)) \subset [\mathfrak{a},\mathfrak{b}], \quad T_e(c_a(b)c_a(B)^{-1}) \subset [\mathfrak{a},\mathfrak{b}] \tag{9.6}$$

が示されれば,$\mathfrak{h} \subset [\mathfrak{a},\mathfrak{b}]$ が証明できたことになる.

そこで $T_e(c_a(b)^{-1}c_a(B)) \subset [\mathfrak{a},\mathfrak{b}]$ を示すために,正則写像

$$f : B \to G, \quad f(x) := c_a(b)^{-1}c_a(bx) = \{(ba)x(ba)^{-1}\}(bx^{-1}b^{-1}) \tag{9.7}$$

を考える.明らかに

$$f(yx) = \{(ba)y(ba)^{-1}\} \cdot f(x) \cdot (by^{-1}b^{-1}) \qquad (y,x \in B)$$

が成り立つので,B の B 自身への左作用と $y \in B$ の $f(B)$ への作用

$$z \mapsto \{(ba)y(ba)^{-1}\} \cdot z \cdot (by^{-1}b^{-1}) \qquad (z \in f(B))$$

を考えれば,$f : B \to f(B)$ は B 等質空間の間の支配的な B 同変正則写像である.したがって,系 16.35 より f の微分 $d_e f : \mathfrak{b} \to T_e(f(B))$ は全射である.式 (9.7) の最後の表示より

$$T_e(c_a(b)^{-1}c_a(B)) = (\mathrm{Ad}(ba) - \mathrm{Ad}(b))\,\mathfrak{b} = \mathrm{Ad}(b)\,(\mathrm{Ad}(a)-1)\,\mathfrak{b}$$

が得られる.$[\mathfrak{a},\mathfrak{b}]$ は $\mathrm{Ad}(b)$ の作用で安定であるから,

$$(\mathrm{Ad}(a)-1)\,\mathfrak{b} \subset [\mathfrak{a},\mathfrak{b}] \tag{9.8}$$

を示せば,式 (9.6) の前半の包含関係が得られる.

任意の $Y \in \mathfrak{b}$ をとる.まず,$a = \exp(X)$ ($X \in \mathfrak{a}$) の場合には,

$$(\mathrm{Ad}(a)-1)\,Y = \sum_{n=1}^{\infty} \frac{1}{n!}\,(\mathrm{ad}\,X)^n Y \in [\mathfrak{a},\mathfrak{b}]$$

である．一般に，$a = a_1 a_2 \cdots a_k$ $(a_j \in \exp(\mathfrak{a}))$ のときには

$$\mathrm{Ad}(a) - 1 = \mathrm{Ad}(a_1 a_2 \cdots a_{k-1})(\mathrm{Ad}(a_k) - 1) + \cdots$$
$$+ \mathrm{Ad}(a_1)(\mathrm{Ad}(a_2) - 1) + (\mathrm{Ad}(a_1) - 1)$$

であるから，はじめの場合より $(\mathrm{Ad}(a) - 1)Y \in [\mathfrak{a}, \mathfrak{b}]$ である．したがって，$a \in \langle \exp(\mathfrak{a}) \rangle$ の場合にも $(\mathrm{Ad}(a) - 1)Y \in [\mathfrak{a}, \mathfrak{b}]$ が示され，$A = \overline{\langle \exp(\mathfrak{a}) \rangle}$ であるから，式 (9.8) は $a \in A$ に対して成り立つ．これで (9.6) の前半の証明が終わった．後半も同様である． $\square$

系 9.21 連結代数群 G のリー環を $\mathfrak{g}$ とすると $\mathrm{Lie}((G,G)) = [\mathfrak{g}, \mathfrak{g}]$ が成り立つ．つまり，連結代数群の交換子群のリー環は交換子環である．

定理 9.20 を用いて，必ずしも代数的とは限らない任意の部分リー環 $\mathfrak{h} \subset \mathfrak{g}$ に対して，その交換子環 $[\mathfrak{h}, \mathfrak{h}]$ は代数的であることを示そう．これは『$\mathfrak{g}$ の半単純な部分リー環は必ず代数的である』という重要な内容を含んでいる．補題を一つ準備する．

補題 9.22 $\rho : G \to \mathrm{GL}(V)$ を線型代数群 G の有限次元表現とし，V の部分空間 $U \subset W$ に対して，

$$G_V(W/U) := \{ g \in G \mid \rho(g)U \subset U, \ \rho(g)W \subset W, \ \rho_{W/U}(g) = \mathrm{id}_{W/U} \}$$
$$\mathfrak{g}_V(W/U) := \{ X \in \mathfrak{g} \mid d\rho(X)W \subset U \}$$

とおく．ここに，$\rho_{W/U}(g)$ は $\rho(g)$ の商空間 W/U への作用を表す．このとき，$\mathrm{Lie}(G_V(W/U)) = \mathfrak{g}_V(W/U)$ が成り立つ．特に $\mathfrak{g}_V(W/U)$ は代数的部分リー環である．

証明 $H := G_V(W/U)$ とおき，$\mathrm{Lie}(H) = \mathfrak{h}$ と書く．微分表現 $\mathfrak{g} \to \mathfrak{gl}(V)$ に関して，$\mathfrak{h}$ が U, W を安定にすることは明らかであり，商表現

$$\rho_{W/U} : H \to \mathrm{GL}(W/U),$$
$$\rho_{W/U}(g)(w + U) = \rho(g)w + U \quad (g \in H, w \in W)$$

の微分が 0 になることを考えれば，任意の $X \in \mathfrak{h}$ に対して $XW \subset U$ が分かる．したがって $\mathfrak{h} \subset \mathfrak{g}_V(W/U)$ である．

逆を示す．任意の $X \in \mathfrak{g}_V(W/U)$ に対して，$XW \subset U$ より，定理 6.28 を用いれば，$\exp(X) \in H$ となることは明らかである．したがって $\langle \exp(\mathfrak{g}_V(W/U)) \rangle \subset$

H となり，$\mathfrak{g}_V(W/U) \subset \mathfrak{h}$ が得られる． □

この補題の重要な応用を一つ述べよう．G を線型代数群とし，そのリー環を $\mathfrak{g}$ とする．部分集合 $W \subset \mathfrak{g}$ に対して，

$$Z_G(W) = \{g \in G \mid \mathrm{Ad}(g)w = w \ (w \in W)\}$$

とおくと，これは G の閉部分群である．これを W の G における**中心化群**とよぶ．また

$$\mathfrak{z}_\mathfrak{g}(W) = \{X \in \mathfrak{g} \mid \mathrm{ad}(X)w = 0 \ (w \in W)\}$$

とおくと，これは $\mathfrak{g}$ の部分リー環になり，W の**中心化環**とよばれる．中心化群 $Z_G(W)$ と中心化環 $\mathfrak{z}_\mathfrak{g}(W)$ は随所で必要になるが，次の系は，これらの関係を明らかにする．

系 9.23 G を線型代数群とし，そのリー環を $\mathfrak{g}$ とする．$W \subset \mathfrak{g}$ を部分空間とするとき，$Z_G(W)$ は G の閉部分群であって $\mathrm{Lie}(Z_G(W)) = \mathfrak{z}_\mathfrak{g}(W)$ が成り立つ．特に，$\mathfrak{z}_\mathfrak{g}(W)$ は $\mathfrak{g}$ の代数的部分リー環である．

証明 補題 9.22 において，表現 ρ として随伴表現 $\mathrm{Ad}: G \to \mathfrak{gl}(\mathfrak{g})$ を考え，$U = \{0\}$ とおき，W として系で与えられた W を考えればよい． □

命題 9.24 線型代数群 G のリー環 $\mathfrak{g}$ の任意の部分リー環 $\mathfrak{h}$ に対して

$$\tilde{H} = \overline{\langle \exp(\mathfrak{h}) \rangle}, \quad \tilde{\mathfrak{h}} = \mathrm{Lie}(\tilde{H})$$

とおけば，$[\mathfrak{h}, \mathfrak{h}] = [\tilde{\mathfrak{h}}, \tilde{\mathfrak{h}}] = \mathrm{Lie}((\tilde{H}, \tilde{H}))$ が成り立つ．したがって $[\mathfrak{h}, \mathfrak{h}]$ は $\mathfrak{g}$ の代数的部分リー環である．

証明 随伴表現 $\mathrm{Ad}: G \to \mathrm{GL}(\mathfrak{g})$ と $[\mathfrak{h}, \mathfrak{h}] \subset \mathfrak{h} \subset \mathfrak{g}$ に対して補題 9.22 の記号を用いる．明らかに $\mathfrak{h} \subset \mathfrak{g}_\mathfrak{g}(\mathfrak{h}/[\mathfrak{h}, \mathfrak{h}])$ であり，$\tilde{H}$ は $\mathfrak{h}$ をリー環に含む最小の G の閉部分群であるから，補題 9.22 によって，$\tilde{H} \subset G_\mathfrak{g}(\mathfrak{h}/[\mathfrak{h}, \mathfrak{h}])$ である．したがって，

$$\tilde{\mathfrak{h}} \subset \mathfrak{g}_\mathfrak{g}(\mathfrak{h}/[\mathfrak{h}, \mathfrak{h}]) \implies [\tilde{\mathfrak{h}}, \mathfrak{h}] \subset [\mathfrak{h}, \mathfrak{h}] \implies \mathfrak{h} \subset \mathfrak{g}_\mathfrak{g}(\tilde{\mathfrak{h}}/[\mathfrak{h}, \mathfrak{h}])$$

である．再び $\tilde{H}$ の最小性と補題 9.22 によって，

$$\tilde{H} \subset G_\mathfrak{g}(\tilde{\mathfrak{h}}/[\mathfrak{h}, \mathfrak{h}]) \implies \tilde{\mathfrak{h}} \subset \mathfrak{g}_\mathfrak{g}(\tilde{\mathfrak{h}}/[\mathfrak{h}, \mathfrak{h}]) \implies [\tilde{\mathfrak{h}}, \tilde{\mathfrak{h}}] \subset [\mathfrak{h}, \mathfrak{h}]$$

を得る．最後の包含関係の逆は明らかだから，両辺は一致する．残りの主張は系 9.21 より明らかである． □

系 9.25 線型代数群のリー環の任意の半単純部分リー環は代数的である.

9.5 可解代数群，冪零代数群とそのリー環

線型代数群 G が可解，冪零であるとは，抽象群としてそれぞれ可解，冪零であることである．そこで，抽象群における可解性・冪零性について復習しておく．抽象群 G に対して，部分群 $D^k(G), C^k(G)$ $(k \geq 0)$ を次のように帰納的に定義する．

$$D^0(G) := G, \qquad D^k(G) := (D^{k-1}(G), D^{k-1}(G)) \quad (k \geq 1),$$
$$C^0(G) := G, \qquad C^k(G) := (G, C^{k-1}(G)) \quad (k \geq 1)$$

群論の一般論によって，$D^k(G), C^k(G)$ は G の正規部分群になるのであった．$D^n(G) = \{e\}$ となる n が存在するとき，G を**可解群** (solvable group) という．また，$C^n(G) = \{e\}$ となる n が存在するとき，G を**冪零群** (nilpotent group) という．リー環の可解性や冪零性もまったく同様にして定義されていたことを思い出そう (§ 7.1)．

G を連結な線型代数群とすれば，命題 9.18 により，$D^k(G)$ は G の連結な正規閉部分群 (k 次交換子群) になり，$D^0(G) \supset D^1(G) \supset \cdots \supset D^k(G) \supset \cdots$ は正規閉部分群の減少列をなす．同様に $C^k(G)$ も G の連結な正規閉部分群であって，減少列 $C^0(G) \supset C^1(G) \supset \cdots \supset C^k(G) \supset \cdots$ をなす．これを**降中心列** (central descending series) とよぶ[5]．さらに定理 9.20 を用いて次を得る．

定理 9.26 G を連結な線型代数群とし，そのリー環を $\mathfrak{g}$ とする．このとき $D^k(G), C^k(G)$ は G の連結な正規閉部分群であって，次が成り立つ．

(1) $\mathrm{Lie}(D^k(G)) = D^k(\mathfrak{g})$ $(k \geq 0)$ が成り立つ．特に G が可解であることと，$\mathfrak{g}$ が可解であることは同値である．

(2) $\mathrm{Lie}(C^k(G)) = C^k(\mathfrak{g})$ $(k \geq 0)$ が成り立つ．特に G が冪零であることと，$\mathfrak{g}$ が冪零であることは同値である．

例 9.27 $\mathrm{GL}_n(\mathbb{C})$ の上半三角行列全体の集合は明らかに $\mathrm{GL}_n(\mathbb{C})$ の連結閉部分群 (ボレル部分群) になる．以下，この群を B_n で表わす．この群のリー環が $\mathrm{Lie}(\mathrm{B}_n) = \mathfrak{b}_n$ となることは明らかであろう．[54, § 3.1] により $\mathfrak{b}_n$ は可解リー環であるから，定理 9.26 より B_n は可解代数群である．

---

[5] G が連結でなくても $D^k(G)$ および $C^k(G)$ は G の正規閉部分群になる ([2, § 2.4])．本書ではこの事実を使わない．

部分群 B_n が可解であることは，次のようにして直接確かめることもできる．

演習 9.28 $E_{i,j} \in M_n(\mathbb{C})$ を (i,j) 成分が 1 で，他の成分はすべて 0 である行列 (行列単位) とし，$k \geq 0$ に対して

$$\mathcal{B}_k := \mathrm{span}_{\mathbb{C}}\{E_{i,j} \mid j-i = k\}, \qquad \tilde{\mathcal{B}}_k := \bigoplus\nolimits_{\ell \geq k} \mathcal{B}_\ell$$

とおく．次の手順で，B_n が可解であることを示せ．

(1) $\mathcal{B}_p \mathcal{B}_q \subset \mathcal{B}_{p+q}$ および $\tilde{\mathcal{B}}_p \tilde{\mathcal{B}}_q \subset \tilde{\mathcal{B}}_{p+q}$ が成り立つことを示せ．
(2) 交換子群について $(B_n, B_n) \subset 1_n + \tilde{\mathcal{B}}_1$ を示せ．
(3) 一般に $1 \leq p \leq n-1$ に対して，$(1_n + \tilde{\mathcal{B}}_p, 1_n + \tilde{\mathcal{B}}_p) \subset 1_n + \tilde{\mathcal{B}}_{p+1}$ であることを示せ．したがって $D^n(B_n) = \{1_n\}$ である．

次の定理は，リーの定理と上の定理 9.26 から，明らかであろう．

定理 9.29 (Kolchin の定理[6]**)** G を $\mathrm{GL}_n(\mathbb{C})$ の連結かつ可解な閉部分群とすれば，$gGg^{-1} \subset B_n$ となるように $g \in \mathrm{GL}_n(\mathbb{C})$ をとることができる．

G を線型代数群とし，そのリー環を $\mathfrak{g}$ とする．一般に，G の連結可解閉部分群で包含関係に関して極大であるものを，G の**ボレル部分群**という．同様に，$\mathfrak{g}$ の可解な部分リー環であって，包含関係に関して極大であるものを $\mathfrak{g}$ の**ボレル部分環**という．連結可解閉部分群のうち，次元が最大のものは明らかにボレル部分群であるから，G のボレル部分群は少なくとも一つ存在する．同様の理由でボレル部分環も確かに存在する．

Kolchin の定理より，次は明らかであろう．

系 9.30 上半三角行列からなる閉部分群 B_n は $\mathrm{GL}_n(\mathbb{C})$ のボレル部分群である．

命題 9.31 G を線型代数群とし，そのリー環を $\mathfrak{g}$ とする．
(1) $B \subset G$ がボレル部分群ならば，$\mathrm{Lie}(B)$ は $\mathfrak{g}$ のボレル部分環である．
(2) $\mathfrak{b} \subset \mathfrak{g}$ をボレル部分環とすれば，$B := \overline{\langle \exp(\mathfrak{b}) \rangle}$ は $\mathfrak{b}$ をリー環にもつボレル部分群である．特に，ボレル部分環は代数的部分リー環である．

証明 (1) $\mathrm{Lie}(B) = \mathfrak{b}$ とおけば，定理 9.26 により $\mathfrak{b}$ は可解である．$\mathfrak{b}'$ を $\mathfrak{b} \subset$

---

[6] Kolchin, Ellis (1916–1991).

$\mathfrak{b}'$ となる $\mathfrak{g}$ の可解部分リー環とする．G の埋め込み $G \hookrightarrow \mathrm{GL}_n(\mathbb{C})$ をとる．リーの定理より，$\mathbb{C}^n$ の適当な基底に関して $\mathfrak{b}' \hookrightarrow \mathfrak{b}_n$ としてよい．したがって $B' = \overline{\langle \exp(\mathfrak{b}') \rangle}$ とおけば，明らかに $B' \subset \mathrm{B}_n$ であって，B' は可解である．$B \subset B'$ であるから B の極大性によって，$B = B'$ である．

$$\mathfrak{b}' \subset \mathrm{Lie}(B') = \mathrm{Lie}(B) = \mathfrak{b}$$

であるから，$\mathfrak{b}' = \mathfrak{b}$ となって，$\mathfrak{b}$ はボレル部分環である．

(2) $\mathfrak{b}$ は可解であるから，(1) と同様に埋め込み $G \hookrightarrow \mathrm{GL}_n(\mathbb{C})$ に関して，$\mathfrak{b} \hookrightarrow \mathfrak{b}_n$ としてよい．すると明らかに $B \subset \mathrm{B}_n$ であって，B は可解である．また $\mathfrak{b} \subset \mathrm{Lie}(B)$ であり $\mathrm{Lie}(B)$ は可解であるから，$\mathfrak{b}$ の極大性によって $\mathfrak{b} = \mathrm{Lie}(B)$ である．

次に B' を $B \subset B'$ となる G の連結可解閉部分群とする．$\mathrm{Lie}(B) = \mathfrak{b}$ の極大性より $\mathrm{Lie}(B) = \mathrm{Lie}(B')$ である．リー環をとる操作は単射であるから $B = B'$ となり，B はボレル部分群である． □

9.6 トーラスとそのリー環

T がトーラスであるとは T が $\mathbb{C}^\times$ の有限個の直積に同型であるときにいうのであった．つまり，ある n に対して $T \simeq (\mathbb{C}^\times)^n$ である．

補題 9.32 H があるトーラスの閉部分群であることと正則関数環 $\mathbb{C}[H]$ が H の有限個の指標で生成されることは同値である．ここで指標とは H の 1 次元表現のことを指す．

証明 H がトーラス $T = (\mathbb{C}^\times)^n$ の閉部分群 $H \subset T$ であったとする．このとき制限写像 $\mathbb{C}[T] \to \mathbb{C}[H]$ は全射であるが，トーラスの正則関数環 $\mathbb{C}[T]$ は指標で生成されており，T の指標は H へ制限することで H の指標となるから，やはり $\mathbb{C}[H]$ も指標で生成される．

逆に $\mathbb{C}[H]$ が指標で生成されていたとする．その生成元を $\{\chi_1, \cdots, \chi_k\} \subset \mathbb{C}[H]$ とおけば，写像

$$H \hookrightarrow (\mathbb{C}^\times)^k, \qquad h \mapsto (\chi_1(h), \cdots, \chi_k(h))$$

は閉埋め込みである．これは関数環の間の準同型の全射性と補題 2.65 より従う． □

補題 9.33 トーラスの連結閉部分群はまたトーラスである．

証明 T をトーラスとして，$H \subset T$ をその連結な閉部分群とする．すると補題 9.32 によって $\mathbb{C}[H]$ は H の有限個の指標 $\{\chi_1, \cdots, \chi_k\}$ によって生成されているが，この指標たちが生成するアーベル群 X を考えよう．有限生成アーベル群の基本定理から，同型

$$X \simeq \mathbb{Z}^n \times \mathbb{Z}/d_1\mathbb{Z} \times \cdots \times \mathbb{Z}/d_m\mathbb{Z} \qquad (d_i \in \mathbb{Z}_{\geq 1},\ 1 \leq i \leq m)$$

が存在するが，それぞれの因子の生成元を $\{\alpha_i \mid 1 \leq i \leq n\} \cup \{\delta_j \mid 1 \leq j \leq m\}$ としよう．すると

$$\psi : H \to (\mathbb{C}^\times)^{n+m}, \quad \psi(h) = (\alpha_1(h), \cdots, \alpha_n(h), \delta_1(h), \cdots, \delta_m(h))$$

は単射である．実際 $\{\alpha_i\} \cup \{\delta_j\}$ は X を生成するが，X は正則関数環 $\mathbb{C}[H]$ の生成元を含んでいる．一方，この像は連結でなければならないから，$\delta_j(h)$ は恒等的に 1 である．もしそうでなければ $\delta_j(h)$ は離散的な値しか取り得ず，像が連結でないことになり矛盾である．

したがって $X \simeq \mathbb{Z}^n$ であって，$\alpha_1, \cdots, \alpha_n$ がそのアーベル群としての生成元としてよい．すると $\alpha_1^{\pm 1}, \cdots, \alpha_n^{\pm 1}$ は $\mathbb{C}[H]$ の代数としての生成元である．

$$\mathbb{C}[H] = \bigoplus_{\nu \in \mathbb{Z}^n} \mathbb{C}\alpha^\nu \qquad \text{ただし } \alpha^\nu = \alpha_1^{\nu_1} \alpha_2^{\nu_2} \cdots \alpha_n^{\nu_n}$$

ここで $\nu \neq \mu$ なら $\alpha^\nu \neq \alpha^\mu$ であるが，相異なる指標は一次独立であることを以下示そう．そうすると $\mathbb{C}[H]$ は n 変数ローラン多項式環 $\mathbb{C}[x_1^{\pm 1}, \cdots, x_n^{\pm 1}]$ と同型になり，$H \simeq (\mathbb{C}^\times)^n$ がわかる．

そこで，相異なる指標の系で一次独立でないものがあったとする．このような指標の系で個数 k が最小となる $\chi_1, \cdots, \chi_k$ をとる．すると，$c_1, \cdots, c_k \in \mathbb{C}$ が存在して，自明でない一次関係式

$$c_1 \chi_1(h) + \cdots + c_k \chi_k(h) = 0, \qquad (\forall h \in H) \tag{9.9}$$

が成り立つ．k の最小性より係数 $c_1, \cdots, c_k$ はすべてゼロではない．

$\chi_1(h_1) \neq \chi_2(h_1)$ となるように $h_1 \in H$ をとる．このとき，(9.9) 式で h の代わりに $h_1 h$ とおけば

$$c_1 \chi_1(h_1) \chi_1(h) + \cdots + c_k \chi_k(h_1) \chi_k(h) = 0 \tag{9.10}$$

したがって

$$0 = \chi_1(h_1) \cdot ((9.9) \text{ 式}) - ((9.10) \text{ 式})$$
$$= c_2(\chi_1(h_1) - \chi_2(h_1))\chi_2(h) + \cdots + c_k(\chi_1(h_1) - \chi_k(h_1))\chi_k(h)$$

となるが，$\chi_1(h_1) - \chi_2(h_1) \neq 0$ だから，これは k の最小性に矛盾する． □

わかったことをここでまとめておく．

定理 9.34 H を線型代数群とするとき，次の条件はすべて同値である．
(1) H はトーラスである．
(2) H はあるトーラスの連結閉部分群である．
(3) $H \subset \mathrm{GL}_N(\mathbb{C})$ は同時対角化可能，かつ連結である．
(4) H の指標群 $X(H)$ には捩じれ元がなく，正則関数環 $\mathbb{C}[H]$ を生成する．

次の補題は後で必要になる．

補題 9.35 トーラス T に対して，$T = \overline{\{s^k \mid k \in \mathbb{Z}\}}$ となるような元 $s \in T$ が存在する．

証明 $T = (\mathbb{C}^\times)^n$ とする．有理数体 $\mathbb{Q}$ 上代数的に独立な数 $x_1, \cdots, x_n \in \mathbb{C}$ を選んで $s = (x_1, \cdots, x_n) \in T$ とおくと，この s が題意を満たすことを示そう[7]．

実際，T 上の正則関数 f で $f(s^k) = 0 \in (k \in \mathbb{Z})$ となるものがあれば，$\{x_1, \cdots, x_n\}$ の代数的独立性より f は恒等的にゼロであることを示すことができる．この部分の証明の概略は，演習問題にまとめておいた． □

演習 9.36 補題 9.35 の設定の下に考える．$t \in T$ に対して正則関数を $f(t) = \sum_{\alpha \in \mathbb{Z}^n} c_\alpha t^\alpha$ $(c_\alpha \in \mathbb{C})$ と書き表す．このとき $f(s^k) = \sum_{\alpha \in \mathbb{Z}^n} c_\alpha (x^\alpha)^k$ であることを示せ．次に，$\{x_i\}_{i=1,\cdots,n}$ の代数的独立性より $x^\alpha \neq x^\beta$ $(\alpha \neq \beta)$ が成り立つことを用いて $f(s^k) = 0$ $(k \in \mathbb{Z})$ ならば $f \equiv 0$ (恒等的にゼロ) であることを示せ．[ヒント] ファンデルモンドの行列式の利用を考えよ．

次に，トーラスのリー環による特徴づけについて述べる．次の補題は [54, §8.2, 補題 5] とまったく同様に証明できる．

補題 9.37 $\mathfrak{t}$ を $\mathfrak{gl}_n(\mathbb{C})$ の半単純元からなる複素部分リー環とすれば，$\mathfrak{t}$ は可換である．

注意 9.38 この補題は $\mathbb{R}$ 上のリー環に対しては成り立たない (章末問題 9.3 参照)．

---

[7] 複素数体 $\mathbb{C}$ の $\mathbb{Q}$ 上の超越次数が ∞ であることはよく知られている．例えば [58, 定理 2.12.5] 参照．

以下，$\mathrm{GL}_n(\mathbb{C})$ の対角行列がなす閉部分群を $\mathrm{D}_n(\mathbb{C})$ で表し，$\mathfrak{gl}_n(\mathbb{C})$ の対角行列がなす部分リー環を $\mathfrak{d}_n(\mathbb{C})$ で表すことにする．

命題 9.39 連結線型代数群 T に対して，T がトーラスであることと，そのリー環 $\mathfrak{t}$ が半単純元からなることは同値である．

証明 埋め込み $i: T \hookrightarrow \mathrm{GL}_n(\mathbb{C})$ をとり，T を $\mathrm{GL}_n(\mathbb{C})$ の部分群と同一視し，そのリー環 $\mathfrak{t}$ を微分表現 $di: \mathfrak{t} \hookrightarrow \mathfrak{gl}_n(\mathbb{C})$ によって $\mathfrak{gl}_n(\mathbb{C})$ の部分リー環と同一視しておく．

T をトーラスとすれば，表現 $i: T \hookrightarrow \mathrm{GL}_n(\mathbb{C})$ は 1 次元表現の直和に分解されるから，$T \subset \mathrm{D}_n(\mathbb{C})$ としてよい．すると明らかに $\mathfrak{t} \subset \mathfrak{d}_n(\mathbb{C})$ であり，$\mathfrak{t}$ の任意の元は 1 つの埋め込みの微分表現に関して半単純に表現される．したがって，$\mathfrak{t}$ の任意の元は半単純である (定理 8.1 参照)．

逆に $\mathfrak{t}$ の任意の元が半単純であるとする．すると，やはり定理 8.1 により，$\mathfrak{t} \subset \mathfrak{gl}_n(\mathbb{C})$ の任意の元は $\mathfrak{gl}_n(\mathbb{C})$ の半単純元である．補題 9.37 により，$\mathfrak{t}$ は可換であって，同時対角化可能である．よって $\mathfrak{t} \subset \mathfrak{d}_n(\mathbb{C})$ としてよい．すると $T = \overline{\langle \exp(\mathfrak{t}) \rangle} \subset \mathrm{D}_n(\mathbb{C})$ となり，T はトーラス $\mathrm{D}_n(\mathbb{C}) \simeq (\mathbb{C}^\times)^n$ の連結閉部分群である．よって T はトーラスである． □

ここで，$\mathfrak{gl}_n(\mathbb{C})$ の半単純元からなる部分リー環 $\mathfrak{t}$ が代数的になるための必要十分条件を与えておく．$\mathfrak{d}_n(\mathbb{C})$ を $\mathfrak{gl}_n(\mathbb{C})$ の対角行列のなす部分リー環とし，$\mathfrak{d}_n(\mathbb{C})$ の対角成分が整数である部分集合を $\mathfrak{d}_n(\mathbb{Z})$ で表す．補題 9.37 によって，$\mathfrak{t} \subset \mathfrak{d}_n(\mathbb{C})$ としてよいことに注意する．

命題 9.40 部分リー環 $\mathfrak{t} \subset \mathfrak{d}_n(\mathbb{C})$ が代数的になるための必要十分条件は $\mathfrak{t}$ が $\mathfrak{d}_n(\mathbb{Z})$ に含まれる基底をもつことである．

証明 $\mathfrak{t}$ が代数的なら，トーラスのリー環であるから $\mathfrak{d}_n(\mathbb{Z})$ に含まれる基底をもつことは明らかである (例 9.4 (2) 参照)．

逆を示すために，$A = \mathrm{diag}(a_1, \cdots, a_n) \in \mathfrak{d}_n(\mathbb{Z}) \setminus \{0\}$ をとり，$\exp(\mathbb{C}A)$ が $\mathbb{C}^\times$ に同型であることを示す．$a := \gcd(a_1, \cdots, a_n)$ とし，$b_j := a_j/a$ とおけば，$\exp(sA) = \mathrm{diag}((e^{as})^{b_1}, \cdots, (e^{as})^{b_n}))$ $(s \in \mathbb{C})$ であるから，
$$\mathbb{C}^\times \to \exp(\mathbb{C}A), \quad t \mapsto \mathrm{diag}(t^{b_1}, \cdots, t^{b_n})$$
は代数群の同型である (下記演習 9.41 参照)．したがって，$\exp(\mathbb{C}A)$ は $\mathrm{D}_n(\mathbb{C})$ の閉

部分群である．また，準同型 $\mathbb{C}^\times \to \exp(\mathbb{C}A)$ の微分を考えれば，$\mathrm{Lie}(\exp(\mathbb{C}A)) = \mathbb{C}A$ が分かる．

次に $A_1, \cdots, A_r \in \mathfrak{d}_n(\mathbb{Z})$ を $\mathfrak{t}$ の基底とする．

$$T := \exp(\mathrm{span}_\mathbb{C}\{A_1, \cdots, A_r\}) = \exp(\mathbb{C}A_1) \cdots \exp(\mathbb{C}A_r) \tag{9.11}$$

とおけば，各 $\exp(\mathbb{C}A_j)$ が $\mathrm{D}_n(\mathbb{C})$ の閉部分群であるから，系 9.8 により，T も $\mathrm{D}_n(\mathbb{C})$ の閉部分群である．また，定理 9.9 より，T のリー環は $\mathfrak{t} = \mathrm{span}_\mathbb{C}\{A_1, \cdots, A_r\}$ であって，$\mathfrak{t}$ は代数的リー環である． □

演習 9.41 $T = (\mathbb{C}^\times)^n$ を n 次元トーラスとし，$(b_1, \cdots, b_n) \in \mathbb{Z}^n$ を互いに素な整数の組とする．このとき，正則写像 $\varphi: \mathbb{C}^\times \to T$, $\varphi(t) = (t^{b_1}, \cdots, t^{b_n})$ を考える．

(1) 正則関数環の間の写像 $\varphi^*: \mathbb{C}[x_1^{\pm 1}, \cdots, x_n^{\pm 1}] \to \mathbb{C}[x^{\pm 1}]$ は $\varphi^*(x_i) = x^{b_i}$ で与えられることを示せ．
(2) $\varphi: \mathbb{C}^\times \to T$ は $\mathbb{C}^\times$ から T の閉部分群への同型 (閉埋め込み) であることを示せ．
(3) 整数 k に対して，正則写像 $\chi_k: \mathbb{C}^\times \to \mathbb{C}^\times$ を $\chi_k(t) = t^k$ で定めると，これが同型になるのは $k = \pm 1$ の場合に限ることを示せ．

系 9.42 部分リー環 $\mathfrak{t} \subset \mathfrak{d}_n(\mathbb{C})$ が代数的になるための必要十分条件は，$\mathfrak{t}$ が $\mathfrak{d}_n(\mathbb{C})$ 上の整数係数の同次線型方程式の解空間に一致することである．

これを示すには，次の事実を確かめればよい．この補題の証明は線型代数の簡単な演習問題であるから省略する．

補題 9.43 自然な包含関係 $\mathbb{Z}^n \subset \mathbb{C}^n$ を考えるとき，$\mathbb{C}$ 上の部分空間 $V \subset \mathbb{C}^n$ について，次の (1), (2) は同値である．
(1) V は $\mathbb{Z}^n$ に含まれる基底をもつ．
(2) V は $\mathbb{C}^n$ 上の整数係数の同次線型方程式の解空間に一致する．

演習 9.44 部分リー環 $\mathfrak{h} \subset \mathfrak{d}_n(\mathbb{C})$ に対して，$\mathfrak{h}$ を含む最小の代数的リー環 $\mathfrak{h}_{\mathrm{alg}}$ は次のように構成されることを示せ．

$\mathfrak{d}_n(\mathbb{C}) = \mathbb{C}^n$ の同一視を行い，$\mathbb{C}^n$ 上の通常の内積 $\boldsymbol{a} \cdot \boldsymbol{b} = \sum_{i=1}^n a_i b_i$ を考える．$X := \{\boldsymbol{a} \in \mathbb{Z}^n \mid \boldsymbol{a} \cdot \mathfrak{h} = \{0\}\}$ とおけば，X は自由アーベル群である．その自由基底を $\boldsymbol{a}_1, \cdots, \boldsymbol{a}_r \in X$ とすれば，$\mathfrak{h}_{\mathrm{alg}} = \{x \in \mathfrak{d}_n(\mathbb{C}) \mid \boldsymbol{a}_i \cdot x = 0 \ (1 \leq i \leq r)\}$ である．

命題 9.45 G を連結な可解代数群とすれば，その冪単多様体 $G_u := \mathcal{U}(G)$ は G の正規閉部分群であって，商群 G/G_u はトーラスである．

証明 Kolchin の定理により $G \subset B_n$ となる埋め込み $G \subset \mathrm{GL}_n(\mathbb{C})$ が存在する．すると $\mathcal{U}(G) = G \cap N_n$ であるから，$G_u = \mathcal{U}(G)$ は G の閉部分群である．また，冪単性は G の共役によって変わらないから，G_u は正規部分群である．

次に G/G_u がトーラスであることを示す．標準的準同型 $\pi: G \to G/G_u$ は全射 (したがって支配的) だから，微分 $d\pi: \mathfrak{g} \to \mathrm{Lie}(G/G_u)$ も全射である．ここに $\mathfrak{g} = \mathrm{Lie}(G)$ は G のリー環である．任意の $X \in \mathfrak{g}$ をとり，そのジョルダン分解を $X = S + N$ とする．N は冪零であるから，任意の $t \in \mathbb{R}$ に対して $\exp(tN) \in G_u$ であり，定理 6.28 により，$\exp(td\pi(N)) = \pi(\exp(tN)) = e$ である．したがって $d\pi(N) = 0$ である．すると $d\pi(X) = d\pi(S) + d\pi(N)$ は $d\pi(X) \in \mathrm{Lie}(G/G_u)$ のジョルダン分解であるから，$d\pi(X) = d\pi(S)$ となり，$\mathrm{Lie}(G/G_u)$ の任意の元は半単純である．命題 9.39 により，G/G_u はトーラスである． □

線型代数群 G に対して，トーラス部分群 $T \subset G$ であって，包含関係に関して極大なものを G の**極大トーラス**という．一方，G のリー環 $\mathfrak{g}$ の半単純元からなる部分リー環 $\mathfrak{t} \subset \mathfrak{g}$ であって，包含関係に関して極大なものを $\mathfrak{g}$ の**極大 s 部分環**という．補題 9.37 により，極大 s 部分環 $\mathfrak{t}$ は可換であることに注意する．

命題 9.46 G を線型代数群とし，そのリー環を $\mathfrak{g}$ とする．
(1) $T \subset G$ が極大トーラスならば，$\mathrm{Lie}(T)$ は $\mathfrak{g}$ の極大 s 部分環である．
(2) $\mathfrak{t} \subset \mathfrak{g}$ を極大 s 部分環とすれば，$T := \exp(\mathfrak{t})$ は $\mathfrak{t}$ をリー環にもつ極大トーラスである．特に，極大 s 部分環は代数的部分リー環である．

証明 やはり埋め込み $i: T \hookrightarrow \mathrm{GL}_n(\mathbb{C})$ をとって考える．

(1) $T \subset G$ を極大トーラスとする．命題 9.39 より，$\mathfrak{t} := \mathrm{Lie}(T) \subset \mathfrak{g} \subset \mathfrak{gl}_n(\mathbb{C})$ は半単純元からなる部分リー環である．よって $\mathfrak{g}$ の極大 s 部分環 $\mathfrak{t}'$ で $\mathfrak{t} \subset \mathfrak{t}'$ となるものが存在する．$\mathfrak{t}'$ は同時対角化可能であるから，$\mathfrak{t}' \subset \mathfrak{d}_n(\mathbb{C})$ としてよい．すると $T' := \overline{\langle \exp(\mathfrak{t}') \rangle} \subset D_n(\mathbb{C}) \cap G$ となり，T' はトーラス $D_n(\mathbb{C})$ の連結部分群であるからトーラスである．T' は T を含むから，T の極大性より $T' = T$ である．したがって $\mathfrak{t}' = \mathfrak{t}$ となって，$\mathfrak{t}$ は極大 s 部分環である．

(2) $\mathfrak{t} \subset \mathfrak{g}$ を極大 s 部分環とすれば，$\mathfrak{t} \subset \mathfrak{d}_n(\mathbb{C})$ としてよい．すると，演習 9.44 より $\mathfrak{t}$ は $\mathbb{Z}$ 上の基底を持つことが分かるので，式 (9.11) より $T = \exp(\mathfrak{t})$ は G のトーラスである．T が極大トーラスであることは (1) と同様にして示すことが

できる． □

章末問題

問題 9.1 特殊線型群 $G = \mathrm{SL}_2(\mathbb{C})$ およびそのリー環 $\mathfrak{g} = \mathfrak{sl}_2(\mathbb{C})$ を考える．このとき，指数写像 $\exp : \mathfrak{g} \to G$ は全射でないことを次のようにして示せ．

(1) $X \in \mathfrak{g}$ のジョルダン標準形は $\begin{pmatrix} t & 0 \\ 0 & -t \end{pmatrix}$ $(t \in \mathbb{C})$ かまたは $\begin{pmatrix} 0 & 1 \\ 0 & 0 \end{pmatrix}$ であることを示せ．

(2) $g = \begin{pmatrix} -1 & a \\ 0 & -1 \end{pmatrix}$ とおく．$\exp X = g$ となったとすると X のジョルダン標準形を考えることにより $a = 0$ であることを示せ．これより $a \neq 0$ なら $g \notin \exp \mathfrak{g}$ である．

問題 9.2 2 次の上半三角行列からなる 1 次元冪単代数群を

$$G = \left\{ \begin{pmatrix} 1 & \xi \\ 0 & 1 \end{pmatrix} \,\middle|\, \xi \in \mathbb{C} \right\}$$

とし，$x := \begin{pmatrix} 0 & 1 \\ 0 & 0 \end{pmatrix} \in \mathrm{Lie}(G)$ とおく．G の n 次元ベクトル空間 V における表現 $\rho : G \to \mathrm{GL}(V)$ に対して，冪零軌道 $\mathrm{Ad}(\mathrm{GL}(V))d\rho(x) \in \mathcal{N}(\mathfrak{gl}(V))/\mathrm{GL}(V)$ を対応させる写像 $\rho \mapsto \mathrm{Ad}(\mathrm{GL}(V))d\rho(x)$ を考える．この写像は G の V における表現の同値類から，冪零軌道の集合 $\mathcal{N}(\mathfrak{gl}(V))/\mathrm{GL}(V)$ への全単射を与えることを示せ．

問題 9.3 実直交リー環 $\mathfrak{so}_n(\mathbb{R}) = \{ A \in \mathrm{M}_n(\mathbb{R}) \mid {}^t\!A = -A \}$ を考える．$\mathfrak{so}_n(\mathbb{R})$ の元はすべて半単純であるが，$n \geq 3$ なら $\mathfrak{so}_n(\mathbb{R})$ は可換ではないことを示せ．つまり，補題 9.37 は実数体上のリー環では成り立たない．

問題 9.4 $t \in \mathbb{C}^\times$ に対して $C(t) = \dfrac{t + t^{-1}}{2}$, $S(t) = \dfrac{t - t^{-1}}{2}$ と書く．

$$T = \left\{ s \begin{pmatrix} C(t) & S(t) \\ S(t) & C(t) \end{pmatrix} \,\middle|\, s, t \in \mathbb{C}^\times \right\}$$

とおくと T は $\mathrm{GL}_2(\mathbb{C})$ の極大トーラスであることを示せ．

問題 9.5 一般線型群 $\mathrm{GL}_n(\mathbb{C})$ の上半三角行列からなるボレル部分群 $B = \mathrm{B}_n$

の極大トーラス T について考える. $U = \mathrm{N}_n$ を B の冪単根基とする.

(1) B の任意の極大トーラス T から対角部分群への写像が $T \hookrightarrow B \to B/U \simeq \mathrm{D}_n$ として得られる. これが同型写像であることを示せ.

(2) 前小問を用いて, B_n の任意の極大トーラスは

$$T = \left\{ \begin{pmatrix} t_1 & * & * & * \\ & t_2 & * & * \\ & & \ddots & * \\ & & & t_n \end{pmatrix} \middle| t_1, \cdots, t_n \in \mathbb{C}^\times \right\}$$

の形をしていることを示せ.

(3) B_n の極大トーラスはすべて B_n において共役であることを示せ.

問題 9.6 $X = \mathrm{diag}(a_1, \cdots, a_n)$ を n 次対角行列とし, $a_1, \cdots, a_n$ は $\mathbb{Q}$ 上線型独立とする. このとき $\overline{\langle \exp(\mathbb{C}X) \rangle} = \mathrm{D}_n$ が成り立つことを示せ.

問題 9.7 T を対角行列からなる $\mathrm{GL}_2(\mathbb{C})$ のトーラスとする. $\sigma = \begin{pmatrix} 0 & 1 \\ 1 & 0 \end{pmatrix}$ に対して $S := \{1_2, \sigma\} \ltimes T$ とおくと, S と T の交換子群は $(S, T) = \{\mathrm{diag}(t, t^{-1}) \mid t \in \mathbb{C}^\times\}$ となることを示せ. これより, 線型代数群 G の部分群 A, B に対して, 一般に $(A, B)^\circ = (A^\circ, B^\circ)$ は成立しないことが分かる.

第 10 章
簡約性と冪単根基

簡約代数群は，任意の有限次元表現が完全可約であるような群として定義した．本書のように，複素数体上の代数群で，構造論を準備する前に簡約性を定義しようとするとき，表現の完全可約性は便利である．しかし，例えば標数が正であるような体上の代数群を考える際に，この定義は適切でない．そこで，本章では，代数群の簡約性を本質的かつ内在的な概念である冪単根基を用いて再定義するとともに，複素数体上においては，この定義が以前のものと同値であることを示そう．

さらに，この新しい定義の応用として，簡約代数群における，さまざまな部分群の簡約性について述べる．特に，部分群の簡約性が等質空間の性質にどのように反映するかを端的に言い表した松島の定理は本章のハイライトである．

10.1 根基と冪単根基

線型代数群 G のリー環を $\mathfrak{g}$ とする．リー環 $\mathfrak{g}$ の最大の可解イデアルを $\mathrm{rad}(\mathfrak{g})$ と書き，$\mathfrak{g}$ の根基とよぶのであった (定義 7.6)．イデアル $\mathrm{rad}(\mathfrak{g})$ に対応する G の部分群を考えよう．

命題 10.1 線型代数群 G に対して，最大の連結かつ可解な正規閉部分群 R が存在し，R のリー環は $\mathfrak{g}$ の根基 $\mathrm{rad}(\mathfrak{g})$ に一致する．

証明 群 G の連結かつ可解な正規閉部分群の全体を $\{R_a \mid a \in A\}$ (A は添字集合) とし，これらで生成される G の部分群を
$$R := \left\langle \bigcup_{a \in A} R_a \right\rangle$$
とおく．系 9.8 より，R は G の連結閉部分群である．各 R_a が正規部分群であるから，R も G の正規部分群である．また，命題 9.19 より，$\mathrm{Lie}(R_a)$ は $\mathrm{Ad}(G^\circ)$ の作用で安定な $\mathfrak{g}$ のイデアルであり，定理 9.9 より R のリー環は
$$\mathrm{Lie}(R) = \sum_{a \in A} \mathrm{Lie}(R_a)$$

となることが分かる．定理 9.26 より $\mathrm{Lie}(R_a)$ は $\mathfrak{g}$ の可解イデアルである．$\mathfrak{g}$ の (唯一つの) 最大可解イデアルが根基 $\mathrm{rad}(\mathfrak{g})$ であったから，$\mathrm{Lie}(R_a) \subset \mathrm{rad}(\mathfrak{g})$ ($a \in A$) であり，したがって $\mathrm{Lie}(R) \subset \mathrm{rad}(\mathfrak{g})$ である．リーの定理により，G の埋め込み $G \hookrightarrow \mathrm{GL}_n(\mathbb{C})$ に関して $\mathrm{Lie}(R) \subset \mathrm{rad}(\mathfrak{g}) \subset \mathfrak{b}_n$ であるとしてよく[1]，指数写像をとって，

$$R = \overline{\langle \exp(\mathrm{Lie}(R)) \rangle} \subset \overline{\langle \exp(\mathrm{rad}(\mathfrak{g})) \rangle} \subset \mathrm{B}_n$$

を得る．よって R は可解である．定義により，R は G の任意の連結かつ可解な正規閉部分群を含むから，最大性が従う．根基の一意性より $\mathrm{rad}(\mathfrak{g})$ は $\mathrm{Ad}(G)$ の作用で安定であるから，$\overline{\langle \exp(\mathrm{rad}(\mathfrak{g})) \rangle}$ は G の連結かつ可解な正規閉部分群である．R の最大性より，$R = \overline{\langle \exp(\mathrm{rad}(\mathfrak{g})) \rangle}$ である．したがって $\mathrm{rad}(\mathfrak{g}) \subset \mathrm{Lie}(R)$ となり，$\mathrm{rad}(\mathfrak{g}) = \mathrm{Lie}(R)$ を得る． □

上の R を G の**根基**といい，$\mathrm{Rad}(G)$ で表す．いま示したことから

$$\mathrm{Lie}(\mathrm{Rad}(G)) = \mathrm{rad}(\mathfrak{g}) \tag{10.1}$$

が成り立つ．代数群 G が条件 $\mathrm{Rad}(G) = \{e\}$ を満たすとき，**半単純代数群**という．等式 (10.1) によって，この条件はリー環 $\mathfrak{g}$ が半単純であるという条件と同値である．

次に G の冪単根基について述べるが，リー環から話を始める．

補題 10.2 線型代数群 G のリー環 $\mathfrak{g}$ に対して，$\mathfrak{g}$ の冪零元からなる最大のイデアル $\mathfrak{u}$ が存在して $\mathrm{Ad}(G)$ の作用で安定である．この $\mathfrak{u}$ を $\mathrm{rad}_u(\mathfrak{g})$ で表す．

証明 $\mathfrak{u}$ を $\mathfrak{g}$ の冪零元からなるイデアルのうち極大なものとし (これは次元の理由から存在する)，$\mathfrak{a}$ を冪零元からなる任意のイデアルとする．G の埋め込み $G \hookrightarrow \mathrm{GL}_n(\mathbb{C})$ をとって $\mathfrak{g} \subset \mathfrak{gl}_n(\mathbb{C})$ とみれば，$\mathfrak{u}, \mathfrak{a}$ は $\mathfrak{gl}_n(\mathbb{C})$ の冪零元からなる．定理 7.3 より，$\mathfrak{u}, \mathfrak{a}$ は $\mathfrak{g}$ の冪零イデアルであり，したがって可解イデアルであって，根基 $\mathrm{rad}(\mathfrak{g})$ に含まれる．リーの定理により，$\mathbb{C}^n$ の適当な基底に関して $\mathrm{rad}(\mathfrak{g}) \subset \mathfrak{b}_n$ であるとしてよい．したがって $\mathfrak{u}, \mathfrak{a} \subset \mathfrak{b}_n$ であるが，これらの任意の元は冪零であるから，$\mathfrak{u}, \mathfrak{a} \subset \mathfrak{n}_n$ である．ここで $\mathfrak{n}_n$ は対角成分がすべてゼロであるような上半三角行列全体のなす冪零リー環を表す．

これより $\mathfrak{u} + \mathfrak{a} \subset \mathfrak{n}_n$ となって，$\mathfrak{u} + \mathfrak{a}$ は冪零元からなる $\mathfrak{g}$ のイデアルである．

---

[1] B_n は上半三角行列のなすボレル部分群，$\mathfrak{b}_n$ はそのリー環である．

$\mathfrak{u}$ の極大性により $\mathfrak{u} + \mathfrak{a} = \mathfrak{u}$ であり，$\mathfrak{a} \subset \mathfrak{u}$ を得る．これは $\mathfrak{u}$ が $\mathfrak{g}$ の冪零元からなる最大のイデアルであることを意味する．

任意の $g \in G$ に対して，$\mathrm{Ad}(g)\mathfrak{u}$ は明らかに $\mathfrak{g}$ の冪零元からなるイデアルであり，$\mathfrak{u}$ の最大性により $\mathrm{Ad}(g)\mathfrak{u} \subset \mathfrak{u}$ である． □

次の命題で $\mathrm{rad}_u(\mathfrak{g})$ は G の冪単根基のリー環であることを示す．

命題 10.3 線型代数群 G に対して，最大の冪単正規閉部分群 U が存在する．さらに $\mathrm{Lie}(U) = \mathrm{rad}_u(\mathfrak{g})$ が成り立つ．

証明 U を G の極大な冪単正規閉部分群とし，A を任意の冪単正規閉部分群とする．これらはもちろん G の連結かつ可解な正規閉部分群であり，$U, A \subset \mathrm{Rad}(G)$ である．上の補題の証明においてリーの定理の代わりに Kolchin の定理を用いると，まったく同様にして $A \subset U$ が分かり，U が最大の冪単正規閉部分群であることが示される．

次に $\mathrm{Lie}(U) = \mathrm{rad}_u(\mathfrak{g})$ を示そう．U は冪単であるから，$\mathrm{Lie}(U)$ は $\mathfrak{g}$ の冪零元からなるイデアルであって，$\mathrm{Lie}(U) \subset \mathrm{rad}_u(\mathfrak{g})$ である．一方 $\mathrm{rad}_u(\mathfrak{g})$ は $\mathrm{Ad}(G)$ の作用で安定な $\mathfrak{g}$ のイデアルであるから，$\overline{\langle \exp(\mathrm{rad}_u(\mathfrak{g})) \rangle}$ は G の冪単正規閉部分群であり，しかも U を含む．U の最大性より $U = \overline{\langle \exp(\mathrm{rad}_u(\mathfrak{g})) \rangle}$ であり，これより容易に $\mathrm{Lie}(U) = \mathrm{rad}_u(\mathfrak{g})$ が従う． □

上の U を G の**冪単根基** (unipotent radical) といい，$\mathrm{Rad}_u(G) = U$ で表す．命題 10.3 により，

$$\mathrm{Lie}(\mathrm{Rad}_u(G)) = \mathrm{rad}_u(\mathfrak{g})$$

が成り立つ．また，冪単代数群は連結であるから (定理 9.15)，$\mathrm{Rad}_u(G)$ は連結であることに注意する．

先に §2.7 では，任意の有限次元表現が完全可約になる代数群を簡約代数群の定義としたが，以後，$\mathrm{Rad}_u(G) = \{e\}$ となる代数群を**簡約代数群**とよぶことにする．次節で，この二つの概念が一致することを示す．

演習 10.4 G が可解なら，$\mathrm{Rad}_u(G) = \mathcal{U}(G)$ および $\mathrm{rad}_u(\mathfrak{g}) = \mathcal{N}(\mathfrak{g})$ が成り立つことを示せ．[ヒント] 命題 9.13 および 9.45 を用いる．

命題 10.5 G を線型代数群とする．
(1) $R := \mathrm{Rad}(G)$ に対して $\mathrm{Rad}_u(R) = \mathrm{Rad}_u(G)$ が成り立つ．

(2) 商群 $\mathrm{Rad}(G)/\mathrm{Rad}_u(G)$ はトーラスである.

証明 (1) R は可解であるから, 演習 10.4 によって $\mathrm{Rad}_u(R) = \mathcal{U}(R)$ であり, $\mathcal{U}(R)$ は G の正規部分群の冪単元の集合として, G の共役で安定である. したがって, $\mathrm{Rad}_u(R)$ は G の冪単正規閉部分群である. よって $\mathrm{Rad}_u(R) \subset \mathrm{Rad}_u(G)$ を得る.

逆に, 明らかに $\mathrm{Rad}_u(G) \subset R$ であり, $\mathrm{Rad}_u(G)$ は冪単元からなるので, $\mathrm{Rad}_u(G) \subset \mathcal{U}(R) = \mathrm{Rad}_u(R)$ である.

(2) は命題 9.45 より従う. □

代数群 G に対して, $Z(G) = \{x \in G \mid gx = xg \ (g \in G)\}$ で G の**中心** (center) を表す. 中心 $Z(G)$ は明らかに G の閉部分群である.

系 10.6 $\mathrm{Rad}(G)$ がトーラスであることと, G が簡約であることは同値である. さらに, G が簡約ならば, 中心の連結成分 $Z(G)^\circ$ はトーラスである.

演習 10.7 G が簡約ならば $\mathrm{Rad}(G) = Z(G)^\circ$ であることを示せ. [ヒント] 命題 7.27 (iv) より $\mathrm{rad}(\mathfrak{g}) = \mathfrak{z}(\mathfrak{g})$ である.

次に根基, 冪単根基が代数群の全射準同型で保たれることをみよう.

命題 10.8 $\rho: G \to H$ を代数群の全射準同型とすれば, 次が成り立つ.
(1) $\rho(\mathrm{Rad}(G)) = \mathrm{Rad}(H)$
(2) $\rho(\mathrm{Rad}_u(G)) = \mathrm{Rad}_u(H)$

証明 単位元の連結成分に制限した全射準同型 $\rho: G^\circ \to H^\circ$ に対して主張を示せばよいから, G は連結としてよい.

(1) 像 $\rho(\mathrm{Rad}(G))$ は明らかに H の可解な連結正規閉部分群だから, $\rho(\mathrm{Rad}(G)) \subset \mathrm{Rad}(H)$ である. $\rho: G \to H$ は全射であるから, 微分 $d\rho: \mathfrak{g} \to \mathfrak{h}$ も全射である. したがって, 命題 7.36 によって $d\rho: \mathrm{rad}(\mathfrak{g}) \to \mathrm{rad}(\mathfrak{h})$ は全射である. $d\rho(\mathrm{rad}(\mathfrak{g})) = \mathrm{Lie}(\rho(\mathrm{Rad}(G)))$ であるから [2],

$$\dim \rho(\mathrm{Rad}(G)) = \dim d\rho(\mathrm{rad}(\mathfrak{g})) = \dim \mathrm{rad}(\mathfrak{h}) = \dim \mathrm{Rad}(H)$$

となって, $\rho(\mathrm{Rad}(G)) = \mathrm{Rad}(H)$ を得る.

(2) (1) により $\rho: \mathrm{Rad}(G) \to \mathrm{Rad}(H)$ は全射であり, 命題 9.45 および命題 10.5

---

[2] 演習 6.30 参照.

より，
$$\mathrm{Rad}_u(G) = \mathrm{Rad}_u(\mathrm{Rad}(G)) = \mathcal{U}(\mathrm{Rad}(G))$$
が成り立つ．そこで $\rho : G \to H$ の代わりに $\rho : \mathrm{Rad}(G) \to \mathrm{Rad}(H)$ を考えることにより，連結可解群の全射準同型 $\rho : G \to H$ に関して $\rho(\mathcal{U}(G)) = \mathcal{U}(H)$ を示せばよい．そのためには $d\rho(\mathcal{N}(\mathfrak{g})) = \mathcal{N}(\mathfrak{h})$ をいえば十分である．

任意の $y \in \mathcal{N}(\mathfrak{h})$ をとる．$d\rho$ は全射であるから，$d\rho(x) = y$ となる $x \in \mathfrak{g}$ が存在する．x のジョルダン分解を $x = x_s + x_n$ とすれば，$y = d\rho(x_s) + d\rho(x_n)$ は y のジョルダン分解を与えるが，y は冪零であるから $d\rho(x_s) = 0$ となり，$y = d\rho(x_n) \in d\rho(\mathcal{N}(\mathfrak{g}))$ がわかる． □

命題 10.8 (2) を標準的準同型 $G \to G/\mathrm{Rad}_u(G)$ に適用することにより，次を得る．

系 10.9 代数群 G に対して，商群 $G/\mathrm{Rad}_u(G)$ は簡約である．すなわち，$\mathrm{Rad}_u(G/\mathrm{Rad}_u(G)) = \{e\}$ が成り立つ．

命題 10.10 G を代数群とするとき，次が成り立つ．
(1) G が簡約ならば，その正規閉部分群 K は簡約である．
(2) $\rho : G \to H$ を代数群の全射準同型とすれば，G が簡約であることと，H および $\mathrm{Ker}\rho$ が簡約であることは同値である．

証明 (1) 任意の $g \in G$ に対して，$gKg^{-1} = K$ であるから，$g\,\mathrm{Rad}_u(K)g^{-1}$ は K の正規閉部分群であり，しかも冪単群であるから，$g\,\mathrm{Rad}_u(K)g^{-1} = \mathrm{Rad}_u(K)$ が成り立つ．したがって，$\mathrm{Rad}_u(K)$ は G の冪単正規閉部分群であって，$\mathrm{Rad}_u(K) \subset \mathrm{Rad}_u(G) = \{e\}$ であるから K は簡約である．

(2) G が簡約であるとする．$\mathrm{Ker}\rho$ は G の正規閉部分群であるから，(1) により簡約である．また，命題 10.8 により，
$$\mathrm{Rad}_u(H) = \rho(\mathrm{Rad}_u(G)) = \rho(\{e\}) = \{e\}$$
となって，H も簡約である．

逆に $H, \mathrm{Ker}\rho$ が簡約であるとする．$\rho(\mathrm{Rad}_u(G)) = \mathrm{Rad}_u(H) = \{e\}$ であるから，$\mathrm{Rad}_u(G) \subset \mathrm{Ker}\rho$ である．しかし，$\mathrm{Rad}_u(G)$ は明らかに $\mathrm{Ker}\rho$ の冪単正規閉部分群であるから，$\mathrm{Rad}_u(G) \subset \mathrm{Rad}_u(\mathrm{Ker}\rho) = \{e\}$ となって，G は簡約である． □

ここで，代数群の冪単根基のリー環と，§7.5 で定義された，リー環の冪零根基との関係について述べる．

命題 10.11 代数群 G のリー環 $\mathfrak{g}$ に対して，$\mathfrak{g}$ の冪零根基は G の冪単根基のリー環に含まれる．つまり $[\mathrm{rad}(\mathfrak{g}),\mathfrak{g}] \subset \mathrm{rad}_u(\mathfrak{g})$ が成り立つ．

証明 $\tilde{G} := G/\mathrm{Rad}_u(G)$ を商群とし，標準的準同型を $\pi: G \to \tilde{G}$ と書く．$\tilde{\mathfrak{g}} = \mathrm{Lie}(\tilde{G}) = \mathfrak{g}/\mathrm{rad}_u(\mathfrak{g})$ とおく．命題 10.8 (1) より，$\mathrm{Rad}(\tilde{G}) = \mathrm{Rad}(G)/\mathrm{Rad}_u(G)$ であるから，命題 10.5 によって，$\mathrm{Rad}(\tilde{G})$ はトーラスであり，$\mathrm{rad}(\tilde{\mathfrak{g}})$ は可換である．系 7.33 より，$[\mathrm{rad}(\tilde{\mathfrak{g}}),\tilde{\mathfrak{g}}]$ の任意の元は冪零である．しかし，$[\mathrm{rad}(\tilde{\mathfrak{g}}),\tilde{\mathfrak{g}}] \subset \mathrm{rad}(\tilde{\mathfrak{g}})$ であり，トーラスのリー環 $\mathrm{rad}(\tilde{\mathfrak{g}})$ は半単純元からなるから，$[\mathrm{rad}(\tilde{\mathfrak{g}}),\tilde{\mathfrak{g}}] = \{0\}$ である．$d\pi([\mathrm{rad}(\mathfrak{g}),\mathfrak{g}]) = [\mathrm{rad}(\tilde{\mathfrak{g}}),\tilde{\mathfrak{g}}] = \{0\}$ であるから，$[\mathrm{rad}(\mathfrak{g}),\mathfrak{g}] \subset \mathrm{Ker}\, d\pi = \mathrm{rad}_u(\mathfrak{g})$ が得られる． □

上記命題において，等号は成立しない．実際，G を 2 次の上半三角行列からなる，対角成分が 1 の 1 次元冪単群 $G = \mathrm{N}_2$ とすれば，

$$\{0\} = [\mathrm{rad}(\mathfrak{g}),\mathfrak{g}] \neq \mathrm{rad}_u(\mathfrak{g}) = \mathfrak{g}$$

である．

10.2 代数群の簡約性に同値な条件

本書では，はじめに簡約代数群を，任意の有限次元表現が完全可約であるような群として定義した (§2.7 の定義 2.34) が，その後，代数群の理論やリー環論を整備した上で，「簡約代数群」を冪単根基が自明であることとして再定義した (§10.1)．本節では，一見したところ異なって見える，この 2 つの定義の同値性を示そう．また，代数群の簡約性に関しては他にも同値な定義がいくつもある．これらの同値な性質についても，その同値性の証明を与えよう．これらの性質は，§7.4 で論じたリー環の簡約性の性質 (i)–(vi) と深く関わっている．

以下，G は線型代数群であって，一般線型群 $\mathrm{GL}(W)$ の閉部分群として実現されているとし，そのリー環を $\mathfrak{g} \subset \mathfrak{gl}(W)$ とする．また，$\mathfrak{g}$ の中心を $\mathfrak{z}(\mathfrak{g})$ で表し，$\mathfrak{gl}(W)^{\mathrm{ss}}$ によって $\mathfrak{gl}(W)$ に含まれる半単純元の全体を表す．

G に関する次の 5 つの条件を考えよう．

(I) G の任意の有限次元表現は完全可約である．

(II) G のリー環 $\mathfrak{g}$ は簡約,かつ単位元の連結成分 G° の任意の表現 $\rho: G^\circ \to \mathrm{GL}(V)$ に対して,$d\rho(\mathfrak{z}(\mathfrak{g})) \subset \mathfrak{gl}(V)^{\mathrm{ss}}$ が成り立つ.

(III) G のリー環 $\mathfrak{g}$ は簡約,かつ $\mathfrak{z}(\mathfrak{g}) \subset \mathfrak{gl}(W)^{\mathrm{ss}}$ が成り立つ.

(IV) 埋め込み $\mathfrak{g} \subset \mathfrak{gl}(W)$ が JM 条件をみたす.

(V) G は簡約である.すなわち,$\mathrm{Rad}_u(G) = \{e\}$ が成り立つ.

定理 10.12 $G \subset \mathrm{GL}(W)$ に関する,上記の条件 (I), (II), (III), (IV), (V) は互いに同値である.

証明 いずれの条件も,単位元の連結成分 G° にのみ依存する条件であるから,G は連結であると仮定してよい.以下,これを仮定する.

[(I) $\Longrightarrow$ (II) の証明] (I) を仮定する.忠実表現 $G \hookrightarrow \mathrm{GL}(W)$ は完全可約であるから,その微分表現 $\mathfrak{g} \hookrightarrow \mathfrak{gl}(W)$ も完全可約である.定理 7.35 より,$\mathfrak{g}$ は簡約である.また,任意の表現 $\rho: G \to \mathrm{GL}(V)$ は完全可約であるから,その微分表現 $d\rho: \mathfrak{g} \to \mathfrak{gl}(V)$ も完全可約であって,V は完全可約な $d\rho(\mathfrak{g})$ 加群である.よって $d\rho(\mathfrak{z}(\mathfrak{g})) \subset \mathfrak{z}(d\rho(\mathfrak{g})) \subset \mathfrak{gl}(V)^{\mathrm{ss}}$ が成り立つ.

(II) $\Longrightarrow$ (III) は自明である.また,(III) $\Longrightarrow$ (IV) も,定理 7.35 から明らかである.

[(IV) $\Longrightarrow$ (V) の証明] (IV) を仮定する.代数的リー環 $\mathfrak{g} \subset \mathfrak{gl}(W)$ はジョルダン分解で閉じているから,定理 7.35 より,$\mathfrak{g}$ は冪零元からなる $\{0\}$ でないイデアルをもたない.よって $\mathrm{rad}_u(\mathfrak{g}) = \{0\}$ であり,$\mathrm{Rad}_u(G) = \{e\}$ が成り立つ.

[(V) $\Longrightarrow$ (I) の証明] (V) を仮定する.任意の表現 $\rho: G \to \mathrm{GL}(V)$ をとる.$\mathrm{rad}_u(d\rho(\mathfrak{g})) = d\rho(\mathrm{rad}_u(\mathfrak{g})) = \{0\}$ より,$d\rho(\mathfrak{g}) \subset \mathfrak{gl}(V)$ は冪零元からなる $\{0\}$ でないイデアルをもたない.また,$\mathfrak{z}(d\rho(\mathfrak{g}))$ は代数群 $Z(\rho(G))$ のリー環であるからジョルダン分解で閉じている.定理 7.35 より,V は完全可約な $d\rho(\mathfrak{g})$ 加群である.したがって,微分表現 $d\rho: \mathfrak{g} \to \mathfrak{gl}(V)$ が完全可約となり,$\rho: G \to \mathrm{GL}(V)$ も完全可約である. □

この定理を書き換えると,連結代数群の表現の完全可約性に関する次の定理を得る.

定理 10.13 連結代数群 G のリー環を $\mathfrak{g}$ とする.表現 $\rho: G \to \mathrm{GL}(V)$ に関して,次の (1)–(4) は同値である.

(1) ρ は完全可約である.

(2) 微分表現の像 $d\rho(\mathfrak{g})$ は簡約かつ, $\mathfrak{z}(d\rho(\mathfrak{g})) \subset \mathfrak{gl}(V)^{\mathrm{ss}}$ が成り立つ.
(3) $d\rho(\mathfrak{g}) \subset \mathfrak{gl}(V)$ が JM 条件をみたす.
(4) $\rho(\mathrm{Rad}_u(G)) = \{e\}$ が成り立つ.

証明は前定理の G として $\rho(G)$ をとればよいだけである.

この節の最後に, 代数群 G の冪単根基は, 表現論的に見ると, リー環 $\mathfrak{g}$ における冪零根基の類似物であることを示しておこう (定理 7.38 参照).

定理 10.14 連結代数群 G のリー環を $\mathfrak{g}$ とし, G の既約表現の同値類を $\widehat{G}$ で表す. $\rho \in \widehat{G}$ の表現空間を V_ρ で表す. このとき,
$$\mathrm{rad}_u(\mathfrak{g}) = \bigcap_{\rho \in \widehat{G}} \mathrm{Ker}(d\rho : \mathfrak{g} \to \mathfrak{gl}(V_\rho))$$
が成り立つ.

証明 定理 10.13 より, $\mathrm{rad}_u(\mathfrak{g}) \subset \bigcap_{\rho \in \widehat{G}} \mathrm{Ker}(d\rho : \mathfrak{g} \to \mathfrak{gl}(V_\rho))$ は明らかであるから, 逆の包含関係を示す.

$\widetilde{G} := G/\mathrm{Rad}_u(G)$ とおき, $\pi : G \to \widetilde{G}$ を標準的準同型とする. $\widetilde{G}$ は簡約であるから, 完全可約な埋め込み $i : \widetilde{G} \hookrightarrow \mathrm{GL}(V)$ が存在する. V を既約 $\widetilde{G}$ 加群の直和に $V = \bigoplus_j V_j$ と分解し, G の表現
$$\rho_j : G \to \mathrm{GL}(V), \qquad \rho_j(g) = (i \circ \pi(g))|_{V_j}$$
を考えれば, V_j は既約な G 加群であって, $\rho_j \in \widehat{G}$ である. これより,
$$\mathrm{rad}_u(\mathfrak{g}) = \bigcap_j \mathrm{Ker}(d\rho_j : \mathfrak{g} \to \mathfrak{gl}(V_{\rho_j})) \supset \bigcap_{\rho \in \widehat{G}} \mathrm{Ker}(d\rho : \mathfrak{g} \to \mathfrak{gl}(V_\rho))$$
となって, 逆の包含関係が示された. □

10.3 不変な双線型形式と簡約性

リー環 $\mathfrak{g}$ においては, $\mathfrak{g}$ 上のキリング形式とよばれる $\mathrm{Ad}(G)$ 不変な双線型形式が定義され, これが非退化となることと, $\mathfrak{g}$ が半単純であることが同値であることが知られている ([54, §5]). 代数群においても, $\mathrm{GL}(V)$ への埋め込みに関するトレース形式に関して, この類似が成り立つことを以下解説する.

有限次元ベクトル空間 W 上の双線型形式 $(\,,\,) : W \times W \to \mathbb{C}$ を考える. W が群 G 上の加群であって, 条件

$$(gu, gv) = (u, v) \qquad (u, v \in W, \ g \in G)$$

を満たすとき，(,) は G **不変な双線型形式**であるという．また，W がリー環 $\mathfrak{g}$ 上の加群であって，条件

$$(Xu, v) + (u, Xv) = 0 \qquad (u, v \in W; \ X \in \mathfrak{g})$$

を満たすとき，(,) は $\mathfrak{g}$ **不変な双線型形式**であるという．

いま G を代数群とし，そのリー環を $\mathfrak{g}$ とする．(,) が G 不変であれば，$X \in \mathfrak{g}, u, v \in W, t \in \mathbb{R}$ に対して，$(\exp(tX)u, \exp(tX)v) = (u, v)$ (t に関して定数) であるから，

$$0 = \frac{d}{dt}(\exp(tX)u, \exp(tX)v)\Big|_{t=0} = (Xu, v) + (u, Xv)$$

となって，(,) は $\mathfrak{g}$ 不変でもある．

以下，V を有限次元ベクトル空間とする．$\mathfrak{gl}(V)$ 上の双線型形式

$$(\, , \,) : \mathfrak{gl}(V) \times \mathfrak{gl}(V) \to \mathbb{C}, \qquad (X, Y) = \mathrm{trace}(XY) \quad (X, Y \in \mathfrak{gl}(V))$$

を**トレース形式**という．随伴表現によって，$\mathfrak{gl}(V)$ を $\mathrm{GL}(V)$ 加群あるいは $\mathfrak{gl}(V)$ 加群とみれば，トレース形式がこれらの作用に関して不変であることは明らかであろう．

この節の主定理を一般的に与える前に，トーラスの場合を見ておく．

補題 10.15 $T \subset \mathrm{GL}(V)$ をトーラスとし，そのリー環を $\mathfrak{t} \subset \mathfrak{gl}(V)$ とする．このとき，$\mathfrak{gl}(V)$ 上のトレース形式 (,) に関して $(\, , \,)|_{\mathfrak{t}}$ は非退化である．

証明 T は $\mathrm{GL}(V)$ の対角行列に含まれるとしてよい．以下，$\mathrm{End}(V)$ の対角行列の集合 D を $\mathbb{C}^n$ と同一視する．$T \simeq (\mathbb{C}^\times)^r$ であることから，リー環 $\mathfrak{t} \subset D = \mathbb{C}^n$ は $d_i \in \mathbb{Z}^n \subset D$ となる基底 $d_1, d_2, \cdots, d_r$ をもつ (命題 9.40)．トレース形式の実部分空間 $D_\mathbb{R} = \mathbb{R}^n \subset D$ への制限は通常の $\mathbb{R}^n$ 上の内積と同一視される．$d_1, d_2, \cdots, d_r \in \mathbb{R}^n$ が張る $\mathbb{R}^n$ の部分空間を $\mathfrak{t}_\mathbb{R}$ と書けば，$(\, , \,)|_{\mathfrak{t}_\mathbb{R}}$ は正定値な内積であって，$\mathfrak{t}_\mathbb{R}$ は正規直交基底をもつ．$\mathfrak{t} = \mathbb{C} \mathfrak{t}_\mathbb{R}$ であるから，$(\, , \,)|_{\mathfrak{t}}$ は非退化である． □

定理 10.16 $G \subset \mathrm{GL}(V)$ を閉部分群とし，そのリー環を $\mathfrak{g} \subset \mathfrak{gl}(V)$ とする．このとき，$\mathfrak{gl}(V)$ 上のトレース形式 (,) の $\mathfrak{g}$ への制限 $(\, , \,)|_{\mathfrak{g}}$ が非退化であることと G が簡約であることは同値である．

証明 トレース形式 $(\,,\,)|_{\mathfrak{g}}$ が非退化であるとする. $\mathfrak{g}$ の $(\,,\,)$ に関する直交空間を $\mathfrak{g}^{\perp}$ と書けば, $(\,,\,)|_{\mathfrak{g}}$ の非退化性より $\mathfrak{gl}(V)$ は $\mathfrak{g}$ 加群の直交直和に $\mathfrak{gl}(V) = \mathfrak{g} \oplus \mathfrak{g}^{\perp}$ と分解する. ここで, $\mathfrak{g}^{\perp}$ が $\mathfrak{g}$ 加群であることは $(\,,\,)$ が $\mathfrak{g}$ 不変であることから従う. 補題 7.22 より $\mathfrak{g} \subset \mathfrak{gl}(V)$ は JM 条件をみたす. したがって定理 10.12 より G は簡約である.

次に逆を示す. G が簡約であると仮定する. $\mathfrak{g}$ も簡約である. $\mathfrak{s} := \{x \in \mathfrak{g} \mid (\mathfrak{g}, x) = \{0\}\}$ とおく. $(\,,\,)$ は $\mathfrak{g}$ 不変であるから, $\mathfrak{s}$ は $\mathfrak{g}$ のイデアルである. また, 任意の $x, y, z \in \mathfrak{s}$ に対して

$$\mathrm{trace}([x,y]\,z) = ([x,y],z) = 0$$

であるが, 次の補題が成り立つ ([54, §5, 定理 2]).

補題 10.17 $\mathfrak{s}$ を $\mathfrak{gl}(V)$ の部分リー環とする. このとき

$$\mathrm{trace}([x,y]\,z) = 0 \qquad (x,y,z \in \mathfrak{s})$$

が成り立てば $\mathfrak{s}$ は可解である.

この補題により, $\mathfrak{s}$ は可解である. よって $\mathfrak{s} \subset \mathrm{rad}(\mathfrak{g}) = \mathfrak{z}(\mathfrak{g})$ である. G は簡約であるから, 命題 10.5 により, 中心の連結成分 $Z(G)^{\circ}$ はトーラスである. $\mathrm{Lie}(Z(G)^{\circ}) = \mathfrak{z}(\mathfrak{g})$ であるから, 上の補題 10.15 によって, $(\,,\,)|_{\mathfrak{z}(\mathfrak{g})}$ は非退化である. $\mathfrak{s} \subset \mathfrak{z}(\mathfrak{g})$ であるから, $\mathfrak{s} = \{0\}$ でなければならない. □

10.4 中心化群と正規化群の簡約性

G が半単純代数群で, 部分群 $H \subset G$ が半単純であっても, その**中心化群** (centralizer)

$$Z_G(H) = \{g \in G \mid gh = hg \ (\forall h \in H)\} \tag{10.2}$$

や**正規化群** (normalizer)

$$N_G(H) = \{g \in G \mid gHg^{-1} = H\} \tag{10.3}$$

は一般には簡約部分群になり, 半単純代数群に関する議論が $Z_G(H)$ や $N_G(H)$ にそのままの形では適用できない. しかし,「簡約代数群」という少し大きな枠組みで考えると, このような不都合は起こらない. この節では, 簡約性のトレース形式による特徴づけ (定理 10.16) の応用として, G が簡約代数群のとき, 簡約部分

群 $H \subset G$ に対して $Z_G(H)$ および $N_G(H)$ がまた簡約になることを示す．まず，定理 10.16 の応用から始める．

命題 10.18 G を簡約代数群とし，そのリー環を $\mathfrak{g}$ とする．$\mathfrak{h} \subset \mathfrak{g}$ を半単純元からなる可換部分リー環とすれば，$Z_G(\mathfrak{h})$ は簡約代数群である．特に $s \in \mathfrak{g}$ を半単純とすれば $Z_G(s)$ は簡約である．

証明 $G \subset \mathrm{GL}(V)$, $\mathfrak{g} \subset \mathfrak{gl}(V)$ としてよい．$\mathfrak{z}_\mathfrak{g}(\mathfrak{h}) = \mathrm{Lie}(Z_G(\mathfrak{h}))$ であるから，$\mathfrak{gl}(V)$ 上のトレース形式 $(\,,\,)$ に関して $(\,,\,)|_{\mathfrak{z}_\mathfrak{g}(\mathfrak{h})}$ が非退化であることを言えばよい．随伴表現によって $\mathfrak{g}$ を $\mathfrak{h}$ 加群とみれば $\mathrm{ad}(\mathfrak{h}) \subset \mathfrak{gl}(\mathfrak{g})$ は可換かつ半単純元からなるので同時対角化可能である．

$\mathfrak{g}$ の $\mathfrak{h}$ に関するウエイト空間への分解を $\mathfrak{g} = \bigoplus_{\alpha \in \Delta} \mathfrak{g}_\alpha$ とする．ここに，

$$\Delta = \{\alpha \in \mathfrak{h}^* \mid \exists X \in \mathfrak{g} \setminus \{0\},\ [s, X] = \alpha(s) X \ (\forall s \in \mathfrak{h})\},$$
$$\mathfrak{g}_\alpha = \{X \in \mathfrak{g} \mid [s, X] = \alpha(s) X \ (\forall s \in \mathfrak{h})\}$$

である．トレース形式 $(\,,\,)$ は $\mathfrak{g}$ 不変だから $s \in \mathfrak{h}, x \in \mathfrak{g}_\alpha, y \in \mathfrak{g}_\beta$ に対して

$$\alpha(s)(x, y) = (\mathrm{ad}(s) x, y) = -(x, \mathrm{ad}(s) y) = -\beta(s)(x, y)$$

となり，$(\mathfrak{g}_\alpha, \mathfrak{g}_\beta) \neq \{0\}$ なら $\beta = -\alpha$ である．$(\,,\,)|_\mathfrak{g}$ は非退化であり，一方

$$(\mathfrak{g}_0, \mathfrak{g}_\alpha) = \{0\} \qquad (\alpha \in \Delta \setminus \{0\})$$

であるから，$\mathfrak{g}_0$ への制限 $(\,,\,)|_{\mathfrak{g}_0}$ も非退化である．$\mathfrak{g}_0 = \mathfrak{z}_\mathfrak{g}(\mathfrak{h})$ であるから $(\,,\,)|_{\mathfrak{z}_\mathfrak{g}(\mathfrak{h})}$ が非退化であることがわかった． $\square$

$Z_G(H), N_G(H)$ の簡約性についても本質的に同じ証明が可能なのだが，少し表現論的準備が必要である．

定理 10.19 $\rho : G \to \mathrm{GL}(V)$ を簡約代数群 G の有限次元表現とし，V 上に G 不変な非退化双線型形式 $(\,,\,)$ が与えられているとする．このとき V の既約な部分 G 加群 $V_1, \cdots, V_p$ および $U_1, U_1', \cdots, U_q, U_q'$ が存在して次が成り立つ．ただし $\oplus$ は双線型形式 $(\,,\,)$ に関する直交直和を表す．

(1) $V = V_1 \oplus \cdots \oplus V_p \oplus (U_1 \oplus U_1') \oplus \cdots \oplus (U_q \oplus U_q')$
(2) G 加群として $V_j \simeq V_j^*$
(3) G 加群として $U_j' \simeq U_j^*$

証明 ρ は完全可約であって,V は既約 G 加群の直和に $V = \bigoplus_{i=1}^{r} W_i$ と分解する.まず $(W_i, W_j) \neq \{0\}$ ならば,双線型形式

$$W_i \times W_j \ni (u,v) \mapsto (u,v) \in \mathbb{C} \qquad (\text{後者の括弧は双線型形式を表す})$$

は非退化であることを示す.線型写像

$$\lambda : W_i \to W_j^*, \quad u \mapsto \lambda_u, \quad \lambda_u(v) = (u,v) \qquad (u \in W_i, v \in W_j)$$

を考える.$x \in G, u \in W_i, v \in W_j$ に対して

$$\lambda_{xu}(v) = (xu,v) = (u, x^{-1}v) = \lambda_u(x^{-1}v) = (x \cdot \lambda_u)(v)$$

が成り立つ.ここで W_j^* を反傾表現によって G 加群と見ている.これは写像 $u \mapsto \lambda_u$ が G 加群の準同型になることを示している.$(W_i, W_j) \neq \{0\}$ であるから $\lambda \neq 0$ である.Schur の補題により,λ は G 加群の同型である.したがって双線型形式 $W_i \times W_j \to \mathbb{C}, (u,v) \mapsto (u,v)$ は非退化であり,G 加群として $W_i \simeq W_j^*$ がわかる.

以下 $(W_i, W_i) \neq 0$ となる i が存在する場合と,そうでない場合に分けて考える.前者の場合,番号の付け替えによって $(W_1, W_1) \neq \{0\}$ としてよい.このとき,$V_1 = W_1$ とおけば,上の議論により $(\,,\,)|_{V_1}$ は非退化であって,直交補空間 $V_1^\perp = \{v \in V \mid (V_1, v) = \{0\}\}$ は完全可約な G 加群となる.後者の場合は $(W_1, W_i) \neq \{0\}$ となる $i \geq 2$ をとって,$U_1 = W_1, U_1' = W_i$ とおけば,やはり上の議論より $(\,,\,)|_{U_1 \oplus U_1'}$ は非退化となる.また,直交補空間 $(U_1 \oplus U_1')^\perp$ も完全可約な G 加群となる.

いずれの場合も,直交補空間に同様の議論を繰り返せば,定理の主張が得られる. $\square$

リー環における Schur の補題を用いれば,簡約リー環 $\mathfrak{g}$ の有限次元の中心対角化可能表現に対して定理 10.19 とまったく同様の結果が証明できることを注意しておく.

定理 10.20 G を簡約代数群,H を簡約閉部分群とすれば,$Z_G(H), N_G(H)$ は簡約である.

証明 $G \subset \mathrm{GL}(V)$ としてよい.$(\,,\,)$ を $\mathfrak{gl}(V)$ 上のトレース形式とする.定理 10.16 により $(\,,\,)$ の $\mathfrak{g} := \mathrm{Lie}(G), \mathfrak{h} := \mathrm{Lie}(H)$ への制限はいずれも非退化である.やはり定理 10.16 により,$Z_G(H), N_G(H)$ が簡約であることを示すには,

(,) の $\mathfrak{g}^H = \mathrm{Lie}(Z_G(H))$, $\mathrm{Lie}(N_G(H))$ への制限がいずれも非退化になることを示せばよい．ただし $\mathfrak{g}^H$ は $\mathfrak{g}$ における H 不変元の空間を表す．

まず $(,)|_{\mathfrak{g}^H}$ が非退化であることを示す．定理 10.19 より，随伴表現によって $\mathfrak{g}$ を H 加群とみれば，$\mathfrak{g}$ は自明な 1 次元 H 加群 $\mathfrak{p}_i$ たちの和と自明でない H 加群 $\mathfrak{q}_j$ たちの和の直交直和に

$$\mathfrak{g} = \left(\bigoplus_{i=1}^p \mathfrak{p}_i\right) \oplus \left(\bigoplus_{j=1}^q \mathfrak{q}_i\right)$$

と分解する．$\mathfrak{g}^H = \oplus_{i=1}^p \mathfrak{p}_i$ であるから $(,)|_{\mathfrak{g}^H}$ は非退化である．

以下，$\mathrm{Lie}(N_G(H)) = \mathfrak{n}_G(H)$ と書いて，$(,)|_{\mathfrak{n}_G(H)}$ が非退化であることを示す．簡約リー代数 $\mathfrak{h}$ 上のトレース形式 $(,)|_{\mathfrak{h}}$ は非退化であるから

$$\mathfrak{g}^{\perp \mathfrak{h}} := \{x \in \mathfrak{g} \mid (x, y) = 0 \ (y \in \mathfrak{h})\} \quad (\mathfrak{h} \text{ の直交補空間})$$

とおけば $(,)|_{\mathfrak{g}^{\perp \mathfrak{h}}}$ も非退化であって，$\mathfrak{g} = \mathfrak{h} \oplus \mathfrak{g}^{\perp \mathfrak{h}}$ と H 加群の直交直和に分解する．

そこで $X \in \mathfrak{n}_G(H)$ を，この分解によって $X = X_1 + X_2 \in \mathfrak{h} \oplus \mathfrak{g}^{\perp \mathfrak{h}}$ と書いておく．$X_1 \in \mathfrak{h} \subset \mathfrak{n}_G(H)$ であるから，$X_2 \in \mathfrak{n}_G(H)$ でなければならない．したがって，正規化群 $N_G(H)$ の定義より，任意の $A \in \mathfrak{h}$ に対して，$[A, X_2] \in \mathfrak{h}$ である．一方，$\mathfrak{g}^{\perp \mathfrak{h}}$ が H 安定であることから $[A, X_2] \in \mathfrak{g}^{\perp \mathfrak{h}}$ でもある．したがって $[A, X_2] \in \mathfrak{h} \cap \mathfrak{g}^{\perp \mathfrak{h}} = \{0\}$ が成り立ち，$X_2 \in \mathfrak{g}^H$ であることがわかる．つまり $\mathfrak{n}_G(H) = \mathfrak{h} + \mathfrak{g}^H$ であることがわかった．

さて，この証明の前半と同様にして，$\mathfrak{g}^{\perp \mathfrak{h}}$ は自明な 1 次元 H 加群たちの和 $\mathfrak{p}_0$ と自明でない既約 H 加群たちの和 $\mathfrak{p}_1$ の直交直和に $\mathfrak{g}^{\perp \mathfrak{h}} = \mathfrak{p}_0 \oplus \mathfrak{p}_1$ と分解することがわかる．すると明らかに

$$\mathfrak{n}_G(H) = \mathfrak{h} + \mathfrak{g}^H = \mathfrak{h} \oplus \mathfrak{p}_0$$

であって，$(,)|_{\mathfrak{h}}$ および $(,)|_{\mathfrak{p}_0}$ は非退化であるから，$(,)|_{\mathfrak{n}_G(H)}$ も非退化である． □

定理 10.20 のリー環における次の類似も成立する．

定理 10.21 $\mathfrak{g}$ を簡約リー環，$\mathfrak{h}$ を簡約部分リー環とする．$\mathrm{ad}(\mathfrak{z}(\mathfrak{h})) \subset \mathfrak{gl}(\mathfrak{g})^{\mathrm{ss}}$ とすれば $\mathfrak{z}_\mathfrak{g}(\mathfrak{h})$ は簡約である．

演習 10.22 $\mathfrak{z}_\mathfrak{g}(\mathfrak{h}) = \{x \in [\mathfrak{g}, \mathfrak{g}] \mid [x, \mathfrak{h}] = \{0\}\} \oplus \mathfrak{z}(\mathfrak{g})$ であることに注意して，

定理 10.21 を証明せよ. [ヒント] 半単純リー環 $[\mathfrak{g}, \mathfrak{g}]$ 上のキリング形式を考えよ.

10.5 松島の定理

簡約群 G の部分群 H がまた簡約のとき, G/H はアフィン多様体なのであった (系 5.8). じつはこの逆が成り立つ. これを**松島の定理**とよぶが, 使い勝手が良いように次の形で定理を述べよう.

定理 10.23 アフィン多様体 X に簡約代数群 G が作用しているとする. このとき, $x \in X$ を通る軌道 $G \cdot x$ が閉軌道であるならば, 固定部分群 $G_x = \{g \in G \mid gx = x\}$ は簡約である.

簡約代数群 G の閉部分群 H に対して, 商 G/H がアフィン多様体なら, G の $X := G/H$ への左作用に関して $eH \in X$ の軌道 $G \cdot H = X$ は閉であるから, 上の定理を用いれば, 基点 eH の固定部分群 H は簡約となる. つまり, 次の定理が成り立つ.

定理 10.24 (松島の定理) 簡約代数群 G の閉部分群 H に対して, 商 G/H がアフィン多様体であることと H が簡約であることは同値である.

この定理は既に述べた定理 10.23 と同値であるが, 松島の定理[3]というときには, こちらの形で述べられることが多い. 定理 10.23 を証明するために, 次の補題を準備する. この補題は, 代数群のアフィン代数多様体への作用が線型化できることを示している. すでに述べたように射影多様体への作用も線型化できる (隅廣の定理) が, その証明はずっと難しい.

補題 10.25 代数群 G がアフィン多様体 X に作用しているとする. このとき, 線型表現 $\rho : G \to \mathrm{GL}(V)$ と閉埋め込み $\iota : X \hookrightarrow V$ が存在して, 任意の $g \in G$ と任意の $x \in X$ に対して $\iota(gx) = \rho(g)\iota(x)$ が成り立つ.

証明 $\mathbb{C}[X]$ は G 加群として局所有限であるから, $\mathbb{C}$ 代数として $\mathbb{C}[X]$ を生成する G 安定な有限次元部分ベクトル空間 $U \subset \mathbb{C}[X]$ が存在する. U の基底を $T_1, \cdots, T_k$ とする. $V := U^*$ を U の双対空間とすれば, 反傾表現により V は G

---

[3] 松島与三 (1921–1983). 松島の定理は 1960 年の論文において, 複素数体上の簡約代数群に対して証明された [22]. その直後に, 標数がゼロの代数閉体の場合に [1], そして 1970 年代後半に標数が正の場合を含めて一般的に証明されている [30].

加群である．また，$S(U)$ を U の $\mathbb{C}$ 上の対称代数とすれば，座標環 $\mathbb{C}[V]$ は多項式環 $S(U) = \mathbb{C}[T_1, \cdots, T_k]$ と同一視され，基底 $T_1, \cdots, T_k$ を X 上の関数と見たものを $t_1, \cdots, t_k$ で表せば，環の準同型

$$\mathbb{C}[V] = \mathbb{C}[T_1, \cdots, T_k] \to \mathbb{C}[t_1, \cdots, t_k] = \mathbb{C}[X]$$

が得られ，これは明らかに G 加群の全射準同型である．したがって，この環の準同型に対応するアフィン多様体の正則写像 $\iota: X \hookrightarrow V$ は G 同変な閉埋め込みである． □

証明[[定理 10.23 の証明]] 補題 10.25 により，簡約群 G の線型表現 $G \to \mathrm{GL}(V)$ と $v \in V$ に対して，$G \cdot v$ が閉軌道なら G_v が簡約であることを示せばよい．

$\mathrm{Rad}_u(G_v) \neq \{e\}$ であるとして矛盾を導く．G, G_v のリー環を $\mathfrak{g}, \mathfrak{g}_v$ で表すと，$\mathrm{rad}_u(\mathfrak{g}_v) \neq \{0\}$ より，冪零元 $x \in \mathrm{rad}_u(\mathfrak{g}_v) \setminus \{0\}$ がとれる．$\mathfrak{g}$ は簡約であるから (h, x, y) が $\mathfrak{sl}_2$-triple となるように $h, y \in \mathfrak{g}$ をとることができる．$\mathfrak{s} = \mathbb{C}x + \mathbb{C}h + \mathbb{C}y$ とおく．半単純元 h の固有空間分解を

$$V = \bigoplus_{k \in \mathbb{Z}} V_k, \qquad V_k = \{u \in V \mid hu = ku\} \quad (k \in \mathbb{Z})$$

とし，この直和分解にしたがって $v = \sum_{k \in \mathbb{Z}} v_k \; (v_k \in V_k)$ と分解しておく．G_v は v を固定しているから $xv = 0$ であるが，これは v が $\mathfrak{s} \simeq \mathfrak{sl}_2$ の表現の最高ウェイトベクトルの和であることを意味している．最高ウェイトは非負であるから，$v = \sum_{k \geq 0} v_k$ が成り立つ．これより $t \in \mathbb{R}$ に対して $\exp(th) v = v_0 + \sum_{k>0} e^{kt} v_k$ であり，

$$v_0 = \lim_{t \to -\infty} \exp(th) v \in \overline{G \cdot v} = G \cdot v \tag{10.4}$$

を得る．したがって $G \cdot v = G \cdot v_0$ である．再び $\mathfrak{sl}_2$ の表現論によって $xv_0 = 0$, $hv_0 = 0$, $yv_0 = 0$ となり，$\mathfrak{s} \subset \mathfrak{g}_{v_0}$ である．したがって，$\mathfrak{s} \cap \mathrm{rad}_u(\mathfrak{g}_{v_0})$ は $\mathfrak{s}$ のイデアルとなるが，$\mathfrak{s}$ は半単純であるから，$\mathfrak{s} \cap \mathrm{rad}_u(\mathfrak{g}_{v_0}) = \{0\}$ である．さて，

$$U := \{gv_0 \mid g \in G, \; \mathfrak{s} \cap \mathrm{rad}_u(\mathfrak{g}_{gv_0}) = \{0\}\} \subset G \cdot v_0$$

とおけば $v_0 \in U$ であるが，U が $G \cdot v_0$ の開集合であることを示そう．$\dim \mathrm{rad}_u(\mathfrak{g}_{v_0}) = r$ とおき，$\mathfrak{g}$ の r 次元部分空間のなすグラスマン多様体 $\mathrm{Grass}_r(\mathfrak{g})$ とその開集合 $\mathrm{Grass}_r^0(\mathfrak{g}) := \{W \in \mathrm{Grass}_r(\mathfrak{g}) \mid \mathfrak{s} \cap W = \{0\}\}$ を考える (演習 5.35 参照)．写像

$$\varphi: G \to \mathrm{Grass}_r(\mathfrak{g}), \qquad \varphi(g) = \mathrm{Ad}(g) \cdot \mathrm{rad}_u(\mathfrak{g}_{v_0})$$

は正則写像であって，$U = \varphi^{-1}(\mathrm{Grass}_r^0(\mathfrak{g})) \cdot v_0$ が成り立つ．軌道写像 $G \to G \cdot v_0$, $g \mapsto gv_0$ は開写像であるから，U は $G \cdot v_0$ の開集合である．

$v_0 \in U$ であるから，U が開集合であることと (10.4) より，$\exp(th)v \in U$ となる $t \in \mathbb{R}$ が存在する．$s = \exp(th)$ とおけば，

$$\{0\} = \mathfrak{s} \cap \mathrm{rad}_u(\mathfrak{g}_{sv})$$
$$= \mathrm{Ad}(s)\Big[(\mathrm{Ad}(s^{-1})\mathfrak{s}) \cap \mathrm{rad}_u(\mathfrak{g}_v)\Big] = \mathrm{Ad}(s)\Big[\mathfrak{s} \cap \mathrm{rad}_u(\mathfrak{g}_v)\Big]$$

となるが，これは $0 \neq x \in \mathfrak{s} \cap \mathrm{rad}_u(\mathfrak{g}_v)$ に矛盾する．したがって，$\mathrm{rad}_u(\mathfrak{g}_v) = \{0\}$ であり，G_v は簡約である． □

10.6　簡約代数群と複素リー群

この節では簡約代数群と複素リー群の関係について述べるが，リー群論に関わる事実については [52] または [55] などの教科書を参照して欲しい．

G を $\mathrm{GL}_n(\mathbb{C})$ の実位相に関する閉部分群とする．このような G を**線型リー群**という．G は実解析的多様体の構造をもつ．$\mathrm{GL}_n(\mathbb{C})$ の指数写像 $\exp : \mathfrak{gl}_n(\mathbb{C}) \to \mathrm{GL}_n(\mathbb{C})$ を用いて G のリー環 $\mathfrak{g}$ は次のように定義される．

$$\mathfrak{g} = \{X \in \mathfrak{gl}_n(\mathbb{C}) \mid \exp(tX) \in G \ (\forall t \in \mathbb{R})\}$$

$\mathfrak{g}$ は $\mathfrak{gl}_n(\mathbb{C})$ の実部分リー環になる．$\mathrm{GL}_n(\mathbb{C})$ は複素多様体の構造をもつが，G が $\mathrm{GL}_n(\mathbb{C})$ の複素部分多様体になっているとき，**複素線型リー群**であるという．この場合，G のリー環は $\mathbb{C}$ による定数倍について閉じており，$\mathfrak{gl}_n(\mathbb{C})$ の複素部分リー環になる．逆に線型リー群 G のリー環が $\mathfrak{gl}_n(\mathbb{C})$ の複素部分リー環になれば，G は複素線型リー群であることが証明できる．

複素部分リー環 $\mathfrak{g} \subset \mathfrak{gl}_n(\mathbb{C})$ に対して，$\mathfrak{g}$ の実部分リー環 $\mathfrak{g}_\mathbb{R}$ であって

$$\mathfrak{g} = \mathfrak{g}_\mathbb{R} \oplus \sqrt{-1}\,\mathfrak{g}_\mathbb{R},$$

つまり $\mathfrak{g} = \mathbb{C}\,\mathfrak{g}_\mathbb{R} \simeq \mathfrak{g}_\mathbb{R} \otimes_\mathbb{R} \mathbb{C}$ となるものを $\mathfrak{g}$ の**実型** (real form) という．また，連結複素線型リー群 G に対して，閉部分群 $G_\mathbb{R} \subset G$ であって，そのリー環 $\mathfrak{g}_\mathbb{R}$ が G のリー環 $\mathfrak{g}$ の実型になっているとき，$G_\mathbb{R}$ を G の**実型**という．特に $G_\mathbb{R}$ がコンパクトであるとき，$G_\mathbb{R}$ を**コンパクト実型** (compact real form) という．ここでは，部分群 $G \subset \mathrm{GL}_n(\mathbb{C})$ に対して

G が連結簡約代数群 $\iff$ G がコンパクト実型をもつ連結複素線型リー群

であることを，リー群論を援用して示す．

例 10.26 $D_n(\mathbb{C})$ を複素数を成分とする $GL_n(\mathbb{C})$ の対角的部分群とする．このとき，$D_n(\mathbb{C})_c := \{\mathrm{diag}(z_1, \cdots, z_n) \in D_n(\mathbb{C}) \mid |z_1| = \cdots = |z_n| = 1\}$ は $D_n(\mathbb{C})$ のコンパクト実型であって，そのリー環は $\mathfrak{d}_n(\mathbb{C})_c := \sqrt{-1}\,\mathfrak{d}_n(\mathbb{R})$ に一致する．ただし $\mathfrak{d}_n(K)$ は，体 K の元を成分に持つ対角行列のなす可換リー環である．

例 10.27 $GL_n(\mathbb{C})$ の実リー群としての自己同型 $\sigma : GL_n(\mathbb{C}) \to GL_n(\mathbb{C})$, $\sigma(g) = ({}^t\overline{g})^{-1}$ を考え，σ の固定点からなる部分群を U_n で表し，n 次の**ユニタリ群** (unitary group) という．

$$U_n = \{g \in GL_n(\mathbb{C}) \mid \sigma(g) = g \ (\Longleftrightarrow {}^t\overline{g}\,g = 1_n)\}$$

U_n は $GL_n(\mathbb{C})$ のコンパクト実型であって，$GL_n(\mathbb{C})$ の（包含関係に関して）極大なコンパクト部分リー群である．さらに，$GL_n(\mathbb{C})$ のコンパクトな閉部分リー群 H に対して，$gHg^{-1} \subset U_n$ となる $g \in GL_n(\mathbb{C})$ が存在することが知られている．U_n のリー環は

$$\mathfrak{u}_n = \{X \in \mathfrak{gl}_n(\mathbb{C}) \mid {}^t\overline{X} + X = 0\}$$

で与えられる．

補題 10.28 $D_n(\mathbb{C})_c$ の連結閉部分群 T のリー環 $\mathfrak{t}$ は $\sqrt{-1}\,\mathfrak{d}_n(\mathbb{Z})$ に含まれる基底をもつ．

証明 T は連結可換コンパクトリー群であるから，$\dim T = k$ とすれば，リー群の同型 $f : D_k(\mathbb{C})_c \to T$ が存在する ([55, 例題 6.7])．$\iota_i : D_1(\mathbb{C})_c \hookrightarrow D_k(\mathbb{C})_c$ を第 i 成分への埋め込みとし，これと f との合成を

$$\rho_i : D_1(\mathbb{C})_c \xrightarrow{\iota_i} D_k(\mathbb{C})_c \xrightarrow{f} T \hookrightarrow D_n(\mathbb{C})$$

とする．一次元コンパクト・トーラス $D_1(\mathbb{C})_c$ の指標は $t \mapsto t^a \ (a \in \mathbb{Z})$ と書けるから，$\rho_i(t) = \mathrm{diag}(t^{a_1}, \cdots, t^{a_n})$ となる $(a_1, \cdots, a_n) \in \mathbb{Z}^n$ が存在し，その微分は

$$d\rho_i : \sqrt{-1}\,\mathbb{R} \to \sqrt{-1}\,\mathfrak{d}_n(\mathbb{R}), \quad d\rho_i(x) = x\,\mathrm{diag}(a_1, \cdots, a_n)$$

で与えられる．したがって

$$\mathrm{Im}(d\rho_i) = \mathbb{R} \cdot \sqrt{-1}\,\mathrm{diag}(a_1, \cdots, a_n) \subset \sqrt{-1}\,\mathfrak{d}_n(\mathbb{Z})$$

であり，$\mathfrak{t} = \bigoplus_{i=1}^k \mathrm{Im}(d\rho_i)$ であるから，補題が従う． □

定理 10.29 $G \subset \mathrm{GL}_n(\mathbb{C})$ を連結複素線型リー群とする．G が ${}^t\overline{G} = G$ を満たせば，G は簡約代数群である．ただし，${}^t\overline{G} := \{{}^t\overline{g} \mid g \in G\}$ である．

証明 $\mathfrak{g} \subset \mathfrak{gl}_n(\mathbb{C})$ を G のリー環とすれば，容易に ${}^t\overline{\mathfrak{g}} = \mathfrak{g}$ がわかる．トレース形式

$$(\ , \ ) : \mathfrak{gl}_n(\mathbb{C}) \times \mathfrak{gl}_n(\mathbb{C}) \to \mathbb{C}, \qquad (X, Y) = \mathrm{trace}(XY) \quad (X, Y \in \mathfrak{gl}_n(\mathbb{C}))$$

を考えれば，任意の $X \in \mathfrak{g} \setminus \{0\}$ に対して ${}^t\overline{X} \in \mathfrak{g}$ かつ，$({}^t\overline{X}, X) > 0$ が分かるから，$(\ , \ )|_\mathfrak{g}$ は非退化である．定理 10.16 の証明から $\mathfrak{g}$ は簡約であり，$\mathfrak{g} = \mathfrak{z}(\mathfrak{g}) \oplus [\mathfrak{g}, \mathfrak{g}]$ と可換リー環（$\mathfrak{g}$ の中心）と半単純リー環の直和に分解する．半単純リー環 $[\mathfrak{g}, \mathfrak{g}]$ は $\mathfrak{gl}_n(\mathbb{C})$ の代数的部分リー環であるから，$\mathfrak{z}(\mathfrak{g})$ が代数的リー環であることを示すことができれば，$\mathfrak{g}$ も代数的となる．そこで $\mathfrak{z} := \mathfrak{z}(\mathfrak{g})$ が代数的であることを示そう．

G の中心を $Z(G)$ で表すと，$\mathfrak{z}$ は $Z(G)$ のリー環であり，単位元の連結成分 $Z(G)^\circ$ は G の複素位相に関する連結な複素閉部分リー群である．$\sigma : \mathrm{GL}_n(\mathbb{C}) \to \mathrm{GL}_n(\mathbb{C})$ を上の例 10.27 で述べた実解析的自己同型とすれば，$\sigma(Z(G)^\circ) = Z(G)^\circ$ であることが容易にわかる．したがって $Z_c := (Z(G)^\circ)^\sigma = \mathrm{U}_n \cap Z(G)^\circ$ は $Z(G)^\circ$ のコンパクトな部分群である．そのリー環は $\mathfrak{z}_c = \mathfrak{z}^\sigma$ であるが，$\mathfrak{z}$ は σ によって安定であるから，実線型変換としての σ の固有空間分解を $\mathfrak{z} = \mathfrak{z}^\sigma \oplus \mathfrak{z}^{-\sigma} = \mathfrak{z}_c \oplus \mathfrak{z}^{-\sigma}$ とすれば，$\mathfrak{z}^{-\sigma} = \sqrt{-1}\,\mathfrak{z}_c$ である．したがって $\mathfrak{z}_c$ は $\mathfrak{z}$ の実型になっている．可換なコンパクト・リー群の表現は完全可約で（[55, 定理 8.10]），既約表現は 1 次元であるから，Z_c の表現 $\mathbb{C}^n$ は 1 次元表現の直和に分解し，$\mathbb{C}^n$ の適当な基底に関して $Z_c \subset \mathrm{D}_n(\mathbb{C})_c$ としてよい．上の補題 10.28 より，Z_c のリー環 $\mathfrak{z}_c$ は $\sqrt{-1}\,\mathfrak{d}_n(\mathbb{Z})$ に含まれる基底をもつ．$\mathfrak{z}_c$ は $\mathfrak{z}$ の実型であるから，$\mathfrak{z}$ は $\mathfrak{d}_n(\mathbb{Z})$ に含まれる基底をもつ．命題 9.40 より $\mathfrak{z}$ は代数的リー環である．

$\mathfrak{g}$ は代数的で，連結リー群においては $G = \langle \exp(\mathfrak{g}) \rangle$ であるから（[55, 例題 6.6]），G はリー環 $\mathfrak{g}$ を持つ代数群である．トレース形式 $(\ , \ )|_\mathfrak{g}$ は非退化であるから，G は簡約代数群であることがわかる． □

次に，定理 10.29 の逆が成り立つことを示す．

定理 10.30 $G \subset \mathrm{GL}_n(\mathbb{C})$ を連結簡約代数群とする．このとき ${}^t(\overline{gGg^{-1}}) = gGg^{-1}$ を満たす $g \in \mathrm{GL}_n(\mathbb{C})$ が存在する．

証明 G のリー環 $\mathfrak{g}$ は簡約であるから，$\mathfrak{g} = \mathfrak{z}(\mathfrak{g}) \oplus \mathfrak{g}^d$ のように可換リー環 $\mathfrak{z}(\mathfrak{g})$

と半単純リー環 $\mathfrak{g}^d = [\mathfrak{g}, \mathfrak{g}]$ の直和に分解する．$G^d := \langle \exp(\mathfrak{g}^d) \rangle$ とおけば，$G = Z(G)^\circ \cdot G^d$ である．$\mathfrak{g}^d$ は代数的リー環であるから，G^d は $\mathrm{GL}_n(\mathbb{C})$ のザリスキ位相に関する連結閉部分群であり，複素位相でも閉である．したがって G^d は連結半単純複素線型リー群であって，コンパクトな実型 $G_c^d \subset G^d$ をもつ ([16, Theorem 6.11])．一方 $Z(G)^\circ \simeq (\mathbb{C}^\times)^k$ はトーラスであるから，コンパクトな実型 Z_c をもつ．するとリー群 $Z_c \cdot G_c^d$ は $\mathrm{GL}_n(\mathbb{C})$ のコンパクト部分群であり，上の例で述べたように，$Z_c \cdot G_c^d \subset g^{-1}\mathrm{U}_n g$ となる $g \in \mathrm{GL}_n(\mathbb{C})$ が存在する．したがって，$Z_c \cdot G_c^d$ のリー環 $\mathfrak{z}_c \oplus \mathfrak{g}_c^d$ について $\mathrm{Ad}(g)(\mathfrak{z}_c \oplus \mathfrak{g}_c^d) \subset \mathfrak{u}_n$ となり，その複素化 $\mathrm{Ad}(g)\mathfrak{g}$ も複素共役 $X \mapsto -{}^t\overline{X}$ で安定である．$gGg^{-1} = \langle \exp(\mathrm{Ad}(g)\mathfrak{g}) \rangle$ であるから，これは $x \mapsto ({}^t\overline{x})^{-1}$ で安定であって，${}^t(\overline{gGg^{-1}}) = gGg^{-1}$ が成り立つ． □

定理 10.31 部分群 $G \subset \mathrm{GL}_n(\mathbb{C})$ に関して，次の (1)–(3) は同値である．
(1) G は連結簡約代数群である．
(2) G は連結複素線型リー群であって，${}^t(\overline{gGg^{-1}}) = gGg^{-1}$ を満たす $g \in \mathrm{GL}_n(\mathbb{C})$ が存在する．
(3) G は連結複素線型リー群であって，コンパクトな実型をもつ．

証明 (2) ⇒ (1) は定理 10.29 から明らかであり，(1) ⇒ (3) は定理 10.30 である．よって，(3) ⇒ (2) を示せばよいが，これは定理 10.30 の証明と同様である． □

以上で，コンパクトな実型をもつ連結複素線型リー群とは連結簡約代数群のことであるということが分かった．次に，このクラスの群においては，リー群としての表現と代数群としての表現が一致することを示そう．そのためには，このような群のリー群としての複素解析的な任意の表現が代数的な表現 (代数群の準同型) になることを示せばよい．まず，トーラスの場合から始める．

補題 10.32 T を代数的なトーラスとし，$\rho : T \to \mathrm{GL}_n(\mathbb{C})$ をリー群 T の複素解析的な表現とする．このとき，ρ は代数群の準同型である．

証明 $T = (\mathbb{C}^\times)^N$ としてよい．$T_c = \{(t_1, \cdots, t_N) \in T \mid |t_j| = 1\}$ を T のコンパクトな実型とし，T, T_c のリー環をそれぞれ $\mathfrak{t}, \mathfrak{t}_c$ で表す．コンパクト・トーラスの表現として，V は 1 次元 T_c 加群の直和に分解されるから，$\rho(T_c) \subset \mathrm{D}_n(\mathbb{C})$ としてよく，これより

$$d\rho(\mathfrak{t}_c) \subset \mathfrak{d}_n(\mathbb{C}) \implies d\rho(\mathfrak{t}) \subset \mathfrak{d}_n(\mathbb{C}) \implies \rho(T) \subset \mathrm{D}_n(\mathbb{C})$$

が従う. $\rho(t)$ $(t \in T)$ の (j,j) 成分を $\rho_j(t)$ で表せば, 補題 10.28 の証明と同様に, $t_1, \cdots, t_N$ の負冪を含む単項式 $\chi_j(t_1, \cdots, t_N) = t_1^{m_1} \cdots t_N^{m_N}$ が存在して, $t \in T_c$ に対して $\chi_j(t) = \rho_j(t)$ が成り立つ. これより, リー群の微分表現に関して $d\chi_j|_{\mathfrak{t}_c} = d\rho_j|_{\mathfrak{t}_c}$ であり, 複素解析的な表現の微分表現は $\mathbb{C}$ 線型であるから, $d\chi_j = d\rho_j$ が成り立つ. これより $\chi_j = \rho_j$ となって, ρ は代数群の準同型である. □

注意 10.33 演習 3.3 で見たように, トーラス T の実解析的な表現は必ずしも代数的ではないことに注意する.

補題 10.34 G を連結半単純代数群とし, $\rho: G \to \mathrm{GL}(V)$ をリー群 G の複素解析的な表現とする. このとき, ρ の像 $H := \rho(G)$ は半単純代数群である.

証明 G のリー環を $\mathfrak{g}$ とする. リー群の準同型 ρ の微分表現 $d\rho$ による $\mathfrak{g}$ の像を $\mathfrak{h} = d\rho(\mathfrak{g})$ とすると, $H = \langle \exp(\mathfrak{h}) \rangle$ はリー環 $\mathfrak{h}$ に対応する解析的部分群である. 一方 $\mathfrak{g}$ は半単純であるから $\mathfrak{h}$ も半単純リー環であり, したがって $\mathfrak{gl}(V)$ の代数的部分リー環であって, $H = \langle \exp(\mathfrak{h}) \rangle$ は代数的部分群である (定理 6.34 参照). □

定理 10.35 G を連結簡約代数群とし, $\rho: G \to \mathrm{GL}(V)$ をリー群 G の複素解析的な表現とすれば, ρ は代数群の準同型である. とくに, ρ の像 $\rho(G)$ は $\mathrm{GL}(V)$ の (ザリスキ) 閉部分群である.

証明 やはり複素解析的な準同型 $\mathrm{id}_G \times \rho : G \to G \times \mathrm{GL}(V)$ を考える. $H := (\mathrm{id}_G \times \rho)(G)$ とおいて, まず H が $G \times \mathrm{GL}(V)$ の代数的部分群であることを示す.
$Z(G)^\circ$ はトーラスであるから, 補題 10.32 によって, $\rho|_{Z(G)^\circ}$ は代数的であり, したがって像 $(\mathrm{id}_G \times \rho)(Z(G)^\circ)$ は $G \times \mathrm{GL}(V)$ の代数的部分群である. 一方, G の交換子群 $G' = (G, G)$ は半単純代数群であるから, 補題 10.34 により, 像 $(\mathrm{id}_G \times \rho)(G')$ も $G \times \mathrm{GL}(V)$ の代数的部分群である. $G = G' Z(G)^\circ$ であるから, H は代数的部分群 $(\mathrm{id}_G \times \rho)(Z(G)^\circ)$ および $(\mathrm{id}_G \times \rho)(G')$ によって生成され, やはり $G \times \mathrm{GL}(V)$ の代数的部分群である.

さて, $p_1 : G \times \mathrm{GL}(V) \to G$, $p_2 : G \times \mathrm{GL}(V) \to \mathrm{GL}(V)$ をそれぞれ第 1 成分, 第 2 成分への射影とする. 代数群の準同型 $p_1|_H$ は明らかに全単射であるから, 準同型定理によって同型である. $\rho = p_2 \circ (p_1|_H)^{-1}$ であるから, ρ は代数群の準同型である. □

章末問題

問題 10.1 トレース形式が非退化であることを用いて, 特殊線型リー環 $\mathfrak{sl}_n(\mathbb{C})$, 直交リー環 $\mathfrak{o}_n(\mathbb{C})$, および斜交リー環 $\mathfrak{sp}_{2n}(\mathbb{C})$ が簡約であることを示せ. (これらのリー環は単純である.)

問題 10.2 $G = \mathrm{GL}_n(\mathbb{C})$ を一般線型群, $\mathfrak{g} = \mathfrak{gl}_n(\mathbb{C})$ をそのリー環とする. 半単純元 $s \in \mathfrak{g}$ に対して, その中心化群 $Z_G(s)$ は

$$Z_G(s) \simeq \mathrm{GL}_{n_1}(\mathbb{C}) \times \cdots \times \mathrm{GL}_{n_k}(\mathbb{C}) \qquad (n = n_1 + \cdots + n_k)$$

の形をしていることを示せ.

問題 10.3 $\mathrm{GL}_n(\mathbb{C})$ の $\mathbb{C}^n$ への行列の掛け算による作用を考える. この作用の軌道に松島の定理を適用することによって $\mathbb{C}^n \setminus \{0\}$ がアフィン多様体ではないことを示せ.

問題 10.4 階数が n の対称行列全体 $\mathrm{Sym}_n^\circ(\mathbb{C})$ への $\mathrm{GL}_n(\mathbb{C})$ の作用を考えることによって, 直交群 $\mathrm{O}_n(\mathbb{C})$ が簡約であることを示せ. [ヒント] 章末問題 5.3 に松島の定理を用いよ.

問題 10.5 $\mathfrak{g} \subset \mathfrak{gl}(V)$ を簡約部分リー環とし, (h, x, y) を $\mathfrak{g}$ の $\mathfrak{sl}_2$-triple とする. 半単純元 h の随伴作用に関する固有値が $k \in \mathbb{Z}$ の固有空間を

$$\mathfrak{g}(k) = \{a \in \mathfrak{g} \mid \mathrm{ad}(h)a = k\,a\}$$

と書く. 次の問いに答えよ.

(1) $\mathfrak{s} = \mathrm{span}_{\mathbb{C}}\{h, x, y\}$ が $\mathfrak{sl}_2$ と同型であるから, $\mathfrak{sl}_2$ の表現論を用いて, $\mathfrak{g} = \bigoplus_{k \in \mathbb{Z}} \mathfrak{g}(k)$ と整数の固有値によって固有空間分解されることを示せ.
(2) $i + j \neq 0$ ならば, トレース形式について $\mathfrak{g}(i) \perp \mathfrak{g}(j)$ であることを示せ. このことから $\dim \mathfrak{g}(k) = \dim \mathfrak{g}(-k)$ であることを導け.
(3) トレース形式を考えることにより, $\mathfrak{g}(0)$ が簡約であることを示せ.
(4) 整数 i, j に対して $[\mathfrak{g}(i), \mathfrak{g}(j)] \subset \mathfrak{g}(i+j)$ が成り立つことを示せ. つまり (1) の分解は $\mathfrak{g}$ の $\mathbb{Z}$ 次数付きリー環としての分解である.

問題 10.6 $2n$ 次元ベクトル空間 $V = \mathbb{C}^{2n}$ の中の n 次元部分空間のなすグラスマン多様体 $\mathrm{Grass}_n(V)$ を考える. 標準基底 $\{e_1, \cdots, e_{2n}\}$ に対して, $U^+ = \mathrm{span}_{\mathbb{C}}\{e_i \mid 1 \leq i \leq n\}$ および $U^- = \mathrm{span}_{\mathbb{C}}\{e_j \mid n+1 \leq j \leq 2n\}$ とおくと, これ

らはグラスマン多様体上の点である．直積 $\mathrm{Grass}_n(V) \times \mathrm{Grass}_n(V)$ における $G = \mathrm{GL}_{2n}$ の自然な作用を考えるとき，点 (U^+, U^-) を通る G 軌道 $\mathbb{O}$ はアフィン多様体であることを示せ．また，軌道の次元を求めることにより，$\mathbb{O}$ は $\mathrm{Grass}_n(V) \times \mathrm{Grass}_n(V)$ のアフィン開集合であることを示せ．

問題 10.7 一般線型群 $G = \mathrm{GL}_n(\mathbb{C})$ の部分群として，直交群 $H = \mathrm{O}_n(\mathbb{C})$ を考える．このとき，正規化群 $N_G(H)$ は $\mathbb{C}^\times \cdot H$ に一致することを示せ．この部分群をしばしば $\mathrm{GO}_n(\mathbb{C})$ と記す．[ヒント] 複素対称行列 S に対して，${}^t h S h = S$ ($h \in \mathrm{O}_n(\mathbb{R})$) なら，実部と虚部を考えることにより $S \in \mathbb{C} 1_n$ となることを示せ．

第 11 章

旗多様体と Borel の固定点定理

代数群 G の部分群として,冪単根基や極大冪単部分群などがすでに登場したが,代数群の理論において,最も重要な部分群は極大トーラスとボレル部分群であると言ってもよい.これまでにも,トーラスや,具体的な場合にはボレル部分群も登場しているので,その重要性はある程度察していただけるものと思う.

この章では,ボレル部分群の一般的な性質や,その商空間である旗多様体についてまず述べ,ボレル部分群が共役を除いて一意であること,固定点定理や正規化定理,そして極大トーラスの共役性などの重要な性質について解説する.この章では,G の簡約性はさほど重要でなく,一般の線型代数群を扱う.

本章で述べる定理や証明の多くの部分は Borel の教科書 [2] を参考にした.Borel の教科書では,一般の体上の代数群について非常に精密に述べられている.

11.1 旗多様体

旗多様体は一般の線型代数群に対して定義される[1]が,幾何学的直感を養うため,まず一般線型群 $G = \mathrm{GL}_n(\mathbb{C})$ の場合に説明しておこう.n 次元の複素ベクトル空間 $V = \mathbb{C}^n$ を考え,G を V 上の可逆な線型変換のなす代数群 $\mathrm{GL}(V)$ と同一視する.

定義 11.1 V の部分空間の列

$$F_0 = \{0\} \subsetneq F_1 \subsetneq F_2 \subsetneq \cdots \subsetneq F_n = V, \qquad \dim F_k = k \tag{11.1}$$

を**旗** (flag) とよぶ.旗の全体を $\mathcal{F}$ で表し,これを**旗多様体** (flag variety) とよぶ.

旗多様体の代数多様体としての構造を定義しよう.旗 $F = (F_0, \cdots, F_n) \in \mathcal{F}$ に属する各部分空間 F_k はグラスマン多様体 $\mathrm{Grass}_k(V)$ の元を定める.したがっ

---

[1] 後述の定理 11.23 参照.

て $\mathcal{F} \subset \mathrm{Grass}_1(V) \times \cdots \times \mathrm{Grass}_{n-1}(V)$ とみなすことができる．そこで $\mathcal{F}$ が $\mathrm{Grass}_1(V) \times \cdots \times \mathrm{Grass}_{n-1}(V)$ の中でザリスキ閉であることを示せば，これによって代数多様体の構造が定まる．

まず，グラスマン多様体 $\mathrm{Grass}_k(V)$ の射影多様体としての構造をどのようにして定義したかを思い出そう．外積代数 $\wedge^k V$ の元で $u = u_1 \wedge \cdots \wedge u_k$ ($u_i \in V$) の形に書けるものを分解可能とよぶのだった．$u \neq 0$ ならば $\{u_1, \cdots, u_k\}$ は一次独立で V の k 次元部分空間を生成する．逆に k 次元部分空間の基底 $\{u_1, \cdots, u_k\}$ の外積をとることによって分解可能な外積代数の元を定義できる．このとき

$$\Gamma_k = \{[u] \in \mathbb{P}(\wedge^k V) \mid u \in \wedge^k V \text{ は分解可能 }\} \subset \mathbb{P}(\wedge^k V)$$

とおくと，Γ_k は集合としては k 次元部分空間の全体を現しており，さらに $\mathbb{P}(\wedge^k V)$ のザリスキ閉部分集合になっているのだった．その定義関係式が Plücker 関係式である．

補題 11.2 $C = \{(F_1, F_2) \in \mathrm{Grass}_k(V) \times \mathrm{Grass}_{k+1}(V) \mid F_1 \subset F_2\}$ とおくと C は $\mathrm{Grass}_k(V) \times \mathrm{Grass}_{k+1}(V)$ のザリスキ閉集合である．

以下この補題を証明するのだが，少し準備が必要である．

$\xi \in V^*$ に対して，$\partial_\xi : \wedge V \to \wedge V$ を

$$\partial_\xi(u_1 \wedge \cdots \wedge u_m) = \sum_{i=1}^m (-1)^{i-1} \xi(u_i) \, u_1 \wedge \cdots \wedge \widehat{u_i} \wedge \cdots \wedge u_m$$

と定義してこれを線型に拡張する．ただし $\widehat{u_i}$ は u_i の因子を除くことを意味する．このとき ∂_ξ が矛盾なく定義されていることは一見しただけでは明らかでないが，読者自ら確かめられたい．一旦矛盾なく定義されていることが認められれば $\partial_\xi : \wedge^k V \to \wedge^{k-1} V$ であることは構成のしかたから明らかであろう．∂_ξ を**グラスマン微分** (exterior differential) とよぶ．

証明[補題 11.2 の証明] 部分空間 $F_k \subset V$ の基底を $\{u_1, \cdots, u_k\}$ とし，F_{k+1} の基底を $\{v_1, \cdots, v_{k+1}\}$，$\eta_k = u_1 \wedge \cdots \wedge u_k$，$\eta_{k+1} = v_1 \wedge \cdots \wedge v_{k+1}$ とおく．このとき $F_k \subset F_{k+1}$ であることと，V^* の任意の $(k-1)$ 個の元 $\xi_1, \cdots, \xi_{k-1}$ に対して

$$\left(\partial_{\xi_1} \partial_{\xi_2} \cdots \partial_{\xi_{k-1}} \eta_{k+1}\right) \wedge \eta_k = 0 \tag{11.2}$$

が成り立つことは同値である．実際，もし $F_k \subset F_{k+1}$ なら $u_i = v_i$ としてよい．このとき $\partial_{\xi_1} \partial_{\xi_2} \cdots \partial_{\xi_{k-1}} \eta_{k+1}$ の各項はある v_i ($1 \leq i \leq k$) を必ず含むので，$\eta_k =$

$v_1 \wedge \cdots \wedge v_k$ と外積をとると 0 となる.そこで逆を証明しよう.$\dim F_k \cap F_{k+1} = m$ とおいて,$u_i = v_i$ $(1 \leq i \leq m)$ として一般性を失わない.もし $m < k$ ならば $\{\xi_1, \cdots, \xi_{k-1}\}$ を $\xi_i(v_j) = \delta_{ij}$ となるように選んでおけば

$$\partial_{\xi_1} \partial_{\xi_2} \cdots \partial_{\xi_{k-1}} \eta_{k+1} = \pm v_k \wedge v_{k+1}$$

であるが,$\{u_1, \cdots, u_k\}$ と $\{v_k, v_{k+1}\}$ をあわせたものは一次独立なので,

$$\left(\partial_{\xi_1} \partial_{\xi_2} \cdots \partial_{\xi_{k-1}} \eta_{k+1}\right) \wedge \eta_k = \pm v_k \wedge v_{k+1} \wedge u_1 \wedge \cdots \wedge u_k \neq 0$$

である.

したがって (11.2) 式を Plücker 座標 (グラスマン多様体の斉次座標) で書き下せば,座標の間の関係式が得られ,その等式によって定義されたものが C である.これらの関係式はグラスマン微分の線型性から 2 次の斉次式で与えられており,それによって定義されたザリスキ閉集合として C は射影多様体となる.□

定理 11.3 旗多様体 $\mathcal{F}$ は射影多様体である.

証明 補題 11.2 によって

$$P_k := \mathrm{Grass}_1(V) \times \cdots \times C \times \cdots \times \mathrm{Grass}_{n-1}(V)$$
$$C = \{(F_k, F_{k+1}) \in \mathrm{Grass}_k(V) \times \mathrm{Grass}_{k+1}(V) \mid F_k \subset F_{k+1}\}$$

とおくと P_k は $\mathrm{Grass}_1(V) \times \cdots \times \mathrm{Grass}_{n-1}(V)$ の中でザリスキ閉であることがわかる.したがって旗多様体 $\mathcal{F} = \bigcap_{k=1}^{n-2} P_k$ はそれらの共通部分としてザリスキ閉,つまり射影多様体である.□

定義 11.1 では,旗はちょうど 1 次元ずつ次元が増えていくような部分空間の列としたが,あらかじめ与えられた次元の部分空間のみを考えた方が便利なこともある.

定義 11.4 自然数の列 $0 < d_1 < d_2 < \cdots < d_\ell < n$ に対して,V の部分空間の列

$$E_0 = \{0\} \subsetneq E_1 \subsetneq E_2 \subsetneq \cdots \subsetneq E_\ell \subsetneq E_{\ell+1} = V, \qquad \dim E_k = d_k \tag{11.3}$$

を考え,次元列 $d = (d_1, \cdots, d_\ell)$ の**部分旗** (partial flag) とよぶ.次元列 d の部分旗の全体を $\mathcal{F}(d)$ で表し,これを**部分旗多様体** (partial flag variety) とよぶ [2].

---

[2] この多様体は「部分的に選択された旗」の全体からなるので「部分旗」多様体とよばれる.部分多様体とは異なることに注意しよう.

長さが 1 の次元列 d に対する部分旗多様体とはグラスマン多様体 $\mathrm{Grass}_d(V)$ に他ならない.

さて, 一般線型群 $G = \mathrm{GL}_n(\mathbb{C})$ はグラスマン多様体 $\mathrm{Grass}_k(V)$ に代数群として推移的に作用していたので, その直積 $\mathrm{Grass}_{(0,1,\cdots,n)}(V) := \mathrm{Grass}_0(V) \times \mathrm{Grass}_1(V) \times \cdots \times \mathrm{Grass}_n(V)$ にも自然に作用する [3]. 旗多様体は $\mathrm{Grass}_{(0,1,\cdots,n)}(V)$ の中に実現されていたが, 旗 $F = (F_k)_{k=0}^n \in \mathcal{F}$ に対して $g \in G$ の作用は

$$g \cdot F = (g \cdot F_k)_{k=0}^n \tag{11.4}$$

で与えられる. このとき $g \cdot F$ がまた旗になる, つまり $\mathcal{F}$ に属することは明らかであろう. したがって G は $\mathcal{F}$ に代数群として作用している.

さて V の基底 $\{v_1, \cdots, v_n\}$ を一つ固定し, この基底によって決まる**標準旗** (standard flag)

$$E = (E_k)_{k=0}^n, \quad E_k := \mathrm{span}_{\mathbb{C}}\{v_1, \cdots, v_k\} \tag{11.5}$$

を考えよう. 容易にわかるように $E \in \mathcal{F}$ の固定部分群は, 基底 $\{v_1, \cdots, v_n\}$ によって行列表示したとき上半三角行列になるような正則行列の全体である. これを B と書こう. B は $G = \mathrm{GL}_n(\mathbb{C})$ のボレル部分群である.

定理 11.5 旗多様体 $\mathcal{F}$ は $G = \mathrm{GL}_n(\mathbb{C})$ のボレル部分群 B による商と同型である.

$$\mathcal{F} \simeq G/B$$

特に $\mathcal{F}$ は滑らかな代数多様体であって, その次元は $\dim \mathcal{F} = n(n-1)/2$ で与えられる.

証明 G が $\mathcal{F}$ に推移的に働いていることが分かれば $\mathcal{F}$ は射影多様体 $\mathrm{Grass}_{(0,1,\cdots,n)}(V)$ の中の G 軌道になる. ところがその固定部分群は B であるから, 定理 5.1 より $\mathcal{F} \simeq G/B$ が従う. そこで G の作用が推移的であることを示そう.

任意の旗 $F = (F_k)_{k=0}^n \in \mathcal{F}$ をとる. このとき $0 \neq u_1 \in F_1$ をとり, 次に $\{u_1, u_2\} \subset F_2$ が F_2 の基底になるようにとる. 一般に基底 $\{u_1, \cdots, u_k\} \subset F_k$ が

---

[3] ただし $\mathrm{Grass}_0(V)$ は $\{0\}$ 一点のみ, $\mathrm{Grass}_n(V)$ は V のみからなる自明な空間である. 今まではこの二つの空間を省略して $\mathrm{Grass}_1(V) \times \cdots \times \mathrm{Grass}_{n-1}(V)$ と書いていたが, G の作用する射影多様体としてこの二つは同じものである.

とれたとき，$\{u_1, \cdots, u_k, u_{k+1}\} \subset F_{k+1}$ を F_{k+1} の基底であるように選ぶ．式 (11.5) のように標準旗 E をとり，$g \in G$ を v_k を u_k に写す $(1 \leq k \leq n)$ ような行列とすると，明らかに $g \cdot E = F$ である．したがって G は $\mathcal{F}$ に推移的に作用する．

軌道は滑らかな多様体だから，$\mathcal{F}$ は滑らかである．またボレル部分群 B の次元は $n(n+1)/2$ であるから，

$$\dim \mathcal{F} = \dim G - \dim B = n^2 - n(n+1)/2 = n(n-1)/2$$

である． □

11.2 完備多様体

代数多様体 X が**完備** (complete) であるとは，任意の代数多様体 Y に対して，第 2 成分への射影 $p_2: X \times Y \to Y$ が閉写像になることである．

この性質はハウスドルフ位相空間のコンパクト集合が持つ性質であるが，代数多様体はザリスキ位相で考えるとハウスドルフでなく，しかも常に被覆コンパクト性を持つ．したがって通常の被覆コンパクト性によるコンパクト集合の定義は意味をなさない．そこで，代数多様体の理論では，完備性をもって通常のコンパクト性に代えるのである．

演習 11.6 X, Y をハウスドルフ位相空間として X をコンパクトとする．このとき第 2 成分への射影 $X \times Y \to Y$ は閉写像であることを示せ．

次の補題は定義から簡単にわかる．

補題 11.7 完備多様体に関して次が成り立つ．
(1) 完備多様体の閉部分多様体は完備である．
(2) 完備多様体の直積もまた完備である．
(3) 完備多様体 X と代数多様体 Z に対して，$X \to Z$ が全射正則写像であれば Z は完備である．

この補題にあげた完備多様体の性質は，すべてコンパクト位相空間が持つ性質であることに注意されたい．

演習 11.8 補題 11.7 を証明せよ．

さて，複素射影空間が複素位相でコンパクトであることはよく知られている (章末問題 11.1 参照) が，じつは次の定理が成り立つ．

定理 11.9 複素射影空間は完備代数多様体である．

証明 任意の代数多様体 Y に対して，射影 $\pi \colon \mathbb{P}^n \times Y \to Y$ による閉集合の像が，また閉であることを示せばよい．アフィン開集合による被覆をとることにより，最初から Y をアフィン代数多様体として一般性を失わない．さらに $Y \hookrightarrow \mathbb{A}^m$ と，アフィン空間の閉部分多様体として埋め込んで考えることにより，$Y = \mathbb{A}^m$ としてよい．そこで閉部分多様体 $Z \subset \mathbb{P}^n \times \mathbb{A}^m$ を考え，Z の第 2 成分への射影 $\pi(Z)$ が $\mathbb{A}^m$ の閉部分多様体であることを示そう．

$\mathbb{P}^n$ の斉次座標を $[x_0 : x_1 : \cdots : x_n]$，アフィン空間 $\mathbb{A}^m$ の座標を $(y_1, \cdots, y_m)$ で表すと，閉部分多様体 Z は有限個の多項式の共通零点集合として

$$Z = \mathbb{V}((f_1(x;y), \cdots, f_k(x;y)))$$

$$f_i(x;y) = f_i(x_0, x_1, \cdots, x_n; y_1, \cdots, y_m) \ : \ x_0, \cdots, x_n \text{ について斉次}$$

と表されている．このとき

$$a \in \pi(Z) \iff \forall s \geq 1 \text{ に対して}$$
$$I_a := (f_1(x;a), \cdots, f_k(x;a)) \not\supset (x_0, x_1, \cdots, x_n)^s$$

であることがわかる．そこで，$s \geq 1$ を任意に取って固定したとき，

$$V_s := \{a \in \mathbb{A}^m \mid (x_0, x_1, \cdots, x_n)^s \not\subset I_a\}$$

がアフィン閉部分多様体であることを示そう．これがわかれば $\pi(Z) = \bigcap_{s \geq 1} V_s$ は閉集合の共通部分として閉であることが結論される．

Z の定義多項式 $f_i(x;y)$ は x に関する斉次次数を d_i とすると

$$f_i(x;y) = \sum_{|\beta|=d_i} g_\beta^{(i)}(y) x^\beta \qquad (g_\beta^{(i)}(y) \in \mathbb{C}[y_1, \cdots, y_m]) \tag{11.6}$$

と表される．一方，イデアル I_a に属する s 次斉次の多項式は

$$\sum_{|\alpha|=s} u_\alpha x^\alpha = \sum_{i=1}^k \sum_{|\gamma|=s-d_i} c_\gamma^{(i)} x^\gamma f_i(x;a) \qquad (c_\gamma^{(i)} \in \mathbb{C})$$

と書けているので，式 (11.6) と合わせて考えると x^α の係数は

$$u_\alpha = \sum_{i=1}^k \sum_{\alpha=\beta+\gamma} c_\gamma^{(i)} g_\beta^{(i)}(a)$$

で与えられる．このような係数の間の関係式は $\binom{s+n}{n}$ 個得られるが，これらを $(c_\gamma^{(i)} \mid 1 \leq i \leq k, |\gamma| = s - d_i)$ を未知数と考えた連立一次方程式系とみなすと，任意の $(u_\alpha)_{|\alpha|=s}$ に対して解が存在するための必要十分条件は，係数行列の階数が $\binom{s+n}{n}$ に一致することである．この条件は $a \in \mathbb{A}^m$ に関する開集合を定めるから

$$(x_0, x_1, \cdots, x_n)^s \not\subset I_a \iff (\text{階数}) \leq \binom{s+n}{n} - 1$$

は a に関する閉集合の条件であることがわかる． □

この定理と上の補題を合わせると次が分かる．

系 11.10 射影多様体は完備である．

完備性を用いて射影多様体の著しい性質を証明しておこう．これは一変数関数論における Liouville の定理に相当するものである [4]．

命題 11.11 既約な完備多様体上でいたるところ定義された正則関数は定数に限る．特に X を既約射影多様体とすると，X 上の正則関数は定数である．

証明 X を既約完備多様体とする．X 上の正則関数とは正則写像 $f: X \to \mathbb{C}$ に他ならない．そこで $\mathbb{C}$ を 1 次元射影空間に $\mathbb{C} \subset \mathbb{P}^1$ と埋め込んで，f を $\tilde{f}: X \to \mathbb{C} \hookrightarrow \mathbb{P}^1$ と延長しておく．このとき，$\tilde{f}$ のグラフ

$$\Gamma_{\tilde{f}} = \{(x, f(x)) \mid x \in X\} \subset X \times \mathbb{P}^1$$

は閉集合であるから，その第 2 成分への射影 $p_2(\Gamma_{\tilde{f}}) = f(X) \subset \mathbb{P}^1$ は閉集合であって，$f(X)$ は有限個の点か，あるいは $\mathbb{P}^1$ に一致する．しかし $f(X) \subset \mathbb{C}$ だから $\mathbb{P}^1$ に一致することはあり得ない．一方 X は既約であったから $f(X)$ は一点になるが，これは f が定数写像であることを意味する． □

演習 11.12 X を完備代数多様体とする．このとき X から任意の代数多様体 Y への正則写像 $f: X \to Y$ の像 $f(X)$ は Y の閉部分多様体であることを示せ．[ヒント] 命題 11.11 の証明と同様に f のグラフ Γ_f を考えてみよ．

---

[4] Liouville, Joseph (1809 – 1882).

系 11.13 完備かつアフィンであるような既約代数多様体は一点からなる自明な多様体に限る.

証明 X を既約な代数多様体とする. X が完備であれば前命題によって X 全体で定義された正則関数は定数に限る. したがって $\mathbb{C}[X] = \mathbb{C}$ であるが, さらに X がアフィンならば $X = \operatorname{Spec}\mathbb{C}[X] = \operatorname{Spec}\mathbb{C} = \{*\}$ となって X は一点からなる自明な多様体である. □

系 11.14 完備な代数多様体 X からアフィン代数多様体 V への正則写像は一点への定数写像である.

証明 $f : X \to V$ を正則写像とする. このとき上の演習から $f(X) \subset V$ は V の閉部分多様体であるからアフィンである. 一方, 完備代数多様体の全射像は完備であるから, $f(X)$ は完備代数多様体である. したがって系 11.13 から $f(X) = \{*\}$ は一点である. □

11.3 固定点定理

この節の目標は次の定理を証明することである.

定理 11.15 (Borel の固定点定理) S を可解な連結代数群として, S が完備多様体 X に作用しているとする. このとき X には少なくとも一つの固定点が存在する.

証明 S の次元に関する帰納法で示す.

$N = (S, S)$ を S の交換子群とすると N は連結な代数群で, S の正規部分群である (命題 9.18). S は可解だから, $N \neq S$ であって $\dim N < \dim S$ が成り立つ. もちろん N も可解だから, 帰納法の仮定より N の固定点が存在する. そこで N の固定点の集合を

$$Y = X^N = \{x \in X \mid gx = x \ (g \in N)\} \neq \varnothing$$

とおけば, $Y \subset X$ は閉部分多様体であって, S の作用で安定である. 実際 $y \in Y$ と $s \in S$ をとると, 任意の $g \in N$ に対して

$$gsy = s(s^{-1}gs)y = sy \quad (\because \ s^{-1}gs \in N)$$

したがって $sy \in Y$ であって Y は S 安定である. つまり Y は S の作用する空

でない完備多様体になる.

もし $\dim S/N < \dim S$ ならば, やはり帰納法の仮定から

$$\exists y \in Y \text{ が存在して } (S/N)y = y \implies Sy = y$$

となり, この y は S の固定点であることが分かる. よって $\dim S/N = \dim S$ つまり $\dim N = 0$ としてよい. N は連結だから, これは $N = \{e\}$ であることを意味している. つまり S は可換群である.

さて, 一般に代数群の軌道のうちで次元が最小のものをとるとそれは閉軌道になるから, S の閉軌道 $\mathbb{O}_x$ ($x \in X$) が存在する. S_x を x の固定部分群とすれば, $\mathbb{O}_x \simeq S/S_x$ は可換な線型代数群 (定理 5.23) だから, 特に $\mathbb{O}_x$ はアフィン代数多様体である. ところが完備な多様体であって, 同時にアフィン多様体であるようなものは 0 次元に限る (系 11.13 参照). つまり有限個の点の和集合であるが, $\mathbb{O}_x$ は連結であるから $\mathbb{O}_x = \{x\}$ とならざるを得ない. つまり x は S の固定点である. □

11.4 可解群のトーラス部分群

線型代数群 G のトーラス部分群 $T \subset G$ が包含関係に関して極大のとき**極大トーラス**とよぶ. 次元の理由により, G の任意のトーラス部分群を含む極大トーラスが存在することに注意する.

この節では G がとくに冪零群や可解群のときに, トーラスおよび極大トーラスに関する基本的な事項について解説する. なかでも重要なのは, トーラス部分群の中心化群が連結であること (連結性定理) と, 極大トーラスが互いに共役であることである. 連結性定理と極大トーラスの共役性は一般の線型代数群に対しても成り立つが, それについては次節でボレル部分群についての基本事項を証明してから論じる.

まず冪零代数群から話を始めよう. 一般に代数群 G に対して, 半単純元の全体を G^{ss} で表す.

命題 11.16 連結な冪零代数群 G に対して G^{ss} は極大トーラスであって, 中心 $Z(G)$ に含まれる. とくに連結な冪零代数群の極大トーラスはただ一つである.

証明 まず $g \in G^{\mathrm{ss}}$ が中心 $Z(G)$ に属することを示そう. $\mathrm{Ad}(g) : \mathfrak{g} \to \mathfrak{g}$ の 1 でない固有値 α があったとして矛盾を導く. そこで $\mathrm{Ad}(g)x = \alpha x$ となる $x \in$

$\mathfrak{g}$ ($x \neq 0$) をとり，$U := \exp(\mathbb{C}x)$ とおくと，G と U の交換子は

$$(g, \exp(tx)) = \exp(t\operatorname{Ad}(g)x)\exp(-tx) = \exp(t(\alpha - 1)x)$$

を含むので $(G, U) \supset U$ である．これを繰り返すと $C^k(G) \supset U$ が任意の $k \geq 0$ について成り立つことが証明できるが，これは G が冪零であることに反する．したがって $\operatorname{Ad}(g)$ の固有値は 1 しかなく，それは $g \in Z(G)$ を意味している．

埋め込み $G \subset \operatorname{GL}_n(\mathbb{C})$ をとると，G^{ss} の元は互いに可換な半単純元であるから同時対角化可能であり，そのように対角化しておくと，対角部分群との共通部分 $G^{\mathrm{ss}} = G \cap \mathrm{D}_n$ は閉部分群である．

積写像 $\psi: G^{\mathrm{ss}} \times \mathcal{U}(G) \to G$ を考えると，G^{ss} は中心の閉部分群であるから ψ は代数群の準同型である．また，乗法的ジョルダン分解の理論より，これは全単射でもある．したがって，代数群の準同型定理から ψ は同型である．一方，G は連結だから G^{ss} も連結であって，トーラスである (定理 9.34)． □

系 11.17 G が連結冪零代数群のとき，G は半単純元全体からなる極大トーラス G^{ss} と冪単元全体からなる冪単部分群 $\mathcal{U}(G)$ の直積である．つまり $G \simeq G^{\mathrm{ss}} \times \mathcal{U}(G)$ が成り立つ．

次の命題は技術的ではあるが，重要である．

命題 11.18 G を代数群，$U \subset G$ を冪単部分群であって，ある半単純元 $s \in G^{\mathrm{ss}}$ に対して $sUs^{-1} = U$ となっているとする．

$$M := \{usu^{-1}s^{-1} \mid u \in U\} = (U, \{s\})$$

とおく．
(1) M および $Z_U(s)$ は U の閉部分多様体である．
(2) 積写像 $\mu: M \times Z_U(s) \to U$ は代数多様体としての同型である．とくに $Z_U(s)$ は連結である．

証明 (1) 中心化群 $Z_U(s)$ が閉であることは明らか．部分群 U のアフィン代数群 G への共役による作用を考えると，$\operatorname{Ad}(U)s$ は冪単群の軌道として閉であり (定理 9.17)，したがって $M = (\operatorname{Ad}(U)s)s^{-1}$ も閉である．

(2) 積写像 μ が全単射であることを示せば，U は滑らかだから，Zariski の主定理より同型であることが分かる．$\mathfrak{u} = \operatorname{Lie}(U)$ をリー環，随伴作用 $\operatorname{Ad}(s)$ による $\mathfrak{u}$ の固有空間分解を

$$\mathfrak{u} = \mathfrak{z}_{\mathfrak{u}}(s) \oplus \sum_{\lambda \in \Lambda} \mathfrak{u}_\lambda \qquad \mathfrak{u}_\lambda = \{x \in \mathfrak{u} \mid \mathrm{Ad}(s)x = \lambda x\} \tag{11.7}$$

とする.ここで $\lambda \neq 1$ である.

積写像 $\mu : M \times Z_U(s) \to U$ の全単射性を $\dim U$ に関する帰納法で示そう. $U_0 := Z(U)$ を U の中心とする. U_0 は U の可換な正規部分群であり, $\mathrm{Ad}(s)$ によって安定である. また, U は冪単であるから, U_0 は降中心列の自明でない最後の部分群を含むので自明でないことに注意する.

(ア) $U = U_0$ のとき. U は可換な冪単代数群であるから, 指数写像 $\exp : \mathfrak{u} \to U$ は代数群としての同型写像[5]であり, $\mathrm{Ad}(s)$ 同変でもある. いま $\mathfrak{u}_1 = \mathfrak{z}_{\mathfrak{u}}(s)$ と書いて, 式 (11.7) の固有空間分解により, $x \in \mathfrak{u}$ を

$$\mathfrak{u} = \mathfrak{u}_1 \oplus \sum_{\lambda \neq 1} \mathfrak{u}_\lambda \ni x = x_1 + \sum_{\lambda \neq 1} x_\lambda \tag{11.8}$$

と分解し, $u = \exp x$ とおく. すると

$$c_s(u) := usu^{-1}s^{-1} = \exp(x - \mathrm{Ad}(s)x) = \exp(\textstyle\sum_{\lambda \neq 1}(1-\lambda)x_\lambda)$$

そこで $v = \exp(\sum_{\lambda \neq 1}(1-\lambda)^{-1} x_\lambda)$, $z = \exp x_1$ とおくと $u = \exp x = c_s(v) z$ であって, これが μ の逆写像を与える.

(イ) $U \supsetneq U_0$ のときは $\dim U_0 < \dim U$ であるから, 帰納法の仮定より U_0 および $U' := U/U_0$ に対しては (2) が成り立っている. 対応するものをそれぞれ M_0, μ_0 および M', μ' と表しておくと,

$$\mu_0 : M_0 \times Z_{U_0}(s) \xrightarrow{\sim} U_0, \qquad \mu' : M' \times Z_{U'}(s) \xrightarrow{\sim} U' = U/U_0$$

はそれぞれ同型である[6]. 商写像を $\pi : U \to U'$ で表す. U_0 は s による共役で安定であるから, s は U' にも共役によって自然に作用していることに注意する.

まず μ の単射性を示そう. そこで $c_s(u)z = c_s(v)w$ $(u, v \in U, z, w \in Z_U(s))$ として, $c_s(u) = c_s(v)$ および $z = w$ を示せばよいが, $c_s(u)(zw^{-1}) = c_s(v)$ と考えることによって最初から $w = e$ の場合を考えれば十分である. そこで $c_s(u)z = c_s(v)$ の両辺を π で写して, $c_s(\pi(u))\pi(z) = c_s(\pi(v))$ となるが, μ' の全単射性より $\pi(z) = e$, つまり $z \in U_0$ が従う. もともと $z \in Z_U(s)$ であったから $z \in Z_{U_0}(s)$ である. すると $c_s(u)z = usu^{-1}s^{-1}z = usu^{-1}zs^{-1}$ であって, これが $c_s(v) = vsv^{-1}s^{-1}$ と等しいので,

---

[5] $\mathfrak{u}$ は加法群 (ベクトル空間) とみなす.
[6] M', U', s などは, 正規化群 $N_G(U)$ の U_0 による商群の中で考える.

$$usu^{-1}zs^{-1} = vsv^{-1}s^{-1}, \quad \therefore \ (usu^{-1})z = vsv^{-1}$$

ここで半単純元 usu^{-1} と冪単元 z は可換だから，この分解はジョルダン分解である．右辺は半単純なので $z = e$ かつ $usu^{-1} = vsv^{-1}$ である．これが示したいことだった．

次に全射性を示そう．上の記号をそのまま使う．まず $\pi(Z_U(s)) = Z_{U'}(s)$ を示す．$\subset$ は明らかであるから逆の包含関係を示そう．$\pi(u) \in Z_{U'}(s)$ とする．$s\pi(u)s^{-1} = \pi(u)$ より

$$\pi(c_s(u)) = e, \qquad \therefore \ c_s(u) \in M \cap U_0$$

だが，ここで $M \cap U_0 = M_0$ である．実際，$M_0 \subset M \cap U_0$ は明らかであるが，同型 $\mu_0 : M_0 \times Z_{U_0}(s) \xrightarrow{\sim} U_0$ を用いて

$$M \cap U_0 \ni c_s(u) = c_s(u_1)z_1 \quad (\exists u_1 \in U_0, \ \exists z \in Z_{U_0}(s))$$

と書ける．単射性はすでに示したので，$c_s(u) = c_s(u_1)$, $z_1 = e$ である．したがって

$$usu^{-1}s^{-1} = u_1 s u_1^{-1} s^{-1}, \qquad \therefore \ usu^{-1} = u_1 s u_1^{-1}$$

$u_1 \in U_0$ は中心の元だから，これより $(uu_1^{-1})s(uu_1^{-1})^{-1} = s$，つまり $uu_1^{-1} \in Z_U(s)$ である．したがって $u \in Z_U(s)U_0$ が成り立ち，$Z_{U'}(s) \subset \pi(Z_U(s))$ がわかった．

次に U' における μ' の全単射性を用いて

$$U = MZ_U(s)U_0 \quad (U_0 = M_0 Z_{U_0}(s) : \text{中心})$$
$$= M_0 Z_{U_0}(s) M Z_U(s) = M_0 M Z_{U_0}(s) Z_U(s) = M Z_U(s)$$

である．最後の等式では $Z_{U_0}(s)$ が $Z_U(s)$ の部分群であることと，

$$M_0 M \ni c_s(u_1) c_s(u) = u_1 (s u_1^{-1} s^{-1}) u (su^{-1}s^{-1})$$
$$= u_1 u (s u_1^{-1} s^{-1})(su^{-1}s^{-1}) \quad (\because \ s u_1^{-1}s^{-1} \in U_0 : \text{中心})$$
$$= (uu_1) s (uu_1)^{-1} s^{-1} = c_s(uu_1) \in M$$

となることを用いた． $\square$

さて，G を可解群とする．このとき次の補題が成り立つ．

補題 11.19 連結可解代数群 G に対して，次が成り立つ．

(1) 冪単元の全体 $\mathcal{U}(G)$ は G の正規部分群であって，$\mathcal{U}(G) \supset D(G) := (G, G)$ が成り立つ．

(2) ある極大トーラス $T \subset G$ が存在して $G = T \ltimes \mathcal{U}(G)$ と半直積に書ける[7]。
(3) G の任意の極大トーラスは $C^\infty(G) := \bigcap_{k=1}^\infty C^k(G)$ の元によって互いに共役である。ただし $C^k(G)$ $(k = 1, 2, \cdots)$ は降中心列を表す。

証明 (1) は G が三角化できる (Kolchin の定理 9.29) ことから明らかである。

(2) $\dim G$ に関する帰納法で示す。G が冪零ならよい (系 11.17)。乗法的ジョルダン分解より、$G^{\mathrm{ss}} \subset Z(G)$ なら G は冪零であるから、G が冪零でなければ $s \in G^{\mathrm{ss}} \setminus Z(G)$ が存在する。$G_1 = Z_G(s)^\circ$ とおくと $\dim G_1 < \dim G$ だから、帰納法の仮定より $G_1 = T_1 \ltimes \mathcal{U}(G_1)$ となる極大トーラス T_1 が存在する。以下、$T = T_1$ は G の極大トーラスであって $G = T \ltimes \mathcal{U}(G)$ となることを示す。

s は半単純だから s によって生成される閉部分群 $H = \overline{\langle s \rangle}$ はトーラスの閉部分群であるから、簡約代数群である。G および G_1 のリー環をそれぞれ $\mathfrak{g}, \mathfrak{g}_1$ と表し、$\mathcal{N}(\mathfrak{g})$ を冪零多様体とすると、G が可解であるから、これは $\mathfrak{g}$ のイデアルであって $\mathcal{U}(G)$ のリー環に一致する。

射影 $\mathfrak{g} \to \mathfrak{g}/\mathcal{N}(\mathfrak{g})$ の H 不変元をとると $\mathfrak{g}^H \to (\mathfrak{g}/\mathcal{N}(\mathfrak{g}))^H$ を得るが、H が簡約であるから、これは全射である (定理 2.44)。一方 $\mathfrak{g}^H = \mathfrak{z}_{\mathfrak{g}}(s) = \mathfrak{g}_1$ は G_1 のリー環であり、

$$(\mathfrak{g}/\mathcal{N}(\mathfrak{g}))^H = \mathfrak{g}^H/\mathcal{N}(\mathfrak{g})^H = \mathfrak{g}_1/\mathcal{N}(\mathfrak{g}_1) = \mathfrak{t}_1$$

である。ところが $(G, G) \subset \mathcal{U}(G)$ より $G/\mathcal{U}(G)$ は可換であるから H は $G/\mathcal{U}(G)$ に自明に作用する。したがって $(\mathfrak{g}/\mathcal{N}(\mathfrak{g}))^H = \mathfrak{g}/\mathcal{N}(\mathfrak{g})$ である。これより $\mathfrak{g}/\mathcal{N}(\mathfrak{g}) \simeq \mathfrak{t}_1$ がわかった。このことは、射影 $G \to G/\mathcal{U}(G)$ により誘導される写像 $T_1 \to G/\mathcal{U}(G)$ が同型であって $G = T_1 \cdot \mathcal{U}(G)$ であることを意味する。$T_1 \cap \mathcal{U}(G) = \{e\}$ だから、この分解は半直積である。T を T_1 を含む G の極大トーラスとすると、$G = T \cdot \mathcal{U}(G)$ より、同様にして $G = T \ltimes \mathcal{U}(G)$ となるが、次元の比較をして $T = T_1$ がわかる。

(3) $\dim G$ に関する帰納法で次を示す。『任意の半単純元 $s \in G^{\mathrm{ss}}$ は $C^\infty(G)$ によって T の元と共役である。』

(ア) $C^\infty(G) = \{e\}$ のとき。G は冪零群であるから極大トーラスはただ一つ。したがって $s \in T$ だからよい。

(イ) $C^\infty(G) \neq \{e\}$ のとき。$\{e\} \neq U_1 \subset C^\infty(G) \subset \mathcal{U}(G)$ であって、$\mathcal{U}(G)$ にお

---

[7] 直後の (3) の主張にあるように、任意の極大トーラスは互いに共役であるから、この主張は任意の極大トーラスに対して成り立つ。

いて中心的,冪単,かつ G の正規部分群となるような U_1 がとれる.実際,$V_1 = \mathcal{C}^\infty(G)$ と書いて,

$$V_2 = (\mathcal{U}(G), V_1),\ V_3 = (\mathcal{U}(G), V_2),\ \cdots$$

という交換子群列を考えると,$\mathcal{U}(G)$ は冪零であるから,$V_k \neq \{e\}$ かつ $V_{k+1} = \{e\}$ となる k が存在する.そこで $U_1 = V_k$ ととればよい.

$\pi : G \to G/U_1 =: G'$ を射影として G' で考えると,帰納法によって $\pi(g)\pi(s)\pi(g^{-1}) = \pi(t)$ となるような $\pi(g) \in \mathcal{C}^\infty(G') = \pi(\mathcal{C}^\infty(G))$ と $\pi(t) \in T' := \pi(T)$ が存在する.すると $gsg^{-1} = u_1 t$ $(u_1 \in U_1)$ と表せる.命題 11.18 より $u_1 = c_t(v)z$ $(v \in U_1,\ z \in Z_{U_1}(t))$ と書けるから

$$gsg^{-1} = vtv^{-1}t^{-1}zt = vtv^{-1}z$$

ここで vtv^{-1} と z は互いに可換で,vtv^{-1} は半単純,z は冪単であるからジョルダン分解の一意性によって $gsg^{-1} = vtv^{-1}$ かつ $z = e$ である.

最後に $S \subset G$ をもう一つの極大トーラスとすると S の元 s であって $S = \overline{\langle s \rangle}$ となるようなものを含む (補題 9.35).$\mathcal{C}^\infty(G)$ による共役をとって $s \in T$ として一般性を失わないが,これから $S \subset T$ がわかり,S の極大性から $S = T$ となる. □

補題 11.20 G を連結可解代数群,$S \subset G$ をトーラスとすると,中心化群 $Z_G(S)$ は連結である.

証明 $Z = Z(G)$ を G の中心とする.G の次元に関する帰納法で示す.

$S \subset Z$ のときは $Z_G(S) = G$ なので連結であるから,$S \not\subset Z$ とする.S を含む G の極大トーラス T をとると,$G = T \ltimes \mathcal{U}(G)$ は半直積であった.ここで $U := \mathcal{U}(G)$ は G の冪単元全体からなる冪単部分群である.仮定より $s \in S \setminus Z$ をとることができるが,このとき

$$S \subset Z_G(s) = T \ltimes Z_U(s) \subsetneq G$$

であって,命題 11.18 より $Z_U(s)$ は連結だから,$Z_G(s)$ も連結である.一方 $\dim Z_G(s) < \dim G$ だから,帰納法の仮定より $G' := Z_G(s)$ において考えれば $Z_{G'}(S) = Z_G(S)$ は連結であることが分かる. □

11.5 ボレル部分群とその共役性

さて，一般線型群 $GL_n(\mathbb{C})$ において，上半三角行列からなる部分群はボレル部分群であるが，一般に，ボレル部分群とは連結可解閉部分群のうち極大なものをいうのであった (§ 9.5 参照)．ここに定義を再掲する．

定義 11.21 G を連結な線型代数群とする．G の連結な可解閉部分群のうち，包含関係について極大なものを**ボレル部分群**とよぶ．

演習 11.22 G を連結な線型代数群とする．T を G に含まれる任意のトーラスとすると，T を含むボレル部分群が存在することを示せ．

定理 11.23 G を連結な線型代数群とする．このとき G のすべてのボレル部分群はたがいに共役である．B をボレル部分群とすると，商多様体 G/B は射影多様体である．これを**旗多様体**とよぶ．

証明 B を G のボレル部分群のうち次元が最大のものとする[8]．まず G/B が射影多様体であることを示す．

補題 5.22 により，G の有限次元表現 (π, V) とゼロでないベクトル $v_1 \in V$ が存在して，$B = \{g \in G \mid \pi(g)v_1 \in \mathbb{C}v_1\}$ が成り立つ．このとき $F_1 = \mathbb{C}v_1$ とおいて $V' = V/F_1$ を考えると，V' の部分空間からなる旗多様体 $\mathcal{F}(V') = \{(F'_i) \mid F'_i \subset F'_{i+1}, \dim F'_i = i\}$ には連結可解群 B が作用している．すると固定点定理 (定理 11.15) から，B は $\mathcal{F}(V')$ に固定点を持つ．この固定点を $(F'_i)_{i=1}^{d-1}$ ($d = \dim V$) とし，$F_{i+1} = F'_i + F_1 \subset V$ とおく．すると明らかに $x = (F_i)_{i=1}^d \subset \mathcal{F}(V)$ は B の固定点であって，$G_x = B$ である．つまり $x \in \mathcal{F}(V)$ を通る軌道 $\mathbb{O}_x = G \cdot x$ は G/B と同型である．この軌道が閉軌道であることを示そう．

そこで $y \in \overline{\mathbb{O}_x}$ をとり，y に対応する旗を固定する G の部分群 G_y を考えると，旗 y を用いて G_y は同時三角化できるので明らかに可解である．したがって B の取り方より $\dim G_y \leq \dim B$ であって[9]

$$\dim \mathbb{O}_y = \dim G/G_y \geq \dim G/B = \dim \mathbb{O}_x$$

---

[8] 後で示すように，すべてのボレル部分群は共役であるから，結果的にはその次元はすべて同じである．しかし，この時点では，それはまだ証明されていない．

[9] より正確には G_y の単位元を含む連結成分 G_y° を考えると，G_y° を含むボレル部分群 B_1 が存在する．一方 $\dim B$ をボレル部分群の中で最大にとったことから $\dim G_y = \dim G_y^\circ \leq \dim B_1 \leq \dim B$ が成り立つ．

が成り立つ．ところが $\mathbb{O}_y \subset \overline{\mathbb{O}_x}$ だから，$\mathbb{O}_x = \mathbb{O}_y$ でなければならない．これは $\mathbb{O}_x = \overline{\mathbb{O}_x}$ つまり $\mathbb{O}_x$ が閉軌道であることを意味している．

以上より $G/B \simeq \mathbb{O}_x \subset \mathcal{F}(V)$ は射影多様体であることがわかった．

さて $S \subset G$ を一般のボレル部分群とする．S は射影多様体 G/B に左からの積で自然に作用しているが，ふたたび固定点定理によって固定点 gB を持つ．したがって $sgB = gB$ $(s \in S)$ が成り立つが，これは $g^{-1}sg \in B$ と同値である．これより $S \subset gBg^{-1}$ であるが，gBg^{-1} は連結可解閉部分群であるから，S の極大性によって $S = gBg^{-1}$ でなければならない．これは任意のボレル部分群が，ある固定されたボレル部分群 B と共役であることを示す．したがって任意の二つのボレル部分群はたがいに共役である． □

系 11.24 連結線型代数群 G の閉部分群 S に対して，G/S が射影多様体ならば，S は G のボレル部分群を含む．さらに S が連結可解であれば，S は G のボレル部分群である．

証明 G/S が射影多様体であるとする．B を G のボレル部分群とすると，固定点定理により B は G/S に固定点を持つ．固定点を gS と書くと，上の定理の証明と同様にして，$g^{-1}Bg \subset S$ がわかり，たしかに S は G のボレル部分群 $g^{-1}Bg$ を含む．S が連結可解ならば，ボレル部分群の極大性により $g^{-1}Bg = S$ でなければならない． □

定義 11.25 G を連結な線型代数群とする．G の閉部分群 P が **放物型部分群** (parabolic subgroup) であるとは，P が G のあるボレル部分群を含んでいることである．

上の系により，P が放物型部分群であることと G/P が射影多様体であることは同値である．

系 11.26 G, G' を連結線型代数群とし，2 つの準同型 $f_i : G \to G'$ $(i = 1, 2)$ が，あるボレル部分群 B 上で一致していたとする．このとき $f_1 = f_2$ である．

証明 $F(g) = f_1(g)f_2(g)^{-1}$ とおくと，仮定より B 上では $F(b) = e$ $(b \in B)$ である．ただし $e \in G'$ は単位元を表す．したがって，任意の $g \in G$ および $b \in B$ に対して

$$F(gb) = f_1(gb)f_2(gb)^{-1} = f_1(g)f_1(b)f_2(b)^{-1}f_2(g)^{-1} = f_1(g)f_2(g)^{-1}$$

が成り立つ. これより F は正則写像 $F: G/B \to G'$ を導くが, G' はアフィン代数多様体であるから, この正則写像は定数である (系 11.14). その像は $e \in G'$ を含むので $F(g) = e$, つまり $f_1(g) = f_2(g)$ である. □

系 11.27 連結代数群 G の自己同型 φ が, あるボレル部分群上で恒等写像であれば, G 上でも恒等写像である. 特に B の中心は G の中心に含まれる.

演習 11.28 連結代数群 G の二つの有限次元表現 (π_1, V_1), (π_2, V_2) に対して, ボレル部分群 B への制限が同値ならば, G の表現として同値であることを示せ.

定理 11.23 をボレル部分環に適用すると次の系が得られる.

系 11.29 連結代数群 G のリー環を $\mathfrak{g}$ とする.
(1) $\mathfrak{g}$ のボレル部分環は $\mathrm{Ad}(G)$ によってすべて共役である.
(2) $\mathfrak{b}$ を $\mathfrak{g}$ のボレル部分環とすると, $\mathfrak{g} = \bigcup_{g \in G} \mathrm{Ad}(g)\mathfrak{b}$ が成り立つ.

証明 (1) はボレル部分環をリー環に持つ閉部分群がボレル部分群であることから明らか.
(2) $x \in \mathfrak{g}$ を任意にとり, これが $\mathfrak{b}$ のある共役 $\mathrm{Ad}(g)\mathfrak{b}$ に属することを示そう. $\mathbb{C}x \subset \mathfrak{g}$ は可換なリー環であり, とくに可解であるから, x を含むボレル部分環 $\mathfrak{b}'$ が存在する. (1) より, $\mathfrak{b}'$ と $\mathfrak{b}$ は共役であるから, $\mathfrak{b}' = \mathrm{Ad}(g)\mathfrak{b}$ となる $g \in G$ が存在する. □

最後に, 上の系の (2) の主張の代数群における類似を示しておこう. リー環の場合と比べて, この定理ははるかに深い定理である.

定理 11.30 G を連結代数群, B をボレル部分群とする. このとき $G = \bigcup_{g \in G} gBg^{-1}$ が成り立つ.

証明 証明は長いので, いくつかの主張に分けて示そう. G のリー環を $\mathfrak{g}$, ボレル部分群 B のリー環を $\mathfrak{b}$ とする.

<u>主張 1.</u> ある $u_0 \in \mathfrak{b}$ に対して, $[\mathfrak{g}, u_0] + \mathfrak{b} = \mathfrak{g}$ が成り立つ.

これを示すために, まずリー環 $\mathfrak{g}$ におけるボレル部分環 $\mathfrak{b}$ の共役写像

$$\Gamma : G \times \mathfrak{b} \longrightarrow \mathfrak{g}, \qquad \Gamma(g, u) = \mathrm{Ad}(g)u$$

を考え, その微分を計算しよう. 点 $(g_0, u_0) \in G \times \mathfrak{b}$ における微分を $d\Gamma$ と表す

と，$(x, u) \in \mathfrak{g} \oplus \mathfrak{b}$ に対して，

$$\begin{aligned}
d\Gamma(x, u) &= \frac{d}{dt}\Big|_{t=0} \mathrm{Ad}(g_0 e^{tx})(u_0 + tu) \\
&= \frac{d}{dt}\Big|_{t=0} \mathrm{Ad}(\exp(t\,\mathrm{Ad}(g_0)x)\,g_0)u_0 + \frac{d}{dt}\Big|_{t=0} t\,\mathrm{Ad}(g_0 e^{tx})u \\
&= [\mathrm{Ad}(g_0)x, \mathrm{Ad}(g_0)u_0] + \mathrm{Ad}(g_0)u \\
&= \mathrm{Ad}(g_0)\Big([x, u_0] + u\Big)
\end{aligned}$$

がわかる．一方，系 11.29 によって Γ は全射であるから，ある点 (g_0, u_0) において，微分 $d\Gamma$ は全射でなければならない．上の計算から，$\mathrm{Ad}(g_0)$ が全射であることを考慮すると，ある $u_0 \in \mathfrak{b}$ が存在して，$[\mathfrak{g}, u_0] + \mathfrak{b} = \mathfrak{g}$ であることがわかる．

主張 2. 写像 $\gamma : G \times B \to G$, $\gamma(g, b) = gbg^{-1}$ は支配的である．したがって，像 $\mathrm{Im}\,\gamma = \bigcup_{g \in G} gBg^{-1}$ は G の空でない開集合を含む．

γ の微分がある点 $(e, b_0) \in G \times B$ で全射になることを示せばよい．$\gamma(e, b_0) = b_0$ であるから，像が原点になるように，平行移動した写像 $\widetilde{\gamma}(g, b) = b_0^{-1}gbg^{-1}$ を考えることにしよう．この微分を計算すると，$(x, u) \in \mathfrak{g} \oplus \mathfrak{b}$ に対して，

$$\begin{aligned}
d\widetilde{\gamma}(x, u) &= \frac{d}{dt}\Big|_{t=0} b_0^{-1} e^{tx} b_0 e^{tu} e^{-tx} \\
&= \frac{d}{dt}\Big|_{t=0} \exp(t\,\mathrm{Ad}(b_0^{-1})x) e^{tu} e^{-tx} \\
&= \mathrm{Ad}(b_0^{-1})x - x + u
\end{aligned}$$

である．ここで，**主張 1** の u_0 をとって $b_0 = \exp(su_0)$ とおき，パラメータ s の関数

$$f_s(x, u) = \frac{1}{s}(\mathrm{Ad}(e^{-su_0})x - x) + u \qquad (s \neq 0)$$

を考えると $s \to 0$ のとき $f_s(x, u) \to f_0(x, u) := [x, u_0] + u$ である．ところが，$f_0 : \mathfrak{g} \oplus \mathfrak{b} \to \mathfrak{g}$ は**主張 1** より全射であるから，f_s も $s \neq 0$ が十分小ならば全射である．そのような s に対して，$b_0 = \exp(su_0)$ とおくと $sf_s(x, u) = d\widetilde{\gamma}(x, su)$ であるから，微分 $d\widetilde{\gamma}$ も全射である．

主張 3. $G/B \times G$ の部分集合

$$M := \{(xB, xyx^{-1}) \mid x \in G,\ y \in B\}$$

は閉集合である．

この主張を示すため，次の写像

$$G \times G \xrightarrow{\alpha} G \times G \xrightarrow{\beta} G/B \times G \qquad \begin{cases} \alpha(x,y) = (x, xyx^{-1}) \\ \beta(x,z) = (xB, z) \end{cases}$$

を考えよう．ここで α は代数多様体の同型写像，β は $G \times G$ の部分群 $B \times \{e\}$ による商写像である．このとき，$M = \beta \circ \alpha(G \times B)$ かつ $\beta^{-1}(M) = \alpha(G \times B)$ が容易に確かめられる．α は同型であるから $\alpha(G \times B) = \beta^{-1}(M)$ は閉集合であるが，商写像 β は開写像であるから，$M = \beta(\beta^{-1}(M))$ も閉集合である．

最後に，$G/B \times G$ の第 2 成分への射影を p_2 と書くと，G/B が完備であるから，閉集合の p_2 による像 $p_2(M) = \bigcup_{g \in G} gBg^{-1}$ は閉であることが分かる．**主張 2** によって，この右辺は G の開集合を含むから，$G = \bigcup_{g \in G} gBg^{-1}$ である． □

11.6 トーラスの中心化群

いよいよ，一般の代数群に対してトーラスの中心化群が連結であることを示そう．

定理 11.31 G を連結な線型代数群とする．このとき，トーラス $S \subset G$ に対して中心化群 $Z_G(S)$ は連結である．

証明 任意の元 $a \in Z_G(S)$ をとり，$a \in Z_G(S)^\circ$ であることを言えばよい．

まず $\{a\} \cup S \subset B$ となるボレル部分群 $B \subset G$ が存在することを示す．そこで，任意のボレル部分群 $B_0 \subset G$ をとり，$X := G/B_0$ を旗多様体とすると，定理 11.30 より a はあるボレル部分群に含まれるから，a の作用 $a \curvearrowright X$ は固定点を持つ．したがって $X^a := \{x \in X \mid ax = x\}$ は空でない X の閉部分多様体であって，射影多様体である．a は S と可換だから，自然に S は X^a に作用し，しかも連結可解だから，固定点 $x \in X^a$ を持つ．そこで $x = gB_0$ と表すと，旗多様体における $x = gB_0$ の固定部分群は $B = gB_0g^{-1}$ であるから，$\{a\} \cup S \subset B$ が成り立つ．

このとき $a \in Z_B(S) \subset Z_G(S)$ であるが，B は連結可解であるから補題 11.20 より $Z_B(S)$ は連結である．これより $a \in Z_G(S)^\circ$ であることがわかった． □

この定理の証明では，S がトーラスであることは本質的でなく，S が連結な可解部分群であることしか用いられていないことに注意しておく．したがって連結可解部分群 S に対して，中心化群 $Z_G(S)$ は連結である．

命題 11.32 G を線型代数群，$S \subset G$ をトーラスとすると $Z_G(S) = N_G(S)^\circ$ が成り立つ．つまり S の中心化群は正規化群の単位元の連結成分に一致する．と

くに $N_G(S)/Z_G(S)$ は有限群である.

証明 S の指標の全体 (指標群) を $X(S)$ と書くと,自然に正規化群 $N_G(S)$ は $X(S)$ に働く.$X(S)$ は離散群であるから $N_G(S)^\circ$ は $X(S)$ に自明に作用する.ところが,定理 9.34 より $X(S)$ は S の関数環 $\mathbb{C}[S]$ を生成するので $N_G(S)^\circ$ は $\mathbb{C}[S]$ に自明に作用する.したがって $N_G(S)^\circ \subset Z_G(S) \subset N_G(S)$ であるが,前定理より $Z_G(S)$ は連結だから $N_G(S)^\circ = Z_G(S)$ である. □

次の補題も少々技術的に見えるが,本質をついている.

補題 11.33 G を連結な線型代数群,$S \subset G$ をトーラス,B を G のボレル部分群とする.S の旗多様体 $X = G/B$ 上への作用の固定点の全体を
$$X^S = \{x \in X \mid sx = x\}$$
とし,任意の $x \in X^S$ をとる.X^S の x を含む連結成分を Y とすると $Y = Z_G(S) \cdot x$ が成り立つ.つまり $Z_G(S)$ は Y に推移的に作用し,Y は等質多様体である.

証明 $x = gB$ とすると,x が S によって固定されるので,$S \subset gBg^{-1}$ である.そこで,最初から $S \subset B$ であって,$x = x_B$ は基点 eB であるとしてよい.射影を $\pi: G \to X = G/B$ とし,$\widetilde{Y} = \pi^{-1}(Y) \subset G$ とおく.

S を含む B の極大トーラス T をとると $B = T \ltimes U$ である.ただし U は B の冪単根基を表す.まず $y \in \widetilde{Y}$, $s \in S$ に対して $y^{-1}sy \in B$ であることに注意する.実際,$y \cdot x_B \in Y \subset X^S$ であるから $s \in S$ に対して $s(yx_B) = yx_B$ が成り立つ.これより $(y^{-1}sy) \cdot x_B = x_B$ となって,x_B の固定部分群は B であるから $y^{-1}sy \in B$ であることがわかる.そこで
$$\alpha: \widetilde{Y} \times S \to B/U \simeq T \quad \text{を} \quad \alpha(y, s) := y^{-1}sy \cdot U/U$$
と定める.このとき $\alpha(y, s)$ は y に依存せず,$\alpha(y, s) = sU/U$ となることを示そう.そこで $s \in S$ を固定して考えると $b \in B$ に対して
$$\alpha(yb, s) = b^{-1}(y^{-1}sy)b \cdot U = y^{-1}sy \cdot U = \alpha(y, s) \tag{11.9}$$
である.

演習 11.34 一般に $b, b' \in B$ に対して $b^{-1}b'bU = b'U$ であることを示せ.これを $b' = y^{-1}sy$ に適用することで,式 (11.9) が成り立つことを確認せよ.

これより,写像 α は $\beta: Y \to T$ を誘導する.

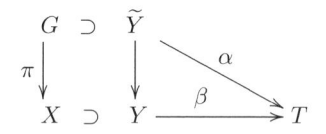

$$\begin{array}{ccc} G & \supset & \widetilde{Y} \\ \pi \downarrow & & \downarrow \quad \searrow \alpha \\ X & \supset & Y \xrightarrow[\beta]{} T \end{array}$$

ところが Y は連結な射影多様体で T はアフィン多様体ゆえ，β は定数写像である．一方 $e \in \widetilde{Y}$ だから $\alpha(e,s) = sU$ がその定数値である．

以上より $y^{-1}Sy \subset SU$ であることが分かった．SU は可解群であって，S と $y^{-1}Sy$ はどちらも，その極大トーラスであるから U の元によって互いに共役である．

$$\exists u \in U \quad \text{s.t.} \quad u^{-1}y^{-1}Syu = S, \quad \therefore \quad yu \in N_G(S)$$

これより $Z_G(S)B \subset \widetilde{Y} \subset N_G(S)B$ がわかるが，$\#N_G(S)/Z_G(S)$ は有限であったから

$$N_G(S)B = \coprod_{i=1}^k n_i Z_G(S)B \quad (\exists n_1, \cdots, n_k \in N_G(S))$$

と書けており $(N_G(S)B)^\circ = Z_G(S)B$ である．$\widetilde{Y}$ は連結であるから

$$Z_G(S)B \subset \widetilde{Y} \subset (N_G(S)B)^\circ = Z_G(S)B$$

となり，$\widetilde{Y} = Z_G(S)B$ がわかる． □

補題 11.33 の設定のもとに，次の系を得る．

系 11.35 旗多様体におけるトーラス S の固定点集合 X^S は滑らかな射影多様体である．

トーラス S の中心化群は連結であったが，そのボレル部分群が G のボレル部分群との共通部分をとることで得られることを主張するのが次の定理である．

定理 11.36 連結線型代数群 G のボレル部分群を B とし，$S \subset B$ をトーラスとすると $Z_G(S) \cap B$ は $Z_G(S)$ のボレル部分群である．

証明 旗多様体 $X := G/B$ の基点 eB を x_B と書くことにすると，補題 11.33 により $Y := Z_G(S) \cdot x_B$ は S の固定点多様体 X^S の連結成分であって，とくに Y は既約な射影多様体である．

一方，基点 x_B の中心化群 $Z_G(S)$ における固定部分群は $Z_G(S) \cap B$ であるから，これは $Z_G(S)$ の放物型部分群であって，$Z_G(S)$ のボレル部分群 B_S を含む．

$$B_S \subset Z_G(S) \cap B = Z_B(S)$$

ところが，トーラスの中心化群は連結だから $Z_B(S)$ は連結な可解群である．したがって B_S の極大性より $B_S = Z_G(S) \cap B$ がわかる． □

11.7　ボレル部分群の正規化定理

次の定理は旗多様体を理解する上で最も重要な定理の一つである．

定理 11.37 G を連結な線型代数群，B をそのボレル部分群とする．このとき B の正規化部分群 $N_G(B) = \{g \in G \mid gBg^{-1} = B\}$ は B 自身に一致する．したがって，旗多様体 G/B は集合として G のボレル部分群の全体と同一視できる．

証明　$N = N_G(B)$ を正規化部分群とする．このとき N の連結成分 N° は B に一致する．実際，$N^\circ \supset B$ は明らかであるが，このとき定義により B は N° のボレル部分群である．したがって N°/B は射影多様体だが，B は N° において正規部分群だから N°/B は同時にアフィン代数群でもある (定理 5.23)．既約な射影多様体でかつアフィンであるものは一点に限る (系 11.13) から $N^\circ = B$ が従う．

したがって，定理を示すには $N = N^\circ$ つまり N が連結であることを証明すればよい．以下 $\dim G$ に関する帰納法によって示す．

任意に $g \in N$ をとって $g \in B$ を示そう．$T \subset B$ を極大トーラスとすると，$g^{-1}Tg \subset B$ もまた極大トーラスだから，B が可解であることと補題 11.19 より，ある $b \in B$ であって $b^{-1}g^{-1}Tgb = T$ が成り立つ．そこで g を gb に取り換えることによって，最初から $g \in N_G(T)$ としてよい．$S = Z_T(g)^\circ$ をトーラス T における $\{g\}$ の中心化群の連結成分とする．これは T の閉部分群であるから，またトーラスである (補題 9.33)．

(ア) $S \neq \{e\}$ ならば，$H = Z_G(S)$ は S を中心に含む連結な代数群 (定理 11.31) であって S の定義より $g \in H$ である．

$H = G$ ならば $G' = G/S$ を考えると $\dim G/S < \dim G$ かつ $B' := B/S$ は G' のボレル部分群だから，帰納法の仮定によって，$N_{G'}(B') = N_G(B)/S$ は連結である．したがって $N = N_G(B)$ も連結である．

そこで $G \neq H$ とする．このときは $\dim H < \dim G$ かつ $B' := H \cap B$ は H のボレル部分群であるから (定理 11.36)，帰納法の仮定より $N_H(B') = B'$ である．ところが $g^{-1}(H \cap B)g = H \cap B$ だから，$g \in N_H(B') = B' \subset B$ である．

（イ）次に $S = \{e\}$ の場合を考えよう．D を g と B で生成された $N = N_G(B)$ の閉部分群とする．D が連結であることを示せば，$D \subset N^\circ = B$ となって $g \in B$ であることが従う．以下，D の連結性を示そう．

補題 5.22 より G の表現 (π, W) と $w \in W$ が存在して

$$D = \{x \in G \mid \pi(x)w \in \mathbb{C}w\} \tag{11.10}$$

と書けている．このとき $x \in D$ に対して $\pi(x)w = \chi(x)w$ ($\chi(x) \in \mathbb{C}$) とおけば，χ は D の指標である．さて

$$\phi : T \to T, \qquad \phi(t) = gtg^{-1}t^{-1} \quad (t \in T)$$

とおけば，T が可換であるから，これは T の自己準同型である．また，ϕ の核はちょうど $Z_T(g)$ に一致している．ところが仮定より $S = \{e\}$ は $Z_T(g)$ の単位元の連結成分であるから，$Z_T(g)$ は有限群である．したがって $\dim \operatorname{Im} \phi = \dim T/Z_T(g) = \dim T$ であるから，$\operatorname{Im} \phi = T$，つまり ϕ は全射でなければならない．一方，その定義より $\operatorname{Im} \phi \subset [D, D]$（交換子群）であるから，$T \subset [D, D]$ である．ボレル部分群は極大トーラス T と冪単根基 U によって $B = TU$ と分解しているが，冪単部分群の指標は自明なものしか存在しないから，$\chi|_U = 1$ であって，また χ は $[D, D]$ 上で自明であるから，結局 $\chi|_B = 1$ である．

このことから，軌道写像 $G \ni x \mapsto \pi(x)w \in W$ を考えると，これは $G/B \to W$ を導く．ところが G/B は射影多様体で，W はベクトル空間（アフィン多様体）であるから，これは定値写像でなければならない．したがって任意の $x \in G$ に対して $\pi(x)w = w$ であって，(11.10) 式から $G \subset D$ であることがわかる．つまり $G = D$ であるから，D は連結である． □

次の系の証明は読者への演習問題とする．

系 11.38 G を連結線型代数群，$\mathfrak{g}$ をそのリー環とする．$\mathfrak{b}$ を $\mathfrak{g}$ のボレル部分環とすると，$B := N_G(\mathfrak{b})$ は G のボレル部分群である．したがって，旗多様体 G/B は $\mathfrak{g}$ のボレル部分環の全体と同一視できる．

定理 11.37 にはいくつもの系があるが，そのうち重要なものは放物型部分群に関するものである．

系 11.39 G を連結線型代数群，P をその放物型部分群とする．このとき $N_G(P) = P$ であって，G/P は P と共役な放物型部分群の全体と同一視できる．

また，P は連結である．

証明 $P \subset N_G(P)$ は明らかだから，逆の包含関係を示す．そこで $g \in N_G(P)$ とする．放物型部分群の定義より P は G のあるボレル部分群 B を含んでいる．$gBg^{-1} \subset P$ は P のボレル部分群でもあるから，ある $p \in P$ によって B と共役である．つまり $pgBg^{-1}p^{-1} = B$ だから，定理 11.37 より $pg \in N_G(B) = B$ である．したがって $g \in p^{-1}B \subset P$ である．

P の連結性を示そう．P° を単位元の連結成分とすると $B \subset P^\circ$ であるから，P° もまた放物型部分群である．$P \subset N_G(P^\circ)$ であるが，既に示したことより $N_G(P^\circ) = P^\circ$ であるから，$P = P^\circ$ がわかる． □

等質多様体 G/P は射影多様体になるが，これを**部分旗多様体**とよぶ．上の系は，放物型部分群 P をそのリー環 (**放物型部分リー環**) に置き換えても，もちろん成り立つ．

最後に極大トーラスの共役性について述べよう．

系 11.40 G を連結線型代数群とすると，G の極大トーラスは互いに共役である．

証明 T_1, T_2 を G の極大トーラスとする．すると T_i を含むようなボレル部分群 B_i ($i = 1, 2$) が存在する．ところがボレル部分群 B_1, B_2 は共役であるから，必要ならば G による共役を考えて，T_1, T_2 は同じボレル部分群 B に含まれるとしてよい．一方，可解群の極大トーラスは互いに共役であるから，T_1, T_2 も共役である． □

章末問題

問題 11.1 射影多様体が複素位相でコンパクトであることを次のようにして示せ．

(1) $S = \{z \in \mathbb{C}^{n+1} \mid \sum_{i=1}^{n+1} |z_i|^2 = 1\}$ を $(2n+1)$ 次元の単位球面とする．S の $\mathbb{C}^{n+1} \setminus \{0\}$ への埋め込みと，射影 $\mathbb{C}^{n+1} \setminus \{0\} \to \mathbb{P}(\mathbb{C}^{n+1})$ の合成

$$S \hookrightarrow \mathbb{C}^{n+1} \setminus \{0\} \to \mathbb{P}(\mathbb{C}^{n+1})$$

が全射であることを示せ．

(2) S がコンパクトであることから $\mathbb{P}(\mathbb{C}^{n+1})$ がコンパクトであることを導け．

(3) 任意の射影多様体が複素位相でコンパクトであることを示せ.

問題 11.2 $\mathbb{P}^n = \mathbb{P}(\mathbb{C}^{n+1})$ の余接束 $T^*\mathbb{P}^n$ を考える.

(1) 余接束は閉部分多様体 $T^*\mathbb{P}^n \subset \mathbb{P}^n \times \mathbb{C}^{n+1}$ として次のように実現できることを示せ.
$$T^*\mathbb{P}^n = \{([v], u) \mid v, u \in \mathbb{C}^{n+1},\ v \cdot u = 0\}$$
ただし $v \cdot u = \sum_{i=1}^{n+1} v_i u_i$ は自然な双線型形式である.

(2) 余接束の切断 $s : \mathbb{P}^n \to T^*\mathbb{P}^n$ は自明なものしかないことを示せ. ただしファイバー束 $\pi : E \to B$ の切断 s とは $s : B \to E$ であって, $\pi \circ s = \mathrm{id}_B$ となるものをいう. [ヒント] 第 2 成分への射影を $p_2 : T^*\mathbb{P}^n \subset \mathbb{P}^n \times \mathbb{C}^{n+1} \to \mathbb{C}^{n+1}$ とする. このとき合成 $p_2 \circ s : \mathbb{P}^n \to \mathbb{C}^{n+1}$ が定数写像であることを用いよ.

問題 11.3 G を連結な線型代数群, B をそのボレル部分群とする. 旗多様体 $X = G/B$ を考える. このとき G の連結閉部分群 H が X 上で固定点を持つことと, H が可解であることは同値であることを示せ.

問題 11.4 G を連結な線型代数群, P を G の放物型部分群とする. このとき次を示せ.

(1) P のリー環を $\mathfrak{p}$ とすると G における正規化群 $N_G(\mathfrak{p})$ は P に一致する.

(2) G のリー環を $\mathfrak{g}$ とし, $d = \dim \mathfrak{p}$ と書くと, 部分旗多様体 G/P はグラスマン多様体 $\mathrm{Grass}_d(\mathfrak{g})$ の閉部分多様体として埋め込める.

問題 11.5 ベクトル空間 $V = \mathbb{C}^n$ における次元列を $d = (d_1, d_2, \cdots, d_\ell)$ とし, $\lambda_i = d_i - d_{i-1}$ $(1 \leq i \leq \ell + 1)$ とおく (ただし $d_0 = 0$ とする). $G := \mathrm{GL}_n(\mathbb{C})$ のブロック対角行列で, ブロックのサイズが $(\lambda_1, \cdots, \lambda_{\ell+1})$ のもの全体を L で表し, 上半三角行列からなるボレル部分群を B とする. このとき $P(d) := LB$ は放物型部分群であるが, 部分旗多様体 $\mathcal{F}(d)$ は等質空間 $G/P(d)$ と同型であることを示せ. また, その次元を求めよ.

問題 11.6 $X = G/B$ を旗多様体とし, $\mathrm{SL}_2(\mathbb{C}) \subset G$ が左からの積で作用しているとする. このとき $\mathrm{SL}_2(\mathbb{C})$ の閉軌道は 1 次元射影空間 $\mathbb{P}^1$ と同型であることを示せ. 特に X 上には $\mathbb{P}^1$ と同型な軌道が存在する.

問題 11.7 G を連結な線型代数群, T をその極大トーラス, $T \subset B$ をボレル部分群とする. $g \in N_G(T)$ に対して $Z_T(g)$ が有限群であれば, g と B によって

生成される閉部分群は G に一致することを示せ．[ヒント] 正規化定理 11.37 の証明の後半部分をほぼそのまま使うとよい．

問題 11.8 n 次元トーラス $T = (\mathbb{C}^\times)^n$ の有限次元ベクトル空間 V 上の表現を考え，それが重複度自由 (つまり各既約部分表現の重複度がすべて 1 である) とする．このとき，T は射影空間 $\mathbb{P}(V)$ に作用するが，T の $\mathbb{P}(V)$ における固定点の個数は，ちょうど既約部分表現の個数と一致することを示せ．[ヒント] 固定点は T のウェイト・ベクトル v に対して $[v] \in \mathbb{P}(V)$ の形をしていることを示せ．

問題 11.9 一般線型群 $G = \mathrm{GL}_n(\mathbb{C})$ の旗多様体 $X = G/B$ を考える．ただし B は上半三角行列からなるボレル部分群とする．G の対角行列全体からなる極大トーラス T の X における固定点は $n!$ 個あることを示せ．また，固定点を具体的に書き表せ．[ヒント] X の旗を用いた実現を考えて論ずるとよい．

問題 11.10 $G = \mathrm{GL}_n(\mathbb{C})$ の最高ウェイトが λ の既約表現 V_λ を考える．また B を上半三角行列のなす G のボレル部分群とする．このとき $\mathbb{P}(V_\lambda)$ における B の固定点は唯一つであり，それは $[v_\lambda]$ であることを示せ．ただし $v_\lambda \in V_\lambda$ は最高ウェイトベクトルを表す．

一般に，既約とは限らない G の有限次元表現 V について，射影空間 $\mathbb{P}(V)$ における B の固定点集合がどのように記述されるか考えてみよ．

第 12 章

線型表現と軌道

　この章では，群の線型作用を考える．「群の線型作用」とは，群の表現に他ならないが，その軌道の構造，つまり「表現の幾何学」はしばしば非常に複雑である．軌道や商空間の構造は，表現の解析に役に立つし，逆に表現の情報が分かっていれば，それは軌道空間について多くのことを語ってくれる．

　複素関数論において特異点が重要なように，線型表現の軌道において重要なのは最も退化した軌道，冪零軌道である．冪零軌道の全体である零ファイバーは不変式によって定義されるが，その関数環における類似物は「調和多項式」の空間である．ある意味で，調和多項式の空間と不変式環の構造を合わせ考えたものは線型表現の情報をすべて持っている．まず，零ファイバーと冪零軌道から話を始めよう．

　この章では G は簡約代数群を表す．

12.1　零ファイバー

　有限次元ベクトル空間 V 上の簡約群 G の表現，つまり G の線型作用が与えられているとしよう．以下この作用に関する G の軌道の性質，とくに軌道の間の相互関係について調べる．一般的な軌道を考える前に，この節では，もっとも特殊で退化した軌道である冪零軌道をまず導入しよう．

　アフィン商 $V /\!/ G = \operatorname{Spec}\mathbb{C}[V]^G$ およびその商写像 $\Phi : V \to V /\!/ G$ を考え，$0 \in V$ の像をやはり $0 := \Phi(0)$ で表す．

定義 12.1　上の設定のもとに $0 \in V /\!/ G$ のファイバー $\Phi^{-1}(0)$ を**零ファイバー** (null fiber) とよび，$\mathfrak{N}(V)$ で表す．零ファイバーに属するベクトル $v \in \mathfrak{N}(V)$ を**冪零元** (nilpotent element)，冪零元を通る軌道 $\mathbb{O}_v = G \cdot v \subset \mathfrak{N}(V)$ を**冪零軌道** (nilpotent orbit) とよぶ．

　V には一次元トーラス $T = \mathbb{C}^\times$ がスカラー倍として作用しており，G の作用は

線型であるから，明らかに T の作用と可換である．したがって，不変式環 $\mathbb{C}[V]^G$ には自然に T が作用し，そのウェイト分解によって $\mathbb{C}[V]^G$ は次数づけられている．

$$\mathbb{C}[V]^G = \bigoplus_{n \geq 0} \mathbb{C}[V]^G_n, \qquad \mathbb{C}[V]^G_n = \{f \in \mathbb{C}[V]^G \mid \rho(t)f = t^{-n}f\}$$

$\mathbb{C}[V]$ を V^* の基底を座標関数 (独立変数) とする多項式環とみなせば，この T の作用による次数付けは通常の多項式の次数付けを考えることに他ならない．そこで

$$\mathbb{C}[V]^G_+ = \bigoplus_{n \geq 1} \mathbb{C}[V]^G_n$$

とおき，$J_G = J_G(V)$ を $\mathbb{C}[V]^G_+$ で生成された $\mathbb{C}[V]$ のイデアルとする．J_G を**不変イデアル** (invariant ideal) とよぶ．

補題 12.2 V を簡約群 G の有限次元表現，$\mathfrak{N}(V) \subset V$ を零ファイバーとすると次が成り立つ．
 (1) $\mathfrak{N}(V)$ は不変イデアル $J_G(V)$ によって定義されたアフィン多様体である．
 (2) $v \in \mathfrak{N}(V)$ であることと，v を通る G 軌道 $\mathbb{O}_v$ の閉包が 0 を含むことは同値である．
 (3) $\mathfrak{N}(V)$ は原点を頂点とする錐である．ここで**錐**とは，$\mathbb{C}^\times$ によるスカラー倍で閉じている V の閉部分多様体をさす．

注意 12.3 一般に $J_G(V)$ は素イデアルではなく，また被約とも限らないことに注意せよ．(演習 12.5 および 12.6 参照．)

証明 (1) $\mathbb{C}[V]^G$ は有限生成の次数付き環であるから，生成元を正の次数の斉次元からとってもよい．それを $\{h_1, \cdots, h_d\}$ としよう．すると

$$H: V \to \mathbb{C}^d, \qquad H(v) = (h_1(v), \cdots, h_d(v))$$

は $\operatorname{Im} H = H(V)$ へのアフィン商写像なのであった．したがって $\mathfrak{N}(V) = H^{-1}(0)$ であり，$\mathfrak{N}(V)$ は $h_1(v) = \cdots = h_d(v) = 0$ によって定義されている．$J_G = (h_1, \cdots, h_d)$ であるから，不変イデアルによって $\mathfrak{N}(V) = \mathbb{V}(J_G)$ と書ける．

(2) まず $0 \in \overline{\mathbb{O}_v}$ を仮定する．商写像 H によって $\mathbb{O}_v$ は一点 $H(v)$ に写るから，$H(\overline{\mathbb{O}_v}) = H(\mathbb{O}_v) = H(v)$ である．一方 $H(\overline{\mathbb{O}_v}) \ni H(0) = 0$ でもあるので $H(v) = 0$ が成り立つ．したがって $v \in \mathfrak{N}(V)$ である．

逆を示そう．定理 4.28 (2) により，零ファイバー $\mathfrak{N}(V)$ はただ一つの閉軌道を含む．一方 $\{0\} \subset \mathfrak{N}(V)$ は明らかに閉軌道であるから，これがただ一つの閉軌道

であり，$\mathfrak{N}(V)$ の任意の軌道はその閉包に 0 を含まなければならない．

(3) $T = \mathbb{C}^\times$ の作用と G の作用は可換であるから，アフィン商写像 Φ は T 同変である．したがって $\mathfrak{N}(V)$ は T 安定であり，錐である． □

例 12.4 $G = \mathrm{GL}_n(\mathbb{C})$ を一般線型群とし，$V = \mathrm{M}_n(\mathbb{C})$ への**随伴表現**

$$\mathrm{Ad}(g)A = gAg^{-1} \qquad (g \in G = \mathrm{GL}_n(\mathbb{C}),\ A \in V = \mathrm{M}_n(\mathbb{C}))$$

を考えよう．ただし上の等式の右辺における積は通常の行列の積である．このときアフィン商 $V /\!/ G = \mathrm{M}_n /\!/ \mathrm{Ad}(\mathrm{GL}_n)$ を**随伴商**とよぶ (以下，しばしば $\mathbb{C}$ を省略する)．第 6 章で見たように $\mathrm{M}_n(\mathbb{C})$ は $\mathrm{GL}_n(\mathbb{C})$ のリー環とみなすことができ，上の表現はリー群 G のリー環上の**随伴表現** $(\mathrm{Ad}, \mathfrak{g})$ と一致するのでこの名前がある．

さて，$A \in V$ に対して，その固有多項式 $P_A(t) = \det(t 1_n - A)$ を考えよう．ただし 1_n は単位行列を表している．

$$P_A(t) = \sum_{k=0}^n h_{n-k}(A) t^k \qquad (h_0(A) = 1)$$

と t の冪によって展開すれば，容易に分かるように $h_k(A)$ ($k = 1, \cdots, n$) は次数が k の斉次式で，しかも $h_k \in \mathbb{C}[V]^G$ である．したがって $A \in \mathfrak{N}(V)$ ならば $h_k(A) = 0$ ($k \geq 1$) であるが，このとき $P_A(t) = t^n$ となる．Cayley-Hamilton の公式を使うと，$A^n = 0_n$ (零行列) が成り立ち，$A \in \mathrm{M}_n$ が冪零行列であることがわかる．

あとでわかることだが $\{h_k \mid k = 1, \cdots, n\}$ は $\mathbb{C}[V]^G$ の生成元を与えており，零ファイバー $\mathfrak{N}(V)$ は $h_1(A) = \cdots = h_n(A) = 0$ で定義される既約多様体で，冪零行列の全体からなり，冪零多様体に一致する．

一般の半単純代数群のリー環上の随伴表現においても同じことが成り立ち，$\mathrm{ad}\, A$ が冪零であることと零ファイバーの元であることは同値である (簡約群の場合には中心元について注意が必要である)．冪零元の名前はこの性質に由来する．

演習 12.5 $G = \mathrm{O}_2(\mathbb{C})$ を 2 次の直交群とし，G の $V = \mathbb{C}^2$ への自然な作用を考える．

(1) $\mathbb{C}[V]^G = \mathbb{C}[x^2 + y^2]$ であることを示せ．ただし $\mathbb{C}^2$ の自然な座標を x, y で表した．

(2) 零ファイバーは二本の直線 $x \pm \sqrt{-1}\, y = 0$ の和になることを示せ．したがって，この場合には，零ファイバーは既約でない．

演習 12.6 $G = \{e^{2k\pi i/m} \mid k \in \mathbb{Z}\} \simeq \mathbb{Z}/m\mathbb{Z}$ を m 次の巡回群とし，G の $V =$

$\mathbb{C}$ 上の表現を複素数の掛け算によって定義する．このとき，不変イデアル $J_G(V)$ は x^m で生成され，したがって被約イデアルではないことを示せ．

不変イデアルが被約のとき，零ファイバーは**被約** (reduced) であるという．

12.2 漸近錐

簡約代数群 G の有限次元表現 V を考え，商写像を $\Phi: V \to V/\!/G$ と書く．この節では零ファイバー $\mathfrak{N} = \Phi^{-1}(0)$ と一般のファイバー $\Phi^{-1}(x)$ を比較することを考えよう．

$\mathbb{C}$ を G の自明な表現として $W = \mathbb{C} \oplus V$ とおく．W には G が表現の直和として作用し，したがって射影空間 $\mathbb{P}(W)$ にも G が作用する．このとき G 同変な埋め込み $\iota: V \hookrightarrow \mathbb{P}(W)$ が

$$\iota: V \ni v \longmapsto [1+v] \in \mathbb{P}(W) \tag{12.1}$$

のようにして得られる．ただし $1+v \in \mathbb{C} \oplus V$ であり，$[w]$ は $w \in W$ の射影 (連比) を表す．一方 $V \subset W$ だから自然に $\mathbb{P}(V) \subset \mathbb{P}(W)$ を閉部分多様体とみなすことができる．

補題 12.7 $\mathbb{P}(W) = \iota(V) \sqcup \mathbb{P}(V)$ (共通部分のない和) であって，$\iota(V)$ は $\mathbb{P}(W)$ の標準アフィン開集合である．このとき $\mathbb{P}(V)$ の点を $V \simeq \iota(V)$ の**無限遠点** (points at infinity) とよぶ．

証明 $W = \mathbb{C} \oplus V$ の基底 $\{1 \in \mathbb{C}, v_1, \cdots, v_n \in V\}$ をとる．このとき任意のベクトル $w \in W$ は

$$w = w_0 1 + \sum_{i=1}^n w_i v_i \qquad (w_0, w_i \in \mathbb{C})$$

と座標表示できるが，この座標表示によって標準アフィン開集合 $\{U_i \mid i = 0, \cdots, n\}$ を §5.3 の (5.5) 式のように導入する．$w_0 \neq 0$ のとき

$$[w] = [1 + \sum_{i=1}^n (w_i/w_0) v_i] \in \iota(V)$$

であるが，これによって $U_0 \simeq \iota(V)$ であることがわかる．$w_0 = 0$ であることと $w \in V$ は同値であるから，$\mathbb{P}(W) \setminus \iota(V) = \mathbb{P}(V)$ である． □

一般に $X \subset V$ が閉部分多様体であっても，$\iota(X) \subset \iota(V) = U_0$ は $\mathbb{P}(W)$ の中

ではもはや閉集合ではない．しかし $\iota(X)$ は U_0 の中では閉じているので，その閉包に新たに付け加わるのは無限遠点のみである．そこで

$$X^\infty = \overline{\iota(X)} \cap \mathbb{P}(V)$$

とおくと，これは $\mathbb{P}(V)$ の閉部分多様体であって，射影多様体になる．そのアフィン錐 $\widehat{X}^\infty \subset V$ を X の**漸近錐** (asymptotic cone) とよぶ (射影多様体のアフィン錐については §5.4 参照)．ただし $X^\infty = \varnothing$ のときは $\widehat{X}^\infty = \{0\}$ とおく．

演習 12.8 $V = \mathbb{C}^2$ とし，V の座標を x, y で表す．$X \subset V$ を $xy = c$ $(c \in \mathbb{C})$ で定義される曲線とすると，$\widehat{X}^\infty = \{(x,y) \mid xy = 0\}$ であることを示せ．また $Y = \{(x,y) \mid x^2 + y^2 = r^2\}$ に対して，漸近錐 $\widehat{Y}^\infty$ を求めよ．

$f \in \mathbb{C}[V]$ を多項式とする．$d = \deg f$ として，$f^h(x_0, v) = x_0^d f(v/x_0)$ $(v \in V)$ とおくと f^h は $W = \mathbb{C} \oplus V$ 上の d 次斉次多項式になる．これを f の**斉次化**とよぶ．$f^h(0, v)$ は f の最高次の項を集めた d 次斉次の多項式になっていることに注意する．

補題 12.9 閉部分多様体 $X \subset V$ の零化イデアルを $I = \mathbb{I}(X)$ とし，

$$I^\infty = (f^h(0,v) \mid f \in I) \quad (\{f^h(0,v) \mid f \in I\} \text{ で生成されたイデアル})$$

とおくと I^∞ は $\mathbb{C}[V]$ の斉次イデアルであって，$\widehat{X}^\infty = \mathbb{V}(I^\infty)$ が成り立つ．さらに X が既約ならば $\dim X = \dim \widehat{X}^\infty$ が成り立つ．I^∞ を I の**漸近イデアル**とよぶ．

証明 I^∞ は斉次元によって生成されているから斉次イデアルである．そこで，$\mathbb{C}[W]$ の中で $\iota(X)$ の零化イデアルを $\mathbb{I}(\iota(X))$ と書いて，$\mathbb{I}(\iota(X)) = (f^h \mid f \in I)$ となることを示そう．$\supset$ は明らかであるから $\subset$ を示す．

$F(x_0, v) \in \mathbb{I}(\iota(X))$ を d 次の斉次多項式とすると，もし $F(0,v) = 0$ ならば $\exists F_1 \in \mathbb{I}(\iota(X))$ が存在して $F(x_0, v) = x_0^s F_1(x_0, v)$ かつ $F_1(0, v) \neq 0$ と書ける．したがって最初から $F(0, v) \neq 0$ としてよい．このとき

$$F(x_0, v) = x_0^d F(1, v/x_0) = (F(1, \cdot))^h(x_0, v) \tag{12.2}$$

であるが，$F \in \mathbb{I}(\iota(X))$ と $F(1,v) \in I$ は同値であるから，$\subset$ が示された．

以上より

$$\overline{\iota(X)} = \mathbb{V}(\mathbb{I}(\iota(X))) = \mathbb{V}((f^h \mid f \in I))$$

となることがわかる. $\mathbb{P}(V) \subset \mathbb{P}(W)$ は $x_0 = 0$ で定義されるので, $X^\infty = \overline{\iota(X)} \cap \mathbb{P}(V)$ は $I^\infty = (f^h(0,v) \mid f \in I)$ で定義される. これより漸近錐の零化イデアルは $\mathbb{I}(\widehat{X}^\infty) = \sqrt{I^\infty}$ である.

最後に既約性を仮定して X とその漸近錐の次元が一致することを示そう. 明らかに $\dim \overline{\iota(X)} = \dim X$ であるが, X^∞ は既約な射影多様体 $\overline{\iota(X)}$ と $x_0 = 0$ で定義される超曲面 $\mathbb{P}(V)$ との共通部分であった. しかし $\overline{\iota(X)} \not\subset \mathbb{P}(V)$ であるから $\dim X^\infty = \dim X - 1$ である [1]. 漸近錐は X^∞ のアフィン錐であるから一つ次元が増えて元の $\dim X$ と一致する. □

演習 12.10 多項式 $f \in \mathbb{C}[V]$ に対して $\tilde{f}(v) = f^h(0,v)$ によって f の最高次の項の総和を表す. このとき $f, g \in \mathbb{C}[V]$ に対して $(fg)\tilde{} = \tilde{f}\tilde{g}$ であることを示せ. また $(f+g)\tilde{} = \tilde{f} + \tilde{g}$ は成り立つか？

補題 12.11 イデアル $I \subset \mathbb{C}[V]$ の漸近イデアルに対して次が成り立つ.
(1) $(\sqrt{I})^\infty \subset \sqrt{I^\infty}$
(2) J をもう一つのイデアルとする. このとき $I \subset J$ かつ $I^\infty = J^\infty$ ならば $I = J$ である.

証明 (1) $f \in \sqrt{I}$ として, $f^h(0,v) = \tilde{f}(v)$ を f の最高次の項の総和とする. すると十分大きな N に対して $f^N \in I$ であるから, $\widetilde{f^N} = \tilde{f}^N \in I^\infty$ である. したがって $\tilde{f} \in \sqrt{I^\infty}$ となる. 同様にして $\sqrt{(\sqrt{I})^\infty} = \sqrt{I^\infty}$ であることを示すことができる. これは漸近錐を定義するのに, 零化イデアルではなく定義イデアルを用いてもよいことを示している.

(2) $f \in J$ とする. このとき $\tilde{f} \in J^\infty = I^\infty$ であるから, $\exists h \in I$ が存在して, $\tilde{f} = \tilde{h}$ が成り立つ. $f - h \in J$ においては最高次の項が相殺されるので, $\deg(f - h) < \deg f$ となっている. 次数に関して帰納的にこの手続きを繰り返せば $f \in I$ であることがわかる. □

演習 12.12 $I, J \subset \mathbb{C}[V]$ をイデアルとする.
(1) $I^\infty + J^\infty \subset (I+J)^\infty$ であるが, 一般に等号は成立しないことを示せ.
(2) $I^\infty \cdot J^\infty \subset (I \cdot J)^\infty$ であることを示せ. やはり等号は一般に成立しない.

---

[1] 厳密には, この議論は $\iota(X) \neq \overline{\iota(X)}$ であるときにのみ適用される. しかし, $\iota(X) = \overline{\iota(X)}$ ならば, X はアフィン多様体かつ射影多様体であり, そのような X は有限個の点の和集合である (系 11.13 参照).

[ヒント] $I = (x^n + y)$, $J = (x^m + y)$ $(m > n \geq 2)$ の場合を考えてみよ.

(3) I が素イデアルであっても I^∞ は素イデアルとは限らないことを示せ.

定理 12.13 任意の点 $y \in V/\!/G$ に対してファイバー $X = \Phi^{-1}(y)$ を考えると, その漸近錐は零ファイバーに含まれる. つまり $\widehat{X}^\infty \subset \mathfrak{N}(V)$ である.

証明 G 不変式環 $\mathbb{C}[V]^G$ の正の次数を持つ斉次生成元を $\{h_1, \cdots, h_m\}$ とすれば, 商写像は $H : V \ni v \mapsto (h_1(v), \cdots, h_m(v)) \in \mathbb{C}^m$ と書けるのであった. したがって $y = (y_1, \cdots, y_m) \in H(V) \subset \mathbb{C}^m$ と表しておけば,

$$I = \mathbb{I}(X) = \sqrt{(h_i - y_i \mid 1 \leq i \leq m)}$$

である. ところが $d = \deg h_i$ とおくと, $h_i - y_i$ の斉次化は, $h_i(v) - y_i x_0^d$ で得られ, $x_0 = 0$ とおけば $h_i(v)$ に一致する. したがって補題 12.11 により $\mathbb{I}(\widehat{X}^\infty)$ は $\{h_i \mid 1 \leq i \leq m\}$ によって生成されたイデアル J を含むが, J は不変イデアル $J_G(V)$ に他ならない. □

系 12.14 不等式 $\dim \mathfrak{N}(V) \geq \dim V - \dim V/\!/G$ が成り立つ.

証明 $V/\!/G$ のザリスキ開集合 U が存在して, $y \in U$ ならば $\dim \Phi^{-1}(y) = \dim V - \dim V/\!/G$ となるのであった (補題 16.4). そこで $y \in U$ に対して $X = \Phi^{-1}(y)$ とおくと, $\dim \mathfrak{N}(V) \geq \dim \widehat{X}^\infty = \dim X = \dim V - \dim V/\!/G$ である. □

系 12.15 任意の点 $x \in V$ を通る軌道 $\mathbb{O}_x$ に対して, $\overline{\mathbb{O}}_x$ の漸近錐は零ファイバーに含まれる G 安定な閉部分多様体である. 特に $\dim \mathbb{O}_x \leq \dim \mathfrak{N}(V)$ が成り立つ.

証明 軌道の閉包 $\overline{\mathbb{O}}_x$ の漸近錐が零ファイバーに含まれることは $\overline{\mathbb{O}}_x \subset \Phi^{-1}(\Phi(x))$ なので上の定理より明らか. また漸近錐が G 安定であることも自明である. 一方 $\dim \mathbb{O}_x = \dim \overline{\mathbb{O}}_x$ はその漸近錐の次元と一致するから, 次元の不等式が従う. このとき $\mathbb{O}_x$ は既約とは限らないが, すべての成分は同じ次元を持っているので, 各成分ごとに補題 12.9 を適用すればよい. □

例 12.16 $X = \mathrm{M}_{d,n}(\mathbb{C})$ とし, $G = \mathrm{SL}_d(\mathbb{C})$ が左からの掛け算で作用しているとする. $n \geq d$ ならばアフィン商は $X/\!/G \simeq \mathrm{Grass}_d^\wedge(\mathbb{C}^n)$ で与えられる. ただし $\mathrm{Grass}_d^\wedge(\mathbb{C}^n)$ はグラスマン多様体 $\mathrm{Grass}_d(\mathbb{C}^n)$ のアフィン錐を表している. これを

以下，演習形式で簡単に確かめておこう．

演習 12.17 $1 \leq d \leq n$ とする．$G = \mathrm{SL}_d(\mathbb{C})$ が左からの積で $X = \mathrm{M}_{d,n}$ に働いているとき，アフィン商 $X /\!/ G$ を次のようにして求めよ．

(1) まず $\mathrm{GL}_d \times \mathrm{GL}_n$ 双対性 (定理 3.28) を用いて次の同型を示せ．

$$\mathbb{C}[X] \simeq \bigoplus_{\lambda \in \mathcal{P}_d} V_\lambda^{(d)*} \otimes V_\lambda^{(n)} \qquad (\mathrm{GL}_d \times \mathrm{GL}_n \text{ 加群として})$$

(2) GL_d の既約表現 $V_\lambda^{(d)}$ を SL_d に制限すると SL_d の既約表現となるが，それが自明な表現になるのは $\lambda = (k^d) = (k, k, \cdots, k) = k\varpi_d$ となっているときに限ることを示せ．このとき，$V_{k\varpi_d}^{(d)} = \det^{\otimes k}$ である．

(3) $\mathbb{C}[X]^G$ は自然に GL_n 加群とみなせるが，そのとき次の同型が成り立つ．

$$\mathbb{C}[X]^G \simeq \bigoplus_{k=0}^{\infty} V_{k\varpi_d}^{(n)}$$

(4) $\mathbb{C}[X]^G$ はサイズが d の小行列式たち

$$\{D_{I,J}(x) \mid I = \{1, \cdots, d\}, \quad J \subset \{1, \cdots, n\}, \#J = d\}$$

によって代数として生成されることを示せ．(定理 4.23 の証明を参考にせよ．)

(5) $N = \binom{n}{d} = n!/d!(n-d)!$ とおくと，上の小行列式を用いて，商写像 $\Phi: X \to \mathbb{C}^N$ が $\Phi(x) = (D_{IJ}(x) \mid \#J = d) \in \mathbb{C}^N$ で与えられる．このとき $\operatorname{Im} \Phi = \Phi(X)$ がアフィン商と同型であった．$\Phi(X)$ は $\mathbb{C}^n$ の中の d 次元の部分空間がなす**グラスマン多様体**のアフィン錐と同型であることを示せ．(座標 $D_{IJ}(x)$ が Plücker 座標を与えていることを確認せよ．)

さて，この演習問題で与えられたアフィン商写像 $\Phi: X \to \mathrm{Grass}_d^{\wedge}(\mathbb{C}^n)$ のファイバーを調べよう．まず $y \in \mathrm{Grass}_d^{\wedge}(\mathbb{C}^n)$, $y \neq 0$ のファイバーは階数が d の行列を含むから $G = \mathrm{SL}_d(\mathbb{C})$ と同型で，すべてただ一つの閉軌道からなる．したがってその次元は $d^2 - 1$ である．一方，零ファイバー $\mathfrak{N}(X)$ は階数が $d-1$ の行列式多様体 $\mathrm{Det}_{d-1}(\mathrm{M}_{d,n})$ である．この次元は

$$\dim \mathfrak{N}(X) = \dim \mathrm{Det}_{d-1}(\mathrm{M}_{d,n}) = (n+1)(d-1)$$

であって，$n > d \geq 2$ ならば，一般のファイバーの次元よりも真に大きい．

一般のアフィン商に話を戻そう．

系 12.18 零ファイバーの次元が $\dim \mathfrak{N}(V) = \dim V - \dim V /\!/ G$ を満たすならば, 任意の $y \in V /\!/ G$ に対して $\dim \Phi^{-1}(y) = \dim \mathfrak{N}(V)$ である.

証明 補題 16.4 (2) によって $\dim \Phi^{-1}(y) \geq \dim V - \dim V /\!/ G$ であるが, 一方 $\dim \Phi^{-1}(y) \leq \dim \mathfrak{N}(V)$ であるので, これら 3 つの次元は等しい. □

定理 12.19 零ファイバー $\mathfrak{N}(V)$ が有限個の G 軌道からなれば, 任意の $y \in V /\!/ G$ に対して, ファイバー $\Phi^{-1}(y)$ に含まれる G 軌道も有限個である.

証明 軌道の個数の有限性を論ずるので, 最初から G は連結であるとして一般性を失わない. また, $y \neq 0$ としてよい.

X をファイバー $\Phi^{-1}(y)$ の G 安定な既約閉部分多様体とし, その漸近錐を $\widehat{X}^\infty \subset \mathfrak{N}(V)$ で表す. 仮定より $\mathfrak{N}(V)$ は有限個の軌道しか持たないので, $\widehat{X}^\infty$ の最大次元の軌道の次元は $\dim \widehat{X}^\infty = \dim X$ であることに注意しておく.

まず $\widehat{X}^\infty \subset \overline{\mathbb{C} \cdot X}$ であることを示そう. ただし $\mathbb{C} \cdot X = \{\alpha x \mid \alpha \in \mathbb{C}, x \in X\}$ である. $I = \mathbb{I}(X)$ とおき, I に含まれる最大の斉次イデアルを J で表すと $\overline{\mathbb{C}X} = \mathbb{V}(J)$ が成り立つ. 実際, 左辺の多様体はスカラー倍, つまり $T = \mathbb{C}^\times$ の作用で閉じているから, その零化イデアルは斉次イデアルであって, $X \subset \overline{\mathbb{C} \cdot X}$ より I に含まれている. したがってそれは J に含まれる. 一方 $\overline{\mathbb{C} \cdot X} \subset \mathbb{V}(J)$ であることは明らかだから, 逆の包含関係も成り立つ. J の定義により, $J \subset I^\infty$ であるから $\widehat{X}^\infty \subset \overline{\mathbb{C} \cdot X}$ が成り立つ.

さて X は既約としたので, $\overline{\mathbb{C} \cdot X}$ もまた既約である. また G は線型に作用しているから $\mathbb{C} \cdot X$ に含まれる軌道の最大次元と X に含まれる軌道の最大次元は一致する. 一方, $\widehat{X}^\infty$ の最大次元の軌道は $\dim X$ を次元に持つから, $\overline{\mathbb{C} \cdot X}$ に含まれる軌道の最大次元は $\dim X$ 以上でなければならない.

既約な多様体に G が作用しているとき, 最大次元の軌道の和集合はザリスキ開集合をなすのであった (定理 5.11). ところが $\mathbb{C} \cdot X \subset \overline{\mathbb{C} \cdot X}$ は稠密であるから, ザリスキ開集合と必ず交わる. したがってそれは最大次元の軌道を含む. $\overline{\mathbb{C} \cdot X}$ は次元 $\dim X$ の軌道を含むから, 結局軌道の最大次元は $\dim X$ に一致し, X は次元が $\dim X$ の軌道を含む. X の既約性よりその軌道は開かつ稠密である.

さて, $\Phi^{-1}(y)$ の既約成分を X にとれば, X は G の作用で安定であって, 上の議論よりただ一つの開軌道を含む. そこで各既約成分に含まれる開軌道の和を $\Phi^{-1}(y)$ から除いたものは閉集合で, その既約分解をとり $\cdots$ と続けていけば, この過程は 0 次元に達して有限回で終了し, 各過程における軌道は有限個しか現れ

ないから, $\Phi^{-1}(y)$ に含まれる軌道は有限個であることが分かった. □

$Y = V//G$ とおくと,

$$\mathrm{Spec}(\mathbb{C}[V]/J_G(V)) = V \times_Y \{0\} \tag{12.3}$$

がスキーム論における零ファイバーの定義であるが, 一般に不変イデアル $J_G(V)$ は被約であるとは限らない. $J_G(V)$ が被約のとき, そのときに限ってスキーム論的な零ファイバーとアフィン代数多様体としての $\mathfrak{N}(V)$ が一致するので被約性は重要である. そこで $J_G(V)$ が被約のときに, 零ファイバー $\mathfrak{N}(V)$ が**被約**であるということにする. スキーム論的に考えた $y \in Y$ 上の一般のファイバーは

$$V \times_Y \{y\} = \mathrm{Spec}\Big(\mathbb{C}[V] \otimes_{\mathbb{C}[V]^G} (\mathbb{C}[V]^G/\mathfrak{m}_y^Y)\Big) = \mathrm{Spec}(\mathbb{C}[V]/\mathbb{C}[V]\mathfrak{m}_y^Y)$$

であるが, イデアル $\mathbb{C}[V]\mathfrak{m}_y^Y$ が被約のときにファイバー $\Phi^{-1}(y)$ も被約であるということにしよう.

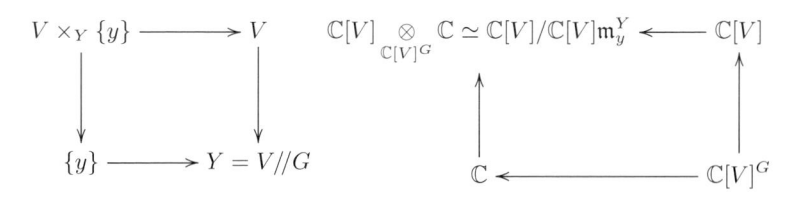

$$\begin{array}{ccc} V \times_Y \{y\} \longrightarrow V & \quad & \mathbb{C}[V] \underset{\mathbb{C}[V]^G}{\otimes} \mathbb{C} \simeq \mathbb{C}[V]/\mathbb{C}[V]\mathfrak{m}_y^Y \longleftarrow \mathbb{C}[V] \\ \downarrow \qquad\qquad \downarrow & & \uparrow \qquad\qquad\qquad\qquad\qquad \uparrow \\ \{y\} \longrightarrow Y = V//G & & \mathbb{C} \longleftarrow \mathbb{C}[V]^G \end{array}$$

定理 12.20 零ファイバー $\mathfrak{N}(V)$ が被約, つまり不変イデアル $J_G(V)$ が被約イデアルであるとし, さらに $\dim \mathfrak{N}(V) = \dim V - \dim V//G$ を仮定する.

(1) 零ファイバーが既約ならば, すべての $y \in V//G$ に対してファイバー $\Phi^{-1}(y)$ は被約かつ既約である.

(2) $\mathfrak{N}(V)$ が開かつ稠密な G 軌道を持てば, 任意のファイバー $\Phi^{-1}(y)$ は被約であって, 開かつ稠密な軌道を持つ.

証明 (1) $\mathbb{C}[V]^G$ の正の次数を持つ斉次生成元を $\{h_1, \cdots, h_m\}$ とし, 商写像を $\Phi(v) = (h_1(v), \cdots, h_m(v)) \in \mathbb{C}^m$ と実現しておく. $y = (y_1, \cdots, y_m) \in \Phi(V)$ に対して $X = \Phi^{-1}(y)$ をファイバー, J_y を $\{h_i - y_i \mid 1 \leq i \leq m\}$ で生成された $\mathbb{C}[V]$ のイデアルとする. 上の記号では $J_y = \mathbb{C}[V]\mathfrak{m}_y^Y$ である. この J_y が素イデアルであることを示せばよい.

そこでまず $J_y^\infty = J_G(V)$ を示そう. すでに $J_y^\infty \supset J_G(V)$ は示した (定理 12.13 の証明参照) が, 仮定より $J_G(V)$ は素イデアルだから, もし $J_y^\infty \supsetneq J_G(V)$ なら

次元の定義[2] によって $\dim \widehat{X}^\infty < \dim \mathfrak{N}(V)$ でなければならない. ところが系 12.18 によって両者の次元は等しいから, $J_y{}^\infty = J_G(V)$ であることがわかる.

次に J_y が素イデアルであることを証明する. $f, g \in \mathbb{C}[V]$ に対し, $fg \in J_y$ ならば, f または g が J_y に属することを示せばよい. もしそうでなかったら $f, g \notin J_y$ かつ $fg \in J_y$ であって $\deg f + \deg g$ が最小になるようなものをとり, 矛盾が起こることを示そう. 補題 12.9 の記号で $f^h(0, v) \in J_y{}^\infty$ と書いたものを簡単のために $\tilde{f}$ で表すことにする. $\tilde{f}$ は f の最高次の斉次部分で与えられるのであった. $\widetilde{fg} = \tilde{f}\tilde{g} \in J_y{}^\infty = J_G(V)$ であって, $J_y{}^\infty$ は素イデアルだから, $\tilde{f} \in J_y{}^\infty$ としてよい. したがって $\exists h \in J_y$ が存在して $\tilde{h} = \tilde{f}$ である. すると $(f - h)g \in J_y$ でかつ $\deg(f - h) < \deg f$ だから, $\deg f + \deg g$ の最小性により $f - h \in J_y$ でなければならないが, これは $f \notin J_y$ に矛盾する.

(2) 零ファイバーが開かつ稠密な軌道 $\mathbb{O}$ を持つとする. $x \in \mathbb{O}$ に対して, G の単位元の連結成分 G° の軌道を $\mathbb{O}_1 = G^\circ x$ と書き, $\mathbb{O} = \mathbb{O}_1 \cup \cdots \cup \mathbb{O}_k$ を連結成分への分解とする. 有限群 $A = G/G^\circ$ が連結成分たちに推移的に働いていることに注意しよう. また $\mathfrak{N}(V) = \bigcup_{s=1}^k \overline{\mathbb{O}}_s$ が零ファイバーの既約分解を与えており, 各既約成分は同じ次元を持つ.

さて, $X = \Phi^{-1}(y)$ とおくと, 漸近錐 $\widehat{X}^\infty$ は零ファイバーの G 不変な閉集合であって, 次元は一致するから, いずれかの既約成分を含む. ところがその成分は $\overline{\mathbb{O}}_s$ であるから G が推移的に作用しており, 結局 $\widehat{X}^\infty = \mathfrak{N}(V)$ でなければならない. したがって $\sqrt{J_y{}^\infty} = \sqrt{J_G(V)} = J_G(V)$ だが, $J_G(V) \subset J_y{}^\infty$ だったから, 両者は一致する. 特に $\widehat{X}^\infty = \mathfrak{N}(V)$ であって, イデアル $J_y{}^\infty$ は被約である.

またファイバー $X = \Phi^{-1}(y)$ の既約成分は G° の開軌道を含むことが定理 12.19 の証明とまったく同様にして分かる ($\Phi^{-1}(y)$ の既約成分はすべて次元が $\dim V - \dim V//G = \dim \mathfrak{N}(V)$ であることに注意せよ). そこで X の開軌道 $\mathbb{O}_o$ をとり, $\overline{\mathbb{O}}_o = X$ であることを背理法によって示そう. そこで $\overline{\mathbb{O}}_o \subsetneq X$ として, $I_o = \mathbb{I}(\overline{\mathbb{O}}_o)$ とする. $\overline{\mathbb{O}}_o$ の漸近錐を考えると, それは零ファイバーの開軌道を含み G 安定であるから, $\mathfrak{N}(V)$ に一致する. したがって $\sqrt{I_o{}^\infty} = J_G(V) = J_y{}^\infty$ である. ところが $J_y \subsetneq I_o$ であるから, 補題 12.11 によって $J_y{}^\infty \subsetneq I_o{}^\infty$ が成り立ち, 矛盾である.

最後に J_y が被約であることを示す. $J_y \subset \sqrt{J_y}$ であるが, 両辺の漸近イデアルをとると,

---

[2] J をイデアルとして, $Z = \mathbb{V}(J)$ としたとき, Z の次元は $J \subset \mathfrak{p}_0 \subsetneq \mathfrak{p}_1 \subsetneq \cdots \subsetneq \mathfrak{p}_d$ となる素イデアル列の長さ d の最大値であった.

$$J_y{}^\infty \subset (\sqrt{J_y})^\infty \subset \sqrt{J_y{}^\infty} = \sqrt{J_G(V)} = J_G(V)$$

となるから，漸近イデアルは一致する．したがって補題 12.11 により $J_y = \sqrt{J_y}$ である． □

12.3 調和多項式

簡約代数群の有限次元表現 (π, V) を考え，V^* をその反傾表現とする．V^* はベクトル空間としては V の双対空間，つまり $V^* = \mathrm{Hom}(V, \mathbb{C})$ である．

さて，多項式環 $\mathbb{C}[V]$ は標準的に V^* の対称代数 $S(V^*)$ と同一視できる[3]．実際 $\psi \in V^*$ は V 上の線型形式をあたえ，一次関数とみなせる．一方 $v \in V$ に対して，その方向微分

$$\partial_v f(x) = \frac{d}{dt} f(x+tv)\Big|_{t=0}$$

を考えることにより，対称代数 $S(V)$ は**定数係数の微分作用素**全体のなす代数と思うことができる．$S(V) = \mathbb{C}[V^*]$ の元 h を定数係数の微分作用素と見るときには $\partial(h)$ などと書くことにする．

注意 12.21 多項式係数の微分作用素は線型空間としては $\mathbb{C}[V] \otimes S(V) = S(V^*) \otimes S(V)$ と同じものである．ただし，微分作用素の環は非可換だから両者は環としては同型でない．

演習 12.22 多項式 $f(x) \in \mathbb{C}[V]$ と $v \in V$ に対して，$f(x+tv)$ を t の多項式とみなしたとき，その一次の係数が $\partial_v f(x)$ に一致することを示せ．つまり方向微分 $\partial_v f$ は極限を使わないでも代数的に定義できている．

$S(V)^G = \mathbb{C}[V^*]^G$ を G 不変元のなす環とし，

$$S(V)^G = \bigoplus_{k=0}^\infty S(V)_k^G, \qquad S(V)_k^G = S(V)^G \cap S(V)_k$$

---

[3] W をベクトル空間とするとき，W 上の**対称代数**とは，対称テンソル積を $\mathbb{C}$ 上の代数と見たものである．通常のテンソル代数を $T(W)$ で表せば，対称代数 $S(W)$ は $T(W)$ の $\{u \otimes v - v \otimes u \mid u, v \in W\}$ で生成された両側イデアルによる商環である．ただし $S(W)$ における積はテンソル積の記号 $\otimes$ を用いないで，点・あるいは数の積のように点も省略して書くのが普通である．$T(W)$ は可換ではないが，$S(W)$ は定義により可換な代数であって，標準的に $\mathbb{C}[W^*]$ と同型である．詳しくは例えば [53, § V] が参考になるだろう．

をその次数付けとする．

$$S(V)_+^G = \bigoplus_{k>0} S(V)_k^G, \qquad J_G(V^*) = S(V) \cdot S(V)_+^G$$

とおき，$J_G(V^*)$ をやはり**不変イデアル**とよぼう．紛らわしいときには**双対不変イデアル**などということにする．また，$S(V)^G$ の正の次数を持つ斉次生成元を $\{h_1, \cdots, h_m\}$ としよう．

定義 12.23 $f \in \mathbb{C}[V]$ が G **調和多項式** (G harmonics) であるとは，$\partial(h_i)f = 0$ ($1 \leq i \leq m$) が成り立つときにいう．調和多項式の全体を $\mathcal{H}_G(V)$ と書く．以下，誤解のおそれがなければ $J_G(V^*)$ を J_G^*，そして $\mathcal{H}_G(V)$ を $\mathcal{H}_G, \mathcal{H}(V)$ などと書いたりする．

さて $\mathbb{C}[V^*]$ と $\mathbb{C}[V]$ の間には標準的な双線型形式があるが，それを上の微分作用素を用いて次のように与えることができる．

$$\langle\,,\,\rangle : \mathbb{C}[V^*] \times \mathbb{C}[V] \to \mathbb{C}, \qquad \langle \eta, f \rangle = \partial(\eta) f \Big|_{v=0} \tag{12.4}$$

容易に分かるようにこの双線型形式は非退化であって，これを制限することで斉次 k 次の空間 $\mathbb{C}[V^*]_k \times \mathbb{C}[V]_k$ 上の非退化双線型形式が得られる．この双線型形式を用いると，調和多項式の定義は次の形で述べることができる．

$$\mathcal{H}_G(V) = \{f \in \mathbb{C}[V] \mid \partial(h)f = 0 \quad (h \in J_G(V^*))\} = J_G(V^*)^\perp \tag{12.5}$$

ただし，一般に双線型形式 $\langle\,,\,\rangle : \mathcal{V} \times \mathcal{W} \to \mathbb{C}$ が与えられたとき，部分空間 $\mathcal{U} \subset \mathcal{V}$ に対して，

$$\mathcal{U}^\perp = \{w \in \mathcal{W} \mid \langle u, w \rangle = 0 \ (u \in \mathcal{U})\}$$

と書いた．$\mathcal{U}^\perp$ を $\mathcal{U}$ の**直交空間**とよぶ．直交空間の意味と調和多項式の定義から (12.5) 式の $\subset$ の包含関係は明らかであろう．一方，もし $f \in (J_G^*)^\perp$ ならば $\mathbb{C}[V^*]^G$ の生成元の一つ h_i に対して，

$$0 = \langle \mathbb{C}[V^*] h_i, f \rangle = \langle \mathbb{C}[V^*], \partial(h_i)f \rangle$$

が成り立つが，$\mathbb{C}[V^*] \times \mathbb{C}[V]$ 上で $\langle\,,\,\rangle$ は非退化であるから，$\partial(h_i)f = 0$ である．つまり $f \in \mathcal{H}_G$ となり逆の包含関係が成り立つ．

12.4 不変イデアルと調和多項式

前節にひきつづき，簡約代数群 G の有限次元表現 (π, V) を考える．

$V = \mathbb{C}^N$ として,G の代わりに $\pi(G)$ を考えることで $G \subset \mathrm{GL}_N(\mathbb{C})$ と仮定しても一般性を失わない.さらに,必要なら基底を取り替えて,

$$g \in G \implies {}^t\overline{g}^{-1} \in G \tag{12.6}$$

が成り立つとしてよい (定理 10.30).そこで以下,この設定のもとに考える.

$V = \mathbb{C}^N$ の標準的な双線型形式

$$(u, v) = \sum_{i=1}^N u_i v_i \qquad (u, v \in V)$$

によって双対空間 V^* を V と同一視する.このとき,同一視された空間には $g \in G$ が $g * v = {}^t g^{-1} v$ $(v \in V)$ によって作用していることに注意しよう.つまり,空間は同じだが,群 G の作用は異なっている.このように V^* と V を同一視することによって,式 (12.4) によって定義された双線型形式 $\langle\,,\,\rangle : \mathbb{C}[V^*] \times \mathbb{C}[V] \to \mathbb{C}$ は $\mathbb{C}[V] \times \mathbb{C}[V]$ 上の双線型形式を定めている.

多項式 $f \in \mathbb{C}[V]$ に対して $\overline{f}(v) = \overline{f(\overline{v})}$ $(v \in V)$ によって複素共役を定義する.もちろん $\overline{v}$ は通常の成分ごとの複素共役である.これは,多項式 $f \in \mathbb{C}[V]$ を多重指数 $\alpha = (\alpha_1, \cdots, \alpha_N) \in \mathbb{Z}_{\geq 0}^N$ を用いて

$$f = \sum_\alpha c_\alpha x^\alpha \qquad (x^\alpha = x_1^{\alpha_1} \cdots x_N^{\alpha_N},\ c_\alpha \in \mathbb{C}) \tag{12.7}$$

と表したとき,

$$\overline{f} = \sum_\alpha \overline{c_\alpha} x^\alpha \tag{12.8}$$

となることを意味している.このとき

$$\langle \overline{f}, f \rangle = \sum_\alpha \alpha! |c_\alpha|^2$$

が成り立ち,$\langle \overline{f}, f \rangle \geq 0$ かつ等号成立は $f = 0$ のときに限る.

補題 12.24 $f \in \mathbb{C}[V] = \mathbb{C}[V^*]$ に対して $f \in \mathbb{C}[V]^G$ であることと $\overline{f} \in \mathbb{C}[V^*]^G$ であることは同値である.したがって $f \in J_G \iff \overline{f} \in J_G^*$ が成り立つ.

証明 $f \in \mathbb{C}[V]^G \iff \overline{f} \in \mathbb{C}[V^*]^G$ を示せば十分である.そこで $f \in \mathbb{C}[V]^G$ とすると $f(gv) = f(v)$ $(g \in G, v \in V)$ より

$$\begin{aligned}
\overline{f}(g * v) &= \overline{f({}^t\overline{g}^{-1}\overline{v})} && (V^* \text{ と } V \text{ の同一視より}) \\
&= \overline{f(\overline{v})} && ({}^t\overline{g}^{-1} \in G \text{ より}) \\
&= \overline{f}(v)
\end{aligned}$$

であるから,これは $\overline{f} \in \mathbb{C}[V^*]^G$ を意味する.逆も同様である.   □

以上の準備のもとに次の定理が成り立つ.

定理 12.25 調和多項式の空間 $\mathcal{H}_G(V) \subset \mathbb{C}[V]$ は G 安定であって, G の表現として

$$\mathbb{C}[V] = \mathcal{H}_G(V) \oplus J_G(V)$$

と直和分解する. とくに $\mathcal{H}_G(V)$ の G 不変元は定数しかない.

証明 定理の主張を示すには, $J_G^* \times J_G$ 上で双線型形式 $\langle,\rangle$ が非退化であることを示せばよい. 実際, もしこのことが示されれば (12.5) 式より

$$J_G \cap \mathcal{H}_G = J_G \cap (J_G^*)^\perp = \{0\} \tag{12.9}$$

が従う. また $(J_G)_k = \mathbb{C}[V]_k \cap J_G$ などと書くと, 双線型形式 $\langle,\rangle : (J_G^*)_k \times (J_G)_k \to \mathbb{C}$ の非退化性から $\dim(J_G)_k = \dim(J_G^*)_k$ がわかるが, 一方

$$(\mathcal{H}_G)_k = (J_G^*)_k^\perp \qquad (\mathbb{C}[V]_k \text{ において})$$

であるから $\mathrm{codim}(\mathcal{H}_G)_k = \dim(J_G^*)_k$ でもある. このことから

$$\dim(\mathcal{H}_G)_k + \dim(J_G)_k = \dim \mathbb{C}[V]_k$$

が成り立ち, (12.9) 式と合わせて直和

$$\mathbb{C}[V]_k = (\mathcal{H}_G)_k \oplus (J_G)_k \qquad (k \geq 0)$$

が従う. また明らかに定数関数は調和多項式であるが, 斉次の G 不変元で定数でないものは J_G の元であるから, $\mathcal{H}_G$ は定数以外に不変元を含まない.

そこで $\langle,\rangle : J_G^* \times J_G \to \mathbb{C}$ が非退化であることを証明しよう. 補題 12.24 により $\overline{(\cdot)} : J_G \to J_G^*$ は全単射であるから, $f \in J_G$ に対して $\overline{f} \in J_G^*$ をとれば, $\langle \overline{f}, f \rangle \geq 0$ であり, 等号成立は $f = 0$ のときに限る. したがって $f \neq 0$ ならば $\langle \overline{f}, f \rangle \neq 0$ であり, $\langle,\rangle : J_G^* \times J_G \to \mathbb{C}$ は非退化である. □

系 12.26 不変イデアル $J_G(V)$ が被約であれば, 零ファイバー上の正則関数環 $\mathbb{C}[\mathfrak{N}(V)]$ は, 次数付きの G 加群として調和多項式の空間 $\mathcal{H}_G(V)$ と同型である.

証明 $J_G(V)$ が被約であれば, $\mathbb{C}[\mathfrak{N}(V)] = \mathbb{C}[V]/J_G(V)$ であるから, 上の定理より系が従う. □

系 12.27 零ファイバーが既約かつ被約であって, $\dim \mathfrak{N}(V) = \dim V - \dim V /\!/ G$ であったとする. このとき任意の点 $y \in V /\!/ G$ のファイバー上の正則関

数環 $\mathbb{C}[\Phi^{-1}(y)]$ は, G 加群として調和多項式の空間 $\mathcal{H}_G(V)$ と同型である.

証明 定理 12.20 (1) の証明の記号をそのまま用いると, $J_y{}^\infty = J_G$ なのであった. 一方 $J_y{}^\infty$ と J_y は次のようにして G 加群として同型である. $\mathbb{C}[V]^k = \oplus_{i=0}^k \mathbb{C}[V]_i$ を V 上の多項式で次数が k 以下のもの全体とすると

$$J_y{}^\infty = \bigoplus_{k=0}^\infty (J_y \cap \mathbb{C}[V]^{k+1} + \mathbb{C}[V]^k)/\mathbb{C}[V]^k$$

である. つまり $J_y{}^\infty$ は J_y のフィルター付け $(J_y)^k = J_y \cap \mathbb{C}[V]^k$ の商として得られる次数化された加群に一致している. この次数化の過程が G 同変であることは明らかであるので, G 加群として $J_y \simeq J_y{}^\infty = J_G$ である. したがって G 加群として

$$\mathbb{C}[\Phi^{-1}(y)] = \mathbb{C}[V]/J_y \simeq \mathbb{C}[V]/J_G \simeq \mathcal{H}_G$$

が成り立つ (この同型は環の同型でないことに注意されたい). □

定理 12.28 写像 $\mu : \mathcal{H}_G(V) \otimes \mathbb{C}[V]^G \to \mathbb{C}[V]$ を $\mu(h \otimes f) = h \cdot f$ で決めれば, これは G 同変な全射である.

証明 写像 μ が G 同変な線型写像であることは容易に分かるので, 全射性を示そう. 任意の $F \in \mathbb{C}[V]$ をとり, $\deg F$ に関する帰納法で $F \in \text{Im}\,\mu$ であることを示す. 定理 12.25 により,

$$F = f_0 + f_1 \qquad (f_0 \in \mathcal{H}_G, f_1 \in J_G)$$

と一意的に表される. 分解のしかたから $\deg f_0, \deg f_1 \leq \deg F$ であることに注意しよう. $f_0 \in \text{Im}\,\mu$ だから $f_1 \in J_G$ が $\text{Im}\,\mu$ に属することを示せばよいが, 不変イデアル J_G は斉次イデアルであるから, f_1 は斉次であるとして一般性を失わない. そこで以下 $f_1 \in J_G$ を斉次多項式としよう.

さて $\mathbb{C}[V]^G$ の斉次かつ正の次数を持つ生成元 $\{h_1, \cdots, h_m\}$ をとれば $J_G = \sum_i \mathbb{C}[V]h_i$ であるから

$$f_1 = \sum_{i=1}^m Q_i h_i \qquad (Q_i \in \mathbb{C}[V])$$

と書ける. f_1 は斉次多項式だから Q_i は斉次で $\deg f_1 = \deg Q_i h_i$ が成り立つとしてよい. 実際, もしそうでなければ Q_i の斉次部分で, ちょうど $\deg f_1 - \deg h_i$ 次の部分のみを考えればよい (残りの部分はどうせ和をとればゼロになる). ここで $\deg h_i > 0$ であったから, $\deg Q_i < \deg f_1 \leq \deg F$ である. したがって帰納

法の仮定より $Q_i \in \mathrm{Im}\,\mu$ がわかり，μ の定義から $Q_i h_i \in \mathrm{Im}\,\mu$ である． □

定理 12.28 の写像 $\mu: \mathcal{H}_G(V) \otimes \mathbb{C}[V]^G \to \mathbb{C}[V]$ が，全射というだけでなく，同型になる場合がしばしばある．このとき，G の表現として多項式環 $\mathbb{C}[V]$ を考えるならば，それは調和多項式の空間 $\mathcal{H}_G(V)$ の不変式環によって目盛られた直和であることを意味している．したがって，表現論的には $\mathcal{H}_G(V)$ を考えることが本質的である．一方，不変イデアル $J_G(V)$ が被約であれば，$\mathcal{H}_G(V)$ は G の表現として零ファイバー上の関数環 $\mathbb{C}[\mathfrak{N}(V)]$ と同型であるから，要するにベクトル空間 V 上の G の作用は，幾何的には零ファイバー $\mathfrak{N}(V)$ 上の G 作用とアフィン商 $V/\!/G$ の構造に集約されていることになる．

一般にはテンソル積 $\mathcal{H}_G(V) \otimes \mathbb{C}[V]^G$ と $\mathbb{C}[V]$ は同型ではないが，次の節では，零ファイバーが被約でないにも関わらずそのような同型が成り立つ例を見てみよう．

12.5 対称群による商

例 4.13 で対称群の置換表現によるアフィン商 $\mathbb{C}^n /\!/ \mathfrak{S}_n$ について調べた．このとき，軌道空間 $\mathbb{C}^n / \mathfrak{S}_n$ とアフィン商 $\mathbb{C}^n /\!/ \mathfrak{S}_n$ は一致しており，商空間は $\mathbb{C}^n$ と同型になるのであった．k 次基本対称式を e_k で表せば，商写像は

$$\Phi: \mathbb{C}^n \to \mathbb{C}^n = \mathbb{C}^n /\!/ \mathfrak{S}_n, \quad \Phi(\alpha_1, \cdots, \alpha_n) = (e_1(\alpha), \cdots, e_n(\alpha)) \qquad (12.10)$$

で表される．この節では，商写像の零ファイバーが被約でないこと，一般のファイバーの構造や調和多項式について見ておこう．

12.5.1 零ファイバーの重複度と調和多項式

まず零ファイバー $\Phi^{-1}(0) = \{0\}$ が一点からなることは明らかであろう．したがってこの場合零ファイバーは既約である．一方 $G := \mathfrak{S}_n$ と書くと，基本対称式たちから生成される不変イデアル $J_G = (e_1, \cdots, e_n)$ は被約でない．実際 $\sqrt{J_G}$ は原点 $\{0\}$ の零化イデアルであって $\mathbb{C}[V]$ の極大イデアルになるが，明らかに J_G は極大イデアルでない．この場合，J_G がどのくらい被約でないかを表しているのが調和多項式の空間 $\mathcal{H}_G \simeq \mathbb{C}[x_1, \cdots, x_n]/J_G$ である．ただし $\mathbb{C}^n$ の座標関数を $\{x_1, \cdots, x_n\}$ で表し，$\mathbb{C}^n$ 上の正則関数環を $\mathbb{C}[x] = \mathbb{C}[x_1, \cdots, x_n]$ と同一視した．

さて，調和多項式の空間の構造を述べるために，次数付けられた空間のポアンカレ級数[4] を定義しておこう．まず，ベクトル空間 M の**次数付け** (grading) と

---

[4] わざわざポアンカレの名前を持ち出すほどのものでもないが，通常はホモロジーやコホ

は (非負) 整数で添字付けられた部分空間への直和

$$M = \bigoplus_{k \in \mathbb{Z}_{\geq 0}} M_k \tag{12.11}$$

が与えられたときに言う．このとき M_k の元を k 次斉次 (homogeneous) であるというが，ここでは各斉次部分空間 M_k は有限次元であるとしよう．次数付けられたベクトル空間 M の**ポアンカレ級数** (Poincaré series) $P(M;t)$ とは

$$P(M;t) = \sum_{k=0}^{\infty} \dim M_k \, t^k \tag{12.12}$$

で定義される，斉次部分空間の次元の母関数を指す．

ポアンカレ級数の簡単な性質を述べておこう (なお，章末問題 12.2, 12.3, 12.4 も参照のこと)．

命題 12.29 M, N を二つの次数付きベクトル空間であって，各斉次部分空間は有限次元であるとする．このとき，直和 $M \oplus N$ およびテンソル積 $M \otimes N$ には自然な次数付きベクトル空間の構造が入って，そのポアンカレ級数は次のように与えられる．

$$\begin{aligned} P(M \oplus N;t) &= P(M;t) + P(N;t) \\ P(M \otimes N;t) &= P(M;t)P(N;t) \end{aligned} \tag{12.13}$$

証明 ポアンカレ級数の等式が成り立つような自然な次数付けを次のようにして与えればよい．

$$(M \oplus N)_k = M_k \oplus N_k, \qquad (M \otimes N)_k = \bigoplus_{i=0}^{k} M_i \otimes N_{k-i}$$

このように定義すれば等式 (12.13) が成り立つことは簡単に確認できる． □

さて不変式環や調和多項式の空間は自然に次数付けられているが，それについては次の定理が成り立つ．

定理 12.30 対称群 $G = \mathfrak{S}_n$ の $V = \mathbb{C}^n$ への置換表現を考える．このとき，多項式の自然な次数付けによって不変式環 $\mathbb{C}[V]^G$，不変イデアル J_G，調和多項式の空間 $\mathcal{H}_G$ は，すべて次数付けられたベクトル空間になるが，そのポアンカレ級数は次のように与えられる．

モロジーなど有限の次数を持つ空間に対して定義され，そのときはポアンカレ多項式ともよばれる． Poincaré, Henri (1854–1912).

$$P(\mathbb{C}[V]^G;t) = \prod_{k=1}^n (1-t^k)^{-1}$$
$$P(\mathcal{H}_G;t) = (1-t)^{-n}\prod_{k=1}^n(1-t^k) = \prod_{k=1}^{n-1}(1+t+\cdots+t^k)$$
$$P(J_G;t) = (1-t)^{-n}\left(1-\prod_{k=1}^n(1-t^k)\right)$$

この定理を以下いくつかの補題に分けて証明しよう.

補題 12.31 不変式環のポアンカレ級数は $P(\mathbb{C}[V]^G;t) = \prod_{k=1}^n(1-t^k)^{-1}$ で与えられる.

証明 不変式環 $\mathbb{C}[V]^G$ は要するに対称式の全体であり, 基本対称式の生成する多項式環に一致するのであった (対称式の基本定理 4.14). したがって不変式環は $\mathbb{C}[V]^G \simeq \mathbb{C}[e_1] \otimes \cdots \otimes \mathbb{C}[e_n]$ と一変数の多項式環のテンソル積として表されるが, $\deg e_k = k$ だから $P(\mathbb{C}[e_k];t) = (1-t^k)^{-1}$ である. これと命題 12.29 によって補題の主張を得る. □

補題 12.32 $\mathcal{B} = \{x_1^{m_1}x_2^{m_2}\cdots x_n^{m_n} \mid m_k \leq k-1, 1 \leq k \leq n\}$ とおくと,

$$\mathbb{C}[V] = \bigoplus_{\beta \in \mathcal{B}} \mathbb{C}[V]^G \beta \tag{12.14}$$

が成り立つ. 特に $\mathbb{C}[V]$ は $\mathbb{C}[V]^G$ 上自由であって, その階数は $\#\mathcal{B} = n!$ に等しい.

証明 まず $\mathcal{B}$ が $\mathbb{C}[V]$ の不変式環 $\mathbb{C}[V]^G$ 上の生成系になっていることを示そう. そこで任意の多項式 $f(x) = f(x_1,\cdots,x_n) \in \mathbb{C}[V]$ をとり, これが対称式を係数とする $\mathcal{B}$ たちの一次結合であることを示す. 明らかに $f(x)$ は斉次と仮定してよい. そこで変数の数 n と多項式の次数 $\deg f$ に関する帰納法を用いる. まず $f(x)$ を

$$f(x_1,\cdots,x_n) = \sum_{j=0}^d h_j(x_1,\cdots,x_{n-1})x_n^{d-j} \quad (d = \deg f)$$

と書いておく. 変数 x_n に関する定数項 $h_d(x_1,\cdots,x_{n-1})$ は $(n-1)$ 変数の多項式であるから, $\mathcal{B}_{n-1} = \{x_1^{m_1}x_2^{m_2}\cdots x_{n-1}^{m_{n-1}} \mid m_k \leq k-1, 1 \leq k \leq n-1\}$ とおくと, 帰納法の仮定により,

$$h_d(x_1,\cdots,x_{n-1}) = \sum_{\beta \in \mathcal{B}_{n-1}} c_\beta(\tilde{e}_1,\cdots,\tilde{e}_{n-1})\beta$$

と表される. ここで $\tilde{e}_k$ は $(n-1)$ 変数の基本対称式, c_β は $(n-1)$ 変数多項式である. そこで

$$H_d(x_1,\cdots,x_{n-1},x_n) = \sum_{\beta\in\mathcal{B}_{n-1}} c_\beta(e_1,\cdots,e_{n-1})\beta$$

と定めると $g(x) = h_d(x) - H_d(x)$ において $g(x_1,\cdots,x_{n-1},0) = 0$ が成り立つ. 因数定理より $g(x) = q(x)x_n$ と表されるから,

$$f(x) = H_d(x) + q(x)x_n + \sum_{j=0}^{d-1} h_j(x_1,\cdots,x_{n-1})x_n^{d-j}$$

と書けるが, $q(x)$ および $h_j(x_1,\cdots,x_{n-1})$ $(0 \leq j \leq d-1)$ の次数は $d = \deg f$ より真に小さい. よって帰納法の仮定から, $f(x)$ は $p(e_1,\cdots,e_n)\beta x_n^m$ という形の項の和である. ここで p はある n 変数多項式, $\beta \in \mathcal{B}_{n-1}$ である. ところが, 根と係数の関係より

$$\sum_{k=0}^{n}(-1)^{n-k}e_{n-k}x_n^k = 0$$

が成り立つから, x_n^n はより低次の x_n の冪と基本対称式によって表されてしまう. このことから, さらに $p(e_1,\cdots,e_n)\beta x_n^m$ において $m \leq n-1$ としてよいことがわかる. したがって βx_n^m は $\mathcal{B}$ に属する. 以上で $\mathcal{B}$ が不変式環上の生成元であることがわかった.

次に (12.14) の和が直和であることを示そう. そこで次数付きベクトル空間 $\mathbb{C}[V]^G\beta$ のポアンカレ級数を考える. これは $t^{\deg\beta}P(\mathbb{C}[V]^G;t)$ に等しい. そこで (抽象的な) 直和 $M = \bigoplus_{\beta\in\mathcal{B}}\mathbb{C}[V]^G\beta$ のポアンカレ級数を考えると

$$\begin{aligned}P(M;t) &= \sum_{\beta\in\mathcal{B}} P(\mathbb{C}[V]^G\beta;t) \\ &= P(\mathbb{C}[V]^G;t)\sum_{\beta\in\mathcal{B}} t^{\deg\beta} \\ &= P(\mathbb{C}[V]^G;t)\prod_{k=1}^{n-1}(1+t+\cdots+t^k)\end{aligned}$$

であるが, 補題 12.31 によって

$$\begin{aligned}&= \prod_{k=1}^{n}(1-t^k)^{-1}\prod_{k=2}^{n}(1+t+\cdots+t^{k-1}) \\ &= (1-t)^{-n} = P(\mathbb{C}[V];t)\end{aligned}$$

となる. したがって, 式 (12.14) が直和でなければ, そのポアンカレ級数は $P(\mathbb{C}[V];t)$ になり得ない. (級数の係数で真に小さいものが現れる.) それは矛盾である. □

系 12.33 次数付きベクトル空間としての直和分解が次のように与えられる.

$$\mathbb{C}[V] = (\bigoplus_{\beta\in\mathcal{B}}\mathbb{C}\beta) \oplus J_G \tag{12.15}$$

証明 定数項のない不変式の全体を $\mathbb{C}[V]_+^G$ と書く. このとき定義より $J_G = \mathbb{C}[V]\mathbb{C}[V]_+^G$ である. したがって補題 12.32 の (12.14) 式より

$$J_G = \mathbb{C}[V]\mathbb{C}[V]_+^G = \bigoplus_{\beta \in \mathcal{B}} \mathbb{C}[V]_+^G \beta \tag{12.16}$$

であることがわかる. 一方 $\mathbb{C}[V]^G \beta = \mathbb{C}\beta \oplus \mathbb{C}[V]_+^G \beta$ であるから系の等式が従う. □

系 12.34 調和多項式の空間 $\mathcal{H}_G$ のポアンカレ級数は次のように与えられる.

$$P(\mathcal{H}_G; t) = \prod_{k=1}^{n-1}(1 + t + \cdots + t^k) = \frac{\prod_{k=1}^{n}(1-t^k)}{(1-t)^n} \tag{12.17}$$

特に $\dim \mathcal{H}_G = n!$ である.

証明 定理 12.25 によって $\mathbb{C}[V]$ は $\mathcal{H}_G$ と J_G の次数付きベクトル空間としての直和であった. 命題 12.29 によって

$$P(\mathcal{H}_G; t) = P(\mathbb{C}[V]; t) - P(J_G; t) = P(\bigoplus_{\beta \in \mathcal{B}} \mathbb{C}\beta; t)$$

が成り立つ. 最後のポアンカレ級数 (この場合は多項式) が系の等式の右辺に一致することは容易に確かめられる. 次元を見るには $t=1$ を代入すればよい. □

以上の結果を使って定理の証明をしておこう.

証明 [[定理 12.30 の証明]] 上記, 系によって証明はほとんど終わっている. あとは $P(J_G; t)$ を計算するだけだが $\mathbb{C}[V] = \mathcal{H}_G \oplus J_G$ であるから,

$$\begin{aligned} P(J_G; t) &= P(\mathbb{C}[V]; t) - P(\mathcal{H}_G; t) \\ &= (1-t)^{-n} - (1-t)^{-n} \prod_{k=1}^{n}(1-t^k) \\ &= (1-t)^{-n}\left(1 - \prod_{k=1}^{n}(1-t^k)\right) \end{aligned}$$

となり, 定理の式を得る. □

定理 12.35 対称群 $G = \mathfrak{S}_n$ の置換表現を $V = \mathbb{C}^n$ とするとき, 次の次数付き G 加群としての同型が成り立つ.

$$\mathbb{C}[V] \simeq \mathcal{H}_G \otimes \mathbb{C}[V]^G \tag{12.18}$$

証明 多項式の掛け算によって引き起こされる写像 $\mu : \mathcal{H}_G \otimes \mathbb{C}[V]^G \to \mathbb{C}[V]$ は全射であった (定理 12.28). また, この写像は G 同変であることも同じ定理によってわかっている. したがって, あとはこれが単射であることを示せばよい.

そこで, 写像の核 $N = \mathrm{Ker}\, \mu$ が自明であることを示す. 掛け算写像は次数を保

つので，N はまた次数付きベクトル空間である．したがってそのポアンカレ級数を考えることができるが，

$$P(N;t) + P(\mathbb{C}[V];t) = P(\mathcal{H}_G \otimes \mathbb{C}[V]^G;t) = P(\mathcal{H}_G;t)P(\mathbb{C}[V]^G;t)$$

である (命題 12.29 および章末問題 12.4 参照)．定理 12.30 によって右辺のポアンカレ級数は具体的にわかっているが，

$$P(\mathcal{H}_G;t)P(\mathbb{C}[V]^G;t) = \prod_{k=1}^{n-1}(1+t+\cdots+t^k) \cdot \prod_{k=1}^{n}(1-t^k)^{-1}$$
$$= (1-t)^n = P(\mathbb{C}[V];t)$$

である．したがって $P(N;t) = 0$ つまり $N = \{0\}$ である． □

この定理によって対称群の置換表現が引き起こす正則関数環 $\mathbb{C}[V]$ 上の正則表現は結局 $\mathcal{H}_G$ の部分に集約され，それが重複度として $\mathbb{C}[V]^G$ だけ現れることがわかる．このとき各既約表現の重複度はもちろん無限だが，$\mathbb{C}[V]^G$ には次数が入っているので重複度の空間が次数で切り分けられていることに注意する．

そこで，以下調和多項式の空間がどのような構造を持っているのかを見ておこう．$x_1,\cdots,x_n$ を $V = \mathbb{C}^n$ の座標関数とするとき，$n(n-1)/2$ 次の多項式

$$\Delta(x) = \prod_{1 \leq i < j \leq n}(x_j - x_i) \tag{12.19}$$

を**差積** (difference product) とよぶ [5]．

定理 12.36 対称群 $G = \mathfrak{S}_n$ の $\mathbb{C}^n$ における置換表現に対して，調和多項式の空間 $\mathcal{H}_G$ は次のように与えられる．

$$\mathcal{H}_G = \{\partial(P)\Delta(x) \mid P \in \mathbb{C}[x]\} \tag{12.20}$$

ただし $P(x_1,\cdots,x_n)$ を多項式としたとき，$\partial(P) = P(\partial_1,\cdots,\partial_n)$ は x_i に偏微分作用素 $\partial_i = \partial/\partial x_i$ を代入して得られた定数係数の偏微分作用素を表す．

証明 まず $\sigma \in G$ に対して $\sigma \cdot \Delta(x) = \operatorname{sgn}\sigma\,\Delta(x)$ であることに注意しよう．つまり $\mathbb{C}\Delta(x)$ は対称群の符号表現を実現する部分表現である．これは次のように差積を行列式表示しておくと見やすい (というよりも行列式の定義と対称群の

---

[5] 差積の定義式で $x_j - x_i$ とする代わりに $x_i - x_j$ とするのが主流のようであるが，ここでは Vandermonde 行列式との関係からこのように定義する．通常の定義とは符号 $(-1)^{n(n-1)/2}$ 倍だけ異なっていることに注意しておく．

符号表現の実現がほぼ等価であるという事情によるもので，自己撞着であるが).

$$\Delta(x) = \det(x_i^{j-1})_{1 \leq i < j \leq n} = \begin{vmatrix} 1 & 1 & \cdots & 1 \\ x_1 & x_2 & \cdots & x_n \\ x_1^2 & x_2^2 & \cdots & x_n^2 \\ \vdots & \vdots & \cdots & \vdots \\ x_1^{n-1} & x_2^{n-1} & \cdots & x_n^{n-1} \end{vmatrix} \quad (12.21)$$

右辺の行列式を **Vandermonde の行列式**とよぶ[6]．この行列式に σ を作用させると，行列式の各列が σ の作用にしたがって列が入れ替わる．このとき $\sigma(x_i) = x_{\sigma(i)}$ であることに注意しよう[7]．

さて，差積は最簡交代式ともよばれ，最低次数の交代式である．ここで $f(x)$ が**交代式**とは符号表現に従う多項式を指す．

$$\sigma f(x) = \mathrm{sgn}(\sigma) f(x) \qquad (\sigma \in G) \quad (12.22)$$

対称群の符号表現は $n(n-1)/2$ 次より低い次数の部分空間には現れず，$n(n-1)/2$ 次の斉次多項式の空間では，差積の定数倍のみが交代式であるから，差積を**最簡交代式**とよぶのである．それは，因数定理により，交代式が $(x_i - x_j)$ で割り切れなければならないという事情による．差積は，そのような因数をすべて掛け合わせたものであるから，最低次数の交代式になっている．

差積が最簡交代式であるという事実を用いて $\Delta(x)$ が調和多項式であることを示そう．そこで $Q \in \mathbb{C}[x]^G$ を正の次数を持つ斉次の対称式とする．すると $\sigma \in G$ に対して，

$$\sigma \cdot (\partial(Q)\Delta(x)) = \partial(\sigma \cdot Q)(\sigma \cdot \Delta(x)) = \mathrm{sgn}(\sigma) \partial(Q)\Delta(x)$$

となり，$\partial(Q)\Delta(x)$ はまた交代式であるが，その次数は $\deg \partial(Q)\Delta(x) = \deg \Delta(x) - \deg Q$ であって $\Delta(x)$ の次数より真に小さい．したがってそのような多項式はゼロでなければならぬ．これは差積が調和多項式であることを意味する．

さて，差積が調和になれば，定数係数の微分作用素はすべて可換であるから，$P \in \mathbb{C}[x]$ を任意の多項式とし，Q を上のように不変元とすると

$$\partial(Q)(\partial(P)\Delta(x)) = \partial(P)\partial(Q)\Delta(x) = 0$$

---

[6] Vandermonde, Alexandre (1735–1796).

[7] x_i は座標関数なので $\sigma(x_i)(\alpha) = x_i(\sigma^{-1}(\alpha_1, \cdots, \alpha_n)) = x_i(\alpha_{\sigma(1)}, \cdots, \alpha_{\sigma(n)}) = \alpha_{\sigma(i)} = x_{\sigma(i)}(\alpha)$ と計算される．

となり $\partial(P)\Delta(x)$ も調和多項式となる．これで定理の主張の式において右辺が調和多項式の空間に含まれることがわかった．

そこで，前に考えたように $\mathcal{B} = \{x_1^{m_1} x_2^{m_2} \cdots x_n^{m_n} \mid m_k \leq k-1\}$ とおく．このとき $\{\partial(\beta)\Delta(x) \mid \beta \in \mathcal{B}\} \subset \mathcal{H}_G$ が一次独立であることを示せば，$\dim \mathcal{H}_G = n!$ であったから，これが $\mathcal{H}_G$ の基底になる．これは計算上の問題であるから，いくつかの演習問題に分けてその概略を示すにとどめる． □

演習 12.37 $f_j = x_j \prod_{k=j}^{n} x_k^{k-1}$ とおくと，$\partial(f_j)\Delta(x) = 0$ であることを示せ．
[ヒント] 差積の行列式表示 (12.21) を使うとよい．

演習 12.38 $\mu \in \mathbb{Z}_{\geq 0}^n$ に対して $x^\mu = x_1^{\mu_1} \cdots x_n^{\mu_n}$ を単項式，$|\mu| = \sum_{k=1}^n \mu_k$ をその次数とする．単項式の間に全順序を次のように定義する．$x^\mu > x^\nu$ とは，$|\mu| > |\nu|$ であるか，または $|\mu| = |\nu|$ であって，ある j に対して $\mu_k = \nu_k$ ($j < k \leq n$) かつ $\mu_j > \nu_j$ が成り立つときにいう．

(1) $\delta = (0, 1, 2, \cdots, n-1)$ とおく．$\partial(x^\delta)\Delta(x) = \prod_{k=1}^{n-1} k!$ であることを示せ．

(2) $\mu, \nu \in \Gamma := \{\alpha \in \mathbb{Z}_{\geq 0}^n \mid \alpha_k \leq k-1\}$ に対して，$\mu > \nu$ ならば $x^{\delta-\nu} x^\mu$ は $f_j = x_j \prod_{k=j}^{n} x_k^{k-1}$ の形の因数を含むことを示せ．

(3) $\mu, \nu \in \Gamma$ に対して，$\mu > \nu$ ならば，$\partial(x^{\delta-\nu} x^\mu)\Delta(x) = 0$ であることを示せ．

(4) $\mathcal{B} = \{x^\mu \mid \mu \in \Gamma\}$ とおく (上の $\mathcal{B}$ と一致する)．$\sum_{\beta \in \mathcal{B}} c_\beta \partial(\beta)\Delta(x) = 0$ ($c_\beta \in \mathbb{C}$) ならば $c_\beta = 0$ であることを，上で定義した順序に関する帰納法で示せ．
[ヒント] $\partial(x^\delta)$ を与式の両辺に作用させると $c_1 = 0$ がわかる．次に $\partial(x^{\delta-(0,1,0,\cdots,0)})$ を両辺に作用させると $c_{x_2} = 0$ がわかる．

12.5.2 一般のファイバーと調和多項式

$G = \mathfrak{S}_n$ を対称群，$V = \mathbb{C}^n$ をその置換表現として，商写像 $\Phi : V \to V/\!/G$ の一般のファイバーを考えてみよう．商空間上の点 $c = (c_1, \cdots, c_n) \in \mathbb{C}^n = V/\!/G$ に対して c の成分を係数とする方程式

$$f(t) = \sum_{k=0}^{n} (-1)^k c_k t^{n-k} = 0 \tag{12.23}$$

を考える．その n 個の根を重複度を込めて $\alpha_1, \cdots, \alpha_n$ とするとき，

$$\Phi^{-1}(c) = \{\sigma\alpha \mid \sigma \in G\}, \qquad \alpha = (\alpha_1, \cdots, \alpha_n) \tag{12.24}$$

が商写像のファイバーであった．

定理 12.39 $c \in V/\!/G$ を式 (12.23) の方程式 $f(t) = 0$ が重根を持たない点と

する．c を定義する $V//G$ の極大イデアルを $\mathfrak{m}_c^{V//G}$ と書けば，$\mathbb{C}[V]$ のイデアル $I_c = \mathbb{C}[V]\mathfrak{m}_c^{V//G}$ は被約であって，G 加群として $\mathbb{C}[V]/I_c \simeq \mathbb{C}[G]$ (正則表現) である．

証明 e_k を k 次の基本対称式とすると

$$I_c = (e_k - c_k \mid 1 \leq k \leq n) \quad (\mathbb{C}[V] \text{ のイデアル}) \tag{12.25}$$

である．$\sqrt{I_c}$ は $\varPhi^{-1}(c)$ の零化イデアルであって，ファイバー $\varPhi^{-1}(c)$ は相異なる $n!$ 個の点からなるから

$$\dim(\mathbb{C}[V]/\sqrt{I_c}) = \dim \mathbb{C}[\varPhi^{-1}(c)] = n! \tag{12.26}$$

である．そこで $\dim \mathbb{C}[V]/I_c = n!$ であることを示せば $I_c = \sqrt{I_c}$ であって，I_c が被約であることが分かる．

定理 12.35 によって，$\mathbb{C}[V] = \mathcal{H}_G \cdot \mathbb{C}[V]^G$ であったが，不変式 $\mathbb{C}[V]^G$ の部分は I_c で商をとると $\mathbb{C}$ に退化する．したがって $\mathbb{C}[V]/I_c \simeq \mathcal{H}_G/I_c$ が成り立つが，$\dim \mathcal{H}_G = n!$ であった (系 12.34) ので $\dim \mathbb{C}[V]/I_c \leq n!$ である．一方 $\mathbb{C}[V]/I_c \twoheadrightarrow \mathbb{C}[V]/\sqrt{I_c}$ は全射で，右辺の次元は $n!$ だったから，両者は一致する．

また G は $\varPhi^{-1}(c)$ 上に左から忠実かつ推移的に働いているので，これは G と同型な G 軌道である．したがって $\mathbb{C}[\varPhi^{-1}(c)]$ 上の正則表現は $\mathbb{C}[G]$ 上の正則表現と一致する． □

この定理を使うと調和多項式の空間の G 加群としての構造が明らかになる．それを述べるためにフィルター付き加群とその次数化について少し準備をしておこう．

まず A を $\mathbb{C}$ 上の可換代数とするとき，A が $\mathbb{Z}_{\geq 0}$ によって次数付けられた**次数付き代数** (graded algebra) であるとは，$\mathbb{Z}_{\geq 0}$ によって添字付けられた A の部分空間の族 $\{A_k \mid k \geq 0\}$ が存在して，

$$A = \bigoplus_{k \geq 0} A_k \quad \text{かつ} \quad A_k A_l \subset A_{k+l} \quad (k, l \geq 0) \tag{12.27}$$

が成り立つときいう．また A が**フィルター付き代数** (filtered algebra) であるとは，非負整数によって添字付けられた A の部分空間の増大列 $\{A(k) \mid k \geq 0\}$ が存在して，

$$A = \bigcup_{k \geq 0} A(k) \quad \text{かつ} \quad A(k)A(l) \subset A(k+l) \quad (k, l \geq 0) \tag{12.28}$$

が成り立つときにいう．もし A が次数付き代数ならば

$$A(k) := \bigoplus_{j=0}^{k} A_k \tag{12.29}$$

とおくことによって A のフィルター付けが得られる．

A 加群 M に対しても次数付けおよびフィルター付けを同様に定義する．つまり，次数付き代数 A 上の加群 M が**次数付けられている**とは，M の部分空間の列 $\{M_k \mid k \geq 0\}$ が存在して，

$$M = \bigoplus_{k \geq 0} M_k \qquad \text{かつ} \qquad A_k M_l \subset M_{k+l} \quad (k, l \geq 0) \tag{12.30}$$

が成り立つことであり，A がフィルター付き代数のときに A 加群 M が**フィルター付けられている**とは，M の部分空間の増大列 $\{M(k) \mid k \geq 0\}$ が存在して，

$$M = \bigcup_{k \geq 0} M(k) \qquad \text{かつ} \qquad A(k) M(l) \subset M(k+l) \quad (k, l \geq 0) \tag{12.31}$$

が成り立つことである．次数付けられた A 加群 M には

$$M(k) := \bigoplus_{j=0}^{k} M_k \tag{12.32}$$

とおくことによって自然なフィルター付け加群の構造が定義される．

演習 12.40 A を次数付けられた代数とし，I をそのイデアルとする．$I_k = I \cap A_k$ とおくとき，$I = \bigoplus_{k \geq 0} I_k$ ならば I は斉次イデアルとよばれる．このとき I は次数付き A 加群であることを示せ．

演習 12.41 A をフィルター付き代数とし，I をそのイデアルとする．$I(k) = I \cap A(k)$ とおくと，この単調増大な部分空間の族によって I はフィルター付きの A 加群になることを示せ．

A がフィルター付き代数のとき，

$$\mathrm{gr}\, A = \bigoplus_{k \geq 0} \mathrm{gr}_k A, \qquad \mathrm{gr}_k A := A(k)/A(k-1)$$

とおいて，これを A の**次数化** (gradation) とよぶ．ただし $A_{-1} = \{0\}$ とおいた．$\mathrm{gr}\, A$ には A の積から誘導される自然な積が定義され，また可換代数となる．実際，$a \in \mathrm{gr}_k A, b \in \mathrm{gr}_l A$ とすると，$a' \in A(k), b' \in A(l)$ が存在して $a = a' + A(k-1)$，$b = b' + A(l-1)$ である．したがって

$$ab = a'b' + A(k+l-1) \in \mathrm{gr}_{k+l-1} A$$

は矛盾なく定義されている．

さて I をフィルター付き代数 A のイデアルとするとき，A/I のフィルター付けを

$$(A/I)(k) = A(k)/I(k) \qquad (k \geq 0) \tag{12.33}$$

で定義する．これによって A/I はまたフィルター付き代数になる．

補題 12.42 フィルター付き代数 A のイデアルを I とする．このとき次数付き代数としての同型

$$\operatorname{gr} A / \operatorname{gr} I \simeq \operatorname{gr}(A/I)$$

が成り立つ．

証明 両次数付き代数の k 次斉次部分を比較すると，

$$\operatorname{gr}_k A / \operatorname{gr}_k I = \frac{A(k)/A(k-1)}{I(k)/I(k-1)} \simeq \frac{A(k)/I(k)}{A(k-1)/I(k-1)} = \operatorname{gr}_k(A/I)$$

となり同型である．これによって演算が保たれることは各自確認されたい． □

上で準備したフィルター付き代数と加群の性質を，対称群の置換表現とそのアフィン商の場合に適用してみよう．少し準備に手間取ったので，状況を思い出しておく．

n 次の対称群 $G := \mathfrak{S}_n$ は $V = \mathbb{C}^n$ に置換群として作用しているのであった．このとき $\Phi : \mathbb{C}^n = V \to V//G \simeq \mathbb{C}^n$ をアフィン商写像として，ファイバー $\Phi^{-1}(c)$ を考えていた．ただし $c = (c_1, \cdots, c_n) \in \mathbb{C}^n$ は方程式

$$f(t) = \sum_{k=0}^n (-1)^k c_k t^{n-k} = 0 \tag{12.34}$$

が重根を持たないような一般の点である．さらに

$$I_c = \mathbb{C}[V] \mathfrak{m}_c^{V//G} = (e_k - c_k \mid 1 \leq k \leq n) \qquad (\mathbb{C}[V] \text{ のイデアル})$$

を $\Phi^{-1}(c)$ の定義イデアルとすると，これは定理 12.39 により被約であって，零化イデアル $\mathbb{I}(\Phi^{-1}(c))$ と一致している．また関数環 $\mathbb{C}[\Phi^{-1}(c)] = \mathbb{C}[V]/I_c$ は $n!$ 次元であって，G の表現として正則表現と同型である．

以上の設定の下に $A := \mathbb{C}[V]$ および $I := I_c$ とおいて補題 12.42 を適用すると，

$$\mathbb{C}[V]/\operatorname{gr} I_c \simeq \operatorname{gr}(\mathbb{C}[V]/I_c) = \operatorname{gr} \mathbb{C}[\Phi^{-1}(c)] \tag{12.35}$$

一方 I_c の定義から $\operatorname{gr} I_c = J_G$ (不変イデアル) であることが容易に分かる．したがって式 (12.35) は

$$\mathbb{C}[V]/J_G \simeq \operatorname{gr} \mathbb{C}[\Phi^{-1}(c)]$$

となる．このときすべての同型は G 同変であることに注意しよう．さて $\mathbb{C}[\Phi^{-1}(c)]$

は G の表現としては正則表現であったから，上の式より $\mathbb{C}[V]/J_G$ はやはり G の正則表現と同型である．ところが定理 12.25 より $\mathcal{H}_G \simeq \mathbb{C}[V]/J_G$ であるから，結局 $\mathcal{H}_G$ 上の G の表現は正則表現に同型であることが分かった．

以上をまとめて次の定理を得る．

定理 12.43 対称群 $G = \mathfrak{S}_n$ の置換表現 $V = \mathbb{C}^n$ に対して，その調和多項式の空間 $\mathcal{H}_G$ 上の G の表現は正則表現 $\mathbb{C}[G]$ に同型である．

12.6 縮約写像と零ファイバー

行列式多様体と GL_n の不変式（あるいはアフィン商写像）との関係については §4.4 で述べた．具体的には，行列のなすベクトル空間 $W = \mathrm{M}_{p,n} \oplus \mathrm{M}_{n,q}$ に対する一般線型群 GL_n の左右からの積による作用を考えたとき，アフィン商 $W/\!/\mathrm{GL}_n$ が行列式多様体になるのであった．そこでは，道具と概念が準備不足であったためにアフィン商写像 $W \to W/\!/\mathrm{GL}_n$ について詳しく述べることができなかった．この節では，商写像による零ファイバーの構造と旗多様体がどのように関係しているのかを述べる．

(π, V) を簡約代数群 G の表現とし，$\mathcal{U}_1, \mathcal{U}_2$ を有限次元ベクトル空間とする．このとき

$$W = \mathcal{U}_1^* \otimes V \oplus V^* \otimes \mathcal{U}_2 \simeq \mathrm{Hom}(\mathcal{U}_1, V) \oplus \mathrm{Hom}(V, \mathcal{U}_2) \tag{12.36}$$

とおくと，W は G の表現としては V の $m_1 := \dim \mathcal{U}_1^*$ 個の直和と V^* の $m_2 := \dim \mathcal{U}_2$ 個の直和をあわせたものである．つまり

$$W \simeq V^{\oplus m_1} \oplus (V^*)^{\oplus m_2}$$

とみなすことができる．W から $\mathcal{U}_1^* \otimes \mathcal{U}_2 \simeq \mathrm{Hom}(\mathcal{U}_1, \mathcal{U}_2)$ への写像を

$$\mathrm{Hom}(\mathcal{U}_1, V) \oplus \mathrm{Hom}(V, \mathcal{U}_2) \ni (f_1, f_2) \mapsto f_2 \circ f_1 \in \mathrm{Hom}(\mathcal{U}_1, \mathcal{U}_2) \tag{12.37}$$

で決めれば，これは明らかに G の各軌道上で一定の値をとる．この写像を**縮約写像** (contraction map) とよぶ．以下，この縮約写像について $G = \mathrm{GL}_n(\mathbb{C})$ であって，表現 $V = \mathbb{C}^n$ が自然表現の場合を扱う．特に $\mathcal{U}_1 = \mathcal{U}_2$ の場合に興味深い現象が起こるので，いささか特殊ではあるが，$\mathcal{U} := \mathcal{U}_1 = \mathcal{U}_2 = \mathbb{C}^m$ の場合に詳しく見ることにする．

そこで，以後，この節では $V = \mathbb{C}^n, \mathcal{U} = \mathbb{C}^m$ として，

$$W = \mathcal{U}^* \otimes V \oplus V^* \otimes \mathcal{U} \simeq \operatorname{Hom}(\mathcal{U}, V) \oplus \operatorname{Hom}(V, \mathcal{U}) \qquad (12.38)$$

の場合を考えよう．W には簡約代数群 $K := \operatorname{GL}(\mathcal{U}) \times \operatorname{GL}(\mathcal{U})$ と $G := \operatorname{GL}(V)$ が自然に作用している．その作用を具体的に書き下せば，

$$\begin{aligned}&(A, B) \in \mathrm{M}_{n,m} \times \mathrm{M}_{m,n} \text{ に対して，}\\ &(gAk^{-1}, hBg^{-1}) \qquad (k, h \in \operatorname{GL}_m(\mathbb{C}), \ g \in \operatorname{GL}_n(\mathbb{C}))\end{aligned} \qquad (12.39)$$

である．ただし

$$\mathrm{M}_{n,m} \simeq \operatorname{Hom}(\mathcal{U}, V), \qquad \mathrm{M}_{m,n} \simeq \operatorname{Hom}(V, \mathcal{U}) \simeq (\mathrm{M}_{n,m})^*$$

と自然に同一視し，$(k, h) \in \operatorname{GL}_m(\mathbb{C}) \times \operatorname{GL}_m(\mathbb{C}) = K$ および $g \in \operatorname{GL}_n(\mathbb{C}) = G$ である．以後，混乱のない場合には，この種の同一視を頻繁に行う．さて，この同一視の下に縮約写像 Φ は次のように単なる行列の積で与えられる．

$$\Phi : W = \mathrm{M}_{n,m} \times \mathrm{M}_{m,n} \to \mathrm{M}_m, \quad \Phi(A, B) = BA \quad ((A, B) \in W) \qquad (12.40)$$

§4.4 の結果によれば，$\operatorname{Im} \Phi \simeq W/\!/G$ はアフィン商多様体であって，$\Phi : W \to \operatorname{Im} \Phi$ はアフィン商写像である．また $\operatorname{Im} \Phi$ は階数が $\min\{m, n\}$ の行列式多様体であって，特に $n \geq m$ ならば Φ は全射である (定理 4.22)．この節では簡約群 K の作用も同時に考えるが，M_m への $K = \operatorname{GL}_m \times \operatorname{GL}_m$ の作用を

$$hCk^{-1} \qquad (C \in \mathrm{M}_m, \ (k, h) \in \operatorname{GL}_m \times \operatorname{GL}_m) \qquad (12.41)$$

で定めれば，商写像 Φ は K 同変である．

アフィン商 $\Phi : W \to W/\!/G$ に付随した零ファイバー $\mathfrak{N}(W) = \Phi^{-1}(0)$ を考えよう．まず，行列の言葉で零ファイバーを書くと，

$$\mathfrak{N}(W) = \{(A, B) \in \mathrm{M}_{n,m} \times \mathrm{M}_{m,n} \mid BA = 0\} \qquad (12.42)$$

となる．これを線型写像の言葉で表せば

$$\mathfrak{N}(W) = \{(f_1, f_2) \in \operatorname{Hom}(\mathcal{U}, V) \times \operatorname{Hom}(V, \mathcal{U}) \mid \operatorname{Im} f_1 \subset \operatorname{Ker} f_2\} \qquad (12.43)$$

と書くこともできる．次の補題を準備しておこう．

補題 12.44 零ファイバーは $K \times G$ 安定であり，$K \times G$ の作用による軌道は有限個である．軌道分解は次のようになる．

$$\mathfrak{N}(W) = \coprod_{\substack{0 \leq r, s \leq m \\ r + s \leq n}} \mathfrak{N}_{r,s},$$

$$\mathfrak{N}_{r,s} = \{(A, B) \in \mathfrak{N}(W) \mid \operatorname{rank} A = r, \ \operatorname{rank} B = s\}$$

さらに，軌道の間の閉包関係は次のように与えられる．

$$\overline{\mathfrak{N}}_{r',s'} \subset \overline{\mathfrak{N}}_{r,s} \iff r' \leq r \quad \text{かつ} \quad s' \leq s$$

特に $p+q=n$ ならば $\mathfrak{N}_{p,q}$ は $\mathfrak{N}(W)$ の開軌道である．また $n \geq 2m$ ならば $\mathfrak{N}_{m,m}$ が唯一つの開軌道になる．

証明 計算によって容易に確かめられるので概略を示す．$\mathfrak{N}_{r,s}$ が $K \times G$ の作用で安定であることは明らかだから，前半部分は，これが唯一つの軌道になることを示せばよい．そこで $(A,B) \in \mathfrak{N}_{r,s}$ をとると，まず $\mathrm{GL}_m \times \mathrm{GL}_n$ の作用，つまり行と列の基本変形によって

$$A = \begin{pmatrix} 1_r & 0 \\ 0 & 0 \end{pmatrix} \qquad (1_r \text{ は } r \times r \text{ の単位行列}) \tag{12.44}$$

の形であるとしてよい．すると $BA = 0$ の条件から，$B = (0, B')$ ($B' \in \mathrm{M}_{m,n-r}$) の形をしているが，$A$ の固定部分群によって B を変形してよい．A の固定部分群は $((k,h),g) \in K \times G$ であって

$$k = \begin{pmatrix} a & 0 \\ \gamma & \delta \end{pmatrix}, \quad g = \begin{pmatrix} a & b \\ 0 & d \end{pmatrix}, \quad a \in \mathrm{GL}_r(\mathbb{C}), \quad h \in \mathrm{GL}_m(\mathbb{C}) \text{ は任意}$$

という形の元からなるので，その作用によって上の B を基本変形すれば

$$B = \begin{pmatrix} 0 & 0 \\ 0 & 1_s \end{pmatrix} \tag{12.45}$$

の形に帰着できることがわかる．結局 $\mathfrak{N}_{r,s}$ は (12.44) 式および (12.45) 式で与えられた (A,B) を通る軌道に一致する．

閉包をとることによって行列の階数は増えないから，閉包関係があれば補題の主張の不等式 $r' \leq r, s' \leq s$ が成立する．逆に，不等式が成り立てば閉包関係が成立することは，上で示した軌道の代表元を退化させて $\mathfrak{N}_{r',s'}$ の代表元を作り出せばよい．開軌道に関する主張は閉包関係より明らかである． □

演習 12.45 $\dim \mathfrak{N}_{r,s} = (m+n-(r+s))(r+s)+rs$ であることを示せ．[ヒント] 上の補題の証明から $\mathfrak{N}_{r,s}$ は (A,B) を通る $K \times G$ 軌道であることが分かる．固定部分群の次元を求めよ．

零ファイバー $\mathfrak{N}(W)$ の構造はベクトル空間の次元 n,m の大小関係によって劇

$n = 4 \leq m$

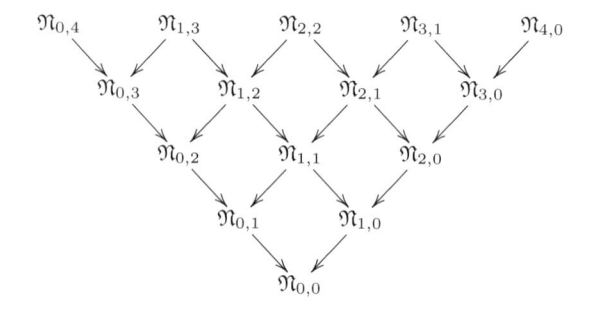

$$\begin{array}{c}
\mathfrak{N}_{0,4} \quad \mathfrak{N}_{1,3} \quad \mathfrak{N}_{2,2} \quad \mathfrak{N}_{3,1} \quad \mathfrak{N}_{4,0} \\
\downarrow \swarrow \searrow \swarrow \searrow \swarrow \searrow \swarrow \downarrow \\
\mathfrak{N}_{0,3} \quad \mathfrak{N}_{1,2} \quad \mathfrak{N}_{2,1} \quad \mathfrak{N}_{3,0} \\
\downarrow \swarrow \searrow \swarrow \searrow \swarrow \downarrow \\
\mathfrak{N}_{0,2} \quad \mathfrak{N}_{1,1} \quad \mathfrak{N}_{2,0} \\
\downarrow \swarrow \searrow \swarrow \downarrow \\
\mathfrak{N}_{0,1} \quad \mathfrak{N}_{1,0} \\
\searrow \swarrow \\
\mathfrak{N}_{0,0}
\end{array}$$

$n = 4$, $m = 3$

$$\begin{array}{c}
\mathfrak{N}_{1,3} \quad \mathfrak{N}_{2,2} \quad \mathfrak{N}_{3,1} \\
\mathfrak{N}_{0,3} \quad \mathfrak{N}_{1,2} \quad \mathfrak{N}_{2,1} \quad \mathfrak{N}_{3,0} \\
\mathfrak{N}_{0,2} \quad \mathfrak{N}_{1,1} \quad \mathfrak{N}_{2,0} \\
\mathfrak{N}_{0,1} \quad \mathfrak{N}_{1,0} \\
\mathfrak{N}_{0,0}
\end{array}$$

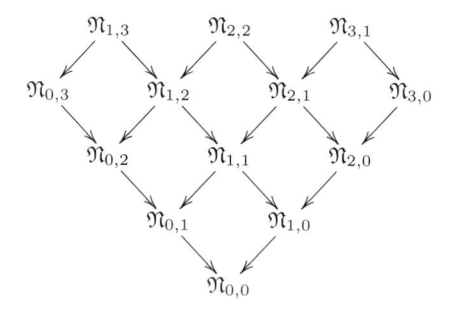

$n = 4$, $m = 2$：安定域 (§12.6.1 参照) では開軌道は一つになる．

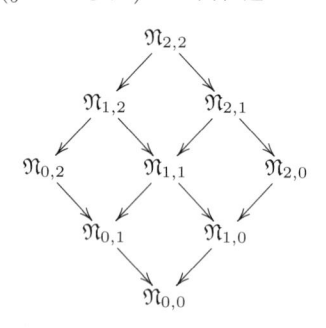

$$\begin{array}{c}
\mathfrak{N}_{2,2} \\
\mathfrak{N}_{1,2} \quad \mathfrak{N}_{2,1} \\
\mathfrak{N}_{0,2} \quad \mathfrak{N}_{1,1} \quad \mathfrak{N}_{2,0} \\
\mathfrak{N}_{0,1} \quad \mathfrak{N}_{1,0} \\
\mathfrak{N}_{0,0}
\end{array}$$

図 12.1 零ファイバーの軌道と閉包関係

$\begin{pmatrix} \text{零ファイバー } \mathfrak{N}(W) \text{ に含まれる軌道の閉包関係を表す Hasse 図式は次のように} \\ \text{なる．最上段に並んだ軌道が開軌道である．} \end{pmatrix}$

的に変化し，それが縮約写像＝アフィン商写像の性質に大きな影響を与える．そこで n, m の大小関係で場合分けして見ていこう．

12.6.1 安定域 ($n \geq 2m$)

この節では $n \geq 2m$ の場合に，具体的にアフィン商と商写像の性質を調べる．この条件をみたすとき，W は**安定域** (stable range) にあるといわれ，商写像の性質が著しく良くなることがわかる．商写像 $\Phi: W \to \mathrm{M}_m$ は K 同変な全射であった．

定理 12.46 安定域 $n \geq 2m$ においては，零ファイバー $\mathfrak{N}(W)$ は既約である．また $\dim \mathfrak{N}(W) = 2nm - m^2 = \dim W - \dim W//G$ が成り立つ．

証明 補題 12.44 により $\mathfrak{N}_{m,m} \subset \mathfrak{N}(W)$ は唯一つの開軌道であり，$\mathfrak{N}(W) = \overline{\mathfrak{N}_{m,m}}$ だから既約である．また，次元は $\dim \mathfrak{N}(W) = \dim \mathfrak{N}_{m,m}$ であることと，演習 12.45 の次元公式から従う． □

さて $\mathfrak{N}_{m,m} \subset \mathfrak{N}(W)$ はただ一つの開軌道であったが，この軌道は興味深い構造を持つ．

$$\mathfrak{N}_{m,m} = \{(f_1, f_2) \in \mathrm{Hom}(\mathcal{U}, V) \times \mathrm{Hom}(V, \mathcal{U}) \mid \\ \mathrm{Im}\, f_1 \subset \mathrm{Ker}\, f_2,\ \mathrm{rank}\, f_1 = \mathrm{rank}\, f_2 = m\}$$

であるが，$\mathrm{rank}\, f_1 = m$ は f_1 が単射であることを，$\mathrm{rank}\, f_2 = m$ は f_2 が全射であることを意味している．いま，次元列 $(m, n-m)$ に対する部分旗多様体

$$\mathfrak{F}_{(m,n-m)}(V) = \{(U, U') \mid \dim U = m,\ \dim U' = n-m,\ U \subset U' \subset V\} \tag{12.46}$$

を考えよう[8]．U, U' は V の部分ベクトル空間であった．以下 $m' = n - m$ と書き，$\mathfrak{F}_{m,m'} = \mathfrak{F}_{(m,n-m)}(V)$ と略記する．すると $(f_1, f_2) \in \mathfrak{N}_{m,m}$ に $(\mathrm{Im}\, f_1, \mathrm{Ker}\, f_2) \in \mathfrak{F}_{m,m'}$ を対応させることによって写像

$$p: \mathfrak{N}_{m,m} \longrightarrow \mathfrak{F}_{m,m'}$$

が得られる．この写像 p によって $\mathfrak{N}_{m,m}$ は部分旗多様体 $\mathfrak{F}_{m,m'}$ 上のファイバー束とみなすことができるが，これを以下簡単に説明しよう．

---

[8] $n = 2m$ のときには，(12.46) 式において $U = U'$ となってしまうので，部分旗多様体は退化してグラスマン多様体 $\mathrm{Grass}_m(V)$ となっている．しかし以下の議論はまったく同じであるから，ここでは区別しない．

点 $(U, U') \in \mathfrak{F}_{m,m'}$ における p のファイバーは,
$$p^{-1}(U, U') = \{(f_1, f_2) \in \mathfrak{N}_{m,m'} \mid f_1 : \mathcal{U} \xrightarrow{\sim} U, \ f_2 : V/U' \xrightarrow{\sim} \mathcal{U}\}$$
となる. いま, $\mathfrak{F}_{m,m'}$ 上のベクトル束 $\mathcal{T}_m$ を次のように定義しよう.

$$\mathcal{T}_m = \{(x, u) \in \mathfrak{F}_{m,m'} \times V \mid x = (U, U') であって u \in U\} \tag{12.47}$$

このようなベクトル束を一般に**同義束** (tautological bundle) とよぶ[9]. 同様にして

$$\{(x, \xi) \in \mathfrak{F}_{m,m'} \times V^* \mid x = (U, U') であって \xi \in (U')^\perp\} \tag{12.48}$$

は $\mathfrak{F}_{m,m'} \times V^*$ の部分ベクトル束であるが, その双対束を $\mathcal{Q}_{m'}$ で表す. このとき, $((U')^\perp)^* = V/U'$ とみなすことによって, $\mathcal{Q}_{m'}$ は, 自明束 $\mathfrak{F}_{m,m'} \times V$ の同義束 $\mathcal{T}_{m'}$ による商束と思うことができる (ここで自明束とは, 単なる直積空間に第 1 成分への射影によってベクトル束の構造を入れたものを指す). 少々紛らわしいが, 自明束 $\mathfrak{F}_{m,m'} \times \mathcal{U}$ を単に $\mathcal{U}$ で表すことにすると,

$$\mathrm{Hom}(\mathcal{U}, \mathcal{T}_m) \simeq \mathcal{U}^* \otimes \mathcal{T}_m \quad および \quad \mathrm{Hom}(\mathcal{Q}_{m'}, \mathcal{U}) \simeq \mathcal{Q}_{m'}^* \otimes \mathcal{U}$$

を考えることができる. ここで $\mathrm{Hom}(\mathcal{U}, \mathcal{T}_m)$ の $x = (U, U')$ におけるファイバーは $\mathrm{Hom}(\mathcal{U}, U)$ であるが, このうち, ファイバーごとに同型 $\mathcal{U} \xrightarrow{\sim} U$ を導くようなもの全体を $\mathrm{Iso}(\mathcal{U}, \mathcal{T}_m)$ と表すことにしよう. 同様に $\mathrm{Iso}(\mathcal{Q}_{m'}, \mathcal{U})$ も定義することができる. 以上をまとめれば, 次の補題が得られる.

補題 12.47 上の記号の下に $m' = n - m$ とおけば,
$$\mathfrak{N}_{m,m} \simeq \mathrm{Iso}(\mathcal{U}, \mathcal{T}_m) \times \mathrm{Iso}(\mathcal{Q}_{m'}, \mathcal{U})$$
であり, $\mathfrak{N}_{m,m}$ はファイバーが $\mathrm{GL}_m \times \mathrm{GL}_m$ であるような部分旗多様体 $\mathfrak{F}_{(m,m')}(V)$ 上のファイバー束に同型である.

さて, ベクトル束 $\mathrm{Hom}(\mathcal{U}, \mathcal{T}_m) \times \mathrm{Hom}(\mathcal{Q}_{m'}, \mathcal{U})$ から零ファイバー $\mathfrak{N}(W)$ への写像 ζ を次のように構成しよう. $x = (U, U') \in \mathfrak{F}_{m,m'}$ に対して, そのファイバー $\mathrm{Hom}(\mathcal{U}, U) \times \mathrm{Hom}(V/U', \mathcal{U})$ が定まる. このファイバーの元

---

[9] グラスマン多様体のように, ベクトル空間を一点とみなす多様体では, 多様体上の点にその点が表すベクトル空間を対応させることによってベクトル束が得られる. このようなベクトル束を一般に tautological vector bundle とよぶ. (章末問題 5.7 参照) 本書で採用した同義束という訳語は長谷川浩司氏による.

$$(f_1, f_2) \in \mathrm{Hom}(\mathcal{U}, U) \times \mathrm{Hom}(V/U', \mathcal{U})$$

は，それぞれ

$$f_1 : \mathcal{U} \to U \hookrightarrow V, \quad f_2 : V \to V/U' \to \mathcal{U}$$

と考えることによって $(f_1, f_2) \in \mathfrak{N}(W)$ とみなすことができる．実際 $\mathrm{Im}\, f_1 \subset U \subset U' \subset \mathrm{Ker}\, f_2$ であって，確かに (f_1, f_2) は零ファイバーの条件 $f_2 \circ f_1 = 0$ を満たしている．そこで写像 ζ を

$$\begin{aligned}\zeta : \mathrm{Hom}(\mathcal{U}, \mathcal{T}_m) \times \mathrm{Hom}(\mathcal{Q}_{m'}, \mathcal{U}) &\to \mathfrak{N}(W) \\ (x; (f_1, f_2)) &\mapsto (f_1, f_2)\end{aligned} \quad (12.49)$$

で定めよう．このようにすると ζ は部分束 $\mathrm{Iso}(\mathcal{U}, \mathcal{T}_m) \times \mathrm{Iso}(\mathcal{Q}_{m'}, \mathcal{U})$ 上では軌道 $\mathfrak{N}_{m,m}$ への同型を与えているので，特異点のない多様体 $\mathrm{Hom}(\mathcal{U}, \mathcal{T}_m) \times \mathrm{Hom}(\mathcal{Q}_{m'}, \mathcal{U})$ から，特異点のある多様体 $\mathfrak{N}(W)$ への写像であって稠密開集合上では同型になっているようなものが得られたことになる[10]．以上をまとめて次の定理を得る．

定理 12.48 (12.49) 式によって定義された写像 ζ は零ファイバー $\mathfrak{N}(W)$ の $K \times G$ 同変な特異点解消を与える．

代数多様体 X の特異点解消には微妙に異なる定義があるが，ここでは滑らかな多様体 $\tilde{X}$ と全射 $f : \tilde{X} \to X$ の組であって，$\tilde{X}$ の稠密開集合と X の稠密開集合が同型対応しているようなものを指す．特異点解消に興味を持った読者は，特異点解消の一般論については [44] を，零ファイバーの特異点解消については [11], [19], [25], [37] などを参照して欲しい．

12.6.2　退化域 $(2m > n)$

$2m > n$ の場合を**退化域**とよぶことにする．この場合には，零ファイバーは既約でなく，$K \times G$ の作用に関していくつかの開軌道をもつ．次の定理は補題 12.44 より容易に従う．

定理 12.49 退化域において，零ファイバー $\mathfrak{N}(W)$ の $K \times G$ による開軌道は $\{\mathfrak{N}_{p,q} \mid 0 \le p, q \le m,\ p + q = n\}$ で与えられる．また

---

[10] 特異点については附録の §16.4 を参照．複素多様体である旗多様体上のベクトル束には特異点はないが，零ファイバーは原点を頂点とする錐であって，原点は特異点である．じつは，この場合，軌道 $\mathfrak{N}_{m,m}$ 以外の点はすべて特異点であることが，接空間を計算すればわかる．

$$\mathfrak{N}(W) = \bigcup_{\substack{0 \le p,q \le m \\ p+q=n}} \overline{\mathfrak{N}}_{p,q}$$

は零ファイバーの既約分解である．

演習 12.50 $\mathfrak{N}_{p,q}$ が開軌道 (つまり $p+q=n$) ならば，$\dim \mathfrak{N}_{p,q} = mn + pq$ であることを示せ．このことから $\mathfrak{N}(W)$ の既約成分たちは同次元でないことがわかる．

開軌道 $\mathfrak{N}_{p,q}$ はグラスマン多様体 $\mathrm{Grass}_p(V)$ 上のファイバー束とみなすことができるが，以下これを説明しよう．

まず $(f_1, f_2) \in \mathfrak{N}_{p,q}$ を任意にとると，零ファイバーに属するという条件から $f_1 \in \mathrm{Hom}(\mathcal{U}, V)$ および $f_2 \in \mathrm{Hom}(V, \mathcal{U})$ であって，$f_2 \circ f_1 = 0$ が成り立つ．つまり $\mathrm{Im}\, f_1 \subset \mathrm{Ker}\, f_2$ である．これに加えて階数の条件 $\mathrm{rank}\, f_1 = p$, $\mathrm{rank}\, f_2 = q$ が課されているのが $\mathfrak{N}_{p,q}$ の元であった．今は $\mathfrak{N}_{p,q}$ が開軌道で $p+q=n$ が成り立っているから，$\dim \mathrm{Ker}\, f_2 = n - q = p$ である．したがって

$$U_{(f_1, f_2)} := \mathrm{Im}\, f_1 = \mathrm{Ker}\, f_2 \tag{12.50}$$

とおくと，これは V の p 次元部分空間となる．そこで

$$\mathfrak{N}_{p,q} \ni w = (f_1, f_2) \mapsto U_w \in \mathrm{Grass}_p(V) \tag{12.51}$$

によって V の p 次元部分空間からなるグラスマン多様体 $\mathrm{Grass}_p = \mathrm{Grass}_p(V)$ への写像ができる．このとき $U \in \mathrm{Grass}_p$ のファイバーに (f_1, f_2) が属するための条件は

$$f_1 : \mathcal{U} \to U : \text{全射}, \qquad f_2 : V/U \to \mathcal{U} : \text{単射}$$

が成り立つことである．

さて，グラスマン多様体に対しても各点 $x = U$ におけるファイバーを U 自身として $\mathrm{Grass}_p \times V$ の部分ベクトル束 $\mathcal{T}_p$ が定まるが，これを部分旗多様体の場合と同様に**同義束**とよぶ．また各点 $x = U$ におけるファイバーを $U^\perp \subset V^*$ として $\mathrm{Grass}_p \times V^*$ の部分ベクトル束が定まるが，これの双対束を $\mathcal{Q}_p$ と書く．以下では $(U^\perp)^* = V/U$ と同一視する．そこで Grass_p 上のベクトル束 $\mathrm{Hom}(\mathcal{U}, \mathcal{T}_p)$ の部分ファイバー束 $\mathrm{Hom}^{\mathrm{on}}(\mathcal{U}, \mathcal{T}_p)$ および $\mathrm{Hom}^{\mathrm{in}}(\mathcal{Q}_{q'}, \mathcal{U})$ ($q' = n - q = p$ であった) をそれぞれ

$$\mathrm{Hom}^{\mathrm{on}}(\mathcal{U}, \mathcal{T}_p) = \{(x; f_1) \in \mathrm{Hom}(\mathcal{U}, \mathcal{T}_p) \mid$$
$$x = U \in \mathrm{Grass}_p, f_1 : \mathcal{U} \to U \text{ は全射}\}$$

$$\mathrm{Hom}^{\mathrm{in}}(\mathcal{Q}_{q'}, \mathcal{U}) = \{(x; f_2) \in \mathrm{Hom}(\mathcal{Q}_{q'}, \mathcal{U}) \mid$$
$$x = U \in \mathrm{Grass}_p, f_2 : V/U \to \mathcal{U} \text{ は単射 }\}$$

で定義すると

$$\mathfrak{N}_{p,q} \simeq \mathrm{Hom}^{\mathrm{on}}(\mathcal{U}, \mathcal{T}_p) \times \mathrm{Hom}^{\mathrm{in}}(\mathcal{Q}_{q'}, \mathcal{U}) \tag{12.52}$$

となることがわかる．定理 12.48 と同じようにして次の定理が成り立つ．

定理 12.51 写像

$$\zeta_{p,q} : \mathrm{Hom}(\mathcal{U}, \mathcal{T}_p) \times \mathrm{Hom}(\mathcal{Q}_{q'}, \mathcal{U}) \to \overline{\mathfrak{N}}_{p,q}$$

を $\zeta_{p,q}(x;(f_1,f_2)) = (f_1,f_2)$ で定義すると，これは $\overline{\mathfrak{N}}_{p,q}$ の $K \times G$ 同変な特異点解消を与える．

12.6.3 等階数の場合 $(n = m)$

以下では等階数の場合として $n = m$ の場合を考えよう．この場合は退化域に入っているので，退化域において得られた結果はすべて成り立っている．ここでは，既に得られた結果に加えて零ファイバーの新たな見方を与える．

まずベクトル空間 $\mathbb{V} = V \oplus V^*$ に対称な双線型形式 (二次形式) $\langle\!\langle\ ,\ \rangle\!\rangle_+$ と交代的な双線型形式 (斜交形式) $\langle\!\langle\ ,\ \rangle\!\rangle_-$ を次のように定義しよう．まずどちらの双線型形式についても V および V^* の元は等方的であるとする．つまり

$$\langle\!\langle u, v \rangle\!\rangle_+ = \langle\!\langle u, v \rangle\!\rangle_- = 0 \ (u, v \in V), \quad \langle\!\langle \xi, \eta \rangle\!\rangle_+ = \langle\!\langle \xi, \eta \rangle\!\rangle_- = 0 \ (\xi, \eta \in V^*)$$

が成り立つとする．一方 $V^* \times V$ 上では自然な縮約を行う．

$$\langle\!\langle \xi, v \rangle\!\rangle_+ = \langle\!\langle \xi, v \rangle\!\rangle_- = \xi(v) \qquad (v \in V,\ \xi \in V^*)$$

あとは，この二つの双線型形式を対称，あるいは交代的に全体に拡張する．つまり $\boldsymbol{u}, \boldsymbol{v} \in \mathbb{V}$ に対して

$$\langle\!\langle \boldsymbol{u}, \boldsymbol{v} \rangle\!\rangle_+ = \langle\!\langle \boldsymbol{v}, \boldsymbol{u} \rangle\!\rangle_+ \quad \text{および} \quad \langle\!\langle \boldsymbol{u}, \boldsymbol{v} \rangle\!\rangle_- = -\langle\!\langle \boldsymbol{v}, \boldsymbol{u} \rangle\!\rangle_-$$

が成り立つように双線型に拡張する．もし $\mathbb{V} = \mathbb{C}^{2n}$ とみなせば，これは単に

$$\langle\!\langle \boldsymbol{u}, \boldsymbol{v} \rangle\!\rangle_+ = {}^t\boldsymbol{u}\Sigma_n\boldsymbol{v}, \qquad \Sigma_n = \begin{pmatrix} 0 & 1_n \\ 1_n & 0 \end{pmatrix} \qquad \text{および}$$

$$\langle\!\langle \boldsymbol{u}, \boldsymbol{v} \rangle\!\rangle_- = {}^t\boldsymbol{u}J_n\boldsymbol{v}, \qquad J_n = \begin{pmatrix} 0 & -1_n \\ 1_n & 0 \end{pmatrix}$$

で定義された双線型形式を考えるに過ぎない．

定義 12.52　部分空間 $\mathbb{U} \subset \mathbb{V}$ が対称形式 $\langle\!\langle,\rangle\!\rangle_+$ に関して**等方的** (isotropic) とは，任意の $u, v \in \mathbb{U}$ に対して $\langle\!\langle u, v \rangle\!\rangle_+ = 0$ が成り立つときにいう．交代形式 $\langle\!\langle,\rangle\!\rangle_-$ に関して等方的な部分空間もまったく同様に定義する．$\mathbb{U}$ が $\langle\!\langle,\rangle\!\rangle_+$ および $\langle\!\langle,\rangle\!\rangle_-$ に関して共に等方的であるとき**同時等方的**という．

演習 12.53　斜交形式 $\langle\!\langle,\rangle\!\rangle_-$ に関する極大等方的部分空間を $\mathbb{U}$ と書く[11]．次を示せ．

(1) $\dim \mathbb{U} = n$ は $\mathbb{V}$ の次元のちょうど半分である．
(2) ある極大等方的部分空間 $\mathbb{U}'$ が存在して，$\mathbb{V} = \mathbb{U} \oplus \mathbb{U}'$ が成り立つ．このような分解を**極分解** (polar decomposition) とよぶ．

対称形式 $\langle\!\langle,\rangle\!\rangle_+$ に関する極大等方的部分空間についてもまったく同じことが成り立つ[12]．

さて $\mathrm{Hom}(\mathcal{U}, V) \times \mathrm{Hom}(V, \mathcal{U}) = W$ であったが，$w = (f_1, f_2) \in W$ に対して

$$\mathbb{U}_w = \mathrm{Im}\, f_1 \oplus \mathrm{Im}\, f_2^* \tag{12.53}$$

とおこう．ただし $f_2^* : \mathcal{U}^* \to V^*$ は f_2 の**反傾写像** (contragredient) であって，

$$(f_2^*(\alpha))(v) = \alpha(f_2(v)) \qquad (\alpha \in \mathcal{U}^*, v \in V)$$

で定義されるものである．

補題 12.54　$w \in W$ に対して，$w \in \mathfrak{N}(W)$ であることと $\mathbb{U}_w$ が同時等方的な部分空間であることは同値である．

証明　$w = (f_1, f_2)$ と書いておく．このとき $\mathbb{U}_w$ が同時等方的であることと $\mathrm{Im}\, f_1 \oplus \mathrm{Im}\, f_2^*$ (直交直和) が同値であることは容易に確かめられる．ところが，任意の $\xi \in \mathcal{U}^*$ および $u \in \mathcal{U}$ に対して

$$f_2^*(\xi)(f_1(u)) = 0 \iff \xi(f_2 \circ f_1(u))$$

であるから，$\mathrm{Im}\, f_1 \oplus \mathrm{Im}\, f_2^*$ と $f_2 \circ f_1 = 0$ も同値である． □

---

[11] 極大等方的部分空間を**ラグランジュ部分空間** (Lagrangian subspace) ともいう．Lagrange, Joseph-Louis (1736–1813)．

[12] ここでは $\dim \mathbb{V} = 2n$ の時を考えているが，一般に奇数次元のベクトル空間上の非退化対称双線型形式に関する極大等方的部分空間はこのような性質を持っていない．例えば [39] を参照されたい．

$\mathfrak{N}_{p,q}$ $(p+q=n)$ を $\mathfrak{N}(W)$ の開軌道とする. このとき $w=(f_1,f_2)\in\mathfrak{N}_{p,q}$ に対して $\dim \mathbb{U}_w=n$ であり, $\mathbb{U}_w$ は対称形式についても交代形式についても極大等方的部分空間である. じつは極大同時等方部分空間はこの形で尽きる.

補題 12.55 $\mathbb{U}\subset\mathbb{V}$ を極大同時等方的部分空間とすると $\dim\mathbb{U}=n$ であり,
$$\mathbb{U}=(\mathbb{U}\cap V)\oplus(\mathbb{U}\cap V^*)$$
が成り立つ. したがって $\dim\mathbb{U}\cap V=p$, $\dim\mathbb{U}\cap V^*=q$ $(p+q=n)$ とおけば, ある $w\in\mathfrak{N}_{p,q}$ が存在して $\mathbb{U}=\mathbb{U}_w$ と表される.

証明 直和分解 $\mathbb{V}=V\oplus V^*$ に関する第 1 成分への射影を p_1, 第 2 成分への射影を p_2 と書こう. $\mathbb{E}=p_1(\mathbb{U})$ とおくと,
$$p_2(\mathbb{U})\subset\mathbb{E}^\perp=\{\xi\in V^*\mid\xi(v)=0\;(v\in\mathbb{E})\}$$
である. 実際, $\xi\in p_2(\mathbb{U})$ とすれば $u+\xi\in\mathbb{U}$ となるような $u\in V$ が存在する. 同様に任意の $v\in\mathbb{E}$ に対して, ある $\eta\in V^*$ があって, $v+\eta\in\mathbb{U}$ である. このとき
$$\langle\!\langle u+\xi,v+\eta\rangle\!\rangle_+=\xi(v)+\eta(u)=0$$
$$\langle\!\langle u+\xi,v+\eta\rangle\!\rangle_-=\xi(v)-\eta(u)=0$$
であることから, $\xi(v)=\eta(u)=0$ が従う. 特に $\xi\in\mathbb{E}^\perp$ である. したがって $\mathbb{U}\subset\mathbb{E}\oplus p_2(\mathbb{U})\subset\mathbb{E}\oplus\mathbb{E}^\perp$ であるが, $\mathbb{E}\oplus\mathbb{E}^\perp$ は明らかに同時等方的部分空間であるから, $\mathbb{U}$ の極大性より $\mathbb{U}=\mathbb{E}\oplus\mathbb{E}^\perp$ でなければならない. □

このようにして, $w\in\mathfrak{N}_{p,q}$ に対して, 極大同時等方的部分空間 $\mathbb{U}_w\in\mathrm{Grass}_n(\mathbb{V})$ が定まる. ここで $\mathbb{V}=V\oplus V^*$ は $2n$ 次元のベクトル空間であったことに注意しよう. $G=\mathrm{GL}(V)$ は $\mathbb{V}$ 上に自然表現とその反傾表現の直和として働いている. このとき
$$\mathcal{Z}_{p,q}=\{\mathbb{U}_w\mid w\in\mathfrak{N}_{p,q}\}\subset\mathrm{Grass}_n(\mathbb{V}) \qquad (12.54)$$
とおくと, 明らかに $\mathcal{Z}_{p,q}$ は一つの G 軌道から成る.

定理 12.56 $\mathcal{Z}_{p,q}$ はグラスマン多様体 $\mathrm{Grass}_n(\mathbb{V})$ の滑らかな閉部分多様体であり, したがって射影多様体である. さらに $\mathrm{Grass}_n(\mathbb{V})$ の中の極大同時等方的部分空間の全体は $\{\mathcal{Z}_{p,q}\mid 0\le p,q\le n,\;p+q=n\}$ の離散和であって, これらは零ファイバー $\mathfrak{N}(W)$ の既約成分と一対一に対応する.

証明 $\mathrm{Grass}_n(\mathbb{V})$ の中で極大同時等方的部分空間の全体を $\mathcal{Z}$ で表す. まず $\mathbb{V}$

の n 次元部分空間が等方的であるという条件は二次形式の零点として書けるので $\mathcal{Z}$ は閉集合である.さらに $\mathrm{Grass}_p(V) \times \mathrm{Grass}_q(V^*) \subset \mathrm{Grass}_n(\mathbb{V})$ は階数の条件で表すことができるので閉部分多様体である.したがって

$$\mathcal{Z}_{p,q} = \mathcal{Z} \cap \Big(\mathrm{Grass}_p(V) \times \mathrm{Grass}_q(V^*) \Big) \tag{12.55}$$

は閉部分多様体である.

次に $\mathbb{U} \in \mathcal{Z}_{p,q}$ として $\mathbb{U}_V = \mathbb{U} \cap V$, $\mathbb{U}_{V^*} = \mathbb{U} \cap V^*$ とおくと $\mathbb{U} = \mathbb{U}_V \oplus \mathbb{U}_{V^*}$ と直和分解するのであった.補題 12.55 の証明によって $\mathbb{U}_{V^*} = (\mathbb{U}_V)^\perp$ であったから $\mathbb{U}$ は $\mathbb{U}_V$ によって決まる.そこで $\mathbb{U} \in \mathcal{Z}_{p,q}$ に対して $\mathbb{U}_V$ を対応させる写像を

$$\alpha : \mathcal{Z}_{p,q} \to \mathrm{Grass}_p(V), \qquad \alpha(\mathbb{U}) = \mathbb{U}_V \tag{12.56}$$

としよう.この写像は (12.55) 式において $\mathrm{Grass}_p(V)$ の成分への射影に過ぎないが,$\mathcal{Z}_{p,q}$ においては同型射となり,$\mathcal{Z}_{p,q}$ は滑らかな代数多様体である. □

定理の主張にあるように $\mathcal{Z}_{p,q} \simeq \mathrm{Grass}_p(V)$ が成り立ち,写像 $\mathfrak{N}_{p,q} \ni w \mapsto \mathbb{U}_w \in \mathcal{Z}_{p,q}$ は §12.6.2 で考えたファイバー束の射影に自然に一致する.

章末問題

問題 12.1 V をベクトル空間,$X \subset V$ を既約なアフィン閉部分多様体とする.このとき零化イデアル $I = \mathbb{I}(X)$ は素イデアルである.さて I^∞ を漸近イデアルとし,さらに

$$I^\wedge = (f \in I \mid f \text{ は斉次})$$

とおく.$0 \notin X$ のとき,以下の主張を証明せよ.

(1) $I^\wedge$ は I に含まれる最大の斉次イデアルである.また $\mathbb{V}^p(I^\wedge) \subset \mathbb{P}(V)$ は $\overline{\pi(X)}$ に一致する.ただし $\pi : V \setminus \{0\} \to \mathbb{P}(V)$ は自然な射影である.

(2) $X^\infty \subset \overline{\pi(X)}$ を示せ.また $X^\infty \cap \pi(X) \neq \emptyset$ となるような例を挙げよ.

問題 12.2 一般に $\mathbb{Z}$ によって次数付けられたベクトル空間 V とは,直和分解 $V = \bigoplus_{k \in \mathbb{Z}} V_k$ が与えられているときに言う.V が次数付けられていることとトーラス $T = \mathbb{C}^\times$ の局所有限な表現が与えられていることは同値であることを示せ.このとき V_k を**ウェイト空間**とよぶ.

問題 12.3 M, N を $\mathbb{Z}$ によって次数付けられたベクトル空間とし,$\psi : M \to$

N を線型写像とする．このとき ψ が**次数写像** (degree preserving map) であるとは $\psi(M_k) \subset N_k$ となっているときに言う．問題 12.2 のようにトーラス $T = \mathbb{C}^\times$ の局所有限な表現を考えるとき，ψ が次数写像であることと T 同変写像であることは同値であることを示せ．

問題 12.4 L, M, N を $\mathbb{Z}$ によって次数付けられたベクトル空間とし，次数写像による完全系列
$$0 \to L \xrightarrow{\varphi} M \xrightarrow{\psi} N \to 0$$
が与えられているとする．このとき $P(M;t) = P(L;t) + P(N;t)$ であることを示せ．

問題 12.5 トーラス $T = \mathbb{C}^\times$ が $V = \mathbb{C}^2$ に $t \cdot (x,y) = (tx, t^{-1}y)$ $(t \in T)$ で作用しているとする．

(1) 不変式環は $\mathbb{C}[V]^T = \mathbb{C}[xy]$ で与えられることを示せ．

(2) 商写像と零ファイバーを求めよ．

(3) $\mathcal{H}_T$ をこの作用に関する調和多項式の空間とする．$\mathcal{H}_T$ を具体的に求め，$\mathbb{C}[V] = \mathcal{H}_T \otimes \mathbb{C}[V]^T$ が成り立つかどうか調べよ．[ヒント] ポアンカレ級数を利用するとよい．

(4) もっと一般に，整数 $a, b \in \mathbb{Z}$ に対して T の作用を $t \cdot (x,y) = (t^a x, t^b y)$ $(t \in T)$ で決めるとき，同じ問題を考えてみよ．

問題 12.6 $G = \mathrm{SO}_3(\mathbb{C})$ を 3 次の直交群とし，G の $V = \mathbb{C}^3$ への自然な行列の積としての作用を考える．

(1) 不変式環は $\mathbb{C}[V]^G = \mathbb{C}[x^2 + y^2 + z^2]$ で与えられることを示せ．

(2) 商写像と零ファイバーを求めよ．

(3) 零ファイバーは被約かつ既約であって，冪零 G 軌道は，自明な軌道 $\{0\}$ と $\mathfrak{N}_G \setminus \{0\}$ の 2 つであることを示せ．

(4) $G = \mathrm{SO}_n(\mathbb{C})$ に対して同じ問題を考えてみよ．

以下，$2n$ 次元ベクトル空間 $V = \mathbb{C}^{2n}$ と V 上の斜交形式 (非退化交代形式) $\langle u, v \rangle$ $(u, v \in V)$ を考える．

問題 12.7 $U \subset V$ を極大等方的部分空間とすると，ある極大等方的部分空間 $U' \subset V$ が存在して $V = U \oplus U'$ と極分解することを示せ．

問題 12.8　$G = \mathrm{Sp}(V)$ を斜交群とするとき，V の極分解には自然に $g \in G$ が $g \cdot (U \oplus U') = gU \oplus gU'$ として働く．このとき，一つの極分解 $V = U \oplus U'$ の固定部分群を K と書くと，$K \simeq \mathrm{GL}(U)$ であることを示せ．

問題 12.9　V の極分解全体に代数多様体の構造を入れて，それが $G/K \simeq \mathrm{Sp}_{2n}(\mathbb{C})/\mathrm{GL}_n(\mathbb{C})$ と同型であることを示せ．[ヒント] 章末問題 10.6 を参考にせよ．

問題 12.10　極分解 $V = U \oplus U'$ に対して $U \in \mathrm{Grass}_n(V)$ を対応させる写像は $G/K \to \mathrm{Grass}_n(V)$ を導く．この像は，V の極大等方的部分空間の全体であり，**ラグランジュ・グラスマン多様体** (Lagrangian Grassmannian) とよばれる．これを $\mathrm{LGrass}_n(V)$ で表そう．このとき，$\mathrm{LGrass}_n(V)$ は $G = \mathrm{Sp}(V)$ の部分旗多様体であることを示し，それを G/P (P は放物型部分群) の形に表せ．さらに射影 $G/K \to G/P$ により G/K は $\mathrm{LGrass}_n(V)$ 上のベクトル束と同型であることを示せ．

第 13 章

リー環の随伴商

G を $\mathbb{C}$ 上の簡約代数群 (連結性は仮定しない) とし，そのリー環を $\mathfrak{g}$ とする．この章では，G のリー環 $\mathfrak{g}$ への随伴作用に関するアフィン商写像 (不変写像) $\mathfrak{g} \to \mathfrak{g}//G$ のファイバーの構造について考察する．随伴作用の零ファイバーはちょうど冪零多様体に一致し，ジョルダン分解が大きな役割を果たすことになる．G のリー環 $\mathfrak{g}$ への作用は，とくに断らなければいつも随伴作用

$$G \times \mathfrak{g} \to \mathfrak{g}, \quad (g, X) \mapsto \mathrm{Ad}(g)X$$

を考える．また $\mathfrak{g}$ の半単純元全体の集合を $\mathfrak{g}^{\mathrm{ss}}$ で表し，冪零元全体の集合を $\mathcal{N}(\mathfrak{g})$ で表す．

13.1 カルタン部分環とその共役性

第 9 章では，代数群のリー環において，半単純元からなる極大な部分リー環を極大 s 部分環と定義した．しかし，簡約代数群のリー環の場合，極大 s 部分環は Chevalley が定義した，カルタン部分環とよばれる部分リー環に一致する (その理由は次の命題の後に説明する)．そこで，以後，簡約代数群のリー環 $\mathfrak{g}$ の極大 s 部分環を**カルタン部分環**とよぶことにする[1])．

定理 13.1 簡約代数群 G のリー環を $\mathfrak{g}$ とし，$\mathfrak{t}$ を $\mathfrak{g}$ のカルタン部分環 (= 極大 s 部分環) とする．
(1) $\mathfrak{z}_\mathfrak{g}(\mathfrak{t}) = \mathfrak{t}$ が成り立つ．
(2) $T = \exp \mathfrak{t}$ は G の極大トーラスである．
(3) G が連結ならば $T = Z_G(T) = Z_G(\mathfrak{t})$ が成り立つ．

証明 (1) 命題 10.18 により，$Z_G(\mathfrak{t})$ は簡約代数群であり，そのリー環 $\mathfrak{h} = \mathfrak{z}_\mathfrak{g}(\mathfrak{t}) =$

[1)] Cartan, Élie Joseph (1869–1951).

Lie($Z_G(\mathfrak{t})$) は簡約である. このとき, $\mathfrak{h} \supset \mathfrak{t}$ は明らかであるから, 逆の包含関係を示す.

任意の $x \in \mathfrak{h}$ をとり, そのジョルダン分解を $x = x_s + x_n$ とする. $\mathfrak{h}$ においてジョルダン分解は閉じているから $x_n \in \mathfrak{h}$ である. もし $x_n \neq 0$ なら $\mathfrak{h}$ が JM 条件をみたすので, $[h, x_n] = 2x_n$ となる半単純元 $h \in \mathfrak{h}$ が存在する. 半単純元 h が $\mathfrak{t}$ と可換であるから, $\mathfrak{t}$ の極大性によって $h \in \mathfrak{t}$ である. すると $0 = [h, x_n] = 2x_n$ となって矛盾. よって $x = x_s \in \mathfrak{h}$ は半単純かつ $\mathfrak{t}$ と可換である. 再び $\mathfrak{t}$ の極大性によって $x \in \mathfrak{t}$ である. これより $\mathfrak{h} \subset \mathfrak{t}$ を得る.

(2) これは一般の代数群に対して, 命題 9.46 で示されている.

(3) G が連結のときにはトーラスの中心化群は連結であったから, そのリー環を考えることで, (2) より, $Z_G(T) = Z_G(\mathfrak{t})$ は T に一致することがわかる. □

系 13.2 すべてのカルタン部分環は G の随伴作用によって共役である.

証明 系 11.40 によって G の極大トーラスはすべて共役であるが, カルタン部分環は極大トーラスのリー環であるから, やはり互いに共役である. □

$\mathfrak{g}$ のカルタン部分環 $\mathfrak{t}$ と線型形式 $\alpha \in \mathfrak{t}^*$ に対して, $\mathfrak{g}$ の部分空間 $\mathfrak{g}_\alpha$ を

$$\mathfrak{g}_\alpha = \{X \in \mathfrak{g} \mid [t, X] = \alpha(t)X \quad (t \in \mathfrak{t})\}$$

により定める. $\alpha \neq 0$ かつ $\mathfrak{g}_\alpha \neq \{0\}$ となる $\alpha \in \mathfrak{t}^*$ を $\mathfrak{g}$ のカルタン部分環 $\mathfrak{t}$ に関する**ルート** (root) という. ルート全体の集合を

$$\Delta(\mathfrak{g}, \mathfrak{t}) := \{\alpha \in \mathfrak{t}^* \setminus \{0\} \mid \mathfrak{g}_\alpha \neq \{0\}\}$$

と表し, $\mathfrak{g}$ のカルタン部分環 $\mathfrak{t}$ に関する**ルート系** (root system) という. $\mathrm{ad}(\mathfrak{t})$ は同時対角化可能であることから, 同時固有空間分解

$$\mathfrak{g} = \mathfrak{t} \oplus \left(\bigoplus_{\alpha \in \Delta(\mathfrak{g}, \mathfrak{t})} \mathfrak{g}_\alpha \right) \tag{13.1}$$

が得られる. これを $\mathfrak{g}$ の**ルート空間分解** (root space decomposition) とよぶ.

注意 13.3 Chevalley は一般のリー環 $\mathfrak{g}$ の部分リー環 $\mathfrak{h}$ が次の (1) および (2) を満たすとき, $\mathfrak{g}$ のカルタン部分環であると定義した.

(1) $\mathfrak{h}$ は冪零リー環である.

(2) $\mathfrak{h} = \mathfrak{n}_\mathfrak{g}(\mathfrak{h}) := \{x \in \mathfrak{g} \mid [x, \mathfrak{h}] \subset \mathfrak{h}\}$ が成り立つ.

我々は上の議論で, $\mathfrak{t}$ を簡約代数群 G のリー環 $\mathfrak{g}$ の極大 s 部分環として, ルート

空間分解 (13.1) を得た．この分解から $\mathfrak{t}$ が Chevalley 意味で $\mathfrak{g}$ のカルタン部分環になっていることは明らかであろう．

$\mathfrak{g}$ の半単純元全体の集合 $\mathfrak{g}^{\mathrm{ss}}$ が空でない開集合を含む，という重要な性質をみるために，カルタン部分環 $\mathfrak{t} \subset \mathfrak{g}$ の部分集合

$$\mathfrak{t}^{\mathrm{reg}} := \{t \in \mathfrak{t} \mid \text{任意の } \alpha \in \Delta(\mathfrak{g},\mathfrak{t}) \text{ に対して } \alpha(t) \neq 0\} \tag{13.2}$$

を考える．このとき，$\mathfrak{t}^{\mathrm{reg}}$ は $\mathfrak{t}$ の空でない開集合であって，次が成り立つ．

命題 13.4 $\mathrm{Ad}(G)\,\mathfrak{t}^{\mathrm{reg}}$ は $\mathfrak{g}$ の空でないザリスキ開集合を含む．

証明 正則写像

$$f: G \times \mathfrak{t}^{\mathrm{reg}} \to \mathfrak{g}, \qquad f(g,t) = \mathrm{Ad}(g)\,t$$

を考える．G の単位元を e と書くと，f の $(e,t) \in G \times \mathfrak{t}^{\mathrm{reg}}$ における微分は

$$d_{(e,t)}f: \mathfrak{g} \times \mathfrak{t} \to \mathfrak{g}, \qquad d_{(e,t)}f(y,x) = [y,t] + x$$

となり，その像は $\mathrm{Im}(d_{(e,t)}f) = [\mathfrak{g},t] + \mathfrak{t}$ である．$t \in \mathfrak{t}^{\mathrm{reg}}$ より $[\mathfrak{g},t] = \oplus_{\alpha \in \Delta(\mathfrak{g},\mathfrak{t})} \mathfrak{g}_\alpha$ だから $\mathrm{Im}(d_{(e,t)}f) = \mathfrak{g}$ が成り立つ．つまり $d_{(e,t)}f$ は全射である．附録の定理 16.30 より f は支配的であり，したがって定理 16.4 により，像 $f(G \times \mathfrak{t}^{\mathrm{reg}}) = \mathrm{Ad}(G)\,\mathfrak{t}^{\mathrm{reg}}$ は $\mathfrak{g}$ の空でない開集合を含む． $\square$

簡約リー環 $\mathfrak{g}$ のカルタン部分環は随伴作用によって互いに共役だから，その次元は一定であって，それは G の極大トーラスの次元でもある．この次元を $\mathfrak{g}$ (あるいは G) の **階数** (rank) とよび，$\mathrm{rank}\,\mathfrak{g}$ あるいは $\mathrm{rank}\,G$ で表す．

簡約代数群 G の次元を n として，$\mathrm{ad}(x)\ (x \in \mathfrak{g})$ の固有多項式を

$$\det(T 1_\mathfrak{g} - \mathrm{ad}(x)) = T^n + P_1(x)\,T^{n-1} + \cdots + P_n(x)$$

と書く．ただし $1_\mathfrak{g}$ は $\mathfrak{g}$ 上の恒等写像を表す．ここで P_j は x の多項式であって G の随伴作用によって不変である．つまり $P_j \in \mathbb{C}[\mathfrak{g}]^G$ が成り立つが，この T の多項式の (恒等的には) 0 でない最低次の係数を $P_{n-r} \neq 0$ とする．

$$\det(T 1_\mathfrak{g} - \mathrm{ad}(x)) = T^n + P_1(x)\,T^{n-1} + \cdots + P_{n-r}(x)\,T^r \tag{13.3}$$

定義 13.5 上の記号の下に
(1) $\mathfrak{g}$ の G 安定な空でない開集合 $\mathfrak{g}^{\mathrm{rs}}$ を

$$\mathfrak{g}^{\mathrm{rs}} := \{x \in \mathfrak{g} \mid P_{n-r}(x) \neq 0\}$$

により定める．

(2) $x \in \mathfrak{g}$ の軌道 $\mathrm{Ad}(G)x$ の次元がすべての G 軌道の中で最大になるとき，x を $\mathfrak{g}$ の**正則元** (regular elements) という．正則元全体の成す，空でない $\mathfrak{g}$ の開集合を $\mathfrak{g}^{\mathrm{reg}}$ で表す．

定理 13.6 上の記号のもとに，次が成り立つ．
(1) 式 (13.3) で決まる r は $\mathrm{rank}\,\mathfrak{g}$ に等しい．$(r = \mathrm{rank}\,\mathfrak{g})$
(2) $\mathfrak{t}$ を $\mathfrak{g}$ のカルタン部分環とするとき $\mathfrak{g}^{\mathrm{rs}} = \mathrm{Ad}(G)\,\mathfrak{t}^{\mathrm{reg}}$ が成り立つ．したがって右辺は $\mathfrak{g}$ の開集合である．
(3) $\mathcal{O} \in \mathfrak{g}/G$ を正則 G 軌道とすると
$$\dim \mathcal{O} = n - r = \dim G - \mathrm{rank}\,\mathfrak{g}$$
が成り立つ．
(4) $\mathfrak{g}^{\mathrm{reg}} \cap \mathfrak{g}^{\mathrm{ss}} = \mathfrak{g}^{\mathrm{rs}}$ が成り立つ．すなわち $\mathfrak{g}^{\mathrm{rs}}$ は正則半単純元の集合に一致する．

証明 任意の $x \in \mathfrak{g}^{\mathrm{rs}}$ をとり，そのジョルダン分解を $x = s + u$ とする．$s \in \mathfrak{t}$ となるカルタン部分環 $\mathfrak{t}$ をとり，$\ell = \dim \mathfrak{t} = \mathrm{rank}\,\mathfrak{g}$ とおく．
$$\alpha_1, \alpha_2, \cdots, \alpha_{n-\ell} \in \Delta(\mathfrak{g}, \mathfrak{t})$$
をルート全体の集合とする．ただし，もし $\dim \mathfrak{g}_{\alpha_j} \geq 2$ なら α_j は $\dim \mathfrak{g}_{\alpha_j}$ 回現れるものとする[2]．すると任意の $t \in \mathfrak{t}$ に対して，$\mathfrak{g}$ の適当な基底に関する $\mathrm{ad}(t)$ の対角行列表示は
$$\mathrm{ad}(t) = \mathrm{diag}(\alpha_1(t), \alpha_2(t), \cdots, \alpha_{n-\ell}(t), \overbrace{0, \cdots, 0}^{\ell})$$
となる．したがって
$$\det(T 1_{\mathfrak{g}} - \mathrm{ad}(t)) = \prod_{j=1}^{n-\ell} (T - \alpha_j(t)) \cdot T^{\ell}$$
$$= T^n + \cdots + (-1)^{n-\ell} \prod_{j=1}^{n-\ell} \alpha_j(t) T^{\ell}$$
となる．とくに，$t \in \mathfrak{t}^{\mathrm{reg}}$ とすれば $P_{n-\ell}(t) = (-1)^{n-\ell} \prod_{j=1}^{n-\ell} \alpha_j(t) \neq 0$ であって，$\ell \geq r$ を得る．また，$\mathrm{ad}(x) = \mathrm{ad}(s) + \mathrm{ad}(u)$ は $\mathfrak{gl}(\mathfrak{g})$ におけるジョルダン分解であるから $\mathrm{ad}(x)$ と $\mathrm{ad}(s)$ の固有多項式は一致して

---

[2] じつは各ルート α に対して $\dim \mathfrak{g}_{\alpha} = 1$ であることが知られているが，ここではその事実は必要がない．

$$\det(T1_{\mathfrak{g}} - \mathrm{ad}(x)) = \det(T1_{\mathfrak{g}} - \mathrm{ad}(s)) = T^n + \cdots + P_{n-\ell}(s)\, T^\ell,$$
$$P_{n-r}(s) = P_{n-r}(x) \neq 0$$

となる.ところが $s \in \mathfrak{t}$ であり,$j > n-\ell$ ならば $P_j(s) = 0$ なので $n - r \leq n - \ell$ である.よって $\mathrm{rank}\,\mathfrak{g} = \dim \mathfrak{t} = \ell = r$ となり (1) が示された.

上の議論より $x \in \mathfrak{g}^{\mathrm{rs}}$ に対して,その半単純成分 s は $\mathfrak{t}^{\mathrm{reg}}$ に属しており,x の冪零成分 u は s と可換であるから $u \in \mathfrak{z}_{\mathfrak{g}}(s) = \mathfrak{t}$ である.これより u は冪零かつ半単純となって $u = 0$ がわかる.よって $x = s \in \mathfrak{t}^{\mathrm{reg}} \subset \mathrm{Ad}(G)\,\mathfrak{t}^{\mathrm{reg}}$ となる.x は任意の $\mathfrak{g}^{\mathrm{rs}}$ の元であったから $\mathfrak{g}^{\mathrm{rs}} \subset \mathrm{Ad}(G)\,\mathfrak{t}^{\mathrm{reg}}$ を得る.既に示したように $\ell = r$ であるから,$\mathfrak{t}^{\mathrm{reg}} \subset \mathfrak{g}^{\mathrm{rs}}$ であって $\mathrm{Ad}(G) \cdot \mathfrak{t}^{\mathrm{reg}} = \mathfrak{g}^{\mathrm{rs}}$ となり,(2) を得る.

次に (3) を示す.$\mathfrak{g}^{\mathrm{rs}} = \mathrm{Ad}(G)\mathfrak{t}^{\mathrm{reg}}$ と $\mathfrak{g}^{\mathrm{reg}}$ は共に $\mathfrak{g}$ の空でない開集合であるから交わる.よって $z \in \mathfrak{t}^{\mathrm{reg}}$ の G 軌道 $\mathcal{O} = \mathrm{Ad}(G)z$ に対して (3) の等式を示せば十分であるが,その次元は

$$\dim \mathcal{O} = \dim \mathfrak{g} - \dim \mathfrak{z}_{\mathfrak{g}}(z) = \dim \mathfrak{g} - \dim \mathfrak{t} = \dim G - \mathrm{rank}\,\mathfrak{g}$$

と計算できる.

最後に (4) を示す.$\mathfrak{t}^{\mathrm{reg}}$ の元の G 軌道が正則であることは,今見たとおりであるから $\mathfrak{g}^{\mathrm{rs}} \subset \mathfrak{g}^{\mathrm{reg}} \cap \mathfrak{g}^{\mathrm{ss}}$ である.逆に $t \in \mathfrak{g}^{\mathrm{reg}} \cap \mathfrak{g}^{\mathrm{ss}}$ とする.t は半単純であるから,カルタン部分環 $\mathfrak{t}$ に含まれているとしてよい.もし $t \notin \mathfrak{t}^{\mathrm{reg}}$ なら上の対角行列表示より,$\dim \mathfrak{z}_{\mathfrak{g}}(t) > \dim \mathfrak{t}$ となる.これより

$$\dim \mathrm{Ad}(G)\, t = \dim \mathfrak{g} - \dim \mathfrak{z}_{\mathfrak{g}}(t) < \dim \mathfrak{g} - \dim \mathfrak{t} = \dim G - \mathrm{rank}\,\mathfrak{g}$$

となって矛盾,したがって $t \in \mathfrak{t}^{\mathrm{reg}}$ である. □

系 13.7 任意の $x \in \mathfrak{g}^{\mathrm{rs}}$ に対して $\mathfrak{z}_{\mathfrak{g}}(x)$ は $\mathfrak{g}$ のカルタン部分環である.特に半単純正則元 x を含む $\mathfrak{g}$ のカルタン部分環は唯一つである.

13.2 ワイル群と Chevalley の制限定理

$\mathfrak{g}$ のカルタン部分環 $\mathfrak{t} \subset \mathfrak{g}$ に対して,正規化群 $N_G(\mathfrak{t})$ の $\mathfrak{t}$ への作用は準同型 $N_G(\mathfrak{t}) \to \mathrm{GL}(\mathfrak{t})$ を定め,その核は中心化群 $Z_G(\mathfrak{t})$ であるから,$W_G(\mathfrak{t}) := N_G(\mathfrak{t})/Z_G(\mathfrak{t})$ は $\mathrm{GL}(\mathfrak{t})$ の部分群とみなすことができる.$W_G(\mathfrak{t})$ を $(G, \mathfrak{g})$ のカルタン部分環 $\mathfrak{t}$ に関する**ワイル群**という.定理 13.1 によって,ワイル群は極大トーラス $T = \exp \mathfrak{t}$ を用いて $N_G(T)/Z_G(T)$ あるいは $N_G(T)/T$ と定義してもよい.

しかし以下，我々は t 上の線型変換群としてワイル群を考える．命題 11.32 によって $W_G(\mathfrak{t})$ は有限群であることに注意する [3]．

定理 13.8 (Chevalley の制限定理) G を簡約代数群とし，$\mathfrak{g}$ をそのリー環とする．$\mathfrak{t}$ を $\mathfrak{g}$ のカルタン部分環，$W := W_G(\mathfrak{t})$ をワイル群とするとき，制限写像
$$\text{rest}: \mathbb{C}[\mathfrak{g}]^G \to \mathbb{C}[\mathfrak{t}]^W, \qquad f \mapsto f|_{\mathfrak{t}}$$
は環同型写像である．

Chevalley の制限定理を，制限写像 rest によって引き起こされる G 軌道と W 軌道の集合の間の写像を考察することで証明する．そのために，より一般的な設定で，不変式環の間の制限写像と軌道集合の間の写像の対応を見ておこう．

簡約代数群 G はアフィン多様体 X に作用しているとする．X の部分集合 $X^{G\text{-cl}}$ を
$$X^{G\text{-cl}} = \{x \in X \mid Gx \text{ は閉 } G \text{ 軌道}\}$$
により定める．$\pi = \pi_{(G,X)} : X \to X/\!/G$ をアフィン商写像とすれば，π は全射であって，π の各ファイバーは唯一つの閉 G 軌道を含むから，閉 G 軌道の集合 $X^{G\text{-cl}}/G$ から $X/\!/G$ への写像
$$X^{G\text{-cl}}/G \to X/\!/G, \qquad \mathcal{O} \mapsto \pi(\mathcal{O})$$
は全単射であって，$X/\!/G$ は閉軌道の集合と同一視できる．

次に，簡約閉部分群 $H \subset G$ が閉部分多様体 $Y \subset X$ に作用しているとすると，不変式環の間の制限写像
$$\text{rest}: \mathbb{C}[X]^G \to \mathbb{C}[Y]^H, \qquad f \mapsto f|_{Y}$$
を考えることができる．この制限写像に対応するアフィン商の間の写像を $\gamma : Y/\!/H \to X/\!/G$ と書くと，次の環の間の可換図式，および対応する多様体の間の可換図式が得られる．

$$\begin{array}{ccc} \mathbb{C}[Y] & \xleftarrow{\text{rest}} & \mathbb{C}[X] \\ \cup & & \cup \\ \mathbb{C}[Y]^H & \xleftarrow{\text{rest}} & \mathbb{C}[X]^G \end{array} \qquad \begin{array}{ccc} Y & \hookrightarrow & X \\ \pi_{(H,Y)} \downarrow & & \downarrow \pi_{(G,X)} \\ Y/\!/H & \xrightarrow{\gamma} & X/\!/G \end{array} \qquad (13.4)$$

---

[3] じつはワイル群は鏡映群，あるいはもっと一般に有限コクセター群であることが知られている．詳しくは [66] を参照してほしい．

γ を軌道集合の間の写像とみるために，写像

$$\begin{aligned}\gamma' : Y^{H\text{-cl}}/H &\longrightarrow X^{G\text{-cl}}/G \\ \mathcal{O} &\longmapsto [\overline{G \cdot \mathcal{O}} \text{ に含まれる唯一つの閉 } G \text{ 軌道}]\end{aligned} \quad (13.5)$$

を考える．ここで，$\mathcal{O} \in Y^{H\text{-cl}}/H$ に対して，$G \cdot \mathcal{O}$ は閉 G 軌道とは限らないことに注意する．このとき，次が成り立つ．

命題 13.9 次の図式は可換である．

$$\begin{array}{ccc} Y^{H\text{-cl}}/H & \xrightarrow{\gamma'} & X^{G\text{-cl}}/G \\ \downarrow & & \downarrow \\ Y/\!/H & \xrightarrow{\gamma} & X/\!/G \end{array}$$

ここに縦の写像はアフィン商写像により誘導される全単射である．したがって，不変式環の制限写像に対応する正則写像 γ は，式 (13.5) で定義された閉軌道の間の写像 γ' と同一視される．

証明 $\mathcal{O} = H \cdot y \in Y^{H\text{-cl}}/H$ ($y \in Y$) に対して，$y \in \overline{G \cdot \mathcal{O}}$ であるから，$\pi_{(G,X)}(\overline{G \cdot \mathcal{O}}) = \{\pi_{(G,X)}(y)\}$ (一点) である．これと (13.4) の右の図式は可換であることから，命題 13.9 の図式も可換であることが分かる． □

演習 13.10 (1) 群 $G = \mathrm{SL}_2(\mathbb{C})$ が $X = \mathbb{C}^2$ に行列の積で作用しているとき，極大トーラス $H = \{\mathrm{diag}(t, t^{-1}) \mid t \in \mathbb{C}^\times\}$ の閉軌道 $\mathcal{O}$ に対して $G \cdot \mathcal{O}$ がどうなるか調べよ．

(2) 群 $G = \mathrm{GL}_2(\mathbb{C})$ が 2 次正方行列の空間 $X = \mathrm{M}_2(\mathbb{C})$ に左からの積で作用しているとき，部分群 $H = \mathrm{SL}_2(\mathbb{C})$ の $x = 1_2$ (単位行列) を通る軌道 $\mathcal{O}_x$ は閉であるが，$G \cdot \mathcal{O}_x$ は開軌道であることを示せ．

さて，この節の初めの設定に戻ろう．すなわち，$(G, \mathfrak{g})$ を簡約群の随伴作用とし，$\mathfrak{t} \subset \mathfrak{g}$ をカルタン部分環とする．閉部分群 $N_G(\mathfrak{t})$ の作用によって $\mathfrak{t}$ は安定であるが，$Z_G(\mathfrak{t})$ は $\mathfrak{t}$ に自明に作用するから，作用 $(N_G(\mathfrak{t}), \mathfrak{t})$ は本質的にワイル群の作用 $(W_G(\mathfrak{t}), \mathfrak{t})$ に一致する．すでに注意したようにワイル群 $W_G(\mathfrak{t})$ は有限群であって，その軌道はすべて閉軌道である．

随伴作用の閉軌道について調べよう．

補題 13.11 任意の $t \in \mathfrak{g}^{\mathrm{rs}}$ に対して $\mathrm{Ad}(G)\, t$ は閉軌道である．つまり $\mathfrak{g}^{\mathrm{rs}} \subset$

$\mathfrak{g}^{G\text{-cl}}$ が成り立つ.

証明 $\mathrm{Ad}(G)x \subset \overline{\mathrm{Ad}(G)t}$ $(x \in \mathfrak{g})$ を閉軌道とする. x と t は任意の不変式で同じ値をとることと, $P_{n-r} \in \mathbb{C}[\mathfrak{g}]^G$ (定義 13.5) であることから, $P_{n-r}(x) = P_{n-r}(t) \neq 0$ である. したがって $x \in \mathfrak{g}^{\mathrm{reg}}$ となり, $\mathrm{Ad}(G)x$ と $\mathrm{Ad}(G)t$ は同じ次元を持つ. ゆえに $\mathrm{Ad}(G)x = \mathrm{Ad}(G)t$ は閉軌道である. □

以下, 制限写像

$$\mathrm{rest} : \mathbb{C}[\mathfrak{g}]^G \to \mathbb{C}[\mathfrak{t}]^{W_G(\mathfrak{t})}, \quad f \mapsto f|_{\mathfrak{t}}$$

が定めるアフィン商の間の正則写像を

$$\gamma : \mathfrak{t}//W_G(\mathfrak{t}) \to \mathfrak{g}//G \tag{13.6}$$

で表す.

補題 13.12 (1) $\mathcal{O} \in \mathfrak{g}/G$ が閉軌道なら, $\mathcal{O}$ は半単純軌道である.
(2) 写像 $\gamma : \mathfrak{t}//W_G(\mathfrak{t}) \to \mathfrak{g}//G$ は全射である.

証明 (1) 任意の閉軌道 $\mathcal{O} = \mathrm{Ad}(G)x \in \mathfrak{g}/G$ $(x \in \mathfrak{g})$ をとり, ジョルダン分解 $x = s + n$ を考える. ここで s は半単純, n は冪零であるが, $n \neq 0$ として矛盾を導こう. 命題 10.18 より $Z_G(s)$ は簡約だから, $\mathfrak{z}_\mathfrak{g}(s) = \mathrm{Lie}(Z_G(s))$ は JM 条件をみたす. したがって $\mathfrak{z}_\mathfrak{g}(s)$ の中に $\mathfrak{sl}_2$-triple (h, n, y) がとれる. 定理 6.29 (2) を用いて

$$\lim_{t \to \infty} \mathrm{Ad}(\exp(-th))x = \lim_{t \to \infty}(s + \mathrm{Ad}(\exp(-th))n) = \lim_{t \to \infty}(s + e^{-2t}n) = s$$

が分かる. これより $s \in \overline{\mathrm{Ad}(G)x} = \mathrm{Ad}(G)x$ であり, x は半単純であって $n = 0$ となり, 矛盾である. よって $x = s$ は半単純であって, (1) が示された.
次に (2) を示す. 閉軌道 $\mathcal{O} = \mathrm{Ad}(G)x$ をとると (1) より x は半単純であるから, G による共役をとることで $x \in \mathfrak{t}$ としてよい. すると命題 13.9 より

$$\gamma(W_G(\mathfrak{t})x) = \left(\overline{\mathrm{Ad}(G)x} \text{ に含まれる唯一つの閉 } G \text{ 軌道}\right) \tag{13.7}$$
$$= \mathrm{Ad}(G)x = \mathcal{O}$$

が分かり, γ は全射である. □

アフィン商写像 $\pi_{(W_G(\mathfrak{t}),\mathfrak{t})} : \mathfrak{t} \to \mathfrak{t}//W_G(\mathfrak{t})$ は $W_G(\mathfrak{t})$ 安定な開集合を開集合に写すから $\pi_{(W_G(\mathfrak{t}),\mathfrak{t})}(\mathfrak{t}^{\mathrm{reg}})$ は $\mathfrak{t}//W_G(\mathfrak{t})$ の開集合である. この開集合を $\mathfrak{t}^{\mathrm{reg}}//W_G(\mathfrak{t}) =$

$\pi_{(W_G(\mathfrak{t}),\mathfrak{t})}(\mathfrak{t}^{\mathrm{reg}})$ で表す.

補題 13.13 開集合 $\mathfrak{t}^{\mathrm{reg}}//W_G(\mathfrak{t})$ への γ の制限

$$\gamma : \mathfrak{t}^{\mathrm{reg}}//W_G(\mathfrak{t}) \to \mathfrak{g}//G$$

は単射である. したがって γ は双有理的である (系 16.13).

証明 単射性を示すため, $\gamma(W_G(\mathfrak{t}) \cdot x) = \gamma(W_G(\mathfrak{t}) \cdot y)$ $(x, y \in \mathfrak{t}^{\mathrm{reg}})$ とする. x, y の G 軌道は閉であるから (補題 13.11), γ の記述 (13.7) によって $\mathrm{Ad}(G)x = \mathrm{Ad}(G)y$ である. よって $y = \mathrm{Ad}(g)x$ となる $g \in G$ が存在する.

$$\mathfrak{t} = \mathfrak{z}_{\mathfrak{g}}(y) = \mathfrak{z}_{\mathfrak{g}}(g \cdot x) = g \cdot \mathfrak{z}_{\mathfrak{g}}(x) = g \cdot \mathfrak{t}.$$

より $g \in N_G(\mathfrak{t})$ であり, x, y は $W_G(\mathfrak{t})$ で共役である. □

以上により, γ は双有理的な全射であることが示された. 一方, 随伴商 $\mathfrak{g}//G$ は正規代数多様体である. もっと一般に, 次の補題が成り立つ.

補題 13.14 既約アフィン代数多様体 X に簡約代数群 G が作用しているとする. このとき, X が正規代数多様体であれば, アフィン商 $X//G$ も正規である.

証明 $A = \mathbb{C}[X]^G$ を不変式環として, A の商体を $Q(A)$ と書く. $f \in Q(A)$ が A 上整であるとすると A を係数とするモニックな多項式の根である. つまり

$$f^N + a_{N-1}f^{N-1} + \cdots + a_1 f + a_0 = 0 \qquad (a_i \in A)$$

が成り立つ. ところが $a_i \in \mathbb{C}[X]$ であり, f は商体 $Q(\mathbb{C}[X])$ の元でもあるから, X の正規性より $f \in \mathbb{C}[X] \cap Q(A) = \mathbb{C}[X]^G$ である. これは $X//G$ が正規であることを意味する. □

この補題から $\mathfrak{g}//G$ が正規多様体であることが分かったが, 次の補題が Chevalley の定理の証明にとっての最後の鍵である.

補題 13.15 $\phi : X \to Y$ を既約アフィン代数多様体の間の全射正則写像とし, Y は正規代数多様体とする. 有理関数 $f = h/g$ $(g, h \in \mathbb{C}[Y])$ が $\phi^*(f) = f \circ \phi \in \mathbb{C}[X]$ を満たしていれば $f \in \mathbb{C}[Y]$ である.

証明 任意の余次元 1 の既約閉部分多様体 $Z \subset Y$ をとり, $I := I(Z)$ を Z の定義イデアル, $\mathbb{C}[Y]$ の素イデアル I に関する局所化を $\mathbb{C}[Y]_I$ と書く. $\mathbb{C}[Y]_I$ は

$\mathfrak{m} := \mathbb{C}[Y]_I I$ を唯一つの極大イデアルにもつクルル次元 1 の局所環である．$\mathbb{C}[Y]$ は正規であるから $\mathbb{C}[Y]_I$ も正規である．したがって [63, 命題 5.4] によって [4]，$\mathfrak{m}$ は単項イデアルであり，その生成元を u ($\mathfrak{m} = \mathbb{C}[Y]_I u$) とすれば，$\mathbb{C}[Y]_I$ には u によって離散付値が入り，$g, h \in \mathbb{C}[Y]_I$ は

$$g = g_0 u^p, \quad h = h_0 u^q \quad (g_0, h_0 \in \mathbb{C}[Y]_I \setminus \mathfrak{m}, \ p, q \geq 0)$$

と分解される．これより

$$f = h/g = \frac{h_0}{g_0} u^{q-p}, \quad g_0 u^{p-q} f = h_0$$

である．$h_0 \in \mathbb{C}[Y]_I \setminus \mathfrak{m}$ より $h_0(z) \neq 0$ となる $z \in Z$ が存在するが，もし $q - p < 0$ なら，ϕ は全射であるから $\phi(x) = z$ となる $x \in X$ をとれば，

$$0 = g_0(z)\, u(z)^{p-q}\, f(\phi(x)) = h_0(z) \neq 0$$

となり矛盾．したがって $q - p \geq 0$，$f = \frac{h_0}{g_0} u^{q-p} \in \mathbb{C}[Y]_I$ となる．これより

$$f \in \bigcap_I \mathbb{C}[Y]_I$$

である．ここに I は Y のすべての余次元 1 の既約閉部分多様体の定義イデアルを渡る．$\mathbb{C}[Y]$ は正規であるから，$\mathbb{C}[Y] = \bigcap_I \mathbb{C}[Y]_I$ となって ([68, 定理 11.5])，$f \in \mathbb{C}[Y]$ を得る． □

証明 [Chevalley の定理 13.8 の証明] アフィン商を $X = \mathfrak{t}//W_G(\mathfrak{t})$，$Y = \mathfrak{g}//G$ とおいて，$\gamma : X \to Y$ を制限によって誘導される正則写像 (13.6) とする．補題 13.13 により γ は双有理的であるから，有理関数体に誘導される写像 $\gamma^* : \mathbb{C}(Y) \to \mathbb{C}(X)$ は体の同型写像である．一方，関数環 (不変式環) 上に誘導される環準同型 $\gamma^* : \mathbb{C}[Y] \to \mathbb{C}[X]$ を考えると，これは補題 13.12 (2) より単射であって，補題 13.15 より全射である．したがって rest $= \gamma^*$ は環の同型である． □

Chevalley の定理 13.8 の応用として，次を示そう．

定理 13.16 軌道 $\mathcal{O} \in \mathfrak{g}/G$ について，次が成り立つ．
(1) $\mathcal{O}$ が半単純軌道であることと，閉軌道であることは同値である．
(2) $\mathcal{O} = G \cdot x$ ($x \in \mathfrak{g}$) とし，x のジョルダン分解を $x = s + n$ (s は半単純，n

---

[4] 1 次元ネーター局所整域 A の極大イデアルを $\mathfrak{m}$ とするとき，A が正規であること，A がその商体の離散付値環であること，$\mathfrak{m}$ が単項イデアルであることはすべて同値である．

は冪零) とする．このとき，半半純軌道 $G \cdot s$ は $\overline{\mathcal{O}}$ に含まれる唯 1 つの閉軌道である．

証明 (1) 閉軌道が半単純軌道であることは，既に補題 13.12 (1) で見たので，逆を示す．半単純軌道を $\mathcal{O} = G \cdot x$ とし，その閉包に含まれる唯一つの閉 G 軌道を $G \cdot y$ とする．すると $G \cdot y$ も半単純軌道であるから，必要ならば x, y を G による共役で置き換えて，x, y は共に $\mathfrak{g}$ のカルタン部分環 $\mathfrak{t}$ に含まれるとしてよい．もし $W_G(\mathfrak{t}) \cdot x \neq W_G(\mathfrak{t}) \cdot y$ なら不変式 $f \in \mathbb{C}[\mathfrak{t}]^{W_G(\mathfrak{t})}$ で $f(x) \neq f(y)$ となるものがとれる．一方，Chevalley の定理より $F|_\mathfrak{t} = f$ となる $F \in \mathbb{C}[\mathfrak{g}]^G$ が存在する．$G \cdot y \subset \overline{G \cdot x}$ であるから $F(x) = F(y)$ でなくてはならないが，$F(x) = f(x) \neq f(y) = F(y)$ であるから矛盾である．ゆえに $W_G(\mathfrak{t}) \cdot x = W_G(\mathfrak{t}) \cdot y$ となって $G \cdot x = G \cdot y$ を得る．よって (1) が示された．

次に (2) を示す．$G \cdot s \subset \overline{G \cdot x}$ となることは，やはり補題 13.12 の証明で示されている．半単純軌道 $G \cdot s$ は閉軌道であるから，(2) が従う． □

13.3 冪零軌道の個数の有限性

$\mathfrak{g}$ の冪零元全体の成す閉部分多様体を $\mathcal{N}(\mathfrak{g})$ で表し，$\mathfrak{g}$ の**冪零多様体**というのであった．この節では，冪零軌道の個数が有限であることを示す．そのために，$\mathfrak{g}$ の $\mathfrak{sl}_2$-triple 全体の集合

$$\mathrm{TDS}(\mathfrak{g}) := \{(h, x, y) \in \mathfrak{g}^3 \setminus \{0\} \mid [h, x] = 2x, [h, y] = -2y, [x, y] = h\}$$

を考えよう．$\mathfrak{sl}_2$-triple の 3 つ組には自然に G が随伴作用で働いているが，その作用による共役類 $\mathrm{TDS}(\mathfrak{g})/G$ と冪零軌道 $\mathcal{N}(\mathfrak{g})/G$ の対応を考えよう．

定理 13.17 写像

$$\mathrm{TDS}(\mathfrak{g})/G \to (\mathcal{N}(\mathfrak{g}) \setminus \{0\})/G, \quad G \cdot (h, x, y) \mapsto G \cdot x$$

は全単射である．

定理の証明のために，まず次の補題を用意する．

補題 13.18 $(h, x, y), (h, x, y') \in \mathrm{TDS}(\mathfrak{g})$ とすれば $y = y'$ が成り立つ．

証明 仮定より $[x, y' - y] = h - h = 0$ が成り立つ．$S := \mathbb{C}h + \mathbb{C}x + \mathbb{C}y$ とおいて，随伴表現により $\mathfrak{g}$ を S 加群とみると，$\mathfrak{sl}_2$ の表現論より

$$\{A \in \mathfrak{g} \mid \mathrm{ad}(h)A = -2A, \ \mathrm{ad}(x)A = 0\} = \{0\}$$

が分かる[5]．$y'-y$ はこの集合に含まれるから，$y'-y=0$ である． □

証明 [定理 13.17 の証明] Jacobson-Morozov の定理より，対応 $\mathrm{TDS}(\mathfrak{g}) \ni (x,y,z) \mapsto x \in \mathcal{N}(\mathfrak{g})$ は全射である．したがって，その共役類の間の対応もまた全射であることがわかる．そこで，以下，この対応が単射であることを示そう．それには，上の補題より，同じ冪零元 $x \in \mathcal{N}(\mathfrak{g}) \setminus \{0\}$ を第 2 成分にもつ 2 つの $\mathfrak{sl}_2$-triple $(h,x,y), (h',x,y')$ に対して $h' = g \cdot h$ となる $g \in Z_G(x)$ が存在することを示せば十分である．

関係式 $[h,x] = 2x$ より，$\mathfrak{z}_\mathfrak{g}(x)$ は $\mathrm{ad}(h)$ の作用で安定であることが容易に分かる．そこで $\mathrm{ad}(h)$ の固有空間を

$$\mathfrak{z}_i^x = \{A \in \mathfrak{z}_\mathfrak{g}(x) \mid \mathrm{ad}(h)\, A = iA\} \qquad (i \in \mathbb{Z})$$

とおけば，$\mathfrak{sl}_2$ の表現論より

$$\mathfrak{z}_\mathfrak{g}(x) = \bigoplus_{i \geq 0} \mathfrak{z}_i^x, \qquad \mathfrak{z}_\mathfrak{g}(x) \cap [x,\mathfrak{g}] = \bigoplus_{i > 0} \mathfrak{z}_i^x$$

が成り立つ (最高ウェイトは非負整数)．そこで，

$$\mathfrak{z}_+^x := \bigoplus_{i>0} \mathfrak{z}_i^x = \mathfrak{z}_\mathfrak{g}(x) \cap [x,\mathfrak{g}]$$

とおく．さらに $H := h' - h$ とおけば，明らかに $H \in \mathfrak{z}_+^x$ である．一方 $[\mathfrak{z}_i^x, \mathfrak{z}_j^x] \subset \mathfrak{z}_{i+j}^x$ より，$\mathfrak{z}_+^x$ は冪零リー環である．したがって，$\mathrm{ad}(\mathfrak{z}_+^x)$ は $\mathfrak{g}$ の適当な基底に関して，対角成分が 0 の上半三角行列の集合に含まれる (定理 7.3)．これより $U := \exp(\mathrm{ad}(\mathfrak{z}_+^x))$ は冪単代数群となる (命題 9.14 および定理 9.15 参照)．また，$[h,\mathfrak{z}_+^x] \subset \mathfrak{z}_+^x$ より $U \cdot h \subset h + \mathfrak{z}_+^x$ が成り立つが，じつは等号 $U \cdot h = h + \mathfrak{z}_+^x$ が成り立っていることを示そう．これが分かれば，$h' = h + H \in h + \mathfrak{z}_+^x = U \cdot h$ と $U \subset \exp(\mathrm{ad}(\mathfrak{z}_\mathfrak{g}(x))) \subset \mathrm{Ad}(Z_G(x))$ から，$h' = g \cdot h$ となるような $g \in Z_G(x)$ が存在することになる．

まず，U が冪単であるから，定理 9.17 によって $U \cdot h$ は $h + \mathfrak{z}_+^x$ の閉集合である．次に，写像 $\pi : U \to h + \mathfrak{z}_+^x$, $\pi(g) = g \cdot h$ $(g \in U)$ を考える．この写像の単位元 e における微分は $d\pi_e(X) = [X,h]$ $(X \in \mathfrak{z}_+^x)$ であり，$\mathrm{Im}\, d\pi_e = [\mathfrak{z}_+^x, h] = \mathfrak{z}_+^x$ となる．したがって $d\pi_e$ は全射であり，$\pi(U) = U \cdot h$ は $h + \mathfrak{z}_+^x$ の稠密開集合を含

---

[5] 最高ウェイトは正であるから，ウェイトが -2 の空間には最高ウェイトベクトルはゼロ以外に存在しない．

む (定理 16.30). $U \cdot h$ は閉集合でもあるから, $U \cdot h = h + \mathfrak{z}_+^x$ である. □

$\mathfrak{sl}_2$-triple TDS($\mathfrak{g}$) に属する 3 つ組 (h, x, y) は $\mathfrak{sl}_2$ から $\mathfrak{g}$ への単射準同型を定めるが, 上の定理は, 要するに, リー環の準同型 $\mathfrak{sl}_2 \hookrightarrow \mathfrak{g}$ の G 共役類 (つまり, "本質的な" 埋め込み方) が $\mathfrak{g}$ のゼロでない冪零軌道と一対一に対応していることを述べており, この認識は重要である.

さて, 冪零軌道の有限性を証明するためのキーポイントは, この $\mathfrak{sl}_2$-triple との対応を用いて, 問題を冪零軌道から半単純軌道へと還元するところにある. そのためにまず補題を準備しよう.

補題 13.19 対応

$$\text{TDS}(\mathfrak{g})/G \to \mathfrak{g}^{\text{ss}}/G, \quad G \cdot (h, x, y) \mapsto G \cdot h$$

は単射である.

証明 $(h, x, y), (h, x', y') \in \text{TDS}(\mathfrak{g})$ のとき, x と x' が $Z_G(h)$ の作用で共役であることを示せばよい.

$$\mathfrak{g}_0 := \mathfrak{z}_\mathfrak{g}(h), \quad \mathfrak{g}_2 := \{A \in \mathfrak{g} \mid [h, A] = 2A\}$$

とおけば $[\mathfrak{g}_0, \mathfrak{g}_2] \subset \mathfrak{g}_2$ である.

$$V := \{A \in \mathfrak{g}_2 \mid [\mathfrak{g}_0, A] = \mathfrak{g}_2\}$$

とおく. $\mathfrak{sl}_2$-triple の定義より $x, x' \in V$ であるから, V は $\mathfrak{g}_2$ の空でない開集合である. V が $Z_G(h)$ の作用で安定であることは容易に分かるが, 補題を示すには, V が 1 つの $Z_G(h)$ 軌道をなすことを示せば十分である. $A \in V$ に対して $Z_G(h) \cdot A$ の接空間は $[\mathfrak{z}_\mathfrak{g}(h), A] = [\mathfrak{g}_0, A] = \mathfrak{g}_2$ である. ゆえに $Z_G(h) \cdot A$ は $\mathfrak{g}_2$ の開集合である. 特に $Z_G(h) \cdot x, Z_G(h) \cdot x'$ はともに開集合であるから交わり, $x' = g \cdot x$ となる $g \in Z_G(h)$ が存在する. □

以上の議論をもとに, $\mathfrak{g}$ の冪零軌道の個数は有限であることを示す.

定理 13.20 $\mathfrak{g}$ の冪零 G 軌道の個数は有限である.

証明 リー環 $\mathfrak{g}$ のカルタン部分環を $\mathfrak{t}$ とすれば, 今までの議論より

$$(\mathcal{N}(\mathfrak{g}) \setminus \{0\})/G \simeq \text{TDS}(\mathfrak{g})/G \hookrightarrow \mathfrak{g}^{\text{ss}}/G \simeq \mathfrak{t}/W_G(\mathfrak{t})$$

である. よって, $\mathfrak{sl}_2$-triple の第 1 成分になり得る $h \in \mathfrak{t}$ の個数が有限であるこ

とを示せば十分である．半単純元 $h \in \mathfrak{t}$ が $\mathfrak{sl}_2$-triple の第 1 成分であるとすると，$\mathfrak{sl}_2$ の表現論より，任意のルート $\alpha \in \Delta(\mathfrak{g}, \mathfrak{t})$ に対して $\alpha(h) \in \mathbb{Z}$ かつ $|\alpha(h)| \leq \dim \mathfrak{g} - 1$ であって[6]，$\mathfrak{sl}_2$-triple の第 1 成分になり得る $h \in \mathfrak{t}$ は

$$\left\{ h \in \mathfrak{t} \cap [\mathfrak{g}, \mathfrak{g}] \;\middle|\; \alpha(h) \in \mathbb{Z} \text{ かつ } |\alpha(h)| \leq \dim \mathfrak{g} - 1 \; (\forall \alpha \in \Delta(\mathfrak{g}, \mathfrak{t})) \right\}$$

に含まれる．写像 $\mathrm{ad}|_{\mathfrak{t} \cap [\mathfrak{g},\mathfrak{g}]} : \mathfrak{t} \cap [\mathfrak{g}, \mathfrak{g}] \to \mathfrak{gl}(\mathfrak{g})$ は単射であり，$h \in \mathfrak{t} \cap [\mathfrak{g}, \mathfrak{g}]$ の像 $\mathrm{ad}(h)$ はルートの値のみで決まるから，この集合は有限集合である． □

補題 13.19 と定理 13.20 により，冪零軌道は $\mathfrak{sl}_2$-triple における半単純元 h を通る半単純軌道によって分類されることが分かる．この半単純元 h を冪零軌道の**特性半単純元**とよぶ[7]．

注意 13.21 ルート系を知っている人への注意．冪零軌道 $\mathcal{O}$ に対して，その特性元 $h \in \mathfrak{t}$ のワイル群による共役類が決まるのであった．ルート系 $\Delta = \Delta(\mathfrak{g}, \mathfrak{t})$ の正ルート系 Δ^+ を一つ選ぶと，h のワイル群による共役をとることで $\alpha(h)$ ($\alpha \in \Delta^+$) がすべて非負整数であるようにすることができる．正ルートに含まれる単純ルートを $\{\alpha_i\}_{i=1}^r$ とすると，じつは $\alpha_i(h) = 0, 1, 2$ の可能性しかなく，この値によって冪零軌道 $\mathcal{O}$ は分類される．Dynkin 図形の頂点である単純ルートの位置に，対応する値 $\alpha_i(h) = 0, 1, 2$ を書き込んだ**重み付き Dynkin 図形** (weighted Dynkin diagram) によって冪零軌道を特定することができる．この方法は簡便であるので，冪零軌道の記述にしばしば重み付き Dynkin 図形が用いられる ([4, § 3.5])．

13.4 不変写像のファイバー

不変式環の埋め込み $\mathbb{C}[\mathfrak{g}]^G \hookrightarrow \mathbb{C}[\mathfrak{g}]$ に対応するアフィン商写像を $\pi : \mathfrak{g} \to \mathfrak{g}//G$ とする．この写像は G の $\mathfrak{g}$ への随伴作用に関する**不変写像**とよばれる．$\mathfrak{t}$ を $\mathfrak{g}$ のカルタン部分環とすれば，Chevalley の定理により，

---

[6] 最高ウェイトは次元を越えない．

[7] この定理の証明のように $\mathfrak{sl}_2$-triple と特性半単純元を用いた冪零軌道の有限性の証明は Kostant [17, 18] による．$\mathfrak{sl}_2$-triple の共役類の分類自身はすでに Dynkin [8] によってなされていたから，冪零軌道の分類も Dynkin によってできていたとも言える．他に Richardson [31] による冪零軌道の有限性の別証明もある．Kostant, Bertram (1928–); Dynkin, Eugene Borisovich (1924–2014); Richardson, Roger Wolcott (1930–1993).

$$\mathbb{C}[\mathfrak{g}]^G \simeq \mathbb{C}[\mathfrak{t}]^{W_G(\mathfrak{t})}$$

であるが，$W_G(\mathfrak{t})$ が有限群であるから

$$\dim(\mathfrak{t}//W_G(\mathfrak{t})) = \dim \mathfrak{t} = \operatorname{rank} \mathfrak{g}$$

である．したがって，$\mathfrak{g}//G = \operatorname{Spec} \mathbb{C}[\mathfrak{g}]^G$ は次元 $\operatorname{rank} \mathfrak{g}$ のアフィン代数多様体である．この節では，不変写像 π のファイバーの構造について考えよう．

命題 13.22 簡約代数群 G のリー環を $\mathfrak{g}$ とする．
(1) $x \in \mathfrak{g}$ に対して，x が冪零であることと，$0 \in \overline{G \cdot x}$ となることは同値である．
(2) 不変写像 $\pi : \mathfrak{g} \to \mathfrak{g}//G$ の零ファイバー $\pi^{-1}(\pi(0))$ は冪零多様体 $\mathcal{N}(\mathfrak{g})$ に一致する．

証明 (1) G は $\operatorname{GL}_n(\mathbb{C})$ の部分群であるとしてよい．$x \in \mathfrak{g} \setminus \{0\}$ が冪零であるとして，x を含む $\mathfrak{g}$ の $\mathfrak{sl}_2$-triple (h, x, y) をとる．任意の $t \in \mathbb{R}$ に対して $\exp(th) \in G$ であって，

$$\lim_{t \to \infty} \operatorname{Ad}(\exp(-th)) \cdot x = \lim_{t \to \infty} e^{-2t} x = 0$$

が成り立つ．よって $0 \in \overline{G \cdot x}$ である．

逆に $0 \in \overline{G \cdot x}$ であるとする．n 次行列 $X \in \mathfrak{g}$ の固有多項式

$$\det(T 1_n - X) = T^n + P_1(X) T^{n-1} + \cdots + P_n(X), \quad (X \in \mathfrak{g})$$

によって $P_j \in \mathbb{C}[\mathfrak{g}]^G$ を定めると，0 が軌道 $G \cdot x$ の閉包に属することから $P_j(x) = P_j(0) = 0$ $(1 \leq j \leq n)$ となる．よって x の固有多項式は T^n となり，x は冪零である．

(2) 上の設定と記号を引き続き使用する．$x \in \pi^{-1}(\pi(0))$ ならば，やはり任意の j に対して $P_j(x) = P_j(0) = 0$ となる．よって $x \in \mathcal{N}(\mathfrak{g})$ である．

逆に $x \in \mathcal{N}(\mathfrak{g})$ ならば (1) によって，$0 \in \overline{G \cdot x}$ であるが，不変式 $f \in \mathbb{C}[\mathfrak{g}]^G$ は $\overline{G \cdot x}$ 上，定数関数となるから，$f(0) = f(x)$ である．これは $x \in \pi^{-1}(\pi(0))$ を意味する． □

定理 13.23 冪零多様体 $\mathcal{N}(\mathfrak{g})$ について，次が成り立つ．
(1) $\mathcal{N}(\mathfrak{g})$ は次元 $\dim \mathcal{N}(\mathfrak{g}) = \dim \mathfrak{g} - \operatorname{rank} \mathfrak{g}$ の既約代数多様体であり，その定義方程式は，次数が正の斉次 G 不変式で与えられる．
(2) $\mathcal{N}(\mathfrak{g})$ は唯一つの正則 G 軌道を含み，その正則 G 軌道の閉包は $\mathcal{N}(\mathfrak{g})$ に一致する．

証明 まず $\mathcal{N}(\mathfrak{g})$ が既約であることを示す．ボレル部分環 $\mathfrak{b} \subset \mathfrak{g}$ をとり，その冪単根基のリー環を $\mathfrak{n} = \mathrm{rad}_u(\mathfrak{b})$ とおく．単位元の連結成分 G° に対して，$G^\circ \mathfrak{n} = \mathcal{N}(\mathfrak{g})$ を示そう．これが示されれば，既約多様体 $G^\circ \times \mathfrak{n}$ の像として，$\mathcal{N}(\mathfrak{g})$ が既約になることがわかる．

任意の $x \in \mathcal{N}(\mathfrak{g})$ をとる．$x \in \mathfrak{b}'$ となるボレル部分環 $\mathfrak{b}'$ をとれば，ボレル部分環の共役性より，$g\mathfrak{b} = \mathfrak{b}'$ となる $g \in G^\circ$ がとれる．すると，$g^{-1}x \in \mathfrak{b}$ であるが，可解群のリー環 $\mathfrak{b}$ に対して，$\mathfrak{n} = \mathrm{rad}_u(\mathfrak{b}) = \mathcal{N}(\mathfrak{b})$ が成り立つ（演習 10.4）から，$g^{-1}x \in \mathfrak{n}$ となり，$\mathcal{N}(\mathfrak{g}) \subset G^\circ \mathfrak{n}$ を得る．$\mathfrak{n} = \mathcal{N}(\mathfrak{b}) \subset \mathcal{N}(\mathfrak{g})$ であるから，逆の包含関係は明らかである．以上で $G^\circ \mathfrak{n} = \mathcal{N}(\mathfrak{g})$ が示された．

以下，残りの主張を証明する．$\mathcal{O} \subset \mathcal{N}(\mathfrak{g})$ を最大次元の G 軌道とする．軌道の個数の有限性より $\dim \mathcal{O} = \dim \mathcal{N}(\mathfrak{g})$ である．正則軌道の次元が $n - r = \dim \mathfrak{g} - \mathrm{rank}\,\mathfrak{g}$ であるから $\dim \mathcal{N}(\mathfrak{g}) \leq n - r$ である．一方，$\mathcal{N}(\mathfrak{g})$ はアフィン商写像 $\pi : \mathfrak{g} \to \mathfrak{g}/\!/G$ のファイバーであるから

$$\dim \mathcal{N}(\mathfrak{g}) \geq \dim \mathfrak{g} - \dim \mathfrak{g}/\!/G = n - r$$

が成り立つ．よって $\dim \mathcal{N}(\mathfrak{g}) = n - r = \dim \mathfrak{g} - \mathrm{rank}\,\mathfrak{g}$ である．また，$\dim \mathcal{O} = n - r$ であるから，$\mathcal{O}$ は正則 G 軌道である．次元と既約性より $\overline{\mathcal{O}} = \mathcal{N}(\mathfrak{g})$ である． □

以下，$\mathcal{N}(\mathfrak{g})$ の唯一つの正則 G 軌道を $\mathcal{N}(\mathfrak{g})^{\mathrm{reg}}$ で表わし，これを**主冪零軌道** (principal nilpotent orbit) とよぶ．次に，不変写像 π の一般のファイバーの構造について述べる．半単純元 $s \in \mathfrak{g}$ に対して，その中心化群 $Z_G(s)$ は命題 10.18 より簡約代数群であるから，今までの議論は $Z_G(s)$ のリー環 $\mathrm{Lie}(Z_G(s)) = \mathfrak{z}_\mathfrak{g}(s)$ への随伴作用にも適用できることに注意しておく．

定理 13.24 簡約代数群 G のリー環を $\mathfrak{g}$ とし，不変写像を $\pi : \mathfrak{g} \to \mathfrak{g}/\!/G$ で表す．リー環の任意の元 $x \in \mathfrak{g}$ のジョルダン分解を $x = s + n$ $(s \in \mathfrak{g}^{\mathrm{ss}}, n \in \mathcal{N}(\mathfrak{g}))$ とすれば，次が成り立つ．

(1) 半単純軌道 $G \cdot s$ は $\pi^{-1}(\pi(x))$ の唯一つの閉 G 軌道である．

(2) $\pi(x)$ のファイバーに対して $\pi^{-1}(\pi(x)) = G \cdot (s + \mathcal{N}(\mathfrak{z}_\mathfrak{g}(s)))$ が成り立つ．

(3) ファイバー $\pi^{-1}(\pi(x))$ は有限個の G 軌道からなる閉部分多様体で，既約成分の次元はすべて等しく，$\dim \mathfrak{g} - \mathrm{rank}\,\mathfrak{g}$ に一致する．さらに G が連結ならば，$\pi^{-1}(\pi(x))$ は既約である．

(4) $N \in \mathcal{N}(\mathfrak{z}_\mathfrak{g}(s))^{\mathrm{reg}}$ とすれば，$G \cdot (s + N)$ は $\pi^{-1}(\pi(x))$ の唯一つの正則 G 軌

道であって, $\overline{G \cdot (s+N)} = \pi^{-1}(\pi(x))$ が成り立つ.

証明 補題 13.12 の証明より $s \in \overline{G \cdot x} \subset \pi^{-1}(\pi(x))$ であったが, 半単純軌道 $G \cdot s$ は閉軌道で, $\pi^{-1}(\pi(x))$ は唯一つの閉軌道を含むことから, (1) が従う.

(2) 任意の $y \in \pi^{-1}(\pi(x)) = \pi^{-1}(\pi(s))$ をとる. y のジョルダン分解を $y = y_s + y_n$ とすれば, $\pi(y_s) = \pi(s)$ から $G \cdot y_s \subset \pi^{-1}(\pi(s))$ であるが, $G \cdot y_s$ も閉軌道であるから, $G \cdot y_s = G \cdot s$ が成り立つ. よって $y_s = g \cdot s$ となる $g \in G$ が存在する. $g^{-1} \cdot y = s + g^{-1} \cdot y_n$ は $g^{-1} \cdot y$ のジョルダン分解であるから $g^{-1} \cdot y_n \in \mathfrak{z}_\mathfrak{g}(s)$. これより,
$$y = g \cdot (s + g^{-1} \cdot y_n) \in G \cdot (s + \mathcal{N}(\mathfrak{z}_\mathfrak{g}(s)))$$
となって $\pi^{-1}(\pi(x)) \subset G \cdot (s + \mathcal{N}(\mathfrak{z}_\mathfrak{g}(s)))$ を得る. 逆の包含関係は明らかである.

次に (3) を示す. 中心化群のリー環の冪零多様体 $\mathcal{N}(\mathfrak{z}_\mathfrak{g}(s))$ は有限個の $Z_G(s)$ 軌道からなるので, (2) によって $\pi^{-1}(\pi(x))$ の G 軌道の個数も有限である. また, 定理 13.23 により, $\mathcal{N}(\mathfrak{z}_\mathfrak{g}(s))$ は既約である. G が連結ならば, (2) によって $\pi^{-1}(\pi(x))$ も既約である.

次に, 次元の等式を示す. Chevalley の定理 13.8 より, $\dim \mathfrak{g}//G = \operatorname{rank} \mathfrak{g}$ が成り立つことに注意する. 代数幾何の一般論 (附録・定理 16.4) から,
$$\dim(\pi^{-1}(\pi(x)) \text{ の各既約成分}) \geq \dim \mathfrak{g} - \dim \mathfrak{g}//G = \dim \mathfrak{g} - \operatorname{rank} \mathfrak{g}$$
である. 右辺は $\mathfrak{g}$ の正則 G 軌道の次元であり, $\pi^{-1}(\pi(x))$ の G 軌道の個数は有限であるから, この不等式は等式でなければならない.

最後に (4) を示す. $N \in \mathcal{N}(\mathfrak{z}_\mathfrak{g}(s))^{\text{reg}}$ であるから, 定理 13.23 により, $\overline{Z_G(s) \cdot N} = \mathcal{N}(\mathfrak{z}_\mathfrak{g}(s))$ である. これより
$$s + \mathcal{N}(\mathfrak{z}_\mathfrak{g}(s)) = s + \overline{Z_G(s) \cdot N} = \overline{(s + Z_G(s) \cdot N)}$$
$$= \overline{Z_G(s) \cdot (s+N)} \subset \overline{G \cdot (s+N)}$$
を得る. 最後の集合は G 安定であるから,
$$\pi^{-1}(\pi(x)) = G \cdot (s + \mathcal{N}(\mathfrak{z}_\mathfrak{g}(s))) \subset \overline{G \cdot (s+N)}$$
となる. 逆の包含関係は明らかであるから, $\pi^{-1}(\pi(x)) = \overline{G \cdot (s+N)}$ が成り立つ. $\dim \pi^{-1}(\pi(x))$ は正則 G 軌道の次元に一致するので, $G \cdot (s+N)$ は正則 G 軌道である. $\overline{G \cdot (s+N)}$ の他の軌道の次元はこの次元より小さいから, $G \cdot (s+N)$ は $\pi^{-1}(\pi(x))$ の唯一つの正則 G 軌道である. □

系 13.25 不変写像 $\pi : \mathfrak{g} \to \mathfrak{g}//G$ が定める写像 $\mathfrak{g}/G \to \mathfrak{g}//G$ の $\mathfrak{g}^{\text{ss}}/G$ (半単

純軌道の空間), $\mathfrak{g}^{\mathrm{reg}}/G$ (正則軌道の空間) への制限

$$\mathfrak{g}^{\mathrm{ss}}/G \to \mathfrak{g}/\!/G, \qquad \mathfrak{g}^{\mathrm{reg}}/G \to \mathfrak{g}/\!/G$$

はいずれも全単射である．

13.5 不変写像のファイバーの正規性とファイバー束の構造

この章の最後に，不変写像のファイバーが正規多様体であって，ファイバー束の構造をもつことを示そう．これは随伴軌道がある意味で，"幾何学的なジョルダン分解" を持つことを意味している．

簡約代数群 G の埋め込み $G \subset \mathrm{GL}(V)$ およびそれに従う埋め込み $\mathfrak{g} \subset \mathfrak{gl}(V)$ をとり，$\mathfrak{gl}(V)$ のトレース形式の $\mathfrak{g}$ への制限を $(\ ,\ )$ とすれば，$(\ ,\ )$ は非退化となるのであった (定理 10.16)．まず，任意の随伴軌道は偶数次元を持つことを示す．

補題 13.26 (1) 任意の $x \in \mathfrak{g}$ に対して，$[x,\mathfrak{g}] \subset \mathfrak{g}$ の $(\ ,\ )$ に関する直交補空間は $\mathfrak{z}_{\mathfrak{g}}(x)$ に一致する．

$$[x,\mathfrak{g}]^\perp = \mathfrak{z}_{\mathfrak{g}}(x), \qquad \mathfrak{g} = [x,\mathfrak{g}] \oplus \mathfrak{z}_{\mathfrak{g}}(x) \quad (直交直和)$$

(2) 任意の $x \in \mathfrak{g}$ に対して，$\mathfrak{g}$ 上の双線型交代形式 β_x を $\beta_x(y,z) := (x,[y,z])$ により定めると，β_x の根基 $\mathrm{rad}\,\beta_x$ は $\mathfrak{z}_{\mathfrak{g}}(x)$ に一致して，β_x は $\mathfrak{g}/\mathfrak{z}_{\mathfrak{g}}(x)$ 上の斜交形式を定める．

(3) リー環 $\mathfrak{g}$ における随伴軌道はシンプレクティック多様体[8]であって，偶数次元をもつ．

証明 (1) トレース形式 $(\ ,\ )$ は $\mathfrak{g}$ 不変であるから，

$$([y,x],z) = (y,[x,z]) \qquad (y,z \in \mathfrak{g})$$

が成り立つ．また $(\ ,\ )$ は $\mathfrak{g}$ 上で非退化であるから，

$$z \in [x,\mathfrak{g}]^\perp \iff [x,z] = 0 \iff z \in \mathfrak{z}_{\mathfrak{g}}(x)$$

が成り立ち，$[x,\mathfrak{g}]^\perp = \mathfrak{z}_{\mathfrak{g}}(x)$ を得る．

(2) やはり $(\ ,\ )$ の $\mathfrak{g}$ 不変性より，$y,z \in \mathfrak{g}$ に対して $\beta_x(y,z) = (x,[y,z]) = ([z,x],y)$ であるが，これより

---

[8] 各点で接空間上の斜交形式 (シンプレクティック形式) を定めるような二次微分形式を持つ多様体．詳しくは [62] 参照．

$$z \in \operatorname{rad} \beta_x \iff [z, x] = 0 \iff z \in \mathfrak{z}_\mathfrak{g}(x)$$

が成り立ち，$\operatorname{rad} \beta_x = \mathfrak{z}_\mathfrak{g}(x)$ を得る．

(3) (2) により，β_x は $\mathfrak{g}/\mathfrak{z}_\mathfrak{g}(x) \simeq [x, \mathfrak{g}]$ 上の斜交形式を定めるから，$\dim[x, \mathfrak{g}]$ は偶数であり，$[x, \mathfrak{g}]$ は随伴軌道 $G \cdot x$ の x における接空間と同一視されるから，$\dim G \cdot x$ も偶数である． □

上の補題で与えられた斜交形式 β_x を **Kirillov-Kostant-Souriau 形式**とよぶ [9]．

定理 13.27 連結な簡約代数群 G のリー環を $\mathfrak{g}$ とし，$x \in \mathfrak{g}$ のジョルダン分解を $x = s + n$ $(s \in \mathfrak{g}^{\mathrm{ss}}, n \in \mathcal{N}(\mathfrak{g}))$ とするとき，不変写像 $\pi : \mathfrak{g} \to \mathfrak{g}//G$ のファイバー $\pi^{-1}(\pi(x))$ に関して次が成り立つ．
(1) $\pi^{-1}(\pi(x))$ は既約な正規多様体である．
(2) 主ファイバー束 $G \times^{Z_G(s)} \mathcal{N}(\mathfrak{z}_\mathfrak{g}(s))$ から $\pi^{-1}(\pi(x))$ への写像を

$$\begin{aligned}\varphi : G \times^{Z_G(s)} \mathcal{N}(\mathfrak{z}_\mathfrak{g}(s)) &\longrightarrow G(s + \mathcal{N}(\mathfrak{z}_\mathfrak{g}(s))) = \pi^{-1}(\pi(x)) \\ \varphi([g, N]) &= g(s + N) \quad (g \in G, N \in \mathcal{N}(\mathfrak{z}_\mathfrak{g}(s)))\end{aligned} \quad (13.8)$$

により定めると，φ は代数多様体の同型である．

証明 証明には，次の (i), (ii) の事実を用いる．
(i) $\mathbb{C}[\mathfrak{g}]^G \simeq \mathbb{C}[\mathfrak{t}]^{W_G(\mathfrak{t})}$ は多項式環である．

これは，$W_G(\mathfrak{t})$ が鏡映群であることと，鏡映群 $W \subset GL(V)$ に対して，$\mathbb{C}[V]^W$ は多項式環である，という事実からの帰結である．$G = \mathrm{GL}_n(\mathbb{C})$ のときには，ワイル群 $W_G(\mathfrak{t})$ は対称群 $\mathfrak{S}_n$ と同型であるから，この事実は，対称式の基本定理 4.14 に帰着する．一般の場合は，[65] および [3], [14] などを参照して欲しい．

(ii) $\mathbb{C}^n$ の既約閉部分多様体 $X \subset \mathbb{C}^n$ が完全交叉，かつ余次元 1 で非特異ならば，X は正規である [10]．

以下，(i), (ii) を認めた上で証明を与える．

リー環 $\mathfrak{g}$ の階数を $r = \operatorname{rank} \mathfrak{g} = \dim \mathfrak{g}//G$ とおけば，$\mathbb{C}[\mathfrak{g}]^G$ は r 個の代数的に独立な生成元 $f_1, \cdots, f_r \in \mathbb{C}[\mathfrak{g}]^G$ をもち，

$$\pi^{-1}(\pi(x)) = \{y \in \mathfrak{g} \mid f_j(y) = f_j(x) \, (1 \leq j \leq r)\}$$

---

[9] Kirillov, Alexandre Aleksandrovich (1936–); Souriau, Jean-Marie (1922–2012).
[10] Serre の判定法．[21, p. 183] 参照．

が成り立つ．定理 13.24 により，$\dim \pi^{-1}(\pi(x)) = \dim \mathfrak{g} - r$ であるから，$\pi^{-1}(\pi(x))$ は完全交差である．

次に，ファイバー $\pi^{-1}(\pi(x))$ における唯一つの正則 G 軌道を $\mathcal{O}$ とすれば，他の軌道の次元は $\dim \mathfrak{g} - r$ より真に小さいが，補題 13.26 により軌道の次元はすべて偶数であるから

$$\dim(\pi^{-1}(\pi(x)) \setminus \mathcal{O}) \leq \dim \pi^{-1}(\pi(x)) - 2$$

が成り立つ．正則軌道 $\mathcal{O}$ の点はすべて非特異点であるから，$\pi^{-1}(\pi(x))$ は余次元 1 で非特異である．したがって，上の事実 (ii) により，$\pi^{-1}(\pi(x))$ は正規である．

次に式 (13.8) で定義された写像 φ は全単射であることを示す．これが示されれば，$\pi^{-1}(\pi(x))$ の正規性より，Zariski の主定理によって，φ は同型となる．

全射性は明らかであるから，単射であることを示す．そこで $(g, N), (h, K) \in G \times \mathcal{N}(\mathfrak{z}_\mathfrak{g}(s))$ に対して，$\varphi([g, N]) = \varphi([h, K])$ とする．ここで $[g, N] \in G \times^{Z_G(s)} \mathcal{N}(\mathfrak{z}_\mathfrak{g}(s))$ は主ファイバー束上の点を表している．すると $gs + gN = hs + hK$ であるが，これらは同じ元のジョルダン分解であるから，$gs = hs, gN = hK$ が成り立つ．そこで $z := h^{-1}g \in Z_G(s)$ とおくと，

$$[g, N] = [hz, N] = [h, zN] = [h, K]$$

となって，φ は単射である． $\square$

最後に，随伴軌道の閉包の包含関係が，原理的には冪零軌道の閉包の包含関係に帰着することを説明する．リー環の随伴軌道だけでなく，もう少し一般的な応用も考えて，次の定理を示すことにしよう．

定理 13.28 $G \subset \mathrm{GL}_n(\mathbb{C})$ を閉部分群，$L \subset \mathfrak{gl}_n(\mathbb{C})$ を G の随伴作用で安定な部分ベクトル空間とし，次の (1), (2) を仮定する [11]．
(1) L の元のジョルダン分解は L の中で閉じている．
(2) L の半単純元の G 軌道は閉である．
このとき，$x = s + n$ を L の元 x のジョルダン分解とすれば，次が成り立つ．

$$\overline{G \cdot x} = G \cdot (s + \overline{Z_G(s) \cdot n})$$

この定理の証明には解析的手法を用いるため，次の定理をまず紹介しておく ([33, § VII.2.1] 参照)．

---

[11] この条件 (1), (2) は $L = \mathfrak{g}$ のときには成り立っていることに注意する．

定理 13.29 既約代数多様体 X の空でないザリスキ開集合の複素位相に関する閉包は X に一致する.

この定理から,容易に次が得られる.

系 13.30 代数多様体 X の局所閉部分多様体 Y のザリスキ位相に関する閉包と複素位相に関する閉包は一致する.

証明 [[定理 13.28 の証明]] $\overline{G \cdot x} \supset G \cdot (s + \overline{Z_G(s) \cdot n})$ は明らかである.

任意の $y \in \overline{G \cdot x}$ をとる. 系 13.30 より,G の点列 $\{g_k\}$ が存在して,複素位相で $\lim_{k \to \infty} g_k \cdot x = y$ となる. ジョルダン分解の性質より,一変数多項式 $\sigma(T), \nu(T) \in \mathbb{C}[T]$ が存在して,$s = \sigma(x)$, $n = \nu(x)$ と表されているが,このとき

$$\begin{aligned} y &= \lim_{k \to \infty} g_k \cdot x = \lim_{k \to \infty} (g_k \cdot s + g_k \cdot n) \\ &= \lim_{k \to \infty} (\sigma(g_k \cdot x) + \nu(g_k \cdot x)) = \sigma(y) + \nu(y) \end{aligned} \tag{13.9}$$

となる. $\mathrm{GL}_n(\mathbb{C})$ においては半単純軌道も冪零多様体も閉であるから,極限 $\sigma(y)$ は半単純,また $\nu(y)$ は冪零である. よって $y = \sigma(y) + \nu(y)$ は y のジョルダン分解である. 半単純元 $\sigma(y)$ は閉軌道 $G \cdot s$ に属しているから,$\sigma(y) = a \cdot s$ となる $a \in G$ がとれる. そこで $z = a^{-1} \cdot y$ とおくと

$$z = z_s + z_n = a^{-1} \cdot \sigma(y) + a^{-1} \cdot \nu(y) = s + z_n \qquad (z_n = a^{-1} \cdot \nu(y))$$

が z のジョルダン分解である. $h_k := a^{-1} g_k$ とおくと,次の式が成り立つ.

$$\lim_{k \to \infty} h_k \cdot s = s, \qquad \lim_{k \to \infty} h_k \cdot n = z_n \tag{13.10}$$

この状況で $z_n \in \overline{Z_G(s) \cdot n}$ を示せばよい. ここで,複素リー群 G の閉部分群 $Z_G(s)$ による商 $G/Z_G(s)$ は複素多様体の構造をもち,商写像 $G \to G/Z_G(s)$ は局所自明である,という事実を用いる.

複素多様体として $G \cdot s \simeq G/Z_G(s)$ となることから,単位元 $e \in G$ を含む G の局所閉部分複素多様体 U が存在して

$$\begin{array}{ccccc} U \times Z_G(s) & \xrightarrow{\simeq} & U \cdot Z_G(s) & \xhookrightarrow{\text{open}} & G \\ & \searrow{\gamma} & \downarrow & & \downarrow \\ & & U \cdot s & \xhookrightarrow{\text{open}} & G \cdot s = G/Z_G(s) \end{array}$$

が可換となる．ここに γ は $\gamma(u,h) = u \cdot s$ で与えられるが，この写像の $U \times \{e\}$ への制限は同型となる．また，$\simeq$ は積写像により得られる複素多様体の同型である．十分大きな m に対して $h_m \cdot s \in U \cdot s$ であるが，これに対応する U の点列を $b_m \in U$ とする．$\lim_{m \to \infty} b_m = e$ かつ $h_m \cdot s = b_m \cdot s$ であるから，$b_m^{-1} h_m \in Z_G(s)$ である．$\lim_{m \to \infty} b_m^{-1} h_m \cdot n = z_n$ より $z_n \in \overline{Z_G(s) \cdot n}$ がわかる． □

章末問題

問題 13.1 $\mathfrak{sl}_2(\mathbb{C})$ の冪零軌道は，自明なもの $\{0\}$ と主冪零軌道の 2 つしかないことを示せ．これを利用して，$\mathfrak{sl}_2(\mathbb{C})$ の自己同型は内部自己同型のみであることを示せ．[ヒント] 冪零軌道と $\mathfrak{sl}_2$-triple の内部自己同型による同値類が一対一に対応していることを利用せよ．

問題 13.2 $\mathfrak{sl}_n(\mathbb{C})$ においてジョルダン細胞が最大の冪零元は正則であることを示せ．また，この冪零軌道の特性半単純元を求めよ．

問題 13.3 簡約リー環 $\mathfrak{g}$ の冪零元 $x \in \mathcal{N}(\mathfrak{g})$ に対して，$\mathfrak{sl}_2$-triple (h,x,y) をとる．$\mathrm{ad}\,h$ の固有値が偶数のみからなるとき x は**偶冪零元** (even nilpotent element) とよばれる．

(1) 冪零元 $x \in \mathcal{N}(\mathfrak{g})$ に対して $\mathfrak{sl}_2$-triple (h,x,y) をとり，$\mathfrak{s} := \mathrm{span}_{\mathbb{C}}\{h,x,y\} \simeq \mathfrak{sl}_2(\mathbb{C})$ とおく．このとき，x が偶冪零元であることと，$\mathfrak{g}$ を $\mathfrak{s}$ の既約表現に分解したとき，奇数次元の既約表現の和に分解することは同値であることを示せ．

(2) $\mathfrak{g} = \mathfrak{gl}_n(\mathbb{C})$ のとき，x が偶冪零元であることと，x のジョルダン標準形においてジョルダン細胞のサイズがすべて偶，あるいはすべて奇であることは同値であることを示せ．

問題 13.4 $G = \mathrm{SL}_2(\mathbb{C})$ が $X = \mathrm{M}_2(\mathbb{C})$ に左からの掛け算で作用しているとする．

(1) 極大トーラス $T = \{\mathrm{diag}(t,t^{-1}) \mid t \in \mathbb{C}^{\times}\} \subset G$ を考える．X における T 軌道がいつ閉軌道になるか調べよ．[ヒント] 商写像 $X \to X/\!/T$ とそのファイバーを調べよ．

(2) T の閉軌道 $\mathbb{O}^T$ に対して $\mathbb{O}^G = G \cdot \mathbb{O}^T$ がいつ閉軌道になるか調べよ．[ヒント] $\mathbb{O}^T$ に属する行列の行列式がゼロでなければ閉軌道である．

第 14 章

$\mathbb{Z}_m$ 階別リー環の隨伴商

簡約代数群 G の有限位数の自己同型 θ に対して，その固定部分群 G^θ はしばしば重要な役割を果たす．このとき G のリー環 $\mathfrak{g}$ は，自己同型 θ の固有値によって次数付けられているが，これを本書では**階別リー環** (graded Lie algebra) とよぶ[1]．その固有空間には，自然に G^θ が隨伴表現で作用しているが，この章では，そのような G^θ の隨伴表現について考えてみることにしよう．中でも特に重要な場合は $\theta^2 = \mathrm{id}$ となっている場合 (対称対の場合) であって，この場合を念頭に読み進めるとわかりやすいであろう．

14.1 $\mathbb{Z}_m$ 階別リー環

G を $\mathbb{C}$ 上の代数群，$\mathfrak{g}$ をそのリー環とする．以下，代数群 G の，位数 m の自己同型 $\theta : G \to G$ を一つ固定して考える．ここで m は正整数とし，θ の位数は m であるから

$$\theta^m = \mathrm{id}, \qquad \theta^k \neq \mathrm{id} \quad (1 \leq k < m) \tag{14.1}$$

が成り立っている．G の自己同型 θ の微分として得られるリー環 $\mathfrak{g}$ の自己同型も同じ記号 $\theta : \mathfrak{g} \to \mathfrak{g}$ で表す．また，1 の原始 m 乗根を $\zeta := e^{2\pi\sqrt{-1}/m}$ とおき，G の部分群 G^θ および $\mathfrak{g}$ の部分空間 $\mathfrak{g}_j$ を

$$G^\theta := \{g \in G \mid \theta(g) = g\}$$
$$\mathfrak{g}_j := \{X \in \mathfrak{g} \mid \theta(X) = \zeta^j X\} \qquad (j \in \mathbb{Z}_m := \mathbb{Z}/m\mathbb{Z})$$

により定める．自己同型 θ の作用による $\mathfrak{g}$ の固有空間分解を

$$\mathfrak{g} = \bigoplus\nolimits_{j \in \mathbb{Z}_m} \mathfrak{g}_j \tag{14.2}$$

と書くと，この分解は $\mathfrak{g}$ の $\mathbb{Z}_m$ による次数付けを与えている．このようにして次数づけられたリー環 $\mathfrak{g}$ を (G, θ) が定める $\mathbb{Z}_m$ **階別リー環**という．各 $j \in \mathbb{Z}_m$ に

---

[1] 次数付きリー環という用語もよく使用される．

対して代数群 G^θ は $\mathfrak{g}_j$ に随伴作用によって作用する.

演習 14.1 分解 (14.2) は $\mathfrak{g}$ の次数付けを与えていること,つまり $i, j \in \mathbb{Z}_m$ に対して $[\mathfrak{g}_i, \mathfrak{g}_j] = \mathfrak{g}_{i+j}$ が成り立つことを示せ.また $\mathfrak{g}_j$ が G^θ の随伴作用で安定であることを確認せよ.

補題 14.2 自己同型 θ の固定部分群 G^θ のリー環は $\mathfrak{g}_0$ に一致する.

証明 θ は G^θ の自明な自己同型を引き起こすから,その微分表現 $d\theta = \theta$ は $\mathrm{Lie}(G^\theta)$ の自明な自己同型を与える.したがって,$\mathrm{Lie}(G^\theta) \subset \mathfrak{g}_0$ である.

また,任意の $X \in \mathfrak{g}_0$ と任意の $t \in \mathbb{R}$ に対して,

$$\theta(\exp(tX)) = \exp(t\theta(X)) = \exp(tX)$$

より,X は $\mathrm{Lie}(G^\theta)$ に属する.したがって,$\mathrm{Lie}(G^\theta) \supset \mathfrak{g}_0$ が分かる. $\square$

自己同型 $\theta : \mathfrak{g} \to \mathfrak{g}$ は $\mathrm{GL}(\mathfrak{g})$ および $\mathfrak{gl}(\mathfrak{g})$ の自己同型

$$\begin{aligned} i_\theta : \mathrm{GL}(\mathfrak{g}) \to \mathrm{GL}(\mathfrak{g}), \quad i_\theta(g) = \theta \circ g \circ \theta^{-1}, \\ \mathrm{Ad}(\theta) : \mathfrak{gl}(\mathfrak{g}) \to \mathfrak{gl}(\mathfrak{g}), \quad \mathrm{Ad}(\theta)(X) = \theta \circ X \circ \theta^{-1} \end{aligned} \quad (14.3)$$

を定める.ここで,i_θ の微分が $\mathrm{Ad}(\theta)$ であることに注意する.

補題 14.3 $g \in G, X \in \mathfrak{g}$ に対して,

$$i_\theta(\mathrm{Ad}(g)) = \theta \circ \mathrm{Ad}(g) \circ \theta^{-1} = \mathrm{Ad}(\theta(g)),$$
$$\mathrm{Ad}(\theta)(\mathrm{ad}(X)) = \theta \circ \mathrm{ad}(X) \circ \theta^{-1} = \mathrm{ad}(\theta(X))$$

が成り立つ.

証明 $g \in G$ に対して内部自己同型 $i_g : G \to G$ を $i_g(x) = gxg^{-1}$ ($x \in G$) によって定めると,$\theta \circ i_g \circ \theta^{-1} = i_{\theta(g)}$ が成り立つ.i_g の微分が $\mathrm{Ad}(g)$ であるから,$\mathfrak{g}$ の自己同型として $\theta \circ \mathrm{Ad}(g) \circ \theta^{-1} = \mathrm{Ad}(\theta(g))$ である.これは,上の記号 (14.3) を用いると $i_\theta \circ \mathrm{Ad} = \mathrm{Ad} \circ \theta$ を意味しているから,両辺を微分すると,リー環の準同型 $\mathfrak{g} \to \mathfrak{gl}(\mathfrak{g})$ として

$$\mathrm{Ad}(\theta) \circ \mathrm{ad} = di_\theta \circ \mathrm{ad} = \mathrm{ad} \circ \theta$$

が成り立つことがわかる.したがって $X \in \mathfrak{g}$ に対して $\theta \circ \mathrm{ad}(X) \circ \theta^{-1} = \mathrm{ad}(\theta(X))$ である. $\square$

命題 14.4 G^θ の単位元の連結成分を $G_0 := (G^\theta)^\circ$ で表す．また，G の閉部分群 G_Z^θ を
$$G_Z^\theta := \{g \in G \mid \mathrm{Ad}(g) \circ \theta = \theta \circ \mathrm{Ad}(g)\}$$
により定める．

(1) G_Z^θ は各 $\mathfrak{g}_j$ に随伴作用によって作用する．

(2) $\mathrm{Lie}(\mathrm{Ad}(G_Z^\theta)) = \mathrm{Lie}(\mathrm{Ad}(G_0)) = \mathrm{ad}(\mathfrak{g}_0)$ が成り立つ．したがって，$\mathrm{Ad}(G_Z^\theta)$ の単位元の連結成分は $\mathrm{Ad}(G_0)$ に一致する．

証明 (1) は明らかなので (2) を示す．そこで，θ の作用による固定部分群とそのリー環を
$$\mathrm{GL}(\mathfrak{g})^\theta := \{g \in \mathrm{GL}(\mathfrak{g}) \mid i_\theta(g) = g\}$$
$$\mathfrak{gl}(\mathfrak{g})^\theta := \{X \in \mathfrak{gl}(\mathfrak{g}) \mid \mathrm{Ad}(\theta)X = X\}$$
とおけば，定義より $\mathrm{Ad}(G_Z^\theta) \subset \mathrm{GL}(\mathfrak{g})^\theta$ である．したがって $\mathrm{ad}(\mathrm{Lie}(G_Z^\theta)) \subset \mathrm{Lie}(\mathrm{GL}(\mathfrak{g})^\theta) = \mathfrak{gl}(\mathfrak{g})^\theta$ である．よって任意の $X \in \mathrm{Lie}(G_Z^\theta)$ に対して
$$\mathrm{ad}(\theta(X)) = \theta \circ \mathrm{ad}(X) \circ \theta^{-1} = \mathrm{ad}(X), \qquad \therefore \quad \theta(X) - X \in \mathfrak{z}(\mathfrak{g})$$
が成り立つ．一方，$\mathfrak{g}$ の次数付けに従って
$$X = \textstyle\sum_{j=0}^{m-1} X_j \qquad (X_j \in \mathfrak{z}(\mathfrak{g}) \cap \mathfrak{g}_j)$$
と分解すれば，$\theta(X) - X = \sum_{j=1}^{m-1}(\zeta^j - 1)X_j \in \mathfrak{z}(\mathfrak{g})$ であるが，$\theta(\mathfrak{z}(\mathfrak{g})) = \mathfrak{z}(\mathfrak{g})$ であるから，$\mathfrak{z}(\mathfrak{g}) = \oplus_{j \in \mathbb{Z}_m}(\mathfrak{z}(\mathfrak{g}) \cap \mathfrak{g}_j)$ と分解し $X_j \in \mathfrak{z}(\mathfrak{g})$ $(1 \leq j \leq m-1)$ となる．したがって，$X \in X_0 + \mathfrak{z}(\mathfrak{g})$ である．これで $\mathrm{Lie}(G_Z^\theta) \subset \mathfrak{g}_0 + \mathfrak{z}(\mathfrak{g})$ となることが分かったから $\mathrm{ad}(\mathrm{Lie}(G_Z^\theta)) = \mathrm{ad}(\mathfrak{g}_0)$ である．これより
$$\mathrm{Lie}(\mathrm{Ad}(G_Z^\theta)) = \mathrm{ad}(\mathrm{Lie}(G_Z^\theta)) = \mathrm{ad}(\mathfrak{g}_0) = \mathrm{Lie}(\mathrm{Ad}(G_0))$$
が分かる． □

注意 14.5 $\mathrm{Ad}(G_0) = \exp(\mathrm{ad}(\mathfrak{g}_0))$ が成り立つ．また，G が連結ならば $\mathrm{Ad}(G_Z^\theta) = \mathrm{Ad}(G)^\theta = \{x \in \exp(\mathrm{ad}(\mathfrak{g})) \mid x \circ \theta = \theta \circ x\}$ が成り立つ．したがって，群 $\mathrm{Ad}(G_0)$, $\mathrm{Ad}(G_Z^\theta)$ は代数群 G のとり方によらず，リー環 $\mathfrak{g}$ とその自己同型 θ のみに依存する．

K を $G_0 \subset K \subset G_Z^\theta$ をみたす G の閉部分群とすれば，もちろん K は各 $\mathfrak{g}_j$ に作用する．K の $\mathfrak{g}_1$ への随伴作用を $(K, \mathfrak{g}_1)$ で表し，代数群とその自己同型の対

(G,θ) に属する**テータ表現** (theta representation) とよぶことにする.

自己同型 θ の位数が 2 の場合, つまり θ が自明ではなく, しかも $\theta^2 = \mathrm{id}$ を満たすとき, θ を**包含的自己同型**あるいは**対合** (involution) という. このとき (G,K) の組を特に**対称対** (symmetric pair) とよぶ. これは実リー群との関係で, 特に重要な対象である. このとき $\mathfrak{g}_1 \simeq \mathfrak{g}/\mathfrak{k}$ は G/K の接空間と同一視でき, テータ表現 $(K, \mathfrak{g}_1)$ は, 要するに基点 $eK \in G/K$ の固定部分群 K が接空間上に引き起こす**等方表現**に他ならない (章末問題 6.4 参照).

命題 14.6 G, θ は上の通りとする. このとき, G の埋め込み $\varphi: G \hookrightarrow \mathrm{GL}(V)$ と $a\varphi(G)a^{-1} = \varphi(G)$ をみたす $a \in \mathrm{GL}(V)$ が存在して, 次の図式が可換になる.

$$\begin{array}{ccc} G & \xrightarrow{\varphi} & \mathrm{GL}(V) \\ \theta \downarrow & \circlearrowleft & \downarrow \mathrm{Ad}(a) \\ G & \xrightarrow{\varphi} & \mathrm{GL}(V) \end{array}$$

証明 $G \subset \mathrm{GL}(U)$ としてよい. $V := U^{\oplus m}$ (U の m 個の直積) に対して, 対角的な埋め込み $\mathrm{GL}(U)^m = \mathrm{GL}(U) \times \cdots \times \mathrm{GL}(U) \hookrightarrow \mathrm{GL}(V)$ を考え, φ を

$$\varphi: G \to \mathrm{GL}(U)^m \hookrightarrow \mathrm{GL}(V), \quad \varphi(g) = \mathrm{diag}(g, \theta(g), \cdots, \theta^{m-1}(g))$$

により定める.

$$a = \begin{pmatrix} 0 & 1_U & & & \\ & 0 & 1_U & & \\ & & \ddots & \ddots & \\ & & & 0 & 1_U \\ 1_U & & & & 0 \end{pmatrix} \in \mathrm{GL}(V)$$

とおけば $g \in G$ に対して

$$a\, \mathrm{diag}(g, \theta(g), \cdots, \theta^{m-1}(g))\, a^{-1} = \mathrm{diag}(\theta(g), \theta^2(g), \cdots, \theta^{m-1}(g), g)$$

が容易に確かめられる. したがって, この a に対して $a\varphi(g)a^{-1} = \varphi(\theta(g))$ が成り立つ. □

14.2 簡約階別リー環

以下, この章の終わりまで, G は簡約代数群, $\mathfrak{g}$ をそのリー環, $\theta: G \to G$ は位数 m の自己同型とする. また, 自己同型 θ の作用による $\mathfrak{g}$ の固有空間分解を

$$\mathfrak{g} = \bigoplus_{j \in \mathbb{Z}_m} \mathfrak{g}_j, \qquad \mathfrak{g}_j = \{X \in \mathfrak{g} \mid \theta(X) = \zeta^j X\}$$

と書いておく (式 (14.2)). ただし $\zeta = e^{2\pi i/m}$ は 1 の原始 m 乗根である.

さて, G を $\mathrm{GL}(V)$ に閉部分群として埋め込んで考えよう. リー環 $\mathfrak{g}$ の元 x が冪零・半単純であることは, 埋め込みによらないので, x が $\mathfrak{gl}(V)$ の元として冪零・半単純であることと同値である (定理 8.1).

以下, $\mathfrak{gl}(V)$ の部分集合 $\mathfrak{a}$ に対して, $\mathcal{N}(\mathfrak{a})$ で $\mathfrak{a}$ の冪零元全体を, $\mathfrak{a}^{ss}$ で半単純元の全体を表す. 例えば, $\mathfrak{g}_1$ の冪零元全体の集合は $\mathcal{N}(\mathfrak{g}_1)$ ($\mathfrak{g}_1$ の冪零多様体), 半単純元全体の集合は $\mathfrak{g}_1^{ss}$ と表される.

次の補題は階別リー環の次数付けがジョルダン分解に関して閉じていることを意味している.

補題 14.7 任意の $j \in \mathbb{Z}_m$ に対して, $\mathfrak{g}_j$ はジョルダン分解に関して閉じている. すなわち, $x \in \mathfrak{g}_j$ の $\mathfrak{g}$ におけるジョルダン分解を $x = x_s + x_n$ とすれば, $x_s, x_n \in \mathfrak{g}_j$ である.

証明 $x = x_s + x_n$ を $\mathfrak{g}$ におけるジョルダン分解とする. 両辺に θ を施すと $\theta(x) = \theta(x_s) + \theta(x_n)$ であるが, ジョルダン分解は埋め込みによらないので, これは $\theta(x)$ のジョルダン分解を与える. 一方, $x \in \mathfrak{g}_j$ だから $\theta(x) = \zeta^j x = \zeta^j x_s + \zeta^j x_n$ であるが, これも明らかに $\theta(x)$ のジョルダン分解である. ジョルダン分解の一意性により $\theta(x_s) = \zeta^j x_s$ および $\theta(x_n) = \zeta^j x_n$ が成り立ち, したがって $x_s, x_n \in \mathfrak{g}_j$ である. □

補題 14.8 任意の $x \in \mathcal{N}(\mathfrak{g}_1) \setminus \{0\}$ に対して, $h \in \mathfrak{g}_0, y \in \mathfrak{g}_{-1}$ が存在して (h, x, y) は $\mathfrak{sl}_2$-triple となる.

証明 $\mathfrak{g}$ における $\mathfrak{sl}_2$-triple (H, x, Y) をとる. 半単純元 H を θ の固有空間分解に従って $H = \sum_{j \in \mathbb{Z}_m} H_j$ ($H_j \in \mathfrak{g}_j$) と分解すれば,

$$2x = [H, x] = \sum_{j \in \mathbb{Z}_m} [H_j, x], \qquad [H_j, x] \in \mathfrak{g}_{j+1}$$

であるから, 1 次の項を比較して $[H_0, x] = 2x$ を得る. 次に, Y をやはり $Y = \sum_{j \in \mathbb{Z}_m} Y_j$ ($Y_j \in \mathfrak{g}_j$) と表せば

$$\sum_{j \in \mathbb{Z}_m} H_j = H = [x, Y] = \sum_{j \in \mathbb{Z}_m} [x, Y_j], \qquad [x, Y_j] \in \mathfrak{g}_{j+1}$$

であるから, 今度は 0 次の項を比較して $[x, Y_{-1}] = H_0$ が分かる. したがって, $h := H_0 \in \mathfrak{g}_0$ とおけば,

$$[h,x] = 2x, \qquad h \in [x, \mathfrak{g}]$$

が成り立つ．Morozov の補題（定理 7.19）により $z \in \mathfrak{g}$ が存在して (h, x, z) は $\mathfrak{sl}_2$-triple となる．z を $z = \sum_{j \in \mathbb{Z}_m} z_j$ $(z_j \in \mathfrak{g}_j)$ と表せば

$$-2\sum_{j \in \mathbb{Z}_m} z_j = -2z = [h,z] = \sum_{j \in \mathbb{Z}_m}[h, z_j],$$
$$h = [x, z] = \sum_{j \in \mathbb{Z}_m}[x, z_j]$$

より，$[h, z_{-1}] = -2z_{-1}$, $h = [x, z_{-1}]$ となる．そこで $y = z_{-1} \in \mathfrak{g}_{-1}$ とおけば，補題の $\mathfrak{sl}_2$-triple を得る． □

命題 14.6 により，(G, θ) に関して，一般性を失うことなく次の仮定をおくことができる．以下，この仮定の下に議論を進める．

仮定 14.9 G は $\mathrm{GL}(V)$ の閉部分群であって，$\theta : G \to G$ は $\mathrm{GL}(V)$ のある元による共役である．

ここで，$\mathfrak{gl}(V)$ 上のトレース形式 $\mathfrak{gl}(V) \times \mathfrak{gl}(V) \to \mathbb{C}$ の $\mathfrak{g}$ への制限

$$(\ ,\ ) : \mathfrak{g} \times \mathfrak{g} \to \mathbb{C}, \qquad (X, Y) = \mathrm{trace}_{\mathfrak{gl}(V)}(XY) \quad (X, Y \in \mathfrak{g})$$

を考えよう．定理 10.16 より，この双線型形式は $\mathfrak{g}$ 上で非退化である．仮定 14.9 を用いれば，次の補題を確かめることは容易である．

補題 14.10 $\mathfrak{g}$ 上の非退化双線型形式 $(\ ,\ )$ は θ 不変かつ G 不変であって，次が成り立つ．

(1) $u, v, X \in \mathfrak{g}$ に対して $(\mathrm{ad}(X)v, u) = -(v, \mathrm{ad}(X)u)$ が成り立つ．
(2) $i, j \in \mathbb{Z}_m$ に対して $(\mathfrak{g}_i, \mathfrak{g}_j) \neq \{0\} \iff i + j = 0$ が成り立つ．
(3) $i \in \mathbb{Z}_m$ に対して $(\ ,\ )|_{\mathfrak{g}_i \times \mathfrak{g}_{-i}}$ は非退化である．

命題 14.11 K を $G_0 \subset K \subset G_Z^\theta$ をみたす G の閉部分群とすれば，K は簡約代数群である．

証明 補題 14.10 (3) より双線型形式 $(\ ,\ )$ の $\mathfrak{g}_0$ への制限は非退化であるから，閉部分群 G_0 は簡約である（G_0 は G^θ の連結成分）．一方，命題 14.4 により $\mathrm{Ad}(K)$ の連結成分は $\mathrm{Ad}(G_0)$ と一致するので，$\mathrm{ad}(\mathfrak{k}) = \mathrm{ad}(\mathfrak{g}_0)$ が成り立つ．したがって $\mathfrak{k}$ と $\mathfrak{g}_0$ は $\mathfrak{g}$ の中心を除いて等しく，$\mathfrak{k}$ もまた簡約である．リー環 $\mathfrak{k}$ の中心は $\mathfrak{z}(\mathfrak{g}_0) + \mathfrak{z}(\mathfrak{g})$ に含まれ，後者は半単純元からなるから，$\mathfrak{k}$ の中心も半単純元か

らなる．これより K が簡約であることが分かる (§ 10.2 参照)． □

後でカルタン部分空間の共役性を証明するための準備として，次の命題を用意しておく．

命題 14.12 $x \in \mathfrak{g}_1$ に対して，
$$T_x(G_0 \cdot x) = [\mathfrak{g}_0, x] = \{y \in \mathfrak{g}_1 \mid (y, \mathfrak{z}_{\mathfrak{g}_{-1}}(x)) = \{0\}\}$$
が成り立つ．ただし $T_x M$ は M の $x \in M$ における接空間を表す．

証明 最初の等号は例 6.33 で注意した．そこで 2 番目の等号を示そう．トレース形式は $\mathfrak{g}$ 不変であるから，$z \in \mathfrak{g}_{-1}$ と $A \in \mathfrak{g}_0$ に対して $([A, x], z) = (A, [x, z])$ が成り立つ．ここで $[x, z] \in \mathfrak{g}_0$ であることと，制限 $(\ ,\ )|_{\mathfrak{g}_0}$ が非退化であることに注意すると，$z \in \mathfrak{g}_{-1}$ に対して
$$z \perp [\mathfrak{g}_0, x] \iff [x, z] = 0 \iff z \in \mathfrak{z}_{\mathfrak{g}_{-1}}(x)$$
であることが分かる．さらに，制限 $(\ ,\ )|_{\mathfrak{g}_1 \times \mathfrak{g}_{-1}}$ が非退化だから，$\mathfrak{g}_1$ における直交補空間をとって命題の主張を得る． □

系 14.13 $x \in \mathfrak{g}_1$ に対して，次が成り立つ．
(1) $\dim G_0 \cdot x = \dim \mathfrak{g}_{-1} - \dim \mathfrak{z}_{\mathfrak{g}_{-1}}(x) = \dim[\mathfrak{g}_{-1}, x]$
(2) $x \in \mathfrak{g}_1$ が半単純なら，$\dim G_0 \cdot x = \dim[\mathfrak{g}_1, x]$ が成り立つ．
(3) $m = 2$，すなわち対称対の場合には，$x \in \mathfrak{g}_1$ に対して，
$$\dim G_0 \cdot x = \frac{1}{2} \dim G \cdot x \tag{14.4}$$
が成り立つ．

証明 (1) は命題 14.12 の証明より明らかである．
(2) $x \in \mathfrak{g}_1$ が半単純なら x の中心化群 $Z_G(x)$ は簡約である (命題 10.18)．そこで $(Z_G(x), \theta)$ が定める階別リー環を考えて補題 14.10 を適用すれば，$\dim \mathfrak{z}_{\mathfrak{g}_{-1}}(x) = \dim \mathfrak{z}_{\mathfrak{g}_1}(x)$ が成り立つから，
$$\dim G_0 \cdot x = \dim \mathfrak{g}_1 - \dim \mathfrak{z}_{\mathfrak{g}_1}(x) = \dim[\mathfrak{g}_1, x]$$
である．
(3) $m = 2$ ならば，$\mathfrak{g}_1 = \mathfrak{g}_{-1}$ であるから，(1) によって $\dim G_0 \cdot x = \dim[\mathfrak{g}_0, x] =$

$\dim[\mathfrak{g}_1, x]$ が成り立つ. $\dim G \cdot x = \dim[\mathfrak{g}, x] = \dim[\mathfrak{g}_0, x] + \dim[\mathfrak{g}_1, x]$ であるから, 式 (14.4) が成り立つ. □

14.3　簡約階別リー環における軌道

まず, 階別リー環における冪零軌道とその性質について述べよう. ただし, ここで考えるのは G による軌道ではなく, $G_0 = (G^\theta)^\circ$ の軌道である.

命題 14.14　任意の $x \in \mathfrak{g}_1$ に対して, $x \in \mathcal{N}(\mathfrak{g}_1)$ であることと, $0 \in \overline{G_0 \cdot x}$ であることは同値である.

証明　まず $x \in \mathcal{N}(\mathfrak{g}_1)$ とする. もし $x = 0$ なら $0 \in \overline{G_0 \cdot x}$ は明らかだから, $x \neq 0$ としてよい. 補題 14.8 により, $[h, x] = 2x$ となる $h \in \mathfrak{g}_0$ が存在する. すると任意の $t \in \mathbb{R}$ に対して $\exp(-t \operatorname{ad}(h)) \in \operatorname{Ad}(G_0)$ であって,

$$\lim_{t \to \infty} \exp(-t \operatorname{ad}(h)) \cdot x = \lim_{t \to \infty} e^{-2t} x = 0$$

が成り立つ. したがって, $0 \in \overline{G_0 \cdot x}$ である.

逆に $0 \in \overline{G_0 \cdot x}$ とすると, $0 \in \overline{G_0 \cdot x} \subset \overline{G \cdot x}$ であるから, 命題 13.22 により, $x \in \mathcal{N}(\mathfrak{g})$ である. したがって $x \in \mathfrak{g}_1 \cap \mathcal{N}(\mathfrak{g}) = \mathcal{N}(\mathfrak{g}_1)$ が成り立つ. □

リー環の随伴商の場合には, 冪零軌道は有限個であった. 階別リー環では, G の軌道ではなく, G^θ の単位元の連結成分 G_0 の軌道を考えるが, 斉次部分空間 $\mathfrak{g}_1$ において考えれば, やはり冪零軌道は有限個である. また, $\mathfrak{g}_1$ の半単純軌道も閉軌道として特徴付けができる. これらの事実を示すため, まず, 次の補題から始めよう.

補題 14.15　U を有限次元ベクトル空間とする. $\operatorname{GL}(U)$ の閉部分群 H の連結閉部分群を K とし, $\mathfrak{h}, \mathfrak{k}$ をそれぞれ H, K のリー環とする. また, $W \subset U$ を K の作用で安定な部分空間とする. すべての $v \in W$ に対して,

$$(\mathfrak{h} \cdot v) \cap W = \mathfrak{k} \cdot v \tag{14.5}$$

が成り立つならば, 任意の $u \in W$ に対して $(H \cdot u) \cap W$ の各既約成分は一つの K 軌道を成す.

証明　$u \in W$ を任意にとり, $v \in (H \cdot u) \cap W$ とする. 軌道 $K \cdot v$ を含む

$(H \cdot u) \cap W$ の既約成分 Z をとると

$$T_v(K \cdot v) \subset T_v Z \subset T_v((H \cdot u) \cap W) \subset T_v(H \cdot u) \cap T_v(W) \\ = (\mathfrak{h} \cdot v) \cap W = \mathfrak{k} \cdot v = T_v(K \cdot v) \tag{14.6}$$

が成り立ち，これらの接空間はすべて一致する．とくに v は $(H \cdot u) \cap W$ の非特異点であって Z は v を含むただ一つの既約成分である (定理 16.26)．結果として $(H \cdot u) \cap W$ の既約成分は互いに共通部分を持たないことが分かる．

埋め込み $K \cdot v \hookrightarrow (H \cdot u) \cap W$ の微分は全射であるから，埋め込みの像 $K \cdot v$ は $(H \cdot u) \cap W$ の開集合を含む．ところが $K \cdot v$ は軌道であるから，それ自身が開集合になる．これより，$(H \cdot u) \cap W$ の K 軌道はすべて開集合であり，したがって $K \cdot v$ は閉集合でもある．よって，$K \cdot v$ は $(H \cdot u) \cap W$ の既約成分に一致する．　□

定理 14.16 $\mathfrak{g}_1$ における冪零 G_0 軌道は有限個である．

証明 補題 14.15 を

$$U = \mathfrak{g}, \quad H = \mathrm{Ad}(G), \quad K = \mathrm{Ad}(G_0), \quad W = \mathfrak{g}_1$$

として適用する．任意の $x \in \mathfrak{g}_1$ に対して

$$(\mathrm{ad}(\mathfrak{g})\,x) \cap \mathfrak{g}_1 = [\mathfrak{g}, x] \cap \mathfrak{g}_1 = [\mathfrak{g}_0, x] = \mathrm{ad}(\mathfrak{g}_0)\,x$$

であるから，条件 (14.5) は満たされている．補題 14.15 によって，任意の $x \in \mathcal{N}(\mathfrak{g}_1)$ に対して，G の冪零軌道 $\mathrm{Ad}(G)x$ は有限個の $\mathrm{Ad}(G_0)$ 軌道の和に分解する．ところが，定理 13.20 により，G の冪零軌道は有限個しかないから，$\mathfrak{g}_1$ の冪零 G_0 軌道は有限個である．　□

命題 14.17 $x \in \mathfrak{g}_1$ に対して，x が半単純であることと，$G_0 \cdot x$ が閉軌道であることは同値である．

証明 $G_0 \cdot x$ が閉軌道のとき，x が半単純であることは，補題 14.8 を使えば，補題 13.12 と同様に証明できる．逆に x が半単純であるとする．定理 13.16 より $G \cdot x$ は閉集合である．補題 14.15 より，$G_0 \cdot x$ は $(G \cdot x) \cap \mathfrak{g}_1$ の既約成分の一つである．よって $G_0 \cdot x$ は閉集合である．　□

命題 14.18 $x \in \mathfrak{g}_1$ のジョルダン分解を $x = x_s + x_n$ $(x_s, x_n \in \mathfrak{g}_1)$ とすれば，$G_0 \cdot x_s$ は $\overline{G_0 \cdot x}$ に含まれる唯一の閉軌道である．

証明 $G_0 \cdot x_s \subset \overline{G_0 \cdot x}$ であることは,$(Z_G(x_s), \theta)$ が定める階別リー環に補題 14.8 を適用すればわかる.アフィン商写像を $\pi : \mathfrak{g}_1 \to \mathfrak{g}_1 / / G_0$ とすれば

$$G_0 \cdot x_s \subset \overline{G_0 \cdot x} \subset \pi^{-1}(\pi(x))$$

であるが,$G_0 \cdot x_s$ が閉軌道であることと,$\pi^{-1}(\pi(x))$ に含まれる閉軌道は唯一つであることから,それは $\overline{G_0 \cdot x}$ に含まれる唯一つの閉軌道でなければならない. □

この節では,$\mathfrak{g}_1$ に作用する群として,連結群 G_0 をとって議論をしてきたが,G_0 の代わりに $G_0 \subset K \subset G_Z^\theta$ をみたす G の閉部分群 K をとっても,これらの主張はまったく同様に成り立つ.このことは,$\mathrm{Ad}(G_0)$ が $\mathrm{Ad}(K)$ の単位元の連結成分であることから容易に従う.

また,証明を少し工夫すれば,$\mathfrak{g}_1$ の代わりに $\mathfrak{g}_j$ $(j \in \mathbb{Z}_m)$ を考えても,やはり同様の命題が成り立つことが分かるであろう.このような,階別リー環における軌道の幾何学については,Vinberg や川中宣明等多数の研究者によって研究されている [2].

14.4 カルタン部分空間

設定は前節と同じとする.$\mathfrak{g}_1$ の互いに可換な半単純元からなる極大部分ベクトル空間 $\mathfrak{a}$ を $\mathfrak{g}_1$ の**カルタン部分空間**という.ここでは,$\mathfrak{g}_1$ における任意の二つのカルタン部分空間は G_0 の作用で互いに共役であることを示す.

補題 14.19 $\mathfrak{a} \subset \mathfrak{g}_1$ をカルタン部分空間として,$\mathfrak{n}_\mathfrak{a} = [\mathfrak{z}_\mathfrak{g}(\mathfrak{a}), \mathfrak{z}_\mathfrak{g}(\mathfrak{a})] \cap \mathfrak{g}_1$ とおく.このとき $\mathfrak{z}_{\mathfrak{g}_1}(\mathfrak{a}) := \{x \in \mathfrak{g}_1 \mid [x, A] = 0 \ (A \in \mathfrak{a})\}$ は $\mathfrak{z}_{\mathfrak{g}_1}(\mathfrak{a}) = \mathfrak{a} \oplus \mathfrak{n}_\mathfrak{a}$ と直和分解されて,次が成り立つ.
(1) $\mathfrak{z}_{\mathfrak{g}_1}(\mathfrak{a})^{\mathrm{ss}} = \mathfrak{a}$
(2) $\mathfrak{n}_\mathfrak{a}$ の元はすべて冪零である.
(3) $x \in \mathfrak{z}_{\mathfrak{g}_1}(\mathfrak{a})$ のジョルダン分解を $x = x_s + x_n$ とすると,$x_s \in \mathfrak{a}$,$x_n \in \mathfrak{n}_\mathfrak{a}$ である.

証明 $\mathfrak{h} := \mathfrak{z}_\mathfrak{g}(\mathfrak{a})$ とおくと,$\mathfrak{a} \subset \mathfrak{g}_1$ だから $\mathfrak{h}$ は自己同型 θ で安定であり,簡約な $\mathbb{Z}_m$ 階別リー環である.また,$\mathfrak{h}$ の簡約性から

$$\mathfrak{z}_\mathfrak{g}(\mathfrak{a}) = \mathfrak{h} = [\mathfrak{h}, \mathfrak{h}] \oplus \mathfrak{z}(\mathfrak{h}) \tag{14.7}$$

---

[2] 例えば,次の文献 [36], [15], [28], [29] を参考にして欲しい.

と分解するが, $[\mathfrak{h},\mathfrak{h}]$ も中心 $\mathfrak{z}(\mathfrak{h})$ も θ 安定であることは容易に確かめられる. したがって
$$\mathfrak{h}_1 = \mathfrak{z}_{\mathfrak{g}_1}(\mathfrak{a}) = (\mathfrak{z}(\mathfrak{h}) \cap \mathfrak{g}_1) \oplus ([\mathfrak{h},\mathfrak{h}] \cap \mathfrak{g}_1) = (\mathfrak{z}(\mathfrak{h}) \cap \mathfrak{g}_1) \oplus \mathfrak{n}_\mathfrak{a} \tag{14.8}$$
となることが分かる. もし $\mathfrak{z}(\mathfrak{h}) \cap \mathfrak{g}_1$ が 0 でない冪零元 x を持ったとすれば, 補題 14.8 より $h \in \mathfrak{h}_0$ が存在して $[h,x] = 2x$ となる. ところが $x \in \mathfrak{z}(\mathfrak{h})$ であるから $[h,x] = 0$ となり矛盾である. したがって, $\mathfrak{z}(\mathfrak{h}) \cap \mathfrak{g}_1$ には 0 でない冪零元は存在しない.

次に $\mathfrak{z}(\mathfrak{h}) \cap \mathfrak{g}_1$ の元はすべて半単純であることを示す. $x \in \mathfrak{z}(\mathfrak{h}) \cap \mathfrak{g}_1$ とし, x の $\mathfrak{h}_1$ におけるジョルダン分解を $x = x_s + x_n$ とする. ここに x_s, x_n は x の多項式であり, x が $\mathfrak{h}$ と可換であるから x_s, x_n も $\mathfrak{h}$ と可換である. したがって $x_n \in \mathfrak{z}(\mathfrak{h}) \cap \mathfrak{g}_1$ であるが, $\mathfrak{z}(\mathfrak{h}) \cap \mathfrak{g}_1$ の冪零元は 0 のみであるから, $x = x_s$ となり, x は半単純である. 定義より, $\mathfrak{z}(\mathfrak{h}) \cap \mathfrak{g}_1 \supset \mathfrak{a}$ であるが, $\mathfrak{a}$ の極大性より $\mathfrak{z}(\mathfrak{h}) \cap \mathfrak{g}_1 = \mathfrak{a}$ がわかる. したがって $\mathfrak{z}_{\mathfrak{g}_1}(\mathfrak{a}) = \mathfrak{a} \oplus \mathfrak{n}_\mathfrak{a}$ を得る. $\mathfrak{z}_{\mathfrak{g}_1}(\mathfrak{a})^{\mathrm{ss}} = \mathfrak{a}$ も同様の考察により得られる.

(2) $x \in \mathfrak{n}_\mathfrak{a}$ をとる. $\mathfrak{n}_\mathfrak{a}$ は $([\mathfrak{h},\mathfrak{h}], \theta)$ が定める階別リー環の $[\mathfrak{h},\mathfrak{h}]_1$ に一致し, $[\mathfrak{h},\mathfrak{h}]_1$ はジョルダン分解で閉じている. x のジョルダン分解を $x = x_s + x_n$ とすれば $x_s, x_n \in \mathfrak{n}_\mathfrak{a}$ となるが, $\mathfrak{z}_{\mathfrak{g}_1}(\mathfrak{a})$ の半単純元は $\mathfrak{a}$ に含まれるので $x_s \in \mathfrak{a}$. よって $x_s = 0$ となり, $x = x_n$ は冪零である.

(3) $x \in \mathfrak{z}_{\mathfrak{g}_1}(\mathfrak{a})$ を $x = s + n$ ($s \in \mathfrak{a}, n \in \mathfrak{n}_\mathfrak{a}$) と分解する. s と x は可換であるから n と x も可換であって, s は半単純, n は冪零であるから, これは x のジョルダン分解である. □

この補題では, カルタン部分空間 $\mathfrak{a}$ と可換な元全体が $\mathfrak{a}$ に一致せず, 冪零元が現れる点で, 随伴表現の場合より複雑になっている. しかし, 自己同型 θ が対合の場合 (つまり対称対の場合) には, 事情はもっと簡単である.

補題 14.20 $\mathfrak{a} \subset \mathfrak{g}_1$ をカルタン部分空間とする. 自己同型 θ の位数が $m = 2$ ならば, $\mathfrak{z}_{\mathfrak{g}_1}(\mathfrak{a}) = \mathfrak{a}$ が成り立つ.

証明 補題 14.19 より, $\mathfrak{z}_{\mathfrak{g}_1}(\mathfrak{a})$ の冪零元は 0 のみであることを示せばよい. そこで, $\mathfrak{z}_{\mathfrak{g}_1}(\mathfrak{a})$ が 0 でない冪零元 $x \in \mathfrak{z}_{\mathfrak{g}_1}(\mathfrak{a})$ を含んだとする. 補題 14.8 を $(Z_G(\mathfrak{a}), \theta)$ が定める対称対に適用すれば, $h \in \mathfrak{z}_{\mathfrak{g}_0}(\mathfrak{a}), y \in \mathfrak{z}_{\mathfrak{g}_1}(\mathfrak{a})$ が存在して, (h, x, y) は $\mathfrak{sl}_2$-triple となる. $h' := x - y$ は $\mathfrak{sl}_2(\mathbb{C})$ に同型なリー環 $\mathbb{C}h + \mathbb{C}x + \mathbb{C}y$ において半単純であるから, 定理 7.11 により, h' は $\mathfrak{g}_1$ の半単純元である. したがって,

補題 14.19 より, $h' \in \mathfrak{a}$ である. すると $0 = [h', x] = [x - y, x] = [x, y] = h$ となり, $h \neq 0$ に矛盾する. $\square$

以下, 埋め込み $G \subset \mathrm{GL}(V)$ をとって考える. $\mathfrak{a} \subset \mathfrak{g}_1$ をカルタン部分空間とし, $\alpha \in \mathfrak{a}^*$ に対して

$$\mathfrak{g}_\alpha := \{X \in \mathfrak{g} \mid [A, X] = \alpha(A) X \quad (\forall A \in \mathfrak{a})\}$$

とおく. また

$$\Delta(\mathfrak{g}, \mathfrak{a}) := \{\alpha \in \mathfrak{a}^* \setminus \{0\} \mid \mathfrak{g}_\alpha \neq \{0\}\}$$

$$\mathfrak{a}^{\mathrm{reg}} := \{A \in \mathfrak{a} \mid \alpha(A) \neq 0, \forall \alpha \in \Delta(\mathfrak{g}, \mathfrak{a})\}$$

と定義する. 補題 14.19 より, $\mathfrak{z}_{\mathfrak{g}_1}(\mathfrak{a}) = \mathfrak{a} \oplus \mathfrak{n}_\mathfrak{a}$ であるが, $\mathfrak{z}_{\mathfrak{g}_1}(\mathfrak{a})$ の開集合 $\mathfrak{z}_{\mathfrak{g}_1}(\mathfrak{a})'$ を

$$\mathfrak{z}_{\mathfrak{g}_1}(\mathfrak{a})' := \mathfrak{a}^{\mathrm{reg}} + \mathfrak{n}_\mathfrak{a}$$

により定める. この集合は, ジョルダン分解の半単純成分が $\mathfrak{a}^{\mathrm{reg}}$ に含まれる $\mathfrak{z}_{\mathfrak{g}_1}(\mathfrak{a})$ の元全体の集合である. 次の補題は明らかであろう.

補題 14.21 $x \in \mathfrak{a}^{\mathrm{reg}}$ とすれば, $\mathfrak{z}_\mathfrak{g}(\mathfrak{a}) = \mathfrak{z}_\mathfrak{g}(x)$ である. 特に $\mathfrak{z}_{\mathfrak{g}_1}(x)^{\mathrm{ss}} = \mathfrak{z}_{\mathfrak{g}_1}(\mathfrak{a})^{\mathrm{ss}} = \mathfrak{a}$ が成り立つ.

カルタン部分空間の共役性を示すには, 次の補題を示す必要がある.

補題 14.22 $\mathfrak{a} \subset \mathfrak{g}_1$ をカルタン部分空間とすると, $G_0 \cdot \mathfrak{z}_{\mathfrak{g}_1}(\mathfrak{a})'$ は $\mathfrak{g}_1$ の空でない開集合を含む.

証明 正則写像 $\varphi : G_0 \times \mathfrak{z}_{\mathfrak{g}_1}(\mathfrak{a})' \to \mathfrak{g}_1, \varphi(g, x) = g \cdot x$ の点 $(e, x) \in G_0 \times \mathfrak{z}_{\mathfrak{g}_1}(\mathfrak{a})'$ における微分

$$d\varphi_{(e,x)} : \mathfrak{g}_0 \times \mathfrak{z}_{\mathfrak{g}_1}(\mathfrak{a}) \to \mathfrak{g}_1,$$
$$d\varphi_{(e,x)}(A, B) = \mathrm{ad}(A)x + B \quad (A \in \mathfrak{g}_0, B \in \mathfrak{z}_{\mathfrak{g}_1}(\mathfrak{a}))$$

が全射であることを示せば, 附録の定理 16.30 より φ は支配的となって, 像 $G_0 \cdot \mathfrak{z}_{\mathfrak{g}_1}(\mathfrak{a})'$ は $\mathfrak{g}_1$ の空でない開集合を含む. よって,

$$\mathrm{Im}\, d\varphi_{(e,x)} = [\mathfrak{g}_0, x] + \mathfrak{z}_{\mathfrak{g}_1}(\mathfrak{a}) = \mathfrak{g}_1$$

を示せばよい. そのためには, トレース形式 $(\ ,\ )|_{\mathfrak{g}_1 \times \mathfrak{g}_{-1}}$ が非退化であるから,

$\mathfrak{g}_{-1}$ における $[\mathfrak{g}_0, x] + \mathfrak{z}_{\mathfrak{g}_1}(\mathfrak{a})$ の直交補空間が $\{0\}$ であることを示せば十分である．そこで，任意の $y \in \mathfrak{g}_{-1}$ をとり，y と $[\mathfrak{g}_0, x] + \mathfrak{z}_{\mathfrak{g}_1}(\mathfrak{a})$ が直交しているとすると，命題 14.12 より，$y \in \mathfrak{z}_{\mathfrak{g}_{-1}}(x)$ である．x のジョルダン分解を $x = x_s + x_n$ とすれば，x と可換な元は $x_s \in \mathfrak{a}^{\mathrm{reg}}$ とも可換になるから，$\mathfrak{z}_{\mathfrak{g}}(x) \subset \mathfrak{z}_{\mathfrak{g}}(x_s) = \mathfrak{z}_{\mathfrak{g}}(\mathfrak{a})$ が成り立つ．特に，$y \in \mathfrak{z}_{\mathfrak{g}_{-1}}(x) \subset \mathfrak{z}_{\mathfrak{g}_{-1}}(\mathfrak{a})$ である．命題 10.18 より，$Z_G(\mathfrak{a})$ は簡約代数群であって，補題 14.10 を $(Z_G(\mathfrak{a}), \theta)$ が定める階別リー環に適用すれば，$(\, , \,)|_{\mathfrak{z}_{\mathfrak{g}_1}(\mathfrak{a}) \times \mathfrak{z}_{\mathfrak{g}_{-1}}(\mathfrak{a})}$ が非退化であることが分かる．$y \in \mathfrak{z}_{\mathfrak{g}_{-1}}(\mathfrak{a})$ は $\mathfrak{z}_{\mathfrak{g}_1}(\mathfrak{a})$ と直交するから $y = 0$ である． □

系 14.23 $m = 2$，すなわち，(G, G^θ) が対称対であるとする．このとき，任意のカルタン部分空間 $\mathfrak{a} \subset \mathfrak{g}_1$ に対して，$G_0 \cdot \mathfrak{a}^{\mathrm{reg}}$ は $\mathfrak{g}_1$ の空でない開集合を含む．特に，$\mathfrak{g}_1{}^{\mathrm{ss}}$ は $\mathfrak{g}_1$ で稠密である．

定理 14.24 (G, θ) が定める $\mathbb{Z}_m$ 階別リー環において，$\mathfrak{g}_1$ の二つのカルタン部分空間は G_0 の作用で互いに共役である．

証明 $\mathfrak{a}, \mathfrak{b}$ を $\mathfrak{g}_1$ の二つのカルタン部分空間とする．補題 14.22 によって，$G_0 \cdot \mathfrak{z}_{\mathfrak{g}_1}(\mathfrak{a})', G_0 \cdot \mathfrak{z}_{\mathfrak{g}_1}(\mathfrak{b})'$ はいずれも $\mathfrak{g}_1$ の空でない開集合を含むから，これらは交わる．したがって，$x \in \mathfrak{z}_{\mathfrak{g}_1}(\mathfrak{a})', y \in \mathfrak{z}_{\mathfrak{g}_1}(\mathfrak{b})', g \in G_0$ が存在して $y = g \cdot x$ となる．$x = x_s + x_n, y = y_s + y_n$ をそれぞれ x, y のジョルダン分解とすれば，ジョルダン分解の一意性より，$y_s = g \cdot x_s$ となる．$x_s \in \mathfrak{a}^{\mathrm{reg}}, y_s \in \mathfrak{b}^{\mathrm{pr}}$ であるから，

$$\mathfrak{z}_{\mathfrak{g}_1}(\mathfrak{b}) = \mathfrak{z}_{\mathfrak{g}_1}(y_s) = \mathfrak{z}_{\mathfrak{g}_1}(g \cdot x_s) = g \cdot \mathfrak{z}_{\mathfrak{g}_1}(x_s) = g \cdot \mathfrak{z}_{\mathfrak{g}_1}(\mathfrak{a})$$

が成り立つが，この両辺の半単純元の集合をとれば，$\mathfrak{b} = \mathfrak{z}_{\mathfrak{g}_1}(\mathfrak{b})^{\mathrm{ss}} = g \cdot \mathfrak{z}_{\mathfrak{g}_1}(\mathfrak{a})^{\mathrm{ss}} = g \cdot \mathfrak{a}$ となる． □

$\mathfrak{g}_1$ のカルタン部分空間の次元を，階別リー環の**階数**といい，$\mathrm{rank}(\mathfrak{g}, \theta)$ と表す．

14.5　階別リー環におけるワイル群と Chevalley の制限定理

K を $G_0 \subset K \subset G_Z^\theta$ をみたす G の閉部分群とする．$\mathfrak{g}_1$ のカルタン部分空間 $\mathfrak{a} \subset \mathfrak{g}_1$ に対して，正規化群 $N_K(\mathfrak{a})$ の $\mathfrak{a}$ への作用は準同型 $N_K(\mathfrak{a}) \to \mathrm{GL}(\mathfrak{a})$ を定め，その核は中心化群 $Z_K(\mathfrak{a})$ であるから，$W_K(\mathfrak{a}) := N_K(\mathfrak{a})/Z_K(\mathfrak{a})$ は $\mathrm{GL}(\mathfrak{a})$ の部分群とみなすことができる．$W_K(\mathfrak{a})$ を $(K, \mathfrak{g}_1)$ のカルタン部分空間 $\mathfrak{a}$ に関する**ワイル群**という．

命題 14.25 階別リー環のワイル群 $W_K(\mathfrak{a})$ は有限群である.

命題の証明には次の補題を使う (補題の証明は読者への演習問題とする).

補題 14.26 部分群 $H \subset \mathrm{GL}(U)$ に対して, U における H 軌道がすべて有限集合ならば H は有限群である.

証明 [命題 14.25 の証明] $\mathfrak{g} \subset \mathfrak{gl}(V)$ かつ $\mathfrak{a}$ は同時対角化可能であるから, $\mathfrak{a}$ を適当な V の基底に関して対角行列の集合とみるとき, $x \in \mathfrak{a}$ に対して $N_K(\mathfrak{a}) \cdot x$ に含まれる任意の元の固有値は x の固有値に一致する. よって, $N_K(\mathfrak{a}) \cdot x$ は x の対角成分を入れ換えた対角行列の集合に含まれるので有限集合である. 補題 14.26 より $W_K(\mathfrak{a})$ は有限群である. □

定理 14.27 $\mathfrak{a} \subset \mathfrak{g}_1$ をカルタン部分空間とする. このとき, 軌道の対応

$$\mathfrak{a}/N_K(\mathfrak{a}) \to \mathfrak{g}_1/K, \qquad \mathcal{O} \mapsto K \cdot \mathcal{O} \tag{14.9}$$

は単射である.

証明 $K \cdot x = K \cdot y$ $(x, y \in \mathfrak{a})$ とする. $y = g \cdot x$ となる $g \in K$ をとれば,

$$\mathfrak{a} \subset \mathfrak{z}_{\mathfrak{g}_1}(y) = g \cdot \mathfrak{z}_{\mathfrak{g}_1}(x) \supset g \cdot \mathfrak{a}$$

となる. よって, $\mathfrak{a}$, $g \cdot \mathfrak{a} \subset \mathfrak{z}_{\mathfrak{g}_1}(y)$ は共に $(Z_G(y), \theta)$ が定める簡約階別リー環のカルタン部分空間である. 定理 14.24 により, $h \in (Z_G(y) \cap G^\theta)^\circ$ が存在して, $hg \cdot \mathfrak{a} = \mathfrak{a}$ となる. ここに, $(Z_G(y) \cap G^\theta)^\circ$ は $Z_G(y) \cap G^\theta$ の単位元の連結成分である. $(Z_G(y) \cap G^\theta)^\circ \subset G_0 \subset K$ であるから, $hg \in N_K(\mathfrak{a})$ だが, 一方 $h \in Z_K(y)$ であるから, $y = h \cdot y = hg \cdot x$ となり, x と y は $N_K(\mathfrak{a})$ によって共役である. □

次の定理が, 階別リー環における Chevalley の制限定理である.

定理 14.28 簡約代数群 G とその位数 m の自己同型 θ に対して, K は $G_0 \subset K \subset G_Z^\theta$ をみたす G の閉部分群とする. このとき, $\mathfrak{g}_1$ のカルタン部分空間 $\mathfrak{a}$ に対して, 制限写像

$$\mathrm{rest} : \mathbb{C}[\mathfrak{g}_1]^K \to \mathbb{C}[\mathfrak{a}]^{W_K(\mathfrak{a})}, \qquad f \mapsto f|_{\mathfrak{a}}$$

は $\mathbb{C}$ 代数の同型写像である.

証明 制限写像 rest に対応するアフィン商の間の正則写像を

$$\gamma : \mathfrak{a}//W_K(\mathfrak{a}) \to \mathfrak{g}_1//K$$

と書く．まず，$W_K(\mathfrak{a})$ は有限群であるから，

(i) アフィン商空間 $\mathfrak{a}//W_K(\mathfrak{a})$ は幾何学商であり，軌道の集合 $\mathfrak{a}/W_K(\mathfrak{a})$ と同一視できる．

次に，$\mathfrak{g}_1$ の K 軌道について，閉軌道であることと半単純軌道であることは同値であるから，

(ii) アフィン商空間 $\mathfrak{g}_1//K$ は半単純軌道の集合 $\mathfrak{g}_1{}^{\mathrm{ss}}/K$ と同一視できる．

さらに，定理 14.27 の軌道の対応は $W_K(\mathfrak{a})$ 軌道を K 閉軌道に写すから，

(iii) γ は軌道の対応 $\mathfrak{a}/W_K(\mathfrak{a}) \to \mathfrak{g}_1{}^{\mathrm{ss}}/K$ と同一視できる．

定理 14.27 により，γ は単射である．カルタン部分空間の共役性より，(iii) の対応は全射でもある．したがって，γ は全単射である．$\mathfrak{g}_1//K$ は正規代数多様体であるから，Zariski の主定理により，γ は同型である． □

系 14.29 $\mathfrak{g}_1$ のカルタン部分空間の次元 $\mathrm{rank}(\mathfrak{g}, \theta)$ はアフィン商空間の次元 $\dim(\mathfrak{g}_1//K)$ に等しい．

14.6 階別リー環における不変写像のファイバー

やはり K を $G_0 \subset K \subset G_Z^\theta$ をみたす G の閉部分群とし，$\pi_K : \mathfrak{g}_1 \to \mathfrak{g}_1//K$ をアフィン商写像とする．半単純元 $s \in \mathfrak{g}_1$ に対して，代数群 $Z_G(s)$ は簡約であるから，$(Z_G(s), \theta)$ が定める簡約階別リー環が得られる．$\mathfrak{z}_{\mathfrak{g}_1}(s) = (\mathfrak{z}_{\mathfrak{g}}(s))_1$ の冪零多様体を $\mathcal{N}(\mathfrak{z}_{\mathfrak{g}_1}(s))$ で表す．

定理 14.30 $x \in \mathfrak{g}_1$ を任意の元とし，そのジョルダン分解を $x = x_s + x_n$ $(x_s, x_n \in \mathfrak{g}_1)$ とすれば，次が成り立つ．
 (1) $K \cdot x_s$ は $\pi_K^{-1}(\pi_K(x))$ の唯一つの閉 K 軌道である．
 (2) $\pi_K^{-1}(\pi_K(x)) = K \cdot (x_s + \mathcal{N}(\mathfrak{z}_{\mathfrak{g}_1}(x_s)))$ が成り立つ．また，$\pi_K^{-1}(\pi_K(x))$ に含まれる K 軌道の個数は有限である．

証明 簡単のため，$\pi_K = \pi$ と書く．また，$s = x_s$, $n = x_n$ とおく．
 (1) 命題 14.18 より $s \in \overline{G_0 \cdot x} \subset \overline{K \cdot x}$ であるから，商写像の性質より $\pi(s) = \pi(x)$ が成り立つ．よって $K \cdot s \subset \pi^{-1}(\pi(x))$ となるが，半単純軌道 $K \cdot s$ は閉軌道で，$\pi^{-1}(\pi(x))$ は唯一の閉軌道を含むことから，(1) が従う．

(2) 任意の $y \in \pi^{-1}(\pi(x)) = \pi^{-1}(\pi(s))$ をとる．y のジョルダン分解を $y = y_s + y_n$ とすれば，x の場合と同様にして $K \cdot y_s = K \cdot s$ が成り立つ．よって $y_s = g \cdot s$ となる $g \in K$ が存在する．$g^{-1} \cdot y = s + g^{-1} \cdot y_n$ は $g^{-1} \cdot y$ のジョルダン分解だから $g^{-1} \cdot y_n \in \mathfrak{z}_{\mathfrak{g}_1}(s)$ である．これより $y = g \cdot (s + g^{-1} \cdot y_n) \in G \cdot (s + \mathcal{N}(\mathfrak{z}_{\mathfrak{g}}(s)))$ となって $\pi^{-1}(\pi(x)) \subset K \cdot (s + \mathcal{N}(\mathfrak{z}_{\mathfrak{g}_1}(s)))$ を得る．

逆に，$z \in \mathcal{N}(\mathfrak{z}_{\mathfrak{g}_1}(s))$ とすれば，Jacobson-Morozov の定理より，$[h, z] = 2z$ となる $h \in \mathfrak{z}_{\mathfrak{g}_0}(s)$ がとれる．

$$\lim_{t \to \infty} \operatorname{Ad}(\exp(-th))(s + z) = \lim_{t \to \infty} (s + e^{-2t}z) = s$$

より $s \in \overline{Z_{G_0}(s) \cdot (s + z)} \subset \overline{K \cdot (s + z)}$ となり，$\pi(s) = \pi(s + z)$ が分かる．したがって，$\pi^{-1}(\pi(x)) = \pi^{-1}(\pi(s)) \supset K \cdot (s + \mathcal{N}(\mathfrak{z}_{\mathfrak{g}_1}(s)))$ である． □

定理 14.31　K を $G_0 \subset K \subset G_Z^\theta$ をみたす G の閉部分群とする．アフィン商写像 $\pi_K : \mathfrak{g}_1 \to \mathfrak{g}_1 // K$ のファイバーの各既約成分の次元は $\dim \mathfrak{g}_1 - \operatorname{rank}(\mathfrak{g}, \theta)$ に一致する．また，ファイバーの各既約成分は最大次元の G_0 軌道の閉包に一致する．

証明　やはり，$\pi_K = \pi$ と書く．定理 14.28 により $\dim \mathfrak{g}_1 // K = \operatorname{rank}(\mathfrak{g}, \theta)$ が成り立っているが，

$$p := \dim \mathfrak{g}_1 - \dim \mathfrak{g}_1 // K = \dim \mathfrak{g}_1 - \operatorname{rank}(\mathfrak{g}, \theta)$$

とおく．また，$\mathfrak{g}_1$ の G_0 軌道の次元の最大値を q とおく．すると，$\mathfrak{g}_1^{\operatorname{reg}} := \{x \in \mathfrak{g}_1 \mid \dim G_0 \cdot x = q\}$ は空でない $\mathfrak{g}_1$ の開集合である．代数幾何でよく知られているように (附録の定理 16.4 参照)，次が成り立つ．

(i) 任意の $x \in \mathfrak{g}_1$ に対して，$(\pi^{-1}(\pi(x))$ の各既約成分の次元 $) \geq p$ が成り立つ．

(ii) 空でない開集合 $U \subset \mathfrak{g}_1 // K$ が存在して，任意の $z \in U$ に対して $\pi^{-1}(z)$ の既約成分の次元は p に一致する．

$\pi^{-1}(U) \cap \mathfrak{g}_1^{\operatorname{reg}} \neq \emptyset$ であるから，$x \in \pi^{-1}(U) \cap \mathfrak{g}_1^{\operatorname{reg}}$ をとれば，$G_0 \cdot x \subset \pi^{-1}(\pi(x))$ となって，

$$p = (\pi^{-1}(\pi(x)) \text{ の各既約成分の次元 }) \geq \dim G_0 \cdot x = q \tag{14.10}$$

である．一方，$\pi^{-1}(\pi(x))$ の G_0 軌道の個数は有限であり，$G_0 \cdot x$ は $\pi^{-1}(\pi(x))$ の最大次元の G_0 軌道であるから，式 (14.10) の不等号は等号でなければならない．すると，任意の $y \in \mathfrak{g}_1$ に対して

$$(\pi^{-1}(\pi(y)) \text{ の各既約成分の次元 }) \geq p = q \tag{14.11}$$

が成り立つことと，$\pi^{-1}(\pi(y))$ の G_0 軌道の個数の有限性から，やはり式 (14.11) の不等号は等号でなければならないことが分かる．$\pi^{-1}(\pi(y))$ の各既約成分が，次元 $q = \dim \mathfrak{g}_1 - \mathrm{rank}(\mathfrak{g}, \theta)$ の G_0 軌道の閉包であることは明らかである． □

この定理から，$\mathfrak{g}_1$ の K 軌道の次元の最大値は $\dim \mathfrak{g}_1 - \mathrm{rank}(\mathfrak{g}, \theta)$ であることがわかる．

次に，$\mathfrak{g}_1$ における閉 K 軌道の次元の最大値を求めてみよう．閉 K 軌道と半単純 K 軌道は同義であったが，カルタン部分空間の共役性から，次元最大の閉 K 軌道はカルタン部分空間 $\mathfrak{a} \subset \mathfrak{g}_1$ の元を代表元に持つ．$s \in \mathfrak{a}^{\mathrm{reg}}$ とすれば，任意の $x \in \mathfrak{a}$ に対して，$\mathfrak{z}_\mathfrak{g}(x) \supset \mathfrak{z}_\mathfrak{g}(\mathfrak{a}) = \mathfrak{z}_\mathfrak{g}(s)$ であるから，$\dim K \cdot x \leq \dim K \cdot s$ であることが分かる．よって，$\dim K \cdot s$ が閉 K 軌道の次元の最大値を与える．この次元を q_0 としよう．系 14.13 (2) により q_0 は

$$q_0 = \dim G_0 \cdot s = \dim[\mathfrak{g}_1, s]$$
$$= \dim \mathfrak{g}_1 - \dim \mathfrak{z}_{\mathfrak{g}_1}(s) = \dim \mathfrak{g}_1 - \dim \mathfrak{z}_{\mathfrak{g}_1}(\mathfrak{a})$$
$$= \dim \mathfrak{g}_1 - \dim(\mathfrak{a} \oplus \mathfrak{n}_\mathfrak{a}) = \dim \mathfrak{g}_1 - \dim \mathfrak{a} - \dim \mathfrak{n}_\mathfrak{a}$$

と計算できる．ここに，$\mathfrak{n}_\mathfrak{a}$ は補題 14.19 のベクトル空間であるが，これは $(Z_G(\mathfrak{a}), \theta)$ が定める簡約階別リー環の冪零多様体 $\mathcal{N}(\mathfrak{z}_{\mathfrak{g}_1}(\mathfrak{a}))$ に一致する．したがって，

$$q_0 = \dim G_0 \cdot s = \dim \mathfrak{g}_1 - \mathrm{rank}(\mathfrak{g}, \theta) - \dim \mathcal{N}(\mathfrak{z}_{\mathfrak{g}_1}(\mathfrak{a}))$$
$$= q - \dim \mathcal{N}(\mathfrak{z}_{\mathfrak{g}_1}(\mathfrak{a}))$$

が成り立つ．つまり $\mathfrak{g}_1$ における閉 K 軌道の次元の最大値と，閉とは限らない一般の K 軌道の次元の最大値の差はちょうど冪零多様体の次元に一致することが分かる．

章末問題

問題 14.1 $G = \mathrm{GL}_3(\mathbb{C})$ とする．1 の原始 3 乗根 $\omega = e^{\frac{2\pi}{3}i}$ に対して，$z = \mathrm{diag}(1, \omega, \omega^2)$ とおき，$\theta(g) = \mathrm{Ad}(z)g = zgz^{-1}$ によって，位数が 3 の G の自己同型を定める．

(1) $\mathfrak{g}$ の θ による $\mathbb{Z}_3$ 次数付け $\mathfrak{g} = \bigoplus_{i \in \mathbb{Z}_3} \mathfrak{g}_i$ を具体的に求めよ．

(2) 前問で求めた $\mathfrak{g}_1$ は $\mathfrak{g}_1 = \left\{ x = \begin{pmatrix} 0 & a & 0 \\ 0 & 0 & b \\ c & 0 & 0 \end{pmatrix} \middle| a, b, c \in \mathbb{C} \right\}$ の形をしている

が, $\mathfrak{g}_1$ の半単純元を決定し, カルタン部分環 $\mathfrak{a}$ (の一つ) を求めよ.

(3) $x \in \mathfrak{g}_1$ が冪零であることと, $abc = 0$ であることは同値であることを示せ. また, 冪零軌道 $\mathcal{N}(\mathfrak{g}_1)/G_0$ を決定せよ.

(4) $K = G_0$ に対して, ワイル群 $W_K(\mathfrak{a})$ は $\mathbb{Z}_3$ と同型であることを示せ.

問題 14.2 簡約リー環 $\mathfrak{g}$ が $\mathfrak{g} = \bigoplus_{k \in \mathbb{Z}} \mathfrak{g}_k$ と $\mathbb{Z}$ によって次数づけられているとする. つまり, $[\mathfrak{g}_i, \mathfrak{g}_j] \subset \mathfrak{g}_{i+j}$ が成り立つとする.

(1) $\mathfrak{g}_0$ は簡約であることを示せ.
(2) $k \neq 0$ ならば $\mathfrak{g}_k$ の元はすべて冪零であることを示せ.
(3) $\mathfrak{p} = \bigoplus_{k \geq 0} \mathfrak{g}_k$ とおくと $\mathfrak{p}$ は放物型部分リー環であることを示せ.
(4) 任意の $x \in \mathfrak{g}_k$ $(k \neq 0)$ に対して, $x \neq 0$ ならば, $\mathfrak{sl}_2$-triple (h, x, y) であって, $h \in \mathfrak{g}_0$, $y \in \mathfrak{g}_{-k}$ となるものがとれることを示せ. [ヒント] 補題 14.7 を参考にせよ.

問題 14.3 連結な簡約代数群 G のリー環を $\mathfrak{g}$ とし, $\mathfrak{g}$ の冪零元 $x \neq 0$ をとる. また (h, x, y) を $\mathfrak{sl}_2$-triple として, $\mathrm{ad}\, h$ による $\mathfrak{g}$ の固有空間分解を

$$\mathfrak{g} = \bigoplus_{k \in \mathbb{Z}} \mathfrak{g}_k, \qquad \mathfrak{g}_k := \{z \in \mathfrak{g} \mid [h, z] = k z\}$$

とする.

(1) $[\mathfrak{g}_i, \mathfrak{g}_j] = \mathfrak{g}_{i+j}$ であることを示せ. つまり $\mathfrak{g}$ は $\mathbb{Z}$ により次数づけられたリー環である.
(2) $G_0 := Z_G(h) = \{g \in G \mid \mathrm{Ad}(g)h = h\}$ とおくと, G_0 は連結であって $\mathrm{Lie}\, G_0 = \mathfrak{g}_0$ が成り立つこと, また G_0 は随伴作用で各 $\mathfrak{g}_k$ に作用することを示せ.
(3) $\mathfrak{g}_k$ $(k \neq 0)$ には G_0 軌道が有限個しかないこと, したがって開軌道が存在することを示せ. つまり $\mathfrak{g}_k$ は G_0 の作用に関して**概均質ベクトル空間**である [3]. [ヒント] $\mathfrak{g}_k$ の軌道は冪零軌道であることに注意して, 定理 14.16 の証明を参考にせよ.

---

[3] 一般に, 代数群 G の表現 (ρ, V) に対して, G がベクトル空間 V に開軌道を持つとき, 概均質ベクトル空間とよばれる. この命名は佐藤幹夫による (佐藤幹夫, 概均質ベクトル空間の理論 (新谷卓郎記), 数学の歩み **15** (1970), 85–157). 詳しくは [50], [51] を参照されたい.

第 15 章

古典型リー環と対称対の冪零軌道

　この章では，古典群 G のリー環 $\mathfrak{g}$ への随伴作用 $(G, \mathfrak{g})$，あるいは G の対合 θ (位数 2 の自己同型) が定める対称対の場合に，G^θ の $\mathfrak{g}_1$ への随伴作用 (テータ表現) を考える．これらの作用に関して，冪零軌道の分類と，冪零軌道の閉包の間の包含関係を具体的に記述することが本章の目的である．

15.1　ε 双線型形式が定めるリー環，対称対

　この節を通して，V は $\mathbb{C}$ 上の有限次元ベクトル空間とする．V 上の対称な双線型形式と，交代的な双線型形式を同時に扱うために ε 双線型形式を導入する．$\varepsilon = \pm 1$ に対して，V 上の非退化な双線型形式 $(\,,\,)$ が **ε 双線型形式**であるとは，

$$(u, v) = \varepsilon (v, u) \qquad (u, v \in V) \tag{15.1}$$

が成り立つときにいう．したがって，$\varepsilon = 1$ なら $(\,,\,)$ は対称であり，$\varepsilon = -1$ なら $(\,,\,)$ は交代的である．

　線型写像 $X \in \mathrm{End}(V)$ の $(\,,\,)$ に関する**双対写像** $X^* \in \mathrm{End}(V)$ を

$$(Xu, v) = (u, X^* v) \qquad (u, v \in V) \tag{15.2}$$

を満たすように定めると，写像

$$\theta : \mathrm{GL}(V) \to \mathrm{GL}(V), \qquad \theta(g) = (g^*)^{-1} \tag{15.3}$$

は $\mathrm{GL}(V)$ の位数 2 の自己同型，つまり対合になる．この対合 θ の微分 $d\theta : \mathfrak{gl}(V) \to \mathfrak{gl}(V)$ は $d\theta(X) = -X^*$ ($X \in \mathfrak{gl}(V)$) で与えられる (命題 6.27)．以下，この微分 $d\theta$ も同じ記号 θ で表し，次のようにおく．

$$G := \mathrm{GL}(V)^\theta = \{g \in \mathrm{GL}(V) \mid g^* = g^{-1}\} = \begin{cases} \mathrm{O}(V) & (\varepsilon = 1), \\ \mathrm{Sp}(V) & (\varepsilon = -1) \end{cases}$$

$$\mathfrak{g} := \mathfrak{gl}(V)^\theta = \{X \in \mathfrak{gl}(V) \mid X^* = -X\} = \begin{cases} \mathfrak{o}(V) & (\varepsilon = 1), \\ \mathfrak{sp}(V) & (\varepsilon = -1) \end{cases}$$

$$\mathfrak{p} := \mathfrak{gl}(V)^{-\theta} = \{X \in \mathfrak{gl}(V) \mid X^* = X\}$$

すると，$\mathfrak{g}$ は G のリー環であって，$(G, \mathfrak{p})$ は，対称対 $(GL(V), G)$ に付随して決まる $\mathbb{Z}_2$ 階別リー環 $\mathfrak{gl}(V)_0 \oplus \mathfrak{gl}(V)_1$ を考えたとき，ちょうど $\mathfrak{gl}(V)_1$ における $G = GL(V)^\theta$ の随伴表現になっている[1]．そこで，$\mathfrak{g}$ を ε 双線型形式 $(,)$ が定めるリー環，$(G, \mathfrak{p})$ を**テータ表現**という．

演習 15.1 ベクトル空間 $V = \mathbb{C}^n$ における対称双線型形式を $(u, v) = {}^t u \cdot v$ $(u, v \in \mathbb{C}^n)$ で定めると，$X^* = {}^t X$ (転置行列) であることを示せ．したがって，この場合には $\mathfrak{o}(V)$ は交代行列の全体，$\mathfrak{p}$ は対称行列全体に一致する．

演習 15.2 ベクトル空間 $V = \mathbb{C}^{2n}$ を考える．$2n$ 次正方行列 $J \in M_{2n}(\mathbb{C})$ を $J = \begin{pmatrix} 0 & 1_n \\ -1_n & 0 \end{pmatrix}$ で定め，$(u, v) = {}^t u J v$ $(u, v \in \mathbb{C}^{2n})$ とおくと，これは交代双線型形式 (斜交形式) である．このとき，$X^* = J^{-1} {}^t X J = -J {}^t X J$ であることを示せ．したがって，この場合には $\mathfrak{sp}(V)$ は $X = J {}^t X J$ を満たす行列の全体であり，$\mathfrak{p}$ は $X = -J {}^t X J$ を満たす行列全体である．

ここでは G の $\mathfrak{g}$ あるいは $\mathfrak{p}$ への作用に関する冪零軌道の分類について考察したいのであるが，これらの作用を統一的に記述するために $\mu = \pm 1$ に対して

$$L^\mu = \{X \in \mathfrak{gl}(V) \mid X^* = \mu X\} \tag{15.4}$$

とおいて (G, L^μ) の冪零軌道の分類を考える．$\mu = \pm 1$ に応じて $L^{-1} = \mathfrak{g}$，$L^1 = \mathfrak{p}$ であることに注意する．一般線型群 $GL(V)$ の $\mathfrak{gl}(V)$ における随伴軌道の分類はジョルダン標準形によって与えられるが，もし軌道の対応

$$L^\mu / G \to \mathfrak{gl}(V)/GL(V), \qquad \mathcal{O} \mapsto \tilde{\mathcal{O}} := \mathrm{Ad}(GL(V)) \cdot \mathcal{O} \tag{15.5}$$

が単射なら，L^μ / G もジョルダン標準形によって分類されることになり，都合がよい．この対応が単射になることは次節の軌道の埋め込み定理を用いて証明される．

---

[1] $\mathfrak{p}$ を等質空間 $GL(V)/G$ の基点 $e \cdot G$ における接空間とみなせば，G の $\mathfrak{p}$ における表現は等方表現に他ならない．

15.2 軌道の埋め込み定理

軌道の埋め込み (15.5) が成立するための状況をもう少し一般的に考えよう. そこで V を $\mathbb{C}$ 上の有限次元ベクトル空間とし, $\sigma: \mathrm{End}(V) \to \mathrm{End}(V)$ を自己準同型環 $\mathrm{End}(V)$ の $\mathbb{C}$ 線型な反自己同型とする. 次の条件 (a) および (b) を満たす $\mathrm{GL}(V)$ の閉部分群 $\tilde{G}$ を考えよう.

(a) $\mathbb{C}$ 上 $\tilde{G}$ で張られる $\mathrm{End}(V)$ の部分空間を $\mathrm{span}_{\mathbb{C}}\{\tilde{G}\}$ と書くと, $\tilde{G} = \mathrm{span}_{\mathbb{C}}\{\tilde{G}\} \cap \mathrm{GL}(V)$ が成り立つ.

(b) $\sigma(\tilde{G}) = \tilde{G}$ かつ $\sigma^2|_{\tilde{G}} = \mathrm{id}_{\tilde{G}}$ が成り立つ.

$\tilde{L}$ を $\mathrm{Ad}(\tilde{G})$ および σ の作用で安定な $\mathrm{End}(V)$ の部分空間, α を $\mathrm{GL}(\tilde{L})$ の元であって,

$$\alpha(\mathrm{Ad}(g)X) = \mathrm{Ad}(g)\alpha(X) \qquad (g \in \tilde{G}, X \in \tilde{L})$$

を満たすものとする. つまり α は $\mathrm{Ad}_{\tilde{L}}(\tilde{G})$ の作用に関して同変である.

また, $\tilde{G}$ の閉部分群 G を $G := \{g \in \tilde{G} \mid \sigma(g) = g^{-1}\}$, $\tilde{L}$ の部分空間 L を $L := \{X \in \tilde{L} \mid \sigma(X) = \alpha(X)\}$ とおく.

定理 15.3 以上の設定の下に, G と $\tilde{G}$ の隨伴軌道の自然な対応

$$L/G \to \tilde{L}/\tilde{G}, \quad \mathcal{O} \mapsto \tilde{\mathcal{O}} := \mathrm{Ad}(\tilde{G}) \cdot \mathcal{O} \tag{15.6}$$

は単射である. つまり G の隨伴軌道は $\tilde{G}$ の隨伴軌道に埋め込むことができる.

証明 $X, Y \in L$ に対して $Y = gXg^{-1}$ となる $g \in \tilde{G}$ が存在するとき, X と Y が G の作用によって共役であることを示せばよい. 仮定より

$$\begin{aligned} gXg^{-1} &= Y = \alpha^{-1}(\sigma(Y)) = \alpha^{-1}(\sigma(gXg^{-1})) \\ &= \alpha^{-1}(\sigma(g)^{-1}\sigma(X)\sigma(g)) = \alpha^{-1}(\sigma(g)^{-1}\alpha(X)\sigma(g)) \\ &= \sigma(g)^{-1}X\sigma(g) \end{aligned}$$

が成り立つ. したがって $\sigma(g)gX = X\sigma(g)g$ であるから, $h := g^{-1}\sigma(g)^{-1} = (\sigma(g)g)^{-1}$ とおけば $h \in Z_{\tilde{G}}(X)$ である. h は正則行列であるから, $h = f(h)^2$ を満たす変数 T の多項式 $f(T) \in \mathbb{C}[T]$ が存在する (下記補題 15.4). 一方,

$$\begin{aligned} \sigma(h) &= \sigma(g^{-1}\sigma(g)^{-1}) = (\sigma^2(g))^{-1}\sigma(g)^{-1} \\ &= g^{-1}\sigma(g)^{-1} = h \end{aligned}$$

となって、h は σ の作用で不変であるから、h の多項式 $f(h)$ に対して $\sigma(f(h)) = f(h)$ が成り立ち、
$$g^{-1}\sigma(g)^{-1} = h = f(h)^2 = f(h)\sigma(f(h))$$
を得る．さらに
$$1 = g(g^{-1}\sigma(g)^{-1})\sigma(g) = gf(h)\sigma(f(h))\sigma(g) = gf(h)\sigma(gf(h))$$
となって、$\sigma(gf(h)) = (gf(h))^{-1}$ を得る．仮定 (a) によって、$f(h) \in \tilde{G}$ であることに注意すれば、$gf(h) \in G$ が分かる．さらに $h \in Z_{\tilde{G}}(X)$ であるから $f(h) \in Z_{\tilde{G}}(X)$ である．すると
$$Y = gXg^{-1} = gf(h)Xf(h)^{-1}g^{-1} = gf(h)X(gf(h))^{-1}$$
となって、X と Y は $gf(h) \in G$ によって共役である． □

補題 15.4 正則行列 $h \in \mathrm{GL}(V)$ に対して、多項式 $f(T) \in \mathbb{C}[T]$ が存在して $h = f(h)^2$ が成り立つ．

証明 単なる線型代数の問題であるから、証明のあらましを述べる．$h = s + n$ をジョルダン分解とする．ここに s は半単純正則行列であり、n は冪零であって、両者ともに h の多項式で書けている．s の相異なる固有値を $\alpha_1, \cdots, \alpha_d$ とすると、固有値が α_i の固有空間への射影 P_i であって、$\sum_i P_i = 1$, $P_i P_j = 0$ ($i \neq j$), $P_i^2 = P_i$ を満たすものが s の多項式で書くことができることはよく知られている．そこで $t = \sum_{i=1}^d \sqrt{\alpha_i} P_i$ とおくと $t = f_1(h)$ は h の多項式で、$t^2 = s$ である．同様にして s^{-1} も h の多項式として表すことができる．すると $h = s(1 + s^{-1}n)$ だが、$\sqrt{1+x}$ のテイラー級数に $x = s^{-1}n$ を代入して (n が冪零だから項数は有限)、それを h の多項式として $f_2(h)$ とおくと $f(h) = f_1(h)f_2(h)$ が求めるものである． □

いま $(\, ,\,)$ を非退化な V 上の双線型形式とし $\sigma(X) = X^*$ を元 $X \in \mathrm{End}(V)$ の $(\, ,\,)$ に関する転置とする．このとき明らかに $\sigma : \mathrm{End}(V) \to \mathrm{End}(V)$ は結合的代数 $\mathrm{End}(V)$ の $\mathbb{C}$ 線型な反自己同型である．逆に $\sigma : \mathrm{End}(V) \to \mathrm{End}(V)$ を $\mathbb{C}$ 線型な反自己同型とすれば、ある非退化双線型形式が存在して、σ はその双線型形式に関する転置写像となることが知られている．この事実は以下では用いないが、証明の概略を演習問題としてまとめておく．

演習 15.5 $\mathbb{C}$ 線型な反自己同型を $\sigma : \mathrm{End}(V) \to \mathrm{End}(V)$ とする．

(1) $-\sigma$ は $\mathfrak{sl}(V)$ のリー環としての自己同型になることを示せ．

(2) リー環 $\mathfrak{sl}(V)$ の自己同型は，内部自己同型と $\iota(X) = -{}^t X$ で生成される ([54, 第 14 章]) ことを用いて $\sigma(X) = S^{-1}\,{}^t X S$ $(S \in \mathrm{SL}(V))$ と表されることを示せ．

(3) $\sigma(X)$ は S の定める双線型形式 $(u,v) = {}^t u S v$ に関する転置 X^* に一致することを示せ．

前節の設定で ε 双線型形式 $(\,,\,)$ に関する転置を $\sigma(X) = X^*$ とおき，$\mathrm{GL}(V) = \tilde{G}$, $\mathfrak{gl}(V) = \tilde{L}$, そして $\alpha \in GL(\tilde{L})$ を $\tilde{L}$ における μ 倍のスカラー倍写像 $(\mu = \pm 1)$ とする．$\tilde{G}$ と σ は埋め込み定理 15.3 の仮定 (a), (b) を満たすので，次の命題を得る．

命題 15.6 群 $G = \mathrm{O}(V)$, $\mathrm{Sp}(V)$ の，リー環 $\mathfrak{g} = L^{-1}$, および $\mathfrak{p} = L^1$ への随伴作用に関して，軌道の対応

$$L^\mu / G \to \mathfrak{gl}(V)/\mathrm{GL}(V), \qquad \mathcal{O} \mapsto \tilde{\mathcal{O}} := \mathrm{Ad}(\mathrm{GL}(V)) \cdot \mathcal{O} \tag{15.7}$$

は単射である．つまり，G による随伴軌道は $\mathrm{End}(V)$ におけるジョルダン標準形によって分類できる．

この随伴軌道の埋め込みは，冪零軌道に限らず，半単純軌道を含む一般の軌道に対して成り立っているが，以下我々は冪零軌道に注目して話を進めよう．

15.3 $\mathrm{GL}(V)$ の $\mathfrak{gl}(V)$ における冪零軌道の分類の復習

ε 双線型形式 $(V, (\,,\,))$ に付随した冪零軌道の分類を与える準備として，$\mathrm{GL}(V)$ の $\mathfrak{gl}(V)$ における冪零軌道の分類，つまりジョルダン標準形の理論を復習しておく．冪零元 $x \in \mathfrak{gl}(V)$ のジョルダン標準形を考えると，V の基底 $\bigcup_{i=1}^r \{v_i^0, v_i^1, \cdots, v_i^{p_i}\}$ が存在して，x はこの基底に対して

$$x v_i^j = v_i^{j+1} \quad (0 \leq j \leq p_i - 1), \qquad x v_i^{p_i} = 0 \tag{15.8}$$

と作用する．このような作用を今後は，図式的に

$$x : v_i^0 \to v_i^1 \to \cdots \to v_i^{p_i} \to 0 \tag{15.9}$$

と表す．式 (15.9) の作用を表すのに，箱 □ を $p_i + 1$ 個，横に並べてできる行 □□□…□□ を対応させ，各 $1 \leq i \leq r$ に対して，この箱の行を長い順に上か

ら下へと並べると，例えば次のような図形が得られる．

$$\text{(15.10)}$$

これを冪零元 $x \in \mathfrak{gl}(V)$ のヤング図形といい，η_x と書く．ヤング図形の各行は x の一つのジョルダン細胞を表している．また，箱の個数はジョルダン細胞のサイズの和であって，V の次元を表すから，例えば式 (15.10) は $\dim V = 19$ の場合の冪零元のヤング図形を表している．

以下，$\dim V = n$ とし，箱 □ の個数が n 個のヤング図形の集合を $D(n)$ で表す．ヤング図形 η_x が冪零元 x に対して一意的に定まることは明らかであり，$GL(V)$ に関して x と共役な元のヤング図形も η_x と一致するので，写像

$$\mathcal{N}(\mathfrak{gl}(V))/GL(V) \longrightarrow D(n), \qquad GL(V) \cdot x \longmapsto \eta_x \tag{15.11}$$

は矛盾なく定義されている．ジョルダン標準形の理論より，この写像は全単射であって，$\mathfrak{gl}(V)$ の冪零 $GL(V)$ 軌道は □ の数が n 個のヤング図形によって分類されることがわかる．命題 15.6 より，ε 双線型形式 $(V, (\ ,\ ))$ が定めるリー環 (G, L^{-1}) およびテータ表現 (G, L^1) の冪零軌道も □ の数が n 個のヤング図形によって分類されることになる．あとは，埋め込み $\mathcal{N}(L^\mu)/G \hookrightarrow \mathcal{N}(\mathfrak{gl}(V))/GL(V)$ の像として現れるヤング図形の集合を特定すればよい．これについては次節で述べる．

15.4　ε 双線型形式が定めるリー環と対称対の冪零軌道の分類

$G = O(V), Sp(V)$ として，リー環 $(G, \mathfrak{g})$ および対称対 $(GL(V), G)$ に付随するテータ表現 $(G, \mathfrak{p})$ の冪零 G 軌道の分類をあたえよう．15.1 節のように，$L^{-1} = \mathfrak{g}, L^1 = \mathfrak{p}$ とおいて，G の L^μ への作用を考える．

まず，冪零元 $x \in L^\mu$ を固定し，対応するヤング図形はどのようなものであるかを考察する．Jacobson-Morozov の定理により $h \in \mathfrak{g}, y \in L^\mu$ が存在して (h, x, y) は $\mathfrak{sl}_2$-triple となる．この $\mathfrak{sl}_2$-triple が生成する部分リー環を

$$\mathfrak{s} = \mathbb{C}x + \mathbb{C}h + \mathbb{C}y \tag{15.12}$$

とおけば，$\mathfrak{sl}_2$ の表現論より，$\mathfrak{s}$ 加群 V は既約 $\mathfrak{s}$ 加群の直和に

$$V = V_1 \oplus V_2 \oplus \cdots \oplus V_r$$

と分解される．そして各 V_i は次を満たす基底 $\{v_i^0, v_i^1, \cdots, v_i^{p_i}\}$ をもつ．

$$x : v_i^0 \to v_i^1 \to \cdots \to v_i^{p_i} \to 0 \tag{15.13}$$

$$yv_i^j \in \mathbb{C}^\times v_i^{j-1}, \quad yv_i^0 = 0$$

補題 15.7 $(v_i^a, v_j^b) \neq 0$ ならば $p_i = p_j$ かつ $a + b = p_i$ が成り立つ．このとき，さらに $(v_i^0, v_j^{p_i}) \neq 0$ かつ $(v_i^k, v_j^\ell) = \delta_{k, p_i - \ell} \mu^k (v_i^0, v_j^{p_i})$ が成り立つ．特に，双線型形式の $V_i \oplus V_j$ への制限 $(\ ,\ )|_{V_i \oplus V_j}$ は非退化である．

証明 仮定より $x \in L^\mu$，つまり $x^* = \mu x$ であるから

$$0 \neq (v_i^a, v_j^b) = (x^a v_i^0, v_j^b) = (v_i^0, (x^*)^a v_j^b) = \mu^a (v_i^0, x^a v_j^b) = \mu^a (v_i^0, v_j^{a+b})$$

が成り立つ．もし $a + b < p_j$ なら V_j の h ウエイトベクトル v_j^{a+b} は最高ウエイトベクトルでないから，$yv = v_j^{a+b}$ となる $v \in V_j$ が存在する．すると v_i^0 は最低ウエイトベクトルであることに注意して

$$0 \neq (v_i^0, v_j^{a+b}) = (v_i^0, yv) = \mu(yv_i^0, v) = 0$$

となり，矛盾である．したがって $a + b = p_j$ となる．i についてもまったく同様に考えると，$a + b = p_j = p_i$ を得る．この議論より，残りの主張は明らかである． □

補題 15.8 もし $(V_i, V_i) \neq \{0\}$ なら

$$\varepsilon \mu^{p_i} = 1 \tag{15.14}$$

が成り立つ．このとき

(1) $\varepsilon = 1$ かつ $\mu = -1$ なら p_i は偶数である．
(2) $\varepsilon = 1$ かつ $\mu = 1$ なら (15.14) は常に成り立つ（p_i に制約はない）．
(3) $\varepsilon = -1$ かつ $\mu = -1$ なら p_i は奇数である．
(4) $\varepsilon = -1$ かつ $\mu = 1$ なら (15.14) が成立することはない．つまり $(V_i, V_i) = \{0\}$ である．

証明 $(V_i, V_i) \neq \{0\}$ なら，補題 15.7 より $(v_i^0, v_i^{p_i}) \neq 0$ であって

$$0 \neq (v_i^0, v_i^{p_i}) = \mu^{p_i}(v_i^{p_i}, v_i^0) = \varepsilon \mu^{p_i}(v_i^0, v_i^{p_i}).$$

したがって $\varepsilon \mu^{p_i} = 1$ である． □

補題 15.9 (1) V_1 に関して，次のいずれかが成り立つとする．

(a) $\varepsilon = 1$, $\mu = 1$
(b) $\varepsilon = 1$, $\mu = -1$ かつ p_1 は偶数
(c) $\varepsilon = -1$, $\mu = -1$ かつ p_1 は奇数

このとき既約 $\mathfrak{s}$ 部分加群 $U \subset V$ で $\dim U = \dim V_1$ かつ $(\,,\,)|_U$ が非退化となるものが存在する.

(2) V_1 に関して (1) の条件 (a)–(c) のいずれも成立しないとする. このとき, $2 \leq j \leq r$ が存在して $(\,,\,)|_{V_1 \oplus V_j}$ は非退化となる.

証明 (1) 条件 (a)–(c) のいずれかが成立するとする. したがって $\varepsilon \mu^{p_1} = 1$ である. もし, $(V_1, V_1) \neq \{0\}$ なら, 補題 15.7 より $(\,,\,)|_{V_1}$ は非退化であるから, $U = V_1$ とおけばよい. そこで $(V_1, V_1) = \{0\}$ とする. 双線型形式 $(\,,\,)$ は非退化であるから, 必要なら番号をつけ替えて, $(V_1, V_2) \neq \{0\}$ としてよい. すると $p_1 = p_2$ かつ $(v_1^0, v_2^{p_1}) \neq 0$ である. もし $(V_2, V_2) \neq \{0\}$ なら $U = V_2$ とおけばよいので, $(V_2, V_2) = \{0\}$ としてよい.

$$u^a = v_1^a + v_2^a \quad (0 \leq a \leq p_1), \qquad U = \langle u^a \mid 0 \leq a \leq p_1 \rangle$$

とおけば, U は既約な $\mathfrak{s}$ 加群 V で, 容易な計算により

$$(u^0, u^{p_1}) = (v_1^0, v_2^{p_1}) + \varepsilon \mu^{p_1}(v_1^0, v_2^{p_1}) = 2(v_1^0, v_2^{p_1}) \neq 0$$

が分かる. よって $(\,,\,)|_U$ は非退化である.

(2) (a)–(c) のいずれも成立しなければ, $(V_1, V_1) = \{0\}$ である. したがって, $(V_1, V_j) \neq \{0\}$ となる $1 \leq j \leq r$ が存在するが, $p_1 = p_j$ であるから, $(V_j, V_j) = \{0\}$ である. 補題 15.7 より, $(\,,\,)|_{V_1 \oplus V_j}$ は非退化である. □

次の命題 15.10 と 15.11 は, 補題 15.8 から明らかである.

命題 15.10 V の $\mathfrak{s}$ 部分加群への直交直和分解

$$V = V_1 \oplus \cdots \oplus V_k \oplus (U_1 \oplus U_1') \oplus \cdots \oplus (U_\ell \oplus U_\ell')$$

であって, 次をみたすものが存在する.
(1) 各 V_i, U_j, U_j' は既約 $\mathfrak{s}$ 加群である.
(2) $\varepsilon \mu^{\dim V_i - 1} = 1$, $\varepsilon \mu^{\dim U_j - 1} = -1$ が成り立つ.

命題 15.11 冪零元 $x \in L^\mu$ のヤング図形は次のようになる.
(1) $(O(V), \mathfrak{o}(V))$ の場合, $(\varepsilon, \mu) = (1, -1)$ のとき:

の和

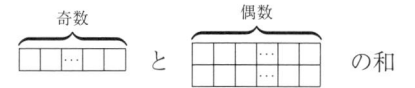

(2) $(O(V), \mathfrak{p})$ の場合, $\varepsilon = 1$ かつ $\mu = 1$ のとき: 任意の形.

(3) $(\mathrm{Sp}(V), \mathfrak{sp}(V))$ の場合, $\varepsilon = -1$, $\mu = -1$ のとき:

の和

(4) $(\mathrm{Sp}(V), \mathfrak{p})$ の場合, $\varepsilon = -1$, $\mu = 1$ のとき:

の和

定義 15.12 命題 15.11 のそれぞれの場合のヤング図形で, □ の数が n 個であるもの全体の集合を $D^{(\varepsilon, \mu)}(n)$ で表す.

$\dim V = n$ とおくとき, 次が成り立つ.

命題 15.13 $(\varepsilon, \mu) = (\pm 1, \pm 1)$ のそれぞれの場合に, 任意の $\eta \in D^{(\varepsilon, \mu)}(n)$ に対して η をヤング図形にもつ冪零元 $x \in L^\mu$ が存在する.

証明 $(\varepsilon, \mu) = (1, -1)$ のときに証明する. 他の場合も同様である. まず,

$$\eta = \underbrace{\square\square\cdots\square}_{p+1} \ (p \text{ は偶数}), \quad \eta = \underbrace{\begin{array}{c}\square\square\cdots\square\\\square\square\cdots\square\end{array}}_{p+1} \ (p \text{ は奇数}) \tag{15.15}$$

のそれぞれの場合に, 次元 $p+1$ (後者の場合は次元 $2(p+1)$) のベクトル空間 V_η と, V_η 上の非退化対称双線型形式 $(,)_\eta$, および冪零元 $x \in \mathrm{End}(V_\eta)$ で $x^* = -x$ を満たし, かつヤング図形 η をもつものを構成する. ここに x^* は x の $(,)_\eta$ に関する随伴作用素である.

前者の場合, V_η を $v_0, v_1, \cdots, v_p$ で張られるベクトル空間とし, $(,)_\eta$ および $x \in \mathrm{End}(V_\eta)$ を

$$(v_i, v_j)_\eta = \delta_{i, p-j}(-1)^i, \quad x : v_0 \to v_1 \to \cdots \to v_p \to 0$$

により定める. また, 後者の場合, V_η を $v_0, v_1, \cdots, v_p, v'_0, v'_1, \cdots, v'_p$ で張られるベクトル空間とし, $(,)_\eta$ および $x \in \mathrm{End}(V_\eta)$ を

$$(v_i, v'_j)_\eta = (v'_j, v_i)_\eta = \delta_{i, p-j}(-1)^i, \quad (v_i, v_j)_\eta = (v'_i, v'_j)_\eta = 0,$$
$$x : v_0 \to v_1 \to \cdots \to v_p \to 0, \quad x : v'_0 \to v'_1 \to \cdots \to v'_p \to 0$$

により定める．このとき，$(,)_\eta$ および $x \in \text{End}(V_\eta)$ が上記の条件を満たすことは明らかである．

次に，任意の $\eta \in D^{(1,-1)}(n)$ をとり，(15.15) の形のヤング図形 η_i たちの和に $\eta = \eta_1 + \eta_2 + \cdots + \eta_m$ と表す．すると上で見たように，各 $1 \leq i \leq m$ に対して，ベクトル空間 V_i とその上の非退化対称双線型形式 $(,)_i$, および $x^* = -x$ を満たし，かつヤング図形 η_i をもつ冪零元 $x_i \in \text{End}(V_i)$ が存在する．

$$W = V_1 \oplus \cdots V_m, \quad (,)_W = (,)_1 + \cdots + (,)_m, \quad X := x_1 + \cdots + x_m$$

によって，ベクトル空間 W と非退化対称双線型形式 $(,)_W$，および $X \in \text{End}(W)$ を定めれば，X が冪零であって $(,)_W$ に関する随伴に関して $X^* = -X$ を満たすこと，およびヤング図形 η をもつことは明らかである．よって W は元の V と同じ次元の，非退化対称双線型形式をもつベクトル空間であり，W から V への双線型形式を保つ同型写像が存在する．これより命題 15.13 は明らかである．□

$x \in L^\mu$ のヤング図形を η_x で表す．上の議論により，次を得る．

定理 15.14 対応 $\mathcal{N}(L^\mu) \to D^{(\varepsilon,\mu)}(n)$, $x \mapsto \eta_x$ は全単射 $\mathcal{N}(L^\mu)/G \xrightarrow{\sim} D^{(\varepsilon,\mu)}(n)$ を定める．したがって，

$$(\text{O}(V), \mathfrak{o}(V)), \quad (\text{O}(V), \mathfrak{p}), \quad (\text{Sp}(V), \mathfrak{sp}(V)), \quad (\text{Sp}(V), \mathfrak{p})$$

の冪零軌道は，命題 15.11 のヤング図形によって分類される．

例 15.15 直交群の場合の例をあげる．そこで $\dim V = 7$ として $(G, \mathfrak{g}) = (\text{O}(V), \mathfrak{o}(V))$ を考えよう．この場合の冪零軌道を表すヤング図形は，箱の数が 7 個であって，偶数個の箱が並ぶ行が存在する場合には 2 つ 1 組となって現れる．そのようなヤング図形をすべて書き並べると

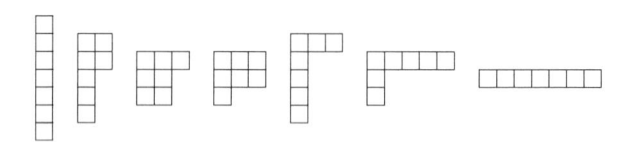

となる．したがって，冪零軌道は 7 個ある．このうち左端の縦に長いヤング図形は自明な軌道 $\{0\}$ を表し，右端の横に長いヤング図形が正則な冪零軌道 (次元の一番大きな冪零軌道) を表している．

次に，やはり $\dim V = 7$ としてテータ表現 $(\text{O}(V), \mathfrak{p})$ を考えよう．この場合の冪零軌道は箱の数が 7 個であるような任意のヤング図形に対応しており，全部で 15 個の軌道がある．上にあげた 7 個の軌道もその一部であるが，他に 8 個の冪

零軌道があり，そのすべてが $GL(V)$ の通常の冪零軌道と交わる．

まとめると $GL(V)$ の冪零軌道は必ず対称行列を通るが，交代行列を通らないもの (同じことであるが，交代行列を代表元として持たないもの) があり，それが 8 個ある．

演習 15.16 V の次元が 8 のときに，直交群 $O(V)$ の冪零軌道に対応するヤング図形を列挙せよ．さらに，$GL(V)$ の冪零軌道であって，直交群の冪零軌道と交わらないものの個数を求めよ．

例 15.17 次に $\dim V = 6$ として斜交群 $(G, \mathfrak{g}) = (Sp(V), \mathfrak{sp}(V))$ の例を考える．冪零軌道を表すヤング図形は，箱の数が 6 個であって，奇数個の箱が並ぶ行は 2 つ 1 組になって現れる．そのようなヤング図形をすべて書き並べると

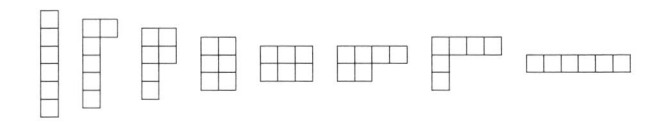

の 8 個であり，これらが冪零軌道に対応している．

次に，テータ表現 $(Sp(V), \mathfrak{p})$ を考えよう．この場合の冪零軌道に対応するヤング図形は箱の数が 6 個であり，すべての行が 2 つずつ組になって現れるから，結局，箱の数が 3 のヤング図形と一対一に対応しており，次の 3 個である．

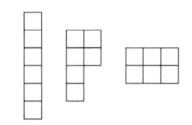

これらの軌道は，$GL(V)$ の随伴作用によって移動させると $\mathfrak{sp}(V)$ の冪零軌道と交わる．これは，直交群の場合とは正反対の現象である．

斜交群の場合には直交群の場合と違って，$GL(V)$ の冪零軌道であって，リー環 $\mathfrak{g} = \mathfrak{sp}(V)$ にも，テータ表現 $\mathfrak{p}$ にも，どちらにも交わらないものが存在する．例えば がそのような例であるが，$\dim V = 6$ のときにはそのようなものは 3 個ある．

演習 15.18 斜交群の場合に，テータ表現 $(Sp(V), \mathfrak{p})$ における冪零元は $GL(V)$ の随伴作用によって $\mathfrak{sp}(V)$ における冪零元に写すことができることを示せ．また，逆は成り立たないことを示せ．

演習 15.19 斜交群 $\mathrm{Sp}(V)$ の場合に，V 上の冪零線型変換であって，$\mathrm{GL}(V)$ の随伴作用により斜交対称行列にも斜交交代行列にも同値でないものが存在することを示せ．ただし，式 (15.2) のように定めた双対を X^* と書くとき，斜交対称行列とは $X^* = X$ となる行列であり，斜交交代行列は $X^* = -X$ となるようなものを指す．

15.5 内部自己同型が定める対称対の冪零軌道

V を $\mathbb{C}$ 上の n 次元ベクトル空間，$S \in \mathrm{GL}(V)$ を位数 2 の線型変換とする．つまり，$S^2 = \mathrm{id}_V$ かつ $S \neq \mathrm{id}_V$ である．このとき，S の定める内部自己同型 $\theta : \mathrm{GL}(V) \to \mathrm{GL}(V)$, $\theta(g) = SgS^{-1}$ の位数はやはり 2 であり，

$$K = \{g \in \mathrm{GL}(V) \mid \theta(g) = SgS^{-1} = g\}$$
$$\mathfrak{p} = \{X \in \mathfrak{g} \mid \theta(X) = SXS^{-1} = -X\}$$

とおくと，$(\mathrm{GL}(V), K)$ は対称対であって $(K, \mathfrak{p})$ はテータ表現である．$(K, \mathfrak{p})$ を S が定めるテータ表現とよぶ．ここでは $\mathfrak{p}$ の冪零 K 軌道の分類を与えよう．

S の位数は 2 であるから，その固有値は ± 1 である．そこで，$j \in \mathbb{Z}_2 := \mathbb{Z}/2\mathbb{Z} = \{0, 1\}$ に対して S の固有空間を

$$V^j = \{v \in V \mid Sv = (-1)^j v\} \quad (j \in \mathbb{Z}_2), \qquad V = V^0 \oplus V^1$$

とおいて，次元をそれぞれ $n_0 = \dim V^0$, $n_1 = \dim V^1$ ($n = n_0 + n_1$) とする．このとき K および $\mathfrak{p}$ は

$$K = \mathrm{GL}(V^0) \times \mathrm{GL}(V^1) = \{g \in \mathrm{GL}(V) \mid gV^j = V^j \ (j \in \mathbb{Z}_2)\}$$
$$\mathfrak{p} = \{X \in \mathfrak{gl}(V) \mid XV^j \subset V^{j+1} \ (j \in \mathbb{Z}_2)\}$$

のように与えられる．ベクトル空間 $V = \mathbb{C}^n$ の基底を，V^0 の基底をまず並べ，次に V^1 の基底を並べて構成し，この基底によって $S, K, \mathfrak{p}$ を行列の形に表すと次のようになる．

$$S = \mathrm{diag}(1, \cdots, 1, -1, \cdots, -1)$$

$$K = \{g = \begin{pmatrix} k_1 & 0 \\ 0 & k_2 \end{pmatrix} \mid k_i \in \mathrm{GL}_{n_i}(\mathbb{C}) \ (i \in \mathbb{Z}_2)\} \simeq \mathrm{GL}_{n_0}(\mathbb{C}) \times \mathrm{GL}_{n_1}(\mathbb{C})$$

$$\mathfrak{p} = \{X = \begin{pmatrix} 0 & A \\ B & 0 \end{pmatrix} \mid A \in \mathrm{M}_{n_0, n_1}(\mathbb{C}), \ B \in \mathrm{M}_{n_1, n_0}(\mathbb{C})\}$$

$$\simeq \mathrm{M}_{n_0, n_1}(\mathbb{C}) \times \mathrm{M}_{n_1, n_0}(\mathbb{C})$$

15.5 内部自己同型が定める対称対の冪零軌道

定義 15.20 (1) ヤング図形の各箱 □ に $0,1 \in \mathbb{Z}_2$ を入れ，行においては $0,1$ が交互に並ぶようにした図形を **$\mathbb{Z}_2$ヤング図形** あるいは **符号付きヤング図形** とよぶ．例えば下図左のような図形である．数字 $0,1$ の代わりに符号 $\pm$ を用いて右側の図のように表すことも多い．

$$\begin{array}{|c|c|c|c|c|c|} \hline 0&1&0&1&0&1\\ \hline \end{array}\quad \begin{array}{|c|c|c|c|c|c|} \hline +&-&+&-&+&-\\ \hline \end{array} \tag{15.16}$$

(2) $\mathbb{Z}_2$ヤング図形 η に対して，η に含まれる 0 の個数を $n_0(\eta)$，1 の個数を $n_1(\eta)$ で表す．0 の個数が n_0 個，1 の個数が n_1 個 である $\mathbb{Z}_2$ヤング図形全体の集合を $D(n_0, n_1)$ で表す．

(3) $\mathbb{Z}_2$ヤング図形 η に対して，η の第 1 列を消去して得られる $\mathbb{Z}_2$ヤング図形を η' で表す．自然数 $j \geq 1$ に対して $\mathbb{Z}_2$ヤング図形 $\eta^{(j)}$ を

$$\eta^{(j)} = (\eta^{(j-1)})'$$

により定める．例えば η が (15.16) の $\mathbb{Z}_2$ヤング図形なら

$$\eta' = \eta^{(1)} = \quad \eta^{(2)} = \quad \eta^{(3)} = \boxed{1\,0\,1} \quad \eta^{(4)} = \boxed{0\,1} \quad \eta^{(5)} = \boxed{1}$$

のようになる．

以上の記号の準備の下に，$\mathfrak{p}$ の冪零 K 軌道 $\mathcal{N}(\mathfrak{p})/K$ は，次のように $D(n_0, n_1)$ によって分類される．

定理 15.21 位数 2 の線型変換 S に付随した対称対

$$(G, K) = (\mathrm{GL}_n(\mathbb{C}), \mathrm{GL}_{n_0}(\mathbb{C}) \times \mathrm{GL}_{n_1}(\mathbb{C}))$$

を考え，そのテータ表現を $(K, \mathfrak{p})$ とする．

(1) 任意の $x \in \mathcal{N}(\mathfrak{p})$ に対して，$V^0 \cup V^1$ に含まれる V の基底 $\{v_k^j \mid 1 \leq k \leq p, 0 \leq j \leq r_k\}$ が存在して，x はこの基底に次のように作用する[2]．

$$v_k^0 \xrightarrow{x} v_k^1 \xrightarrow{x} v_k^2 \xrightarrow{x} \cdots \xrightarrow{x} v_k^{r_k} \xrightarrow{x} 0 \tag{15.17}$$

(2) 各 $1 \leq k \leq p$ に対して，$r_k + 1$ 個の箱が並んだ 1 行の $\mathbb{Z}_2$ヤング図形

---

[2] x は V^0 と V^1 を入れ替えるので，基底 $\{v_k^j \mid 0 \leq j \leq r_k\}$ は j に関して V^0 と V^1 の元が交互に並ぶことになる．

$$\eta_k := \begin{cases} \boxed{0}\boxed{1}\boxed{0}\boxed{1}\cdots\boxed{*}\boxed{*} & (v_k^0 \in V^0 \text{ のとき}) \\ \boxed{1}\boxed{0}\boxed{1}\boxed{0}\cdots\boxed{*}\boxed{*} & (v_k^0 \in V^1 \text{ のとき}) \end{cases} \quad (15.18)$$

を定め，これらを長いものから順に並べて $\mathbb{Z}_2$ ヤング図形 η を得る．これを

$$\eta = \eta_x := \eta_1 + \eta_2 + \cdots + \eta_p \quad (15.19)$$

のように表そう[3]．この η_x は，基底 $\{v_k^j \mid 1 \leq k \leq p, 0 \leq j \leq r_k\}$ の取り方によらず一意的に定まるので，これを x の $\mathbb{Z}_2$ ヤング図形とよぶ．

(3) (2) の対応 $\mathcal{N}(\mathfrak{p}) \to D(n_0, n_1)$, $x \mapsto \eta_x$ は全単射

$$\mathcal{N}(\mathfrak{p})/K \simeq D(n_0, n_1)$$

を定める．

証明 (1) 冪零元 $x \in \mathcal{N}(\mathfrak{p}) \setminus \{0\}$ をとる．補題 14.8 より，$h \in \mathfrak{k}, y \in \mathfrak{p}$ が存在して (h, x, y) は $\mathfrak{sl}_2$-triple となる．この y の核を $L^y := \ker(y : V \to V)$ とおくと，$Sy = -yS$ であるから，部分空間 L^y は S によって安定であって，

$$L^y = (L^y \cap V^0) \oplus (L^y \cap V^1)$$

と固有空間に分解する．各固有空間 $L^y \cap V^0$, $L^y \cap V^1$ は h 安定であって，h は半単純であるから，h のウェイト・ベクトルからなる L^y の基底 $\{v_k^0 \mid 1 \leq k \leq p\}$ が存在する．r_k を

$$x^{r_k} v_k^0 \neq 0, \qquad x^{r_k+1} v_k^0 = 0$$

によって定め，$v_k^j := x^j v_k^0$ $(0 \leq j \leq r_k)$ とおけば，(1) の基底 $\{v_k^j \mid 1 \leq k \leq p, 0 \leq j \leq r_k\}$ が得られる．

(2) $q \geq 0$ に対して

$$x^q V = \mathrm{span}_{\mathbb{C}} \{v_k^j \mid 1 \leq k \leq p,\ q \leq j\} \quad (q \geq 0)$$

であるから

$$n_0(\eta^{(q)}) = \#\{v_k^j \mid 1 \leq k \leq p,\ q \leq j,\ v_k^j \in V^0\} = \dim(x^q V \cap V^0)$$
$$n_1(\eta^{(q)}) = \#\{v_k^j \mid 1 \leq k \leq p,\ q \leq j,\ v_k^j \in V^1\} = \dim(x^q V \cap V^1)$$

である．これより η は x に対して一意的に定まることがわかる．

---

[3] η の定義式 (15.19) の右辺の順序は重要でない．長いものから並べて η を構成したが，同じ長さの行はどのような順番に並べても同じものとみなす．

(3) $\{v_k^j\}$ を (1) で構成した $x \in \mathcal{N}(\mathfrak{p}) \setminus \{0\}$ に対する V の基底とし，$g \in K$ に対して $x' = \mathrm{Ad}(g)x$ とおく．明らかに $\{gv_k^j\}$ は x' に対する (1) の意味の V の基底であって，対応 $\mathcal{N}(\mathfrak{p})/K \to D(n_0, n_1)$ が矛盾なく定義されていることがわかる．

次に，$x, x' \in \mathcal{N}(\mathfrak{p})$ が $\eta_x = \eta_{x'}$ を満たすとする．x, x' に対応する (1) の V の基底 $\{v_k^j\}, \{u_k^j\}$ をとる．必要があれば番号をつけ替えて，v_k^0 と u_k^0 は同じ V^j $(j \in \mathbb{Z}_2)$ に含まれるとしてよい．$g \in \mathrm{GL}(V)$ を $gv_k^j = u_k^j$ により定めれば，$gV^j = V^j$ $(j \in \mathbb{Z}_2)$ だから $g \in K$ が成り立つ．このとき $x' = \mathrm{Ad}(g)x$ であって，x' と x は同じ K 軌道に属する．よって $\mathcal{N}(\mathfrak{p})/K \to D(n_0, n_1)$ は単射である．この対応が全射であることは明らかである． □

例 15.22 $\dim V = 6$ で $\dim V^0 = 4$, $\dim V^1 = 2$ のときの例をあげる．このとき $\mathbb{Z}_2$ ヤング図形は 14 個あり，それを列挙すると以下のようになる．ただし，ここでは 0 を $+$, 1 を $-$ に置き換えて，よく流布している形で書いておいた．したがって $\mathfrak{p} \simeq \mathrm{M}_{4,2}(\mathbb{C}) \oplus \mathrm{M}_{2,4}(\mathbb{C}) \simeq \mathbb{C}^4 \otimes (\mathbb{C}^2)^* \oplus \mathbb{C}^2 \otimes (\mathbb{C}^4)^*$ への $K = \mathrm{GL}_4(\mathbb{C}) \times \mathrm{GL}_2(\mathbb{C})$ の作用による冪零軌道はこれで分類できたことになる．

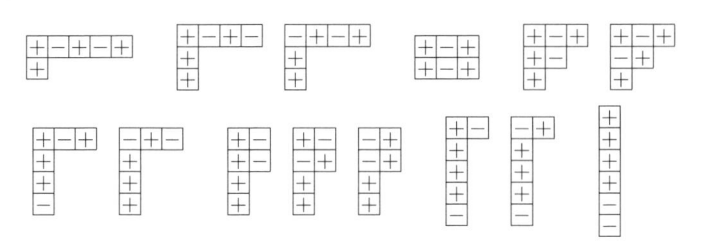

15.6　直交群・斜交群に付随したテータ表現の冪零軌道

直交群 $\mathrm{O}(V)$, 斜交群 $\mathrm{Sp}(V)$ に付随した対称対の冪零軌道について考える．そこで，$\varepsilon = \pm 1, \omega = \pm 1$ として，V 上の非退化な ε 双線型形式 $(\,,\,)$ と $S^2 = 1_V$, $\mathrm{Ad}(S) \neq \mathrm{id}$ を満たす元 $S \in \mathrm{GL}(V)$ をとる．また，S の $(\,,\,)$ に関する転置は

$$S^* = \omega S^{-1} \tag{15.20}$$

を満たすと仮定する．このとき，3つ組 $(V, (\,,\,), S)$ を (ε, ω) ベクトル空間とよぶ．双線型形式を不変にする代数群を

$$G = \{g \in \mathrm{GL}(V) \mid g^* = g^{-1}\}, \qquad \mathfrak{g} = \{X \in \mathfrak{gl}(V) \mid X^* = -X\}$$

とおくと，G は $\varepsilon = 1$ のとき直交群，$\varepsilon = -1$ のとき斜交群になるのであった．同型写像 $\theta: \mathrm{GL}(V) \to \mathrm{GL}(V)$ を $\theta(g) = SgS^{-1}$ により定めると，$g \in \mathrm{GL}(V)$ に対して $\theta(g^*) = \theta(g)^*$ が成り立つ．実際，
$$\theta(g)^* = (SgS^{-1})^* = (S^*)^{-1}g^*S^*$$
$$= (\omega S^{-1})^{-1}g^*(\omega S^{-1}) = Sg^*S^{-1} = \theta(g^*)$$
である．ただし，3番目の等号では (15.20) を用いた．このことから G および $\mathfrak{g}$ は θ の作用で安定であることがわかる．よって自己同型 $\theta: G \to G$ が定まり，この微分も同じ記号を用いて θ で表せば
$$K = \{g \in G \mid \theta(g) = g\}, \quad \mathfrak{p} = \mathfrak{g}_1 = \{X \in \mathfrak{g} \mid \theta(X) = -X\}$$
によって対称対 (G, K) に付随するテータ表現 $(K, \mathfrak{p})$ が定まる．これを (ε, ω) **ベクトル空間が定めるテータ表現**とよぶ．

演習 15.23 $(\varepsilon, \omega) = (\pm 1, \pm 1)$ とし，$V = \mathbb{C}^{m+n}$ とおく．ただし，$\omega = -1$ のときは $m = n$ と仮定し，$(\varepsilon, \omega) = (-1, 1)$ のときは m, n は偶数であるとする．$S = \mathrm{diag}(1_m, -1_n)$ とし，行列 $Q \in \mathrm{GL}(V)$ を (ε, ω) に応じて次のように定める．

$(\varepsilon, \omega) = (1, 1)$ $Q = 1_{m+n}$

$(\varepsilon, \omega) = (1, -1)$ $Q = \begin{pmatrix} 0 & 1_n \\ 1_n & 0 \end{pmatrix}$ $(m = n)$

$(\varepsilon, \omega) = (-1, 1)$ $Q = \mathrm{diag}(J_{\frac{m}{2}}, J_{\frac{n}{2}})$

$(\varepsilon, \omega) = (-1, -1)$ $Q = J_n$ $(m = n)$

ここに $J_k = \begin{pmatrix} 0 & 1_k \\ -1_k & 0 \end{pmatrix}$ とおいた．V 上の双線型形式を $(u, v) := {}^t u Q v$ $(u, v \in V)$ によって定める．

(1) $(V, (\,,\,), S)$ は (ε, ω) ベクトル空間となることを示せ．
(2) 対称対 (G, K) は次のものと同型であることを示せ．

(ε, ω)	(G, K)	(ε, ω)	(G, K)
$(1, 1)$	$(\mathrm{O}_{m+n}(\mathbb{C}), \mathrm{O}_m(\mathbb{C}) \times \mathrm{O}_n(\mathbb{C}))$	$(1, -1)$	$(\mathrm{O}_{2n}(\mathbb{C}), \mathrm{GL}_n(\mathbb{C}))$
$(-1, 1)$	$(\mathrm{Sp}_{m+n}(\mathbb{C}), \mathrm{Sp}_m(\mathbb{C}) \times \mathrm{Sp}_n(\mathbb{C}))$	$(-1, -1)$	$(\mathrm{Sp}_{2n}(\mathbb{C}), \mathrm{GL}_n(\mathbb{C}))$

(3) $\mathfrak{p}$ はベクトル空間として下記の表のように与えられる．このとき K の $\mathfrak{p}$ への作用を具体的にを記述せよ．

15.6 直交群・斜交群に付随したテータ表現の冪零軌道

(ε, ω)	$\mathfrak{p}$
$(1,1)$	$\left\{ \begin{pmatrix} 0 & A \\ -{}^t A & 0 \end{pmatrix} \middle\vert A \in \mathrm{M}_{m,n}(\mathbb{C}) \right\} \simeq \mathrm{M}_{m,n}(\mathbb{C})$
$(1,-1)$	$\left\{ \begin{pmatrix} 0 & A \\ B & 0 \end{pmatrix} \middle\vert A, B \in \mathrm{Alt}_n(\mathbb{C}) \right\} \simeq \mathrm{Alt}_n(\mathbb{C}) \oplus \mathrm{Alt}_n(\mathbb{C})$
$(-1,1)$	$\left\{ \begin{pmatrix} 0 & C \\ J\,{}^t CJ & 0 \end{pmatrix} \middle\vert C \in \mathrm{M}_{m,n}(\mathbb{C}) \right\} \simeq \mathrm{M}_{m,n}(\mathbb{C})$
$(-1,-1)$	$\left\{ \begin{pmatrix} 0 & C \\ D & 0 \end{pmatrix} \middle\vert C, D \in \mathrm{Sym}_n(\mathbb{C}) \right\} \simeq \mathrm{Sym}_n(\mathbb{C}) \oplus \mathrm{Sym}_n(\mathbb{C})$

さて，位数 2 の線型変換 S は前節 §15.5 のように $\tilde{G} = \mathrm{GL}(V)$ の対称対に付随したテータ表現を定めるが，このテータ表現を $(\tilde{K}, \tilde{\mathfrak{p}})$ で表す．すると

$$\tilde{K} = \{g \in \mathrm{GL}(V) \mid \theta(g) = g\}, \qquad \tilde{\mathfrak{p}} = \{X \in \mathfrak{gl}(V) \mid \theta(X) = -X\}$$

となる．明らかに $K \subset \tilde{K}$ および $\mathfrak{p} \subset \tilde{\mathfrak{p}}$ が成り立っているが，この埋め込み $(K, \mathfrak{p}) \hookrightarrow (\tilde{K}, \tilde{\mathfrak{p}})$ に関して，軌道の埋め込み定理 15.3 が適用できる．

命題 15.24 上述のようにして得られたテータ表現の包含関係 $(K, \mathfrak{p}) \hookrightarrow (\tilde{K}, \tilde{\mathfrak{p}})$ に関して，随伴軌道の対応

$$\mathfrak{p}/K \to \tilde{\mathfrak{p}}/\tilde{K}, \qquad \mathcal{O} \mapsto \tilde{\mathcal{O}} := \mathrm{Ad}(\tilde{K}) \cdot \mathcal{O} \tag{15.21}$$

は単射である．

S の固有空間を $V^j = \{v \in V \mid Sv = jv\}$ $(j \in \mathbb{Z}_2)$ とおき，$m = \dim V^0$, $n = \dim V^1$ と書くと，前節の結果より

$$\mathcal{N}(\mathfrak{p})/K \hookrightarrow \mathcal{N}(\tilde{\mathfrak{p}})/\tilde{K} \simeq D(m,n)$$

が成り立つから，$\mathfrak{p}$ の冪零 K を分類するには，この対応の像を特定すればよい．この像を記述するために，各 (ε, ω) に対して，次の表にあるような 1 行または 2 行の $\mathbb{Z}_2$ヤング図形の和として得られる $\mathbb{Z}_2$ヤング図形を (ε, ω) 型の $\mathbb{Z}_2$ヤング図形とよぶ．$n_0(\eta) = m$, $n_1(\eta) = n$ であるような (ε, ω) 型の $\mathbb{Z}_2$ヤング図形の集合を $D^{(\varepsilon, \omega)}(m,n)$ で表す．ただし，$\omega = 1$ のときは $m = n$ とおく．

定理 15.25 $(K, \mathfrak{p})$ を (ε, ω) ベクトル空間 $(V, (\ ,\ ), S)$ が定めるテータ表現とする．

(1) $\mathfrak{p}$ の冪零 K 軌道の $\mathbb{Z}_2$ヤング図形は (ε, ω) 型の $\mathbb{Z}_2$ヤング図形である．

表 15.1 (ε,ω) 型 $\mathbb{Z}_2$ヤング図形の構成要素

(ε,ω)	対称対	(ε,ω) 型 $\mathbb{Z}_2$ヤング図形
$(1,1)$	$(\mathrm{O}_{m+n}(\mathbb{C}), \mathrm{O}_m(\mathbb{C})\times \mathrm{O}_n(\mathbb{C}))$	$\boxed{0\,1\,0\,1\cdots 1\,0}$ (奇数) $\boxed{1\,0\,1\,0\cdots 0\,1}$ (奇数) $\boxed{\begin{array}{c}1\,0\,1\,0\cdots 1\,0\\0\,1\,0\,1\cdots 0\,1\end{array}}$ (偶数)
$(-1,1)$	$(\mathrm{O}_{2n}(\mathbb{C}), \mathrm{GL}_n(\mathbb{C}))$ $(m=n)$	$\boxed{\begin{array}{c}0\,1\,0\,1\cdots 1\,0\\0\,1\,0\,1\cdots 1\,0\end{array}}$ (奇数) $\boxed{\begin{array}{c}1\,0\,1\,0\cdots 0\,1\\1\,0\,1\,0\cdots 0\,1\end{array}}$ (奇数) $\boxed{\begin{array}{c}1\,0\,1\,0\cdots 1\,0\\0\,1\,0\,1\cdots 0\,1\end{array}}$ (偶数)
$(1,-1)$	$(\mathrm{Sp}_{m+n}(\mathbb{C}), \mathrm{Sp}_m(\mathbb{C})\times \mathrm{Sp}_n(\mathbb{C}))$	$\boxed{\begin{array}{c}1\,0\,1\,0\cdots 1\,0\\1\,0\,1\,0\cdots 1\,0\end{array}}$ (偶数) $\boxed{\begin{array}{c}0\,1\,0\,1\cdots 0\,1\\0\,1\,0\,1\cdots 0\,1\end{array}}$ (偶数) $\boxed{\begin{array}{c}1\,0\,1\,0\cdots 0\,1\\0\,1\,0\,1\cdots 1\,0\end{array}}$ (奇数)
$(-1,-1)$	$(\mathrm{Sp}_{2n}(\mathbb{C}), \mathrm{GL}_n(\mathbb{C}))$ $(m=n)$	$\boxed{1\,0\,1\,0\cdots 1\,0}$ (偶数) $\boxed{0\,1\,0\,1\cdots 0\,1}$ (偶数) $\boxed{\begin{array}{c}0\,1\,0\,1\cdots 1\,0\\1\,0\,1\,0\cdots 0\,1\end{array}}$ (奇数)

(2) 逆に $n_0(\eta)=\dim V^0$, $n_1(\eta)=\dim V^1$ である (ε,ω) 型の $\mathbb{Z}_2$ヤング図形 η に対して, η を $\mathbb{Z}_2$ヤング図形にもつ $\mathfrak{p}$ の冪零 K 軌道が存在する.

(3) したがって冪零元 $x\in\mathfrak{p}$ に (ε,ω) 型の $\mathbb{Z}_2$ヤング図形 η_x を対応させる写像 $\mathcal{N}(\mathfrak{p})\to D^{(\varepsilon,\omega)}(m,n)$ は全単射 $\mathcal{N}(L)/G_0 \simeq D^{(\varepsilon,\omega)}(m,n)$ を定める.

この定理を証明するために少し準備をする.

補題 15.26 (ε,ω) ベクトル空間 V を考える.

(1) $\omega=1$ のとき, V^0 と V^1 は双線型形式 $(\,,\,)$ に関して直交する. つまり $(V^0,V^1)=\{0\}$ が成り立つ.

(2) $\omega=-1$ のとき, V^0 と V^1 は等方的である. つまり $(V^0,V^0)=(V^1,V^1)=$

$\{0\}$ が成り立つ．このとき $V = V^0 \oplus V^1$ は V の極分解を与える．

さて，ゼロでない冪零元 $x \in \mathfrak{p}$ を固定する．Jacobson-Morozov の定理により $h \in \mathfrak{k}, y \in \mathfrak{p}$ が存在して (h, x, y) は $\mathfrak{sl}_2$-triple となるが，

$$\mathfrak{s} = \mathbb{C}x + \mathbb{C}h + \mathbb{C}y \simeq \mathfrak{sl}_2(\mathbb{C}) \tag{15.22}$$

とおいて，V を $\mathfrak{s}$ 加群とみる．

補題 15.27 $W \subset V$ を S 安定な V の部分 $\mathfrak{s}$ 加群とする．このとき，次が成り立つ．
(1) W は S 安定な既約 $\mathfrak{s}$ 加群の直和に $W = W_1 \oplus W_2 \oplus \cdots \oplus W_p$ と分解する．
(2) W が S 安定な既約 $\mathfrak{s}$ 加群ならば，W の h に関するウエイト・ベクトルは V^0 または V^1 に含まれる．

証明 (1) は定理 15.21 と同様に証明される．(2) を示す．$v \in W \setminus \{0\}$ を h の作用に関するウエイト a のウエイト・ベクトルとする．$v = v^0 + v^1$ ($v^0 \in V^0$, $v^1 \in V^1$) と書けば，$Sv = v^0 - v^1 \in W$ で，$v^0, v^1 \in W$ となる．もし v^0, v^1 の一方が 0 でないと，h のウエイト a のウエイト空間が 2 次元以上あることになり，W の既約性に矛盾する．したがって $v \in V^0 \cup V^1$ である． □

補題 15.28 S 安定な V の部分 $\mathfrak{s}$ 加群 W の S 安定な既約 $\mathfrak{s}$ 加群の直和への直和分解を $W = W_1 \oplus \cdots \oplus W_p$ とし，ε 双線型形式の制限 $(\,,\,)|_W$ は非退化であるとする．$v_k \in W_k \setminus \{0\}$ を W_k の最低ウエイトベクトルとし，$r_k = \dim W_k - 1$ とおく．もし $(W_i, W_j) \neq \{0\}$ $(1 \leq i, j \leq p)$ ならば，次が成り立つ．
(1) $\dim W_i = \dim W_j$
(2) $\omega = 1$ ならば，$v_i, x^{r_j} v_j \in V^0$ または $v_i, x^{r_j} v_j \in V^1$ が成り立つ．
(3) $\omega = -1$ ならば，$v_i \in V^0, x^{r_j} v_j \in V^1$ または $v_i \in V^1, x^{r_j} v_j \in V^0$ が成り立つ．

証明 (1) $(W_i, W_j) \neq \{0\}$ とすれば $(x^p v_i, x^q v_j) \neq 0$ となる $p, q \geq 0$ が存在する．$x \in \mathfrak{g}$ であるから，

$$(v_i, x^{p+q} v_j) = (-1)^p (x^p v_i, x^q v_j) \neq 0$$

が成り立つ．もし $x^{p+q} v_j$ が W_j の最高ウエイトベクトルでなければ，$v \in W_j$ で $x^{p+q} v_j = yv$ となるものが存在する．すると

$$(v_i, x^{p+q}v_j) = (v_i, yv) = -(yv_i, v) = (0, v) = 0$$

となり矛盾である．したがって，$x^{p+q}v_j$ は W_j の最高ウエイトベクトルであって，$p+q = r_j$ である．同様にして $p+q = r_i$ が証明できるので，$r_i = r_j$ である．

(2), (3) は $(v_i, x^{r_i}v_j) \neq 0$ と補題 15.26 から容易に従う． □

定理 15.25 (1) を証明しよう．そこで V を S 安定な既約 $\mathfrak{s}$ 加群の直和に $V = V_1 \oplus V_2 \oplus \cdots \oplus V_\ell$ と分解する (補題 15.27)．V_i の h 最低ウエイトベクトルを $v_i \in V_i \setminus \{0\}$ とし，$r_i = \dim V_i - 1$ とおく．V_i に関する次の条件を考える．

(a) $\omega = 1$ かつ $\dim V_i$ は偶数
(b) $\omega = -1$ かつ $\dim V_i$ は奇数
(c) $\varepsilon(-1)^{\dim V_i} = 1$

もし V_i が (a), (b), (c) のいずれをも満たさないとすれば，$(\varepsilon, \omega) = (1, 1)$ かつ r_i は偶数，または $(\varepsilon, \omega) = (-1, -1)$ かつ r_i は奇数であって，V_i の基底

$$x : v_i \to xv_i \to \cdots \to x^{r_i}v_i (\to 0)$$

には表 15.1 の 1 つの行からなる $\mathbb{Z}_2$ ヤング図形が対応することが容易に分かる．

以下，V_i が (a), (b), (c) のいずれかの条件を満たすとする．必要があれば番号をつけかえて，V_1 が (a), (b), (c) のいずれかの条件を満たすとしてよい．

まず V_1 が等方的であることを示そう．r_1 が偶数のときには v_1 と $x^{r_1}v_1$ は同じ V^i ($i = 0, 1$) に属する．一方，r_1 が奇数なら v_1 と $x^{r_1}v_1$ は異なる V^0, V^1 に属する．したがって，(a) または (b) の場合には，補題 15.26 より $(x^{r_1}v_1, v_1) = 0$ であり，$(V_1, V_1) = 0$ が成り立つ．そこで (c) が成り立つとすると，

$$(x^{r_1}v_1, v_1) = (-1)^{r_1}(v_1, x^{r_1}v_1) = \varepsilon(-1)^{r_1}(x^{r_1}v_1, v_1) = -(x^{r_1}v_1, v_1)$$

であることから $(x^{r_1}v_1, v_1) = 0$，つまり $(V_1, V_1) = 0$ を得る．

V_1 が等方的であるから，$(V_1, V_j) \neq \{0\}$ となる $j \geq 2$ が存在するが，やはり番号を付け替えて，$(V_1, V_2) \neq \{0\}$ としてよい．補題 15.28 により，$\dim V_2 = \dim V_1$ であり，V_1 と同様に $(V_2, V_2) = \{0\}$ である．補題 15.28 の証明から

$$(v_1, x^{r_1}v_2) \neq 0, \quad (x^p v_1, x^q v_2) = (-1)^p \delta_{p, r_1-q}(v_1, x^{r_1}v_2)$$

がわかる．これより $(\ ,\ )|_{V_1 \oplus V_2}$ は非退化である．$V_1 \oplus V_2$ の直交補空間を

$$W = \{v \in V | (v, V_1 \oplus V_2) = \{0\}\}$$

とすると，W は S 安定な V の部分 $\mathfrak{s}$ 加群であり，$(\ )|_W$ は非退化となる．これ

を繰り返すことにより，V は次のような直交直和に分解することがわかる．
$$V = (V_1 \oplus V_1') \oplus \cdots \oplus (V_k \oplus V_k') \oplus (V_{k+1} \oplus V_{k+2} \oplus \cdots \oplus V_\ell)$$
ここに

(i) V_i, V_j' は S 安定な既約 $\mathfrak{s}$ 加群である．
(ii) 各 $1 \leq i \leq k$ に対して $(V_i, V_i) = (V_i', V_i') = \{0\}$ かつ V_i, V_i' は上の (a), (b), (c) のいずれかの条件を満たす．
(iii) 各 $k+1 \leq i \leq \ell$ に対して V_i は (a), (b), (c) のいずれの条件をも満たさない．

すると $1 \leq i \leq k$ に対しては，(a), (b), (c) のいずれかが成り立つことと，補題 15.28 より $x|_{V_i \oplus V_i'}$ の $\mathbb{Z}_2$ ヤング図形は表 15.1 の 2 つの行からなる $\mathbb{Z}_2$ ヤング図形でなくてはならない．

また，$k+1 \leq i \leq \ell$ に対しては，V_i が (a), (b), (c) のいずれをも満たさないことから，$(\varepsilon, \omega) = (1, 1)$ かつ $\dim V_i$ は奇数，または $(\varepsilon, \omega) = (-1, -1)$ かつ $\dim V_i$ は偶数となる．これより V_i の基底

$$x : v_i \to xv_i \to \cdots \to x^{r_i} v_i (\to 0)$$

には表 15.1 の 1 つの行からなる $\mathbb{Z}_2$ ヤング図形が対応することが容易に分かる．

以上で定理 15.25 (1) が証明された．

次に，定理 15.25 (2) を証明しよう．任意の (ε, ω) 型の $\mathbb{Z}_2$ ヤング図形 $\eta \in D^{(\varepsilon, \omega)}(\dim V^0, \dim V^1)$ をとる．定義より η は表 15.1 の $\mathbb{Z}_2$ ヤング図形たちの和に

$$\eta = \eta_1 + \eta_2 + \cdots + \eta_r$$

と分解されている．いま，各 η_i に対して (ε, ω) ベクトル空間 $(U_i, (\,,\,)_i, S_i)$ および，冪零元 $x_i \in \mathfrak{gl}(U_i)$ で

$$S_i x_i = -x_i S_i, \qquad (x_i u, v) = -(u, x_i v) \quad (u, v \in V_i) \tag{15.23}$$

を満たしかつ，η_i を $\mathbb{Z}_2$ ヤング図形に持つものが存在したとする．

$$U = U_1 \oplus U_2 \oplus \cdots \oplus U_r, \qquad (\,,\,)_U = (\,,\,)_1 + (\,,\,)_2 + \cdots + (\,,\,)_r,$$
$$S' = S_1 + S_2 + \cdots + S_r, \qquad X = x_1 + x_2 + \cdots + x_r$$

とおけば，3 つ組 $(U, (\,,\,)_U, S')$ は (ε, ω) ベクトル空間となる．また，

$$X \in \mathfrak{p}' := \{X \in \mathfrak{gl}(V) \mid SX = -XS, \quad (Xu, v) = -(u, Xv) \ (u, v \in U)\}$$

であり，X は冪零でその $\mathbb{Z}_2$ ヤング図形は η であることが容易に分かる．

補題 15.29 $(V,(\,,\,)_V, S)$，$(U,(\,,\,)_U, S')$ を 2 つの (ε, ω) ベクトル空間とし，$\dim V^j = \dim U^j$ $(j \in \mathbb{Z}_2)$ であるとする．このとき線型同型 $f: U \to V$ で次をみたすものが存在する．

(1) $f(U^j) = V^j$ $(j \in \mathbb{Z}_2)$
(2) $(f(u_1), f(u_2))_V = (u_1, u_2)_U$ $(u_1, u_2 \in U)$

上記の状況で，補題 15.29 のように線型同型 $f: U \to V$ をとり，$x = f \circ x \circ f^{-1}$ とおいて $x \in \mathfrak{gl}(V)$ を定めれば，$x \in \mathfrak{p}$ であり，x の $\mathbb{Z}_2$ ヤング図形が η になることは明らかである．

以上により，表 15.1 の $\mathbb{Z}_2$ ヤング図形 η に対して，(ε, ω) ベクトル空間 $(U,(\,,\,)_U, S')$ および η を $\mathbb{Z}_2$ ヤング図形にもつ冪零元 $x \in \mathfrak{gl}(U)$ で (15.23) と同様の条件を満たすものが存在することを示せばよい．

表 15.1 の $\mathbb{Z}_2$ ヤング図形 η に対して，以下の表 15.2 の第 3 列の $\{a_i, b_i\}$（あるいは $\{a_i, b_i, a'_i, b'_i\}$）を基底にもつベクトル空間を U とする．また，$x \in \mathfrak{gl}(U)$ をやはり表 15.2 の第 3 列の作用によって定める．さらに，U 上の双線型形式 $(\,,\,)$ を表 15.2 の第 4 列によって定め，$S \in \mathrm{GL}(U)$ を

$$Sa_i = a_i,\ Sb_i = -b_i \quad (Sa'_i = a'_i,\ Sb'_i = -b'_i)$$

により定める．$(\,,\,)$ が矛盾なく定義されて，非退化な ε 双線型形式となること，x が条件

$$Sx = -xS, \quad (xu, v) = -(u, xv) \quad (u, v \in V)$$

を満たし，η を $\mathbb{Z}_2$ ヤング図形にもつ冪零元であることが容易にわかる．以上で定理 15.25 (2) が証明された．

演習 15.30 任意の (ε, ω) ベクトル空間 $(U, \langle\,,\,\rangle, S')$ をとり，$\dim U^0 = m$，$\dim U^1 = n$ とおく．このとき，演習 15.23 で構成した (ε, ω) ベクトル空間 $(V, (\,,\,), S)$ と線型同型 $f: U \to V$ であって，補題 15.29 の条件を満たすものが存在する．これを対称，交代双線型形式の標準形を用いて示せ．

表 **15.2** 基本 (ε, ω) ベクトル空間

(ε,ω)	図形	V の基底と x の作用	$(\ ,\ )$ の定義
$(1,1)$	$\overbrace{\boxed{0\ 1\ \cdots\ 1\ 0}}^{2p-1}$	$a_1 \to b_1 \to \cdots \to b_{p-1} \to a_p \to 0$	$(x^i a_1, x^{2p-i-2} a_1) = (-1)^i$
	$\overbrace{\boxed{1\ 0\ \cdots\ 0\ 1}}^{2p-1}$	$b_1 \to a_1 \to \cdots \to a_{p-1} \to b_p \to 0$	$(x^i b_1, x^{2p-i-2} b_1) = (-1)^i$
	$\overbrace{\boxed{1\ 0\ \cdots\ 1\ 0} \atop \boxed{0\ 1\ \cdots\ 0\ 1}}^{2p}$	$b_1 \to a_1 \to \cdots \to b_p \to a_p \to 0$ $a'_1 \to b'_1 \to \cdots \to a'_p \to b'_p \to 0$	$(x^i b_1, x^{2p-i-1} a'_1) = (-1)^i$ $(x^i a'_1, x^{2p-i-1} b_1) = -(-1)^i$
$(-1,1)$	$\overbrace{\boxed{0\ 1\ \cdots\ 1\ 0} \atop \boxed{0\ 1\ \cdots\ 1\ 0}}^{2p-1}$	$a_1 \to b_1 \to \cdots \to b_{p-1} \to a_p \to 0$ $a'_1 \to b'_1 \to \cdots \to b'_{p-1} \to a'_p \to 0$	$(x^i a_1, x^{2p-i-2} a'_1) = (-1)^i$ $(x^i a'_1, x^{2p-i-2} a_1) = -(-1)^i$
	$\overbrace{\boxed{1\ 0\ \cdots\ 0\ 1} \atop \boxed{1\ 0\ \cdots\ 0\ 1}}^{2p-1}$	$b_1 \to a_1 \to \cdots \to a_{p-1} \to b_p \to 0$ $b'_1 \to a'_1 \to \cdots \to a'_{p-1} \to b'_p \to 0$	$(x^i b_1, x^{2p-i-2} b'_1) = (-1)^i$ $(x^i b'_1, x^{2p-i-2} b_1) = -(-1)^i$
	$\overbrace{\boxed{1\ 0\ \cdots\ 1\ 0} \atop \boxed{0\ 1\ \cdots\ 0\ 1}}^{2p}$	$b_1 \to a_1 \to \cdots \to b_p \to a_p \to 0$ $a'_1 \to b'_1 \to \cdots \to a'_p \to b'_p \to 0$	$(x^i b_1, x^{2p-i-1} a'_1) = (-1)^i$ $(x^i a'_1, x^{2p-i-1} b_1) = (-1)^i$
$(1,-1)$	$\overbrace{\boxed{1\ 0\ \cdots\ 1\ 0} \atop \boxed{1\ 0\ \cdots\ 1\ 0}}^{2p}$	$b_1 \to a_1 \to \cdots \to b_p \to a_p \to 0$ $b'_1 \to a'_1 \to \cdots \to b'_p \to a'_p \to 0$	$(x^i b_1, x^{2p-i-1} b'_1) = (-1)^i$ $(x^i b'_1, x^{2p-i-1} b_1) = -(-1)^i$
	$\overbrace{\boxed{0\ 1\ \cdots\ 0\ 1} \atop \boxed{0\ 1\ \cdots\ 0\ 1}}^{2p}$	$a_1 \to b_1 \to \cdots \to a_p \to b_p \to 0$ $a'_1 \to b'_1 \to \cdots \to a'_p \to b'_p \to 0$	$(x^i a_1, x^{2p-i-1} a'_1) = (-1)^i$ $(x^i a'_1, x^{2p-i-2} a_1) = -(-1)^i$
	$\overbrace{\boxed{1\ 0\ \cdots\ 0\ 1} \atop \boxed{0\ 1\ \cdots\ 1\ 0}}^{2p-1}$	$b_1 \to a_1 \to \cdots \to a_{p-1} \to b_p \to 0$ $a'_1 \to b'_1 \to \cdots \to b'_{p-1} \to a'_p \to 0$	$(x^i b_1, x^{2p-i-2} a'_1) = (-1)^i$ $(x^i a'_1, x^{2p-i-2} b_1) = (-1)^i$
$(-1,-1)$	$\overbrace{\boxed{1\ 0\ \cdots\ 1\ 0}}^{2p}$	$b_1 \to a_1 \to \cdots \to b_p \to a_p \to 0$	$(x^i b_1, x^{2p-i-1} b_1) = (-1)^i$
	$\overbrace{\boxed{0\ 1\ \cdots\ 0\ 1}}^{2p}$	$a_1 \to b_1 \to \cdots \to a_p \to b_p \to 0$	$(x^i a_1, x^{2p-i-1} a_1) = (-1)^i$
	$\overbrace{\boxed{0\ 1\ \cdots\ 1\ 0} \atop \boxed{1\ 0\ \cdots\ 0\ 1}}^{2p-1}$	$a_1 \to b_1 \to \cdots \to b_{p-1} \to a_p \to 0$ $b'_1 \to a'_1 \to \cdots \to a'_{p-1} \to b'_p \to 0$	$(x^i a_1, x^{2p-i-2} b'_1) = (-1)^i$ $(x^i b'_1, x^{2p-i-2} a_1) = -(-1)^i$

15.7 まとめ：ヤング図形による冪零軌道の分類

今まで見てきた，古典型リー環・対称対の冪零軌道のヤング図形による分類を整理しておこう．

(I) $GL(V)$ の場合: $\mathfrak{gl}(V)$ の冪零軌道は箱の個数が $n = \dim V$ 個のヤング図形の集合 $D(n)$ により分類される．これはよく知られたジョルダン標準形の理論であった．(§ 15.3)

$$\mathcal{N}(\mathfrak{gl}(V))/GL(V) \simeq D(n) \qquad (\dim V = n) \tag{15.24}$$

(II) $(G, L^\mu) = (O(V), \mathfrak{o}(V)), (O(V), \mathfrak{p}), (Sp(V), \mathfrak{sp}(V)), (Sp(V), \mathfrak{p})$ の場合: ε 双線型形式 $(V, (\ ,\ ))$ が定める古典型リー環と対称対の冪零軌道は，命題 15.11 の形のヤング図形の集合 $D^{(\varepsilon,\mu)}(n)$ により分類される．(定理 15.14)

$$\mathcal{N}(L^\mu)/G \simeq D^{(\varepsilon,\mu)}(n) \qquad (\dim V = n) \tag{15.25}$$

(III) 対称対 $(G, K) = (GL_{m+n}(\mathbb{C}), GL_m(\mathbb{C}) \times GL_n(\mathbb{C}))$ に対応するテータ表現 $(K, \mathfrak{p})$ の場合: 線型変換 $S : V \to V$ が定める対称対の冪零軌道は 0 が m 個，1 が n 個の $\mathbb{Z}_2$ ヤング図形の集合 $D(m, n)$ により分類される．(定理 15.21)

$$\mathcal{N}(\mathfrak{p})/K \simeq D(m, n) \qquad (\dim V^0 = m, \quad \dim V^1 = n) \tag{15.26}$$

(IV) 対称対 $(G, K) = (O_{m+n}(\mathbb{C}), O_m(\mathbb{C}) \times O_n(\mathbb{C})), (O_{2n}(\mathbb{C}), GL_n(\mathbb{C})),$ $(Sp_{m+n}(\mathbb{C}), Sp_m(\mathbb{C}) \times Sp_n(\mathbb{C})), (Sp_{2n}(\mathbb{C}), GL_n(\mathbb{C}))$ に対応するテータ表現 $(K, \mathfrak{p})$ の場合: (ε, ω) ベクトル空間 $(V, (\ ,\ ), S)$ が定める対称対の冪零軌道は 15.6 節の表 15.1 で定義される $\mathbb{Z}_2$ ヤング図形の集合 $D^{(\varepsilon,\omega)}(m, n)$ により分類される．ただし，$\omega = 1$ のときは $m = n$ とおく．(定理 15.25)

$$\mathcal{N}(\mathfrak{p})/K \simeq D^{(\varepsilon,\omega)}(m, n) \qquad (\dim V^0 = m, \quad \dim V^1 = n) \tag{15.27}$$

注意 15.31 これらの対称対は実リー群の理論と深い関係がある．実リー群 $G_\mathbb{R}$ に対して，極大コンパクト部分群 $K_\mathbb{R}$ をとるとき，その複素化 $(G_\mathbb{C}, K_\mathbb{C})$ はカルタン対合に関して対称対になる．そこで，本書に現れた対称対に対応する実リー群の非コンパクト・リーマン対称空間を表にしてあげておく．詳細については，例えば [9] を参照して欲しい．

$G_{\mathbb{C}}$	$K_{\mathbb{C}}$	$G_{\mathbb{R}}$	$K_{\mathbb{R}}$
$\mathrm{GL}_n(\mathbb{C})$	$\mathrm{O}_n(\mathbb{C})$	$\mathrm{GL}_n(\mathbb{R})$	$\mathrm{O}(n)$
$\mathrm{GL}_n(\mathbb{C}) \times \mathrm{GL}_n(\mathbb{C})$	$\mathrm{GL}_n(\mathbb{C})$	$\mathrm{GL}_n(\mathbb{C})$	$\mathrm{U}(n)$
$\mathrm{GL}_{2n}(\mathbb{C})$	$\mathrm{Sp}_{2n}(\mathbb{C})$	$\mathrm{GL}_n(\mathbb{H})$	$\mathrm{Sp}(2n)$
$\mathrm{GL}_{m+n}(\mathbb{C})$	$\mathrm{GL}_m(\mathbb{C}) \times \mathrm{GL}_n(\mathbb{C})$	$\mathrm{U}(m,n)$	$\mathrm{U}(m) \times \mathrm{U}(n)$
$\mathrm{Sp}_{2n+2m}(\mathbb{C})$	$\mathrm{Sp}_{2n}(\mathbb{C}) \times \mathrm{Sp}_{2m}(\mathbb{C})$	$\mathrm{Sp}(2n,2m)$	$\mathrm{Sp}(2n) \times \mathrm{Sp}(2m)$
$\mathrm{O}_{n+m}(\mathbb{C})$	$\mathrm{O}_n(\mathbb{C}) \times \mathrm{O}_m(\mathbb{C})$	$\mathrm{O}(n,m)$	$\mathrm{O}(n) \times \mathrm{O}(m)$
$\mathrm{Sp}_{2n}(\mathbb{C})$	$\mathrm{GL}_n(\mathbb{C})$	$\mathrm{Sp}_{2n}(\mathbb{R})$	$\mathrm{U}(n)$
$\mathrm{O}_{2n}(\mathbb{C})$	$\mathrm{GL}_n(\mathbb{C})$	$\mathrm{O}^*(2n)$	$\mathrm{U}(n)$

(注) 実リー群の記述は主に [9, Ch. X,§ 6,TableV] の記号によった．ただし $\mathrm{GL}_n(\mathbb{H})$ は $U^*(2n)$ とも記される．また [16] も参考になるだろう．

15.8　冪零軌道の閉包の包含関係とヤング図形

冪零軌道の閉包がどのような軌道の和集合になっているかをリー環や対称対の場合に考えてみよう．以下，(I)–(IV) などと書いたときは，§ 15.7 の場合分けを意味している．

閉包関係をヤング図形を用いて記述するために，ヤング図形の集合 $D(n)$ および $D(m,n)$ における，次のような順序を考える．ヤング図形 η に対して，η の箱の個数を $n(\eta)$ で表す．また，η の左側から k 列を消去して得られるヤング図形を $\eta^{(k)}$ で表す．

定義 15.32 (1) ヤング図形 $\eta, \sigma \in D(n)$ に対して，

$$n(\eta^{(k)}) \geq n(\sigma^{(k)}) \qquad (k \geq 1)$$

が成り立つとき，$\eta \geq \sigma$ と定義する．

(2) $\mathbb{Z}_2$ ヤング図形 $\eta, \sigma \in D(m,n)$ に対して，

$$n_0(\eta^{(k)}) \geq n_0(\sigma^{(k)}), \qquad n_1(\eta^{(k)}) \geq n_1(\sigma^{(k)}), \qquad (k \geq 1)$$

が成り立つとき，$\eta \geq \sigma$ と定義する．

上記，§ 15.7 の (I)–(IV) のそれぞれの場合に，群のリー環への作用，あるいは対称対に付随するテータ表現を (H, L) で表し，その冪零軌道を分類するヤング図

形，あるいは $\mathbb{Z}_2$ ヤング図形の集合を D で表す．また，$\eta \in D$ に対応する冪零軌道を $\mathcal{O}_\eta \in \mathcal{N}(L)/H$ で表す．

$$\mathcal{N}(L)/H \simeq D, \quad \mathcal{O}_\eta \mapsto \eta$$

このとき，次が成り立つ．

命題 15.33 $\sigma, \eta \in D$ に対して，$\mathcal{O}_\sigma \subset \overline{\mathcal{O}_\eta}$ なら，ヤング図形，あるいは $\mathbb{Z}_2$ ヤング図形の順序に関して $\sigma \leq \eta$ が成り立つ．

証明 (II) の場合に $\mathcal{O}_\sigma \subset \overline{\mathcal{O}_\eta}$ なら

$$\mathrm{GL}(V) \cdot \mathcal{O}_\sigma \subset \mathrm{GL}(V) \cdot \overline{\mathcal{O}_\eta} \subset \overline{\mathrm{GL}(V) \cdot \mathcal{O}_\eta}$$

であるから，(I) の場合の冪零軌道の包含関係が成り立つ．したがって，命題 15.33 が (I) の場合に成り立てば，(II) の場合にも成り立つ．同様に，命題 15.33 が (III) の場合に成り立てば，(IV) の場合にも成り立つ．(I) の場合の証明と，(III) の場合の証明はほぼ同じであるので，(III) の場合のみ証明しよう．(III) の記号を用いる．

まず，$X \in \mathcal{N}(\mathfrak{p})$ と整数 $i \geq 0$ に対して，X の $\mathbb{Z}_2$ ヤング図形が μ ならば，X の冪乗に関する次の等式が成り立つ．

$$\begin{aligned}
\mathrm{rank}(X^{2i-1}|_{V^0} : V^0 \to V^1) &= n_1(\mu^{(2i-1)}), \\
\mathrm{rank}(X^{2i-1}|_{V^1} : V^1 \to V^0) &= n_0(\mu^{(2i-1)}) \\
\mathrm{rank}(X^{2i}|_{V^0} : V^0 \to V^0) &= n_0(\mu^{(2i)}), \\
\mathrm{rank}(X^{2i}|_{V^1} : V^1 \to V^1) &= n_1(\mu^{(2i)})
\end{aligned} \quad (15.28)$$

これは $\mathfrak{p}$ の冪零元と $\mathbb{Z}_2$ ヤング図形の対応から自然に分かる．次に，以下の 4 通りの写像を考えよう．

$$\begin{aligned}
\phi_0^{2i-1} &: L \to \mathrm{Hom}(V^0, V^1), & \phi_0^{2i-1}(X) &= X^{2i-1}|_{V^0}, \\
\phi_1^{2i-1} &: L \to \mathrm{Hom}(V^1, V^0), & \phi_1^{2i-1}(X) &= X^{2i-1}|_{V^1}, \\
\phi_0^{2i} &: L \to \mathrm{Hom}(V^0, V^0), & \phi_0^{2i}(X) &= X^{2i}|_{V^0}, \\
\phi_1^{2i} &: L \to \mathrm{Hom}(V^1, V^1), & \phi_1^{2i}(X) &= X^{2i}|_{V^1}.
\end{aligned}$$

これらは K 同変な正則写像である．$\sigma, \eta \in D(m,n), y \in \mathcal{O}_\sigma, x \in \mathcal{O}_\eta$ とし，ϕ を上のいずれかの写像とする．

$$y \in \overline{\mathcal{O}_\eta} = \overline{K \cdot x}$$

であるから，ϕ の連続性と同変性より
$$\phi(y) \in \phi(\overline{K \cdot x}) \subset \overline{\phi(K \cdot x)} = \overline{K \cdot \phi(x)}$$
がわかる．そこで，例えば $\phi = \phi_1^{2i-1}$ とすれば
$$\phi_1^{2i-1}(y) = (y^{2i-1}|_{V^0} : V^0 \to V^1) \in \overline{K \cdot (x^{2i-1}|_{V^0})}$$
である．これと上記 (15.28) より
$$n_1(\sigma^{(2i-1)}) = \mathrm{rank}(y^{2i-1}|_{V^0} : V^0 \to V^1)$$
$$\leq \mathrm{rank}(x^{2i-1}|_{V^0} : V^0 \to V^1) = n_1(\eta^{(2i-1)})$$
が成り立つ．ϕ を他の写像にとりかえることにより $\sigma \leq \eta$ を得る．□

命題 15.33 の逆が証明されれば，冪零軌道の閉包の包含関係が完全に記述されることになるが，結論からいえばこの逆が成り立つ．すなわち，次が成り立つ．

定理 15.34 ヤング図形，あるいは $\mathbb{Z}_2$ ヤング図形 $\sigma, \eta \in D$ に対して，$\mathcal{O}_\sigma \subset \overline{\mathcal{O}_\eta}$ であるための必要十分条件は，ヤング図形の順序に関して $\sigma \leq \eta$ が成り立つことである．

$$\mathcal{O}_\sigma \subset \overline{\mathcal{O}_\eta} \iff \sigma \leq \eta$$

命題 15.33 の逆の証明の道筋を解説するために，ヤング図形，あるいは $\mathbb{Z}_2$ ヤング図形の隣接関係を次のように定義する．

定義 15.35 D を上記のヤング図形，あるいは $\mathbb{Z}_2$ ヤング図形の集合とする．D の元の大小関係 $\sigma < \eta$ に対して，$\sigma < \nu < \eta$ となる $\nu \in D$ が存在しないとき，σ, η は**隣接関係**にあるといい，$\sigma \lessdot \eta$ と表す．

命題 15.33 の逆は，次の二つのステップを経て証明される．

Step 1 (隣接関係の決定) (I)–(IV) のそれぞれの場合に D の元の大小関係における隣接関係を決定する．

Step 2 (退化写像の構成) D における隣接関係 $\sigma \lessdot \eta$ に対して，対応する冪零軌道を $\mathcal{O}_\sigma, \mathcal{O}_\eta \in \mathcal{N}(L)/H$ とするとき，正則写像 $z : \mathbb{C} \to \mathcal{N}(L)$ であって，
$$z(t) \in \mathcal{O}_\eta \quad (t \in \mathbb{C}^\times), \quad z(0) \in \mathcal{O}_\sigma$$
となるものを構成する．

次節で, $(\mathrm{GL}_n(\mathbb{C}), \mathfrak{gl}_n(\mathbb{C}))$ の場合に, この二つのステップを経て証明を与える. (II)-(IV) の場合については, Step 1 の隣接関係の記述を与えるに留めることにする. 詳細については, [10], [6], [26], [27] を参照のこと.

15.9 $(\mathrm{GL}_n(\mathbb{C}), \mathfrak{gl}_n(\mathbb{C}))$ の場合の冪零軌道の閉包の包含関係

ここでは, $(\mathrm{GL}_n(\mathbb{C}), \mathfrak{gl}_n(\mathbb{C}))$ の場合に定理 15.34 の証明を与える.

まず, $\mathcal{N}(\mathfrak{gl}_n(\mathbb{C}))/\mathrm{GL}_n(\mathbb{C})$ に対応するヤング図形の集合 $D(n)$ における隣接関係を決定しよう.

ヤング図形 $\eta \in D(n)$ の行の長さを長い順に $\eta_1, \eta_2, \cdots, \eta_r$ とすれば, n の分割 $(\eta_1, \eta_2, \cdots, \eta_r)$ が得られる. 以後, このようにして, $D(n)$ の元とヤング図形を同一視する.

補題 15.36 $\sigma < \eta$ を $D(n)$ における隣接関係とする. $\sigma < \eta$ から共通の行をすべて消去して得られる大小関係を $\bar{\sigma} < \bar{\eta}$ とすれば, これは次のようになり, これもまた隣接関係である.

$$\bar{\sigma} = (p, q) < \bar{\eta} = (p+1, q-1) \qquad (1 \leq q \leq p)$$

証明 $\sigma < \eta$ が隣接関係であって, 同じ長さの行がないとき, σ, η は上記のようになることを示せばよい.

σ の行の長さを第 1 行から順に $\sigma_1, \sigma_2, \cdots, \sigma_k$ として, 分割 σ を $\sigma = (\sigma_1, \sigma_2, \cdots, \sigma_k)$ と表す $(\sigma_k \geq 1)$. $\sigma < \eta$ であることから, η の行の数は σ の行の数以下であることが分かるが, 長さ 0 の行があってもよいことにして, η も $\eta = (\eta_1, \eta_2, \cdots, \eta_k)$ と表す. $\sigma_k = a$ とおく.

まず, $\eta_k \leq \sigma_k$ を示そう. もし $\eta_k > \sigma_k$ なら $\eta_k \geq \sigma_k + 1 = a + 1$ であるが, η の初めの $a+1$ 列には □ が $(a+1)k$ 個あるから

$$n(\eta^{(a+1)}) = n - (a+1)k.$$

一方, σ の第 $a+1$ 列には □ が $k-1$ 個以下しかないから

$$n(\sigma^{(a+1)}) \geq n - ak - (k-1) = n - (a+1)k + 1 > n(\eta^{(a+1)})$$

となって, $\sigma < \eta$ に矛盾する. よって $\eta_k \leq \sigma_k$ である. η と σ には同じ長さの行がないとしたので, $\eta_k < \sigma_k = a$ である.

次に, $i = \min\{j \mid \sigma_j = \sigma_k = a\}$ とおき, ヤング図形 $\check{\sigma}$ を

$$\check{\sigma} = (\sigma_1, \cdots, \sigma_{i-1}, \sigma_i + 1, \sigma_{i+1}, \cdots, \sigma_k - 1)$$

により定める. これは σ の第 k 行の 1 つの □ を第 i 行に付け加えた図形である. σ と $\check{\sigma}$ の初めの $a-1$ 列は一致するので,

$$n(\eta^{(p)}) \geq n(\sigma^{(p)}) = n(\check{\sigma}^{(p)}) \qquad (p \leq a-1)$$

が成り立つ. η の第 k 行の □ の数は $a-1$ 個以下だから

$$n(\eta^{(a-1)}) - n(\eta^{(a)}) \leq k-1,$$
$$n(\eta^{(a)}) \geq n(\eta^{(a-1)}) - k + 1 \geq n(\sigma^{(a-1)}) - k + 1$$

である. 一方,

$$n(\check{\sigma}^{(a)}) = n(\sigma^{(a)}) + 1 = n(\sigma^{(a-1)}) - k + 1$$

であるから $n(\eta^{(a)}) \geq n(\check{\sigma}^{(a)})$ が成り立つ. もし $p > a$ なら

$$n(\eta^{(p)}) \geq n(\sigma^{(p)}) = n(\check{\sigma}^{(p)})$$

である. 以上より $\eta \geq \check{\sigma} > \sigma$ がわかった. $\sigma < \eta$ は隣接関係であるから $\eta = \check{\sigma}$ となるが, η と σ に同じ長さの行はないので, $i = 1, k = 2$ であって, $\sigma = (\sigma_1, \sigma_2)$, $\eta = (\sigma_1 + 1, \sigma_2 - 1)$ となる. □

命題 15.37 $\sigma, \eta \in D(n)$ に対応する $\mathfrak{gl}(V)$ の冪零 $GL(V)$ 軌道をそれぞれ $\mathcal{O}_\sigma$, $\mathcal{O}_\eta$ とする. $\sigma < \eta$ ならば $\mathcal{O}_\sigma \subset \overline{\mathcal{O}_\eta}$ が成り立つ.

証明 $\sigma < \eta$ が隣接関係にあると仮定してよい.

$$\sigma = (\sigma_1, \sigma_2, \cdots, \sigma_k), \quad \eta = (\eta_1, \eta_2, \cdots, \eta_k)$$

とするとき, 上の補題より $1 \leq p < q \leq k$ が存在して

$$\sigma_i = \eta_i \ (i \neq p, q), \quad \eta_p = \sigma_p + 1, \quad \eta_q = \sigma_q - 1$$

となる. $\sigma_p = a \geq \sigma_q = b$ とおき, 次のヤング図形を考える.

$$\bar{\sigma} = (\sigma_p, \sigma_q) = (a, b), \quad \bar{\eta} = (\eta_p, \eta_q) = (a+1, b-1)$$
$$\check{\sigma} = (\sigma_1, \cdots, \widehat{\sigma_p}, \cdots, \widehat{\sigma_q}, \cdots, \sigma_k)$$

ただし, $\widehat{\sigma}_p, \widehat{\sigma}_q$ は σ から第 p 行および第 q 行を取り除くことを意味する. さて, $x \in \mathcal{O}_\sigma$ をとろう. V の基底 $\bigcup_{i=1}^{r} \{v_i^1, v_i^2, \cdots, v_i^{\sigma_i}\}$ が存在して, x はこの基底に

$$x : v_i^1 \to v_i^2 \to \cdots \to v_i^{\sigma_i} \to 0$$

と作用する．$V_i = \mathbb{C}\{v_i^1, v_i^2, \cdots, v_i^{\sigma_i}\}$, $W = \bigoplus_{i \neq p,q} V_i$ とおけば

$$\mathfrak{gl}(V_p \oplus V_q) \oplus \mathfrak{gl}(W) \subset \mathfrak{gl}(V)$$

となるが，$\bar{\sigma}, \bar{\eta}$ に対応する $\mathfrak{gl}(V_p \oplus V_q)$ の冪零 $\mathrm{GL}(V_p \oplus V_q)$ 軌道をそれぞれ $\mathcal{O}_{\bar{\sigma}}$, $\mathcal{O}_{\bar{\eta}}$ とし，$\check{\sigma}$ に対応する $\mathfrak{gl}(W)$ の冪零 $\mathrm{GL}(W)$ 軌道を $\mathcal{O}_{\check{\sigma}}$ とする．x をこの分解にしたがって，

$$x = x_{\bar{\sigma}} + x_{\check{\sigma}} \quad (x_{\bar{\eta}} \in \mathcal{O}_{\bar{\sigma}} \subset \mathfrak{gl}(V_p \oplus V_q), \ x_{\check{\sigma}} \in \mathcal{O}_{\check{\sigma}} \subset \mathfrak{gl}(W))$$

と分解する．もし $\mathcal{O}_{\bar{\sigma}} \subset \overline{\mathcal{O}_{\bar{\eta}}}$ が示されたとすると

$$x \in \mathcal{O}_{\bar{\sigma}} \times \mathcal{O}_{\check{\sigma}} \subset \overline{\mathcal{O}_{\bar{\eta}}} \times \mathcal{O}_{\check{\sigma}}$$

となるが，明らかに $\mathcal{O}_{\bar{\eta}} \times \mathcal{O}_{\check{\sigma}} \subset \mathcal{O}_\eta$ であるから

$$x \in \mathcal{O}_{\bar{\sigma}} \times \{x_{\check{\sigma}}\} \subset \overline{\mathcal{O}_{\bar{\eta}}} \times \{x_{\check{\sigma}}\} \subset \overline{\mathcal{O}_\eta}$$

となり，$\mathcal{O}_\sigma = \mathrm{GL}(V) \cdot x \subset \overline{\mathcal{O}_\eta}$ が示される．よって初めから

$$\sigma = (\sigma_1, \sigma_2) = (a, b), \quad \eta = (\eta_1, \eta_2) = (a+1, b-1)$$

としてよい．すると $x \in \mathcal{O}_\sigma$ は V の基底に

$$x : v_1^1 \to v_1^2 \to \cdots \to v_1^a \to 0, \quad x : v_2^1 \to v_2^2 \to \cdots \to v_2^b \to 0$$

と作用する．$e(v_1^a \to v_2^b) \in \mathfrak{gl}(V)$ を

$$e(v_1^a \to v_2^b) v_1^a = v_2^b, \quad e(v_1^a \to v_2^b) v_i^j = 0 \quad (v_i^j \neq v_1^a)$$

により定め，$t \in \mathbb{C}$ に対して $z(t) = x + t e(v_1^a \to v_2^b) \in \mathfrak{gl}(V)$ とおく．$z(t)$ の作用に関して

$$z(t) : v_1^1 \to v_1^2 \to \cdots \to v_1^a \to t v_2^b \to 0$$
$$z(t) : (t v_2^1 - v_1^{a-b+2}) \to (t v_2^2 - v_1^{a-b+3}) \to \cdots$$
$$\cdots \to (t v_2^{b-1} - v_1^a) \to (t v_2^b - t v_2^b) = 0$$

が成り立つが，$t \neq 0$ のとき，

$$\{v_1^1, v_1^2, \cdots, v_1^a, \ t v_2^b, (t v_2^1 - v_1^{a-b+2}), (t v_2^2 - v_1^{a-b+3}), \cdots, (t v_2^{b-1} - v_1^a)\}$$

は V の基底となるから，$z(t) \in \mathcal{O}_\eta \ (t \neq 0)$ かつ $z(0) = x$ である．すると，

表 15.3　(II) の場合

(ε,μ)	$D^{(\varepsilon,\mu)}(n)$ における隣接関係で同一の行を消去した $\bar{\sigma} < \bar{\eta}$
$(1,1)$	$(p,q) < (p+1,q-1) \quad (p \geq q \geq 1)$
$(-1,1)$	$(p,p,q,q) < (p+1,p+1,q-1,q-1) \quad (p \geq q \geq 1)$
$(1,-1)$	$(2p,2p) < (2p+1,2p-1) \quad (p \geq 1)$
	$(2p+1,2q+1) < (2p+3,2q-1) \quad (p \geq q \geq 1)$
	$(2p+1,2p+1,2q+1) < (2p+2,2p+2,2q-1) \quad (p \geq q \geq 1)$
	$(2p+1,2q+1,2q+1) < (2p+3,2q,2q) \quad (p \geq q \geq 0)$
	$(2p+1,2p+1,2q+1,2q+1) < (2p+2,2p+2,2q,2q) \quad (p \geq q \geq 0)$
$(-1,-1)$	$(2p+1,2p+1) < (2p+2,2p) \quad (p \geq 1)$
	$(2p,2q) < (2p+2,2q-2) \quad (p \geq q \geq 1)$
	$(2p+2,2p+2,2q+2) < (2p+3,2p+3,2q) \quad (p \geq q \geq 0)$
	$(2p,2q,2q) < (2p+2,2q-1,2q-1) \quad (p \geq q \geq 1)$
	$(2p,2p,2q,2q) < (2p+1,2p+1,2q-1,2q-1) \quad (p \geq q \geq 1)$

$f|_{\mathcal{O}_\eta} = 0$ となる任意の正則関数 $f \in \mathbb{C}[\mathfrak{gl}(V)]$ に対して $f \circ z|_{\mathbb{C}^\times} = 0$ であることから $f \circ z = 0$ であり, $f(x) = 0$ となる. これは x が $\mathcal{O}_\eta$ のザリスキ閉包に含まれることを意味する. よって, $\mathcal{O}_\sigma = \mathrm{GL}(V) \cdot x \subset \overline{\mathcal{O}_\eta}$ である. □

15.10　(II)–(V) の場合の冪零軌道に対応するヤング図形の隣接関係

参考までに, (II)–(V) の場合の冪零軌道に対応するヤング図形の隣接関係を結果だけ与えておく. §15.8 の (II)–(IV) の場合のリー環, あるいは対称対に付随するテータ表現 (H, L) を考え, この作用に関する冪零軌道に対応するヤング図形, あるいは $\mathbb{Z}_2$ ヤング図形の集合を D で表す.

命題 15.38　$\sigma < \eta$ を D における隣接関係とする. $\sigma < \eta$ から共通の行をすべて消去して得られる大小関係を $\bar{\sigma} < \bar{\eta}$ とすれば, これは表 15.3, 表 15.4 のように与えられる. ((IV) の場合は省略する. [27] 参照)

376　第 15 章　古典型リー環と対称対の冪零軌道

表 15.4　(III) の場合

$D(m,n)$ における隣接関係で同一の行を消去した $\bar{\sigma} \lessdot \bar{\eta}$

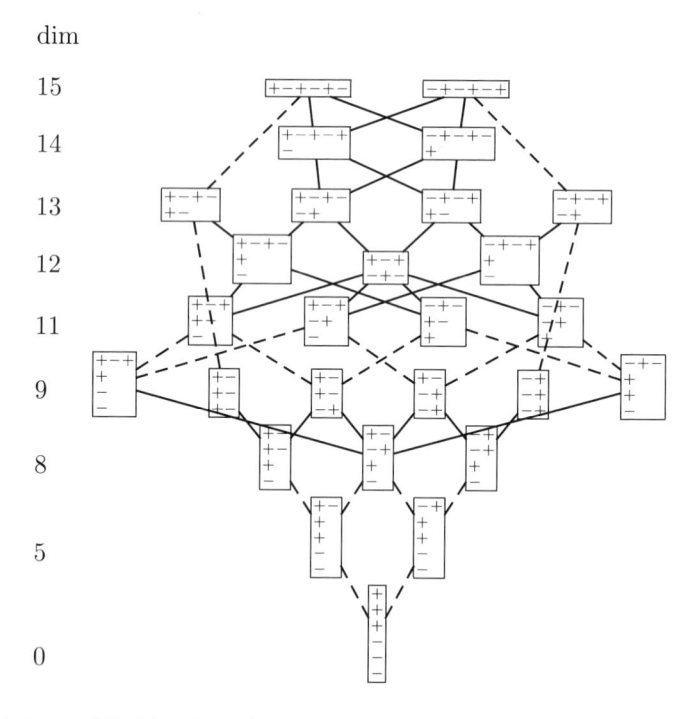

$$\underbrace{\overbrace{\cdots\cdots 01}^{p}}_{q}_{\underbrace{\cdots 010}} \;\lessdot\; \underbrace{\overbrace{\cdots\cdots 010}^{p+1}}_{q-1}_{\underbrace{\cdots 01}} \quad (p \geq q \geq 1)$$

$$\underbrace{\overbrace{10\cdots\cdots}^{p}}_{q}_{\underbrace{010\cdots}} \;\lessdot\; \underbrace{\overbrace{010\cdots\cdots}^{p+1}}_{q-1}_{\underbrace{10\cdots}} \quad (p \geq q \geq 1)$$

$$\underbrace{\overbrace{\cdots\cdots 10}^{p}}_{q}_{\underbrace{\cdots 1010}} \;\lessdot\; \underbrace{\overbrace{\cdots\cdots 1010}^{p+2}}_{q-2}_{\underbrace{\cdots 10}} \quad (p \geq q \geq 2,\, p-q : \text{偶数})$$

図 15.1　$(G, K) = (\mathrm{GL}_6(\mathbb{C}), \mathrm{GL}_3(\mathbb{C}) \times \mathrm{GL}_3(\mathbb{C}))$ の冪零軌道の閉包関係（図は [24] より転載した．)

15.10 (II)–(V) の場合の冪零軌道に対応するヤング図形の隣接関係 377

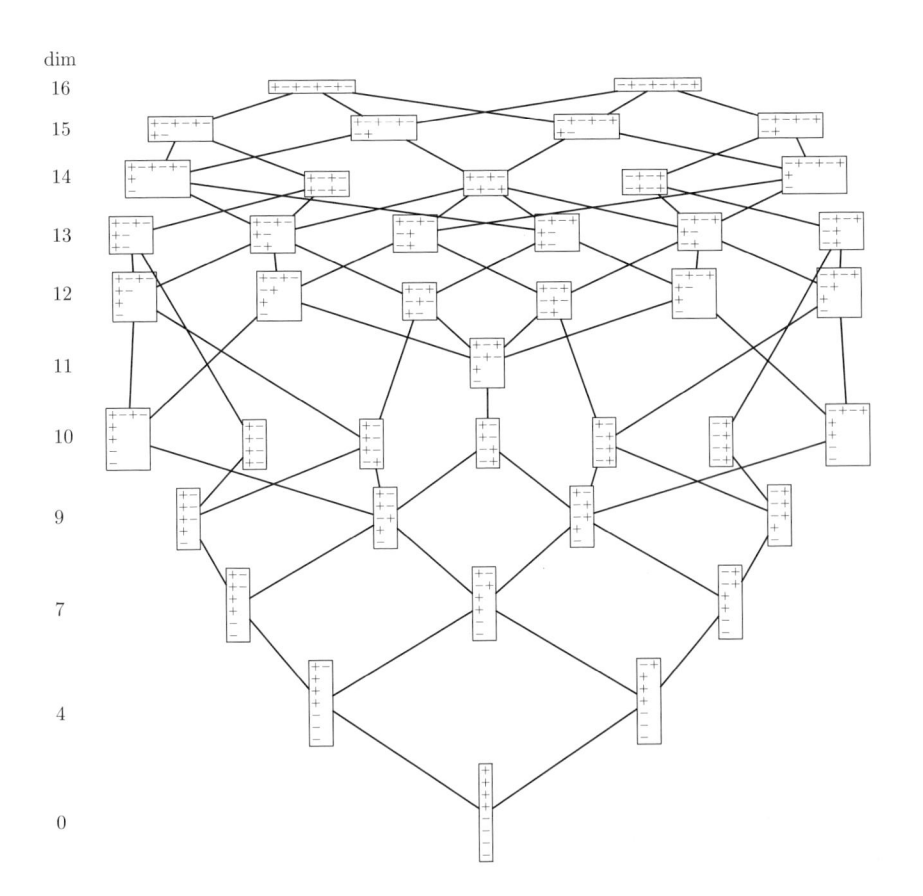

図 15.2 $(G, K) = (\mathrm{Sp}_8(\mathbb{C}), \mathrm{GL}_4(\mathbb{C}))$ の冪零軌道の閉包関係
(図は和地輝仁氏による．)

章末問題

問題 15.1 G を古典群とし，そのリー環を $\mathfrak{g}$ とする．また $\mathcal{N}$ を $\mathfrak{g}$ の冪零多様体，$\mathcal{O}^{\mathrm{reg}}$ を正則冪零軌道とする．

(1) G を § 15.7 の (I), (II) のいずれかの群とするとき，$\mathcal{O}^{\mathrm{reg}}$ に対応するヤング図形を求めよ．

(2) $\mathcal{N} \setminus \mathcal{O}^{\mathrm{reg}}$ は既約であって，ただ一つの冪零軌道の閉包であることを示せ．この冪零軌道を**準正則冪零軌道** (subregular nilpotent orbit) とよぶ．

(3) 準正則軌道に対応するヤング図形を求めよ．

問題 15.2 G を古典群とし，そのリー環を $\mathfrak{g}$ とする．

(1) 自明な冪零軌道 $\{0\}$ を除き，他のすべての冪零軌道の閉包に含まれるような軌道がただ一つ存在することを示せ．これを**極小冪零軌道** (minimal nilpotent orbit) とよぶ．

(2) 極小冪零軌道に対応するヤング図形を求めよ．

(3) 極小冪零軌道の次元は，次元が正の冪零軌道のうちで最小であることを示せ．

問題 15.3 $A \in \mathrm{M}_n(\mathbb{C})$ を冪零行列として，$2n$ 次の正方行列 $X = \begin{pmatrix} 0 & A \\ 1_n & 0 \end{pmatrix}$ を考える．

(1) X は冪零行列であることを示せ．

(2) 対称対 $(G, K) = (\mathrm{GL}_{2n}(\mathbb{C}), \mathrm{GL}_n(\mathbb{C}) \times \mathrm{GL}_n(\mathbb{C}))$ を考えると，X は自然にテータ表現の冪零元であるとみなすことができる．このとき X を通る K 冪零軌道の $\mathbb{Z}_2$ ヤング図形を，A を通る $\mathrm{GL}_n(\mathbb{C})$ 軌道のヤング図形 (ジョルダン標準形) を用いて表せ．

第 16 章

附録　代数幾何学からの準備

すでに代数幾何の基本事項については第 1 章で解説したが，それは必要最小限の知識であった．本文の証明や解説では，これらの基本事項に加えて，比較的高度な代数幾何学の諸概念を使っている．そこで，この章では，本文で必要となる概念や定理をできるだけ初等的な形でまとめた．ここで紹介するのはおもに，有限射，正規性，非特異性や接空間等の概念であって，中でももっとも重要なのは Zariski の主定理 (定理 16.36) である．

本章で紹介するほとんどの定理には証明をつけたが，中には紙数の関係で証明できなかった事項もある．それらには読者の便宜のためにできる限り参考文献をつけておいたが，本書の要点は代数群の作用にあるので，あくまで「代数幾何学を使う」という立場で本書も附録も書かれていることを (言い訳ではあるが) お断りしておきたい．

16.1　有限射

$\varphi : X \to Y$ を既約なアフィン代数多様体の間の支配的な正則写像とする．ここで φ が **支配的正則写像** (dominant morphism) であるとは $Y = \overline{\varphi(X)}$ となるときにいうのであった．このとき，座標環の準同型 $\varphi^* : \mathbb{C}[Y] \to \mathbb{C}[X]$ は単射となって，環の拡大 $\mathbb{C}[Y] \subset \mathbb{C}[X]$ が得られる．実際，$f \in \mathbb{C}[Y]$ に対して $\varphi^*(f) = 0$ とすると，任意の $x \in X$ に対して，$\varphi^*(f)(x) = f(\varphi(x)) = 0$ であるから，f は像 $\varphi(X)$ 上で消えているが，$\varphi(X) \subset Y$ は稠密であるから $f = 0$ である．さて，この拡大において $\mathbb{C}[X]$ が $\mathbb{C}[Y]$ 上整であるとき，すなわち任意の $a \in \mathbb{C}[X]$ が，ある正の整数 m に対して，

$$a^m + b_1 a^{m-1} + \cdots + b_m = 0 \qquad (b_1, \cdots, b_m \in \mathbb{C}[Y]) \tag{16.1}$$

の形の方程式を満たすとき $\varphi : X \to Y$ を **有限射** (finite morphism) という．この性質は $\mathbb{C}[X]$ が $\mathbb{C}[Y]$ 加群として有限生成であることと同値である．

$\varphi: X \to Y$ を有限射とし，X は $\mathbb{C}^N$ の閉集合であるとする．$\mathbb{C}^N$ の座標関数を $T_1, \cdots, T_N$ とし，$a = T_j|_X \in \mathbb{C}[X]$ とおく．a は $\mathbb{C}[Y]$ 上整であるから，式 (16.1) を満たすとしてよい．すると任意の $y \in Y$ と $x \in \varphi^{-1}(y)$ に対して，$a(x)$ は方程式

$$a(x)^m + b_1(y)a(x)^{m-1} + \cdots + b_m(y) = 0$$

の根となって，$\varphi^{-1}(y)$ に含まれる点の座標関数の値は有限通りしかない．したがって次を得る．

命題 16.1 有限射の任意のファイバーは有限集合である．

有限射は非常に良い性質を持っているが，例えば次の定理が成り立つ．

定理 16.2 既約なアフィン代数多様体の間の有限射 $\varphi: X \to Y$ は全射閉写像である．

証明 Y は $\mathbb{C}^n$ の閉集合としてよい．$\mathbb{C}^n$ の座標関数を $T_1, \cdots, T_n$ とし，$t_j = T_j|_Y \in \mathbb{C}[Y]$ とおく．任意の $y \in Y$ をとり，$t_j(y) = \alpha_j \in \mathbb{C}$ とおき，極大イデアル

$$\mathfrak{m}_y = (t_1 - \alpha_1, \cdots, t_n - \alpha_n) \subset \mathbb{C}[Y]$$

を考える．ファイバー $\varphi^{-1}(y)$ の定義イデアルは $I(\varphi^{-1}(y)) = \mathbb{C}[X]\varphi^*(\mathfrak{m}_y)$ であるから，ヒルベルトの零点定理により

$$\varphi^{-1}(y) \neq \emptyset \iff \mathbb{C}[X]\varphi^*(\mathfrak{m}_y) \neq \mathbb{C}[X]$$

が成り立つ．ここで，座標環の準同型 $\varphi^*: \mathbb{C}[Y] \to \mathbb{C}[X]$ は単射であるから，$\mathbb{C}[X]\varphi^*(\mathfrak{m}_y) \neq \mathbb{C}[X]$ が成り立つことは，$\mathbb{C}[X]$ が有限生成 $\mathbb{C}[Y]$ 加群であることと，次の補題 16.3 から従う．

次に φ が閉写像であることを示す．$Z \subset X$ を閉集合とし，その零化イデアルを $\mathbb{I}(Z)$ とする．このとき制限写像 $\varphi|_Z: Z \to \overline{\varphi(Z)}$ に対応する座標環の準同型は φ^* から誘導される準同型 $\mathbb{C}[Y]/\mathbb{C}[Y] \cap \mathbb{I}(Z) \to \mathbb{C}[X]/\mathbb{I}(Z)$ に一致する．これが単射で，$\mathbb{C}[X]/\mathbb{I}(Z)$ が $\mathbb{C}[Y]/\mathbb{C}[Y] \cap \mathbb{I}(Z)$ 加群として有限生成であることは明らかである．前半の全射性によって $\varphi|_Z: Z \to \overline{\varphi(Z)}$ は全射であり，$\varphi(Z)$ は閉集合になる． □

補題 16.3 $B \subset A$ を 1 を含む可換環の拡大とし，B は A 加群として有限生成であると仮定する．このとき，B のイデアル $\mathfrak{b}$ が $\mathfrak{b} \neq B$ を満たすなら，A の

イデアル $\mathfrak{b}A$ に関して $\mathfrak{b}A \neq A$ が成り立つ.

証明 $A = Bu_1 + Bu_2 + \cdots + Bu_m$ $(u_1, u_2, \cdots, u_m \in A)$ とする. もし $\mathfrak{b}A = A$ であるとすれば,
$$A = \mathfrak{b}A = \mathfrak{b}(Bu_1 + Bu_2 + \cdots + Bu_m) = \mathfrak{b}u_1 + \mathfrak{b}u_2 + \cdots + \mathfrak{b}u_m$$
となるから, $b_{i,j} \in \mathfrak{b}$ $(1 \leq i, j \leq m)$ が存在して, 各 u_i は $u_i = \sum_{j=1}^m b_{i,j}u_j$ と書ける. そこで, 行列 $M = (\delta_{i,j} - b_{i,j})_{1 \leq i,j \leq m}$ を考えると $Mu_i = 0$ である. 一方, M の行列式を $c = \det(M)$ とし, 余因子行列を N とすれば $NM = c1_m$ であるから
$$c u_i = NM u_i = 0 \quad (1 \leq i \leq m)$$
が成り立つ. したがって $cA = (0)$ となって $c = \det(M) = 0$ である. 一方, 行列式の展開を考えれば, $\det(M) = 1 + b$ となる $b \in \mathfrak{b}$ が存在する. $1 + b = \det(M) = 0$ であるから $1 = -b \in \mathfrak{b}$ となるが, これは $\mathfrak{b} \neq B$ に矛盾する. したがって $\mathfrak{b}A \neq A$ でなければならない. □

16.2 分解定理

次の定理は代数多様体の間の正則写像のファイバーに関するもっとも基本的な定理であり, 重要である.

定理 16.4 X, Y を既約な代数多様体とし, 正則写像 $f : X \to Y$ が支配的であるとする.
(1) Y の空でないザリスキ開集合 $U \subset Y$ が存在して, 像 $f(X)$ は U を含み, さらに, すべての $z \in U$ に対して $\dim f^{-1}(z) = \dim X - \dim Y$ が成り立つ.
(2) 任意の $z \in f(X)$ に対して $\dim(f^{-1}(z)$ の既約成分$) \geq \dim X - \dim Y$ が成り立つ.

証明 正則関数環の代数準同型 $f^* : \mathbb{C}[Y] \to \mathbb{C}[X]$ を考えると f が支配的であるから, すでに述べたように f^* は単射である. そこで $A := f^*(\mathbb{C}[Y])$ および $B := \mathbb{C}[X]$ と書けば, $A \subset B$ かつ $A \simeq \mathbb{C}[Y]$ である.
さて Y の既約性により A は整域であるから, その商体 $K = Q(A)$ が定義され, trans.deg$_\mathbb{C} K = \dim Y$ である. 同様に trans.deg$_\mathbb{C} Q(B) = \dim X$ であるから, $r = \dim X - \dim Y$ と書くと, $B \otimes_A K$ は K 上有限生成で超越次数が r で

ある．したがって **Noether** の正規化定理 (normalization theorem) [1] を適用すると，ある超越基底 $t_1, \cdots, t_r \in B$ が存在して，$B \otimes_A K$ は $K[t_1, \cdots, t_r]$ 上整かつ加群として有限生成であることがわかる．B は $\mathbb{C}$ 代数として有限生成であるから，有限個の生成元 $b_1, \cdots, b_m \in B$ がとれる．これらはいずれも $K[t_1, \cdots, t_r]$ 上整であるから，例えば $b = b_i$ は方程式

$$b^N + \frac{\gamma_{N-1}}{\alpha_{N-1}} b^{N-1} + \cdots + \frac{\gamma_0}{\alpha_0} = 0$$

$$(\exists \gamma_i \in A[t_1, \cdots, t_r], \exists \alpha_i \in A)$$

を満たす．そこでこれら分母に現れる A の元 $\alpha_0, \cdots, \alpha_{N-1}$ すべての積 ($b = b_1, \cdots, b_m$ にわたる) を $g \in A$ としよう．すると上の式から，$b = b_1, \cdots, b_m$ は g による局所化 $A_g[t_1, \cdots, t_r]$ 上整であることがわかる．これより B_g は $A_g[t_1, \cdots, t_r]$ 上整であって，加群として有限生成である．

代数準同型 $A_g \hookrightarrow A_g[t_1, \cdots, t_r] \hookrightarrow B_g$ に対応する代数多様体の射を考えよう．$\operatorname{Spec} A_g$ は Y のアフィン主開集合 $U = Y \setminus \{z \in Y \mid g(z) \neq 0\} = Y_g$ に対応するのであった．同様に $X_g = \operatorname{Spec} B_g = f^{-1}(U)$ もまた X のアフィン主開集合であって，$f^{-1}(U)$ 上で射 f は次のように分解する．

$$\begin{array}{ccccc} \operatorname{Spec} B_g & \longrightarrow & \operatorname{Spec} A_g[t_1, \cdots, t_r] & \longrightarrow & \operatorname{Spec} A_g \\ \| & & \| & & \| \\ X_g = f^{-1}(U) & \xrightarrow{\varphi} & U \times \mathbb{C}^r & \xrightarrow{p} & U = Y_g \end{array} \quad (16.2)$$

ここで φ は有限射でファイバーは有限個の元からなり，p は第 1 成分への射影である．定理 16.2 より，有限射 φ は全射であるから $f(X) \supset U$ であって，像は開集合 U を含む．さらに p は射影で φ のファイバーが有限個であることから $z \in U$ のファイバー $f^{-1}(z)$ の次元は r である．これで (1) が示された．

最後に (2) を示そう．任意に $z \in f(X)$ をとり，その逆像を $V = f^{-1}(z) \neq \emptyset$ と書く．系 1.19 によって $h_1, \cdots, h_N \in \mathbb{C}[Y]$ ($N = \dim Y$) が存在して，$\{z\}$ は $\mathbb{V}(h_1, \cdots, h_N) \subset Y$ の既約成分である．しかも $\mathbb{V}(h_1, \cdots, h_N)$ は有限個の点 $\{z = z_1, \cdots, z_\ell\}$ からなることに注意しよう．したがって

$$\bigcup_{i=1}^{\ell} f^{-1}(z_i) = \mathbb{V}(f^*(h_1), \cdots, f^*(h_N)) \subset X$$

となるが $f^{-1}(z_i)$ たちは互いに交わらないから，結局 V の既約成分は $\mathbb{V}(f^*(h_1), \cdots,$

---

[1] Noether の正規化定理『体 K 上有限生成な K 代数 B に対して，K 上代数的に独立な元 $t_1, \cdots, t_r \in B$ が存在して，B は $K[t_1, \cdots, t_r]$ 上整である』[63, §4.3] 参照．

$f^*(h_N))$ の既約成分でもある．ところが定理 1.16 によってその既約成分の次元は $\dim X - N = \dim X - \dim Y$ 以上である． □

さて，上の定理の証明で述べられた写像の分解 (16.2) を定理の形にまとめておこう．これを支配的写像の**分解定理** (decomposition theorem) とよぶ．

定理 16.5 既約アフィン多様体の間の支配的正則写像を $f : X \to Y$ とし，$r = \dim X - \dim Y$ とおく．このとき，次の (1)–(3) を満たす $t_1, \cdots, t_r \in \mathbb{C}[X]$ および $g \in \mathbb{C}[Y]$ が存在する．
 (1) $t_1, \cdots, t_r$ は有理関数体 $\mathbb{C}(Y)$ 上超越的である [2]．
 (2) 局所化 $\mathbb{C}[X]_g$ は $\mathbb{C}[Y]_g[t_1, \cdots, t_r]$ 上整である．
 (3) 写像 f の主アフィン開集合 X_g への制限は，環 $\mathbb{C}[Y]_g[t_1, \cdots, t_r]$ に対応する代数多様体 $Y_g \times \mathbb{C}^r$ を通して

$$X_g \xrightarrow{\varphi} Y_g \times \mathbb{C}^r \xrightarrow{p} Y_g$$

のように，有限射 φ と射影 p の合成に分解される．

任意の正則写像 $f : X \to Y$ を考えると f は X からその像の閉包 $Z = \overline{f(X)}$ への支配的写像であるから，$f : X \to Z$ にこの分解定理を用いると，f はある空でない開集合上で，有限射と射影の合成に分解できることが分かる．

16.3　等次元の代数多様体の間の支配的正則写像

この節では，等次元の代数多様体の間の支配的正則写像が適当な開集合上で有限射になることを示し，その不分岐点の性質を調べる．

まず次の事実を確認しておく．これは次元の定義と支配的正則写像のファイバーに関する定理 16.4 から明らかである．

補題 16.6 $\varphi : X \to Y$ を既約代数多様体の間の支配的正則写像とする．φ^* によって関数体 $\mathbb{C}(Y)$ は $\mathbb{C}(X)$ の部分体とみなせる．このとき，次の (1)–(3) は同値である．
 (1) $\dim X = \dim Y$
 (2) 体の拡大次数 $[\mathbb{C}(X) : \mathbb{C}(Y)]$ は有限，つまり $\mathbb{C}(X)$ は $\mathbb{C}(Y)$ の有限次代数

---

[2] 関数環 $\mathbb{C}[Y]$ は整域であるから，その商体 $Q(\mathbb{C}[Y])$ を考えることができる．これを Y の**有理関数体** (rational function field) あるいは単に**関数体**とよんで $\mathbb{C}(Y)$ と表す．

拡大である.

(3) Y の空でない開集合 U が存在して，任意の $y \in U$ に対して $\varphi^{-1}(y)$ は有限集合となる．

また次の命題も定理 16.5 より明らかであろう．

命題 16.7 $\varphi: X \to Y$ を等次元の既約代数多様体の間の支配的正則写像とする．このとき Y のアフィン開集合 $U \subset Y$ とアフィン開集合 $V \subset \varphi^{-1}(U)$ が存在して $\varphi|_V : V \to U$ は有限射となる．

定義 16.8 等次元の既約代数多様体の間の支配的正則写像 $\varphi: X \to Y$ に対して，体の拡大次数 $[\mathbb{C}(X) : \mathbb{C}(Y)]$ を $\deg \varphi$ で表し，φ の**次数** (degree) という．
$$\deg \varphi := [\mathbb{C}(X) : \mathbb{C}(Y)]$$

以下 $\varphi: X \to Y$ は既約アフィン代数多様体の間の有限射とする．次数 $\deg \varphi$ と φ のファイバーの点の個数との関係について考察したいのであるが，その準備として代数多様体の正規点の概念について述べる．

可換整域 A がその商体 $Q(A)$ において整閉である，すなわち $q \in Q(A)$ がモニックな方程式
$$q^m + a_{m-1} q^{m-1} + \cdots + a_1 q + a_0 = 0 \quad (a_{m-1}, \cdots, a_0 \in A)$$
を満たせば $q \in A$ となるとき，A を**正規環** (normal ring) という．既約代数多様体 X と点 $x \in X$ に対して，x のアフィン開近傍 U であって座標環 $\mathbb{C}[U]$ が正規環になるものが存在するとき x を X の**正規点**といい，各点が正規であるとき X を**正規多様体** (normal variety) とよぶ．アフィン代数多様体 X に対しては，正規多様体であることと座標環 $\mathbb{C}[X]$ が正規環であることは同値である．

後で述べる非特異点は正規点になることが知られており[3]，代数多様体において正規点は稠密に存在する．以下，この事実は特に断らないで用いることにする．

定理 16.9 $\varphi: X \to Y$ は既約アフィン代数多様体の間の有限射とし，$y \in Y$ は正規点であるとする．このとき $\#\varphi^{-1}(y) \leq \deg \varphi$ が成り立つ．

証明 y の正規なアフィン開近傍 U をとる．U の中に y の主アフィン開近傍

---

[3] この事実は「非特異点における局所環は UFD (一意分解整域) である」ことと，「UFD は正規環である」ことを用いて証明される．後半は容易に証明され，前半が本質的である．前半の証明については [23, Chap. III, §7]，または [33, Chap. II, §3] を参照されたい．

$Y_g \subset U$ をとる ($g \in \mathbb{C}[Y] \subset \mathbb{C}[U]$). このとき $\mathbb{C}[Y_g] = \mathbb{C}[Y]_g = \mathbb{C}[U]_g$ は正規環 $\mathbb{C}[U]$ の局所化であるから正規である. また $\mathbb{C}[X]$ は $\mathbb{C}[Y]$ 加群として有限生成であるから $\mathbb{C}[X]_g$ は $\mathbb{C}[Y]_g$ 加群として有限生成である. したがって $\varphi|_{X_g} : X_g \to Y_g$ は有限射である. よって初めから Y は正規多様体であるとしてよい. 以下, これを仮定する.

y のファイバーを $\varphi^{-1}(y) = \{x_1, \cdots, x_m\}$ とし, $x_1, \cdots, x_m$ は互いに異なるとする. すると, $a \in \mathbb{C}[X]$ を $i \neq j$ ならば $a(x_i) \neq a(x_j)$ となるようにとることができる (問題 1.2 参照). $\mathbb{C}[X]$ が $\mathbb{C}[Y]$ 上整であることと, $\mathbb{C}[Y]$ が商体 $\mathbb{C}(Y)$ で整閉であることから, a の $\mathbb{C}(Y)$ 上の最小多項式

$$F(T) = T^p + b_{p-1} T^{p-1} + \cdots + b_0 \in \mathbb{C}(Y)[T]$$

において, 係数 $b_{p-1}, \cdots, b_0$ は $\mathbb{C}[Y]$ に含まれることがわかる ([68, 定理 9.2]). 明らかに $p \leq \deg \varphi$ である. 任意の $x \in X$ に対して,

$$a(x)^p + b_{p-1}(\varphi(x)) a(x)^{p-1} + \cdots + b_0(\varphi(x)) = 0$$

であるから, 係数 $b_{p-1}, \cdots, b_0$ に y を代入した多項式

$$F_y(T) := T^p + b_{p-1}(y) T^{p-1} + \cdots + b_0(y) \in \mathbb{C}[T]$$

を考えると, $a(x_1), \cdots, a(x_m)$ は $F_y(T) = 0$ の相異なる根である. したがって, $m \leq p \leq \deg \varphi$ が成り立つ. $\square$

定義 16.10 $\varphi : X \to Y$ を既約アフィン代数多様体の間の有限射とし, Y は正規であるとする. $\#\varphi^{-1}(y) = \deg \varphi$ となる点 $y \in Y$ を φ の**不分岐点**, $\#\varphi^{-1}(y) < \deg \varphi$ となる点を**分岐点**という.

定理 16.11 $\varphi : X \to Y$ を既約アフィン代数多様体の間の次数 $\deg \varphi = n$ の有限射とし, Y は正規であるとする. このとき, φ の不分岐点の集合は Y の空でない開集合を含む.

定理 16.11 を証明するために, 次の命題 16.12 を証明しよう.

命題 16.12 定理 16.11 の仮定のもとに, $a \in \mathbb{C}[X]$ と $b \in \mathbb{C}[Y]$ を次のようにとることができる.
(1) $\mathbb{C}(X) = \mathbb{C}(Y)[a]$
(2) a の $\mathbb{C}(Y)$ 上の最小多項式 $F(T)$ の係数が $\mathbb{C}[Y]$ に属する.

(3) $\mathbb{C}[X]_b = \mathbb{C}[Y]_b[a] \simeq \mathbb{C}[Y]_b[T]/(F(T))$

このとき，主アフィン開集合 X_b は次の $Y_b \times \mathbb{C}$ の閉部分多様体と同型になる．
$$X_b \simeq \{(y,t) \in Y_b \times \mathbb{C} \mid F_y(t) = 0\}$$
さらに，$\varphi|_{X_b}$ は第 1 成分に関する射影と同一視される．ここに $F_y(T)$ は $F(T)$ の係数（$\mathbb{C}[Y]$ の元）に y を代入した $\mathbb{C}$ 上の多項式を表す．

証明 $\mathbb{C}[X]$ の $\mathbb{C}[Y]$ 加群としての生成元を $f_1, f_2, \cdots, f_m \in \mathbb{C}[X]$ とする．体の有限次拡大は (標数が 0 ならば) 単拡大であるから，$\mathbb{C}(X) = \mathbb{C}(Y)[\theta]$ となるように $\theta \in \mathbb{C}(Y)[f_1, f_2, \cdots, f_m]$ をとることができる ([63, 第 2 部, 定理 1.42])．θ の分母を払うため，適当な $c \in \mathbb{C}[Y] \setminus \{0\}$ を乗ずれば $c\theta \in \mathbb{C}[Y][f_1, f_2, \cdots, f_m] = \mathbb{C}[X]$ となる．そこで $a = c\theta$ とおけば，明らかに $\mathbb{C}(X) = \mathbb{C}(Y)[a]$ である．すると Y は正規であるから，定理 16.9 の証明で述べたように，a の $\mathbb{C}(Y)$ 上の最小多項式
$$F(T) = T^n + b_{n-1}T^{n-1} + \cdots + b_0 \in \mathbb{C}(Y)[T] \tag{16.3}$$
において $b_{n-1}, \cdots, b_0 \in \mathbb{C}[Y]$ である．$F(T)$ の次数 n は体の拡大次数 $n = [\mathbb{C}(X) : \mathbb{C}(Y)]$ に一致することに注意する．$f_j \in \mathbb{C}[X] \subset \mathbb{C}(Y)[a]$ であるから，$c_j \in \mathbb{C}[Y] \setminus \{0\}$ を適当にとれば $c_j f_j \in \mathbb{C}[Y][a]$ となる．$b = c_1 c_2 \cdots c_m \in \mathbb{C}[Y] \setminus \{0\}$ とおけば，明らかに $\mathbb{C}[X]_b = \mathbb{C}[Y]_b[a]$ である．

以上で (1)–(3) は示された．残りの主張は (3) の環の同型から明らかである．□

証明 [定理 16.11 の証明] 命題 16.12 において $\deg F(T) = n = \deg \varphi$ であるから，$F(T)$ の判別式を D_F とすれば $\{y \in Y_b \mid D_F(y) \neq 0\}$ が定理 16.11 の開集合を与える． □

上の命題の証明において，Y が正規であることは，式 (16.3) の b_i たちが Y 上至る所定義されているというところで必要であるが，その分母で局所化することにより，Y が正規であるという仮定は不要である．さらに，等次元の代数多様体の間の支配的写像に対しては関数体が有限次代数拡大になるので，有限射という仮定も命題の証明には不要である．したがって，次の系 (証明の系) が成り立つことがわかる．なお，補題 16.6 も参照．

系 16.13 既約アフィン多様体の間の支配的写像 $f: X \to Y$ に対して，各ファイバー $f^{-1}(y)$ が有限集合であるとする．このとき，Y の空ではない開集合 U が存在して，$y \in U$ に対して $\#f^{-1}(y) = \deg f = [\mathbb{C}(X) : \mathbb{C}(Y)]$ が成立する．特に

f が単射であれば f は双有理写像である．[4]

16.4 接空間と非特異点

代数多様体 X の $x \in X$ における**接空間** (tangent space) $T_x(X)$ は x のアフィン開近傍 $U \subset X$ をとって，導分のなすベクトル空間 $\mathrm{Der}(\mathcal{O}_X(U), \mathbb{C}_x)$ として定義するのであった．ここで $\mathcal{O}_X(U)$ は U 上の正則関数全体の空間であり，$\mathbb{C}[U]$ と書くこともある．また，$\mathfrak{m}_x$ を $\mathcal{O}_X(U)$ の x における極大イデアルとし，$\mathbb{C}_x = \mathcal{O}_X(U)/\mathfrak{m}_x$ と書いた．また $\partial \in \mathrm{Hom}_{\mathbb{C}}(\mathcal{O}_X(U), \mathbb{C})$ が x における導分であるとは

$$\partial(fg) = \partial(f)g(x) + f(x)\partial(g) \qquad (\forall f, g \in \mathcal{O}_X(U))$$

であることを意味している．

$\mathcal{O}_X(U)$ の積閉集合 $\mathcal{O}_X(U) \setminus \mathfrak{m}_x$ に関する局所化を $\mathcal{O}_x$ と書けば，$\mathcal{O}_x$ は局所環となって，次が成り立つ．

(1) 局所環 $\mathcal{O}_x$ はアフィン開近傍 $U \subset X$ の取り方に依存しない．
(2) 自然な準同型 $\alpha : \mathcal{O}_X(U) \to \mathcal{O}_x$ により得られる線型写像

$$\alpha^* : \mathrm{Der}(\mathcal{O}_x, \mathbb{C}_x) \to \mathrm{Der}(\mathcal{O}_X(U), \mathbb{C}_x),$$
$$\alpha^*(\partial)(f) := \partial(\alpha(f)) \qquad (\partial \in \mathrm{Der}(\mathcal{O}_x, \mathbb{C}_x), f \in \mathcal{O}_X(U))$$

は線型同型である．この逆写像 $\beta : \mathrm{Der}(\mathcal{O}_X(U), \mathbb{C}_x) \to \mathrm{Der}(\mathcal{O}_x, \mathbb{C}_x)$ は $v \in \mathrm{Der}(\mathcal{O}_X(U), \mathbb{C}_x), f/g \in \mathcal{O}_x$ ($f, g \in \mathcal{O}_X(U), g(x) \neq 0$) に対して

$$\beta(v)(f/g) = \frac{v(f)g(x) - f(x)v(g)}{g(x)^2} \tag{16.4}$$

により与えられる．

演習 16.14 式 (16.4) における $\beta(v)(f/g)$ が関数 f/g の形によらず定義できることを確かめよ．

この事実によって，接空間 $T_x(X)$ はアフィン開近傍 U の取り方に依存しないで決まることが分かる．

以下 X はアフィンとし，$\mathbb{A}^N$ の閉集合であるとして，接空間とそれを束ねてできる接束を具体的に書き下してみよう．$\mathbb{A}^N$ の座標関数を $T_1, \cdots, T_N$ とする．

---

[4] 正則写像 $f : X \to Y$ が**双有理写像** (birational map) であるとは，$f^* : \mathbb{C}[Y] \to \mathbb{C}[X]$ が関数体の同型 $\mathbb{C}(Y) \simeq \mathbb{C}(X)$ を導くときにいう．このとき f は支配的写像である．

$x \in \mathbb{A}^N$ に対して，線型形式 $d_x T_j \in \mathrm{Hom}_{\mathbb{C}}(\mathbb{C}^N, \mathbb{C}) = (\mathbb{C}^N)^*$ を $d_x T_j(\xi) = \xi_j$ により定める．ここに $\xi = (\xi_1, \cdots, \xi_N) \in \mathbb{C}^N$ である．さらに，一般の関数 $F \in \mathbb{C}[\mathbb{A}^N] = \mathbb{C}[T_1, \cdots, T_N]$ に対して，F の x における微分形式 $d_x F \in (\mathbb{C}^N)^*$ を

$$d_x F = \sum_{j=1}^{N} \frac{\partial F}{\partial T_j}(x) \, d_x T_j$$

により定める．次に X の定義イデアルを $I(X) \subset \mathbb{C}[T_1, \cdots, T_N]$ とし，T_j の X への制限を $t_j = T_j|_X \in \mathbb{C}[X]$ で表す．多様体上の点 $x \in X$ に対して，$\mathbb{C}^N$ の部分空間 $T_x(X)$ を

$$T_x(X) = \{\xi \in \mathbb{C}^N \mid d_x F(\xi) = 0 \quad (\forall F \in I(X))\}$$

により定めると，次が成り立つのであった．

(1) $\mathrm{Der}(\mathbb{C}[\mathbb{A}^N], \mathbb{C}_x) = \bigoplus_{j=1}^{N} \mathbb{C}\left(\frac{\partial}{\partial T_j}\right)_x$

(2) $\mathrm{Der}(\mathbb{C}[X], \mathbb{C}_x) = \{\partial \in \mathrm{Der}(\mathbb{C}[\mathbb{A}^N], \mathbb{C}_x) \mid \partial F = 0 \ (\forall F \in I(X))\}$

(3) $\mathrm{Der}(\mathbb{C}[X], \mathbb{C}_x) \to \mathbb{C}^N, \ \partial \mapsto (\partial(t_1), \cdots, \partial(t_N))$ は $T_x(X)$ の上への線型同型であり，逆写像は $\xi = (\xi_1, \cdots, \xi_N) \mapsto \sum_{j=1}^{N} \xi_j \left(\frac{\partial}{\partial T_j}\right)_x$ で与えられる．

以下，$T_x(X)$ を $\mathbb{C}^N$ の部分空間と同一視する．$X \times \mathbb{C}^N$ の部分集合 $T(X)$ を

$$T(X) = \{(x, \xi) \in X \times \mathbb{C}^N \mid d_x F(\xi) = 0 \quad (\forall F \in \mathbb{I}(X))\}$$

により定め $\pi : T(X) \to X$ を第 1 成分への射影とする．$T(X)$ は $X \times \mathbb{C}^N$ の閉部分多様体であり，π は全射正則写像となる．$T(X)$ を X の **接束** (tangent bundle) という [5]．定義より $x \in X$ に対して $\pi^{-1}(x) = T_x(X)$ は x における接空間である．

以下，X は既約とし，$s := \dim T(X) - \dim X$ とおく．支配的正則写像のファイバーに関する定理より，次が分かる．

(1) $x \in X$ に対して，$\dim T_x(X) \geq s$．
(2) X の空でない開集合 $U \subset X$ が存在して，任意の $x \in U$ に対して $\dim T_x(X) = s$ が成り立つ．

この事実に基づき，暫定的に次のように非特異点を定義する．

定義 16.15 既約代数多様体 X の点 $x \in X$ に対して，$\dim T_x(X) = s$

---

[5] $T(X)$ は代数多様体であるが，X が特異点を持つときには，通常の意味のベクトル束ではないことに注意する．

($s = \dim T(X) - \dim X$) が成り立つとき x を X の**非特異点** (nonsingular point) といい，この等式が成り立たない点を**特異点** (singular point) という．X の非特異点全体の集合を X^{ns} で表す．

一般に，微分可能多様体においては，接空間の次元と多様体の次元は一致する．代数多様体においても，X の非特異点 x においては $\dim T_x(X) = s = \dim X$ が成り立つことを示そう．そのために次の二つの補題を準備する．

補題 16.16 既約多項式 $F \in \mathbb{C}[\mathbb{A}^N]$ によって定義された超曲面 $X = \{x \in X \mid F(x) = 0\}$ を考える．このとき，X の非特異点 $x \in X^{\mathrm{ns}}$ に対して，$\dim T_x(X) = N - 1 = \dim X$ が成り立つ．

このように X が F によって定義された超曲面のときには，接空間が一つの方程式 $d_x F(\xi) = 0$ で定義されているので，$d_x F \equiv 0$ とならない限り $\dim T_x(X) = N - 1$ であることがわかる．このことから，補題 16.16 の証明は明らかであろう．

演習 16.17 超曲面 $X = \{x \in X \mid F(x) = 0\}$ においては，特異点は $d_x F \equiv 0$ となる点であり，その点では $T_x(X) = \mathbb{C}^N$ であることを示せ．

補題 16.18 X を n 次元既約アフィン代数多様体とすれば，アフィン空間 $\mathbb{A}^{n+1}$ 上の多項式 $F \in \mathbb{C}[\mathbb{A}^{n+1}]$，超曲面 $Y = \{y \in \mathbb{A}^{n+1} \mid F(y) = 0\}$ のアフィン開集合 U および，X のアフィン開集合 V が存在して，V と U は同型になる．

証明 定理 16.5 を環の拡大 $\mathbb{C} \subset \mathbb{C}[X]$ に適用すれば，有限射 $f: X \to \mathbb{A}^n$ が得られる．f に定理 16.12 を適用して，$b \in \mathbb{C}[\mathbb{A}^n]$ と既約多項式 $F(T) \in \mathbb{C}[\mathbb{A}^n][T]$ が存在して，$\mathbb{C}[X]_b \simeq \mathbb{C}[\mathbb{A}^n]_b[T]/(F(T))$ となり，

$$X_b \simeq \{(y, t) \in (\mathbb{A}^n)_b \times \mathbb{A} \mid F_y(t) = 0\}$$

が成り立つ．これは X のアフィン開集合 X_b が $F \in \mathbb{C}[\mathbb{A}^{n+1}]$ が定める $\mathbb{A}^{n+1}$ の超曲面の開集合に同型であることを意味する． □

定理 16.19 既約アフィン代数多様体 X の非特異点 $x \in X^{\mathrm{ns}}$ に対して，$\dim T_x(X) = \dim X$ が成り立つ．

証明 X に対して，補題 16.18 のように Y, U, V をとる．任意の $p \in V \cap X^{\mathrm{ns}} \neq \emptyset$ に対して，同型 $V \simeq U$ により対応する点 $y \in U$ は U の非特異点であるから，補題 16.16 により，$\dim T_y(Y) = \dim Y = \dim X$ である．一方，同型 $V \simeq U$ に

よって，$\dim T_p(X) = \dim T_y(Y)$ である．したがって $\dim T_p(X) = \dim X$ を得る．これは，定義 16.15 の s が $\dim X$ に一致することを意味する． □

16.5 余接空間と正則微分形式

X は既約アフィン代数多様体とし，$\mathbb{A}^N$ の閉部分集合として実現されているとする．前と同じように，接空間 $T_x(X)$ は $\mathbb{C}^N$ の部分空間と同一視しておく．$T_x(X)$ の双対空間 $T_x(X)^*$ を X の x における**余接空間** (cotangent space) といい，$T_x^*(X)$ と書く．

定義 16.20 $f \in \mathbb{C}[X]$ に対して，$F \in \mathbb{C}[\mathbb{A}^N]$ を $f = F|_X$ にとる．余接空間の元 $d_x f \in T_x^*(X)$ を $d_x f := d_x F|_{T_x(X)}$ により定め，f の x における**微分形式** (differential form) という．

$x \in X$ と定義イデアルの元 $F \in I(X)$ に対して $d_x F|_{T_x(X)} = 0$ であるから，矛盾なく $f \in \mathbb{C}[X]$ の x における微分形式が定義できることに注意する．また，すでに説明した同一視 $T_x(X) = \mathrm{Der}(\mathbb{C}[X], \mathbb{C}_x)$ により $v \in \mathrm{Der}(\mathbb{C}[X], \mathbb{C}_x)$ に対して，$d_x f(v) = v(f)$ であることが容易に分かる．

$T_1, \cdots, T_N$ を $\mathbb{A}^N$ の座標関数とし $t_j = T_j|_X \in \mathbb{C}[X]$ とおく．任意の $x \in X$ に対して $d_x T_1, \cdots, d_x T_N$ は $(\mathbb{C}^N)^*$ の基底であり，その $T_x(X)$ への制限が $d_x t_1, \cdots, d_x t_N \in T_x^*(X)$ であるから，次が成り立つ．

補題 16.21 任意の $x \in X$ に対して，$d_x t_1, \cdots, d_x t_N \in T_x^*(X)$ は $\mathbb{C}$ 上 $T_x^*(X)$ を生成する．

次に $x \in X$ の周りで定義された正則関数 $f = h/g \in \mathcal{O}_x$ $(h, g \in \mathbb{C}[X], g(x) \neq 0)$ の x における微分形式 $d_x f \in T_x^*(X)$ を

$$d_x f = \frac{g(x) d_x h - h(x) d_x g}{g(x)^2} \tag{16.5}$$

により定義する．$v \in \mathrm{Der}(\mathbb{C}[X], \mathbb{C}_x)$ に対して

$$v(f) = \frac{g(x) v(h) - h(x) v(g)}{g(x)^2}$$

が f の商の形に依存せずに定義されるから，有理関数の x における微分形式 $d_x f$ も矛盾なく定義されている．したがって，開集合 $U \subset X$ 上の正則関数 $f \in \mathcal{O}_X(U)$

に対しても，U の各点 $x \in U$ における微分形式 $d_x f \in T_x^*(X)$ が定義される．

このように，開集合 $U \subset X$ の各点 $x \in U$ に対して，余接空間の元 $\omega_x \in T_x^*(X)$ が定められているとき，$\omega\,(x \mapsto \omega_x)$ を U 上の微分形式という．上の $f \in \mathcal{O}_X(U)$ が定める $x \mapsto d_x f \in T_x^*(X)$ は U 上の微分形式である．これを df で表し，正則関数 $f \in \mathcal{O}_X(U)$ の定める微分形式という．U 上の微分形式全体の集合を $\Phi[U]$ で表す．$\Phi[U]$ が $\mathcal{O}_X(U)$ 加群の構造をもつことは明らかであろう．

定義 16.22 $\omega \in \Phi[U]$ とする．各点 $x \in U$ に対して，x の開近傍 $V \subset U$ と正則関数 $f_1, \cdots, f_k, g_1, \cdots, g_k \in \mathcal{O}_X(V)$ が存在して

$$\omega|_V = \sum_{i=1}^k g_i\, df_i$$

と表すことができるとき，ω を U 上の**正則微分形式**という．U 上の正則微分形式全体の集合を $\Omega[U]$ で表す．

$\Omega[U]$ も，もちろん $\mathcal{O}_X(U)$ 加群の構造をもつ．

補題 16.23 任意の $\omega \in \Omega[U]$ と $x \in U$ に対して，x の近傍 $V \subset U$ と正則関数 $g_1, \cdots, g_N \in \mathcal{O}_X(V)$ が存在して，$\omega|_V = \sum_{j=1}^N g_j\, dt_j$ が成り立つ．

証明 まず，任意の $f \in \mathbb{C}[X]$ はある多項式 $F(T_1, \cdots, T_N) \in \mathbb{C}[T_1, \cdots, T_N]$ によって $f = F(t_1, \cdots, t_N)$ と書けるが，このとき df は

$$df = \sum_{j=1}^N \frac{\partial F}{\partial T_j}(t_1, \cdots, t_N) dt_j \in \sum_{j=1}^N \mathbb{C}[X] dt_j$$

と表されている．次に点 $x \in X$ の近傍 $V \subset U$ で定義された正則関数 $q = h/g \in \mathcal{O}_X(V)$ $(g, h \in \mathbb{C}[X], 0 \notin g(V))$ に対して，(16.5) より

$$dq = \frac{g\,dh - h\,dg}{g^2}$$

であるが，上の計算によって $dh, dg \in \sum_{j=1}^N \mathbb{C}[X] dt_j$ であるから，$dq \in \sum_{j=1}^N \mathcal{O}_X(V) dt_j$ となる．ω は，上の dq の形の微分形式の $\mathcal{O}_X(V)$ を係数とする一次結合であるから，補題の主張が成り立つ． □

$x \in X$ を X の非特異点とする．関数 $g_1, \cdots, g_n \in \mathcal{O}_x$ が $g_j(x) = 0$ を満たし，かつ $d_x g_1, \cdots, d_x g_n \in T_x^*(X)$ が $T_x^*(X)$ の基底となるとき，$g_1, \cdots, g_n$ を $x \in X$ における**局所パラメーター** (local parameters) という．

定理 16.24 X を n 次元既約アフィン代数多様体とし，$x \in X$ を非特異点とする．このとき，次が成り立つ．

(1) x のアフィン開近傍 $U \subset X$ が存在して $\Omega[U]$ は自由 $\mathcal{O}_X(U)$ 加群となる．

(2) $g_1, \cdots, g_n \in \mathcal{O}_x$ が $x \in X$ における局所パラメーターなら，x のアフィン開近傍 $V \subset X$ が存在して $dg_1, \cdots, dg_n \in \Omega[V]$ は $\mathcal{O}_X(V)$ 加群 $\Omega[V]$ の自由基底となる．

証明 X は $\mathbb{A}^N$ の閉部分集合としてよい．$\mathbb{A}^N$ の座標関数を $T_1, \cdots, T_N$ とし，$t_j = T_j|_X \in \mathbb{C}[X]$ とおく．$I(X) = (F_1, \cdots, F_m)$ $(F_i \in \mathbb{C}[\mathbb{A}^N] = \mathbb{C}[T_1, \cdots, T_N])$ として，関数を成分にもつ行列

$$F(y) = \left(\frac{\partial F_i}{\partial T_j}(y)\right)_{1 \le i \le m, 1 \le j \le N} \qquad (y \in X)$$

を考える．$y \in X$ における接空間 $T_y(X)$ は線型方程式

$$F(y)\xi = 0 \qquad (\xi \in \mathbb{C}^N) \tag{16.6}$$

の解空間であることに注意する．ここで $\xi \in \mathbb{C}^N$ は縦ベクトルと考えている．$x \in X$ は非特異であるから，$\operatorname{rank} F(x) = N - \dim T_x(X) = N - n$ である．必要があれば，座標の番号と関数 F_j の番号をつけかえて，$F(x)$ の左上の $(N - n) \times (N - n)$ 行列は正則であるとしてよい．この左上隅の $N - n$ 次正方行列を

$$M = \left(\frac{\partial F_i}{\partial T_j}(y)\right)_{1 \le i, j \le N-n}$$

として，行列式を $d := \det(M) \in \mathbb{C}[X]$ とおけば，$d(x) \ne 0$ である．この行列式を用いて，x のアフィン近傍を $U = \{y \in X \mid d(y) \ne 0\}$ と決める．以下に dt_j $(N - n + 1 \le j \le N)$ が $\Omega[U]$ の $\mathcal{O}_X(U)$ 上の自由基底になることを示す．

$y \in U$ に対して $M(y)$ は正則だから，式 (16.6) に左から $\begin{pmatrix} M(y)^{-1} & 0 \\ 0 & 1_{m-N+n} \end{pmatrix}$ をかけて，左上の $N - n$ 次の小行列を単位行列に変形し，次にこの単位行列を用いて行基本変形すると (16.6) は

$$\begin{pmatrix} 1_{N-n} & B(y) \\ 0 & 0 \end{pmatrix} \xi = 0$$

と変形される．ここに B は $\mathbb{C}[X]_d$ を成分にもつ行列である．したがって，$y \in U$ に対する線型方程式 (16.6) の解 ξ に対して，成分 $\xi_1, \cdots, \xi_{N-n}$ は $\mathbb{C}[X]_d$ の元を係数とする $\xi_{N-n+1}, \cdots, \xi_N$ の一次結合で書ける．

$$\xi_k = \sum_{j=N-n+1}^{N} a_{k,j} \xi_j \qquad (a_{k,j} \in \mathbb{C}[X]_d, \ 1 \leq k \leq N-n)$$

これは U 上,

$$dt_k = \sum_{j=N-n+1}^{N} a_{k,j} dt_j \qquad (1 \leq k \leq N-n) \tag{16.7}$$

が成り立つことを意味する. 次に

$$\Omega[U] = \sum_{j=N-n+1}^{N} \mathcal{O}_X(U) dt_j$$

が成り立つことを示そう. 任意の $\omega \in \Omega[U]$ をとる. 補題 16.23 より, U の開被覆 $U = \bigcup_{\alpha \in A} U_\alpha$ が存在して, $\omega|_{U_\alpha} \in \sum_{j=1}^{N} \mathcal{O}_X(U_\alpha) dt_j$ となるが, (16.7) により正則関数 $g^\alpha_{N-n+1}, \cdots, g^\alpha_N \in \mathcal{O}_X(U_\alpha)$ が存在して $\omega|_{U_\alpha}$ は

$$\omega|_{U_\alpha} = \sum_{j=N-n+1}^{N} g^\alpha_j \, dt_j$$

と書ける. $\alpha, \beta \in A$, $y \in U_\alpha \cap U_\beta$ に対して $d_y t_{N-n+1}, \cdots, d_y t_N$ は $T^*_y(X)$ の基底であるから, $g^\alpha_j(y) = g^\beta_j(y)$ が成り立ち, $g^\alpha_j|_{U_\alpha \cap U_\beta} = g^\beta_j|_{U_\alpha \cap U_\beta}$ を得る. したがって g^α_j たちを貼り合わせて正則関数 $g_j \in \mathcal{O}_X(U)$ を得る. これより $\omega \in \sum_{j=N-n+1}^{N} \mathcal{O}_X(U) dt_j$ であり, $\Omega[U] = \sum_{j=N-n+1}^{N} \mathcal{O}_X(U) dt_j$ が得られる. この和が直和であることは各点 $y \in U$ において $d_y t_{N-n+1}, \cdots, d_y t_N$ が $T^*_y(X)$ の基底となることから, 明らかである. 以上で (1) が示された.

次に (2) を示そう. そこで $g_1, \cdots, g_n \in \mathcal{O}_x$ を $x \in X$ における局所パラメーターとする. これらの関数が定義される x のアフィン開近傍 $W \subset U$ をとる. $dt_{N-n+1}, \cdots, dt_N$ は $\Omega[W]$ の自由基底であるから,

$$dg_i = \sum_{j=N-n+1}^{N} a_{i,j} \, dt_j \qquad (1 \leq i \leq n)$$

となる $a_{i,j} \in \mathcal{O}_X(W)$ がとれる.

$$d_A := \det(a_{i,j})_{1 \leq i \leq n, N-n+1 \leq j \leq N} \in \mathcal{O}_X(W)$$

とおけば, $d_A(x) \neq 0$ であるから, W_{d_A} 上 $dt_{N-n+1}, \cdots, dt_N$ は $\mathcal{O}_X(W_{d_A})$ を係数とする $dg_1, \cdots, dg_n$ の一次結合で表わされる. これより, $dg_1, \cdots, dg_n$ が $\Omega[W_{d_A}]$ の自由基底となることが分かる. □

定理 16.24 の証明から, 非特異代数多様体は複素多様体であるという重要な事

実が導かれるが，そのために少し準備を要する．今までは既約代数多様体に対して非特異点を定義したが，既約とは限らない代数多様体の特異点は以下のように定義する．

X を（既約とは限らない）代数多様体とする．$x \in X$ に対して，
$$\dim_x X := \max\{\dim Z \mid Z \text{ は } x \text{ を通る } X \text{ の既約成分}\}$$
とおき，$\dim_x X$ を X の点 x における**次元**という．点 $x \in X$ が $\dim T_x(X) = \dim_x X$ を満たすとき，x を X の**非特異点**といい，そうでない点を**特異点**という．

演習 16.25 $X = \{(x,y) \in \mathbb{A}^2 \mid y(y-x^2) = 0\}$ において，原点は X の特異点であることを示せ．

非特異点と既約性に関して，次の定理 16.26 が成り立つが，証明には局所環の完備化の理論など，さらなる準備が必要になるので，本書では証明を割愛する ([33, Theorem 2.9] 参照)．

定理 16.26 x を (既約とは限らない) 代数多様体 X の非特異点とすれば，X は x において既約である．言い換えれば，x を含む X の既約成分は唯一つである．

定理 16.27 X を既約な n 次元非特異代数多様体とすれば，X の複素多様体構造が存在して，任意の $x \in X$ と x における局所パラメーター $g_1, \cdots, g_n \in \mathcal{O}_x$ に対して，$g_1, \cdots, g_n$ は X の複素位相に関する x の開近傍 W 上の局所座標系となる．

証明 X はアフィンであり，したがって $\mathbb{A}^N$ のザリスキ閉部分集合としてよい．$\mathbb{A}^N$ の座標関数を $T_1, \cdots, T_N$ とし，$t_j = T_j|_X \in \mathbb{C}[X]$ とおく．$I(X) = (F_1, \cdots, F_m)$ $(F_i \in \mathbb{C}[T_1, \cdots, T_N])$ を X の定義イデアルとして，$x \in X$ に対して，定理 16.24 の記号を用いることにしよう．座標の番号と関数の番号をつけかえて，
$$M(x) = \left(\frac{\partial F_i}{\partial T_j}(x)\right)_{1 \leq i,j \leq N-n}$$
が正則行列になるようにし，$U = X_d = \{y \in X \mid d(y) \neq 0\}$ とおけば，dt_j $(N-n+1 \leq j \leq N)$ が $\Omega[U]$ の $\mathcal{O}_X(U)$ 上の自由基底になるのであった．ここに $d = \det(M) \in \mathbb{C}[X]$ である．さて，$(\mathbb{A}^N)_d$ 上 $N-n$ 本の方程式で定義されたアフィン多様体

$$U' := \{y \in \mathbb{A}^N \mid F_1(y) = \cdots = F_{N-n}(y) = 0,\ d(y) \neq 0\} \tag{16.8}$$

を考える．X は，点 x の近傍では，この U' と一致することを示そう．まず

$$\mathrm{rank}\left(\frac{\partial F_i}{\partial T_j}(x)\right)_{1 \leq i \leq N-n, 1 \leq j \leq N} = N - n \tag{16.9}$$

であるから，$\dim T_x(U') = n = \dim U$ である．U は x を含む U' のザリスキ閉集合であるから，$\dim U \leq \dim_x U'$ であり，

$$\dim_x U' \leq \dim T_x(U') = \dim_x U \leq \dim_x U'$$

から $\dim_x U' = \dim T_x(U') = n$ を得る．したがって，x は U' の非特異点であり，定理 16.26 により，U' は x で既約である．これより，x の $\mathbb{A}^N$ におけるザリスキ開近傍 V' をとれば，$V := U \cap V' = U' \cap V'$ が成り立つ．これで，X は x の周りでは (16.8) の $N-n$ 本の方程式で定義されることがわかった．

さて (16.9) より，陰関数定理によって x の V における複素位相での開近傍 (複素位相での x の $\mathbb{C}^N$ における開近傍と V の交わり) W_x と $z := (t_{N-n+1}(x), \cdots, t_N(x)) \in \mathbb{C}^n$ の開近傍 W'_z が存在して，射影

$$\mathbb{C}^N \ni (t_1, \cdots, t_{N-n+1}, \cdots, t_N) \mapsto (t_{N-n+1}, \cdots, t_N) \in \mathbb{C}^n$$

の W_x への制限 $p : W_x \to W'_z$ は解析的な同型となり，W_x 上 $t_1, \cdots, t_{N-n}$ は $t_{N-n+1}, \cdots, t_N$ の解析関数で表される．以上で $x \in X$ に対して，複素位相に関する x の開近傍 $W_x \subset X$ がとれて，W_x は $t_{N-n+1}, \cdots, t_N$ を局所座標とする複素多様体となることがわかった．

次に $g_1, \cdots, g_n$ を X の x における局所パラメーターとする．$dg_1, \cdots, dg_n$ は x の X におけるザリスキ開近傍上の正則微分形式の加群の自由基底になるのであった．必要があれば，W_x を小さく取り直して，$g_1, \cdots, g_n$ は W_x を含むアフィン開集合 V_x の上で定義され，$dg_1, \cdots, dg_n$ は V_x 上の正則微分形式の加群の自由基底になっているとしてよい．このとき

$$dg_i = \sum_{j=1}^n a_{i,j} dt_{N-n+j} \qquad (1 \leq i \leq n)$$

となる $a_{i,j} \in \mathbb{C}[V_x]$ が存在するが，$dg_1, \cdots, dg_n$ は V_x 上の自由基底であるから，任意の $p \in V_x$ に対して，行列 $(a_{i,j}(p))$ は正則である．さらに W_x 上 $t_1, \cdots, t_{N-n}$ は $t_{N-n+1}, \cdots, t_N$ の解析関数であるから，$g_1, \cdots, g_n$ もそうであって，このように考えたとき，$a_{i,j}$ は W_x 上で解析的な偏微分に一致して $a_{i,j} = \frac{\partial g_i}{\partial t_{N-n+j}}$ が成り立つ．特に行列 $\left(\frac{\partial g_i}{\partial t_{N-n+j}}(x)\right)_{i,j}$ は正則となり，逆関数の定理により，$t_{N-n+1}, \cdots, t_N$

は x の周りで $g_1,\cdots,g_n$ の解析関数として表され，$g_1,\cdots,g_n$ は W_x に含まれる x の複素位相に関する開近傍 V'_x 上の局所座標系となる．

最後に，$x,y \in X$ とし，$f_1,\cdots,f_n, g_1,\cdots,g_n$ をそれぞれ x, y における局所パラメーターとする．また，上のように $V'_x \subset V_x$, $V'_y \subset V_y$ をとる．$V'_x \cap V'_y \neq \emptyset$ ならば，上の議論と同様にして $V'_x \cap V'_y$ 上で二つの関数の系 $f_1,\cdots,f_n, g_1,\cdots,g_n$ の一方は他方の解析関数として表される．よって X には複素多様体の構造が入る． □

系 16.28 X を $\mathbb{A}^N$ の既約な n 次元閉部分多様体とし，$x \in X$ を非特異点とすれば，x の $\mathbb{A}^N$ におけるアフィン開近傍 V と $N-n$ 本の関数 $F_1,\cdots,F_{N-n} \in \mathbb{C}[\mathbb{A}^N]$ が存在して，$X \cap V = \{y \in V \mid F_1(y) = \cdots = F_{N-n}(y) = 0\}$ が成り立つ．

16.6 微分写像の全射性と支配的正則写像

$\varphi: X \to Y$ をアフィン代数多様体の間の正則写像とし，$x \in X, y = \varphi(x)$ とする．$v \in T_x(X) = \mathrm{Der}(\mathbb{C}[X], \mathbb{C}_x)$ に対して合成

$$\left(v \circ \varphi^* : \mathbb{C}[Y] \xrightarrow{\varphi^*} \mathbb{C}[X] \xrightarrow{v} \mathbb{C} \right) \in \mathrm{Der}(\mathbb{C}[Y], \mathbb{C}_y) = T_y(Y)$$

は $\mathbb{C}[Y]$ の y における導分を与える．この合成を $d_x\varphi(v)$ で表せば線型写像

$$d_x\varphi : T_x(X) \to T_y(Y), \qquad v \mapsto d_x\varphi(v) = v \circ \varphi^*$$

が得られる．これを φ の x における**微分写像**という．

次に余接空間の元 $\omega_y \in T_y(Y)^*$ に対して，

$$\omega_y \circ d_x\varphi : T_x(X) \xrightarrow{d_x\varphi} T_y(Y) \xrightarrow{\omega_y} \mathbb{C}$$

を考え，この合成写像を $(d_x\varphi)^*(\omega_y)$ で表せば線型写像

$$(d_x\varphi)^* : T_y(Y)^* \to T_x^*(X), \qquad \omega_y \mapsto (d_x\varphi)^*(\omega_y) = \omega_y \circ d_x\varphi$$

が得られる．これを $d_x\varphi$ の双対写像という．$U \subset Y$ を開集合とし，$\omega \in \Phi[U]$ を U 上の微分形式とすれば，各点 $x \in \varphi^{-1}(U)$ に対して，余接空間の元 $(d_x\varphi)^*(\omega_{\varphi(x)}) \in T_x^*(X)$ が定まるから，$\varphi^{-1}(U)$ 上の微分形式 $x \mapsto (d_x\varphi)^*(\omega_{\varphi(x)})$ が得られる．これを $(d\varphi)^*(\omega) \in \Phi[\varphi^{-1}(U)]$ で表し，ω の**引き戻し**という．正則関数 $f \in \mathcal{O}_Y(U)$ の微分形式 df に関して，$x \in \varphi^{-1}(U), v \in T_x(X)$ とするとき，

$$\Big((d_x\varphi)^*(d_{\varphi(x)}f) \Big)(v) = d_{\varphi(x)}f(d_x\varphi(v))$$

$$= (d_x\varphi(v))(f) = v(\varphi^*(f)) = d_x\varphi^*(f)(v)$$

であるから，$(d_x\varphi)^*(d_{\varphi(x)}f) = d_x\varphi^*(f)$ が成り立つ．これが $\varphi^{-1}(U)$ の各点で成り立っているので，df の引き戻しは $(d\varphi)^*(df) = d(\varphi^*(f))$ で与えられることがわかる．これは図式

$$\begin{array}{ccc} \mathcal{O}_Y(U) & \xrightarrow{\varphi^*} & \mathcal{O}_X(\varphi^{-1}(U)) \\ \downarrow d & & \downarrow d \\ \Phi[U] & \xrightarrow{(d\varphi)^*} & \Phi[\varphi^{-1}(U)] \end{array}$$

が可換になることを意味する．これより ω が

$$\omega = g_1 df_1 + \cdots + g_k df_k \quad (g_1, \cdots, g_k, f_1, \cdots, f_k \in \mathcal{O}_Y(U)) \tag{16.10}$$

と書ける正則微分形式ならば，ω の引き戻しは

$$(d\varphi)^*(\omega) = \varphi^*(g_1)d(\varphi^*(f_1)) + \cdots + \varphi^*(g_k)d(\varphi^*(f_k)) \in \Omega[\varphi^{-1}(U)]$$

で与えられる．さらに，一般の（局所的には (16.10) の形に書ける）正則微分形式 $\omega \in \Omega[U]$ に対しても，引き戻し $(d\varphi)^*(\omega)$ は正則微分形式となって，引き戻しは正則微分形式の間の写像

$$(d\varphi)^* : \Omega[U] \to \Omega[\varphi^{-1}(U)] \tag{16.11}$$

を定める．$\varphi^* : \mathcal{O}_Y(U) \to \mathcal{O}_X(\varphi^{-1}(U))$ によって $\Omega[\varphi^{-1}(U)]$ を $\mathcal{O}_Y(U)$ 加群とみれば，(16.11) は $\mathcal{O}_Y(U)$ 加群の準同型となる．

命題 16.29 $\varphi : X \to Y$ を非特異既約アフィン代数多様体の間の正則写像とする．$x \in X$ における微分写像 $d_x\varphi : T_x(X) \to T_{\varphi(x)}(Y)$ が全射ならば，x の開近傍 $U \subset X$ が存在して，任意の $z \in U$ において $d_z\varphi$ は全射になる．

証明 $n = \dim X, m = \dim Y$ とおく．題意より $n \geq m$ であることに注意する．定理 16.24 より，$y = \varphi(x)$ のアフィン開近傍 $V \subset Y$ と $u_1, \cdots, u_m \in \mathbb{C}[Y]$ が存在して $\Omega[V] = \oplus_{i=1}^m \mathcal{O}_Y(V) du_i$ となる．同様に x のアフィン開近傍 $W \subset \varphi^{-1}(V)$ と $t_1, \cdots, t_n \in \mathbb{C}[X]$ が存在して $\Omega[W] = \oplus_{j=1}^n \mathcal{O}_X(W) dt_j$ となる．du_i の引き戻しを

$$(d\varphi)^*(du_i) = \sum_{j=1}^n a_{i,j} dt_j \qquad (a_{i,j} \in \mathcal{O}_X(W))$$

と書いておけば, $z \in W$ における双対写像は

$$(d_z\varphi)^* : T_z(X)^* \to T_{\varphi(z)}(Y)^*, \qquad (d_z\varphi)^*(d_{\varphi(z)}u_i) = \sum_{j=1}^n a_{i,j}(z)dz t_j$$

により与えられる. $(d_z\varphi)^*$ は $d_z\varphi : T_z(X) \to T_{\varphi(z)}(Y)$ の双対写像であるから, $d_z\varphi$ が全射であることと, $(d_z\varphi)^*$ が単射であることは同値であり, さらにこれは行列 $A(z) := (a_{i,j}(z))_{1 \le i \le m, 1 \le j \le n}$ の階数が m であることと同値である. rank $A(x) = m$ であるから, 必要があれば $t_1, \cdots, t_n$ の番号をつけかえて, $\det(a_{i,j}(x))_{1 \le i,j \le m} \ne 0$ としてよい. $U = \{z \in W \mid \det(a_{i,j}(z))_{1 \le i,j \le m} \ne 0\}$ とおけば, これは x の開近傍であり, $z \in U$ に対して rank $A(z) = m$ であるから, $d_z\varphi$ は全射である. □

定理 16.30 $\varphi : X \to Y$ を既約代数多様体の間の正則写像とする. ある点 $x \in X^{\mathrm{ns}}$ に対して, $y = \varphi(x) \in Y^{\mathrm{ns}}$ であり, かつ微分写像 $d_x\varphi : T_x(X) \to T_{\varphi(x)}(Y)$ が全射であるとする. このとき φ は支配的である.

証明 y のアフィン開近傍 Y' を $Y' \subset Y^{\mathrm{ns}}$ となるようにとり, x のアフィン開近傍 X' を $X' \subset X^{\mathrm{ns}} \cap \varphi^{-1}(Y')$ ととって $\varphi : X' \to Y'$ を考えればよいから, 初めから X, Y はアフィンかつ非特異としてよい. $Z := \overline{\varphi(X)} \subset Y$ とおく. 定理 16.4 より $\varphi(X)$ は Z の空でない開集合を含むが, その開集合と Z^{ns} の交わりを $V \subset Z^{\mathrm{ns}}$ として, $U = \varphi^{-1}(V)$ とおく. $d_x\varphi$ は全射であり, 命題 16.29 により, $d_p\varphi : T_p(X) \to T_{\varphi(p)}(Y)$ が全射になる点は X の空でない開集合をなすから, $d_p\varphi$ が全射となる $p \in U$ が存在する. $d_p\varphi$ は

$$T_p(X) \to T_{\varphi(p)}(Z) \hookrightarrow T_{\varphi(p)}(Y)$$

と分解するから, $T_{\varphi(p)}(Z) \hookrightarrow T_{\varphi(p)}(Y)$ も全射である. したがって $T_{\varphi(p)}(Z) = T_{\varphi(p)}(Y)$ である. $\varphi(p)$ は Z, Y の非特異点であるから,

$$\dim Z = \dim T_{\varphi(p)}(Z) = \dim T_{\varphi(p)}(Y) = \dim Y$$

である. Y は既約であり, Z は Y と同じ次元の閉部分多様体であるから, $Z = Y$ となって, φ は支配的である. □

16.7 有限被覆写像

等次元の代数多様体の間の支配的正則写像はよい開集合に制限すれば, 有限射になるのであった (命題 16.7). この節では, 有限射をその不分岐点のなす開集合で考えれば, 有限の被覆写像になることを見る.

定理 16.31 $\varphi : X \to Y$ を既約アフィン多様体の間の次数 n の有限射とし, Y は正規であるとする. φ の不分岐点の全体を $U \subset Y$ とすると, U は Y の開集合であって, $\varphi : \varphi^{-1}(U) \to U$ は n 重の被覆写像である.

この定理の証明は次の補題より従う.

補題 16.32 $\varphi : X \to Y$ を既約アフィン多様体の間の次数 $\deg \varphi = n$ の有限射とし, Y は正規であるとする. $y \in Y$ を φ の不分岐点とし, $\varphi^{-1}(y) = \{x_1, \cdots, x_n\}$ とする. 正則関数 $a \in \mathbb{C}[X]$ を $a(x_i) \neq a(x_j)$ $(i \neq j)$ となるようにとるとき, 次が成り立つ.

(1) a の $\mathbb{C}(Y)$ 上の最小多項式 $F(T)$ は $\mathbb{C}[Y]$ の元を係数とする n 次多項式である.

(2) $F(T)$ の判別式を $d_F \in C[Y]$ とすれば, φ の主アフィン開集合 X_{d_F} への制限 $\varphi|_{X_{d_F}} : X_{d_F} \to Y_{d_F}$ は次数 n の不分岐有限射となり, Y_{d_F} は y を含む主アフィン開集合である.

(3) Y が非特異ならば, X_{d_F} は非特異であって, $\mathbb{C}[X_{d_F}] = \mathbb{C}[Y_{d_F}][a]$ が成り立つ. したがって主アフィン開集合 X_{d_F} は
$$X_{d_F} \simeq \{(y,t) \in Y_{d_F} \times \mathbb{A} \mid F_y(t) = 0\}$$
と同一視され, $\varphi|_{X_{d_F}}$ は第 1 成分に関する射影と同一視される. さらに, 任意の $z \in X_{d_F}$ において微分写像 $d_z\varphi : T_z(X) \to T_{\varphi(z)}(Y)$ は線型同型である.

証明 $F(T)$ の係数が $\mathbb{C}[Y]$ の元になることについては, 定理 16.9 の証明で述べた通りである. やはり定理 16.9 の証明と同様に, $F(T)$ の係数に y を代入した方程式 $F_y(T) = 0$ は $a(x_j)$ $(1 \leq j \leq n)$ を相異なる根にもつから, $\deg F(T) \geq n$ である. 一方, $F(T)$ は $\mathbb{C}(X)$ の元の最小多項式だから, $\deg F(T) = n$ が分かる. したがって $\mathbb{C}(X) = \mathbb{C}(Y)(a)$ (a による拡大体) である. ここで $Y \times \mathbb{A}$ の閉集合
$$X' := \{(z,t) \in Y \times \mathbb{A} \mid F_z(t) = 0\}$$
を考えれば, 環の拡大 $\mathbb{C}[X'] = \mathbb{C}[Y][a] \hookrightarrow \mathbb{C}[X]$ が得られる. これに対応する正則写像を $f : X \to X'$ とする. $\mathbb{C}[X]$ は $\mathbb{C}[Y]$ 上整であるから, $\mathbb{C}[X']$ 上でも整である. したがって f は有限射となり, 全射である. $p : X' \to Y$ を第 1 成分への射影とすれば, $\varphi = p \circ f$ である. 任意の $z \in Y_{d_F}$ に対して, 方程式 $F_z(T) = 0$ は重根を持たないから, $p^{-1}(z)$ は相異なる n 個の点からなる集合である. f は全

射であるから，$\varphi^{-1}(z) = f^{-1}(p^{-1}(z))$ は n 個以上の点からなるが，φ のファイバーの点の数は高々 n (定理 16.9) であるから，$\#\varphi^{-1}(z) = n$ を得る．したがって $\varphi|_{X_{d_F}} : X_{d_F} \to Y_{d_F}$ は次数 n の不分岐有限射である．

最後に (3) を示す．Y は非特異であるとする．環の拡大 $\mathbb{C}[X'] \subset \mathbb{C}[X]$ から得られる拡大 $\mathbb{C}[X']_{d_F} \subset \mathbb{C}[X]_{d_F}$ を考える．次に示す補題 16.33 によって，$X'_{d_F} := \{(z,t) \in Y_{d_F} \times \mathbb{A} \mid F_z(t) = 0\}$ は非特異であり，$\mathbb{C}[X']_{d_F}$ は正規環である．

$\mathbb{C}[X]_{d_F}$ は $\mathbb{C}[Y]_{d_F}$ 上整であるから，任意の元 $\alpha \in \mathbb{C}[X]_{d_F}$ は $\mathbb{C}[Y]_{d_F}$ の元を係数とするモニックな方程式を満たし，したがって $\mathbb{C}[X']_{d_F}$ の元を係数とするモニックな方程式を満たす．すでに見たように $\mathbb{C}(X) = \mathbb{C}(Y)(a)$ であるから $\mathbb{C}[X]_{d_F}$ と $\mathbb{C}[X']_{d_F}$ は同じ商体をもつ．一方 $\mathbb{C}[X']_{d_F}$ は正規であるから，$\alpha \in \mathbb{C}[X']_{d_F}$ である．したがって $\mathbb{C}[X']_{d_F} = \mathbb{C}[X]_{d_F}$ となって，(3) が示された． □

補題 16.33 Y を非特異な既約アフィン多様体とする．$F(T) \in \mathbb{C}[Y][T]$ をモニックな既約多項式とし，$F(T)$ の判別式を $d \in \mathbb{C}[Y]$ とする．$X := \{(y,t) \in Y \times \mathbb{A} \mid F_z(t) = 0\}$ とおくとき，主アフィン開集合 $X_d = \{(y,t) \in Y_d \times \mathbb{A} \mid F_z(t) = 0\}$ は非特異である．また，任意の $x \in X_d$ において微分写像 $d_x\varphi : T_x(X) \to T_{\varphi(x)}(Y)$ は線型同型である．

証明 $\varphi : X \to Y$ を第 1 成分への射影とする．任意の $x \in X_d$ に対して，微分写像 $d_x\varphi : T_x(X) \to T_{\varphi(x)}(Y)$ が単射になることを示す．これが示されれば，$\dim X \leq \dim T_x(X) \leq \dim T_{\varphi(x)}(Y) = \dim Y = \dim X$ となって，x は非特異点となり，証明が終る．

定義より $\mathbb{C}[X] = \mathbb{C}[Y][T]/(F(T))$ であるが，$a := T \bmod (F(T))$ とおいて，$\mathbb{C}[X] = \mathbb{C}[Y][a]$ とみなす．

$$F(T) = T^m + \sum_{j=0}^{m-1} b_j T^j \qquad (b_j \in \mathbb{C}[Y])$$

と表し，$F(a) = 0$ を用いて a の微分形式を計算すると

$$0 = d(F(a)) = F'(a)da + \sum_{j=0}^{m-1} a^j (d\varphi)^*(db_j)$$

が分る．ここに $F'(T)$ は $F(T)$ の T に関する微分を表す．よって $x \in X$ における微分写像の双対写像 $(d_x\varphi)^* : T_{\varphi(x)}(Y)^* \to T_x^*(X)$ に関して

$$-F'(a)(x)d_x a = \sum_{j=0}^{m-1} a(x)^j (d_x\varphi)^*(d_{\varphi(x)}b_j)$$

が成り立つ．$x \in X_d = \varphi^{-1}(Y_d)$ ならば $F'(a)(x) \neq 0$ であるから，$d_x a \in \mathrm{Im}(d_x\varphi)^*$

を得る．$\mathbb{C}[X] = \mathbb{C}[Y][a]$ であるから，$\mathbb{C}[Y]$ の $\mathbb{C}$ 代数としての生成系を $u_1, \cdots, u_m$ とすれば，$\{(d_x\varphi)^*(d_{\varphi(x)}u_i)\}_{1 \le i \le m} \cup \{d_x a\}$ が $\mathbb{C}$ 上 $T_x^*(X)$ を張る．一方 $d_x a \in \mathrm{Im}(d_x\varphi)^*$ であるから，$(d_x\varphi)^* : T_{\varphi(x)}(Y)^* \to T_x^*(X)$ は全射となる．したがって $d_x\varphi : T_x(X) \to T_{\varphi(x)}(Y)$ は単射である． □

命題 16.34 $\varphi : X \to Y$ を既約アフィン代数多様体の間の有限射とする．このとき X の非特異点 x で $y = \varphi(x) \in Y^{\mathrm{ns}}$ かつ微分写像 $d_x\varphi : T_x(X) \to T_{\varphi(x)}(Y)$ が線型同型となるものが存在する．

証明 主アフィン開集合 U を $U \subset Y^{\mathrm{ns}}$ にとれば $\varphi : \varphi^{-1}(U) \to U$ も命題 16.34 の仮定を満たすから，初めから Y は非特異としてよい．すると命題 16.34 は命題 16.12 と補題 16.33 から明らかである． □

系 16.35 $\varphi : X \to Y$ を既約代数多様体の間の支配的正則写像する．このとき X の非特異点 x で $y = \varphi(x) \in Y^{\mathrm{ns}}$ かつ微分写像 $d_x\varphi : T_x(X) \to T_{\varphi(x)}(Y)$ が全射となるものが存在する．

証明 X, Y は非特異かつアフィンであるとしてよい．定理 16.5 より，主アフィン開集合 $U \subset Y$ が存在して，φ は $\varphi^{-1}(U)$ 上で $\varphi^{-1}(U) \xrightarrow{f} U \times \mathbb{A}^r \xrightarrow{p} U$ のように有限射 f と射影 p の合成に分解される．

f は有限射であるから，命題 16.34 より，$d_x f : T_x(X) \to T_{f(x)}(U \times \mathbb{A}^r)$ が線型同型となる $x \in \varphi^{-1}(U)$ が存在する．$f(x) = (y, t) \in U \times \mathbb{A}^r$ とおくとき，環 $\mathbb{C}[U]$ の導分 $v \in \mathrm{Der}_{\mathbb{C}}(\mathbb{C}[U], \mathbb{C}_y)$ を $\tilde{v}(\mathbb{C}[\mathbb{A}^r]) = 0$ とおくことにより，導分 $\tilde{v} \in \mathrm{Der}_{\mathbb{C}}(\mathbb{C}[U] \otimes \mathbb{C}[\mathbb{A}^r], \mathbb{C}_{(y,t)})$ に拡張できることは明らかであり，これは $d_{f(x)}p : T_{f(x)}(U \times \mathbb{A}^r) \to T_y(U)$ が全射であることを意味する．したがって $d_x\varphi = d_{f(x)}p \circ d_x f$ は全射である． □

16.8 Zariski の主定理と開写像定理

Zariski の主定理は様々な形で述べられるが，本書では，次の形で用いる．

定理 16.36 (Zariski の主定理) 複素数体 $\mathbb{C}$ 上の既約な代数多様体の間の正則写像 $\varphi : X \to Y$ が全単射であるとする．もし Y が正規多様体なら，φ は同型である．

証明 X, Y がアフィンの場合にのみ証明する．単射 $\varphi^* : \mathbb{C}[Y] \to \mathbb{C}[X]$ により $\mathbb{C}[Y]$ を $\mathbb{C}[X]$ の部分環とみる．φ は双有理的であるから，$\mathbb{C}(Y) = \mathbb{C}(X)$ である．任意の $f \in \mathbb{C}[X]$ をとる．$f \in \mathbb{C}[X] \subset \mathbb{C}(Y)$ であるから，$f = g \circ \varphi$ となる $g \in \mathbb{C}(Y)$ が存在する．

Y が正規で，$g \circ \varphi \in \mathbb{C}[X]$ であるから，補題 13.15 より g は Y 上定義される．したがって $g \in \mathbb{C}[Y]$，$\varphi^*(g) = f$ となり $\mathbb{C}[Y] = \mathbb{C}[X]$ を得る．φ^* が関数環の間の同型を導くので，X と Y は同型である． □

Zariski の主定理の"原型"(original form) は次の形で述べられる．

定理 16.37 代数閉体 k 上の既約な代数多様体の間の正則写像 $\varphi : X \to Y$ の各点でのファイバーが有限集合であり，かつ φ は双有理的であるとする．このとき，Y が正規多様体なら，φ は Y の開集合上への同型写像である．

この定理，および他の形の定理の主張については [42, §III.9] に詳しい解説がある．

定理 16.38 $\varphi : X \to Y$ を既約な代数多様体の間の支配的正則写像とする．このとき，ある空でない開集合 $U \subset X$ が存在して，任意の多様体 Z に対して，$\varphi \times \mathrm{id}_Z : U \times Z \to Y \times Z$ は開写像となる．

証明 X, Y は非特異，アフィンとしてよく，Z もアフィンとしてよい．また，定理 16.5 より，適当な開集合に制限することによって φ は有限射 f と射影 p の合成 $X \xrightarrow{f} Y \times \mathbb{A}^r \xrightarrow{p} Y$ に分解しているとしてよい．$Y' := Y \times \mathbb{A}^r$ とおく．補題 16.32 より，Y' の主アフィン開集合 Y'_0 とモニックな既約多項式 $F(T) \in \mathbb{C}[Y][T]$ が存在して
$$X_0 := f^{-1}(Y'_0) \simeq \{(y, t) \in Y'_0 \times \mathbb{A} \mid F_y(t) = 0\}$$
とおくと，任意の $y \in Y'_0$ に対して，方程式 $F(y, T) = 0$ は $\deg F(T)$ 個の相異なる根をもつようにできる．このとき，次の補題 16.39 により $f \times \mathrm{id}_Z : X_0 \times Z \to Y'_0 \times Z$ は開写像である．
また，$p \times \mathrm{id}_Z$ はアフィン多様体の直積からの射影 $(Y \times Z) \times \mathbb{A}^r \to Y \times Z$ であるから，下の補題 16.40 により開写像であり，その開集合 $Y'_0 \times Z \subset (Y \times \mathbb{A}^r) \times Z$ への制限もまた開写像である．したがって，$\varphi \times \mathrm{id}_Z : X_0 \times Z \to Y \times Z$ も開写像である． □

16.8 Zariskiの主定理と開写像定理

補題 16.39 Y を既約アフィン多様体, $F(T) \in \mathbb{C}[Y][T]$ を n 次のモニックな既約多項式とし,
$$X = \{(y,t) \in Y \times \mathbb{A} \mid F(y,t) = 0\}$$
とおく. $f : X \to Y$ を射影とする. 任意の $y \in Y$ に対して, 方程式 $F(y,T) = 0$ は n 個の相異なる根を持つとする. このとき, 任意のアフィン多様体 Z に対して, $f \times \mathrm{id}_Z : X \times Z \to Y \times Z$ は開写像である.

証明 $X \times Z$ の主アフィン開集合 U は多項式
$$g(T) = \sum_{i=1}^{k} g_i T^i \qquad (g_i \in \mathbb{C}[Y \times Z])$$
を用いて
$$U = \{(y,t,z) \in (Y \times \mathbb{A}) \times Z \mid F(y,t) = 0,\ g(y,z)(t) = \sum_{i=1}^{k} g_i(y,z) t^i \neq 0\}$$
と表すことができる. $g(T) \in \mathbb{C}[Y \times Z][T]$ を T の多項式として $F(T) \in \mathbb{C}[Y][T]$ で割算して
$$g(T) = Q(T) F(T) + R(T) \qquad (\deg R(T) \leq n = \deg F(T))$$
と書いておく. この割り算は $\mathbb{C}[Y]$ が $\mathbb{C}[Y \times Z]$ の部分環であることと, $F(T)$ がモニックであることから, $\mathbb{C}[Y \times Z][T]$ の中で実行できて, 商 $Q(T)$ および余り $R(T)$ は $Y \times Z$ 上の正則関数を係数とする T の多項式である. そこで余りを $R(T) = \sum_{i=0}^{n-1} r_i T^i$ ($r_i \in \mathbb{C}[Y \times Z]$) と表しておく. $(y,z) \in Y \times Z$ に対して,

$(y,z) \in (f \times \mathrm{id}_Z)(U)$
$\iff F(y,T) = 0$ の根 $T = t$ で $g(y,z)(t) \neq 0$ となるものが存在する
$\iff \{t \in \mathbb{C} \mid F(y,t) = 0\} \not\subset \{t \in \mathbb{C} \mid g(y,z)(t) = 0\}$

したがって
$$(y,z) \notin (f \times \mathrm{id}_Z)(U) \iff \{t \in \mathbb{C} \mid F(y,t) = 0\} \subset \{t \in \mathbb{C} \mid g(y,z)(t) = 0\}$$
である. ここで右辺の条件を考えてみると, $F(y,t) = 0$ なら $g(y,z)(t) = R(y,z)(t) = \sum_{i=0}^{n-1} r_i(y,z) t^i$ であり, $F(y,T) = 0$ は相異なる n 個の根をもつから, $n-1$ 次式 $R(y,z)(T)$ は恒等的にゼロである. つまり
$$(y,z) \notin (f \times \mathrm{id}_Z)(U) \iff r_i(y,z) = 0 \qquad (0 \leq \forall i \leq n-1)$$

が成り立つ．したがって $(f \times \mathrm{id}_Z)(U) = \bigcup_{i=0}^{n-1}(Y \times Z)_{r_i}$ が成り立ち，これは確かに開集合である． □

補題 16.40 X, Y をアフィン多様体とする．このとき射影 $p: X \times Y \to X$ は開写像である．

証明 $X \times Y$ 上の正則関数 $f = \sum_{i=1}^{k} g_i \otimes h_i \in \mathbb{C}[X] \otimes \mathbb{C}[Y] = \mathbb{C}[X \times Y]$ をとって，主アフィン開集合 $(X \times Y)_f$ の像を考えれば，

$$p((X \times Y)_f) = \bigcup_{y \in Y} X_{f_y} \quad (f_y = \sum_{i=1}^{k} h_i(y) g_i \in \mathbb{C}[X])$$

である．これは X の主アフィン開集合の和であるから，開集合である． □

定理 16.38 で，特に Z を一点とすると次の系を得る．

系 16.41 $\varphi: X \to Y$ を既約代数多様体の間の支配的正則写像とする．このとき X のある空でない開集合 U が存在して，$\varphi|_U: U \to Y$ は開写像になる．

系 16.42 G を代数群とし，既約代数多様体 X, Y に作用しているとする．G が X に推移的に作用しており，$\varphi: X \to Y$ が G 同変な支配的正則写像であれば，任意の代数多様体 Z に対して $\varphi \times \mathrm{id}_Z: X \times Z \to Y \times Z$ は開写像である．

証明 定理 16.38 によって，ある開集合 $U \subset X$ が存在して，

$$\varphi \times \mathrm{id}_Z: U \times Z \to Y \times Z$$

は開写像となる．一方，X には G が推移的に作用しているので，$\{(g \cdot U) \times Z\}_{g \in G}$ は $X \times Z$ の開被覆になる．各開集合上では φ の G 同変性より，$\varphi \times \mathrm{id}_Z$ は開写像である．開写像という性質は局所的であるので，$\varphi \times \mathrm{id}_Z: X \times Z \to Y \times Z$ は開写像である． □

おわりに

　本書を執筆して感じたことなどを少し書く．
　本書の目的は（少なくとも著者のうち，気楽な方の一人にとっては），当初は，代数群の軌道や群の作用する多様体，あるいは不変式論等の面白そうな話題を思いつくままに取り上げて，この比較的狭そうにみえる分野に興味を持ってもらったり，あるいは代数群をまったく知らない人にこの分野の手軽な紹介をしたりすることであった．
　夢想していたのは，グラスマン多様体や一般の旗多様体の幾何，Weyl の本に書いてあるような古典群の不変式論，表現の双対性が幾何学にどのように用いられるか，あるいは松島の定理や，対称対の冪零軌道の話題などなどである．どれをとっても，一般論を始めるとそれだけで本が一冊書ける，というような話題ではあるが，具体的な計算を少しして，高みを目指すが，途中で危険な崖に出会ったら無理をせずに勇敢（そう）な撤退を選ぶ，そうすれば問題はないだろうと軽く考えていた．実際，どの話題も，深みにはまらずに紹介するだけなら簡単だと本当に信じていたのである．もちろん，これは大間違いであった．
　ふだん当たり前のように使っている定理や概念が，じつはかなり周到な準備をした上でないと使えないことに最初に気がついた．「簡単なこと」と思っていたことが，その概念を定義するだけで，膨大な量のページ数が必要であり，しかも，それがしばしば環論や代数幾何学・解析学の一番奥底に潜んでいる基本的な概念にまで行きついてしまうことに気づかされ，感動を味わうとともに，恐れに似た感情，畏怖というべきであろうか，を強く持った．これらの基本的な「事実」は数学的に精妙であるだけでなく，ある種の動かしがたい剛性を持つ．少しでも簡単なものに置き換えることはできないし，条件をほんの少し緩めるだけでまるで使いものにならなくなってしまう．道をちょっと踏み外すと，無の世界に転落してしまう．数学とはそういうものである．いまさらそんなことに気がついたのか，とお叱りを受けそうであるが，頭では理解しているつもりでも，実際に体得されていなかったということであろう．
　さて，道具として用いる概念の定義だけでも大変なのだが，こんどは，いざ，実際に使う基本的な定理たちを証明することになると一層の困難に直面する．この定理を証明するには，あの定理が必要で，それにはこれを準備して，そうする

とあの定理だけでなくこちらの定理も必要で... という延々たる連鎖が引き起こされ，それらを破綻なくまとめあげることは絶望的と思われた．

そのような中で助けとなったのは，やはり定評のある教科書たちであった．Steinberg, Borel, Jacobson, Springer, Humphreys や Mumford, Shafarevich そして佐武, 松村, 堀田といった我々の学生時代のスタンダードから，ここには名前を挙げなかったが比較的新しい文献まで，数多くの名著に救ってもらった．定評あるこれらの本の，その正確な書きっぷり，道を踏み外さない方向感覚にただただ感服する．学生時代にも多くを学んだが，本書の執筆中により多くを学んだと思う．

また，共著者の一人としての相棒を持っていたことも心強かった．道を踏み外しそうな時や，崖から転落しかけているときには，鋭い指摘と提案に何度も助けてもらった．どちらか一方が欠けても本書は完成しなかったと思う．

さて，このようにしてようやく辿り着いた結果については本文を見ていただくしかないが，もちろん基本に戻ってゆく連鎖はどこかで断ち切るしかなく，大雑把にいって，環論と体論，そしてリー環論や時としてリー群論の一部を，解説を加えた上で用いることになった．次々に遡るとやがて「数学原論」を書くしかなくなってしまうので，これはある程度は仕方がないことだとは思うが，心残りではある．

しかし一方で，代数幾何学に関しては，それが代数群の理論においてかなり中心的な位置を占めているので，著者たちはこの分野において素人の門外漢ではあるが，我々なりの理解を読者と共有すべく基本的なところから解説を行った．ページ数の制約もあるので，それが成功したかどうかはわからない．識者・読者のご教示を乞う．

最後に，本書を書くにあたってお世話になった先生に，この場をかりてお礼を申しあげたい．

著者の一方の恩師である堀田良之先生には Zariski の主定理とその周辺について質問させていただき，貴重な時間を割いて一緒に考えていただいた．また，早く出版するよう，繰り返し励まして頂きました．先生のお役に立つこともなく，お世話になってばかりいる不肖の弟子は，この場を借りまして，心からのお礼を申し上げます．

本書で多くを引用した佐武一郎先生の『リー環の話』には，ジョルダン分解を組織的に用いるシュバレーの方法が実に注意深く書かれており，代数群論にまっすぐつながる内容であることに今になって気がつき，感嘆させられた．また，本書では代数群論においては使用されることの少ない指数写像を多用しているが，これを導入するにあたっては，佐武先生の『リー群の話』が大変に参考になった．

佐武先生は，著者の一方の大学院入試の口頭試問の面接員をなさっており，「リー環に関するワイルの定理を述べて下さい」と質問され，緊張した受験生は「リー環の表現は完全可約」と答え，「どんなリー環でもいいんですか？」「半単純！」と慌てて答え直したことが恥ずかしく思い出される．本書が出版された暁には，このようなお話を添えて献本させて頂くつもりだったが，残念ながら出版前の2014年秋にお亡くなりになって，この望みは叶わないものとなってしまった．これは一重に，著者たちの仕事の遅さに起因するもので，本当に残念なことであった．佐武先生のご冥福をお祈りするとともに，良書を残して下さったことに心から感謝したいと思う．

文 献

[1] A. Białynicki-Birula. On homogeneous affine spaces of linear algebraic groups. *Amer. J. Math.*, 85:577–582, 1963.

[2] Armand Borel. *Linear Algebraic Groups* (2nd ed.), GTM 126. Springer-Verlag, New York, 1991.

[3] Nicolas Bourbaki. *Éléments de Mathématique. Fasc. XXXIV. Groupes et Algèbres de Lie. Chapitre IV, V, VI*. Hermann Paris, 1968.

[4] David H. Collingwood and William M. McGovern. *Nilpotent Orbits in Semisimple Lie Algebras*. Van Nostrand Reinhold Co., New York, 1993.

[5] Jacques Dixmier. *Enveloping Algebras*, GSM 11. American Mathematical Society, Providence, RI, 1996.

[6] Dragomir Ž. Djoković. Closures of conjugacy classes in classical real linear Lie groups. In *Algebra, Carbondale 1980 (Proc. Conf., Southern Illinois Univ., Carbondale, Ill., 1980)*, LNM 848, pp. 63–83. Springer, Berlin, 1981.

[7] Igor Dolgachev. *Lectures on Invariant Theory*, LMS 296. Cambridge University Press, Cambridge, 2003.

[8] E. B. Dynkin. Semisimple subalgebras of semisimple Lie algebras. *Mat. Sbornik N.S.*, 30(72):349–462, 1952.

[9] Sigurdur Helgason. *Differential Geometry, Lie Groups, and Symmetric Spaces*, GSM 34. American Mathematical Society, Providence, RI, 2001.

[10] Wim H. Hesselink. Singularities in the nilpotent scheme of a classical group. *Trans. Amer. Math. Soc.*, 222:1–32, 1976.

[11] Wim H. Hesselink. Desingularizations of varieties of nullforms. *Invent. Math.*, 55(2):141–163, 1979.

[12] James E. Humphreys. *Linear Algebraic Groups*, GTM 21. Springer-Verlag, New York, 1975.

[13] James E. Humphreys. *Introduction to Lie Algebras and Representation Theory*, GTM 9. Springer-Verlag, New York, 1978.

[14] James E. Humphreys. *Reflection Groups and Coxeter Groups*, Cambridge

University Press, 1992.

[15] Noriaki Kawanaka. Orbits and stabilizers of nilpotent elements of a graded semisimple Lie algebra. *J. Fac. Sci. Univ. Tokyo Sect. IA Math.*, 34(3):573–597, 1987.

[16] Anthony W. Knapp. *Lie Groups Beyond an Introduction*, PM 140. Birkhäuser, 2002.

[17] Bertram Kostant. The principal three-dimensional subgroup and the Betti numbers of a complex simple Lie group. *Amer. J. Math.*, 81:973–1032, 1959.

[18] Bertram Kostant. Lie group representations on polynomial rings. *Amer. J. Math.*, 85:327–404, 1963.

[19] Hanspeter Kraft and Nolan R. Wallach. On the nullcone of representations of reductive groups. *Pacific J. Math.*, 224(1):119–139, 2006.

[20] I. G. Macdonald. *Symmetric Functions and Hall Polynomials* (2nd ed.). Oxford University Press, New York, 1995.

[21] Hideyuki Matsumura. *Commutative Ring Theory*, Cambridge University Press, 1989.

[22] Yozô Matsushima. Espaces homogènes de Stein des groupes de Lie complexes. *Nagoya Math. J.*, 16:205–218, 1960.

[23] David Mumford. *The Red Book of Varieties and Schemes*, LNM 1358. Springer-Verlag, Berlin, 1999.

[24] K. Nishiyama, P. Trapa, and A. Wachi. Codimension one connectedness of the graph of associated varieties. To appear in *Tohoku Math. J.* (arXiv:1403.7982).

[25] Kyo Nishiyama. Resolution of null fiber and conormal bundles on the Lagrangian Grassmannian. *Geom. Dedicata*, 143:19–35, 2009.

[26] Takuya Ohta. The singularities of the closures of nilpotent orbits in certain symmetric pairs. *Tohoku Math. J.*, 38(3):441–468, 1986.

[27] Takuya Ohta. The closures of nilpotent orbits in the classical symmetric pairs and their singularities. *Tohoku Math. J.*, 43(2):161–211, 1991.

[28] Takuya Ohta. Nilpotent orbits of Z_4-graded Lie algebra and geometry of moment maps associated to the dual pair $(U(p,q), U(r,s))$. *Publ. Res. Inst.*

Math. Sci., 41(3):723–756, 2005.

[29] Takuya Ohta. Orbits, rings of invariants and Weyl groups for classical Θ-groups. *Tohoku Math. J.*, 62(4):527–558, 2010.

[30] R. W. Richardson. Affine coset spaces of reductive algebraic groups. *Bull. London Math. Soc.*, 9(1):38–41, 1977.

[31] R. W. Richardson, Jr. Conjugacy classes in Lie algebras and algebraic groups. *Ann. of Math.*, 86:1–15, 1967.

[32] J.-P. Serre. Espaces fibrés algébriques. *Séminaire Claude Chevalley*, 3:1–37, 1958.

[33] Igor R. Shafarevich. *Basic Algebraic Geometry. 1, 2* (2nd ed.). Springer-Verlag, Berlin, 1994.

[34] T. A. Springer. *Linear Algebraic Groups* (2nd ed.), PM 9. Birkhäuser, 1998.

[35] Robert Steinberg. *Conjugacy Classes in Algebraic Groups*. LNM 366. Springer-Verlag, Berlin-New York, 1974.

[36] È. B. Vinberg. The Weyl group of a graded Lie algebra. *Izv. Akad. Nauk SSSR Ser. Mat.*, 40(3):488–526, 709, 1976.

[37] Jerzy Weyman. *Cohomology of Vector Bundles and Syzygies*, Cambridge University Press, Cambridge, 2003.

[38] J. P. セール (岩堀長慶・横沼健雄 訳). 有限群の線型表現. 岩波書店, 1974.

[39] J. P. セール (彌永健一 訳). 数論講義. 岩波書店, 1979.

[40] R. ハーツホーン (高橋宣能・松下大介 訳). 代数幾何学 *1, 2, 3*. シュプリンガー・フェアラーク東京, 2005.

[41] D. フーズモラー (三村護 訳). ファイバー束. 丸善出版, 2012.

[42] D. マンフォード (前田博信訳). 代数幾何学講義. 丸善出版, 2012.

[43] H. ワイル. **古典群 不変式と表現**. シュプリンガー・フェアラーク東京, 2004.

[44] 石井志保子. **特異点入門**. シュプリンガー・フェアラーク東京, 1997.

[45] 伊理正夫. 一般線型代数. 岩波書店, 2003.

[46] 上野健爾. 代数幾何. 岩波書店, 2005.

[47] 岡田聡一. 古典群の表現論と組合せ論 (上・下). 培風館, 2006.

[48] 桂利行. 代数幾何入門. 共立出版, 1998.

[49] 川又雄二郎. **代数多様体論**. 共立出版, 1997.

[50] 木村達雄. **概均質ベクトル空間**. 岩波書店, 1998.

[51] 木村達雄 (編). **佐藤幹夫の数学**. 日本評論社, 2007.

[52] 小林俊行・大島利雄. **リー群と表現論**. 岩波書店, 2005.

[53] 佐武一郎. **線型代数学**. 裳華房, 1974.

[54] 佐武一郎. **リー環の話** [新版]. 日本評論社, 2002.

[55] 示野信一. **演習形式で学ぶ リー群・リー環**. サイエンス社, 2012. SGC ライブラリ 88.

[56] 高木貞治. **代数学講義　改訂新版**. 共立出版, 1965.

[57] 谷崎俊之. **リー代数と量子群**. 共立出版, 2002.

[58] 永田雅宜. **可換体論**. 裳華房, 1985.

[59] 永田雅宜・本田欣哉. **アーベル群・代数群**. 共立出版, 1999.

[60] 西山享. **重点解説 ジョルダン標準形 –行列の標準形と分解をめぐって–**. サイエンス社, 2010. SGC ライブラリ 77.

[61] 平井武. **線形代数と群の表現 1,2**. 朝倉書店, 2001.

[62] 深谷賢治. **シンプレクティック幾何学**. 岩波書店, 1999.

[63] 堀田良之. **可換環と体**. 岩波書店, 2006.

[64] 堀田良之. **線型代数群の基礎**. 朝倉書店, 近刊.

[65] 堀田良之・渡辺敬一・庄司俊明・三町勝久. **代数学百科 I「群論の進化」**. 朝倉書店, 2004.

[66] 松島与三. **リー環論**. 共立出版, 1956.

[67] 松島与三. **多様体入門**. 裳華房, 1965.

[68] 松村英之. **可換環論**. 共立出版, 1980.

[69] 村上信吾. **連続群論の基礎**. 朝倉書店, 1973.

[70] 横田一郎. **群と位相**. 裳華房, 1971.

[71] 脇本実. **無限次元リー環**. 岩波書店, 2008.

索　引

▶ 記号

(A, B) (交換子群)　201
$\pi \boxtimes \tau$ (外部テンソル積)　47
⊕ (直交直和)　226
$G \curvearrowright X$ (G の左作用)　84
$X /\!/ G$ (圏論的商)　105
$X /\!/ G$ (アフィン商)　88
X/G (幾何学的商)　111
X/G (軌道空間)　85
$\sigma < \eta$ (隣接関係)　371
$\pi_1 \simeq \pi_2$ (同値)　30
$[x, y]$ (括弧積)　136
$[n]$ (1 から n までの自然数)　128
$[v_0 : v_1 : \cdots : v_n]$ (連比)　117
$[v]$ (連比)　117
$\widehat{X}^\infty$ (漸近錐)　268
$\pi|_H$ (表現の制限)　52
X^∞ (無限遠点)　268
$R^\times$ (可逆元全体)　59
$\mathrm{Ad}(g)$ (随伴作用)　141
$\mathrm{ad}\, x$ (随伴表現)　139
$\mathbb{A}^n(\mathbb{C}), \mathbb{A}^n$ (アフィン空間)　2
$(\mathbb{C}X)_{\mathrm{alg}}$ (レプリカ)　193
$\mathfrak{b}_n$ (ボレル部分環)　159
B_n (ボレル部分群)　206
ρ_{LR} (両側正則表現)　47
$\mathbb{C}[X]$ (正則関数環)　9, 111
$\mathbb{C}(X)$ (有理関数体)　383
$\mathbb{C}[G] \otimes_H W$ (誘導表現の空間)　52
χ_λ (B の指標)　68

$\chi_\lambda(t) = t^\lambda$ (ウェイト λ の表現)　60
χ_π (指標)　50
$C^k(G)$ (降中心列)　206
$C^k(\mathfrak{g})$ (降中心列)　159
$c^\nu_{\lambda,\mu}$ (Littlewood-Richardson 係数)　82
$\mathbb{C}[V]^G_+$ (不変式環の極大イデアル)　265
$\mathbb{C}^\times$ (一次元トーラス)　26
$\partial(h)$ (微分作用素)　275
∂_ξ (グラスマン微分)　239
$\deg \varphi$ (次数)　384
$\Delta(x)$ (差積)　285
$\Delta(\mathfrak{g}, \mathfrak{t})$ (ルート系)　306
$\mathrm{Der}\, A$ (導分のなすリー環)　138
$\mathrm{Det}_r(\mathrm{M}_{p,q})$ (行列式多様体)　97
$\mathcal{D}^\infty(M)$ (C^∞ 級微分作用素環)　138
$\mathcal{D}(X)$ (代数的微分作用素環)　138
D_{IJ} (小行列式)　98
$\mathrm{Dim}\, R$ (クルル次元)　6
$\dim X$ (多様体の次元)　6
$\dim_x X$ (x における次元)　394
D_k (主座小行列式)　69, 98
$D^k(G)$ (k 次交換子群)　206
$D^k(\mathfrak{g})$ (k 次交換子環)　159
$D(n_0, n_1)$ ($\mathbb{Z}_2$ヤング図形)　357
$d\pi$ (微分表現)　147
$e_k(x)$ (基本対称式)　92
η' (第 1 列の消去)　357, 369
$\eta^{(k)}$ (k 列の消去)　357, 369
$\exp A$ (指数写像)　149

412

索　引　413

f^h (斉次化) 268
G_0 (G^θ の単位元連結成分) 329
$G_\mathbb{R}$ (リー群の実型) 231
$\mathfrak{gl}(V)$ (一般線型リー環) 137
$\mathfrak{gl}(V)^{ss}$ (半単純元全体) 170
G/B (旗多様体) 252
$\mathfrak{g}_\mathbb{R}$ (リー環の実型) 231
$\mathrm{gr}\, A$ (次数化) 289
$\mathrm{Grass}_d(V)$ (グラスマン多様体) 127
$\mathfrak{g}^{reg}$ (正則元) 308
$\mathfrak{g}^{rs}$ (正則半単純元) 308
G^{ss} (半単純元全体) 246
$\mathfrak{g}^{ss}$ (半単純元全体) 305
G_Z^θ 329
$G \times^H X$ (主ファイバー束) 133
G_x (固定部分群) 108
$\mathcal{H}_G(V) = \mathcal{H}_G$ (調和多項式) 276
$\mathrm{Hom}(\mathcal{Q}_{m'}, \mathcal{U})$ 296
$\mathrm{Hom}(\mathcal{U}, \mathcal{T}_m)$ 296
$\mathrm{Hom}_G(V,W)$ (G 同変写像の空間) 29, 33
$\mathrm{Hom}^{in}(\mathcal{Q}_{q'}, \mathcal{U})$ 298
$\mathrm{Hom}^{on}(\mathcal{U}, \mathcal{T}_p)$ 298
$\mathbb{I}(X)$ (零化イデアル) 3, 9
$\mathbb{I}^h(X)$ (斉次零化イデアル) 120
$\mathrm{Ind}_H^G(\tau, W)$ (誘導表現) 52
$\mathrm{Irr}(G)$ 30
$\mathrm{Iso}(\mathcal{U}, \mathcal{T}_m)$ 296
$J_G(V)$ (不変イデアル) 265
$J_G(V^*) = J_G^*$ (双対不変イデアル) 276
$K(G)$ (類関数の空間) 50
K_μ^λ (Kostka 数) 83
$\mathrm{LGrass}_n(V)$ (ラグランジュ・グラスマン多様体) 304

$\mathrm{Lie}(G)$ (G のリー環) 191
ρ_L (左正則表現) 30
m-Spec R (極大スペクトル) 10
$\mathfrak{m}_x$ (極大イデアル) 9
$n(\eta)$ (ヤング図形の箱の数) 369
$N_G(H)$ (正規化群) 225
$\mathcal{N}(\mathfrak{g})^{reg}$ (主冪零軌道) 320
$\mathcal{N}(\mathfrak{g})$ (冪零多様体) 196
X^{ns} (非特異点の集合) 389
$\mathfrak{N}(V)$ (零ファイバー) 264
$\Omega[U]$ (正則微分形式の空間) 391
$O_n(\mathbb{C})$ (直交群) 26
$\mathbb{O}_x$ (軌道) 84
$\mathcal{O}_X(U)$ (正則関数環) 12, 18
$\mathcal{P}_\infty$ (分割の全体) 76
$\mathcal{P}_n$ (長さ n 以下の分割) 76
(π_λ, V_λ) (GL_n 既約表現) 71
$p_k(x)$ (冪和多項式) 92
$P(M;t)$ (ポアンカレ級数) 281
$\mathbf{P}^+$ (支配的ウェイトの集合) 71
$\mathbf{P}^+_{\mathrm{GL}_n}$ (GL_n の支配的ウェイトの集合) 71
$\mathbb{P}(V)$ (射影空間) 115
$\mathbb{P}(Z)$ (射影化) 121
$\mathbb{V}^p(I)$ (射影多様体) 120
$\mathcal{Q}_{m'}$ (同義商束) 296
$\mathrm{Rad}(G)$ (根基) 217
$\mathrm{rad}(\mathfrak{g})$ (根基) 160
$\mathrm{Rad}_u(G)$ (冪単根基) 218
$\mathrm{rad}_u(\mathfrak{g})$ (冪単根基のリー環) 217
$\mathrm{rank}(\mathfrak{g}, \theta)$ (階数) 339
$\mathcal{R}_H(G,W)$ (誘導表現の空間) 52
$\mathcal{R}(X,Y)$ (正則写像) 52
$\mathrm{Res}_H^G(\pi)$ (表現の制限) 52
$\mathcal{R}\text{-}\mathrm{Ind}_H^G(\tau, W)$ (誘導表現) 52

$\sqrt{I}$ (イデアルの根基) 9
ρ_R (右正則表現) 30
$S(V)$ (対称代数) 87, 275
$\mathrm{SL}_n(\mathbb{C})$ (特殊線型群) 26
$\mathfrak{S}_n$ (対称群) 61
$\mathrm{SO}_n(\mathbb{C})$ (直交群) 26
$\mathfrak{o}(V)$ (直交リー環) 137
$\mathrm{Sp}_{2n}(\mathbb{C}), \mathrm{Sp}(A), \mathrm{Sp}(V)$ (斜交群) 27
$\mathrm{Spec}\, R$ (素スペクトル) 10
$\mathfrak{sp}(V)$ (斜交リー環) 137
S_X (斉次座標環) 121
$\mathcal{T}_m$ (同義束) 296
$\mathrm{TDS}(\mathfrak{g})$ ($\mathfrak{sl}_2$-triple 全体) 315
T_n (n 次元トーラス) 26
$T(X)$ (接束) 388
$T_x^*(X)$ (余接空間) 390
$T_x(X)$ (接空間) 142, 387
$U^\perp$ (直交空間) 276
U_n (ユニタリ群) 232
$\mathcal{U}(G)$ (冪単多様体) 196
$\mathbb{V}(I)$ (ザリスキ閉集合) 9
V^G (G 不変元) 33
$V(\lambda)$ (ウェイト空間) 60
$W_K(\mathfrak{a})$ (ワイル群) 339
$W_G(\mathfrak{t})$ (ワイル群) 309
X^* (双対写像) 345
X_f (主開集合) 11
x_n (冪零部分) 161
x_s (半単純部分) 161
$\mathfrak{X}^\infty(M)$ (C^∞ 級ベクトル場) 138
$\mathfrak{X}(X)$ (代数的ベクトル場) 138
$Z(G)$ (中心) 219
$\mathfrak{z}(\mathfrak{g})$ (リー環の中心) 140
$Z_G(H)$ (中心化群) 225
$Z_G(W)$ (中心化群) 205

$\mathfrak{z}_\mathfrak{g}(W)$ (中心化環) 205
$\mathfrak{z}_\mathfrak{g}(x)$ (中心化環) 167

▶ 人名

Borel, Armand (1923–2003) 79
Cartan, Élie J. (1869–1951) 305
Chevalley, Claude (1909–1984) 122
Dynkin, E. B. (1924–2014) 318
Frobenius, Ferdinand Georg (1849–1917) 53
Gauss, Carl Friedrich (1777–1855) 69
Hilbert, David (1862–1943) 2
Hölder, Otto (1859–1937) 37
Jacobi, Carl (1804–1851) 136
Jacobson, Nathan (1910–1999) 169
Jordan, Camille (1838–1922) 37, 161
Kirillov, Alexandre A. (1936–) 323
Kolchin, Ellis (1916–1991) 207
Kostant, Bertram (1928–) 318
Kostka, Carl (1846–1921) 83
Krull, Wolfgang (1899–1971) 6
Lagrange, Joseph-Louis (1736–1813) 300
Leibniz, Gottfried (1646–1716) 138
Liouville, Joseph (1809 – 1882) 244
Littlewood, Dudley (1903–1979) 82
Morozov, Vladimir (1910–1975) 166
Noether, Emmy (1882–1935) 7
Peter, Fritz (1899–1949) 48
Poincaré, Henri (1854–1912) 281
Richardson, Archibald (1881–1954) 82

索引　415

Richardson, R. W. (1930–1993)　318
Souriau, Jean-Marie (1922–2012)　323
Vandermonde, Alexandre (1735–1796)　286
Weil, André (1906–1998)　79
Weyl, Hermann (1885–1955)　48, 160
Zariski, Oscar (1899–1986)　2
Zorn, Max August (1906–1993)　39
隅廣秀康 (1941–)　126
松島与三 (1921–1983)　229

▶ 事項（欧文）

Borel-Weil の定理　79
Borel の固定点定理　245
Borel 部分環　207
Borel 部分群　66, 207, 252
Cartan 部分環　305, 306
Cartan 部分空間　336
Chevalley の制限定理　310, 340
Chevalley の定理　122
(ε, ω) 型の $\mathbb{Z}_2$ ヤング図形　361
(ε, ω) ベクトル空間　359
(ε, ω) ベクトル空間が定めるテータ表現　360
Frobenius の相互律　53
Grassmann 多様体　127
Grassmann 微分　239
G 多様体　84
Hilbert の有限性定理　86
Hilbert の零点定理　9, 120
intertwining 作用素　29
Jacobi 恒等式　136
Jacobson-Morozov の条件　170
Jacobson-Morozov の定理　165, 169

JM 条件　170
Jordan-Hölder 列　37
Jordan 分解　161, 179
Jordan 分解で閉　173
Kirillov-Kostant-Souriau 形式　323
Kolchin の定理　207
Kostka 数　83
Krull 次元　6
Krull の高度定理　7
Krull の単項イデアル定理　7
Lagrange-Grassmann 多様体　304
Lagrange 部分空間　300
Lie 環　136, 140
Lie の定理　160
Littlewood-Richardson 係数　82
Morozov の補題　166
Noether 環　7
Noether の正規化定理　382
$\mathfrak{sl}(V)$ (特殊線型リー環)　137
Peter-Weyl の定理　48
Plücker 関係式　131
Poincaré 級数　281
Schur の補題　34, 35
$\mathfrak{sl}_2$-triple　165
Vandermonde の行列式　286
Weyl の定理　160
Weyl 群　309, 339
$\mathbb{Z}_2$ヤング図形　357
Zarisiki 位相　2

▶ 事項（和文）
あ 行

アフィン空間　2
アフィン商　88
アフィン商写像　90
アフィン錐　121

索引

アフィン代数多様体　3, 14, 16
安定域　295
一般線型群　23
一般線型リー環　137
一般の位置にある軌道　114
イデアル (リー環の)　139
(ε,ω) 型の $\mathbb{Z}_2$ ヤング図形　361
(ε,ω) ベクトル空間　359
(ε,ω) ベクトル空間が定めるテータ表現　360
ε 双線型形式　345
intertwining 作用素　29
ウェイト　60, 163
ウェイト空間　60
ウェイト空間分解　60
ウェイト・ベクトル　163
$\mathfrak{sl}_2$-triple　165
重み付き Dynkin 図形　318

か 行

概均質ベクトル空間　344
階数　307, 339
外部テンソル積　47
階別リー環　327
可解群　206
可解リー環　159
括弧積　136
可約 (アフィン代数多様体)　4
カルタン部分環　305, 306
カルタン部分空間　336
関数体　383
完全可約　38, 40
完全交叉　8
完備多様体　242
簡約代数群　40, 218, 221
簡約リー環　170

幾何学的商　111
軌道　84, 99
軌道空間　85
基本アフィン開集合　16
基本ウェイト　82
基本対称式　92
既約 (アフィン代数多様体)　4
既約指標　50
既約成分 (代数多様体の)　5
既約分解 (代数多様体の)　5
行列式多様体　97
行列単位　xiii
行列要素　46
極小冪零軌道　378
局所化　12
局所パラメーター　391
局所閉集合　15
局所有限な表現　30
極大 s 部分環　213
極大トーラス　66, 213, 246
極大放物型部分群　132
極分解　300
Kirillov-Kostant-Souriau 形式　323
偶冪零元　326
グラスマン多様体　127, 271
グラスマン微分　239
グラフ　20
クルル次元　6
Krull の高度定理　7
Krull の単項イデアル定理　7
圏論的商　105
交換子群　201
交代式　286
降中心列　159, 206
Kostka 数　83
固定部分群　108

古典群　27
Kolchin の定理　207
根基　66, 160, 217
　　イデアルの—　9
コンパクト実型　231
コンポーネント群　28

さ　行

最簡交代式　286
最高ウェイト　71
最高ウェイト表現　71
サイズ　66
差積　285
作用 (代数群の)　84
ザリスキ位相　2
三角分解定理　69
次元　6, 394
次数　384
次数化　289
指数写像　149
次数付き代数　288
次数付け　281
実型　231
支配的ウェイト　70
支配的順序　66
支配的正則写像　379
指標　50
射　13
射影化　121
射影空間　115
射影多様体　119
射影直線　119
射影平面　119
斜交群　27
斜交形式　27, 137
斜交リー環　137

Jacobson-Morozov の定理　165
Schur の補題　34, 35
主開集合　11
縮約写像　291
主座小行列式　69
Chevalley の制限定理　310, 340
Chevalley の定理　122
主ファイバー束　133
主冪零軌道　320
準アフィン多様体　122
準射影多様体　122
準正則冪零軌道　378
準同型　29
準同型定理　113
準同型 (リー環の)　139
商位相　85
商環 (リー環の)　139
商群　123
ジョルダン分解　161, 179, 186
　　加法的　179
　　乗法的　186
ジョルダン分解で閉　173
Jordan-Hölder 列　37
シンプレクティック群　27
シンプレクティック形式　27
錐　265
随伴表現　82, 141, 158
随伴表現 ($GL_n(\mathbb{C})$)　266
スペクトル　10
正規化群　225
正規環　384
正規多様体　384
正規点　384
制限 (表現の)　52
斉次イデアル　120
斉次化　268

斉次元　281
斉次座標環　121
生成点　11
正則関数　4, 12, 18
正則関数環　9, 12, 18, 30, 111
正則元　308
正則写像　13, 15, 17
正則半単純元　308
正則微分形式　391
正則表現　30, 47, 86
成分　43
接空間　142, 387
接束　388
接ベクトル　142
零化イデアル　3
漸近イデアル　268
漸近錐　268
線型作用　126
線型代数群　23
線型リー群　231
前代数多様体　17
双対写像　345
双対不変イデアル　276
相補的ボレル部分群　69
双有理写像　387

　　　た　行

台　67
台 (表現の)　60
退化域　297
対称群　61
対称式　92
対称式の基本定理　93
対称代数　87, 275
対称対　330
代数多様体　19

代数的部分リー環　192
代数的閉集合　1
高さ (イデアルの)　6
多項式関数　4
単純群　45
単純リー環　139, 160
置換行列　61
チャート　17
中心　140, 158
中心 (代数群の)　219
中心化環　167, 205
中心化群　205, 225
中心対角化可能表現　170
重複度　36, 43
調和多項式　276
直交関係　57
直交空間　276
直交群　26
直交リー環　137
対合　330
定義イデアル　3
定義多項式系　3
定数係数微分作用素　275
データ表現　330, 346
テンソル積表現　46
同義束　296, 298
同型 (リー環の)　139
等質多様体　111
同時等方的部分空間　300
同値 (表現)　30
導分　138, 139, 142
同変写像　29, 33, 103
等方的部分空間　300
等方表現　157, 330
導来イデアル　158
トーラス　26, 59

特異点　389, 394
特殊線型群　26
特殊線型リー環　137
特殊直交群　26
特性半単純元　318
トレース形式　224

な 行

ネーター環　7
Noether の正規化定理　382

は 行

旗　238
旗多様体　238, 252
働く (代数群が)　84
反傾写像　300
反傾表現　35
半単純群　45
半単純元　162, 179, 186
半単純代数群　217
半単純リー環　160
Peter-Weyl の定理　48
引き戻し　396
左正則表現　30, 49
非特異点　389, 394
被覆コンパクト　3
微分形式　390
微分作用素　138
微分写像　396
微分表現　147
被約　267, 273
被約 (多様体が)　14
被約イデアル　10
表現　29, 147
標準アフィン開集合　118
標準アフィン開被覆　118

Hilbert の有限性定理　86
Hilbert の零点定理　9, 120
ファイバー束　133
Vandermonde の行列式　286
フィルター付き代数　288
複素位相　2
複素共役 (多項式)　63
複素線型リー群　231
符号付きヤング図形　357
不分岐点　385
部分商 (表現)　38
部分多様体　4
部分旗　240
部分旗多様体　240, 261
部分リー環　136
不変イデアル　265, 276
不変元　33
不変式環　86
不変式論の
　第一基本定理　92
　第二基本定理　92
不変写像　318
不変双線型形式　224
普遍性 (アフィン商の)　105
Plücker 関係式　131
Frobenius の相互律　53
分解可能 (外積)　128
分解定理　383
分割　76
分割のサイズ　76
分割の長さ　76
分岐点　385
冪単　185
冪単元　66, 186
冪単根基　66, 218
冪単代数群　198

冪単多様体　196, 197
冪零軌道　264
冪零群　206
冪零元　162, 179, 264
冪零根基　175
冪零多様体　196, 197, 266, 315
冪零リー環　159
冪和多項式　92
ベクトル場　138
ポアンカレ級数　281
包含的自己同型　330
放物型部分群　82, 253
放物型部分リー環　261
Borel-Weilの定理　79
Borelの固定点定理　245
ボレル部分環　207
ボレル部分群　66, 207, 252

ま 行

松島の定理　229
右正則表現　30, 62
無限遠直線　119
無限遠点　119, 267
Morozovの補題　166

や 行

ヤコビ恒等式　136

Jacobson-Morozovの定理　169
有限射　379
誘導表現　52
有理関数体　383
ユニタリ群　232
余因子　25
余積　31
余接空間　390

ら 行

ラグランジュ・グラスマン多様体　304
ラグランジュ部分空間　300
リー環　136, 140
リーの定理　160
Littlewood-Richardson係数　82
両側正則表現　47
隣接関係　371
類関数　50
ルート系　306
零化イデアル　3
零ファイバー　264
レプリカ　193
連比　117

わ 行

ワイル群　309, 339
Weylの定理　160

太田 琢也
おおた・たくや

略 歴
1960年　北海道生まれ
1988年　東北大学大学院理学研究科博士課程修了
現　在　東京電機大学工学部教授
　　　　理学博士

西山 享
にしやま・きょう

略 歴
1958年　神戸市生まれ
1986年　京都大学大学院理学研究科博士課程修了
　　　　東京電機大学理工学部助手，京都大学助教授を経て
現　在　青山学院大学理工学部教授
　　　　理学博士

近著に　『重点解説 ジョルダン標準形』(サイエンス社)
　　　　『幾何学と不変量』(日本評論社)
　　　　『射影幾何学の考え方』(共立出版)
　　　　『フリーズの数学　スケッチ帖』(共立出版)がある．

数学の杜 3
だいすうぐん　きどう
代数群と軌道

2015年 9月15日　第1版第1刷発行
2022年10月30日　第1版第2刷発行

著者　　太田琢也・西山 享
発行者　横山 伸
発行　　有限会社 数学書房
　　　　〒101-0051　東京都千代田区神田神保町1-32-2
　　　　TEL　03-5281-1777
　　　　FAX　03-5281-1778
　　　　mathmath@sugakushobo.co.jp
　　　　振替口座　00100-0-372475

印刷
製本　　モリモト印刷
組版　　アベリー
装幀　　岩崎寿文

©Takuya Ohta & Kyo Nishiyama 2015 Printed in Japan
ISBN 978-4-903342-53-5

数学の杜　関口次郎・西山 享・山下 博 編集

1. 藤原英徳 ◆ 著
   ## 指数型可解リー群のユニタリ表現
   ──軌道の方法──

2. 髙瀬幸一 ◆ 著
   ## 保型形式とユニタリ表現

3. 太田琢也 / 西山 享 ◆ 著
   ## 代数群と軌道

4. 洞 彰人 ◆ 著
   ## 対称群の表現と
   ## ヤング図形集団の解析学
   ──漸近的表現論序説──

5. 平井 武 ◆ 著
   ## 群のスピン表現入門
   ──初歩から対称群のスピン表現(射影表現)を越えて──

6. 松木敏彦 ◆ 著
   ## コンパクトリー群と対称空間